全国环境影响评价工程师职业资格考试系列参考资料

全国环境影响评价工程师职业资格考试考点要点分析

（2021 年版）

生态环境部环境工程评估中心　编

中国环境出版集团·北京

图书在版编目（CIP）数据

全国环境影响评价工程师职业资格考试考点要点分析：2021年版/生态环境部环境工程评估中心编. —14版. —北京：中国环境出版集团，2021.5
全国环境影响评价工程师职业资格考试系列参考资料
ISBN 978-7-5111-4674-8

Ⅰ. ①全… Ⅱ. ①生… Ⅲ. ①环境影响—评价—资格考试—自学参考资料 Ⅳ. ① X820.3

中国版本图书馆CIP数据核字（2021）第043406号

出 版 人 武德凯
责任编辑 黄晓燕
责任校对 任 丽
封面设计 宋 瑞

出版发行 中国环境出版集团
（100062 北京市东城区广渠门内大街16号）
网 址：http://www.cesp.com.cn
电子邮箱：bjgl@cesp.com.cn
联系电话：010-67112765（编辑管理部）
010-67112735（第一分社）
发行热线：010-67125803，010-67113405（传真）
印 刷 北京建宏印刷有限公司
经 销 各地新华书店
版 次 2008年3月第1版 2021年5月第14版
印 次 2021年5月第1次印刷
开 本 787×960 1/16
印 张 36.75
字 数 680千字
定 价 80.00元

编写委员会

主　编　谭民强

副主编　郭二民　李忠华

编　委　王文娟　叶　斌　李宁宁　梁　鹏　董晓东

周　鹏　袁彦婷　何　浩　马德彭　李　峰

肖文帅　赵瑞霞　贾生元　丁　峰　易爱华

前言

为帮助环境影响评价工程师职业资格考试的应试人员在短时间内系统地学习和掌握知识点，提高考场实战能力，我中心于2007年组织国内环境影响评价领域的多位知名专家和管理工作者，结合多年的环境影响评价实践经验，依据《全国环境影响评价工程师职业资格考试大纲》，首次编辑出版了《全国环境影响评价工程师职业资格考试考点要点分析》这本参考用书，此后逐年进行修编。本书对考试大纲剖析详尽，知识点阐述透彻，架构清晰，重点突出，可作为技术人员的应试复习用书。

本书根据考试实践和《环境影响评价工程师职业资格考试大纲（2021年版）》修编，主要修编人员为：第一科目：李宁宁、赵瑞霞、李峰；第二科目：叶斌、董晓东、袁彦婷、马德鹏；第三科目：王文娟、梁鹏、丁峰、易爱华、何浩；第四科目：李忠华、周鹏、贾生元、肖文帅。

本书各版编写、修订和统稿人员同为本书作者。书中纰漏之处，恳请读者不吝指正。

编　者

2021年4月

目　录

第一科目　环境影响评价相关法律法规

考试目的： 通过本科目考试，检验具有一定实践经验的环境影响评价专业技术人员对从事环境影响评价所必需的法律法规、政策等相关知识了解、熟悉、掌握的程度和在环境影响评价及相关业务工作中正确理解、执行国家相关法律法规和政策的能力。

一、《中华人民共和国环境保护法》

（1）了解环境的含义

"第二条　本法所称环境，是指影响人类生存和发展的各种天然的和经过人工改造的自然因素的总体，包括大气、水、海洋、土地、矿藏、森林、草原、湿地、野生生物、自然遗迹、人文遗迹、自然保护区、风景名胜区、城市和乡村等。"

（2）掌握环境保护坚持的原则

"第五条　环境保护坚持保护优先、预防为主、综合治理、公众参与、损害担责的原则。"

（3）掌握依法进行环境影响评价的有关规定

"第十九条　编制有关开发利用规划，建设对环境有影响的项目，应当依法进行环境影响评价。

未依法进行环境影响评价的开发利用规划，不得组织实施；未依法进行环境影响评价的建设项目，不得开工建设。"

（4）掌握生态保护红线实行严格保护的有关规定

"第二十九条　国家在重点生态功能区、生态环境敏感区和脆弱区等区域划定生态保护红线，实行严格保护。

各级人民政府对具有代表性的各种类型的自然生态系统区域，珍稀、濒危的野生动植物自然分布区域，重要的水源涵养区域，具有重大科学文化价值的地质构造、著名溶洞和化石分布区、冰川、火山、温泉等自然遗迹，以及人文遗迹、古树名木，应当采取措施予以保护，严禁破坏。”

（5）熟悉开发利用资源环境保护的有关规定

“第三十条　开发利用自然资源，应当合理开发，保护生物多样性，保障生态安全，依法制定有关生态保护和恢复治理方案并予以实施。

引进外来物种以及研究、开发和利用生物技术，应当采取措施，防止对生物多样性的破坏。”

（6）熟悉加强农业和农村环境保护的有关规定

“第三十三条　各级人民政府应当加强对农业环境的保护，促进农业环境保护新技术的使用，加强对农业污染源的监测预警，统筹有关部门采取措施，防治土壤污染和土地沙化、盐渍化、贫瘠化、石漠化、地面沉降以及防治植被破坏、水土流失、水体富营养化、水源枯竭、种源灭绝等生态失调现象，推广植物病虫害的综合防治。

县级、乡级人民政府应当提高农村环境保护公共服务水平，推动农村环境综合整治。”

（7）掌握建设项目防治污染设施与主体工程“三同时”的有关规定

“第四十一条　建设项目中防治污染的设施，应当与主体工程同时设计、同时施工、同时投产使用。防治污染的设施应当符合经批准的环境影响评价文件的要求，不得擅自拆除或者闲置。”

（8）掌握排放污染物的企业事业单位和其他生产经营者防治环境污染和危害责任的有关规定

“第四十二条　排放污染物的企业事业单位和其他生产经营者，应当采取措施，防治在生产建设或者其他活动中产生的废气、废水、废渣、医疗废物、粉尘、恶臭气体、放射性物质以及噪声、振动、光辐射、电磁辐射等对环境的污染和危害。

排放污染物的企业事业单位，应当建立环境保护责任制度，明确单位负责人和相关人员的责任。

重点排污单位应当按照国家有关规定和监测规范安装使用监测设备，保证监测设备正常运行，保存原始监测记录。

严禁通过暗管、渗井、渗坑、灌注或者篡改、伪造监测数据，或者不正常运行防治污染设施等逃避监管的方式违法排放污染物。

第四十三条　排放污染物的企业事业单位和其他生产经营者，应当按照国家有关规定缴纳排污费。排污费应当全部专项用于环境污染防治，任何单位和个人不得截留、挤占或者挪作他用。

依照法律规定征收环境保护税的，不再征收排污费。”

（9）熟悉重点污染物排放总量控制制度、排污许可管理制度的有关规定

“第四十四条　国家实行重点污染物排放总量控制制度。重点污染物排放总量控制指标由国务院下达，省、自治区、直辖市人民政府分解落实。企业事业单位在执行国家和地方污染物排放标准的同时，应当遵守分解落实到本单位的重点污染物排放总量控制指标。

对超过国家重点污染物排放总量控制指标或者未完成国家确定的环境质量目标的地区，省级以上人民政府环境保护主管部门应当暂停审批其新增重点污染物排放总量的建设项目环境影响评价文件。

第四十五条　国家依照法律规定实行排污许可管理制度。实行排污许可管理的企业事业单位和其他生产经营者应当按照排污许可证的要求排放污染物；未取得排污许可证的，不得排放污染物。”

（10）熟悉严重污染环境的工艺、设备和产品淘汰制度的管理规定

“第四十六条　国家对严重污染环境的工艺、设备和产品实行淘汰制度。任何单位和个人不得生产、销售或者转移、使用严重污染环境的工艺、设备和产品。

禁止引进不符合我国环境保护规定的技术、设备、材料和产品。”

（11）了解突发环境事件的风险控制、应急准备、应急处置和事后恢复的有关规定

“第四十七条　各级人民政府及其有关部门和企业事业单位，应当依照《中华人民共和国突发事件应对法》的规定，做好突发环境事件的风险控制、应急准备、应急处置和事后恢复等工作。

县级以上人民政府应当建立环境污染公共监测预警机制，组织制定预警方案；环境受到污染，可能影响公众健康和环境安全时，依法及时公布预警信息，启动应急措施。

企业事业单位应当按照国家有关规定制定突发环境事件应急预案，报环境保护主管部门和有关部门备案。在发生或者可能发生突发环境事件时，企业事业单位应当立即采取措施处理，及时通报可能受到危害的单位和居民，并向环境保护主管部门和有关部门报告。

突发环境事件应急处置工作结束后，有关人民政府应当立即组织评估事件造成的环境影响和损失，并及时将评估结果向社会公布。”

（12）了解农业和农村环境污染防治的有关规定

“第四十九条　各级人民政府及其农业等有关部门和机构应当指导农业生产经营者科学种植和养殖，科学合理施用农药、化肥等农业投入品，科学处置农用薄膜、农作物秸秆等农业废弃物，防止农业面源污染。

禁止将不符合农用标准和环境保护标准的固体废物、废水施入农田。施用农药、化肥等农业投入品及进行灌溉，应当采取措施，防止重金属和其他有毒有害物质污染环境。

畜禽养殖场、养殖小区、定点屠宰企业等的选址、建设和管理应当符合有关法律法规规定。从事畜禽养殖和屠宰的单位和个人应当采取措施，对畜禽粪便、尸体和污水等废弃物进行科学处置，防止污染环境。

县级人民政府负责组织农村生活废弃物的处置工作。”

（13）了解环境影响报告书信息公开和公众参与的有关规定

“第五十六条　对依法应当编制环境影响报告书的建设项目，建设单位应当在编制时向可能受影响的公众说明情况，充分征求意见。

负责审批建设项目环境影响评价文件的部门在收到建设项目环境影响报告书后，除涉及国家秘密和商业秘密的事项外，应当全文公开；发现建设项目未充分征求公众意见的，应当责成建设单位征求公众意见。”

（14）了解违反环境影响评价相关规定应承担的法律责任

“第六十一条　建设单位未依法提交建设项目环境影响评价文件或者环境影响评价文件未经批准，擅自开工建设的，由负有环境保护监督管理职责的部门责令停止建设，处以罚款，并可以责令恢复原状。”

“第六十三条　企业事业单位和其他生产经营者有下列行为之一，尚不构成犯罪的，除依照有关法律法规规定予以处罚外，由县级以上人民政府环境保护主管部门或者其他有关部门将案件移送公安机关，对其直接负责的主管人员和其他直接责任人员，处十日以上十五日以下拘留；情节较轻的，处五日以上十日以下拘留：

（一）建设项目未依法进行环境影响评价，被责令停止建设，拒不执行的；

（二）违反法律规定，未取得排污许可证排放污染物，被责令停止排污，拒不执行的；

（三）通过暗管、渗井、渗坑、灌注或者篡改、伪造监测数据，或者不正常运行防治污染设施等逃避监管的方式违法排放污染物的；

（四）生产、使用国家明令禁止生产、使用的农药，被责令改正，拒不改正的。”

“第六十五条　环境影响评价机构、环境监测机构以及从事环境监测设备和防治污染设施维护、运营的机构，在有关环境服务活动中弄虚作假，对造成的环境污染和生态破坏负有责任的，除依照有关法律法规规定予以处罚外，还应当与造成环境污染和生态破坏的其他责任者承担连带责任。”

二、《中华人民共和国环境影响评价法》《规划环境影响评价条例》《建设项目环境保护管理条例》及配套的部门规章、规范性文件

（一）规划环境影响评价

（1）了解需进行环境影响评价的规划的范围

《中华人民共和国环境影响评价法》

“第七条　国务院有关部门、设区的市级以上地方人民政府及其有关部门，对其组织编制的土地利用的有关规划，区域、流域、海域的建设、开发利用规划，应当在规划编制过程中组织进行环境影响评价，编写该规划有关环境影响的篇章或者说明。

规划有关环境影响的篇章或者说明，应当对规划实施后可能造成的环境影响作出分析、预测和评估，提出预防或者减轻不良环境影响的对策和措施，作为规划草案的组成部分一并报送规划审批机关。

未编写有关环境影响的篇章或者说明的规划草案，审批机关不予审批。

第八条　国务院有关部门、设区的市级以上地方人民政府及其有关部门，对其组织编制的工业、农业、畜牧业、林业、能源、水利、交通、城市建设、旅游、自然资源开发的有关专项规划（以下简称专项规划），应当在该专项规划草案上报审批前，组织进行环境影响评价，并向审批该专项规划的机关提出环境影响报告书。

前款所列专项规划中的指导性规划，按照本法第七条的规定进行环境影响评价。

第九条　依照本法第七条、第八条的规定进行环境影响评价的规划的具体范围，由国务院生态环境主管部门会同国务院有关部门规定，报国务院批准。”

《关于印发〈编制环境影响报告书的规划的具体范围（试行）〉和〈编制环境影响篇章或说明的规划的具体范围（试行）〉的通知》（环发〔2004〕98 号）

“《编制环境影响报告书的规划的具体范围（试行）》

一、工业的有关专项规划

省级及设区的市级工业各行业规划

二、农业的有关专项规划

1．设区的市级以上种植业发展规划

2．省级及设区的市级渔业发展规划

3．省级及设区的市级乡镇企业发展规划

三、畜牧业的有关专项规划

1．省级及设区的市级畜牧业发展规划

2．省级及设区的市级草原建设、利用规划

四、能源的有关专项规划

1．油（气）田总体开发方案

2．设区的市级以上流域水电规划

五、水利的有关专项规划

1. 流域、区域涉及江河、湖泊开发利用的水资源开发利用综合规划和供水、水力发电等专业规划

2．设区的市级以上跨流域调水规划

3．设区的市级以上地下水资源开发利用规划

六、交通的有关专项规划

1. 流域（区域）、省级内河航运规划

2. 国道网、省道网及设区的市级交通规划

3．主要港口和地区性重要港口总体规划

4．城际铁路网建设规划

5．集装箱中心站布点规划

6．地方铁路建设规划

七、城市建设的有关专项规划

直辖市及设区的市级城市专项规划

八、旅游的有关专项规划

省及设区的市级旅游区的发展总体规划

九、自然资源开发的有关专项规划

1．矿产资源：设区的市级以上矿产资源开发利用规划

2．土地资源：设区市级以上土地开发整理规划

3．海洋资源：设区的市级以上海洋自然资源开发利用规划

4．气候资源：气候资源开发利用规划"

"《编制环境影响篇章或说明的规划的具体范围（试行）》

一、土地利用的有关规划

设区的市级以上土地利用总体规划

二、区域的建设、开发利用规划

国家经济区规划

三、流域的建设、开发利用规划

1．全国水资源战略规划
2．全国防洪规划
3．设区的市级以上防洪、治涝、灌溉规划
四、海域的建设、开发利用规划
设区的市级以上海域建设、开发利用规划
五、工业指导性专项规划
全国工业有关行业发展规划
六、农业指导性专项规划
1．设区的市级以上农业发展规划
2．全国乡镇企业发展规划
3．全国渔业发展规划
七、畜牧业指导性专项规划
1．全国畜牧业发展规划
2．全国草原建设、利用规划
八、林业指导性专项规划
1．设区的市级以上商品林造林规划（暂行）
2．设区的市级以上森林公园开发建设规划
九、能源指导性专项规划
1．设区的市级以上能源重点专项规划
2．设区的市级以上电力发展规划（流域水电规划除外）
3．设区的市级以上煤炭发展规划
4．油（气）发展规划
十、交通指导性专项规划
1．全国铁路建设规划
2．港口布局规划
3．民用机场总体规划
十一、城市建设指导性专项规划
1．直辖市及设区的市级城市总体规划（暂行）
2．设区的市级以上城镇体系规划
3．设区的市级以上风景名胜区总体规划
十二、旅游指导性专项规划
全国旅游区的总体发展规划
十三、自然资源开发指导性专项规划
设区的市级以上矿产资源勘察规划”

（2）掌握对规划进行环境影响评价应当分析、预测和评估的内容

《规划环境影响评价条例》

“第八条　对规划进行环境影响评价，应当分析、预测和评估以下内容：

（一）规划实施可能对相关区域、流域、海域生态系统产生的整体影响；

（二）规划实施可能对环境和人群健康产生的长远影响；

（三）规划实施的经济效益、社会效益与环境效益之间以及当前利益与长远利益之间的关系。”

（3）掌握规划有关环境影响篇章或者说明及专项规划环境影响报告书的内容

《中华人民共和国环境影响评价法》

第七条第二款

“规划有关环境影响的篇章或者说明，应当对规划实施后可能造成的环境影响作出分析、预测和评估，提出预防或者减轻不良环境影响的对策和措施，作为规划草案的组成部分一并报送规划审批机关。”

“第十条　专项规划的环境影响报告书应当包括下列内容：

（一）实施该规划对环境可能造成影响的分析、预测和评估；

（二）预防或者减轻不良环境影响的对策和措施；

（三）环境影响评价的结论。”

《规划环境影响评价条例》

“第十一条　环境影响篇章或者说明应当包括下列内容：

（一）规划实施对环境可能造成影响的分析、预测和评估。主要包括资源环境承载能力分析、不良环境影响的分析和预测以及与相关规划的环境协调性分析。

（二）预防或者减轻不良环境影响的对策和措施。主要包括预防或者减轻不良环境影响的政策、管理或者技术等措施。

环境影响报告书除包括上述内容外，还应当包括环境影响评价结论。主要包括规划草案的环境合理性和可行性，预防或者减轻不良环境影响的对策和措施的合理性和有效性，以及规划草案的调整建议。”

（4）了解规划环境影响评价公众参与的有关规定

《中华人民共和国环境影响评价法》

“第十一条　专项规划的编制机关对可能造成不良环境影响并直接涉及公众环境权益的规划，应当在该规划草案报送审批前，举行论证会、听证会，或者采取其他形式，征求有关单位、专家和公众对环境影响报告书草案的意见。但是，国家规定需要保密的情形除外。

编制机关应当认真考虑有关单位、专家和公众对环境影响报告书草案的意见，并应当在报送审查的环境影响报告书中附具对意见采纳或者不采纳的说明。”

《规划环境影响评价条例》

“第十三条　规划编制机关对可能造成不良环境影响并直接涉及公众环境权益的专项规划，应当在规划草案报送审批前，采取调查问卷、座谈会、论证会、听证会等形式，公开征求有关单位、专家和公众对环境影响报告书的意见。但是，依法需要保密的除外。

有关单位、专家和公众的意见与环境影响评价结论有重大分歧的，规划编制机关应当采取论证会、听证会等形式进一步论证。

规划编制机关应当在报送审查的环境影响报告书中附具对公众意见采纳与不采纳情况及其理由的说明。”

（5）熟悉专项规划环境影响报告书审查意见应当包括的内容

《规划环境影响评价条例》

“第十九条　审查小组的成员应当客观、公正、独立地对环境影响报告书提出书面审查意见，规划审批机关、规划编制机关、审查小组的召集部门不得干预。

审查意见应当包括下列内容：

（一）基础资料、数据的真实性；

（二）评价方法的适当性；

（三）环境影响分析、预测和评估的可靠性；

（四）预防或者减轻不良环境影响的对策和措施的合理性和有效性；

（五）公众意见采纳与不采纳情况及其理由的说明的合理性；

（六）环境影响评价结论的科学性。

审查意见应当经审查小组四分之三以上成员签字同意。审查小组成员有不同意见的，应当如实记录和反映。”

（6）了解审查小组应当提出对专项规划环境影响报告书进行修改并重新审查或者不予通过环境影响报告书意见的情形

《规划环境影响评价条例》

“第二十条　有下列情形之一的，审查小组应当提出对环境影响报告书进行修改并重新审查的意见：

（一）基础资料、数据失实的；

（二）评价方法选择不当的；

（三）对不良环境影响的分析、预测和评估不准确、不深入，需要进一步论证的；

（四）预防或者减轻不良环境影响的对策和措施存在严重缺陷的；

（五）环境影响评价结论不明确、不合理或者错误的；

（六）未附具对公众意见采纳与不采纳情况及其理由的说明，或者不采纳公众意见的理由明显不合理的；

（七）内容存在其他重大缺陷或者遗漏的。

第二十一条　有下列情形之一的，审查小组应当提出不予通过环境影响报告书的意见：

（一）依据现有知识水平和技术条件，对规划实施可能产生的不良环境影响的程度或者范围不能作出科学判断的；

（二）规划实施可能造成重大不良环境影响，并且无法提出切实可行的预防或者减轻对策和措施的。”

（7）熟悉规划环境影响跟踪评价的有关规定

《中华人民共和国环境影响评价法》

“第十五条　对环境有重大影响的规划实施后，编制机关应当及时组织环境影响的跟踪评价，并将评价结果报告审批机关；发现有明显不良环境影响的，应当及时提出改进措施。”

《规划环境影响评价条例》

“第二十四条　对环境有重大影响的规划实施后，规划编制机关应当及时组织规划环境影响的跟踪评价，将评价结果报告规划审批机关，并通报环境保护等有关部门。

第二十五条　规划环境影响的跟踪评价应当包括下列内容：

（一）规划实施后实际产生的环境影响与环境影响评价文件预测可能产生的环境影响之间的比较分析和评估；

（二）规划实施中所采取的预防或者减轻不良环境影响的对策和措施有效性的分析和评估；

（三）公众对规划实施所产生的环境影响的意见；

（四）跟踪评价的结论。

第二十六条　规划编制机关对规划环境影响进行跟踪评价，应当采取调查问卷、现场走访、座谈会等形式征求有关单位、专家和公众的意见。

第二十七条　规划实施过程中产生重大不良环境影响的，规划编制机关应当及时提出改进措施，向规划审批机关报告，并通报环境保护等有关部门。

第二十八条　环境保护主管部门发现规划实施过程中产生重大不良环境影响的，应当及时进行核查。经核查属实的，向规划审批机关提出采取改进措施或者修订规划的建议。

第二十九条　规划审批机关在接到规划编制机关的报告或者环境保护主管部门的建议后，应当及时组织论证，并根据论证结果采取改进措施或者对规划进行修订。

第三十条　规划实施区域的重点污染物排放总量超过国家或者地方规定的总量控制指标的，应当暂停审批该规划实施区域内新增该重点污染物排放总量的建设项目的环境影响评价文件。”

（8）了解规划编制机关、规划审批机关、规划环境影响评价技术机构在规划环境影响评价中应承担的法律责任

《规划环境影响评价条例》

“第三十一条　规划编制机关在组织环境影响评价时弄虚作假或者有失职行为，造成环境影响评价严重失实的，对直接负责的主管人员和其他直接责任人员，依法给予处分。

第三十二条　规划审批机关有下列行为之一的，对直接负责的主管人员和其他直接责任人员，依法给予处分：

（一）对依法应当编写而未编写环境影响篇章或者说明的综合性规划草案和专项规划中的指导性规划草案，予以批准的；

（二）对依法应当附送而未附送环境影响报告书的专项规划草案，或者对环境影响报告书未经审查小组审查的专项规划草案，予以批准的。”

“第三十四条　规划环境影响评价技术机构弄虚作假或者有失职行为，造成环境影响评价文件严重失实的，由国务院环境保护主管部门予以通报，处所收费用1倍以上3倍以下的罚款；构成犯罪的，依法追究刑事责任。”

（9）掌握规划环境影响评价与建设项目环境影响评价联动的有关规定

《规划环境影响评价条例》

“第二十三条　已经进行环境影响评价的规划包含具体建设项目的，规划的环境影响评价结论应当作为建设项目环境影响评价的重要依据，建设项目环境影响评价的内容可以根据规划环境影响评价的分析论证情况予以简化。”

《中华人民共和国环境影响评价法》

“第十八条　建设项目的环境影响评价，应当避免与规划的环境影响评价相重复。

作为一项整体建设项目的规划，按照建设项目进行环境影响评价，不进行规划的环境影响评价。

已经进行了环境影响评价的规划包含具体建设项目的，规划的环境影响评价结论应当作为建设项目环境影响评价的重要依据，建设项目环境影响评价的内容应当根据规划的环境影响评价审查意见予以简化。”

《关于加强规划环境影响评价与建设项目环境影响评价联动工作的意见》（环发〔2015〕178号）

“一、开展联动工作的总体要求

（一）切实加强规划环评工作，从决策源头预防环境污染，是创新管理方式，做好项目环评审批简政放权、加强事中事后监管的有效手段。加强规划环评与项目环评联动，是指进一步强化规划环评对项目环评的指导和约束作用，并在建设项目环境保护管理中落实规划环评的成果，切实发挥规划和项目环评预防环境污染和生态破坏的作用。

（二）加强规划环评与项目环评联动，必须以提高规划环评工作的质量为前提。各级环保部门在召集审查小组对规划环境影响报告书进行审查时，应将规划环评工作任务完成情况及规划环评结论的科学性作为审查的重点，充分关注规划环评结论对于建设项目环评的指导和约束作用。

（三）对于已经完成规划环评主要工作任务的重点领域规划，可以实施规划环评与规划所包含的项目环评的联动工作。经审查小组审查发现规划环评没有完成主要工作任务的，应采用适当方式建议有关部门对规划环评进行完善并经审查小组审查后方能开展联动工作。

（四）本意见所指重点领域的规划环评是指包含重大项目布局、结构、规模等的规划环评，暂限定于本意见（五）至（九）中所列的相关领域规划环评。对于具有指导意义的综合性规划，其规划环评原则上不作为与项目环评联动的依据。

二、重点领域规划环评的主要工作任务

（五）产业园区规划环评。应以推进区域环境质量改善以及做好园区环境风险防控为目标，在判别园区现有资源、环境重大问题的基础上，基于区域资源环境承载能力，针对园区规划方案，在主体功能区规划、城市总体规划尺度上判定园区选址、布局和主导产业选择的环境合理性，提出优化产业定位、布局、结构、规模以及重大环境基础设施建设方案的建议；提出园区污染物排放总量上限要求和环境准入条件，并结合城市或区域环境目标提出园区产业发展的负面清单。

（六）公路、铁路及轨道交通规划环评。目前主要包括城市轨道交通建设规划、区域城际铁路建设规划及国家和省级公路网规划等，其环评应结合线路走向及规模，从维护区域生态系统完整性和稳定性、协调与城镇生活空间布局关系的角度，论证线网规模、布局、敷设方式和重要站场的环境合理性，提出选址、选线及避让生态环境敏感目标和重要生态环境功能区等要求，明确生态环境保护的对策措施。

（七）港口、航道规划环评。应结合流域、海域资源环境承载能力，从维护生态系统安全、促进区域岸线资源可持续利用、严守生态保护红线等角度，明确提出优化港口和航道功能与作业区布局方案，对规划所含或所涉及项目的布局、规模、结构、货种及建设时序等提出优化调整建议，明确预防和减缓不利环境影响的对策措施。

（八）矿产资源开发规划环评。应结合区域资源环境特征，主体功能区规划和生态保护红线管理等要求，从维护生态系统完整性和稳定性的角度，明确禁止开发的红线区域和规划实施的关键性制约因素，提出优化矿产资源开发的布局、规模、开发方式、建设时序等建议，合理确定开发方案，明确预防和减缓不利环境影响的对策措施。

（九）水利水电开发规划环评。应加强规划实施对区域、流域生态系统及生态环境敏感目标造成的长期累积性影响评价，提出区域资源环境要素的优化配置方案，结合生态保护红线和生态系统整体性保护要求，划定禁止或限制开发的红线区域、流域范围，控制开发强度，优化开发方案。

（十）重点领域的规划环境影响报告书，应结合具体规划特征和环评工作成果，在环评结论中提出对规划所包含的项目环评的指导意见。对于项目环评可以简化的内容，应提出合理的简化清单；对于需在项目环评阶段深入论证的，应提出论证的重点内容。

（十一）各级环保部门在召集审查重点领域规划环境影响报告书时，应将对项目环评的指导意见作为审查的重要内容，并在审查意见中给予明确。经审查小组认可的对项目环评的指导意见，可以作为开展规划环评与项目环评联动的依据。

三、加强项目环评对规划环评落实情况的联动反馈

（十二）各级环保部门在审批项目环评文件前，应认真分析项目涉及的规划及其环评情况，并将与规划环评结论及审查意见的符合性作为项目环评文件审批的重要依据。

（十三）对符合规划环评结论及审查意见要求的建设项目，其环评文件应按照规划环评的意见进行简化；对于明显不符合相关规划环评结论及审查意见的项目环评文件，各级环保部门应将与规划环评结论的符合性作为项目审批的依据之一；对于要求项目环评中深入论证的内容，应强化论证。

（十四）按照规划环评结论和审查意见，对于相关项目环评应简化的内容，可采用在项目环评文件中引用规划环评结论、减少环评文件内容或章节等方式实现。

（十五）对于在项目环评审查中，发现规划环境影响报告书经审查没有完成

相应工作任务、不能为项目环评提供指导和约束的，或是发现相关规划在实施过程中产生重大不良影响的，或是规划环评结论与审查意见未得到有效落实的，有关单位和各级环保部门不得以规划已开展环评为理由，随意简化规划所包含项目环评的工作内容，甚至降低评价类别。环保部门可以向有关规划审批机关提出相关改进措施或建议。

（十六）关于重点产业园区项目环评的管理方式，我部将组织推动开展产业园区规划环评“清单管理”和与项目环评联动的试点工作，鼓励地方环保部门向我部申请组织开展试点，针对试点园区，稳步推进园区项目环评审批改革。”

（10）掌握重点领域规划环境影响评价的有关要求

《关于进一步加强产业园区规划环境影响评价工作的意见》（环环评〔2020〕65 号）

“一、总体要求

（一）编制产业园区开发建设规划时应依法开展规划环评。国务院及其有关部门、省级人民政府批准设立的经济技术开发区、高新技术产业开发区、旅游度假区等产业园区以及设区的市级人民政府批准设立的各类产业园区，在编制开发建设有关规划时，应依法开展规划环评工作，编制环境影响报告书。在规划审批前，报送相应生态环境主管部门召集审查。产业园区开发建设规划应符合国家政策和相关法律法规要求，规划发生重大调整或修订的，应当依法重新或补充开展规划环评工作。省级生态环境主管部门可根据本省人民政府有关规定，研究确定本行政区域开展规划环评的产业园区范围。

（二）产业园区规划环评结论及审查意见应依法作为规划审批决策的依据。规划环评应重点围绕产业园区产业定位、布局、结构、规模、实施时序以及产业园区重大基础设施建设等内容，从生态环境保护角度提出优化调整建议和减缓不良环境影响的对策措施。规划审批机关在审批规划时，应将规划环评结论及审查意见作为决策的重要依据，在审批中未采纳环境影响报告书结论及审查意见的，应当作出说明并存档备查。

（三）产业园区规划环评是入园建设项目环评工作的重要依据。入园建设项目开展环评工作时，应以产业园区规划环评为依据，重点分析项目环评与规划环评结论及审查意见的符合性；产业园区招商引资、入园建设项目环评审批等应将规划环评结论及审查意见作为重要依据。

二、落实产业园区管理机构主体责任

（四）对环境影响报告书的质量和结论负责。产业园区管理机构应按照环境影响评价法和《规划环境影响评价条例》要求，在编制（修编）产业园区开发建设规划时，同步组织开展环评工作。工作过程中，如实提供基础资料，重视规划实施面临的生态环境制约，认真研究规划环评技术机构提出的优化调整建议，依法征求相关部门、专家和公众的意见，涉及重点区域、重点行业且跨区域环境影响的规划，还应依照相关规定组织开展环评会商。切实担负起规划环评的主体责任，对规划环评的质量和结论负责，并接受所属人民政府的监督。

（五）落实规划环评及相关环保要求。产业园区管理机构应将规划环评结论及审查意见落实到规划中。负责统筹区域内生态环境基础设施建设，不得引入不符合规划环评结论及审查意见的入园建设项目；对现有生态环境问题组织整改，落实污染物总量控制和减排任务，督促污染企业做好退出地块的土壤、地下水等风险防控工作；加强产业园区环境风险防控体系建设并编制应急预案，细化明确产业园区及区内企业环境风险防范责任，与地方政府应急预案做好衔接联动，切实做好环境风险防范工作。

（六）组织开展规划环境影响跟踪评价。对可能导致区域环境质量下降、生态功能退化，实施五年以上且未发生重大调整的规划，产业园区管理机构应及时开展环境影响跟踪评价工作，编制规划环境影响跟踪评价报告。环境影响跟踪评价报告应包括对已实施规划内容的评估和后续规划内容的优化调整建议，评价结论应报告相关生态环境主管部门。生态环境主管部门可结合实际情况对评价结果作出反馈。

（七）共享产业园区环境质量和规划环评信息。统筹安排产业园区环境监测监控网络建设，大气、水等环境质量和污染源在线监测结果与当地生态环境主管部门联网，非在线数据存档备查，督促排污企业落实自行监测责任，建立产业园区规划环评文件、环境质量监测数据等信息共享工作机制并与入园建设项目及时共享。

（八）规划环评技术机构应提供客观科学的技术服务。受产业园区管理机构委托承担规划环评工作的技术机构，应恪守职业道德，提高技术能力，加强规划环评质量管理，按照相关技术导则和规范开展工作。如实向产业园区管理机构反映区域存在的生态环境问题和规划实施面临的生态环境制约因素，在规划环评阶段与园区管理机构保持充分互动，客观、科学地提出规划方案优化调整建议、污染物减排建议和减缓不良环境影响的对策措施，切实发挥技术支撑作用。

三、严格审查把关

（九）依法依规召集审查。产业园区规划环境影响报告书原则上由批准设立该产业园区的人民政府所属生态环境主管部门召集审查。各省（区、市）对于省级以下产业园区规划环境影响报告书审查另有规定的，按照地方有关法规执行。

（十）探索审查与生态环境分区管控衔接。已经发布“三线一单”（生态保护红线、环境质量底线、资源利用上线和生态环境准入清单）生态环境分区管控方案并组织实施的省份，其行政区域内国家级产业园区规划环境影响报告书可由生态环境部委托其所在省级生态环境主管部门召集审查，审查意见抄报生态环境部；具体委托工作由各省（区、市）结合实际需求向生态环境部提出申请。省级以下产业园区规划环境影响报告书审查与生态环境分区管控的衔接，可按照省级人民政府规定统筹安排。

（十一）突出审查重点。各级生态环境主管部门依法召集有关部门代表和专家组成审查小组，对环境影响报告书基础资料和数据的真实性，评价方法的适当性，环境影响分析、预测和评估的可靠性，以及衔接落实区域生态环境分区管控要求的情况，规划方案及优化调整建议的可行性，预防或者减轻不良环境影响的对策和措施的合理性和有效性，公众意见采纳与不采纳情况及其理由说明的合理性，环境影响评价结论的科学性等进行审查，重点关注产业园区存在的主要生态环境问题，形成客观、公正、独立的审查意见。

四、切实发挥效力

（十二）聚焦产业园区生态环境质量改善。坚持以生态环境质量改善、防范环境风险为核心，系统梳理区域存在的环境问题，明确制约产业园区环境质量改善的主要因素，落实排污许可证全覆盖工作部署，调查产业园区主要污染行业、污染源和污染物，分析主要污染物排放情况和减排潜力，预测规划实施可能产生的不良环境影响，从生态环境保护角度对规划的产业定位、布局、结构、发展规模、建设时序、运输方式及产业园区循环化和生态化建设等方面提出优化调整建议，推进区域生态环境质量改善。

（十三）优化产业园区基础设施建设。深入论证园区所涉及的集中供水、供热、污水处理、中水回用及配套管网、一般固体废物和危险废物集中贮存和处理处置、交通运输等基础设施建设方案的环境合理性和可行性。从产业园区基础设施选址、规模、工艺、建设时序或区域基础设施共建共享等方面提出优化调整建议。

（十四）推动建立健全环境风险防控体系。涉及易燃易爆、有毒有害危险物质生产、使用、贮存等的产业园区，应强化环境风险评价。重点关注对周边生态环境敏感目标的影响，强化产业园区环境监测与预警能力建设、环境风险应急与防范措施，从产业园区风险防控体系建设、突发环境事件响应与管理等方面提出对策建议。推动建立责任明确、联动有序，涵盖企业、产业园区、地方政府的环境风险防控体系，强化对入园建设项目环境风险评价的指导。

五、做好规划环评与项目环评联动

（十五）强化入园建设项目环评指导。产业园区规划环评结论及审查意见被产业园区管理机构和规划审批机关采纳的，其入园建设项目的环评内容可以适当简化。简化内容包括：符合产业园区规划环评结论及审查意见的入园建设项目政策规划符合性分析、选址的环境合理性和可行性论证；符合时效性要求的区域生态环境现状调查评价（区域环境质量呈下降趋势或项目新增特征污染物的除外）；入园建设项目依托的集中供热、污水处理、固体废物处理处置、交通运输等基础设施已按产业园区规划环评要求建设并运行的相关评价内容。

（十六）探索入园建设项目环评改革试点。鼓励满足如下条件的地方开展国家级和省级产业园区试点改革工作：产业园区已依法完成规划环评工作，且采纳落实了规划环评结论及审查意见；省级人民政府已经制定发布或授权制定区域环评审批负面清单、严格环评管理重点行业名录等，对入园建设项目污染和环境风险能有效防控；产业园区环境质量稳定达标且持续改善；产业园区环境基础设施完善、运行稳定，环境管理和风险防控体系健全且近 5 年内未发生重大环境事件。

开展试点的省级生态环境主管部门，要依照省级政府规定，明确上述试点工作的具体范围、任务及要求，及时总结试点工作进展成效、存在问题，不断完善相关工作，并将试点工作情况报送生态环境部，试点期限不超过 2 年。产业园区内共用污染治理设施或废水排放口的排污单位，要进一步优化排污许可管理，明确责任。

六、切实加强监管

（十七）加强对规划环评质量的监管。各级生态环境主管部门发现规划环境影响报告书质量存在基础资料严重失实、不符合法律法规要求、不能为规划优化调整提供技术支撑，甚至出现弄虚作假等情形的，可依法依规对产业园区管理机构及其委托的规划环评技术机构予以处理。产业园区管理机构未开展规划环评、未落实相关要求，或在组织开展环评时存在弄虚作假等失职行为的，各级生态环境主管部门可通过约谈、通报等方式督促整改，并将有关信息及时反馈生态环境保护督察。规范规划环评审查专家库管理，对审查中存在弄虚作假或失职行为的，依法取消其资格并予以公告，审查小组的部门代表有上述行为的，应通报其所在部门，依法给予处分。

生态环境部将建立健全规划环评跟踪监管长效机制，定期调度产业园区规划环评及跟踪评价开展、落实情况，采取“定期检查+不定期抽查”相结合的方式加大规划环境影响报告书质量监管。重点检查编制质量及规划环评落实情况，对编制质量差、规划环评落实不力的相关责任主体公开曝光并依法依规处理。

（十八）强化对规划环评效力的监管。各级生态环境主管部门应加强规划实施跟踪监管，依法对已发生重大不良影响的规划及时组织核查，评估规划环评实施效果及产生重大不良环境影响的主要原因，根据核查情况向规划审批机关和产业园区管理机构提出修订规划或者采取改进措施的建议。地方各级生态环境主管部门要加强对产业园区环境质量变化情况以及污染物排放情况的监管，强化对重污染或涉有毒有害污染物排放产业园区的环境质量例行监测，依法开展执法监测，落实监管责任。

（十九）加快推动信息化建设和成果共享。省级生态环境主管部门每年组织对省级及以下产业园区的规划环评和跟踪评价开展、落实情况进行调度，及时理清行政区域内产业园区底数，加快推动规划环评报送、规划环评审查及落实情况、公开与通报等信息化建设，推进规划环评、项目环评成果的共享共用。

（二十）严格落实规划环评要求。各级生态环境主管部门和行政审批部门应把规划环评结论及审查意见的符合性作为入园建设项目环评审批的重要依据。落实好产业园区规划环评对项目环评的指导要求，按要求可以简化内容的项目环评，不再增加相关环评内容要求。规划环评提出需要深入论证的，在项目环评审批阶段应重点把关。

（二十一）县级人民政府批准设立的各类产业园区规划环评工作可参照本意见执行。”

《关于进一步加强煤炭资源开发环境影响评价管理的通知》（环环评〔2020〕63号）

“一、规范规划环评管理

（一）经批准的煤炭矿区总体规划，是煤矿项目核准、建设、生产的基本依据。发展改革（能源主管）部门在组织编制煤炭矿区总体规划时，应坚持“生态优先、绿色发展”的理念，根据法律法规要求，同步组织开展规划环评工作，编制环境影响报告书。

（二）在编制煤炭矿区总体规划环境影响报告书时，应依据国土空间规划和生态保护红线、自然保护地管理要求等，结合所在省（自治区、直辖市）“三线一单”成果，在报告书中明确禁止开发的区域。结合区域生态环境现状、地表水及地下水资源分布等因素，以及规划实施与空间管控要求、资源利用总量和效率、生态环境质量改善目标的关系，科学预测、分析和评估规划实施的生态环境影响，提出预防或减轻不良影响的对策和措施，形成包括规划草案的环境合理性和可行性，预防或者减轻不良环境影响的对策和措施的合理性和有效性，以及关于规划草案布局、规模、开发方式等方面调整建议的环评结论。

（三）负责编制规划的发展改革（能源主管）部门在报批煤炭矿区总体规划草案前，应将规划环评文件报送与规划审批部门同级的生态环境主管部门，并抄送负责审批规划的发展改革（能源主管）部门。生态环境主管部门会同负责审批规划的发展改革（能源主管）部门召集有关部门代表和专家组成审查小组，对环境影响报告书进行审查。审查小组应当提出书面审查意见，生态环境主管部门应及时将意见印送给相关部门。

（四）审查小组提出修改意见的，负责编制规划的发展改革（能源主管）部门应当根据环境影响报告书结论和审查意见对规划草案进行修改完善，并对环境影响报告书结论和审查意见的采纳情况作出说明；不采纳的，应当说明理由。

负责编制规划的发展改革（能源主管）部门，应当将修改完善后的规划环境影响报告书、审查意见及采纳落实情况，与矿区总体规划草案一并报送负责审批规划的发展改革（能源主管）部门。未附送的，规划审批机关应当要求其补充；未补充的，不予审批。

负责审批规划的发展改革（能源主管）部门在审批规划草案时，应将规划环境影响报告书结论和审查意见作为矿区总体规划批准的重要依据，在审批中未采纳规划环境影响报告书结论和审查意见的，应当作出说明，并存档备查。

（五）对已批准的煤炭矿区总体规划，发生下列情形之一的，属于规划的重大调整，应编制煤炭矿区总体规划（修改版），同步开展规划环评，并按程序报批（审）：

1．矿区主要边界调整导致规划面积扩大的；

2．新增井（矿）田的；

3．原规划井（矿）田合并或分立时，增加涉及的井（矿）田总规模的；

4．矿区内已有生产建设煤矿总规模（已建成煤矿和已核准建设煤矿产能之和）超过原矿区规划总规模的；

5．单个煤矿建设规模（生产能力）增加幅度超过规划确定规模30%及以上的；

6．涉及的自然保护地或生态保护红线增多且影响明显的；

7．开采方式（露天或井工）变化的；

8．其他规定的情形。

属于矿区边界范围缩小、矿区内井（矿）田合并或分立且不增加涉及的井（矿）田总规模等规划非重大调整情形的，应编制煤炭矿区总体规划局部调整方案报原规划审批机关同意，原规划审批机关应将同意后的调整方案，抄送原出具规划环评审查意见的生态环境主管部门。

（六）对于有重大生态环境影响的煤炭矿区总体规划，负责编制规划的发展改革（能源主管）部门应及时组织规划环境影响的跟踪评价，将评价结果报告规划审批机关，并通报出具规划环评审查意见的生态环境主管部门。矿区总体规划实施过程中产生重大不良环境影响的，负责编制规划的发展改革（能源主管）部门应当及时提出并落实改进措施，向有关部门报告。

发展改革（能源主管）部门开展煤炭矿区总体规划实施评估时，应当将规划环评落实情况和效果等纳入其中。

（七）未依法进行环评的煤炭矿区总体规划，不得组织实施；对不符合煤炭矿区总体规划要求的项目，发展改革（能源主管）部门不予核准。生态环境主管部门应将与矿区总体规划及其环评的符合性作为规划所包含项目环评文件审批的重要依据，对不符合要求的，不予审批其项目环评文件。对符合规划环评结论和审查意见的建设项目，其建设项目环评文件可依据规划环评审查意见对区域环境质量现状、规划协调性分析等内容适当简化。”

《关于进一步加强公路水路交通运输规划环境影响评价工作的通知》（环发〔2012〕49号）

“一、严格执行规划环境影响评价制度

（一）交通运输行政主管部门在组织编制公路水路交通运输规划时，应根据《规划环境影响评价条例》和《国务院关于加强环境保护重点工作的意见》的要求，严格执行规划环境影响评价制度，同步组织开展规划环境影响评价工作。已批准的规划在实施范围、适用期限、规模、结构和布局等方面进行重大调整或修订的，应当重新或补充进行环境影响评价。

（二）交通运输部门在报送公路水路交通运输规划草案时，应将环境影响篇章或说明、环境影响报告书连同规划草案一并报送规划审批机关。未依法编写环境影响篇章或说明、环境影响报告书的，规划审批机关应当要求其补充；未补充的，规划审批机关不予审批。

二、公路水路交通运输规划环境影响评价的范围规定

（三）公路水路交通运输规划开展环境影响评价的具体范围，原则上按原国家环保总局《关于印发〈编制环境影响报告书的规划的具体范围（试行）〉和〈编制环境影响篇章或说明的规划的具体范围（试行）〉的通知》（环发〔2004〕98号）执行。

（四）需编写环境影响篇章或说明的公路水路交通运输规划主要包括港口布局规划、航道布局规划、公路运输枢纽总体布局规划以及其他指导性的交通运输规划（即以发展战略为主要内容，提出预测性、参考性指标的一类规划）。

（五）需编制环境影响报告书的公路水路交通运输规划主要包括：综合交通运输体系规划、流域（区域）和省级内河航道建设规划、主要港口和地区性重要港口总体规划、公路运输枢纽总体规划、国（省）道公路网规划以及设区的城市综合交通体系规划等交通运输规划。

三、公路水路交通运输规划环境影响评价的基本要求

（六）综合交通运输体系规划环境影响评价，应立足当地资源环境特点，重点分析综合交通运输体系规划实施的环境制约因素，预测分析综合交通运输体系规划实施对区域资源环境的直接、间接和累积影响，并提出规划优化调整建议和减轻环境影响的针对性措施。

（七）国（省）道公路网规划、公路运输枢纽总体规划环境影响评价，应对规划实施后可能造成的环境影响进行分析、预测和评估、并结合生态功能区划、土地利用总体规划、声环境功能区划及其他相关规划，按照“统筹规划、合理布局、保护生态、有序发展”的原则，科学合理地确定公路网、公路运输枢纽布局、规模和技术标准，优化交通运输资源配置，完善公路网络结构，从源头预防或减轻公路建设的生态环境影响。

（八）港口总体规划环境影响评价，应重点分析港口开发与海洋功能区划、环境功能区划、自然保护区等的协调性，综合判断港口开发对区域资源环境可能带来的不良影响，提出预防或减轻环境影响的对策措施，从源头避免港口开发建设的生态环境影响，促进港口发展与环境保护的全面协调可持续发展（港口总体规划环境影响评价具体要求参见附件一）。

（九）航道建设规划环境影响评价，要坚持合理利用资源，维护生态平衡；涉及航电枢纽建设的，要贯彻落实“生态优先、统筹考虑、适度开发、确保底线”基本原则，重点关注规划实施可能产生的重大生态环境影响，促进内河航运的健康可持续发展（航道建设规划环境影响评价具体要求参见附件二）。”

《关于进一步加强水生生物资源保护　严格环境影响评价管理的通知》（环发〔2013〕86号）

“一、编制区域、流域、海域的建设、开发利用规划等综合性规划，以及工业、农业、畜牧业、林业、能源、水利、交通、城市建设、旅游、自然资源开发等专项规划，应依法开展环境影响评价。其中，对水生生物产卵场、索饵场、越冬场以及洄游通道可能造成不良影响的开发建设规划，在环境影响评价中应进一步强化以下内容：

（一）将重要水生物种资源及其关键栖息场所列为敏感目标，开展重要水生物种资源及其关键栖息场所等调查监测，科学客观地评价规划实施可能带来的长期影响，并按照避让、减缓、恢复的顺序提出切实可行的建议和对策措施。

（二）规划涉及港口、码头、桥梁、航道整治疏浚等涉水工程以及围填海等海岸工程的，应综合评估规划实施可能造成的底栖生物、鱼卵、仔稚鱼等水生生物资源的损失和长期影响。

（三）规划涉及水利、水电、航电等筑坝工程的，应调查洄游性水生生物情

况，调查影响区域内漂流性鱼卵的生产和生长习性、调查影响区域内水生生物产卵场等关键栖息场所分布状况，全面评估规划实施对洄游性水生生物和生物种群结构的影响。

二、各级环境保护部门在召集港口、码头、桥梁、航道、水电、航电、水利等开发建设规划环境影响报告书审查时，涉及可能对水生生物资源及其生境造成不良影响的，应严格执行以下要求：

（一）将渔业部门以及水生生态、水生生物资源、渔业资源（重点是鱼类）保护等方面的专家纳入审查小组。

（二）审查小组应将水生生物影响评价内容和有关结论作为审查重点之一，对可能造成重大不良环境影响的规划方案，应在书面审查意见中给出明确结论。

（三）审查小组成员应当客观、公正、独立地对环境影响报告书提出书面审查意见，规划审批机关、规划编制机关、审查小组的召集部门不得干预。”

《关于进一步加强水利规划环境影响评价工作的通知》（环发〔2014〕43号）

“一、严格执行规划环境影响评价制度

（一）水行政主管部门在组织编制有关水利规划时，应根据法律法规的要求，严格执行规划环境影响评价制度，同步组织开展规划环境影响评价工作。对已经批准的规划在实施范围、适用期限、规模、结构和布局等方面进行重大调整或修订的，应当依法重新或补充进行环境影响评价。

（二）规划编制单位在报送水利规划草案时，应将环境影响篇章或说明（作为规划草案的组成部分）、环境影响报告书一并报送规划审批机关。未依法编写环境影响篇章或说明、环境影响报告书的，规划审批机关应当要求其补充；未补充的，规划审批机关不予审批。

二、水利规划环境影响评价的范围规定

（三）需编写环境影响篇章或说明的水利规划包括：水资源战略（综合）规划及水中长期供求规划等涉及水利可持续发展的战略规划；水利发展规划；防洪、治涝、抗旱、灌溉、采砂管理等专业规划或专项规划。

（四）需编制环境影响报告书的水利规划包括：流域综合规划；水力发电、水资源开发利用（含供水）等专业规划；河口整治、水库建设、跨流域调水等专项规划。作为一项整体建设项目的水利规划，按照建设项目进行环境影响评价，不进行规划的环境影响评价，其具体范围的界定标准由水利部会同环境保护部制定发布后实施。

三、水利规划环境影响评价的基本要求

（五）水利规划环境影响评价，应当树立尊重自然、顺应自然、保护自然的生态文明理念，坚持节约优先、保护优先、自然恢复为主的方针，落实流域统筹、综合规划要求，促进干支流、上下游科学有序开发。

（六）水利规划环境影响评价，应当从经济、社会可持续发展、水资源可持续利用和维护流域生态安全的角度，全面评价规划实施可能对流域生态系统产生的整体影响、对环境及人群健康产生的长远影响，评价规划实施的经济效益、社会效益与环境效益之间以及当前利益与长远利益之间的关系。

（七）水利规划环境影响评价，应当依据国家有关法律法规，按照有关技术导则和规范的要求，结合自然环境特征和水利规划特点，重点分析与相关政策法规、全国主体功能区规划及其他相关功能区划等的符合性；识别规划实施可能影响的自然保护区、风景名胜区、饮用水水源保护区、珍稀动植物生境、历史文化遗迹等重要环境敏感区及其他资源环境制约因素；预测规划实施可能对生态环境造成的直接、间接和累积性影响；提出预防或减轻不良环境影响的对策措施。编制环境影响报告书的，还应包括规划草案的环境合理性和可行性、预防或减轻不良环境影响的对策和措施的合理性和有效性，以及规划草案的调整建议等环境影响评价结论。”

《关于做好煤电基地规划环境影响评价工作的通知》（环办〔2014〕60号）

“一、强化煤电基地规划环境影响评价管理

（一）编制煤电基地规划，应严格依法做好环境影响评价，在规划草案报送前编制完成规划环境影响报告书，并报送负责召集审查的环境保护部门。煤电基地规划范围、布局、结构、规模等发生重大调整或修订的，应依法重新或补充进行规划环境影响评价。

（二）煤电基地规划环境影响评价应尽早介入，贯穿规划编制的全过程。环境影响报告书编制单位应及时将规划草案的资源环境制约、可能产生的环境问题和优化调整建议，反馈规划编制机关，在规划方案的制定完善中予以充分体现。

（三）煤电基地规划环境影响报告书和审查意见应与规划草案一并报送规划审批机关，作为规划决策和实施的重要依据。

（四）规划的环境影响评价结论应作为建设项目环境影响评价的重要依据，建设项目环境影响评价内容可以根据规划环境影响评价的分析论证情况予以简化。对未完成环境影响评价工作的规划，环境保护部门不予受理规划中建设项目的环境影响评价文件。

二、煤电基地规划环境影响评价的总体要求

（五）科学调控发展规模。坚持保护优先，依据区域资源环境承载能力，以确保生态环境质量不降低和大气污染防治目标实现为前提，深入论证煤电基地发展规模的环境合理性，推动煤电基地适度、有序发展。

（六）优化煤电基地发展布局。严格落实大气污染防治重点区域和重点控制区煤电准入要求，依据区域大气环境容量和地形、气象条件，避让、减缓对环境敏感目标的不利影响，优化电源点布局。

（七）统筹区域内相关产业结构。推进科学配置区域资源环境要素，有保有压，优化煤电上下游产业链条，提升相关产业资源环境效率，推动循环绿色发展。

三、煤电基地规划环境影响评价应重点做好的工作

（八）与相关规划等的协调性分析。应重点分析煤电基地规划与主体功能区规划、生态功能区划、环保政策和规划等在功能定位、开发原则和环境准入等方面的符合性。分析规划方案与其他相关规划在资源保护与利用、生态环境要求等方面的冲突与矛盾。论证规划方案规模、布局、结构、建设时序与区域发展目标、定位的协调性，以外送为主的煤电基地还应重点分析与相关输电通道规划的协调性。

（九）区域生态环境现状分析和回顾性评价。应结合自然保护区、饮用水水源保护区等重要环境保护目标，重点说明近年来大气环境、地表水、地下水、土壤环境等区域生态环境现状与变化。通过分析区域内煤电和相关煤炭、有色、煤化工行业规划实施引发的生态环境演变趋势，准确识别区域突出的生态环境问题及其成因。说明相关战略环评成果、规划环评审查意见及有关项目环评批复的落实情况。

（十）资源环境承载力分析。应重点分析大气环境及水环境容量，深入开展生态承载力分析。立足煤电基地内主要用水行业现有和规划的各项水资源需求，依据水资源调配引发的生态环境影响分析水资源承载能力。根据所依托矿区的煤炭产能、产量与流向，核实煤炭资源承载能力。

（十一）环境影响预测和分析。应重点开展大气环境影响预测，综合考虑煤矿、煤电及区域相关产业排放的二氧化硫（SO_2）、氮氧化物（NO_x）、可吸入颗粒物（PM_{10}）、细颗粒物（$PM_{2.5}$）和汞等重金属及有毒有害化学物质对煤电基地大气环境的影响，分析其对周边重点城市的跨界影响。分析煤电及相关产业发展对区域防风固沙、水土保持、水源涵养、生物多样性保护等重要生态功能的影响，明确煤电基地开发是否会导致生态系统主导功能发生显著不良变化或丧失，是否会加剧现有生态环境问题。

（十二）规划优化调整建议。应以资源环境可承载为前提，从煤电基地规划规模和空间布局、外送电和自用电比例、下游产业发展方向及区域产业结构调整等方面提出规划草案的优化调整建议。对与环保政策要求存在明显冲突、将显著加剧或引发严重生态环境问题、建设规模缺乏必要性或无输电通道支撑、

现状环境容量不足且区域削减措施滞后或效果不佳、现状水资源难以承载且供水存在较大不确定性等情况，均应明确提出规划规模调减和布局优化等建议。

（十三）预防或减缓不良环境影响的对策措施。应立足大气环境质量改善，提出煤电基地所在区域大气污染物削减方案、大气污染防控对策，以及受电区域控制煤电行业发展的政策建议。统筹制定煤电基地环境保护和生态修复方案，细化水资源循环利用方案，分类明确固体废物综合利用、处理处置的有效途径和方式。制定有针对性的跟踪评价方案，对煤电基地开发产生的实际环境影响、环境质量变化趋势、环境保护措施落实情况和有效性做好监测和评价。"

《关于做好矿产资源规划环境影响评价工作的通知》（环发〔2015〕158号）

"一、切实加强矿产资源规划环境影响评价工作"

"（二）分类开展矿产资源规划环评工作。需编写环境影响篇章或说明的矿产资源规划包括：全国矿产资源规划，全国及省级地质勘查规划，设区的市级矿产资源总体规划，重点矿种等专项规划。需编制环境影响报告书的矿产资源规划包括：省级矿产资源总体规划，设区的市级以上矿产资源开发利用专项规划，国家规划矿区、大型规模以上矿产地开发利用规划。县级矿产资源规划原则上不开展规划环境影响评价，各省级人民政府有规定的按照其规定执行。"

"二、准确把握矿产资源规划环境影响评价的基本要求

（四）总体要求。矿产资源规划环境影响评价，应符合《规划环境影响评价技术导则　总纲》（HJ 130—2014）和有关技术规范。"

"（五）全国矿产资源规划环境影响评价。应结合相关主体功能区规划、环境功能区划、生态功能区划、土地利用总体规划及其他相关规划，综合评判矿产资源开发布局与经济社会、生态环境功能格局的协调性、一致性；预测规划实施和资源开发对区域生态系统、环境质量等造成的重大影响，提出预防或减轻不良环境影响的对策措施；论证资源差别化管理政策和开发负面清单的合理性与有效性，从源头预防资源开发带来的不利环境影响。

（六）省级矿产资源规划环境影响评价。应以资源环境承载能力为基础，科学评价矿产资源勘查开发总体布局与区域经济社会发展、生态安全格局的协调性、一致性；从经济社会可持续发展、矿产资源可持续利用和维护区域生态安全的角度，评价规划定位、目标、任务的环境合理性；重点识别规划实施可能影响的自然保护区、风景名胜区、饮用水水源保护区、地质公园、历史文化遗迹等重要环境敏感区及其他资源环境制约因素；结合本行政区重要环境保护目标，预测规划实施可能对区域生态系统产生的整体影响、对环境产生的长远影响；提出规划优化调整建议和减轻不良环境影响的对策措施。省级矿产资源总体规划环境影响评价技术要点由环境保护部会同国土资源部联合制定，另行

印发。

（七）设区的市级矿产资源规划环境影响评价。主要是围绕沙石黏土及小型非金属矿等资源的开发利用与保护活动，评价规划部署与区域经济发展、民生改善和生态保护的协调性；预测规划实施和资源开发可能对生态环境造成的直接和间接影响；评价矿山地质环境治理恢复与矿区土地复垦重点项目安排的合理性，以及开采规划准入条件的有效性。”

（11）熟悉规划环境影响评价加强空间管制、总量管控和环境准入的有关规定

《关于规划环境影响评价加强空间管制、总量管控和环境准入的指导意见》（环办环评〔2016〕14号）

“一、总体要求和适用范围

（一）规划环评应充分发挥优化空间开发布局、推进区域（流域）环境质量改善以及推动产业转型升级的作用，并在执行相关技术导则和技术规范的基础上，将空间管制、总量管控和环境准入作为评价成果的重要内容。

（二）加强空间管制，是指在明确并保护生态空间的前提下，提出优化生产空间和生活空间的意见和要求，推进构建有利于环境保护的国土空间开发格局。加强总量管控，是指应以推进环境质量改善为目标，明确区域（流域）及重点行业污染物排放总量上限，作为调控区域内产业规模和开发强度的依据。加强环境准入，是指在符合空间管制和总量管控要求的基础上，提出区域（流域）产业发展的环境准入条件，推动产业转型升级和绿色发展。

（三）规划环评工作要尽早介入规划编制，并将空间管制、总量管控和环境准入成果充分融入规划编制、决策和实施的全过程，切实发挥优化规划目标定位、功能分区、产业布局、开发规模和结构的作用，推进区域（流域）环境质量改善，维护生态安全。

（四）本指导意见适用于具有明确空间范围并涉及具体开发建设行为的规划环评。其他规划环评可根据规划特点有针对性地执行本指导意见的有关规定；区域战略环境评价可参照执行。

二、强化空间管制，优化空间开发格局

（五）规划环评应结合区域特征，从维护生态系统完整性的角度，识别并确定需要严格保护的生态空间，作为区域空间开发的底线，并据此优化相关生产空间和生活空间布局，强化开发边界管制。当生产、生活空间与生态空间发生冲突时，按照“优先保障生态空间，合理安排生活空间，集约利用生产空间”的原则，对规划空间布局提出优化调整意见，以保障生态空间性质不转换、面积不减少、功能不降低。

（六）应在生态空间明确的基础上，结合环境质量目标及环境风险防范要求，对规划提出的生产空间、生活空间布局的环境合理性进行论证，基于环境影响的范围和程度，对生产空间和生活空间布局提出优化调整建议，避免或减缓生产活动对人居环境和人群健康的不利影响。

（七）应在全面分析区域生态重要性和生态敏感性空间分布规律的基础上，结合区域经济发展规划、土地利用规划、城乡规划、生态环境保护规划等综合确定生态空间，并与全国和省级主体功能区规划、生态功能区划、水生态环境功能区划、生物多样性保护优先区域保护规划、自然保护区发展规划等相协调。生态空间应包括重点生态功能区、生态敏感区、生态脆弱区、生物多样性保护优先区和自然保护区等法定禁止开发区域，以及其他对于维持生态系统结构和功能具有重要意义的区域。

（八）规划区域已经划定生态保护红线的，应将生态保护红线区作为生态空间的核心部分。同时，应根据规划特点、区域生态敏感性和环境保护要求，将其他需要重点保护的区域一并纳入生态空间。规划区域尚未划定生态保护红线的，要提出禁止开发和重点保护的生态空间，为划定生态保护红线提供参考依据。

（九）规划环评的空间管制成果，应包括生态空间分布图和优化后的生活空间、生产空间分布图，生产、生活、生态空间及其组成区块开发管制总图，以及其他必要的支撑性图件。有关图件应配套编制空间区块说明表，详细说明各空间区块的地理位置、面积、现状、保护对象、准入要求和管制措施等。

三、严格总量管控，推进环境质量改善

（十）根据规划区域及上下游、下风向等周边地区环境质量现状和目标，考虑气象条件、水文条件等相关因素，按照最不利条件分析并预留一定的安全余量，提出区域（流域）污染物排放总量控制上限的建议，作为区域（流域）污染物排放总量管控限值。综合分析环境质量改善目标、排放现状、减排成本和技术可行性，确定区域污染物排放总量削减的阶段性目标。

（十一）根据国家、地方环境质量改善目标及相关行业污染控制要求，结合现状环境污染特征和突出环境问题，确定纳入排放总量管控的主要污染物。一般应包括化学需氧量、氨氮、总磷/磷酸盐等水污染因子，二氧化硫、氮氧化物、挥发性有机物、烟粉尘等大气污染因子，以及其他与区域突出环境问题密切相关的主要特征污染因子。

（十二）针对重点控制污染物，逐一估算每个区域（流域）控制单元内各项污染物的总量管控限值。根据流域特征、水文情势、水质监测和断面设置等划定适当的水体控制单元；水体控制单元应与已有水（环境）功能区、水生态环境功能区相衔接。根据区域大气传输扩散条件、自然地形、土地利用和地表覆盖等划定适当的大气污染控制单元。估算污染物排放总量管控限值，应综合考虑污染源排放强度和特征、最不利排放位置、污染治理设施运行状况，以及环境监测水平、污染物排放监管能力等；还应选择较小的时间尺度开展估算，有条件的可采用以天为单位提出污染物排放总量管控限值。

（十三）综合考虑污染排放量、排放强度、特征污染物以及规划主导产业等，确定区域内纳入总量管控的重点行业。基于行业生产工艺水平、污染控制技术水平以及技术进步、污染控制成本等，筛选最佳适用技术（BAT），分析和测算重点行业的减排潜力。根据重点行业污染排放基数、减排潜力和技术经济等因素，提出该行业的污染物排放总量管控要求。

（十四）当区域环境质量现状超标或重点行业污染物排放已超出总量管控要求时，应根据环境质量改善目标，提出区域或者行业污染物减排任务，推动制定污染物减排方案以及加快淘汰落后产能、促进产业结构调整、提升技术工艺、加强节能节水控污等措施。必要时，可提出暂缓区域内新增相关污染物排放项目建设等建议，控制行业发展规模，推动环境质量改善。

（十五）对于区域（流域）内的产业发展，在满足环境质量目标的前提下，可以赋予地方在具体建设项目污染物排放总量分配上的主动权。在产业技术水平提高、清洁生产水平提高、区域污染治理水平提高的情况下，产业发展规模可以在污染物排放总量不突破上限的情况下适当扩大。

（十六）当规划区域环境目标、产业结构和生产力布局以及水文、气象条件等发生重大变化时，应动态调整区域行业污染物总量管控要求，结合规划和规划环评的修编或者跟踪评价对区域能够承载的污染物排放总量重新进行估算，不断完善相关总量管控要求。

四、明确环境准入，推动产业转型升级

（十七）在综合考虑规划空间管制要求、环境质量现状和目标等因素的基础上，论证区域产业发展定位的环境合理性，提出环境准入负面清单和差别化环境准入条件，发挥对规划编制、产业发展和建设项目环境准入的指导作用。

（十八）根据区域资源禀赋和生态环境保护要求，选取单位面积（单位产值）的水耗、能耗、污染物排放量、环境风险等一项或多项指标，作为制定规划区域行业环境准入负面清单的否定性指标并确定其限值。如果规划拟发展的行业不满足上述指标的要求，应将其直接列入环境准入负面清单，禁止规划建设。

（十九）建立包括环境影响、资源消耗强度、土地利用效率、经济社会贡献等指标在内的评价指标体系，对重点行业进行综合评价。对规划区域资源环境影响突出、经济社会贡献偏小的行业原则上应列入禁止准入类。限制准入类行业应进一步结合区域环境保护目标和要求、资源环境承载能力、产业现状等确定。

（二十）根据环境保护政策规划、总量管控要求、清洁生产标准等，明确应限制或禁止的生产工艺或产品清单。通过列表的方式，提出规划范围内禁止准入及限制准入的行业清单、工艺清单、产品清单等环境负面清单，并说明清单制定的主要依据、标准和参考指标。

（二十一）当区域（流域）环境质量现状超标时，应在推动落实污染物减排方案的同时，根据环境质量改善目标，针对超标因子涉及的行业、工艺、产品等，提出更加严格的环境准入要求。”

《关于以改善环境质量为核心加强环境影响评价管理的通知》（环环评〔2016〕150号）

“（一）生态保护红线是生态空间范围内具有特殊重要生态功能必须实行强制性严格保护的区域。相关规划环评应将生态空间管控作为重要内容，规划区域涉及生态保护红线的，在规划环评结论和审查意见中应落实生态保护红线的管理要求，提出相应对策措施。除受自然条件限制、确实无法避让的铁路、公路、航道、防洪、管道、干渠、通讯、输变电等重要基础设施项目外，在生态保护红线范围内，严控各类开发建设活动，依法不予审批新建工业项目和矿产开发项目的环评文件。

（二）环境质量底线是国家和地方设置的大气、水和土壤环境质量目标，也是改善环境质量的基准线。有关规划环评应落实区域环境质量目标管理要求，提出区域或者行业污染物排放总量管控建议以及优化区域或行业发展布局、结构和规模的对策措施。项目环评应对照区域环境质量目标，深入分析预测项目建设对环境质量的影响，强化污染防治措施和污染物排放控制要求。

（三）资源是环境的载体，资源利用上线是各地区能源、水、土地等资源消耗不得突破的“天花板”。相关规划环评应依据有关资源利用上线，对规划实施以及规划内项目的资源开发利用，区分不同行业，从能源资源开发等量或减量替代、开采方式和规模控制、利用效率和保护措施等方面提出建议，为规划编制和审批决策提供重要依据。

（四）环境准入负面清单是基于生态保护红线、环境质量底线和资源利用上线，以清单方式列出的禁止、限制等差别化环境准入条件和要求。要在规划环评清单式管理试点的基础上，从布局选址、资源利用效率、资源配置方式等方面入手，制定环境准入负面清单，充分发挥负面清单对产业发展和项目准入的指导和约束作用。

（五）加强规划环评与建设项目环评联动。规划环评要探索清单式管理，在结论和审查意见中明确“三线一单”相关管控要求，并推动将管控要求纳入规划。规划环评要作为规划所包含项目环评的重要依据，对于不符合规划环评结论及审查意见的项目环评，依法不予审批。规划所包含项目的环评内容，应当根据规划环评结论和审查意见予以简化。”

2017年12月29日，环境保护部印发《“生态保护红线、环境质量底线、资源利用上线和环境准入负面清单”编制技术指南（试行）》（环办环评〔2017〕99号），对“三线一单”编制的一般性原则、内容、程序、方法和要求作出了规定。

（二）建设项目环境影响评价

1. 建设项目环境影响评价分类管理

（1）掌握建设项目环境影响评价文件分类管理的有关法律规定

《中华人民共和国环境影响评价法》

“第十六条　国家根据建设项目对环境的影响程度，对建设项目的环境影响评价实行分类管理。

建设单位应当按照下列规定组织编制环境影响报告书、环境影响报告表或者填报环境影响登记表（以下统称环境影响评价文件）：

（一）可能造成重大环境影响的，应当编制环境影响报告书，对产生的环境影响进行全面评价；

（二）可能造成轻度环境影响的，应当编制环境影响报告表，对产生的环境影响进行分析或者专项评价；

（三）对环境影响很小、不需要进行环境影响评价的，应当填报环境影响登记表。

建设项目的环境影响评价分类管理名录，由国务院生态环境部门主管制定并公布。”

《建设项目环境保护管理条例》

“第七条　国家根据建设项目对环境的影响程度，按照下列规定对建设项目的环境保护实行分类管理：

（一）建设项目对环境可能造成重大影响的，应当编制环境影响报告书，对建设项目产生的污染和对环境的影响进行全面、详细的评价；

（二）建设项目对环境可能造成轻度影响的，应当编制环境影响报告表，对建设项目产生的污染和对环境的影响进行分析或者专项评价；

（三）建设项目对环境影响很小，不需要进行环境影响评价的，应当填报环境影响登记表。

建设项目环境影响评价分类管理名录，由国务院环境保护行政主管部门在组织专家进行论证和征求有关部门、行业协会、企事业单位、公众等意见的基础上制定并公布。”

（2）掌握建设项目环境影响评价文件分类管理中类别确定的原则规定

《建设项目环境影响评价分类管理名录》（生态环境部令第16号）

“第四条　建设单位应当严格按照本名录确定建设项目环境影响评价类别，不得擅自改变环境影响评价类别。

建设内容涉及本名录中两个及以上项目类别的建设项目，其环境影响评价类别按照其中单项等级最高的确定。

建设内容不涉及主体工程的改建、扩建项目，其环境影响评价类别按照改建、扩建的工程内容确定。

第五条　本名录未作规定的建设项目，不纳入建设项目环境影响评价管理；省级生态环境主管部门对本名录未作规定的建设项目，认为确有必要纳入建设项目环境影响评价管理的，可以根据建设项目的污染因子、生态影响因子特征及其所处环境的敏感性质和敏感程度等，提出环境影响评价分类管理的建议，报生态环境部认定后实施。”

（3）熟悉建设项目环境影响评价分类管理中环境敏感区的规定

《建设项目环境影响评价分类管理名录》（生态环境部令第16号）

“第三条　本名录所称环境敏感区是指依法设立的各级各类保护区域和对建设项目产生的环境影响特别敏感的区域，主要包括下列区域：

（一）国家公园、自然保护区、风景名胜区、世界文化和自然遗产地、海洋特别保护区、饮用水水源保护区；

（二）除（一）外的生态保护红线管控范围，永久基本农田、基本草原、自然公园（森林公园、地质公园、海洋公园等）、重要湿地、天然林，重点保护野生动物栖息地，重点保护野生植物生长繁殖地，重要水生生物的自然产卵场、索饵场、越冬场和洄游通道，天然渔场，水土流失重点预防区和重点治理区、沙化土地封禁保护区、封闭及半封闭海域；

（三）以居住、医疗卫生、文化教育、科研、行政办公为主要功能的区域，以及文物保护单位。

环境影响报告书、环境影响报告表应当就建设项目对环境敏感区的影响做重点分析。”

2．建设项目环境影响评价文件的编制（填报）与报批（备案）

（1）掌握建设项目环境影响报告书内容的有关法律规定

《中华人民共和国环境影响评价法》

“第十七条　建设项目的环境影响报告书应当包括下列内容：

（一）建设项目概况；

（二）建设项目周围环境现状；

（三）建设项目对环境可能造成影响的分析、预测和评估；

（四）建设项目环境保护措施及其技术、经济论证；

（五）建设项目对环境影响的经济损益分析；

（六）对建设项目实施环境监测的建议；

（七）环境影响评价的结论。

环境影响报告表和环境影响登记表的内容和格式，由国务院生态环境主管部门制定。”

（2）掌握建设项目环境影响报告表的内容、总体要求和具体编制要求

关于印发《建设项目环境影响报告表》内容、格式及编制技术指南的通知（环办环评〔2020〕33 号）

《建设项目环境影响报告表》分为污染影响类和生态影响类两种格式，根据两类项目不同环境影响特点设置有针对性的编制内容和格式。污染影响类报告表适适用《建设项目环境影响评价分类管理名录》中以污染影响为主要特征的建设项目环境影响报告表编制，包括制造业，电力、热力生产和供应业的火力发电、热电联产、生物质能发电、热力生产项目，燃气生产和供应业，水的生产和供应业，研究和试验发展，生态保护和环境治理业（不包括泥石流等地质灾害治理工程），公共设施管理业，卫生，社会事业与服务业的有化学或生物实验室的学校、胶片洗印厂、加油加气站、汽车或摩托车维修场所、殡仪馆和动物医院，交通运输业中的导航台站、供油工程、维修保障等配套工程，装卸搬运和仓储业，海洋工程中的排海工程，核与辐射（不包括已单独制定建设项目环境影响报告表格式的核与辐射类建设项目），以及其他以污染影响为主的建设项目。生态影响类报告表适用《建设项目环境影响评价分类管理名录》中以生态影响为主要特征的建设项目环境影响报告表编制，包括农业，林业，渔业，采矿业，电力、热力生产和供应业的水电、风电、光伏发电、地热等其他能源发电，房地产业，专业技术服务业，生态保护和环境治理业的泥石流等地质灾害治理工程，社会事业与服务业（不包括有化学或生物实验室的学校、胶片洗印厂、加油加气站、洗车场、汽车或摩托车维修场所、殡仪馆、动物医院），水

利，交通运输业（不包括导航台站、供油工程、维修保障等配套工程）、管道运输业，海洋工程（不包括排海工程），以及其他以生态影响为主要特征的建设项目（不包括已单独制定建设项目环境影响报告表格式的核与辐射类建设项目）。报告表内容、编制要求分别参照《建设项目环境影响报告表编制技术指南（污染影响类）（试行）》和《建设项目环境影响报告表编制技术指南（生态影响类）（试行）》执行。

（3）了解建设项目环境影响登记表备案管理的有关规定

《建设项目环境影响登记表备案管理办法》（环境保护部令第 41 号）

“第一条　为规范建设项目环境影响登记表备案，依据《环境影响评价法》和《建设项目环境保护管理条例》，制定本办法。

第二条　本办法适用于按照《建设项目环境影响评价分类管理名录》规定应当填报环境影响登记表的建设项目。

第三条　填报环境影响登记表的建设项目，建设单位应当依照本办法规定，办理环境影响登记表备案手续。

第四条　填报环境影响登记表的建设项目应当符合法律法规、政策、标准等要求。

建设单位对其填报的建设项目环境影响登记表内容的真实性、准确性和完整性负责。

第五条　县级环境保护主管部门负责本行政区域内的建设项目环境影响登记表备案管理。

按照国家有关规定，县级环境保护主管部门被调整为市级环境保护主管部门派出分局的，由市级环境保护主管部门组织所属派出分局开展备案管理。

第六条　建设项目的建设地点涉及多个县级行政区域的，建设单位应当分别向各建设地点所在地的县级环境保护主管部门备案。

第七条　建设项目环境影响登记表备案采用网上备案方式。

对国家规定需要保密的建设项目，建设项目环境影响登记表备案采用纸质备案方式。

第八条　环境保护部统一布设建设项目环境影响登记表网上备案系统（以下简称网上备案系统）。

省级环境保护主管部门在本行政区域内组织应用网上备案系统，通过提供地址链接方式，向县级环境保护主管部门分配网上备案系统使用权限。

县级环境保护主管部门应当向社会公告网上备案系统地址链接信息。

各级环境保护主管部门应当将环境保护法律、法规、规章以及规范性文件中与建设项目环境影响登记表备案相关的管理要求，及时在其网站的网上备案系统中公开，为建设单位办理备案手续提供便利。

第九条　建设单位应当在建设项目建成并投入生产运营前，登录网上备案系统，在网上备案系统注册真实信息，在线填报并提交建设项目环境影响登记表。

第十条　建设单位在办理建设项目环境影响登记表备案手续时，应当认真查阅、核对《建设项目环境影响评价分类管理名录》，确认其备案的建设项目属于按照《建设项目环境影响评价分类管理名录》规定应当填报环境影响登记表的建设项目。

对按照《建设项目环境影响评价分类管理名录》规定应当编制环境影响报告书或者报告表的建设项目，建设单位不得擅自降低环境影响评价等级，填报环境影响登记表并办理备案手续。

第十一条　建设单位填报建设项目环境影响登记表时，应当同时就其填报的环境影响登记表内容的真实、准确、完整作出承诺，并在登记表中的相应栏目由该建设单位的法定代表人或者主要负责人签署姓名。

第十二条　建设单位在线提交环境影响登记表后，网上备案系统自动生成备案编号和回执，该建设项目环境影响登记表备案即为完成。

建设单位可以自行打印留存其填报的建设项目环境影响登记表及建设项目环境影响登记表备案回执。

建设项目环境影响登记表备案回执是环境保护主管部门确认收到建设单位环境影响登记表的证明。

第十三条　建设项目环境影响登记表备案完成后，建设单位或者其法定代表人或者主要负责人在建设项目建成并投入生产运营前发生变更的，建设单位应当依照本办法规定再次办理备案手续。

第十四条　建设项目环境影响登记表备案完成后，建设单位应当严格执行相应污染物排放标准及相关环境管理规定，落实建设项目环境影响登记表中填报的环境保护措施，有效防治环境污染和生态破坏。

第十五条　建设项目环境影响登记表备案完成后，县级环境保护主管部门通过其网站的网上备案系统同步向社会公开备案信息，接受公众监督。对国家规定需要保密的建设项目，县级环境保护主管部门严格执行国家有关保密规定，备案信息不公开。

县级环境保护主管部门应当根据国务院关于加强环境监管执法的有关规定，将其完成备案的建设项目纳入有关环境监管网格管理范围。

第十六条　公民、法人和其他组织发现建设单位有以下行为的，有权向环境保护主管部门或者其他负有环境保护监督管理职责的部门举报：

（一）环境影响登记表存在弄虚作假的；

（二）有污染环境和破坏生态行为的；

（三）对按照《建设项目环境影响评价分类管理名录》规定应当编制环境影响报告书或者报告表的建设项目，建设单位擅自降低环境影响评价等级，填报环境影响登记表并办理备案手续的。

举报应当采取书面形式，有明确的被举报人，并提供相关事实和证据。

第十七条　环境保护主管部门或者其他负有环境保护监督管理职责的部门可以采取抽查、根据举报进行检查等方式，对建设单位遵守本办法规定的情况开展监督检查，并根据监督检查认定的事实，按照以下情形处理：

（一）构成行政违法的，依照有关环境保护法律法规和规定，予以行政处罚；

（二）构成环境侵权的，依法承担环境侵权责任；

（三）涉嫌构成犯罪的，依法移送司法机关。

第十八条　建设单位未依法备案建设项目环境影响登记表的，由县级环境保护主管部门根据《环境影响评价法》第三十一条第三款的规定，责令备案，处五万元以下的罚款。

第十九条　违反本办法规定，建设单位违反承诺，在填报建设项目环境影响登记表时弄虚作假，致使备案内容失实的，由县级环境保护主管部门将该建设单位违反承诺情况记入其环境信用记录，向社会公布。

第二十条　违反本办法规定，对按照《建设项目环境影响评价分类管理名录》应当编制环境影响报告书或者报告表的建设项目，建设单位擅自降低环境影响评价等级，填报环境影响登记表并办理备案手续，经查证属实的，县级环境保护土管部门认定建设单位已经取得的备案无效，向社会公布，并按照以下规定处理：

（一）未依法报批环境影响报告书或者报告表，擅自开工建设的，依照《环境保护法》第六十一条和《环境影响评价法》第三十一条第一款的规定予以处罚、处分。

（二）未依法报批环境影响报告书或者报告表，擅自投入生产或者经营的，分别依照《环境影响评价法》第三十一条第一款和《建设项目环境保护管理条例》的有关规定作出相应处罚。

第二十一条　对依照本办法第十八条、第二十条规定处理的建设单位，由县级环境保护主管部门将该建设单位违法失信信息记入具环境信用记录，向社会公布。”

（4）熟悉建设项目环境影响评价文件报批时间的有关规定

《建设项目环境保护管理条例》

“第九条　依法应当编制环境影响报告书、环境影响报告表的建设项目，建设单位应当在开工建设前将环境影响报告书、环境影响报告表报有审批权的环境保护行政主管部门审批；建设项目的环境影响评价文件未依法经审批部门审查或者审查后未予批准的，建设单位不得开工建设。

环境保护行政主管部门审批环境影响报告书、环境影响报告表，应当重点审查建设项目的环境可行性、环境影响分析预测评估的可靠性、环境保护措施的有效性、环境影响评价结论的科学性等，并分别自收到环境影响报告书之日起60日内、收到环境影响报告表之日起30日内，作出审批决定并书面通知建设单位。

环境保护行政主管部门可以组织技术机构对建设项目环境影响报告书、环境影响报告表进行技术评估，并承担相应费用；技术机构应当对其提出的技术评估意见负责，不得向建设单位、从事环境影响评价工作的单位收取任何费用。

依法应当填报环境影响登记表的建设项目，建设单位应当按照国务院环境保护行政主管部门的规定将环境影响登记表报建设项目所在地县级环境保护行政主管部门备案。

环境保护行政主管部门应当开展环境影响评价文件网上审批、备案和信息公开。”

《中华人民共和国环境影响评价法》

“第二十五条　建设项目的环境影响评价文件未依法经审批部门审查或者审查后未予批准的，建设单位不得开工建设。”

（5）熟悉建设项目环境影响评价文件重新报批和重新审核的有关规定

《中华人民共和国环境影响评价法》

“第二十四条　建设项目的环境影响评价文件经批准后，建设项目的性质、规模、地点、采用的生产工艺或者防治污染、防止生态破坏的措施发生重大变动的，建设单位应当重新报批建设项目的环境影响评价文件。

建设项目的环境影响评价文件自批准之日起超过五年，方决定该项目开工建设的，其环境影响评价文件应当报原审批部门重新审核；原审批部门应当自收到建设项目环境影响评价文件之日起十日内，将审核意见书面通知建设单位。”

《建设项目环境保护管理条例》

“第十二条　建设项目环境影响报告书、环境影响报告表经批准后，建设项目的性质、规模、地点、采用的生产工艺或者防治污染、防止生态破坏的措施发生重大变动的，建设单位应当重新报批建设项目环境影响报告书、环境影响报告表。

建设项目环境影响报告书、环境影响报告表自批准之日起满 5 年，建设项目方开工建设的，其环境影响报告书、环境影响报告表应当报原审批部门重新审核。原审批部门应当自收到建设项目环境影响报告书、环境影响报告表之日起 10 日内，将审核意见书面通知建设单位；逾期未通知的，视为审核同意。

审核、审批建设项目环境影响报告书、环境影响报告表及备案环境影响登记表，不得收取任何费用。”

（6）熟悉环境影响评价管理中建设项目重大变动界定的有关规定

《关于印发环评管理中部分行业建设项目重大变动清单的通知》（环办〔2015〕52 号）

“通知制定了水电、水利、火电、煤炭、油气管道、铁路、高速公路、港口、石油炼制与石油化工建设项目重大变动清单（试行），并提出将根据情况进一步补充、调整、完善；通知同时指出，省级环保部门可结合本地区实际，制定本行政区特殊行业重大变动清单，报环境保护部备案。”

《关于印发〈输变电建设项目重大变动清单（试行）〉的通知》（环办辐射〔2016〕84 号）

“通知制定了输变电建设项目重大变动清单（试行）。输变电建设项目发生清单中一项或一项以上，且可能导致不利环境影响显著加重的，界定为重大变动，其他变更界定为一般变动。”

《关于印发制浆造纸等十四个行业建设项目重大变动清单的通知》（环办环评〔2018〕6 号）

“通知制定了 14 个行业建设项目重大变动清单（试行），14 个行业包括制浆造纸建设项目、制药建设项目、农药建设项目、化肥（氮肥）建设项目、纺织印染建设项目、制革建设项目、制糖建设项目、电镀建设项目、钢铁建设项目、炼焦化学建设项目、平板玻璃建设项目、水泥建设项目、铜铅锌冶炼建设项目、铝冶炼建设项目。”

《关于印发淀粉等五个行业建设项目重大变动清单的通知》（环办环评函〔2019〕934 号）

“通知制定了 5 个行业建设项目重大变动清单（试行），5 个行业包括：水处理建设项目，淀粉建设项目，肥料制造项目，镁、钛冶炼建设项目，镍、钴、锡、锑、汞冶炼建设项目。”

《关于印发〈污染影响类建设建设项目重大变动清单（试行）〉的通知》（环办环评函〔2020〕688号）

“适用于污染影响类建设项目环境影响评价管理，其中我部已发布行业建设项目重大变动清单的，按行业建设项目重大变动清单执行。

性质：

1．建设项目开发、使用功能发生变化的。

规模：

2．生产、处置或储存能力增大30%及以上的。

3．生产、处置或储存能力增大，导致废水第一类污染物排放量增加的。

4．位于环境质量不达标区的建设项目生产、处置或储存能力增大，导致相应污染物排放量增加的（细颗粒物不达标区，相应污染物为二氧化硫、氮氧化物、可吸入颗粒物、挥发性有机物；臭氧不达标区，相应污染物为氮氧化物、挥发性有机物；其他大气、水污染物因子不达标区，相应污染物为超标污染因子）；位于达标区的建设项目生产、处置或储存能力增大，导致污染物排放量增加10%及以上的。

地点：

5．重新选址；在原厂址附近调整（包括总平面布置变化）导致环境防护距离范围变化且新增敏感点的。

生产工艺：

6．新增产品品种或生产工艺（含主要生产装置、设备及配套设施）、主要原辅材料、燃料变化，导致以下情形之一：

（1）新增排放污染物种类的（毒性、挥发性降低的除外）；

（2）位于环境质量不达标区的建设项目相应污染物排放量增加的；

（3）废水第一类污染物排放量增加的；

（4）其他污染物排放量增加10%及以上的。

7．物料运输、装卸、贮存方式变化，导致大气污染物无组织排放量增加10%及以上的。

环境保护措施：

8．废气、废水污染防治措施变化，导致第6条中所列情形之一（废气无组织排放改为有组织排放、污染防治措施强化或改进的除外）或大气污染物无组织排放量增加10%及以上的。

9．新增废水直接排放口；废水由间接排放改为直接排放；废水直接排放口位置变化，导致不利环境影响加重的。

10．新增废气主要排放口（废气无组织排放改为有组织排放的除外）；主要排放口排气筒高度降低10%及以上的。

11．噪声、土壤或地下水污染防治措施变化，导致不利环境影响加重的。

12．固体废物利用处置方式由委托外单位利用处置改为自行利用处置的（自行利用处置设施单独开展环境影响评价的除外）；固体废物自行处置方式变化，导致不利环境影响加重的。

13．事故废水暂存能力或拦截设施变化，导致环境风险防范能力弱化或降低的。”

（7）了解建设项目环境影响评价公众参与的有关规定

《中华人民共和国环境影响评价法》

“第二十一条　除国家规定需要保密的情形外，对环境可能造成重大影响、应当编制环境影响报告书的建设项目，建设单位应当在报批建设项目环境影响报告书前，举行论证会、听证会，或者采取其他形式，征求有关单位、专家和公众的意见。

建设单位报批的环境影响报告书应当附具对有关单位、专家和公众的意见采纳或者不采纳的说明。”

《建设项目环境保护管理条例》

“第十四条　建设单位编制环境影响报告书，应当依照有关法律规定，征求建设项目所在地有关单位和居民的意见。”

《环境影响评价公众参与办法》（生态环境部令第4号）

“第八条　建设项目环境影响评价公众参与相关信息应当依法公开，涉及国家秘密、商业秘密、个人隐私的，依法不得公开。法律法规另有规定的，从其规定。

生态环境主管部门公开建设项目环境影响评价公众参与相关信息，不得危及国家安全、公共安全、经济安全和社会稳定。

第九条　建设单位应当在确定环境影响报告书编制单位后7个工作日内，通过其网站、建设项目所在地公共媒体网站或者建设项目所在地相关政府网站（以下统称网络平台），公开下列信息：

（一）建设项目名称、选址选线、建设内容等基本情况，改建、扩建、迁建项目应当说明现有工程及其环境保护情况；

（二）建设单位名称和联系方式；

（三）环境影响报告书编制单位的名称；

（四）公众意见表的网络链接；

（五）提交公众意见表的方式和途径。

在环境影响报告书征求意见稿编制过程中，公众均可向建设单位提出与环境影响评价相关的意见。

公众意见表的内容和格式，由生态环境部制定。

第十条　建设项目环境影响报告书征求意见稿形成后，建设单位应当公开下列信息，征求与该建设项目环境影响有关的意见：

（一）环境影响报告书征求意见稿全文的网络链接及查阅纸质报告书的方式和途径；

（二）征求意见的公众范围；

（三）公众意见表的网络链接；

（四）公众提出意见的方式和途径；

（五）公众提出意见的起止时间。

建设单位征求公众意见的期限不得少于10个工作日。

第十一条　依照本办法第十条规定应当公开的信息，建设单位应当通过下列三种方式同步公开：

（一）通过网络平台公开，且持续公开期限不得少于10个工作日；

（二）通过建设项目所在地公众易于接触的报纸公开，且在征求意见的10个工作日内公开信息不得少于2次；

（三）通过在建设项目所在地公众易于知悉的场所张贴公告的方式公开，且持续公开期限不得少于10个工作日。

鼓励建设单位通过广播、电视、微信、微博及其他新媒体等多种形式发布本办法第十条规定的信息。

第十二条　建设单位可以通过发放科普资料、张贴科普海报、举办科普讲座或者通过学校、社区、大众传播媒介等途径，向公众宣传与建设项目环境影响有关的科学知识，加强与公众互动。

第十三条　公众可以通过信函、传真、电子邮件或者建设单位提供的其他方式，在规定时间内将填写的公众意见表等提交建设单位，反映与建设项目环境影响有关的意见和建议。

公众提交意见时，应当提供有效的联系方式。鼓励公众采用实名方式提交意见并提供常住地址。

对公众提交的相关个人信息，建设单位不得用于环境影响评价公众参与之外的用途，未经个人信息相关权利人允许不得公开。法律法规另有规定的除外。

第十四条　对环境影响方面公众质疑性意见多的建设项目，建设单位应当按照下列方式组织开展深度公众参与：

（一）公众质疑性意见主要集中在环境影响预测结论、环境保护措施或者环境风险防范措施等方面的，建设单位应当组织召开公众座谈会或者听证会。座谈会或者听证会应当邀请在环境方面可能受建设项目影响的公众代表参加。

（二）公众质疑性意见主要集中在环境影响评价相关专业技术方法、导则、理论等方面的，建设单位应当组织召开专家论证会。专家论证会应当邀请相关领域专家参加，并邀请在环境方面可能受建设项目影响的公众代表列席。

建设单位可以根据实际需要，向建设项目所在地县级以上地方人民政府报告，并请求县级以上地方人民政府加强对公众参与的协调指导。县级以上生态环境主管部门应当在同级人民政府指导下配合做好相关工作。

第十五条　建设单位决定组织召开公众座谈会、专家论证会的，应当在会议召开的10个工作日前，将会议的时间、地点、主题和可以报名的公众范围、报名办法，通过网络平台和在建设项目所在地公众易于知悉的场所张贴公告等方式向社会公告。

建设单位应当综合考虑地域、职业、受教育水平、受建设项目环境影响程度等因素，从报名的公众中选择参加会议或者列席会议的公众代表，并在会议召开的5个工作日前通知拟邀请的相关专家，并书面通知被选定的代表。

第十六条　建设单位应当在公众座谈会、专家论证会结束后5个工作日内，根据现场记录，整理座谈会纪要或者专家论证结论，并通过网络平台向社会公开座谈会纪要或者专家论证结论。座谈会纪要和专家论证结论应当如实记载各种意见。

第十七条　建设单位组织召开听证会的，可以参考环境保护行政许可听证的有关规定执行。

第十八条　建设单位应当对收到的公众意见进行整理，组织环境影响报告书编制单位或者其他有能力的单位进行专业分析后提出采纳或者不采纳的建议。

建设单位应当综合考虑建设项目情况、环境影响报告书编制单位或者其他有能力的单位的建议、技术经济可行性等因素，采纳与建设项目环境影响有关的合理意见，并组织环境影响报告书编制单位根据采纳的意见修改完善环境影响报告书。

对未采纳的意见，建设单位应当说明理由。未采纳的意见由提供有效联系方式的公众提出的，建设单位应当通过该联系方式，向其说明未采纳的理由。

第十九条　建设单位向生态环境主管部门报批环境影响报告书前，应当组织编写建设项目环境影响评价公众参与说明。公众参与说明应当包括下列主要内容：

（一）公众参与的过程、范围和内容；

（二）公众意见收集整理和归纳分析情况；

（三）公众意见采纳情况，或者未采纳情况、理由及向公众反馈的情况等。

公众参与说明的内容和格式，由生态环境部制定。

第二十条　建设单位向生态环境主管部门报批环境影响报告书前，应当通过网络平台，公开拟报批的环境影响报告书全文和公众参与说明。

第二十一条　建设单位向生态环境主管部门报批环境影响报告书时，应当附具公众参与说明。

第二十二条　生态环境主管部门受理建设项目环境影响报告书后，应当通过其网站或者其他方式向社会公开下列信息：

（一）环境影响报告书全文；

（二）公众参与说明；

（三）公众提出意见的方式和途径。

公开期限不得少于10个工作日。

第二十三条　生态环境主管部门对环境影响报告书作出审批决定前，应当通过其网站或者其他方式向社会公开下列信息：

（一）建设项目名称、建设地点；

（二）建设单位名称；

（三）环境影响报告书编制单位名称；

（四）建设项目概况、主要环境影响和环境保护对策与措施；

（五）建设单位开展的公众参与情况；

（六）公众提出意见的方式和途径。

公开期限不得少于5个工作日。

生态环境主管部门依照第一款规定公开信息时，应当通过其网站或者其他方式同步告知建设单位和利害关系人享有要求听证的权利。

生态环境主管部门召开听证会的，依照环境保护行政许可听证的有关规定执行。

第二十四条　在生态环境主管部门受理环境影响报告书后和作出审批决定前的信息公开期间，公民、法人和其他组织可以依照规定的方式、途径和期限，提出对建设项目环境影响报告书审批的意见和建议，举报相关违法行为。

生态环境主管部门对收到的举报，应当依照国家有关规定处理。必要时，生态环境主管部门可以通过适当方式向公众反馈意见采纳情况。

第二十五条　生态环境主管部门应当对公众参与说明内容和格式是否符合要求、公众参与程序是否符合本办法的规定进行审查。

经综合考虑收到的公众意见、相关举报及处理情况、公众参与审查结论等，生态环境主管部门发现建设项目未充分征求公众意见的，应当责成建设单位重新征求公众意见，退回环境影响报告书。

第二十六条　生态环境主管部门参考收到的公众意见，依照相关法律法规、标准和技术规范等审批建设项目环境影响报告书。

第二十七条　生态环境主管部门应当自作出建设项目环境影响报告书审批决定之日起 7 个工作日内，通过其网站或者其他方式向社会公告审批决定全文，并依法告知提起行政复议和行政诉讼的权利及期限。

第二十八条　建设单位应当将环境影响报告书编制过程中公众参与的相关原始资料，存档备查。

第二十九条　建设单位违反本办法规定，在组织环境影响报告书编制过程的公众参与时弄虚作假，致使公众参与说明内容严重失实的，由负责审批环境影响报告书的生态环境主管部门将该建设单位及其法定代表人或主要负责人失信信息记入环境信用记录，向社会公开。

第三十条　公众提出的涉及征地拆迁、财产、就业等与建设项目环境影响评价无关的意见或者诉求，不属于建设项目环境影响评价公众参与的内容。公众可以依法另行向其他有关主管部门反映。

第三十一条　对依法批准设立的产业园区内的建设项目，若该产业园区已依法开展了规划环境影响评价公众参与且该建设项目性质、规模等符合经生态环境主管部门组织审查通过的规划环境影响报告书和审查意见，建设单位开展建设项目环境影响评价公众参与时，可以按照以下方式予以简化：

（一）免予开展本办法第九条规定的公开程序，相关应当公开的内容纳入本办法第十条规定的公开内容一并公开；

（二）本办法第十条第二款和第十一条第一款规定的 10 个工作日的期限减为 5 个工作日；

（三）免予采用本办法第十一条第一款第三项规定的张贴公告的方式。

第三十二条　核设施建设项目建造前的环境影响评价公众参与依照本办法有关规定执行。

堆芯热功率 300 兆瓦以上的反应堆设施和商用乏燃料后处理厂的建设单位应当听取该设施或者后处理厂半径 15 公里范围内公民、法人和其他组织的意见；其他核设施和铀矿冶设施的建设单位应当根据环境影响评价的具体情况，在一定范围内听取公民、法人和其他组织的意见。

大型核动力厂建设项目的建设单位应当协调相关省级人民政府制定项目建设公众沟通方案，以指导与公众的沟通工作。”

《关于发布〈环境影响评价公众参与办法〉配套文件的公告》（公告 2018 年　第 48 号）

“公告对建设项目环境影响评价公众参与意见表和建设项目环境影响评价

公众参与说明格式作出了规定。”

（8）**熟悉加强涉及自然保护区建设项目监督管理的有关规定**

《关于进一步加强涉及自然保护区开发建设活动监督管理的通知》（环发〔2015〕57号）

“五、加强对涉及自然保护区建设项目的监督管理

地方各有关部门依据各自职责，切实加强涉及自然保护区建设项目的准入审查。建设项目选址（线）应尽可能避让自然保护区，确因重大基础设施建设和自然条件等因素限制无法避让的，要严格执行环境影响评价等制度，涉及国家级自然保护区的，建设前须征得省级以上自然保护区主管部门同意，并接受监督。对经批准同意在自然保护区内开展的建设项目，要加强对项目施工期和运营期的监督管理，确保各项生态保护措施落实到位。保护区管理机构要对项目建设进行全过程跟踪，开展生态监测，发现问题应当及时处理和报告。”

（9）**熟悉环境影响评价制度与排污许可制衔接工作中环境影响评价的有关要求**

《关于做好环境影响评价制度与排污许可制衔接相关工作的通知》（环办环评〔2017〕84号）

“一、环境影响评价制度是建设项目的环境准入门槛，是申请排污许可证的前提和重要依据。排污许可制是企事业单位生产运营期排污的法律依据，是确保环境影响评价提出的污染防治设施和措施落实落地的重要保障。各级环保部门要切实做好两项制度的衔接，在环境影响评价管理中，不断完善管理内容，推动环境影响评价更加科学，严格污染物排放要求；在排污许可管理中，严格按照环境影响报告书（表）以及审批文件要求核发排污许可证，维护环境影响评价的有效性。

二、做好《建设项目环境影响评价分类管理名录》和《固定污染源排污许可分类管理名录》的衔接，按照建设项目对环境的影响程度、污染物产生量和排放量，实行统一分类管理。纳入排污许可管理的建设项目，可能造成重大环境影响、应当编制环境影响报告书的，原则上实行排污许可重点管理；可能造成轻度环境影响、应当编制环境影响报告表的，原则上实行排污许可简化管理。

三、环境影响评价审批部门要做好建设项目环境影响报告书（表）的审查，结合排污许可证申请与核发技术规范，核定建设项目的产排污环节、污染物种类及污染防治设施和措施等基本信息；依据国家或地方污染物排放标准、环境质量标准和总量控制要求等管理规定，按照污染源源强核算技术指南、环境影响评价要素导则等技术文件，严格核定排放口数量、位置以及每个排放口的污染物种类、允许排放浓度和允许排放量、排放方式、排放去向、自行监测计划等与污染物排放相关的主要内容。

四、分期建设的项目，环境影响报告书（表）以及审批文件应当列明分期建设内容，明确分期实施后排放口数量、位置以及每个排放口的污染物种类、允许排放浓度和允许排放量、排放方式、排放去向、自行监测计划等与污染物排放相关的主要内容，建设单位应据此分期申请排污许可证。分期实施的允许排放量之和不得高于建设项目的总允许排放量。

五、改扩建项目的环境影响评价，应当将排污许可证执行情况作为现有工程回顾评价的主要依据。现有工程应按照相关法律、法规、规章关于排污许可实施范围和步骤的规定，按时申请并获取排污许可证，并在申请改扩建项目环境影响报告书（表）时，依法提交相关排污许可证执行报告。

六、建设项目发生实际排污行为之前，排污单位应当按照国家环境保护相关法律法规以及排污许可证申请与核发技术规范要求申请排污许可证，不得无证排污或不按证排污。环境影响报告书（表）2015 年 1 月 1 日（含）后获得批准的建设项目，其环境影响报告书（表）以及审批文件中与污染物排放相关的主要内容应当纳入排污许可证。建设项目无证排污或不按证排污的，建设单位不得出具该项目验收合格的意见，验收报告中与污染物排放相关的主要内容应当纳入该项目验收完成当年排污许可证执行年报。排污许可证执行报告、台账记录以及自行监测执行情况等应作为开展建设项目环境影响后评价的重要依据。

七、国家将分行业制定建设项目重大变动清单。建设项目的环境影响报告书（表）经批准后，建设项目的性质、规模、地点、采用的生产工艺或者防治污染、防止生态破坏的措施发生重大变动的，建设单位应当依法重新报批环境影响评价文件，并在申请排污许可时提交重新报批的环评批复（文号）。发生变动但不属于重大变动情形的建设项目，环境影响报告书（表）2015 年 1 月 1 日（含）后获得批准的，排污许可证核发部门按照污染物排放标准、总量控制要求、环境影响报告书（表）以及审批文件从严核发，其他建设项目由排污许可证核发部门按照排污许可证申请与核发技术规范要求核发。

八、建设项目涉及"上大压小""区域（总量）替代"等措施的，环境影响评价审批部门应当审查总量指标来源，依法依规应当取得排污许可证的被替代或关停企业，须明确其排污许可证编码及污染物替代量。排污许可证核发部门应按照环境影响报告书（表）审批文件要求，变更或注销被替代或关停企业的排污许可证。应当取得排污许可证但未取得的企业，不予计算其污染物替代量。

九、环境保护部负责统一建设建设项目环评审批信息申报系统，并与全国排污许可证管理信息平台充分衔接。建设单位在报批建设项目环境影响报告书（表）时，应当登陆建设项目环评审批信息申报系统，在线填报相关信息并对信息的真实性、准确性和完整性负责。”

（10）了解加强生物多样性保护优先区域监管的有关规定

《关于做好生物多样性保护优先区域有关工作的通知》（环发〔2015〕177号）

“三、加强优先区域监管。严格按照有关法律法规和规划的要求开展优先区域保护和管理，根据优先区域生物多样性特点和社会经济发展状况，研究制定保护和管理措施，形成“一区一策”，努力做到区域内自然生态系统功能不下降，生物资源不减少。

优先区域内新增规划和项目的环境影响评价要将生物多样性影响评价作为重要内容。新增各类开发建设利用规划应与优先区域保护规划相协调。新增项目选址要尽可能避开生态敏感区及重要物种栖息地，针对可能对生物多样性造成的不利影响，提出相关保护与恢复措施。加强涉及优先区域建设项目环境保护事中事后监管以及环境影响后评价管理，对实际产生的不利影响以及生态保护和风险防范措施的有效性进行跟踪监测和验证评价，并提出补救方案或者改进措施。

优先区域内要优化城镇开发建设活动的规模、结构和布局，严格控制高耗能、高排放行业发展，新引入的行业、企业不得对优先区域生物多样性造成影响。城镇开发建设活动要避免占用重要物种原生境，不得破坏古树名木，保护城市生物多样性。城镇绿化应优先选用本地物种资源，科学规范外来物种引进，防止外来物种入侵。

定期组织开展优先区域管理评估和监督检查，将管理评估和监督检查的结果向社会公开，并按照《党政领导干部生态环境损害责任追究办法（试行）》等有关规定，对造成生物多样性破坏，并涉及上述办法规定追责情形的相关党政领导干部进行责任追究。”

（11）了解生产和使用消耗臭氧层物质建设项目管理的有关规定

《关于生产和使用消耗臭氧层物质建设项目管理有关工作的通知》（环大气〔2018〕5号）

“一、禁止新建、扩建生产和使用作为制冷剂、发泡剂、灭火剂、溶剂、清洗剂、加工助剂、气雾剂、土壤熏蒸剂等受控用途的消耗臭氧层物质的建设项目。

二、改建、异址建设生产受控用途的消耗臭氧层物质的建设项目，禁止增加消耗臭氧层物质生产能力。

三、新建、改建、扩建生产化工原料用途的消耗臭氧层物质的建设项目，生产的消耗臭氧层物质仅用于企业自身下游化工产品的专用原料用途，不得对外销售。

四、新建、改建、扩建副产四氯化碳的建设项目，应当配套建设四氯化碳处置设施。

五、本通知所指消耗臭氧层物质具体见《中国受控消耗臭氧层物质清单》（环境保护部、发展改革委、工业和信息化部公告 2010 年第 72 号）。”

（12）了解生产和使用含汞产品建设项目管理的有关规定

《关于汞的水俣公约》生效公告（公告 2017 年第 38 号）

“一、自 2017 年 8 月 16 日起，禁止开采新的原生汞矿，各地国土资源主管部门停止颁发新的汞矿勘查许可证和采矿许可证。2032 年 8 月 16 日起，全面禁止原生汞矿开采。

二、自 2017 年 8 月 16 日起，禁止新建的乙醛、氯乙烯单体、聚氨酯的生产工艺使用汞、汞化合物作为催化剂或使用含汞催化剂；禁止新建的甲醇钠、甲醇钾、乙醇钠、乙醇钾的生产工艺使用汞或汞化合物。2020 年氯乙烯单体生产工艺单位产品用汞量较 2010 年减少 50%。

三、禁止使用汞或汞化合物生产氯碱（特指烧碱）。自 2019 年 1 月 1 日起，禁止使用汞或汞化合物作为催化剂生产乙醛。自 2027 年 8 月 16 日起，禁止使用含汞催化剂生产聚氨酯，禁止使用汞或汞化合物生产甲醇钠、甲醇钾、乙醇钠、乙醇钾。

四、禁止生产含汞开关和继电器。自 2021 年 1 月 1 日起，禁止进出口含汞开关和继电器（不包括每个电桥、开关或继电器的最高含汞量为 20 毫克的极高精确度电容和损耗测量电桥及用于监控仪器的高频射频开关和继电器）。

五、禁止生产汞制剂（高毒农药产品），含汞电池（氧化汞原电池及电池组、锌汞电池、含汞量高于 0.0001%的圆柱型碱锰电池、含汞量高于 0.0005%的扣式碱锰电池）。自 2021 年 1 月 1 日起，禁止生产和进出口附件中所列含汞产品（含汞体温计和含汞血压计的生产除外）。自 2026 年 1 月 1 日起，禁止生产含汞体温计和含汞血压计。”

（13）熟悉加强水生生物资源保护的有关要求

《关于进一步加强水生生物资源保护严格环境影响评价管理的通知》（环发〔2013〕86 号）

“三、涉及水生生物自然保护区或水产种质资源保护区的建设项目，应严格执行下列要求：

（一）水利工程、航道、闸坝、港口建设及矿产资源勘探和开采等建设项目涉及水生生物自然保护区或种质资源保护区的，或者在保护区外从事有关工程建设活动可能损害保护区功能的，应当按照国家有关规定进行专题评价或论证，并将有关报告作为建设项目环境影响报告书的重要内容。

（二）国家级水生生物自然保护区影响专题评价应当按照农业部《建设项目对水生生物国家级自然保护区影响专题评价管理规范》（农渔发〔2009〕4号）执行。地方级水生生物自然保护区影响专题评价可参照上述管理规范执行。

（三）水产种质资源保护区影响专题论证的重点是种质资源保护区主要物种资源和功能分区等情况，建设项目对保护区功能影响及建设项目优化布局方案，拟采取的避让、减缓、补救和生态补偿措施等。

（四）涉及水生生物自然保护区的建设项目环境影响报告书在报送环境保护部门审批前，应征求渔业部门意见。涉及水产种质资源保护区的建设项目，应按照《渔业法》和《水产种质资源保护区管理暂行办法》（农业部令2011年第1号）等相关规定执行。

四、已经开展环境影响评价的规划中包含的具体建设项目，其环境影响评价内容可根据规划环境影响评价的分析论证情况适当调整，具体简化和重点评价等内容应在审查意见中予以明确。规划环境影响评价结论和审查小组意见应作为规划中包含的具体建设项目环境影响报告书审批的重要依据。”

（14）熟悉重点行业建设项目环境影响评价管理的有关要求

《关于做好畜禽规模养殖项目环境影响评价管理工作的通知》（环办环评〔2018〕31号）

“一、优化项目选址，合理布置养殖场区

项目环评应充分论证选址的环境合理性，选址应避开当地划定的禁止养殖区域，并与区域主体功能区规划、环境功能区划、土地利用规划、城乡规划、畜牧业发展规划、畜禽养殖污染防治规划等规划相协调。当地未划定禁止养殖区域的，应避开饮用水水源保护区、风景名胜区、自然保护区的核心区和缓冲区、村镇人口集中区域，以及法律、法规规定的禁止养殖区域。

项目环评应结合环境保护要求优化养殖场区内部布置。畜禽养殖区及畜禽粪污贮存、处理和畜禽尸体无害化处理等产生恶臭影响的设施，应位于养殖场区主导风向的下风向位置，并尽量远离周边环境保护目标。参照《畜禽养殖业污染防治技术规范》，并根据恶臭污染物无组织排放源强，以及当地的环境及气象等因素，按照《环境影响评价技术导则　大气环境》要求计算大气环境防护距离，作为养殖场选址以及周边规划控制的依据，减轻对周围环境保护目标的不利影响。

二、加强粪污减量控制，促进畜禽养殖粪污资源化利用

项目环评应以农业绿色发展为导向，优化工艺，通过采取优化饲料配方、提高饲养技术等措施，从源头减少粪污的产生量。鼓励采取干清粪方式，采取水泡粪工艺的应最大限度降低用水量。场区应采取雨污分离措施，防止雨水进

入粪污收集系统。

项目环评应结合地域、畜种、规模等特点以及地方相关部门制定的畜禽粪污综合利用目标等要求，加强畜禽养殖粪污资源化利用，因地制宜选择经济高效适用的处理利用模式，采取粪污全量收集还田利用、污水肥料化利用、粪便垫料回用、异位发酵床、粪污专业化能源利用等模式处理利用畜禽粪污，促进畜禽规模养殖项目“种养结合”绿色发展。

鼓励根据土地承载能力确定畜禽养殖场的适宜养殖规模，土地承载能力可采用农业农村主管部门发布的测算技术方法确定。耕地面积大、土地消纳能力相对较高的区域，畜禽养殖场产生的粪污应力争实现全部就地就近资源化利用或委托第三方处理；当土地消纳能力不足时，应进一步提高资源化利用能力或适当减少养殖规模。鼓励依托符合环保要求的专业化粪污处理利用企业，提高畜禽养殖粪污集中收集利用能力。环评应明确畜禽养殖粪污资源化利用的主体，严格落实利用渠道或途径，确保资源化利用有效实施。

三、强化粪污治理措施，做好污染防治

项目环评应强化对粪污的治理措施，加强畜禽养殖粪污资源化利用过程中的污染控制，推进粪污资源的良性利用，应对无法资源化利用的粪污采取治理措施确保达标排放。畜禽规模养殖项目应配套建设与养殖规模相匹配的雨污分离设施，以及粪污贮存、处理和利用设施等，委托满足相关环保要求的第三方代为利用或者处理的，可不自行建设粪污处理或利用设施。

项目环评应明确畜禽粪污贮存、处理和利用措施。贮存池应采取有效的防雨、防渗和防溢流措施，防止畜禽粪污污染地下水。贮存池总有效容积应根据贮存期确定。进行资源化利用的畜禽粪污须处理并达到畜禽粪便还田、无害化处理等技术规范要求。畜禽规模养殖项目配套建设沼气工程的，应充分考虑沼气制备及贮存过程中的环境风险，制定环境风险防范措施及应急预案。

畜禽养殖粪污作为肥料还田利用的，应明确畜禽养殖场与还田利用的林地、农田之间的输送系统及环境管理措施，严格控制肥水输送沿途的弃、撒和跑冒滴漏，防止进入外部水体。对无法采取资源化利用的畜禽养殖废水应明确处理措施及工艺，确保达标排放或消毒回用，排放去向应符合国家和地方的有关规定，不得排入敏感水域和有特殊功能的水域。

依据相关法律法规和技术规范，制定明确的病死畜禽处理、处置方案，及时处理病死畜禽。针对畜禽规模养殖项目的恶臭影响，可采取控制饲养密度、改善舍内通风、及时清粪、采用除臭剂、集中收集处理等措施，确保项目恶臭污染物达标排放。

四、落实环评信息公开要求，发挥公众参与的监督作用

建设单位在项目环评报告书报送审批前，应采取适当形式，遵循依法、有序、公开、便利的原则，公开征求意见并对真实性和结果负责。

地方生态环境部门应按照相关要求，主动公开项目环评报告书受理情况、拟作出的审批意见和审批情况，保障公众环境保护知情权、参与权和监督权。强化对建设单位的监督约束，落实建设项目环评信息的全过程、全覆盖公开，确保公众能够方便获取建设项目环评信息。

五、强化事中事后监管，形成长效管理机制

地方生态环境部门应加强畜禽规模养殖项目的全过程管理。建设单位必须严格执行环境保护“三同时”制度，落实各项生态环境保护措施，在项目建成后按照国家规定的程序和技术规范，开展建设项目竣工环境保护验收。各级生态环境部门通过随机抽查项目环评报告书等方式，掌握环境影响报告书的编制及审批、环境影响登记表备案及承诺落实、环境保护“三同时”落实、环境保护验收情况及相关主体责任落实等情况，及时查处违法违规行为。”

《关于进一步加强石油天然气行业环境影响评价管理的通知》（环办环评函〔2019〕910号）

“一、推进规划环境影响评价

（一）各有关单位编制油气发展规划等综合规划或指导性专项规划，应当依法同步编制环境影响篇章或说明；编制油气开发相关专项规划，应当依法同步编制规划环境影响报告书，报送生态环境主管部门依法召集审查。规划环评结论和审查意见，应当作为规划审批决策和相关项目环评的重要依据，规划环评资料和成果可与项目环评共享，项目环评可结合实际简化。

（二）油气企业在编制内部相关油气开发专项规划时，鼓励同步编制规划环境影响报告书，重点就规划实施的累积性、长期性环境影响进行分析，提出预防和减轻不良环境影响的对策措施，自行组织专家论证，相关成果向省级生态环境主管部门通报。涉及海洋油气开发的，应当通报生态环境部及其相应流域海域生态环境监督管理局。

（三）规划环评应当结合油气开发区域的资源环境特征、主体功能区规划、自然保护地、生态保护红线管控等要求，切实维护生态系统完整性和稳定性，明确禁止开发区域和规划实施的资源环境制约因素，提出油气资源开发布局、规模、开发方式、建设时序等优化建议，合理确定开发方案，明确预防和减轻不良环境影响的对策措施。严格落实“三线一单”（生态保护红线，环境质量底线，资源利用上线，生态环境准入清单）管控要求，页岩气等开采应当明确规划实施的水资源利用上限。涉及自然保护地、生态保护红线的，还应当符合其

管控要求。在重点污染物排放总量超过国家或者地方规定的总量控制指标区域内，应当暂停规划新增排放该重点污染物的油气开发项目。在具有重大地下水污染风险的地质构造区域布局开发项目应当慎重，确需开发的，应当深入论证规划实施的环境可行性，采取严格的环境风险防范措施。

二、深化项目环评“放管服”改革

（四）油气开采项目（含新开发和滚动开发项目）原则上应当以区块为单位开展环评（以下简称区块环评），一般包括区块内拟建的新井、加密井、调整井、站场、设备、管道和电缆及其更换工程、弃置工程及配套工程等。项目环评应当深入评价项目建设、运营带来的环境影响和环境风险，提出有效的生态环境保护和环境风险防范措施。滚动开发区块产能建设项目环评文件中还应对现有工程环境影响进行回顾性评价，对存在的生态环境问题和环境风险隐患提出有效防治措施。依托其他防治设施的或者委托第三方处置的，应当论证其可行性和有效性。

（五）未确定产能建设规模的陆地油气开采新区块，建设勘探井应当依法编制环境影响报告表。海洋油气勘探工程应当填报环境影响登记表并进行备案。确定产能建设规模后，原则上不得以勘探名义继续开展单井环评。勘探井转为生产井的，可以纳入区块环评。自2021年1月1日起，原则上不以单井形式开展环评。过渡期间，项目建设单位可以根据实际情况，报批区块环评或单井环评。在本通知印发前已经取得环评批复、不在海洋生态环境敏感区内、未纳入油气开采区块产能建设项目环评且排污量未超出原环评批复排放总量的海洋油气开发工程调整井项目，实施环境影响登记表备案管理。

（六）各级生态环境主管部门在审批区块环评时，不得违规设置或保留水土保持、规划选址用地（用海）预审、行业或下级生态环境主管部门预审等前置条件。涉及自然保护地、饮用水水源保护区、生态保护红线等法定保护区域的，在符合法律法规的前提下，主管部门意见不作为环评审批的前置条件。对于已纳入区块环评且未产生重大变动情形的单项工程，各级生态环境主管部门不得要求重复开展建设项目环评。

三、强化生态环境保护措施

（七）涉及向地表水体排放污染物的陆地油气开采项目，应当符合国家和地方污染物排放标准，满足重点污染物排放总量控制要求。涉及污染物排放的海洋油气开发项目，应当符合《海洋石油勘探开发污染物排放浓度限值》（GB 4914）等排放标准要求。

（八）涉及废水回注的，应当论证回注的环境可行性，采取切实可行的地下水污染防治和监控措施，不得回注与油气开采无关的废水，严禁造成地下水污染。在相关行业污染控制标准发布前，回注的开采废水应当经处理并符合《碎屑岩油藏注水水质推荐指标及分析方法》（SY/T 5329）等相关标准要求后回注，同步采取切实可行措施防治污染。回注目的层应当为地质构造封闭地层，一般应当回注到现役油气藏或枯竭废弃油气藏。相关部门及油气企业应当加强采出水等污水回注的研究，重点关注回注井井位合理性、过程控制有效性、风险防控系统性等，提出从源头到末端的全过程生态环境保护及风险防控措施、监控要求。建设项目环评文件中应当包含钻井液、压裂液中重金属等有毒有害物质的相关信息，涉及商业秘密、技术秘密等情形的除外。

（九）油气开采产生的废弃油基泥浆、含油钻屑及其他固体废物，应当遵循减量化、资源化、无害化原则，按照国家和地方有关固体废物的管理规定进行处置。鼓励企业自建含油污泥集中式处理和综合利用设施，提高废弃油基泥浆和含油钻屑及其处理产物的综合利用率。油气开采项目产生的危险废物，应当按照《建设项目危险废物环境影响评价指南》要求评价。相关部门及油气企业应当加强固体废物处置的研究，重点关注固体废物产生类型、主要污染因子及潜在环境影响，分别提出减量化的源头控制措施、资源化的利用路径、无害化的处理要求，促进固体废物合理利用和妥善处置。

（十）陆地油气开采项目的建设单位应当对挥发性有机物液体储存和装载损失、废水液面逸散、设备与管线组件泄漏、非正常工况等挥发性有机物无组织排放源进行有效管控，通过采取设备密闭、废气有效收集及配套高效末端处理设施等措施，有效控制挥发性有机物和恶臭气体无组织排放。涉及高含硫天然气开采的，应当强化钻井、输送、净化等环节环境风险防范措施。含硫气田回注采出水，应当采取有效措施减少废水处理站和回注井场硫化氢的无组织排放。高含硫天然气净化厂应当采用先进高效硫磺回收工艺，减少二氧化硫排放。井场加热炉、锅炉、压缩机等排放大气污染物的设备，应当优先使用清洁燃料，废气排放应当满足国家和地方大气污染物排放标准要求。

（十一）施工期应当尽量减少施工占地、缩短施工时间、选择合理施工方式、落实环境敏感区管控要求以及其他生态环境保护措施，降低生态环境影响。钻井和压裂设备应当优先使用网电、高标准清洁燃油，减少废气排放。选用低噪声设备，避免噪声扰民。施工结束后，应当及时落实环评提出的生态保护措施。

（十二）陆地油气长输管道项目，原则上应当单独编制环评文件。油气长输管道及油气田内部集输管道应当优先避让环境敏感区，并从穿越位置、穿越方式、施工场地设置、管线工艺设计、环境风险防范等方面进行深入论证。高度关注项目安全事故带来的环境风险，尽量远离沿线居民。

（十三）油气储存项目，选址尽量远离环境敏感区。加强甲烷及挥发性有机物的泄漏检测，落实地下水污染防治和跟踪监测要求，采取有效措施做好环境风险防范与环境应急管理；盐穴储气库项目还应当严格落实采卤造腔期和管道施工期的生态环境保护措施，妥善处理采出水。

（十四）油气企业应当加强风险防控，按规定编制突发环境事件应急预案，报所在地生态环境主管部门备案。海洋油气勘探开发溢油应急计划报相关海域生态环境监督管理局备案。

四、加强事中事后监管

（十五）油气企业应当切实落实生态环境保护主体责任，进一步健全生态环境保护管理体系和制度，充分发挥企业内部生态环境保护部门作用，健全健康、安全与环境（HSE）管理体系，加强督促检查，推动所属油气田落实规划、建设、运营、退役等环节生态环境保护措施。项目正式开工后，油气开采企业应当每年向具有管辖权的生态环境主管部门书面报告工程实施或变动情况、生态环境保护工作情况，涉及自然保护地和生态保护红线的，应当说明工程实施的合法合规性和对自然生态系统、主要保护对象等的实际影响，接受生态环境主管部门依法监管。

（十六）各级生态环境主管部门应当加强油气开采项目施工期和运行期监督检查，在建设单位主动报告的基础上，推行“双随机、一公开”监管，严格依法纠正和查处违法违规行为。在环境影响报告书（表）复核中，加强废水处理及回用（含回注）、地下水污染防治、危险废物产生及处置等污染防治措施的技术校核，发现问题依法依规查处，并督促相关责任方整改。

（十七）陆地油气开采区块项目环评批复后，产能总规模、新钻井总数量增加 30%及以上，回注井增加，占地面积范围内新增环境敏感区，井位或站场位置变化导致评价范围内环境敏感目标数量增加，开发方式、生产工艺、井类别变化导致新增污染物种类或污染物排放量增加，与经批复的环境影响评价文件相比危险废物实际产生种类增加或数量增加、危险废物处置方式由外委改为自行处置或处置方式变化导致不利环境影响加重，主要生态环境保护措施或环境风险防范措施弱化或降低等情形，依法应当重新报批环评文件。海洋油气开发项目重大变动清单另行制定。

（十八）建设单位或生产经营单位按规定开展建设项目竣工环境保护验收，并录入全国建设项目竣工环境保护验收信息平台。分期建设、分期投入生产或者使用的建设项目，其相应的环境保护设施应当分期验收。

（十九）陆地区块产能建设项目实施后，建设单位或生产经营单位应对地下水、生态、土壤等开展长期跟踪监测，发现问题应及时整改。项目正式投入生产或运营后，每 3～5 年开展一次环境影响后评价，依法报生态环境主管部门备案。按要求开展环评的现有滚动开发区块，可以不单独开展环境影响后评价，法律法规另有规定的除外。海洋油气开发项目环境影响后评价的具体要求另行规定。

（二十）工程设施退役，建设单位或生产经营单位应当按照相关要求，采取有效生态环境保护措施。同时，按照《中华人民共和国土壤污染防治法》《土壤环境质量 建设用地土壤污染风险管控标准（试行）》（GB 36600）的要求，对永久停用、拆除或弃置的各类井、管道等工程设施落实封堵、土壤及地下水修复、生态修复等措施。海洋油气勘探开发活动终止后，相关设施需要在海上弃置的，应当拆除可能造成海洋环境污染损害或者影响海洋资源开发利用的部分，并参照有关海洋倾倒废弃物管理的规定进行。拆除时，应当编制拆除环境保护方案，采取必要的措施，防止对海洋环境造成污染和损害。

（二十一）油气企业应按照企事业单位环境信息公开办法、环境影响评价公众参与办法等有关要求，主动公开油气开采项目环境信息，保障公众的知情权、参与权、表达权和监督权。各级生态环境主管部门应当按要求做好环评审批、监督执法等有关工作的信息公开。

煤层气勘探开发的环评管理可以参照执行。”

《关于做好“三磷”建设项目环境影响评价与排污许可管理工作的通知》（环办环评函〔2019〕65号）

“一、严格环境影响评价，源头防范环境风险

（一）优化产业规划布局，严格项目选址要求。新建、扩建磷化工项目应布设在依法合规设立的化工园区或具有化工定位的产业园区内，所在化工园区或产业园区应依法开展规划环境影响评价工作，并与所在省（区、市）生态保护红线、环境质量底线、资源利用上线和生态环境准入清单成果做好衔接，落实相应管控要求。磷化工建设项目应符合园区规划及规划环评要求。‘三磷’建设项目应论证是否符合生态环境准入清单，对不符合的依法不予审批。

‘三磷’建设项目选址不得位于饮用水水源保护区、自然保护区、风景名胜区以及国家法律法规明确的其他禁止建设区域。选址应避开岩溶强发育、存在较多落水洞或岩溶漏斗的区域。长江干流及主要支流岸线1公里范围内禁止新建、扩建磷矿、磷化工项目，长江干流3公里范围内、主要支流岸线1公里范围内禁止新建、扩建尾矿库和磷石膏库。

（二）严格总磷排放控制，规范区域削减替代要求。地方生态环境部门应以环境质量改善为核心，严格总磷等主要污染物区域削减要求。建设项目所在水环境控制单元或断面总磷超标的，实施总磷排放量2倍或以上削减替代。所在水环境控制单元或断面总磷达标的，实施总磷排放量等量或以上削减替代。替

代量应来源于项目同一水环境控制单元或断面上游拟实施关停、升级改造的工业企业，不得来源于农业源、城镇污水处理厂或已列入流域环境质量改善计划的工业企业。相应的减排措施应确保在项目投产前完成。

地方生态环境部门在审查项目环境影响评价文件时应核实区域削减源，并在审批文件中对出让总量控制指标的排污单位提出明确要求。在项目环评审批后，产生实际排污行为前，排污许可证核发部门应对已取得排污许可证的出让总量控制指标的排污单位依法进行变更，对尚未取得排污许可证的出让总量控制指标的排污单位按削减后要求核发其排污许可证。

（三）严格建设项目环评审批，强化环境管理要求。地方生态环境部门应按照相关环境保护法律法规、标准和技术规范等要求审批‘三磷’建设项目环评文件，并在审批过程中对相应环境保护措施提出严格要求。

磷矿建设项目选矿废水、尾矿库尾水应闭路循环，磷肥建设项目废水应收集处理后全部回用，含磷农药建设项目母液应单独处理后资源化利用，黄磷建设项目废水应收集处理后全部回用，磷石膏库渗滤液及含污雨水收集处理后全部回用。重点排污单位废水排放口应安装总磷在线监测设备并与生态环境部门联网。

黄磷建设项目电炉气经净化处理后综合利用，含磷无组织废气应收集处理后达标排放。磷化工建设项目生产废气应加强含磷污染物、氟化物的排放治理。磷矿、磷化工和磷石膏库建设项目应采取有效措施控制储存、装卸、运输及工艺过程等无组织排放。

磷肥建设项目应实行‘以用定产’，以磷石膏综合利用量决定湿法磷酸产量。同步落实磷石膏综合利用途径，综合利用不畅的可利用现有磷石膏库堆存，不得新建、扩建磷石膏库（暂存场除外）。磷石膏库、尾矿库、暂存场按第Ⅱ类一般工业固体废物处置要求采取防渗、地下水导排等措施，并建设地下水监测井，开展日常监控，防范地下水环境污染。磷化工建设项目应明确产生固体废物属性及危险废物类别，采取清洁生产措施，减少固体废物、危险废物的产生量和危害性。

改建、扩建项目应对现有工程（包括磷石膏库、尾矿库）进行回顾分析，全面梳理存在的环境影响问题，并提出‘以新带老’或整改措施。

（四）开展环评文件批复落实情况检查。地方生态环境部门应加强对‘三磷’建设项目环评文件批复落实情况的检查。已经开工在建的，重点检查各项环保要求和措施是否同步实施，是否存在重大变动未重新报批等情况；已经投入生产或者使用的，重点检查各项环保措施是否同步建成投运，区域削减措施是否落实到位，是否按要求开展自主验收等。对未落实环评批复及要求的，责令限期改正并依法依规予以处理处罚。

二、落实排污许可制度，强化事中事后监管

（五）按期完成排污许可证核发，实现排污许可全覆盖。省级生态环境部门应以第二次污染源普查、尾矿库环境基础信息排查摸底、长江‘三磷’专项排查整治等成果数据为基础，组织开展‘三磷’行业清单梳理，建立应核发排污许可证的企业清单。地方生态环境部门应如期完成磷肥、黄磷行业排污许可证核发，2020年9月底前完成磷矿排污许可证核发；新建、改建、扩建‘三磷’建设项目在实际排污之前核发（变更）排污许可证，实现‘三磷’行业固定污染源排污许可全覆盖。

长江流域地方生态环境部门对长江‘三磷’专项排查整治行动中要求关停取缔的‘三磷’企业不予核发排污许可证，已经核发的应依法注销排污许可证；对纳入规范整治且已核发排污许可证的企业，督促其完成整改并执行排污许可证相关要求。

（六）开展排污许可证质量和落实情况检查。各省级生态环境部门应在2020年3月底前完成含磷农药行业排污许可证质量和落实情况检查，2020年9月底前完成磷肥、黄磷和磷矿行业排污许可证质量和落实情况检查，并将检查结果上传至全国排污许可证管理信息平台。排污许可证质量重点检查排污许可管控污染物、污染物许可限值、自行监测等环境管理内容是否符合要求。落实情况重点检查排污单位是否按要求开展自行监测、台账记录是否完整、真实，定期提交执行报告情况。

（七）加大环境综合监管力度，强化监管效能。地方生态环境执法部门应将‘三磷’建设项目企业纳入年度执法计划，加大执法检查力度，对发现的未批先建、环保‘三同时’不落实、未验先投、无证排污、不按证排污等违法违规行为依法进行处理处罚。

三、落实信息公开要求，主动接受社会监督

（八）强化信息公开，建立共享机制。地方生态环境部门应按照信息公开相关要求，主动公开项目环评文件受理情况、拟作出的审批意见和审批决定，并在全国排污许可证管理信息平台及时公布‘三磷’企业排污许可证发放情况，保障公众环境保护知情权、参与权和监督权。

建立完善环评文件审批、排污许可证核发、监督执法等信息共享机制，及时将环评、‘三同时’、竣工环保自主验收和排污许可违法违规行为处罚情况等信息纳入全国企业信用信息公示系统，完善失信联合惩戒机制。”

《关于进一步加强煤炭资源开发环境影响评价管理的通知》（环环评〔2020〕63号）

“二、深化‘放管服’改革优化项目环评管理

（八）符合煤炭矿区总体规划和规划环评的煤炭采选建设项目，应依法编制

项目环评文件，在开工建设前取得批复。项目为伴生放射性矿的，还应当根据相关文件要求编制辐射环境影响评价专篇，与环评文件同步编制、一同报批。项目环评文件经批准后，在设计、建设等过程中发现项目的性质、规模、地点、采用的生产工艺或者防治污染、防止生态破坏的措施发生重大变动的，建设单位应当在变动实施前，主动重新报批建设项目的环境影响评价文件。各级生态环境主管部门在审批煤炭采选建设项目环评文件时，不得违规设置或保留水土保持、下级生态环境主管部门预审等前置条件；涉及生态环境敏感区的，在符合法律法规的前提下，主管部门意见不作为环评审批的前置条件。

（九）井工开采地表沉陷的生态环境影响预测，应充分考虑自然生态条件、沉陷影响形式和程度等制定生态重建与恢复方案，确保与周边生态环境相协调。露天开采时应优化采排计划，控制外排土场占地面积，在确保安全生产的前提下，尽快实现内排土。针对排土场平台、边坡和采掘场沿帮、最终采掘坑等制定生态重建与恢复方案。制定矸石周转场地、地面建（构）筑物搬迁迹地等的生态重建与恢复方案。建设单位应严格控制采煤活动扰动范围，按照‘边开采、边恢复’原则，及时落实各项生态重建与恢复措施，并定期进行效果评估，存在问题的，建设单位应制定科学、可行的整改计划并严格实施。

（十）井工开采不得破坏具有供水意义含水层结构、污染地下水水质，保护地下水的供水功能和生态功能，必要时应采取保护性开采技术或其他保护措施减缓对地下水环境的影响。露天开采项目应采取有效措施控制疏干水量、浅层地下水水位降深及对浅层地下水的疏干影响范围，减缓露天开采对浅层地下水环境的影响。污水处理设施等所在区域应采取防渗措施。

（十一）鼓励对煤矸石进行井下充填、发电、生产建筑材料、回收矿产品、制取化工产品、筑路、土地复垦等多途径综合利用，因地制宜选择合理的综合利用方式，提高煤矸石综合利用率。技术可行、经济合理的条件下优先采用井下充填技术处置煤矸石，有效控制地面沉陷、损毁耕地，减少煤矸石排放量。煤矸石的处置与综合利用应符合国家及行业相关标准规范要求。禁止建设永久性煤矸石堆放场（库），确需建设临时性堆放场（库）的，其占地规模应当与煤炭生产和洗选加工能力相匹配，原则上占地规模按不超过 3 年储矸量设计，且必须有后续综合利用方案。

提高煤矿瓦斯利用率，控制温室气体排放。高瓦斯、煤与瓦斯突出矿井应配套建设瓦斯抽采与综合利用设施，甲烷体积浓度大于等于 8%的抽采瓦斯，在确保安全的前提下，应进行综合利用。鼓励对甲烷体积浓度在 2%（含）至 8%的抽采瓦斯以及乏风瓦斯，探索开展综合利用。确需排放的，应满足《煤层气（煤矿瓦斯）排放标准（暂行）》要求。

（十二）针对矿井水应当考虑主要污染因子及污染影响特点等，通过优化开采范围和开采方式、采取针对性处理措施等，从源头减少和有效防治高盐、酸性、高氟化物、放射性等矿井水。矿井水应优先用于项目建设及生产，并鼓励多途径利用多余矿井水。可以利用的矿井水未得到合理、充分利用的，不得开采及使用其他地表水和地下水水源作为生产水源，并不得擅自外排。矿井水在充分利用后仍有剩余且确需外排的，经处理后拟外排的，除应符合相关法律法规政策外，其相关水质因子值还应满足或优于受纳水体环境功能区划规定的地表水环境质量对应值，含盐量不得超过1 000毫克/升，且不得影响上下游相关河段水功能需求。安装在线自动监测系统，相关环境数据向社会公开，与相关部门联网，接受监督。依法依规做好关闭矿井封井处置，防治老空水等污染。

（十三）煤炭开采应符合大气污染防治政策。生态保护红线、自然保护地内原则上应依法禁止露天开采，其他生态功能极重要区、生态极敏感区以及国家规定的重要区域等应严格控制露天开采。加强煤炭开采的扬尘污染防治，对露天开采的采掘场、排土场已形成的台阶进行压覆及洒水降尘，对预爆区洒水预湿。煤炭、矸石的储存、装卸、输送以及破碎、筛选等产尘环节，应采取有效措施控制扬尘污染，优先采取封闭措施，厂界无组织排放应符合国家和地方相关标准要求；涉及环境敏感区或区域颗粒物超标的，依法采取封闭措施。煤炭企业应针对煤炭运输的扬尘污染提出封闭运输、车辆清洗等防治要求，减少对道路沿线的影响；相关企业应规划建设铁路专用线、码头等，优先采用铁路、水路等方式运输煤炭。

新建、改扩建煤矿应配套煤炭洗选设施，有效提高煤炭产品质量，强化洗选过程污染治理。煤炭开采使用的非道路移动机械排放废气应符合国家和地方污染物排放标准要求，鼓励使用新能源非道路移动机械。优先采用余热、依托热源、清洁能源等供热措施，减少大气污染物排放；确需建设燃煤锅炉的，应符合国家和地方大气污染防治要求。加强矸石山管理和综合治理，采取有效措施控制扬尘、自燃等。

（十四）煤炭采选企业应当依法申请取得排污许可证或进行排污登记。未取得排污许可证也未进行排污登记的，不得排放污染物。

改建、扩建和技术改造煤炭采选项目还必须采取措施，治理与该项目有关的原有环境污染和生态破坏。

（十五）鼓励相关部门和企业，开展沉陷区生态恢复技术、露天矿排土场和采掘场生态重建与恢复技术、保水采煤技术、高盐矿井水处理与利用技术、煤矸石综合利用技术、低浓度和乏风瓦斯综合利用技术、关闭煤矿瓦斯监测和综合利用技术等研究，促进煤炭采选行业绿色发展。持续创新行业环评管理思路，遵循煤炭资源开发与环境影响特点，探索和推进煤炭开采项目环评管理程序和方式改革。

三、统筹解决好行业突出问题

（十六）对存在‘未批先建’等违法行为的，应严格执行《关于进一步加强环境影响评价违法项目责任追究的指导意见》（环办函〔2015〕389 号）的规定，依法实施行政处罚，追究相关人员责任。有下列情形之一的，生态环境主管部门应对违法行为依法从严处理，可以责令恢复原状：

1．环评文件未经批准或重大变动未经环评审批建设项目已基本建成或投入运行的；

2．环评文件未经批准或重大变动未经环评审批在生态保护红线、自然保护地、饮用水水源保护区内开工建设的；

3．环评文件未经批准或重大变动未经环评审批擅自开工建设造成了重大环境污染或严重生态破坏事件的。

（十七）严格落实《关于加强‘未批先建’建设项目环境影响评价管理工作的指导意见》（环办环评〔2018〕18 号）要求，存在‘未批先建’违法行为的项目，建设单位主动报批环境影响报告书（表）的，有审批权的生态环境主管部门应根据技术评估和审查结论分别作出相应处理：对符合环评审批要求的，依法作出批准决定，并出具审批文件；对存在《建设项目环境保护管理条例》第十一条所列情形之一的，生态环境主管部门依法不予批准该项目环境影响报告书（表），并可以依法责令恢复原状。

存在‘未批先建’违法行为的项目，在其环评文件中，应对违法建设过程中造成的环境影响及存在的主要环境问题进行分析，提出具体的整改方案，明确责任人、投资来源和完成时限。

（十八）本通知印发后，因合法生产煤矿生产能力变化导致出现第（五）条第一款规定情形的，负责编制规划的发展改革（能源主管）部门应履行规划和规划环评手续，相关部门和企业应将规划环评结论作为项目环评的重要依据。单个煤矿生产能力较原建设项目环评批复增加 30%及以上的，应依法重新开展环评；原环评文件设计生产能力增加 30%以下的，依法开展环境影响后评价，报生态环境主管部门备案。未按上述规定完成环评手续的，煤矿不得按照核定变化后的产能组织生产。各级发展改革（能源主管）部门应在环评手续完成后公告煤矿产能变化情况。

本通知印发前，相关煤矿项目生产能力与环评文件不一致等历史遗留问题，由国家发展改革委、生态环境部和国家能源局等相关部门另行组织研究解决，推进行业健康持续绿色发展。

（十九）地方生态环境主管部门在日常工作中发现的煤炭资源开发相关规划和项目环评违法情况多发且问题突出的，应主动向省级及以上生态环境主管部门报告，收到报告的生态环境主管部门可以采用函告、约谈等措施督促有关地方政府和煤炭企业限期整改，涉及违法的依法查处，整改不到位的纳入生态环境保护督察范畴。

四、依法加强事中事后监管

（二十）各级生态环境主管部门应加强煤炭采选规划、建设、运营环境监督检查，采取‘双随机、一公开’方式加强执法，严格依法纠正和查处违法违规行为，对典型案例进行公开曝光。严格落实《关于严惩弄虚作假提高环评质量的意见》（环环评〔2020〕48号），压实主体责任，严厉打击环评弄虚作假行为，加强环评溯源和责任追究。在环评文件复核中，加强生态保护与恢复措施、污染防治措施、煤矸石和瓦斯综合利用措施等技术校核，发现问题依法查处，并督促相关责任方及时整改。

（二十一）建设单位应依法依规开展竣工环境保护验收，按照相关要求编制验收调查报告，并详细记录生态环境保护措施执行情况，生态保护与恢复、污染防治措施及投资情况，项目存在的原有生态环境问题及解决措施，并录入全国建设项目竣工环境保护验收信息平台。编制辐射环境影响评价专篇的项目，相关情况一并纳入验收。

（二十二）建设单位在项目投入生产或运营后，按要求开展环境影响后评价，依法公开并报原环评文件审批部门备案。煤炭采选建设项目环境影响后评价应重点调查评价生态环境和水环境的实际影响与保护措施的有效性，分析验证环境影响预测方法的合理性与参数的准确性，修订预测模型和相关参数，并据此对后续开发的环境影响，提出生态环境保护补救方案和改进措施。建设单位应及时落实好各项补救方案和改进措施，相关情况应纳入生态环境主管部门监管内容。建设单位应做好停止开采区域生态保护和环境污染治理。

（二十三）建设单位应按照标准规范要求开展地下水、生态等环境要素长期跟踪监测，做好井工开采地表沉陷跟踪观测工作；为伴生放射性矿的，应重视对辐射环境质量的监测。对具有供水意义浅层地下水存在影响的还应开展导水裂缝带发育高度监测，如发生导入有供水意义浅层地下水含水层的现象，应及时提出相关补救措施。根据生态变化情况，实施必要的工程优化和生态恢复。

（二十四）建设单位或生产运营单位应按照《企事业单位环境信息公开办法》《环境影响评价公众参与办法》《建设项目环境影响评价信息公开机制方案》《伴生放射性矿开发利用企业环境辐射监测及信息公开办法（试行）》等有关要求，主动公开煤炭采选建设项目环境信息，保障公众的知情权、参与权、表达权和监督权。各级生态环境主管部门应按要求做好环评、监督执法等有关工作的信息公开。”

3. 建设项目环境影响评价文件的审批

（1）熟悉重点行业建设项目环境影响评价文件的审批原则

《关于规范火电等七个行业建设项目环境影响评价文件审批的通知》（环办〔2015〕112号）

“编制了火电、水电、钢铁、铜铅锌冶炼、石化、制浆造纸、高速公路七个行业建设项目环境影响评价文件的审批原则（试行）。”

《关于印发水泥制造等七个行业建设项目环境影响评价文件审批原则的通知》（环办环评〔2016〕114号）

“编制了水泥制造、煤炭采选、汽车整车制造、铁路、制药、水利（引调水工程）、航道七个行业建设项目环境影响评价文件审批原则（试行）。”

《关于印发机场、港口、水利（河湖整治与防洪除涝工程）三个行业建设项目环境影响评价文件审批原则的通知》（环办环评〔2018〕2号）

“编制了机场、港口、水利（河湖整治与防洪除涝工程）三个行业建设项目环境影响评价文件审批原则（试行）。”

《关于印发城市轨道交通、水利（灌区工程）两个行业建设项目环境影响评价文件审批原则的通知》（环办环评〔2018〕17号）

“编制了城市轨道交通、水利（灌区工程）两个行业建设项目环境影响评价文件审批原则（试行，见附件）。”

（2）掌握建设项目环境影响报告书审批应当重点审查的内容

《建设项目环境保护管理条例》

第九条第二款

“环境保护行政主管部门审批环境影响报告书、环境影响报告表，应当重点审查建设项目的环境可行性、环境影响分析预测评估的可靠性、环境保护措施的有效性、环境影响评价结论的科学性等，并分别自收到环境影响报告书之日起60日内、收到环境影响报告表之日起30日内，作出审批决定并书面通知建设单位。”

（3）掌握生态环境主管部门作出不予批准建设项目环境影响报告书（表）决定的情形

《建设项目环境保护管理条例》

“第十一条　建设项目有下列情形之一的，环境保护行政主管部门应当对环境影响报告书、环境影响报告表作出不予批准的决定：

（一）建设项目类型及其选址、布局、规模等不符合环境保护法律法规和相关法定规划；

（二）所在区域环境质量未达到国家或者地方环境质量标准，且建设项目拟采取的措施不能满足区域环境质量改善目标管理要求；

（三）建设项目采取的污染防治措施无法确保污染物排放达到国家和地方排放标准，或者未采取必要措施预防和控制生态破坏；

（四）改建、扩建和技术改造项目，未针对项目原有环境污染和生态破坏提出有效防治措施；

（五）建设项目的环境影响报告书、环境影响报告表的基础资料数据明显不实，内容存在重大缺陷、遗漏，或者环境影响评价结论不明确、不合理。”

（4）熟悉“未批先建”建设项目环境影响评价管理的有关要求

《关于加强“未批先建”建设项目环境影响评价管理工作的通知》（环办环评〔2018〕18号）

“一、‘未批先建’违法行为是指，建设单位未依法报批建设项目环境影响报告书（表），或者未按照环境影响评价法第二十四条的规定重新报批或者重新审核环境影响报告书（表），擅自开工建设的违法行为，以及建设项目环境影响报告书（表）未经批准或者未经原审批部门重新审核同意，建设单位擅自开工建设的违法行为。

除火电、水电和电网项目外，建设项目开工建设是指，建设项目的永久性工程正式破土开槽开始施工，在此以前的准备工作，如地质勘探、平整场地、拆除旧有建筑物、临时建筑、施工用临时道路、通水、通电等不属于开工建设。

火电项目开工建设是指，主厂房基础垫层浇筑第一方混凝土。电网项目中变电工程和线路工程开工建设是指，主体工程基础开挖和线路基础开挖。水电项目筹建及准备期相关工程按照《关于进一步加强水电建设环境保护工作的通知》（环办〔2012〕4号）执行。

二、各级环境保护部门要按照‘属地管理’原则，对‘未批先建’建设项目进行拉网式排查并依法予以处罚。

（一）建设项目于2015年1月1日新《中华人民共和国环境保护法》（以下简称《环境保护法》）施行后开工建设，或者2015年1月1日之前已经开工建设且之后仍然进行建设的，应当适用新《环境保护法》第六十一条规定进行处罚。

（二）建设项目于2016年9月1日新《中华人民共和国环境影响评价法》（以下简称《环境影响评价法》）施行后开工建设，或者2016年9月1日之前已经开工建设且之后仍然进行建设的，应当适用新《环境影响评价法》第三十一条的规定进行处罚。

（三）建设单位同时存在违反环境保护设施‘三同时’和竣工环保验收制度等违法行为的，应当依法分别予以处罚。

（四）‘未批先建’违法行为自建设行为终了之日起二年内未被发现的，依法不予行政处罚。

三、环保部门应当按照本通知第一条、第二条规定对‘未批先建’等违法行为作出处罚，建设单位主动报批环境影响报告书（表）的，有审批权的环保部门应当受理，并根据技术评估和审查结论分别作出相应处理：

（一）对符合环境影响评价审批要求的，依法作出批准决定，并出具审批文件。

（二）对存在《建设项目环境保护管理条例》第十一条所列情形之一的，环保部门依法不予批准该项目环境影响报告书（表），并可以依法责令恢复原状。

四、各级环保部门要按照《关于以改善环境质量为核心加强环境影响评价管理的通知》（环环评〔2016〕150号）要求，在建设项目环境影响报告书（表）审批工作中严格落实项目环评审批与规划环评、现有项目环境管理、区域环境质量联动机制，更好地发挥环评制度从源头防范环境污染和生态破坏的作用，加快改善环境质量，推动高质量发展。

五、各级环保部门要督促‘未批先建’建设项目依法履行环境影响评价手续。依法需申请排污许可证的‘未批先建’建设项目，应当依据国家有关环保法律法规和《排污许可管理办法（试行）》的规定，在规定时限内完成环评报批手续。通过依法查处‘未批先建’违法行为，依法受理和审查‘未批先建’建设项目环评手续，将所有建设项目依法纳入环境管理，为实现排污许可证‘核发一个行业，清理一个行业，规范一个行业’提供保障。”

《关于建设项目“未批先建”违法行为法律适用问题的意见》（环政法函〔2018〕31号）

“一、关于‘未批先建’违法行为行政处罚的法律适用

（一）相关法律规定

（二）法律适用

关于‘未批先建’违法行为的行政处罚，我部2016年1月8日作出的《关于〈环境保护法〉（2014 修订）第六十一条适用有关问题的复函》（环政法函〔2016〕6号）已对‘新法实施前已经擅自开工建设的项目的法律适用’作出相关解释，现针对实践中遇到的问题，进一步提出补充意见如下：

1. 建设项目于2015年1月1日后开工建设，或者2015年1月1日之前已

经开工建设且之后仍然进行建设的，立案查处的环保部门应当适用新环境保护法第六十一条的规定进行处罚，不再依据修正前的环境影响评价法作出‘限期补办手续’的行政命令。

2. 建设项目于2016年9月1日后开工建设，或者2016年9月1日之前已经开工建设且之后仍然进行建设的，立案查处的环保部门应当适用新环境影响评价法第三十一条的规定进行处罚，不再依据修正前的环境影响评价法作出‘限期补办手续’的行政命令。

二、关于‘未批先建’违法行为的行政处罚追溯期限

（一）相关法律规定

行政处罚法第二十九条规定：‘违法行为在二年内未被发现的，不再给予行政处罚。法律另有规定的除外。前款规定的期限，从违法行为发生之日起计算；违法行为有连续或者继续状态的，从行为终了之日起计算。’

（二）追溯期限的起算时间

根据上述法律规定，‘未批先建’违法行为的行政处罚追溯期限应当自建设行为终了之日起计算。因此，‘未批先建’违法行为自建设行为终了之日起二年内未被发现的，环保部门应当遵守行政处罚法第二十九条的规定，不予行政处罚。

（三）违反环保设施‘三同时’验收制度的行政处罚

1. 建设单位同时构成‘未批先建’和违反环保设施‘三同时’验收制度两个违法行为的，应当分别依法作出相应处罚

对建设项目‘未批先建’并已建成投入生产或者使用，同时违反环保设施‘三同时’验收制度的违法行为应当如何处罚，全国人大常委会法制工作委员会2007年3月21日作出的《关于建设项目环境管理有关法律适用问题的答复意见》（法工委复〔2007〕2号）规定：‘关于建设单位未依法报批建设项目环境影响评价文件却已建成建设项目，同时该建设项目需要配套建设的环境保护设施未建成、未经验收或者经验收不合格，主体工程正式投入生产或者使用的，应当分别依照《环境影响评价法》第三十一条、《建设项目环境保护管理条例》第二十八条的规定作出相应处罚。’

据此，建设单位同时构成‘未批先建’和违反环保设施‘三同时’验收制度两个违法行为的，应当分别依法作出相应处罚。

2. 对违反环保设施‘三同时’验收制度的处罚，不受‘未批先建’行政处罚追溯期限的影响

建设项目违反环保设施‘三同时’验收制度投入生产或者使用期间，由于违反环保设施‘三同时’验收制度的违法行为一直处于连续或者继续状态，因

此，即使‘未批先建’违法行为已超过二年行政处罚追溯期限，环保部门仍可以对违反环保设施‘三同时’验收制度的违法行为依法作出处罚，不受‘未批先建’违法行为行政处罚追溯期限的影响。

（四）其他违法行为的行政处罚

建设项目‘未批先建’并投入生产或者使用后，有关单位或者个人具有超过污染物排放标准排污，通过暗管、渗井、渗坑、灌注或者篡改、伪造监测数据，或者不正常运行污染防治设施等逃避监管的方式排污等情形之一，分别构成独立违法行为的，环保部门应当对相关违法行为依法予以处罚。

三、关于建设单位可否主动补交环境影响报告书、报告表报送审批

（一）新环境保护法和新环境影响评价法并未禁止建设单位主动补交环境影响报告书、报告表报送审批

对‘未批先建’违法行为，2014 年修订的新环境保护法第六十一条增加了处罚条款，该条款与原环境影响评价法（2002 年）第三十一条相比，未规定‘责令限期补办手续’的内容；2016 年修正的新环境影响评价法第三十一条，亦删除了原环境影响评价法‘限期补办手续’的规定。不再将‘限期补办手续’作为行政处罚的前置条件，但并未禁止建设单位主动补交环境影响报告书、报告表报送审批。

（二）建设单位主动补交环境影响报告书、报告表并报送环保部门审查的，有权审批的环保部门应当受理

因‘未批先建’违法行为受到环保部门依据新环境保护法和新环境影响评价法作出的处罚，或者‘未批先建’违法行为自建设行为终了之日起二年内未被发现而未予行政处罚的，建设单位主动补交环境影响报告书、报告表并报送环保部门审查的，有权审批的环保部门应当受理，并根据不同情形分别作出相应处理：

1．对符合环境影响评价审批要求的，依法作出批准决定。

2．对不符合环境影响评价审批要求的，依法不予批准，并可以依法责令恢复原状。

建设单位同时存在违反‘三同时’验收制度、超过污染物排放标准排污等违法行为的，应当依法予以处罚。”

4．建设项目环境影响后评价

（1）熟悉环境影响后评价的概念

《中华人民共和国环境影响评价法》

“第二十七条　在项目建设、运行过程中产生不符合经审批的环境影响评价

文件的情形的，建设单位应当组织环境影响的后评价，采取改进措施，并报原环境影响评价文件审批部门和建设项目审批部门备案；原环境影响评价文件审批部门也可以责成建设单位进行环境影响的后评价，采取改进措施。”

（2）掌握建设项目应当开展环境影响后评价的情形

《建设项目环境影响后评价管理办法（试行）》（环境保护部令　第37号）

“第三条　下列建设项目运行过程中产生不符合经审批的环境影响报告书情形的，应当开展环境影响后评价：

（一）水利、水电、采掘、港口、铁路行业中实际环境影响程度和范围较大，且主要环境影响在项目建成运行一定时期后逐步显现的建设项目，以及其他行业中穿越重要生态环境敏感区的建设项目；

（二）冶金、石化和化工行业中有重大环境风险，建设地点敏感，且持续排放重金属或者持久性有机污染物的建设项目；

（三）审批环境影响报告书的环境保护主管部门认为应当开展环境影响后评价的其他建设项目。”

建设项目环境影响报告书经批准后，其性质、规模、地点、工艺或者环境保护措施发生重大变动的，依照《中华人民共和国环境影响评价法》第二十四条的规定，“应当重新报批环境影响评价文件，不适用《建设项目环境影响后评价管理办法》。”

（3）掌握建设项目环境影响后评价文件应包括的内容

《建设项目环境影响后评价管理办法（试行）》

“第七条　建设项目环境影响后评价文件应当包括以下内容：

（一）建设项目过程回顾。包括环境影响评价、环境保护措施落实、环境保护设施竣工验收、环境监测情况，以及公众意见收集调查情况等；

（二）建设项目工程评价。包括项目地点、规模、生产工艺或者运行调度方式，环境污染或者生态影响的来源、影响方式、程度和范围等；

（三）区域环境变化评价。包括建设项目周围区域环境敏感目标变化、污染源或者其他影响源变化、环境质量现状和变化趋势分析等；

（四）环境保护措施有效性评估。包括环境影响报告书规定的污染防治、生态保护和风险防范措施是否适用、有效，能否达到国家或者地方相关法律、法规、标准的要求等；

（五）环境影响预测验证。包括主要环境要素的预测影响与实际影响差异，原环境影响报告书内容和结论有无重大漏项或者明显错误，持久性、累积性和不确定性环境影响的表现等；

（六）环境保护补救方案和改进措施；

（七）环境影响后评价结论。”

“第九条　建设单位或者生产经营单位可以对单个建设项目进行环境影响后评价，也可以对在同一行政区域、流域内存在叠加、累积环境影响的多个建设项目开展环境影响后评价。”

（4）熟悉开展建设项目环境影响后评价的时限要求

《建设项目环境影响后评价管理办法（试行）》

“第八条　建设项目环境影响后评价应当在建设项目正式投入生产或者运营后三至五年内开展。原审批环境影响报告书的环境保护主管部门也可以根据建设项目的环境影响和环境要素变化特征，确定开展环境影响后评价的时限。”

5. 建设项目环境影响报告书（表）编制监督管理

（1）熟悉建设项目环境影响报告书（表）严重质量问题相关法律责任的有关规定

《中华人民共和国环境影响评价法》

“第三十二条　建设项目环境影响报告书、环境影响报告表存在基础资料明显不实，内容存在重大缺陷、遗漏或者虚假，环境影响评价结论不正确或者不合理等严重质量问题的，由设区的市级以上人民政府生态环境主管部门对建设单位处五十万元以上二百万元以下的罚款，并对建设单位的法定代表人、主要负责人、直接负责的主管人员和其他直接责任人员，处五万元以上二十万元以下的罚款。

接受委托编制建设项目环境影响报告书、环境影响报告表的技术单位违反国家有关环境影响评价标准和技术规范等规定，致使其编制的建设项目环境影响报告书、环境影响报告表存在基础资料明显不实，内容存在重大缺陷、遗漏或者虚假，环境影响评价结论不正确或者不合理等严重质量问题的，由设区的市级以上人民政府生态环境主管部门对技术单位处所收费用三倍以上五倍以下的罚款；情节严重的，禁止从事环境影响报告书、环境影响报告表编制工作；有违法所得的，没收违法所得。

编制单位有本条第一款、第二款规定的违法行为的，编制主持人和主要编制人员五年内禁止从事环境影响报告书、环境影响报告表编制工作；构成犯罪的，依法追究刑事责任，并终身禁止从事环境影响报告书、环境影响报告表编制工作。”

（2）熟悉建设项目环境影响报告书（表）编制主体的有关规定

《建设项目环境影响报告书（表）编制监督管理办法》（生态环境部令　第9号）

“第二条　建设单位可以委托技术单位对其建设项目开展环境影响评价，编制环境影响报告书（表）；建设单位具备环境影响评价技术能力的，可以自行对其建设项目开展环境影响评价，编制环境影响报告书（表）。

技术单位不得与负责审批环境影响报告书（表）的生态环境主管部门或者其他有关审批部门存在任何利益关系。任何单位和个人不得为建设单位指定编制环境影响报告书（表）的技术单位。

本办法所称技术单位，是指具备环境影响评价技术能力、接受委托为建设单位编制环境影响报告书（表）的单位。”

（3）了解编制单位和编制人员信息公开的有关规定

《建设项目环境影响报告书（表）编制监督管理办法》

“第七条　生态环境部负责建设全国统一的环境影响评价信用平台（以下简称信用平台），组织建立编制单位和编制人员诚信档案管理体系。信用平台纳入全国生态环境领域信用信息平台统一管理。

编制单位和编制人员的基础信息等相关信息应当通过信用平台公开。具体办法由生态环境部另行制定。”

（4）熟悉编制单位建立和实施覆盖环境影响评价全过程质量控制制度的有关规定

《建设项目环境影响报告书（表）编制监督管理办法》

“第十三条　编制单位应当建立和实施覆盖环境影响评价全过程的质量控制制度，落实环境影响评价工作程序，并在现场踏勘、现状监测、数据资料收集、环境影响预测等环节以及环境影响报告书（表）编制审核阶段形成可追溯的质量管理机制。有其他单位参与编制或者协作的，编制单位应当对参与编制单位或者协作单位提供的技术报告、数据资料等进行审核。

编制主持人应当全过程组织参与环境影响报告书（表）编制工作，并加强统筹协调。

委托技术单位编制环境影响报告书（表）的建设单位，应当如实提供相关基础资料，落实环境保护投入和资金来源，加强环境影响评价过程管理，并对环境影响报告书（表）的内容和结论进行审核。”

（5）熟悉建设项目环境影响报告书（表）质量问题和严重质量问题的具体情形

《建设项目环境影响报告书（表）编制监督管理办法》

“第二十六条　在监督检查过程中发现环境影响报告书（表）不符合有关环境影响评价法律法规、标准和技术规范等规定、存在下列质量问题之一的，由市级以上生态环境主管部门对建设单位、技术单位和编制人员给予通报批评：

（一）评价因子中遗漏建设项目相关行业污染源源强核算或者污染物排放标准规定的相关污染物的；

（二）降低环境影响评价工作等级，降低环境影响评价标准，或者缩小环境影响评价范围的；

（三）建设项目概况描述不全或者错误的；

（四）环境影响因素分析不全或者错误的；

（五）污染源源强核算内容不全，核算方法或者结果错误的；

（六）环境质量现状数据来源、监测因子、监测频次或者布点等不符合相关规定，或者所引用数据无效的；

（七）遗漏环境保护目标，或者环境保护目标与建设项目位置关系描述不明确或者错误的；

（八）环境影响评价范围内的相关环境要素现状调查与评价、区域污染源调查内容不全或者结果错误的；

（九）环境影响预测与评价方法或者结果错误，或者相关环境要素、环境风险预测与评价内容不全的；

（十）未按相关规定提出环境保护措施，所提环境保护措施或者其可行性论证不符合相关规定的。

有前款规定的情形，致使环境影响评价结论不正确、不合理或者同时有本办法第二十七条规定情形的，依照本办法第二十七条的规定予以处罚。

第二十七条　在监督检查过程中发现环境影响报告书（表）存在下列严重质量问题之一的，由市级以上生态环境主管部门依照《中华人民共和国环境影响评价法》第三十二条的规定，对建设单位及其相关人员、技术单位、编制人员予以处罚：

（一）建设项目概况中的建设地点、主体工程及其生产工艺，或者改扩建和技术改造项目的现有工程基本情况、污染物排放及达标情况等描述不全或者错误的；

（二）遗漏自然保护区、饮用水水源保护区或者以居住、医疗卫生、文化教育为主要功能的区域等环境保护目标的；

（三）未开展环境影响评价范围内的相关环境要素现状调查与评价，或者编造相关内容、结果的；

（四）未开展相关环境要素或者环境风险预测与评价，或者编造相关内容、结果的；

（五）所提环境保护措施无法确保污染物排放达到国家和地方排放标准或者有效预防和控制生态破坏，未针对建设项目可能产生的或者原有环境污染和生态破坏提出有效防治措施的；

（六）建设项目所在区域环境质量未达到国家或者地方环境质量标准，所提环境保护措施不能满足区域环境质量改善目标管理相关要求的；

（七）建设项目类型及其选址、布局、规模等不符合环境保护法律法规和相关法定规划，但给出环境影响可行结论的；

（八）其他基础资料明显不实，内容有重大缺陷、遗漏、虚假，或者环境影响评价结论不正确、不合理的。”

（6）熟悉编制单位和编制人员失信行为的情形

《建设项目环境影响报告书（表）编制监督管理办法》

“第三十二条　信用管理对象的失信行为包括下列情形：

（一）编制单位不符合本办法第九条规定或者编制人员不符合本办法第十条规定的；

（二）未按照本办法及生态环境部相关规定在信用平台提交相关情况信息或者及时变更相关情况信息，或者提交的相关情况信息不真实、不准确、不完整的；

（三）违反本办法规定，由两家以上单位主持编制环境影响报告书（表）或者由两名以上编制人员作为环境影响报告书（表）编制主持人的；

（四）技术单位未按照本办法规定与建设单位签订主持编制环境影响报告书（表）委托合同的；

（五）未按照本办法规定进行环境影响评价质量控制的；

（六）未按照本办法规定在环境影响报告书（表）中附具编制单位和编制人员情况表并盖章或者签字的；

（七）未按照本办法规定将相关资料存档的；

（八）未按照本办法规定接受生态环境主管部门监督检查或者在接受监督检查时弄虚作假的；

（九）因环境影响报告书（表）存在本办法第二十六条第一款所列问题受到通报批评的；

（十）因环境影响报告书（表）存在本办法第二十六条第二款、第二十七条所列问题受到处罚的。”

（7）了解编制单位和编制人员基本情况信息应当包括的内容

《关于发布〈建设项目环境影响报告书（表）编制监督管理办法〉配套文件的公告》（生态环境部公告　2019年　第38号）附件2:《建设项目环境影响报告书（表）编制单位和编制人员信息公开管理规定（试行）》

“第三条　编制单位基本情况信息应当包括下列内容：

（一）单位名称、组织形式、法定代表人（负责人）及其身份证件类型和号码、住所、统一社会信用代码；

（二）出资人或者举办单位、业务主管单位、挂靠单位等的名称（姓名）和统一社会信用代码（身份证件类型及号码）；

（三）与《监督管理办法》第九条规定的符合性信息；

（四）单位设立材料。

编制单位在信用平台提交前款所列信息和编制单位承诺书（格式见附 1）后，信用平台建立编制单位诚信档案，向社会公开编制单位的名称、住所、统一社会信用代码等基础信息。

有《监督管理办法》第九条第三款所列不得主持编制环境影响报告书（表）情形的，信用平台不予建立诚信档案。

第四条　编制人员基本情况信息应当包括下列内容：

（一）姓名、身份证件类型及号码；

（二）从业单位名称；

（三）全职情况材料。

编制人员中的编制主持人基本情况信息还应当包括环境影响评价工程师职业资格证书管理号和取得时间。

编制人员应当在从业单位的诚信档案建立后，在信用平台提交本条第一款或者本条前两款所列信息和编制人员承诺书（格式见附 2）。

编制人员基本情况信息经从业单位在信用平台确认后，信用平台建立编制人员诚信档案，生成编制人员信用编号，向社会公开编制人员的姓名、从业单位、环境影响评价工程师职业资格证书管理号和信用编号等基础信息，并将其归集至从业单位的诚信档案。”

（8）熟悉环境影响报告书（表）基本情况信息应当包括的内容

《建设项目环境影响报告书（表）编制单位和编制人员信息公开管理规定（试行）》

“第五条　环境影响报告书（表）基本情况信息应当包括下列内容：

（一）建设项目名称、建设地点、项目类别；

（二）环境影响评价文件类型；

（三）建设单位信息；

（四）编制单位、编制人员及其编制分工、编制方式等信息。

除涉密项目外，编制单位应当在建设单位报批环境影响报告书（表）前，在信用平台提交前款所列信息和环境影响报告书（表）编制情况承诺书（格式见附 3）。其中，涉及编制人员的相关信息应当在提交前经本人在信用平台确认。

信用平台生成项目编号以及环境影响报告书（表）的《编制单位和编制人员情况表》，向社会公开环境影响报告书（表）的相关建设项目名称、类别、建设单位以及编制单位、编制人员等基础信息，并将环境影响报告书（表）相关编制信息归集至编制单位和编制人员诚信档案。”

三、环境影响评价相关法律法规

（一）《中华人民共和国大气污染防治法》

（1）了解大气污染防治标准和限期达标规划的有关规定

“第八条　国务院生态环境主管部门或者省、自治区、直辖市人民政府制定大气环境质量标准，应当以保障公众健康和保护生态环境为宗旨，与经济社会发展相适应，做到科学合理。

第九条　国务院生态环境主管部门或者省、自治区、直辖市人民政府制定大气污染物排放标准，应当以大气环境质量标准和国家经济、技术条件为依据。

第十条　制定大气环境质量标准、大气污染物排放标准，应当组织专家进行审查和论证，并征求有关部门、行业协会、企业事业单位和公众等方面的意见。

第十一条　省级以上人民政府生态环境主管部门应当在其网站上公布大气环境质量标准、大气污染物排放标准，供公众免费查阅、下载。

第十二条　大气环境质量标准、大气污染物排放标准的执行情况应当定期进行评估，根据评估结果对标准适时进行修订。

第十三条　制定燃煤、石油焦、生物质燃料、涂料等含挥发性有机物的产品、烟花爆竹以及锅炉等产品的质量标准，应当明确大气环境保护要求。

制定燃油质量标准，应当符合国家大气污染物控制要求，并与国家机动车船、非道路移动机械大气污染物排放标准相互衔接，同步实施。

前款所称非道路移动机械，是指装配有发动机的移动机械和可运输工业设备。

第十四条　未达到国家大气环境质量标准城市的人民政府应当及时编制大气环境质量限期达标规划，采取措施，按照国务院或者省级人民政府规定的期限达到大气环境质量标准。

编制城市大气环境质量限期达标规划，应当征求有关行业协会、企业事业单位、专家和公众等方面的意见。

第十五条　城市大气环境质量限期达标规划应当向社会公开。直辖市和设区的市的大气环境质量限期达标规划应当报国务院生态环境主管部门备案。

第十六条　城市人民政府每年在向本级人民代表大会或者其常务委员会报告环境状况和环境保护目标完成情况时，应当报告大气环境质量限期达标规划执行情况，并向社会公开。

第十七条　城市大气环境质量限期达标规划应当根据大气污染防治的要求和经济、技术条件适时进行评估、修订。”

（2）熟悉大气环境质量监测和污染源监测的有关规定

“第二十三条　国务院生态环境主管部门负责制定大气环境质量和大气污染源的监测和评价规范，组织建设与管理全国大气环境质量和大气污染源监测网，组织开展大气环境质量和大气污染源监测，统一发布全国大气环境质量状况信息。

县级以上地方人民政府生态环境主管部门负责组织建设与管理本行政区域大气环境质量和大气污染源监测网，开展大气环境质量和大气污染源监测，统一发布本行政区域大气环境质量状况信息。

第二十四条　企业事业单位和其他生产经营者应当按照国家有关规定和监测规范，对其排放的工业废气和本法第七十八条规定名录中所列有毒有害大气污染物进行监测，并保存原始监测记录。其中，重点排污单位应当安装、使用大气污染物排放自动监测设备，与生态环境主管部门的监控设备联网，保证监测设备正常运行并依法公开排放信息。监测的具体办法和重点排污单位的条件由国务院生态环境主管部门规定。

重点排污单位名录由设区的市级以上地方人民政府生态环境主管部门按照国务院生态环境主管部门的规定，根据本行政区域的大气环境承载力、重点大气污染物排放总量控制指标的要求以及排污单位排放大气污染物的种类、数量和浓度等因素，商有关部门确定，并向社会公布。

第二十五条　重点排污单位应当对自动监测数据的真实性和准确性负责。生态环境主管部门发现重点排污单位的大气污染物排放自动监测设备传输数据异常，应当及时进行调查。

第二十六条　禁止侵占、损毁或者擅自移动、改变大气环境质量监测设施和大气污染物排放自动监测设备。”

（3）掌握燃煤和其他能源污染防治的有关规定

“第三十二条　国务院有关部门和地方各级人民政府应当采取措施，调整能源结构，推广清洁能源的生产和使用；优化煤炭使用方式，推广煤炭清洁高效利用，逐步降低煤炭在一次能源消费中的比重，减少煤炭生产、使用、转化过程中的大气污染物排放。

第三十三条　国家推行煤炭洗选加工，降低煤炭的硫分和灰分，限制高硫分、高灰分煤炭的开采。新建煤矿应当同步建设配套的煤炭洗选设施，使煤炭的硫分、灰分含量达到规定标准；已建成的煤矿除所采煤炭属于低硫分、低灰分或者根据已达标排放的燃煤电厂要求不需要洗选的以外，应当限期建成配套的煤炭洗选设施。

禁止开采含放射性和砷等有毒有害物质超过规定标准的煤炭。

第三十四条　国家采取有利于煤炭清洁高效利用的经济、技术政策和措施，鼓励和支持洁净煤技术的开发和推广。

国家鼓励煤矿企业等采用合理、可行的技术措施，对煤层气进行开采利用，对煤矸石进行综合利用。从事煤层气开采利用的，煤层气排放应当符合有关标准规范。

第三十五条　国家禁止进口、销售和燃用不符合质量标准的煤炭，鼓励燃用优质煤炭。

单位存放煤炭、煤矸石、煤渣、煤灰等物料，应当采取防燃措施，防止大气污染。

第三十六条　地方各级人民政府应当采取措施，加强民用散煤的管理，禁止销售不符合民用散煤质量标准的煤炭，鼓励居民燃用优质煤炭和洁净型煤，推广节能环保型炉灶。

第三十七条　石油炼制企业应当按照燃油质量标准生产燃油。

禁止进口、销售和燃用不符合质量标准的石油焦。

第三十八条　城市人民政府可以划定并公布高污染燃料禁燃区，并根据大气环境质量改善要求，逐步扩大高污染燃料禁燃区范围。高污染燃料的目录由国务院生态环境主管部门确定。

在禁燃区内，禁止销售、燃用高污染燃料；禁止新建、扩建燃用高污染燃料的设施，已建成的，应当在城市人民政府规定的期限内改用天然气、页岩气、液化石油气、电或者其他清洁能源。

第三十九条　城市建设应当统筹规划，在燃煤供热地区，推进热电联产和集中供热。在集中供热管网覆盖地区，禁止新建、扩建分散燃煤供热锅炉；已建成的不能达标排放的燃煤供热锅炉，应当在城市人民政府规定的期限内拆除。

第四十条　县级以上人民政府市场监督管理部门应当会同生态环境主管部门对锅炉生产、进口、销售和使用环节执行环境保护标准或者要求的情况进行监督检查；不符合环境保护标准或者要求的，不得生产、进口、销售和使用。

第四十一条　燃煤电厂和其他燃煤单位应当采用清洁生产工艺，配套建设除尘、脱硫、脱硝等装置，或者采取技术改造等其他控制大气污染物排放的措施。

国家鼓励燃煤单位采用先进的除尘、脱硫、脱硝、脱汞等大气污染物协同控制的技术和装置，减少大气污染物的排放。

第四十二条　电力调度应当优先安排清洁能源发电上网。”

（4）掌握工业污染防治的有关规定

“第四十三条　钢铁、建材、有色金属、石油、化工等企业生产过程中排放粉尘、硫化物和氮氧化物的，应当采用清洁生产工艺，配套建设除尘、脱硫、脱硝等装置，或者采取技术改造等其他控制大气污染物排放的措施。

第四十四条　生产、进口、销售和使用含挥发性有机物的原材料和产品的，其挥发性有机物含量应当符合质量标准或者要求。

国家鼓励生产、进口、销售和使用低毒、低挥发性有机溶剂。

第四十五条　产生含挥发性有机物废气的生产和服务活动，应当在密闭空间或者设备中进行，并按照规定安装、使用污染防治设施；无法密闭的，应当采取措施减少废气排放。

第四十六条　工业涂装企业应当使用低挥发性有机物含量的涂料，并建立台账，记录生产原料、辅料的使用量、废弃量、去向以及挥发性有机物含量。台账保存期限不得少于三年。

第四十七条　石油、化工以及其他生产和使用有机溶剂的企业，应当采取措施对管道、设备进行日常维护、维修，减少物料泄漏，对泄漏的物料应当及时收集处理。

储油储气库、加油加气站、原油成品油码头、原油成品油运输船舶和油罐车、气罐车等，应当按照国家有关规定安装油气回收装置并保持正常使用。

第四十八条　钢铁、建材、有色金属、石油、化工、制药、矿产开采等企业，应当加强精细化管理，采取集中收集处理等措施，严格控制粉尘和气态污染物的排放。

工业生产企业应当采取密闭、围挡、遮盖、清扫、洒水等措施，减少内部物料的堆存、传输、装卸等环节产生的粉尘和气态污染物的排放。

第四十九条　工业生产、垃圾填埋或者其他活动产生的可燃性气体应当回收利用，不具备回收利用条件的，应当进行污染防治处理。

可燃性气体回收利用装置不能正常作业的，应当及时修复或者更新。在回收利用装置不能正常作业期间确需排放可燃性气体的，应当将排放的可燃性气体充分燃烧或者采取其他控制大气污染物排放的措施，并向当地生态环境主管部门报告，按照要求限期修复或者更新。”

（5）熟悉扬尘污染防治的有关规定

“第六十八条　地方各级人民政府应当加强对建设施工和运输的管理，保持道路清洁，控制料堆和渣土堆放，扩大绿地、水面、湿地和地面铺装面积，防治扬尘污染。

住房城乡建设、市容环境卫生、交通运输、国土资源等有关部门，应当根据本级人民政府确定的职责，做好扬尘污染防治工作。

第六十九条 建设单位应当将防治扬尘污染的费用列入工程造价，并在施工承包合同中明确施工单位扬尘污染防治责任。施工单位应当制定具体的施工扬尘污染防治实施方案。

从事房屋建筑、市政基础设施建设、河道整治以及建筑物拆除等施工单位，应当向负责监督管理扬尘污染防治的主管部门备案。

施工单位应当在施工工地设置硬质围挡，并采取覆盖、分段作业、择时施工、洒水抑尘、冲洗地面和车辆等有效防尘降尘措施。建筑土方、工程渣土、建筑垃圾应当及时清运；在场地内堆存的，应当采用密闭式防尘网遮盖。工程渣土、建筑垃圾应当进行资源化处理。

施工单位应当在施工工地公示扬尘污染防治措施、负责人、扬尘监督管理主管部门等信息。

暂时不能开工的建设用地，建设单位应当对裸露地面进行覆盖；超过三个月的，应当进行绿化、铺装或者遮盖。

第七十条 运输煤炭、垃圾、渣土、砂石、土方、灰浆等散装、流体物料的车辆应当采取密闭或者其他措施防止物料遗撒造成扬尘污染，并按照规定路线行驶。

装卸物料应当采取密闭或者喷淋等方式防治扬尘污染。

城市人民政府应当加强道路、广场、停车场和其他公共场所的清扫保洁管理，推行清洁动力机械化清扫等低尘作业方式，防治扬尘污染。

第七十一条 市政河道以及河道沿线、公共用地的裸露地面以及其他城镇裸露地面，有关部门应当按照规划组织实施绿化或者透水铺装。

第七十二条 贮存煤炭、煤矸石、煤渣、煤灰、水泥、石灰、石膏、砂土等易产生扬尘的物料应当密闭；不能密闭的，应当设置不低于堆放物高度的严密围挡，并采取有效覆盖措施防治扬尘污染。

码头、矿山、填埋场和消纳场应当实施分区作业，并采取有效措施防治扬尘污染。”

（6）熟悉重污染天气应对的有关规定

“第九十三条 国家建立重污染天气监测预警体系

国务院生态环境主管部门会同国务院气象主管机构等有关部门、国家大气污染防治重点区域内有关省、自治区、直辖市人民政府，建立重点区域重污染天气监测预警机制，统一预警分级标准。可能发生区域重污染天气的，应当及时向重点区域内有关省、自治区、直辖市人民政府通报

省、自治区、直辖市、设区的市人民政府生态环境主管部门会同气象主管机构等有关部门建立本行政区域重污染天气监测预警机制

第九十四条　县级以上地方人民政府应当将重污染天气应对纳入突发事件应急管理体系

省、自治区、直辖市、设区的市人民政府以及可能发生重污染天气的县级人民政府，应当制定重污染天气应急预案，向上一级人民政府生态环境主管部门备案，并向社会公布

第九十五条　省、自治区、直辖市、设区的市人民政府生态环境主管部门应当会同气象主管机构建立会商机制，进行大气环境质量预报。可能发生重污染天气的，应当及时向本级人民政府报告。省、自治区、直辖市、设区的市人民政府依据重污染天气预报信息，进行综合研判，确定预警等级并及时发出预警。预警等级根据情况变化及时调整。任何单位和个人不得擅自向社会发布重污染天气预报预警信息

预警信息发布后，人民政府及其有关部门应当通过电视、广播、网络、短信等途径告知公众采取健康防护措施，指导公众出行和调整其他相关社会活动

第九十六条　县级以上地方人民政府应当依据重污染天气的预警等级，及时启动应急预案，根据应急需要可以采取责令有关企业停产或者限产、限制部分机动车行驶、禁止燃放烟花爆竹、停止工地土石方作业和建筑物拆除施工、停止露天烧烤、停止幼儿园和学校组织的户外活动、组织开展人工影响天气作业等应急措施

应急响应结束后，人民政府应当及时开展应急预案实施情况的评估，适时修改完善应急预案

第九十七条　发生造成大气污染的突发环境事件，人民政府及其有关部门和相关企业事业单位，应当依照《中华人民共和国突发事件应对法》、《中华人民共和国环境保护法》的规定，做好应急处置工作。生态环境主管部门应当及时对突发环境事件产生的大气污染物进行监测，并向社会公布监测信息。”

（7）熟悉持久性有机污染物、恶臭气体污染防治的有关规定

“第七十九条　向大气排放持久性有机污染物的企业事业单位和其他生产经营者以及废弃物焚烧设施的运营单位，应当按照国家有关规定，采取有利于减少持久性有机污染物排放的技术方法和工艺，配备有效的净化装置，实现达标排放。

第八十条　企业事业单位和其他生产经营者在生产经营活动中产生恶臭气体的，应当科学选址，设置合理的防护距离，并安装净化装置或者采取其他措施，防止排放恶臭气体。

第八十一条　排放油烟的餐饮服务业经营者应当安装油烟净化设施并保持正常使用，或者采取其他油烟净化措施，使油烟达标排放，并防止对附近居民的正常生活环境造成污染。

禁止在居民住宅楼、未配套设立专用烟道的商住综合楼以及商住综合楼内与居住层相邻的商业楼层内新建、改建、扩建产生油烟、异味、废气的餐饮服务项目。

任何单位和个人不得在当地人民政府禁止的区域内露天烧烤食品或者为露天烧烤食品提供场地。

第八十二条　禁止在人口集中地区和其他依法需要特殊保护的区域内焚烧沥青、油毡、橡胶、塑料、皮革、垃圾以及其他产生有毒有害烟尘和恶臭气体的物质。

禁止生产、销售和燃放不符合质量标准的烟花爆竹。任何单位和个人不得在城市人民政府禁止的时段和区域内燃放烟花爆竹。

第八十三条　国家鼓励和倡导文明、绿色祭祀。

火葬场应当设置除尘等污染防治设施并保持正常使用，防止影响周边环境。

第八十四条　从事服装干洗和机动车维修等服务活动的经营者，应当按照国家有关标准或者要求设置异味和废气处理装置等污染防治设施并保持正常使用，防止影响周边环境。”

（8）熟悉重点区域大气污染联合防治的有关规定

“第八十六条　国家建立重点区域大气污染联防联控机制，统筹协调重点区域内大气污染防治工作。国务院生态环境主管部门根据主体功能区划、区域大气环境质量状况和大气污染传输扩散规律，划定国家大气污染防治重点区域，报国务院批准。

重点区域内有关省、自治区、直辖市人民政府应当确定牵头的地方人民政府，定期召开联席会议，按照统一规划、统一标准、统一监测、统一的防治措施的要求，开展大气污染联合防治，落实大气污染防治目标责任。国务院生态环境主管部门应当加强指导、督促。

省、自治区、直辖市可以参照第一款规定划定本行政区域的大气污染防治重点区域。

第八十七条　国务院生态环境主管部门会同国务院有关部门、国家大气污染防治重点区域内有关省、自治区、直辖市人民政府，根据重点区域经济社会发展和大气环境承载力，制定重点区域大气污染联合防治行动计划，明确控制目标，优化区域经济布局，统筹交通管理，发展清洁能源，提出重点防治任务和措施，促进重点区域大气环境质量改善。

第八十八条 国务院经济综合主管部门会同国务院生态环境主管部门，结合国家大气污染防治重点区域产业发展实际和大气环境质量状况，进一步提高环境保护、能耗、安全、质量等要求。

重点区域内有关省、自治区、直辖市人民政府应当实施更严格的机动车大气污染物排放标准，统一在用机动车检验方法和排放限值，并配套供应合格的车用燃油。

第八十九条 编制可能对国家大气污染防治重点区域的大气环境造成严重污染的有关工业园区、开发区、区域产业和发展等规划，应当依法进行环境影响评价。规划编制机关应当与重点区域内有关省、自治区、直辖市人民政府或者有关部门会商。

重点区域内有关省、自治区、直辖市建设可能对相邻省、自治区、直辖市大气环境质量产生重大影响的项目，应当及时通报有关信息，进行会商。

会商意见及其采纳情况作为环境影响评价文件审查或者审批的重要依据。

第九十条 国家大气污染防治重点区域内新建、改建、扩建用煤项目的，应当实行煤炭的等量或者减量替代。

第九十一条 国务院生态环境主管部门应当组织建立国家大气污染防治重点区域的大气环境质量监测、大气污染源监测等相关信息共享机制，利用监测、模拟以及卫星、航测、遥感等新技术分析重点区域内大气污染来源及其变化趋势，并向社会公开。

第九十二条 国务院生态环境主管部门和国家大气污染防治重点区域内有关省、自治区、直辖市人民政府可以组织有关部门开展联合执法、跨区域执法、交叉执法。”

（二）《中华人民共和国水污染防治法》

（1）了解该法的适用范围

“第二条 本法适用于中华人民共和国领域内的江河、湖泊、运河、渠道、水库等地表水体以及地下水体的污染防治。

海洋污染防治适用《中华人民共和国海洋环境保护法》。”

（2）熟悉水污染防治应当坚持的原则和监督管理的有关规定

“第三条 水污染防治应当坚持预防为主、防治结合、综合治理的原则，优先保护饮用水水源，严格控制工业污染、城镇生活污染，防治农业面源污染，积极推进生态治理工程建设，预防、控制和减少水环境污染和生态破坏。

第四条 县级以上人民政府应当将水环境保护工作纳入国民经济和社会发展规划。

地方各级人民政府对本行政区域的水环境质量负责，应当及时采取措施防治水污染。

第五条　省、市、县、乡建立河长制，分级分段组织领导本行政区域内江河、湖泊的水资源保护、水域岸线管理、水污染防治、水环境治理等工作。”

“第九条　县级以上人民政府环境保护主管部门对水污染防治实施统一监督管理。

交通主管部门的海事管理机构对船舶污染水域的防治实施监督管理。

县级以上人民政府水行政、国土资源、卫生、建设、农业、渔业等部门以及重要江河、湖泊的流域水资源保护机构，在各自的职责范围内，对有关水污染防治实施监督管理。”

（3）了解水环境质量标准和水污染物排放标准制定的有关规定

“第十二条　国务院环境保护主管部门制定国家水环境质量标准。

省、自治区、直辖市人民政府可以对国家水环境质量标准中未作规定的项目，制定地方标准，并报国务院环境保护主管部门备案。

第十三条　国务院环境保护主管部门会同国务院水行政主管部门和有关省、自治区、直辖市人民政府，可以根据国家确定的重要江河、湖泊流域水体的使用功能以及有关地区的经济、技术条件，确定该重要江河、湖泊流域的省界水体适用的水环境质量标准，报国务院批准后施行。

第十四条　国务院环境保护主管部门根据国家水环境质量标准和国家经济、技术条件，制定国家水污染物排放标准。

省、自治区、直辖市人民政府对国家水污染物排放标准中未作规定的项目，可以制定地方水污染物排放标准；对国家水污染物排放标准中已作规定的项目，可以制定严于国家水污染物排放标准的地方水污染物排放标准。地方水污染物排放标准须报国务院环境保护主管部门备案。

向已有地方水污染物排放标准的水体排放污染物的，应当执行地方水污染物排放标准。

第十五条　国务院环境保护主管部门和省、自治区、直辖市人民政府，应当根据水污染防治的要求和国家或者地方的经济、技术条件，适时修订水环境质量标准和水污染物排放标准。”

（4）熟悉向水体排放污染物的建设项目和其他水上设施环境影响评价的有关规定

“第十九条　新建、改建、扩建直接或者间接向水体排放污染物的建设项目和其他水上设施，应当依法进行环境影响评价。

建设单位在江河、湖泊新建、改建、扩建排污口的，应当取得水行政主管部门或者流域管理机构同意；涉及通航、渔业水域的，环境保护主管部门在审批环境影响评价文件时，应当征求交通、渔业主管部门的意见。

建设项目的水污染防治设施，应当与主体工程同时设计、同时施工、同时投入使用。水污染防治设施应当符合经批准或者备案的环境影响评价文件的要求。”

（5）掌握国家对重点水污染物排放实施总量控制制度的有关规定

“第二十条　国家对重点水污染物排放实施总量控制制度。

重点水污染物排放总量控制指标，由国务院环境保护主管部门在征求国务院有关部门和各省、自治区、直辖市人民政府意见后，会同国务院经济综合宏观调控部门报国务院批准并下达实施。

省、自治区、直辖市人民政府应当按照国务院的规定削减和控制本行政区域的重点水污染物排放总量。具体办法由国务院环境保护主管部门会同国务院有关部门规定。

省、自治区、直辖市人民政府可以根据本行政区域水环境质量状况和水污染防治工作的需要，对国家重点水污染物之外的其他水污染物排放实行总量控制。

对超过重点水污染物排放总量控制指标或者未完成水环境质量改善目标的地区，省级以上人民政府环境保护主管部门应当会同有关部门约谈该地区人民政府的主要负责人，并暂停审批新增重点水污染物排放总量的建设项目的环境影响评价文件。约谈情况应当向社会公开。”

（6）掌握排污口设置的有关规定

“第二十二条　向水体排放污染物的企业事业单位和其他生产经营者，应当按照法律、行政法规和国务院环境保护主管部门的规定设置排污口；在江河、湖泊设置排污口的，还应当遵守国务院水行政主管部门的规定。”

（7）掌握水污染防治措施的有关规定

“第四章　水污染防治措施

第一节　一般规定

第三十二条　国务院环境保护主管部门应当会同国务院卫生主管部门，根据对公众健康和生态环境的危害和影响程度，公布有毒有害水污染物名录，实行风险管理。

排放前款规定名录中所列有毒有害水污染物的企业事业单位和其他生产经营者，应当对排污口和周边环境进行监测，评估环境风险，排查环境安全隐患，并公开有毒有害水污染物信息，采取有效措施防范环境风险。

第三十三条　禁止向水体排放油类、酸液、碱液或者剧毒废液。

禁止在水体清洗装贮过油类或者有毒污染物的车辆和容器。

第三十四条　禁止向水体排放、倾倒放射性固体废物或者含有高放射性和中放射性物质的废水。

向水体排放含低放射性物质的废水，应当符合国家有关放射性污染防治的规定和标准。

第三十五条　向水体排放含热废水，应当采取措施，保证水体的水温符合水环境质量标准。

第三十六条　含病原体的污水应当经过消毒处理；符合国家有关标准后，方可排放。

第三十七条　禁止向水体排放、倾倒工业废渣、城镇垃圾和其他废弃物。

禁止将含有汞、镉、砷、铬、铅、氰化物、黄磷等的可溶性剧毒废渣向水体排放、倾倒或者直接埋入地下。

存放可溶性剧毒废渣的场所，应当采取防水、防渗漏、防流失的措施。

第三十八条　禁止在江河、湖泊、运河、渠道、水库最高水位线以下的滩地和岸坡堆放、存贮固体废弃物和其他污染物。

第三十九条　禁止利用渗井、渗坑、裂隙、溶洞，私设暗管，篡改、伪造监测数据，或者不正常运行水污染防治设施等逃避监管的方式排放水污染物。

第四十条　化学品生产企业以及工业集聚区、矿山开采区、尾矿库、危险废物处置场、垃圾填埋场等的运营、管理单位，应当采取防渗漏等措施，并建设地下水水质监测井进行监测，防止地下水污染。

加油站等的地下油罐应当使用双层罐或者采取建造防渗池等其他有效措施，并进行防渗漏监测，防止地下水污染。

禁止利用无防渗漏措施的沟渠、坑塘等输送或者存贮含有毒污染物的废水、含病原体的污水和其他废弃物。

第四十一条　多层地下水的含水层水质差异大的，应当分层开采；对已受污染的潜水和承压水，不得混合开采。

第四十二条　兴建地下工程设施或者进行地下勘探、采矿等活动，应当采取防护性措施，防止地下水污染。

报废矿井、钻井或者取水井等，应当实施封井或者回填。

第四十三条　人工回灌补给地下水，不得恶化地下水质。

第二节　工业水污染防治

第四十四条　国务院有关部门和县级以上地方人民政府应当合理规划工业布局，要求造成水污染的企业进行技术改造，采取综合防治措施，提高水的重复利用率，减少废水和污染物排放量。

第四十五条　排放工业废水的企业应当采取有效措施，收集和处理产生的全部废水，防止污染环境。含有毒有害水污染物的工业废水应当分类收集和处理，不得稀释排放。

工业集聚区应当配套建设相应的污水集中处理设施，安装自动监测设备，与环境保护主管部门的监控设备联网，并保证监测设备正常运行。

向污水集中处理设施排放工业废水的，应当按照国家有关规定进行预处理，达到集中处理设施处理工艺要求后方可排放。

第四十六条 国家对严重污染水环境的落后工艺和设备实行淘汰制度。

国务院经济综合宏观调控部门会同国务院有关部门，公布限期禁止采用的严重污染水环境的工艺名录和限期禁止生产、销售、进口、使用的严重污染水环境的设备名录。

生产者、销售者、进口者或者使用者应当在规定的期限内停止生产、销售、进口或者使用列入前款规定的设备名录中的设备。工艺的采用者应当在规定的期限内停止采用列入前款规定的工艺名录中的工艺。

依照本条第二款、第三款规定被淘汰的设备，不得转让给他人使用。

第四十七条 国家禁止新建不符合国家产业政策的小型造纸、制革、印染、染料、炼焦、炼硫、炼砷、炼汞、炼油、电镀、农药、石棉、水泥、玻璃、钢铁、火电以及其他严重污染水环境的生产项目。

第四十八条 企业应当采用原材料利用效率高、污染物排放量少的清洁工艺，并加强管理，减少水污染物的产生。

第三节 城镇水污染防治

第四十九条 城镇污水应当集中处理。

县级以上地方人民政府应当通过财政预算和其他渠道筹集资金，统筹安排建设城镇污水集中处理设施及配套管网，提高本行政区域城镇污水的收集率和处理率。

国务院建设主管部门应当会同国务院经济综合宏观调控、环境保护主管部门，根据城乡规划和水污染防治规划，组织编制全国城镇污水处理设施建设规划。县级以上地方人民政府组织建设、经济综合宏观调控、环境保护、水行政等部门编制本行政区域的城镇污水处理设施建设规划。县级以上地方人民政府建设主管部门应当按照城镇污水处理设施建设规划，组织建设城镇污水集中处理设施及配套管网，并加强对城镇污水集中处理设施运营的监督管理。

城镇污水集中处理设施的运营单位按照国家规定向排污者提供污水处理的有偿服务，收取污水处理费用，保证污水集中处理设施的正常运行。收取的污水处理费用应当用于城镇污水集中处理设施的建设运行和污泥处理处置，不得挪作他用。

城镇污水集中处理设施的污水处理收费、管理以及使用的具体办法，由国务院规定。

第五十条　向城镇污水集中处理设施排放水污染物，应当符合国家或者地方规定的水污染物排放标准。

城镇污水集中处理设施的运营单位，应当对城镇污水集中处理设施的出水水质负责。

环境保护主管部门应当对城镇污水集中处理设施的出水水质和水量进行监督检查。

第五十一条　城镇污水集中处理设施的运营单位或者污泥处理处置单位应当安全处理处置污泥，保证处理处置后的污泥符合国家标准，并对污泥的去向等进行记录。

第四节　农业和农村水污染防治

第五十二条　国家支持农村污水、垃圾处理设施的建设，推进农村污水、垃圾集中处理。

地方各级人民政府应当统筹规划建设农村污水、垃圾处理设施，并保障其正常运行。

第五十三条　制定化肥、农药等产品的质量标准和使用标准，应当适应水环境保护要求。

第五十四条　使用农药，应当符合国家有关农药安全使用的规定和标准。

运输、存贮农药和处置过期失效农药，应当加强管理，防止造成水污染。

第五十五条　县级以上地方人民政府农业主管部门和其他有关部门，应当采取措施，指导农业生产者科学、合理地施用化肥和农药，推广测土配方施肥技术和高效低毒低残留农药，控制化肥和农药的过量使用，防止造成水污染。

第五十六条　国家支持畜禽养殖场、养殖小区建设畜禽粪便、废水的综合利用或者无害化处理设施。

畜禽养殖场、养殖小区应当保证其畜禽粪便、废水的综合利用或者无害化处理设施正常运转，保证污水达标排放，防止污染水环境。

畜禽散养密集区所在地县、乡级人民政府应当组织对畜禽粪便污水进行分户收集、集中处理利用。

第五十七条　从事水产养殖应当保护水域生态环境，科学确定养殖密度，合理投饵和使用药物，防止污染水环境。

第五十八条　农田灌溉用水应当符合相应的水质标准，防止污染土壤、地下水和农产品。

禁止向农田灌溉渠道排放工业废水或者医疗污水。向农田灌溉渠道排放城镇污水以及未综合利用的畜禽养殖废水、农产品加工废水的，应当保证其下游最近的灌溉取水点的水质符合农田灌溉水质标准。

第五节 船舶水污染防治

第五十九条 船舶排放含油污水、生活污水，应当符合船舶污染物排放标准。从事海洋航运的船舶进入内河和港口的，应当遵守内河的船舶污染物排放标准。

船舶的残油、废油应当回收，禁止排入水体。

禁止向水体倾倒船舶垃圾。

船舶装载运输油类或者有毒货物，应当采取防止溢流和渗漏的措施，防止货物落水造成水污染。

进入中华人民共和国内河的国际航线船舶排放压载水的，应当采用压载水处理装置或者采取其他等效措施，对压载水进行灭活等处理。禁止排放不符合规定的船舶压载水。

第六十条 船舶应当按照国家有关规定配置相应的防污设备和器材，并持有合法有效的防止水域环境污染的证书与文书。

船舶进行涉及污染物排放的作业，应当严格遵守操作规程，并在相应的记录簿上如实记载。

第六十一条 港口、码头、装卸站和船舶修造厂所在地市、县级人民政府应当统筹规划建设船舶污染物、废弃物的接收、转运及处理处置设施。

港口、码头、装卸站和船舶修造厂应当备有足够的船舶污染物、废弃物的接收设施。从事船舶污染物、废弃物接收作业，或者从事装载油类、污染危害性货物船舱清洗作业的单位，应当具备与其运营规模相适应的接收处理能力。

第六十二条 船舶及有关作业单位从事有污染风险的作业活动，应当按照有关法律法规和标准，采取有效措施，防止造成水污染。海事管理机构、渔业主管部门应当加强对船舶及有关作业活动的监督管理。

船舶进行散装液体污染危害性货物的过驳作业，应当编制作业方案，采取有效的安全和污染防治措施，并报作业地海事管理机构批准。

禁止采取冲滩方式进行船舶拆解作业。”

（8）掌握饮用水水源和其他特殊水体保护的有关规定

“第五章 饮用水水源和其他特殊水体保护

第六十三条 国家建立饮用水水源保护区制度。饮用水水源保护区分为一级保护区和二级保护区；必要时，可以在饮用水水源保护区外围划定一定的区域作为准保护区。

饮用水水源保护区的划定，由有关市、县人民政府提出划定方案，报省、自治区、直辖市人民政府批准；跨市、县饮用水水源保护区的划定，由有关市、县人民政府协商提出划定方案，报省、自治区、直辖市人民政府批准；协商不成的，由省、自治区、直辖市人民政府环境保护主管部门会同同级水行政、国土资源、卫生、建设等部门提出划定方案，征求同级有关部门的意见后，报省、自治区、直辖市人民政府批准。

跨省、自治区、直辖市的饮用水水源保护区，由有关省、自治区、直辖市人民政府商有关流域管理机构划定；协商不成的，由国务院环境保护主管部门会同同级水行政、国土资源、卫生、建设等部门提出划定方案，征求国务院有关部门的意见后，报国务院批准。

国务院和省、自治区、直辖市人民政府可以根据保护饮用水水源的实际需要，调整饮用水水源保护区的范围，确保饮用水安全。有关地方人民政府应当在饮用水水源保护区的边界设立明确的地理界标和明显的警示标志。

第六十四条　在饮用水水源保护区内，禁止设置排污口。

第六十五条　禁止在饮用水水源一级保护区内新建、改建、扩建与供水设施和保护水源无关的建设项目；已建成的与供水设施和保护水源无关的建设项目，由县级以上人民政府责令拆除或者关闭。

禁止在饮用水水源一级保护区内从事网箱养殖、旅游、游泳、垂钓或者其他可能污染饮用水水体的活动。

第六十六条　禁止在饮用水水源二级保护区内新建、改建、扩建排放污染物的建设项目；已建成的排放污染物的建设项目，由县级以上人民政府责令拆除或者关闭。

在饮用水水源二级保护区内从事网箱养殖、旅游等活动的，应当按照规定采取措施，防止污染饮用水水体。

第六十七条　禁止在饮用水水源准保护区内新建、扩建对水体污染严重的建设项目；改建建设项目，不得增加排污量。

第六十八条　县级以上地方人民政府应当根据保护饮用水水源的实际需要，在准保护区内采取工程措施或者建造湿地、水源涵养林等生态保护措施，防止水污染物直接排入饮用水水体，确保饮用水安全。

第六十九条　县级以上地方人民政府应当组织环境保护等部门，对饮用水水源保护区、地下水型饮用水源的补给区及供水单位周边区域的环境状况和污染风险进行调查评估，筛查可能存在的污染风险因素，并采取相应的风险防范措施。

饮用水水源受到污染可能威胁供水安全的，环境保护主管部门应当责令有关企业事业单位和其他生产经营者采取停止排放水污染物等措施，并通报饮用水供水单位和供水、卫生、水行政等部门；跨行政区域的，还应当通报相关地方人民政府。

第七十条　单一水源供水城市的人民政府应当建设应急水源或者备用水源，有条件的地区可以开展区域联网供水。

县级以上地方人民政府应当合理安排、布局农村饮用水水源，有条件的地区可以采取城镇供水管网延伸或者建设跨村、跨乡镇联片集中供水工程等方式，发展规模集中供水。

第七十一条　饮用水供水单位应当做好取水口和出水口的水质检测工作。发现取水口水质不符合饮用水水源水质标准或者出水口水质不符合饮用水卫生标准的，应当及时采取相应措施，并向所在地市、县级人民政府供水主管部门报告。供水主管部门接到报告后，应当通报环境保护、卫生、水行政等部门。

饮用水供水单位应当对供水水质负责，确保供水设施安全可靠运行，保证供水水质符合国家有关标准。

第七十二条　县级以上地方人民政府应当组织有关部门监测、评估本行政区域内饮用水水源、供水单位供水和用户水龙头出水的水质等饮用水安全状况。

县级以上地方人民政府有关部门应当至少每季度向社会公开一次饮用水安全状况信息。

第七十三条　国务院和省、自治区、直辖市人民政府根据水环境保护的需要，可以规定在饮用水水源保护区内，采取禁止或者限制使用含磷洗涤剂、化肥、农药以及限制种植养殖等措施。

第七十四条　县级以上人民政府可以对风景名胜区水体、重要渔业水体和其他具有特殊经济文化价值的水体划定保护区，并采取措施，保证保护区的水质符合规定用途的水环境质量标准。

第七十五条　在风景名胜区水体、重要渔业水体和其他具有特殊经济文化价值的水体的保护区内，不得新建排污口。在保护区附近新建排污口，应当保证保护区水体不受污染。”

（三）《中华人民共和国环境噪声污染防治法》

（1）了解环境噪声、环境噪声污染、噪声排放、噪声敏感建筑物和噪声敏感建筑物集中区域的含义

“第二条　本法所称环境噪声，是指在工业生产、建筑施工、交通运输和社会生活中所产生的干扰周围生活环境的声音。

本法所称环境噪声污染，是指所产生的环境噪声超过国家规定的环境噪声排放标准，并干扰他人正常生活、工作和学习的现象。”

“第六十三条　本法中下列用语的含义是：

（一）‘噪声排放’是指噪声源向周围生活环境辐射噪声。

（二）‘噪声敏感建筑物’是指医院、学校、机关、科研单位、住宅等需要保持安静的建筑物

（三）‘噪声敏感建筑物集中区域’是指医疗区、文教科研区和以机关或者居民住宅为主的区域。”

（2）掌握工业噪声污染防治的有关规定

“第二十二条　本法所称工业噪声，是指在工业生产活动中使用固定的设备时产生的干扰周围生活环境的声音。

第二十三条　在城市范围内向周围生活环境排放工业噪声的，应当符合国家规定的工业企业厂界环境噪声排放标准。

第二十四条　在工业生产中因使用固定的设备造成环境噪声污染的工业企业，必须按照国务院生态环境主管部门的规定，向所在地的县级以上地方人民政府生态环境主管部门申报拥有的造成环境噪声污染的设备的种类、数量以及在正常作业条件下所发出的噪声值和防治环境噪声污染的设施情况，并提供防治噪声污染的技术资料。

造成环境噪声污染的设备的种类、数量、噪声值和防治设施有重大改变的，必须及时申报，并采取应有的防治措施。

第二十五条　产生环境噪声污染的工业企业，应当采取有效措施，减轻噪声对周围生活环境的影响。”

（3）熟悉建筑施工噪声污染防治的有关规定

“第二十七条　本法所称建筑施工噪声，是指在建筑施工过程中产生的干扰周围生活环境的声音。

第二十八条　在城市市区范围内向周围生活环境排放建筑施工噪声的，应当符合国家规定的建筑施工场界环境噪声排放标准。

第二十九条　在城市市区范围内，建筑施工过程中使用机械设备，可能产生环境噪声污染的，施工单位必须在工程开工十五日以前向工程所在地县级以上地方人民政府生态环境主管部门申报该工程的项目名称、施工场所和期限、可能产生的环境噪声值以及所采取的环境噪声污染防治措施的情况。

第三十条　在城市市区噪声敏感建筑物集中区域内，禁止夜间进行产生环境噪声污染的建筑施工作业，但抢修、抢险作业和因生产工艺上要求或者特殊需要必须连续作业的除外。

因特殊需要必须连续作业的，必须有县级以上人民政府或者其有关主管部门的证明。

前款规定的夜间作业，必须公告附近居民。”

（4）掌握交通运输噪声污染防治的有关规定

“第三十一条　本法所称交通运输噪声，是指机动车辆、铁路机车、机动船舶、航空器等交通运输工具在运行时所产生的干扰周围生活环境的声音。

第三十二条　禁止制造、销售或者进口超过规定的噪声限值的汽车。

第三十三条　在城市市区范围内行驶的机动车辆的消声器和喇叭必须符合国家规定的要求。机动车辆必须加强维修和保养，保持技术性能良好，防治环境噪声污染。

第三十四条　机动车辆在城市市区范围内行驶，机动船舶在城市市区的内河航道航行，铁路机车驶经或者进入城市市区、疗养区时，必须按照规定使用声响装置。

警车、消防车、工程抢险车、救护车等机动车辆安装、使用警报器，必须符合国务院公安部门的规定；在执行非紧急任务时，禁止使用警报器。

第三十五条　城市人民政府公安机关可以根据本地城市市区区域声环境保护的需要，划定禁止机动车辆行驶和禁止其使用声响装置的路段和时间，并向社会公告。

第三十六条　建设经过已有的噪声敏感建筑物集中区域的高速公路和城市高架、轻轨道路，有可能造成环境噪声污染的，应当设置声屏障或者采取其他有效的控制环境噪声污染的措施。

第三十七条　在已有的城市交通干线的两侧建设噪声敏感建筑物的，建设单位应当按照国家规定间隔一定距离，并采取减轻、避免交通噪声影响的措施。

第三十八条　在车站、铁路编组站、港口、码头、航空港等地指挥作业时使用广播喇叭的，应当控制音量，减轻噪声对周围生活环境的影响。

第三十九条　穿越城市居民区、文教区的铁路，因铁路机车运行造成环境噪声污染的，当地城市人民政府应当组织铁路部门和其他有关部门，制定减轻环境噪声污染的规划。铁路部门和其他有关部门应当按照规划的要求，采取有效措施，减轻环境噪声污染。

第四十条　除起飞、降落或者依法规定的情形以外，民用航空器不得飞越城市市区上空。城市人民政府应当在航空器起飞、降落的净空周围划定限制建设噪声敏感建筑物的区域；在该区域内建设噪声敏感建筑物的，建设单位应当采取减轻、避免航空器运行时产生的噪声影响的措施。民航部门应当采取有效措施，减轻环境噪声污染。”

（5）熟悉社会生活噪声污染防治的有关规定

“第四十一条　本法所称社会生活噪声，是指人为活动所产生的除工业噪声、建筑施工噪声和交通运输噪声之外的干扰周围生活环境的声音。

第四十二条　在城市市区噪声敏感建筑物集中区域内，因商业经营活动中使用固定设备造成环境噪声污染的商业企业，必须按照国务院生态环境主管部门的规定，向所在地的县级以上地方人民政府生态环境主管部门申报拥有的造成环境噪声污染的设备的状况和防治环境噪声污染的设施的情况。

第四十三条　新建营业性文化娱乐场所的边界噪声必须符合国家规定的环境噪声排放标准；不符合国家规定的环境噪声排放标准的，文化行政主管部门不得核发文化经营许可证，市场监督管理部门不得核发营业执照。

经营中的文化娱乐场所，其经营管理者必须采取有效措施，使其边界噪声不超过国家规定的环境噪声排放标准。

第四十四条　禁止在商业经营活动中使用高音广播喇叭或者采用其他发出高噪声的方法招揽顾客。

在商业经营活动中使用空调器、冷却塔等可能产生环境噪声污染的设备、设施的，其经营管理者应当采取措施，使其边界噪声不超过国家规定的环境噪声排放标准。

第四十五条　禁止任何单位、个人在城市市区噪声敏感建设物集中区域内使用高音广播喇叭。

在城市市区街道、广场、公园等公共场所组织娱乐、集会等活动，使用音响器材可能产生干扰周围生活环境的过大音量的，必须遵守当地公安机关的规定。

第四十六条　使用家用电器、乐器或者进行其他家庭室内娱乐活动时，应当控制音量或者采取其他有效措施，避免对周围居民造成环境噪声污染。

第四十七条　在已竣工交付使用的住宅楼进行室内装修活动，应当限制作业时间，并采取其他有效措施，以减轻、避免对周围居民造成环境噪声污染。”

（四）《中华人民共和国固体废物污染环境防治法》

（1）了解固体废物、危险废物及固体废物贮存、处置、利用的含义

“第一百二十四条　本法下列用语的含义：

（一）固体废物，是指在生产、生活和其他活动中产生的丧失原有利用价值或者虽未丧失利用价值但被抛弃或者放弃的固态、半固态和置于容器中的气态的物品、物质以及法律、行政法规规定纳入固体废物管理的物品、物质。经无害化加工处理，并且符合强制性国家产品质量标准，不会危害公众健康和生态安全，或者根据固体废物鉴别标准和鉴别程序认定为不属于固体废物的除外。

（二）工业固体废物，是指在工业生产活动中产生的固体废物。

（三）生活垃圾，是指在日常生活中或者为日常生活提供服务的活动中产生的固体废物，以及法律、行政法规规定视为生活垃圾的固体废物。

（四）建筑垃圾，是指建设单位、施工单位新建、改建、扩建和拆除各类建筑物、构筑物、管网等，以及居民装饰装修房屋过程中产生的弃土、弃料和其他固体废物。

（五）农业固体废物，是指在农业生产活动中产生的固体废物。

（六）危险废物，是指列入国家危险废物名录或者根据国家规定的危险废物鉴别标准和鉴别方法认定的具有危险特性的固体废物。

（七）贮存，是指将固体废物临时置于特定设施或者场所中的活动。

（八）利用，是指从固体废物中提取物质作为原材料或者燃料的活动。

（九）处置，是指将固体废物焚烧和用其他改变固体废物的物理、化学、生物特性的方法，达到减少已产生的固体废物数量、缩小固体废物体积、减少或者消除其危险成分的活动，或者将固体废物终置于符合环境保护规定要求的填埋场的活动。”

（2）熟悉固体废物污染防治原则

“第三条　国家推行绿色发展方式，促进清洁生产和循环经济发展。

国家倡导简约适度、绿色低碳的生活方式，引导公众积极参与固体废物污染环境防治。

第四条　固体废物污染环境防治坚持减量化、资源化和无害化的原则。

任何单位和个人都应当采取措施，减少固体废物的产生量，促进固体废物的综合利用，降低固体废物的危害性。

第五条　固体废物污染环境防治坚持污染担责的原则。

产生、收集、贮存、运输、利用、处置固体废物的单位和个人，应当采取措施，防止或者减少固体废物对环境的污染，对所造成的环境污染依法承担责任。”

（3）熟悉对产生、收集、贮存、运输、利用、处置固体废物的单位和个人的有关规定

“第五条　固体废物污染环境防治坚持污染担责的原则。

产生、收集、贮存、运输、利用、处置固体废物的单位和个人，应当采取措施，防止或者减少固体废物对环境的污染，对所造成的环境污染依法承担责任。”

（4）熟悉产生、收集、贮存、运输、利用、处置固体废物的单位和其他生产经营者法律义务的有关规定

“第十九条　收集、贮存、运输、利用、处置固体废物的单位和其他生产经营者，应当加强对相关设施、设备和场所的管理和维护，保证其正常运行和使用。

第二十条　产生、收集、贮存、运输、利用、处置固体废物的单位和其他生产经营者，应当采取防扬散、防流失、防渗漏或者其他防止污染环境的措施，不得擅自倾倒、堆放、丢弃、遗撒固体废物。

禁止任何单位或者个人向江河、湖泊、运河、渠道、水库及其最高水位线以下的滩地和岸坡以及法律法规规定的其他地点倾倒、堆放、贮存固体废物。”

（5）熟悉在生态保护红线区域、永久基本农田集中区域和其他需要特别保护的区域内禁止行为的有关规定

“第二十一条　在生态保护红线区域、永久基本农田集中区域和其他需要特别保护的区域内，禁止建设工业固体废物、危险废物集中贮存、利用、处置的设施、场所和生活垃圾填埋场。”

（6）掌握工业固体废物污染环境防治的有关规定

“第三十二条　国务院生态环境主管部门应当会同国务院发展改革、工业和信息化等主管部门对工业固体废物对公众健康、生态环境的危害和影响程度等作出界定，制定防治工业固体废物污染环境的技术政策，组织推广先进的防治工业固体废物污染环境的生产工艺和设备。

第三十三条　国务院工业和信息化主管部门应当会同国务院有关部门组织研究开发、推广减少工业固体废物产生量和降低工业固体废物危害性的生产工艺和设备，公布限期淘汰产生严重污染环境的工业固体废物的落后生产工艺、设备的名录。

生产者、销售者、进口者、使用者应当在国务院工业和信息化主管部门会同国务院有关部门规定的期限内分别停止生产、销售、进口或者使用列入前款规定名录中的设备。生产工艺的采用者应当在国务院工业和信息化主管部门会同国务院有关部门规定的期限内停止采用列入前款规定名录中的工艺。

列入限期淘汰名录被淘汰的设备，不得转让给他人使用。

第三十四条　国务院工业和信息化主管部门应当会同国务院发展改革、生态环境等主管部门，定期发布工业固体废物综合利用技术、工艺、设备和产品导向目录，组织开展工业固体废物资源综合利用评价，推动工业固体废物综合利用。

第三十五条　县级以上地方人民政府应当制定工业固体废物污染环境防治工作规划，组织建设工业固体废物集中处置等设施，推动工业固体废物污染环境防治工作。

第三十六条　产生工业固体废物的单位应当建立健全工业固体废物产生、

收集、贮存、运输、利用、处置全过程的污染环境防治责任制度，建立工业固体废物管理台账，如实记录产生工业固体废物的种类、数量、流向、贮存、利用、处置等信息，实现工业固体废物可追溯、可查询，并采取防治工业固体废物污染环境的措施。

禁止向生活垃圾收集设施中投放工业固体废物。

第三十七条　产生工业固体废物的单位委托他人运输、利用、处置工业固体废物的，应当对受托方的主体资格和技术能力进行核实，依法签订书面合同，在合同中约定污染防治要求。

受托方运输、利用、处置工业固体废物，应当依照有关法律法规的规定和合同约定履行污染防治要求，并将运输、利用、处置情况告知产生工业固体废物的单位。

产生工业固体废物的单位违反本条第一款规定的，除依照有关法律法规的规定予以处罚外，还应当与造成环境污染和生态破坏的受托方承担连带责任。

第三十八条　产生工业固体废物的单位应当依法实施清洁生产审核，合理选择和利用原材料、能源和其他资源，采用先进的生产工艺和设备，减少工业固体废物的产生量，降低工业固体废物的危害性。

第三十九条　产生工业固体废物的单位应当取得排污许可证。排污许可的具体办法和实施步骤由国务院规定。

产生工业固体废物的单位应当向所在地生态环境主管部门提供工业固体废物的种类、数量、流向、贮存、利用、处置等有关资料，以及减少工业固体废物产生、促进综合利用的具体措施，并执行排污许可管理制度的相关规定。

第四十条　产生工业固体废物的单位应当根据经济、技术条件对工业固体废物加以利用；对暂时不利用或者不能利用的，应当按照国务院生态环境等主管部门的规定建设贮存设施、场所，安全分类存放，或者采取无害化处置措施。贮存工业固体废物应当采取符合国家环境保护标准的防护措施。

建设工业固体废物贮存、处置的设施、场所，应当符合国家环境保护标准。

第四十一条　产生工业固体废物的单位终止的，应当在终止前对工业固体废物的贮存、处置的设施、场所采取污染防治措施，并对未处置的工业固体废物作出妥善处置，防止污染环境。

产生工业固体废物的单位发生变更的，变更后的单位应当按照国家有关环境保护的规定对未处置的工业固体废物及其贮存、处置的设施、场所进行安全处置或者采取有效措施保证该设施、场所安全运行。变更前当事人对工业固体废物及其贮存、处置的设施、场所的污染防治责任另有约定的，从其约定；但是，不得免除当事人的污染防治义务。

对 2005 年 4 月 1 日前已经终止的单位未处置的工业固体废物及其贮存、处置的设施、场所进行安全处置的费用，由有关人民政府承担；但是，该单位享有的土地使用权依法转让的，应当由土地使用权受让人承担处置费用。当事人另有约定的，从其约定；但是，不得免除当事人的污染防治义务。

第四十二条　矿山企业应当采取科学的开采方法和选矿工艺，减少尾矿、煤矸石、废石等矿业固体废物的产生量和贮存量。

国家鼓励采取先进工艺对尾矿、煤矸石、废石等矿业固体废物进行综合利用。

尾矿、煤矸石、废石等矿业固体废物贮存设施停止使用后，矿山企业应当按照国家有关环境保护等规定进行封场，防止造成环境污染和生态破坏。”

（7）掌握建设、关闭生活垃圾处置设施、场所的有关规定

“第五十五条　建设生活垃圾处理设施、场所，应当符合国务院生态环境主管部门和国务院住房城乡建设主管部门规定的环境保护和环境卫生标准。

鼓励相邻地区统筹生活垃圾处理设施建设，促进生活垃圾处理设施跨行政区域共建共享。

禁止擅自关闭、闲置或者拆除生活垃圾处理设施、场所；确有必要关闭、闲置或者拆除的，应当经所在地的市、县级人民政府环境卫生主管部门商所在地生态环境主管部门同意后核准，并采取防止污染环境的措施。”

（8）了解农业固体废物污染环境防治的有关规定

“第六十五条　产生秸秆、废弃农用薄膜、农药包装废弃物等农业固体废物的单位和其他生产经营者，应当采取回收利用和其他防止污染环境的措施。

从事畜禽规模养殖应当及时收集、贮存、利用或者处置养殖过程中产生的畜禽粪污等固体废物，避免造成环境污染。

禁止在人口集中地区、机场周围、交通干线附近以及当地人民政府划定的其他区域露天焚烧秸秆。

国家鼓励研究开发、生产、销售、使用在环境中可降解且无害的农用薄膜。”

（9）熟悉电子、铅蓄电池、车用动力电池等产品污染环境防治的有关规定

“第六十六条　国家建立电器电子、铅蓄电池、车用动力电池等产品的生产者责任延伸制度。

电器电子、铅蓄电池、车用动力电池等产品的生产者应当按照规定以自建或者委托等方式建立与产品销售量相匹配的废旧产品回收体系，并向社会公开，实现有效回收和利用。

国家鼓励产品的生产者开展生态设计，促进资源回收利用。

第六十七条　国家对废弃电器电子产品等实行多渠道回收和集中处理

制度。

禁止将废弃机动车船等交由不符合规定条件的企业或者个人回收、拆解。

拆解、利用、处置废弃电器电子产品、废弃机动车船等，应当遵守有关法律法规的规定，采取防止污染环境的措施。”

（10）熟悉各类污泥污染环境防治的有关规定

“第七十二条　禁止擅自倾倒、堆放、丢弃、遗撒城镇污水处理设施产生的污泥和处理后的污泥。

禁止重金属或者其他有毒有害物质含量超标的污泥进入农用地。

从事水体清淤疏浚应当按照国家有关规定处理清淤疏浚过程中产生的底泥，防止污染环境。”

（11）熟悉危险废物污染环境防治的有关规定

“第七十四条　危险废物污染环境的防治，适用本章规定；本章未作规定的，适用本法其他有关规定。

第七十五条　国务院生态环境主管部门应当会同国务院有关部门制定国家危险废物名录，规定统一的危险废物鉴别标准、鉴别方法、识别标志和鉴别单位管理要求。国家危险废物名录应当动态调整。

国务院生态环境主管部门根据危险废物的危害特性和产生数量，科学评估其环境风险，实施分级分类管理，建立信息化监管体系，并通过信息化手段管理、共享危险废物转移数据和信息。

第七十六条　省、自治区、直辖市人民政府应当组织有关部门编制危险废物集中处置设施、场所的建设规划，科学评估危险废物处置需求，合理布局危险废物集中处置设施、场所，确保本行政区域的危险废物得到妥善处置。

编制危险废物集中处置设施、场所的建设规划，应当征求有关行业协会、企业事业单位、专家和公众等方面的意见。

相邻省、自治区、直辖市之间可以开展区域合作，统筹建设区域性危险废物集中处置设施、场所。

第七十七条　对危险废物的容器和包装物以及收集、贮存、运输、利用、处置危险废物的设施、场所，应当按照规定设置危险废物识别标志。

第七十八条　产生危险废物的单位，应当按照国家有关规定制定危险废物管理计划；建立危险废物管理台账，如实记录有关信息，并通过国家危险废物信息管理系统向所在地生态环境主管部门申报危险废物的种类、产生量、流向、贮存、处置等有关资料。

前款所称危险废物管理计划应当包括减少危险废物产生量和降低危险废物危害性的措施以及危险废物贮存、利用、处置措施。危险废物管理计划应当报产生危险废物的单位所在地生态环境主管部门备案。

产生危险废物的单位已经取得排污许可证的，执行排污许可管理制度的规定。

第七十九条　产生危险废物的单位，应当按照国家有关规定和环境保护标准要求贮存、利用、处置危险废物，不得擅自倾倒、堆放。

第八十条　从事收集、贮存、利用、处置危险废物经营活动的单位，应当按照国家有关规定申请取得许可证。许可证的具体管理办法由国务院制定。

禁止无许可证或者未按照许可证规定从事危险废物收集、贮存、利用、处置的经营活动。

禁止将危险废物提供或者委托给无许可证的单位或者其他生产经营者从事收集、贮存、利用、处置活动。

第八十一条　收集、贮存危险废物，应当按照危险废物特性分类进行。禁止混合收集、贮存、运输、处置性质不相容而未经安全性处置的危险废物。

贮存危险废物应当采取符合国家环境保护标准的防护措施。禁止将危险废物混入非危险废物中贮存。

从事收集、贮存、利用、处置危险废物经营活动的单位，贮存危险废物不得超过一年；确需延长期限的，应当报经颁发许可证的生态环境主管部门批准；法律、行政法规另有规定的除外。

第八十二条　转移危险废物的，应当按照国家有关规定填写、运行危险废物电子或者纸质转移联单。

跨省、自治区、直辖市转移危险废物的，应当向危险废物移出地省、自治区、直辖市人民政府生态环境主管部门申请。移出地省、自治区、直辖市人民政府生态环境主管部门应当及时商经接受地省、自治区、直辖市人民政府生态环境主管部门同意后，在规定期限内批准转移该危险废物，并将批准信息通报相关省、自治区、直辖市人民政府生态环境主管部门和交通运输主管部门。未经批准的，不得转移。

危险废物转移管理应当全程管控、提高效率，具体办法由国务院生态环境主管部门会同国务院交通运输主管部门和公安部门制定。

第八十三条　运输危险废物，应当采取防止污染环境的措施，并遵守国家有关危险货物运输管理的规定。

禁止将危险废物与旅客在同一运输工具上载运。

第八十四条　收集、贮存、运输、利用、处置危险废物的场所、设施、设备和容器、包装物及其他物品转作他用时，应当按照国家有关规定经过消除污染处理，方可使用。

第八十五条　产生、收集、贮存、运输、利用、处置危险废物的单位，应当依法制定意外事故的防范措施和应急预案，并向所在地生态环境主管部门和其他负有固体废物污染环境防治监督管理职责的部门备案；生态环境主管部门和其他负有固体废物污染环境防治监督管理职责的部门应当进行检查。

第八十六条　因发生事故或者其他突发性事件，造成危险废物严重污染环境的单位，应当立即采取有效措施消除或者减轻对环境的污染危害，及时通报可能受到污染危害的单位和居民，并向所在地生态环境主管部门和有关部门报告，接受调查处理。

第八十七条　在发生或者有证据证明可能发生危险废物严重污染环境、威胁居民生命财产安全时，生态环境主管部门或者其他负有固体废物污染环境防治监督管理职责的部门应当立即向本级人民政府和上一级人民政府有关部门报告，由人民政府采取防止或者减轻危害的有效措施。有关人民政府可以根据需要责令停止导致或者可能导致环境污染事故的作业。

第八十八条　重点危险废物集中处置设施、场所退役前，运营单位应当按照国家有关规定对设施、场所采取污染防治措施。退役的费用应当预提，列入投资概算或者生产成本，专门用于重点危险废物集中处置设施、场所的退役。具体提取和管理办法，由国务院财政部门、价格主管部门会同国务院生态环境主管部门规定。

第八十九条　禁止经中华人民共和国过境转移危险废物。

第九十条　医疗废物按照国家危险废物名录管理。县级以上地方人民政府应当加强医疗废物集中处置能力建设。

县级以上人民政府卫生健康、生态环境等主管部门应当在各自职责范围内加强对医疗废物收集、贮存、运输、处置的监督管理，防止危害公众健康、污染环境。

医疗卫生机构应当依法分类收集本单位产生的医疗废物，交由医疗废物集中处置单位处置。医疗废物集中处置单位应当及时收集、运输和处置医疗废物。

医疗卫生机构和医疗废物集中处置单位，应当采取有效措施，防止医疗废物流失、泄漏、渗漏、扩散。

第九十一条　重大传染病疫情等突发事件发生时，县级以上人民政府应当统筹协调医疗废物等危险废物收集、贮存、运输、处置等工作，保障所需的车辆、场地、处置设施和防护物资。卫生健康、生态环境、环境卫生、交通运输等主管部门应当协同配合，依法履行应急处置职责。”

（五）《中华人民共和国土壤污染防治法》

（1）了解土壤污染的含义以及土壤污染防治应当坚持的原则

“第二条　在中华人民共和国领域及管辖的其他海域从事土壤污染防治及相关活动，适用本法。

本法所称土壤污染，是指因人为因素导致某种物质进入陆地表层土壤，引起土壤化学、物理、生物等方面特性的改变，影响土壤功能和有效利用，危害公众健康或者破坏生态环境的现象。

第三条　土壤污染防治应当坚持预防为主、保护优先、分类管理、风险管控、污染担责、公众参与的原则。”

（2）了解地方人民政府生态环境主管部门应当会同自然资源主管部门进行重点监测的建设用地地块的范围

“第十七条　地方人民政府生态环境主管部门应当会同自然资源主管部门对下列建设用地地块进行重点监测：

（一）曾用于生产、使用、贮存、回收、处置有毒有害物质的；

（二）曾用于固体废物堆放、填埋的；

（三）曾发生过重大、特大污染事故的；

（四）国务院生态环境、自然资源主管部门规定的其他情形。”

（3）掌握关于建设项目进行环境影响评价和防止土壤污染的有关规定

“第十八条　各类涉及土地利用的规划和可能造成土壤污染的建设项目，应当依法进行环境影响评价。环境影响评价文件应当包括对土壤可能造成的不良影响及应当采取的相应预防措施等内容。

第十九条　生产、使用、贮存、运输、回收、处置、排放有毒有害物质的单位和个人，应当采取有效措施，防止有毒有害物质渗漏、流失、扬散，避免土壤受到污染。”

（4）掌握企业事业单位拆除设施、设备或者建筑物、构筑物的有关规定

“第二十二条　企业事业单位拆除设施、设备或者建筑物、构筑物的，应当采取相应的土壤污染防治措施。

土壤污染重点监管单位拆除设施、设备或者建筑物、构筑物的，应当制定包括应急措施在内的土壤污染防治工作方案，报地方人民政府生态环境、工业和信息化主管部门备案并实施。”

（5）掌握矿产资源开发区域土壤污染防治监督管理的有关规定

“第二十三条　各级人民政府生态环境、自然资源主管部门应当依法加强对矿产资源开发区域土壤污染防治的监督管理，按照相关标准和总量控制的要求，严格控制可能造成土壤污染的重点污染物排放。

尾矿库运营、管理单位应当按照规定，加强尾矿库的安全管理，采取措施防止土壤污染。危库、险库、病库以及其他需要重点监管的尾矿库的运营、管理单位应当按照规定，进行土壤污染状况监测和定期评估。”

（6）熟悉污水集中处理设施、固体废物处置设施防止土壤污染的有关规定

“第二十五条　建设和运行污水集中处理设施、固体废物处置设施，应当依照法律法规和相关标准的要求，采取措施防止土壤污染。

地方人民政府生态环境主管部门应当定期对污水集中处理设施、固体废物处置设施周边土壤进行监测；对不符合法律法规和相关标准要求的，应当根据监测结果，要求污水集中处理设施、固体废物处置设施运营单位采取相应改进措施。

地方各级人民政府应当统筹规划、建设城乡生活污水和生活垃圾处理、处置设施，并保障其正常运行，防止土壤污染。”

（7）熟悉农用地保护的有关规定

“第二十八条　禁止向农用地排放重金属或者其他有毒有害物质含量超标的污水、污泥，以及可能造成土壤污染的清淤底泥、尾矿、矿渣等。

县级以上人民政府有关部门应当加强对畜禽粪便、沼渣、沼液等收集、贮存、利用、处置的监督管理，防止土壤污染。

农田灌溉用水应当符合相应的水质标准，防止土壤、地下水和农产品污染。地方人民政府生态环境主管部门应当会同农业农村、水利主管部门加强对农田灌溉用水水质的管理，对农田灌溉用水水质进行监测和监督检查。

第二十九条　国家鼓励和支持农业生产者采取下列措施：

（一）使用低毒、低残留农药以及先进喷施技术；

（二）使用符合标准的有机肥、高效肥；

（三）采用测土配方施肥技术、生物防治等病虫害绿色防控技术；

（四）使用生物可降解农用薄膜；

（五）综合利用秸秆、移出高富集污染物秸秆；

（六）按照规定对酸性土壤等进行改良。

第三十条　禁止生产、销售、使用国家明令禁止的农业投入品。

农业投入品生产者、销售者和使用者应当及时回收农药、肥料等农业投入品的包装废弃物和农用薄膜，并将农药包装废弃物交由专门的机构或者组织进行无害化处理。具体办法由国务院农业农村主管部门会同国务院生态环境等主管部门制定。

国家采取措施，鼓励、支持单位和个人回收农业投入品包装废弃物和农用薄膜。”

（8）掌握严格执行相关行业企业布局选址的有关规定

“第三十二条　县级以上地方人民政府及其有关部门应当按照土地利用总体规划和城乡规划，严格执行相关行业企业布局选址要求，禁止在居民区和学校、医院、疗养院、养老院等单位周边新建、改建、扩建可能造成土壤污染的建设项目。”

（9）熟悉土壤污染风险管控和修复的内容

“第三十五条　土壤污染风险管控和修复，包括土壤污染状况调查和土壤污染风险评估、风险管控、修复、风险管控效果评估、修复效果评估、后期管理等活动。”

（10）熟悉实施土壤污染风险管控、修复活动和修复施工单位管理的有关规定

“第三十八条　实施风险管控、修复活动，应当因地制宜、科学合理，提高针对性和有效性。

实施风险管控、修复活动，不得对土壤和周边环境造成新的污染。

第三十九条　实施风险管控、修复活动前，地方人民政府有关部门有权根据实际情况，要求土壤污染责任人、土地使用权人采取移除污染源、防止污染扩散等措施。

第四十条　实施风险管控、修复活动中产生的废水、废气和固体废物，应当按照规定进行处理、处置，并达到相关环境保护标准。

实施风险管控、修复活动中产生的固体废物以及拆除的设施、设备或者建筑物、构筑物属于危险废物的，应当依照法律法规和相关标准的要求进行处置。

修复施工期间，应当设立公告牌，公开相关情况和环境保护措施。

第四十一条　修复施工单位转运污染土壤的，应当制定转运计划，将运输时间、方式、线路和污染土壤数量、去向、最终处置措施等，提前报所在地和接收地生态环境主管部门。

转运的污染土壤属于危险废物的，修复施工单位应当依照法律法规和相关标准的要求进行处置。

第四十二条　实施风险管控效果评估、修复效果评估活动，应当编制效果评估报告。

效果评估报告应当主要包括是否达到土壤污染风险评估报告确定的风险管控、修复目标等内容。

风险管控、修复活动完成后，需要实施后期管理的，土壤污染责任人应当按照要求实施后期管理。

第四十三条　从事土壤污染状况调查和土壤污染风险评估、风险管控、修

复、风险管控效果评估、修复效果评估、后期管理等活动的单位，应当具备相应的专业能力。

受委托从事前款活动的单位对其出具的调查报告、风险评估报告、风险管控效果评估报告、修复效果评估报告的真实性、准确性、完整性负责，并按照约定对风险管控、修复、后期管理等活动结果负责。

第四十四条　发生突发事件可能造成土壤污染的，地方人民政府及其有关部门和相关企业事业单位以及其他生产经营者应当立即采取应急措施，防止土壤污染，并依照本法规定做好土壤污染状况监测、调查和土壤污染风险评估、风险管控、修复等工作。”

（11）熟悉土壤污染责任人的义务

“第四十五条　土壤污染责任人负有实施土壤污染风险管控和修复的义务。土壤污染责任人无法认定的，土地使用权人应当实施土壤污染风险管控和修复。

地方人民政府及其有关部门可以根据实际情况组织实施土壤污染风险管控和修复。

国家鼓励和支持有关当事人自愿实施土壤污染风险管控和修复。

第四十六条　因实施或者组织实施土壤污染状况调查和土壤污染风险评估、风险管控、修复、风险管控效果评估、修复效果评估、后期管理等活动所支出的费用，由土壤污染责任人承担。

第四十七条　土壤污染责任人变更的，由变更后承继其债权、债务的单位或者个人履行相关土壤污染风险管控和修复义务并承担相关费用。

第四十八条　土壤污染责任人不明确或者存在争议的，农用地由地方人民政府农业农村、林业草原主管部门会同生态环境、自然资源主管部门认定，建设用地由地方人民政府生态环境主管部门会同自然资源主管部门认定。认定办法由国务院生态环境主管部门会同有关部门制定。”

（12）掌握永久基本农田保护的有关管理规定

“第五十条　县级以上地方人民政府应当依法将符合条件的优先保护类耕地划为永久基本农田，实行严格保护。

在永久基本农田集中区域，不得新建可能造成土壤污染的建设项目；已经建成的，应当限期关闭拆除。”

（13）掌握有土壤污染风险的建设用地地块变更为住宅、公共管理与公共服务用地的有关规定

“第五十九条　对土壤污染状况普查、详查和监测、现场检查表明有土壤污染风险的建设用地地块，地方人民政府生态环境主管部门应当要求土地使用权人按照规定进行土壤污染状况调查。

用途变更为住宅、公共管理与公共服务用地的，变更前应当按照规定进行土壤污染状况调查。

前两款规定的土壤污染状况调查报告应当报地方人民政府生态环境主管部门，由地方人民政府生态环境主管部门会同自然资源主管部门组织评审。”

（六）《中华人民共和国海洋环境保护法》

（1）了解海洋环境污染损害、内水、滨海湿地、海洋功能区划的含义以及建立海洋自然保护区的条件

“第九十四条　本法中下列用语的含义是：

（一）海洋环境污染损害，是指直接或者间接地把物质或者能量引入海洋环境，产生损害海洋生物资源、危害人体健康、妨害渔业和海上其他合法活动、损害海水使用素质和减损环境质量等有害影响。

（二）内水，是指我国领海基线向内陆一侧的所有海域。

（三）滨海湿地，是指低潮时水深浅于六米的水域及其沿岸浸湿地带，包括水深不超过六米的永久性水域、潮间带（或洪泛地带）和沿海低地等。

（四）海洋功能区划，是指依据海洋自然属性和社会属性，以及自然资源和环境特定条件，界定海洋利用的主导功能和使用范畴。”

“第二十二条　凡具有下列条件之一的，应当建立海洋自然保护区：

（一）典型的海洋自然地理区域、有代表性的自然生态区域，以及遭受破坏但经保护能恢复的海洋自然生态区域；

（二）海洋生物物种高度丰富的区域，或者珍稀、濒危海洋生物物种的天然集中分布区域；

（三）具有特殊保护价值的海域、海岸、岛屿、滨海湿地、入海河口和海湾等；

（四）具有重大科学文化价值的海洋自然遗迹所在区域；

（五）其他需要予以特殊保护的区域。”

（2）熟悉海洋生态保护的有关规定

“第二十条　国务院和沿海地方各级人民政府应当采取有效措施，保护红树林、珊瑚礁、滨海湿地、海岛、海湾、入海河口、重要渔业水域等具有典型性、代表性的海洋生态系统，珍稀、濒危海洋生物的天然集中分布区，具有重要经济价值的海洋生物生存区域及有重大科学文化价值的海洋自然历史遗迹和自然景观。

对具有重要经济、社会价值的已遭到破坏的海洋生态，应当进行整治和恢复。

第二十一条　国务院有关部门和沿海省级人民政府应当根据保护海洋生态的需要，选划、建立海洋自然保护区。

国家级海洋自然保护区的建立，须经国务院批准。

第二十二条　凡具有下列条件之一的，应当建立海洋自然保护区：

（一）典型的海洋自然地理区域、有代表性的自然生态区域，以及遭受破坏但经保护能恢复的海洋自然生态区域；

（二）海洋生物物种高度丰富的区域，或者珍稀、濒危海洋生物物种的天然集中分布区域；

（三）具有特殊保护价值的海域、海岸、岛屿、滨海湿地、入海河口和海湾等；

（四）具有重大科学文化价值的海洋自然遗迹所在区域；

（五）其他需要予以特殊保护的区域。

第二十三条　凡具有特殊地理条件、生态系统、生物与非生物资源及海洋开发利用特殊需要的区域，可以建立海洋特别保护区，采取有效的保护措施和科学的开发方式进行特殊管理。

第二十四条　国家建立健全海洋生态保护补偿制度。

开发利用海洋资源，应当根据海洋功能区划合理布局，严格遵守生态保护红线，不得造成海洋生态环境破坏。

第二十五条　引进海洋动植物物种，应当进行科学论证，避免对海洋生态系统造成危害。

第二十六条　开发海岛及周围海域的资源，应当采取严格的生态保护措施，不得造成海岛地形、岸滩、植被以及海岛周围海域生态环境的破坏。

第二十七条　沿海地方各级人民政府应当结合当地自然环境的特点，建设海岸防护设施、沿海防护林、沿海城镇园林和绿地，对海岸侵蚀和海水入侵地区进行综合治理。

禁止毁坏海岸防护设施、沿海防护林、沿海城镇园林和绿地。

第二十八条　国家鼓励发展生态渔业建设，推广多种生态渔业生产方式，改善海洋生态状况。

新建、改建、扩建海水养殖场，应当进行环境影响评价。

海水养殖应当科学确定养殖密度，并应当合理投饵、施肥，正确使用药物，防止造成海洋环境的污染。”

（3）掌握入海排污口的有关规定

“第三十条　入海排污口位置的选择，应当根据海洋功能区划、海水动力条件和有关规定，经科学论证后，报设区的市级以上人民政府环境保护行政主管部门审查批准。

环境保护行政主管部门在批准设置入海排污口之前，必须征求海洋、海事、渔业行政主管部门和军队环境保护部门的意见。

在海洋自然保护区、重要渔业水域、海滨风景名胜区和其他需要特别保护的区域，不得新建排污口。

在有条件的地区，应当将排污口深海设置，实行离岸排放。设置陆源污染物深海离岸排放排污口，应当根据海洋功能区划、海水动力条件和海底工程设施的有关情况确定，具体办法由国务院规定。”

（4）掌握向海域排放废液或废水的有关规定

“第三十三条　禁止向海域排放油类、酸液、碱液、剧毒废液和高、中水平放射性废水。

严格限制向海域排放低水平放射性废水；确需排放的，必须严格执行国家辐射防护规定。

严格控制向海域排放含有不易降解的有机物和重金属的废水。

第三十四条　含病原体的医疗污水、生活污水和工业废水必须经过处理，符合国家有关排放标准后，方能排入海域。

第三十五条　含有机物和营养物质的工业废水、生活污水，应当严格控制向海湾、半封闭海及其他自净能力较差的海域排放。

第三十六条　向海域排放含热废水，必须采取有效措施，保证邻近渔业水域的水温符合国家海洋环境质量标准，避免热污染对水产资源的危害。”

（5）熟悉防治海岸工程建设项目污染损害海洋环境的有关规定

“第四十二条　新建、改建、扩建海岸工程建设项目，必须遵守国家有关建设项目环境保护管理的规定，并把防治污染所需资金纳入建设项目投资计划。

在依法划定的海洋自然保护区、海滨风景名胜区、重要渔业水域及其他需要特别保护的区域，不得从事污染环境、破坏景观的海岸工程项目建设或者其他活动。

第四十三条　海岸工程建设项目单位，必须对海洋环境进行科学调查，根据自然条件和社会条件，合理选址，编制环境影响报告书（表）。在建设项目开工前，将环境影响报告书（表）报环境保护行政主管部门审查批准。

环境保护行政主管部门在批准环境影响报告书（表）之前，必须征求海洋、海事、渔业行政主管部门和军队环境保护部门的意见。

第四十四条　海岸工程建设项目的环境保护设施，必须与主体工程同时设计、同时施工、同时投产使用。环境保护设施应当符合经批准的环境影响评价报告书（表）的要求。

第四十五条　禁止在沿海陆域内新建不具备有效治理措施的化学制浆造纸、化工、印染、制革、电镀、酿造、炼油、岸边冲滩拆船以及其他严重污染海洋环境的工业生产项目。

第四十六条　兴建海岸工程建设项目，必须采取有效措施，保护国家和地方重点保护的野生动植物及其生存环境和海洋水产资源。

严格限制在海岸采挖砂石。露天开采海滨砂矿和从岸上打井开采海底矿产资源，必须采取有效措施，防止污染海洋环境。”

（6）熟悉防治海洋工程建设项目污染损害海洋环境的有关规定

“第四十七条　海洋工程建设项目必须符合全国海洋主体功能区规划、海洋功能区划、海洋环境保护规划和国家有关环境保护标准。海洋工程建设项目单位应当对海洋环境进行科学调查，编制海洋环境影响报告书（表），并在建设项目开工前，报海洋行政主管部门审查批准。

海洋行政主管部门在批准海洋环境影响报告书（表）之前，必须征求海事、渔业行政主管部门和军队环境保护部门的意见。

第四十八条　海洋工程建设项目的环境保护设施，必须与主体工程同时设计、同时施工、同时投产使用。环境保护设施未经海洋行政主管部门验收，或者经验收不合格的，建设项目不得投入生产或者使用。

拆除或者闲置环境保护设施，必须事先征得海洋行政主管部门的同意。

第四十九条　海洋工程建设项目，不得使用含超标准放射性物质或者易溶出有毒有害物质的材料。

第五十条　海洋工程建设项目需要爆破作业时，必须采取有效措施，保护海洋资源。

海洋石油勘探开发及输油过程中，必须采取有效措施，避免溢油事故的发生。

第五十一条　海洋石油钻井船、钻井平台和采油平台的含油污水和油性混合物，必须经过处理达标后排放；残油、废油必须予以回收，不得排放入海。经回收处理后排放的，其含油量不得超过国家规定的标准。

钻井所使用的油基泥浆和其他有毒复合泥浆不得排放入海。水基泥浆和无毒复合泥浆及钻屑的排放，必须符合国家有关规定。

第五十二条　海洋石油钻井船、钻井平台和采油平台及其有关海上设施，不得向海域处置含油的工业垃圾。处置其他工业垃圾，不得造成海洋环境污染。

第五十三条　海上试油时，应当确保油气充分燃烧，油和油性混合物不得排放入海。

第五十四条　勘探开发海洋石油，必须按有关规定编制溢油应急计划，报国家海洋行政主管部门的海区派出机构备案。”

（七）《中华人民共和国放射性污染防治法》

（1）了解该法的适用范围

“第二条　本法适用于中华人民共和国领域和管辖的其他海域在核设施选址、建造、运行、退役和核技术、铀（钍）矿、伴生放射性矿开发利用过程中发生的放射性污染的防治活动。”

（2）了解核设施选址、建造、营运、退役前进行环境影响评价的有关规定

“第十八条　核设施选址，应当进行科学论证，并按照国家有关规定办理审批手续。在办理核设施选址审批手续前，应当编制环境影响报告书，报国务院环境保护行政主管部门审查批准；未经批准，有关部门不得办理核设施选址批准文件。”

“第二十条　核设施营运单位应当在申请领取核设施建造、运行许可证和办理退役审批手续前编制环境影响报告书，报国务院环境保护行政主管部门审查批准；未经批准，有关部门不得颁发许可证和办理批准文件。”

（3）了解开发利用或关闭铀（钍）矿前进行环境影响评价的有关规定

“第三十四条　开发利用或者关闭铀（钍）矿的单位，应当在申请领取采矿许可证或者办理退役审批手续前编制环境影响报告书，报国务院环境保护行政主管部门审查批准。

开发利用伴生放射性矿的单位，应当在申请领取采矿许可证前编制环境影响报告书，报省级以上人民政府环境保护行政主管部门审查批准。”

（4）了解产生放射性废液的单位排放或处理、贮存放射性废液的有关规定

“第四十二条　产生放射性废液的单位，必须按照国家放射性污染防治标准的要求，对不得向环境排放的放射性废液进行处理或者贮存。

产生放射性废液的单位，向环境排放符合国家放射性污染防治标准的放射性废液，必须采用符合国务院环境保护行政主管部门规定的排放方式。

禁止利用渗井、渗坑、天然裂隙、溶洞或者国家禁止的其他方式排放放射性废液。”

（5）熟悉放射性固体废物的处置方式及编制处置设施选址规划的有关规定

“第四十三条　低、中水平放射性固体废物在符合国家规定的区域实行近地表处置。

高水平放射性固体废物实行集中的深地质处置。

α 放射性固体废物依照前款规定处置。

禁止在内河水域和海洋上处置放射性固体废物。

第四十四条　国务院核设施主管部门会同国务院环境保护行政主管部门根据地质条件和放射性固体废物处置的需要，在环境影响评价的基础上编制放射性固体废物处置场所选址规划，报国务院批准后实施。

有关地方人民政府应当根据放射性固体废物处置场所选址规划，提供放射性固体废物处置场所的建设用地，并采取有效措施支持放射性固体废物的处置。”

（6）了解产生放射性固体废物的单位处理处置放射性固体废物的有关规定

“第四十五条　产生放射性固体废物的单位，应当按照国务院环境保护行政主管部门的规定，对其产生的放射性固体废物进行处理后，送交放射性固体废物处置单位处置，并承担处置费用。

放射性固体废物处置费用收取和使用管理办法，由国务院财政部门、价格主管部门会同国务院环境保护行政主管部门规定。”

（八）《中华人民共和国清洁生产促进法》

（1）了解新建、改建和扩建项目应当进行环境影响评价的有关规定

“第十八条　新建、改建和扩建项目应当进行环境影响评价，对原料使用、资源消耗、资源综合利用以及污染物产生与处置等进行分析论证，优先采用资源利用率高以及污染物产生量少的清洁生产技术、工艺和设备。”

（2）熟悉企业在进行技术改造时应采取的清洁生产措施

“第十九条　企业在进行技术改造过程中，应当采取以下清洁生产措施：

（一）采用无毒、无害或者低毒、低害的原料，替代毒性大、危害严重的原料；

（二）采用资源利用率高、污染物产生量少的工艺和设备，替代资源利用率低、污染物产生量多的工艺和设备；

（三）对生产过程中产生的废物、废水和余热等进行综合利用或者循环使用；

（四）采用能够达到国家或者地方规定的污染物排放标准和污染物排放总量控制指标的污染防治技术。”

（九）《中华人民共和国水法》

（1）熟悉水资源开发利用中生态环境保护及水生生物保护设施建设的有关规定

“第二十条　开发、利用水资源，应当坚持兴利与除害相结合，兼顾上下游、左右岸和有关地区之间的利益，充分发挥水资源的综合效益，并服从防洪的总体安排。

第二十一条　开发、利用水资源，应当首先满足城乡居民生活用水，并兼顾农业、工业、生态环境用水以及航运等需要。

在干旱和半干旱地区开发、利用水资源，应当充分考虑生态环境用水需要。

第二十二条　跨流域调水，应当进行全面规划和科学论证，统筹兼顾调出和调入流域的用水需要，防止对生态环境造成破坏。

第二十六条　国家鼓励开发、利用水能资源。在水能丰富的河流，应当有计划地进行多目标梯级开发。

建设水力发电站，应当保护生态环境，兼顾防洪、供水、灌溉、航运、竹木流放和渔业等方面的需要。

第二十七条　国家鼓励开发、利用水运资源。在水生生物洄游通道、通航或者竹木流放的河流上修建永久性拦河闸坝，建设单位应当同时修建过鱼、过船、过木设施，或者经国务院授权的部门批准采取其他补救措施，并妥善安排施工和蓄水期间的水生生物保护、航运和竹木流放，所需费用由建设单位承担。

在不通航的河流或者人工水道上修建闸坝后可以通航的，闸坝建设单位应当同时修建过船设施或者预留过船设施位置。”

（2）熟悉水功能区划及水污染物排放总量控制的有关规定

“第三十二条　国务院水行政主管部门会同国务院环境保护行政主管部门、有关部门和有关省、自治区、直辖市人民政府，按照流域综合规划、水资源保护规划和经济社会发展要求，拟定国家确定的重要江河、湖泊的水功能区划，报国务院批准。跨省、自治区、直辖市的其他江河、湖泊的水功能区划，由有关流域管理机构会同江河、湖泊所在地的省、自治区、直辖市人民政府水行政主管部门、环境保护行政主管部门和其他有关部门拟定，分别经有关省、自治区、直辖市人民政府审查提出意见后，由国务院水行政主管部门会同国务院环境保护行政主管部门审核，报国务院或者其授权的部门批准。

前款规定以外的其他江河、湖泊的水功能区划，由县级以上地方人民政府水行政主管部门会同同级人民政府环境保护行政主管部门和有关部门拟定，报同级人民政府或者其授权的部门批准，并报上一级水行政主管部门和环境保护行政主管部门备案。

县级以上人民政府水行政主管部门或者流域管理机构应当按照水功能区对水质的要求和水体的自然净化能力，核定该水域的纳污能力，向环境保护行政主管部门提出该水域的限制排污总量意见。

县级以上地方人民政府水行政主管部门和流域管理机构应当对水功能区的水质状况进行监测，发现重点污染物排放总量超过控制指标的，或者水功能区的水质未达到水域使用功能对水质的要求的，应当及时报告有关人民政府采取治理措施，并向环境保护行政主管部门通报。”

（3）熟悉建立饮用水水源保护区制度的有关规定

“第三十三条　国家建立饮用水水源保护区制度。省、自治区、直辖市人民政府应当划定饮用水水源保护区，并采取措施，防止水源枯竭和水体污染，保证城乡居民饮用水安全。”

（4）掌握设置、新建、改建或者扩大排污口的有关规定

“第三十四条　禁止在饮用水水源保护区内设置排污口。

在江河、湖泊新建、改建或者扩大排污口，应当经过有管辖权的水行政主管部门或者流域管理机构同意，由环境保护行政主管部门负责对该建设项目的环境影响报告书进行审批。”

（5）熟悉水资源、水域和水工程保护中禁止类和许可类活动的有关规定

“第三十五条　从事工程建设，占用农业灌溉水源、灌排工程设施，或者对原有灌溉用水、供水水源有不利影响的，建设单位应当采取相应的补救措施；造成损失的，依法给予补偿。

第三十六条　在地下水超采地区，县级以上地方人民政府应当采取措施，严格控制开采地下水。在地下水严重超采地区，经省、自治区、直辖市人民政府批准，可以划定地下水禁止开采或者限制开采区。在沿海地区开采地下水，应当经过科学论证，并采取措施，防止地面沉降和海水入侵。

第三十七条　禁止在江河、湖泊、水库、运河、渠道内弃置、堆放阻碍行洪的物体和种植阻碍行洪的林木及高秆作物。

禁止在河道管理范围内建设妨碍行洪的建筑物、构筑物以及从事影响河势稳定、危害河岸堤防安全和其他妨碍河道行洪的活动。

第三十八条　在河道管理范围内建设桥梁、码头和其他拦河、跨河、临河建筑物、构筑物，铺设跨河管道、电缆，应当符合国家规定的防洪标准和其他有关的技术要求，工程建设方案应当依照防洪法的有关规定报经有关水行政主管部门审查同意。

因建设前款工程设施，需要扩建、改建、拆除或者损坏原有水工程设施的，建设单位应当负担扩建、改建的费用和损失补偿。但是，原有工程设施属于违法工程的除外。

第三十九条　国家实行河道采砂许可制度。河道采砂许可制度实施办法，由国务院规定。

在河道管理范围内采砂，影响河势稳定或者危及堤防安全的，有关县级以上人民政府水行政主管部门应当划定禁采区和规定禁采期，并予以公告。

第四十条　禁止围湖造地。已经围垦的，应当按照国家规定的防洪标准有计划地退地还湖。

禁止围垦河道。确需围垦的，应当经过科学论证，经省、自治区、直辖市人民政府水行政主管部门或者国务院水行政主管部门同意后，报本级人民政府批准。

第四十一条　单位和个人有保护水工程的义务，不得侵占、毁坏堤防、护岸、防汛、水文监测、水文地质监测等工程设施。

第四十二条　县级以上地方人民政府应当采取措施，保障本行政区域内水工程，特别是水坝和堤防的安全，限期消除险情。水行政主管部门应当加强对水工程安全的监督管理。

第四十三条　国家对水工程实施保护。国家所有的水工程应当按照国务院的规定划定工程管理和保护范围。

国务院水行政主管部门或者流域管理机构管理的水工程，由主管部门或者流域管理机构商有关省、自治区、直辖市人民政府划定工程管理和保护范围。

前款规定以外的其他水工程，应当按照省、自治区、直辖市人民政府的规定，划定工程保护范围和保护职责。

在水工程保护范围内，禁止从事影响水工程运行和危害水工程安全的爆破、打井、采石、取土等活动。"

（十）《中华人民共和国防沙治沙法》

熟悉沙化土地范围内从事开发建设活动和沙化土地封禁保护区管理的有关规定

"第二十二条　在沙化土地封禁保护区范围内，禁止一切破坏植被的活动。

禁止在沙化土地封禁保护区范围内安置移民。对沙化土地封禁保护区范围内的农牧民，县级以上地方人民政府应当有计划地组织迁出，并妥善安置。沙化土地封禁保护区范围内尚未迁出的农牧民的生产生活，由沙化土地封禁保护区主管部门妥善安排。

未经国务院或者国务院指定的部门同意，不得在沙化土地封禁保护区范围内进行修建铁路、公路等建设活动。"

（十一）《中华人民共和国草原法》

熟悉基本草原保护的有关规定

"第四十二条　国家实行基本草原保护制度。下列草原应当划为基本草原，实施严格管理：

（一）重要放牧场；

（二）割草地；

（三）用于畜牧业生产的人工草地、退耕还草地以及改良草地、草种基地；

（四）对调节气候、涵养水源、保持水土、防风固沙具有特殊作用的草原；

（五）作为国家重点保护野生动植物生存环境的草原；

（六）草原科研、教学试验基地；

（七）国务院规定应当划为基本草原的其他草原。

基本草原的保护管理办法，由国务院制定。”

（十二）《中华人民共和国文物保护法》

了解在文物保护单位保护范围及建设控制地带内不得进行活动的有关规定

“第十七条　文物保护单位的保护范围内不得进行其他建设工程或者爆破、钻探、挖掘等作业。但是，因特殊情况需要在文物保护单位的保护范围内进行其他建设工程或者爆破、钻探、挖掘等作业的，必须保证文物保护单位的安全，并经核定公布该文物保护单位的人民政府批准，在批准前应当征得上一级人民政府文物行政部门同意；在全国重点文物保护单位的保护范围内进行其他建设工程或者爆破、钻探、挖掘等作业的，必须经省、自治区、直辖市人民政府批准，在批准前应当征得国务院文物行政部门同意。

第十八条　根据保护文物的实际需要，经省、自治区、直辖市人民政府批准，可以在文物保护单位的周围划出一定的建设控制地带，并予以公布。

在文物保护单位的建设控制地带内进行建设工程，不得破坏文物保护单位的历史风貌；工程设计方案应当根据文物保护单位的级别，经相应的文物行政部门同意后，报城乡建设规划部门批准。

第十九条　在文物保护单位的保护范围和建设控制地带内，不得建设污染文物保护单位及其环境的设施，不得进行可能影响文物保护单位安全及其环境的活动。对已有的污染文物保护单位及其环境的设施，应当限期治理。”

（十三）《中华人民共和国森林法》

（1）了解进行勘查、开采矿藏和各项建设工程占用或者征用林地的有关规定

“第十八条　进行勘查、开采矿藏和各项建设工程，应当不占或者少占林地；必须占用或者征用林地的，经县级以上人民政府林业主管部门审核同意后，依照有关土地管理的法律、行政法规办理建设用地审批手续，并由用地单位依照国务院有关规定缴纳森林植被恢复费。森林植被恢复费专款专用，由林业主管部门依照有关规定统一安排植树造林，恢复森林植被，植树造林面积不得少于因占用、征用林地而减少的森林植被面积。上级林业主管部门应当定期督促、检查下级林业主管部门组织植树造林、恢复森林植被的情况。

任何单位和个人不得挪用森林植被恢复费。县级以上人民政府审计机关应

当加强对森林植被恢复费使用情况的监督。”

（2）熟悉禁止毁林开垦、开采等行为的有关规定

“第二十三条　禁止毁林开垦和毁林采石、采砂、采土以及其他毁林行为。

禁止在幼林地和特种用途林内砍柴、放牧。

进入森林和森林边缘地区的人员，不得擅自移动或者损坏为林业服务的标志。”

（3）熟悉采伐森林和林木必须遵守的规定

“第三十一条　采伐森林和林木必须遵守下列规定：

（一）成熟的用材林应当根据不同情况，分别采取择伐、皆伐和渐伐方式，皆伐应当严格控制，并在采伐的当年或者次年内完成更新造林；

（二）防护林和特种用途林中的国防林、母树林、环境保护林、风景林，只准进行抚育和更新性质的采伐；

（三）特种用途林中的名胜古迹和革命纪念地的林木、自然保护区的森林，严禁采伐。”

（十四）《中华人民共和国渔业法》

（1）了解该法的适用范围

“第二条　在中华人民共和国的内水、滩涂、领海、专属经济区以及中华人民共和国管辖的一切其他海域从事养殖和捕捞水生动物、水生植物等渔业生产活动，都必须遵守本法。”

（2）熟悉在鱼、虾、蟹洄游通道建闸、筑坝的有关规定

“第三十二条　在鱼、虾、蟹洄游通道建闸、筑坝，对渔业资源有严重影响的，建设单位应当建造过鱼设施或者采取其他补救措施。”

（十五）《中华人民共和国矿产资源法》

（1）熟悉非经国务院授权的有关主管部门同意不得开采矿产资源的地区

“第二十条　非经国务院授权的有关主管部门同意，不得在下列地区开采矿产资源：

（一）港口、机场、国防工程设施圈定地区以内；

（二）重要工业区、大型水利工程设施、城镇市政工程设施附近一定距离以内；

（三）铁路、重要公路两侧一定距离以内；

（四）重要河流、堤坝两侧一定距离以内；

（五）国家划定的自然保护区、重要风景区，国家重点保护的不能移动的历

史文物和名胜古迹所在地；

（六）国家规定不得开采矿产资源的其他地区。”

（2）了解关闭矿山的有关规定

“第二十一条　关闭矿山，必须提出矿山闭坑报告及有关采掘工程、安全隐患、土地复垦利用、环境保护的资料，并按照国家规定报请审查批准。”

（3）掌握矿产资源开采环境保护的有关规定

“第三十二条　开采矿产资源，必须遵守有关环境保护的法律规定，防止污染环境。

开采矿产资源，应当节约用地。耕地、草原、林地因采矿受到破坏的，矿山企业应当因地制宜地采取复垦利用、植树种草或者其他利用措施。

开采矿产资源给他人生产、生活造成损失的，应当负责赔偿，并采取必要的补救措施。

第三十三条　在建设铁路、工厂、水库、输油管道、输电线路和各种大型建筑物或者建筑群之前，建设单位必须向所在省、自治区、直辖市地质矿产主管部门了解拟建工程所在地区的矿产资源分布和开采情况。非经国务院授权的部门批准，不得压覆重要矿床。”

（十六）《中华人民共和国土地管理法》

（1）了解土地用途管制制度的有关规定

“第四条　国家实行土地用途管制制度。国家编制土地利用总体规划，规定土地用途，将土地分为农用地、建设用地和未利用地。严格限制农用地转为建设用地，控制建设用地总量，对耕地实行特殊保护。

前款所称农用地是指直接用于农业生产的土地，包括耕地、林地、草地、农田水利用地、养殖水面等；建设用地是指建造建筑物、构筑物的土地，包括城乡住宅和公共设施用地、工矿用地、交通水利设施用地、旅游用地、军事设施用地等；未利用地是指农用地和建设用地以外的土地。

使用土地的单位和个人必须严格按照土地利用总体规划确定的用途使用土地。”

（2）熟悉保护耕地的有关规定

“第三十一条　国家保护耕地，严格控制耕地转为非耕地。

国家实行占用耕地补偿制度。非农业建设经批准占用耕地的，按照“占多少，垦多少”的原则，由占用耕地的单位负责开垦与所占用耕地的数量和质量相当的耕地；没有条件开垦或者开垦的耕地不符合要求的，应当按照省、自治区、直辖市的规定缴纳耕地开垦费，专款用于开垦新的耕地。

省、自治区、直辖市人民政府应当制定开垦耕地计划，监督占用耕地的单位按照计划开垦耕地或者按照计划组织开垦耕地，并进行验收。”

（3）掌握永久基本农田保护制度的有关规定

“第三十三条　国家实行永久基本农田保护制度。下列耕地应当根据土地利用总体规划划为永久基本农田，实行严格保护：

（一）经国务院农业农村主管部门或者县级以上地方人民政府批准确定的粮、棉、油、糖等重要农产品生产基地内的耕地；

（二）有良好的水利与水土保持设施的耕地，正在实施改造计划以及可以改造的中、低产田和已建成的高标准农田；

（三）蔬菜生产基地；

（四）农业科研、教学试验田；

（五）国务院规定应当划为永久基本农田的其他耕地。

各省、自治区、直辖市划定的永久基本农田一般应当占本行政区域内耕地的百分之八十以上，具体比例由国务院根据各省、自治区、直辖市耕地实际情况规定。”

“第三十五条　永久基本农田经依法划定后，任何单位和个人不得擅自占用或者改变其用途。国家能源、交通、水利、军事设施等重点建设项目选址确实难以避让永久基本农田，涉及农用地转用或者土地征收的，必须经国务院批准。

禁止通过擅自调整县级土地利用总体规划、乡（镇）土地利用总体规划等方式规避永久基本农田农用地转用或者土地征收的审批。”

“第三十七条　非农业建设必须节约使用土地，可以利用荒地的，不得占用耕地；可以利用劣地的，不得占用好地。

禁止占用耕地建窑、建坟或者擅自在耕地上建房、挖砂、采石、采矿、取土等。

禁止占用永久基本农田发展林果业和挖塘养鱼。”

（4）掌握非农建设占用土地的有关规定

“第三章　土地利用总体规划

第十五条　各级人民政府应当依据国民经济和社会发展规划、国土整治和资源环境保护的要求、土地供给能力以及各项建设对土地的需求，组织编制土地利用总体规划。

土地利用总体规划的规划期限由国务院规定。

第十六条　下级土地利用总体规划应当依据上一级土地利用总体规划编制。

地方各级人民政府编制的土地利用总体规划中的建设用地总量不得超过上

一级土地利用总体规划确定的控制指标，耕地保有量不得低于上一级土地利用总体规划确定的控制指标。

省、自治区、直辖市人民政府编制的土地利用总体规划，应当确保本行政区域内耕地总量不减少。

第十七条　土地利用总体规划按照下列原则编制：

（一）落实国土空间开发保护要求，严格土地用途管制；

（二）严格保护永久基本农田，严格控制非农业建设占用农用地；

（三）提高土地节约集约利用水平；

（四）统筹安排城乡生产、生活、生态用地，满足乡村产业和基础设施用地合理需求，促进城乡融合发展；

（五）保护和改善生态环境，保障土地的可持续利用；

（六）占用耕地与开发复垦耕地数量平衡、质量相当。

第十八条　国家建立国土空间规划体系。编制国土空间规划应当坚持生态优先，绿色、可持续发展，科学有序统筹安排生态、农业、城镇等功能空间，优化国土空间结构和布局，提升国土空间开发、保护的质量和效率。

经依法批准的国土空间规划是各类开发、保护、建设活动的基本依据。已经编制国土空间规划的，不再编制土地利用总体规划和城乡规划。

第十九条　县级土地利用总体规划应当划分土地利用区，明确土地用途。

乡（镇）土地利用总体规划应当划分土地利用区，根据土地使用条件，确定每一块土地的用途，并予以公告。

第二十条　土地利用总体规划实行分级审批。

省、自治区、直辖市的土地利用总体规划，报国务院批准。

第二十一条　城市建设用地规模应当符合国家规定的标准，充分利用现有建设用地，不占或者尽量少占农用地。

城市总体规划、村庄和集镇规划，应当与土地利用总体规划相衔接，城市总体规划、村庄和集镇规划中建设用地规模不得超过土地利用总体规划确定的城市和村庄、集镇建设用地规模。

在城市规划区内、村庄和集镇规划区内，城市和村庄、集镇建设用地应当符合城市规划、村庄和集镇规划。”

“第四章　耕地保护

第三十条　国家保护耕地，严格控制耕地转为非耕地。

国家实行占用耕地补偿制度。非农业建设经批准占用耕地的，按照‘占多少，垦多少’的原则，由占用耕地的单位负责开垦与所占用耕地的数量和质量相当的耕地；没有条件开垦或者开垦的耕地不符合要求的，应当按照省、自治区、直辖市的规定缴纳耕地开垦费，专款用于开垦新的耕地。”

“第三十三条　国家实行永久基本农田保护制度。下列耕地应当根据土地利用总体规划划为永久基本农田，实行严格保护：

（一）经国务院农业农村主管部门或者县级以上地方人民政府批准确定的粮、棉、油、糖等重要农产品生产基地内的耕地；

（二）有良好的水利与水土保持设施的耕地，正在实施改造计划以及可以改造的中、低产田和已建成的高标准农田；

（三）蔬菜生产基地；

（四）农业科研、教学试验田；

（五）国务院规定应当划为永久基本农田的其他耕地。

各省、自治区、直辖市划定的永久基本农田一般应当占本行政区域内耕地的百分之八十以上，具体比例由国务院根据各省、自治区、直辖市耕地实际情况规定。”

“第三十五条　永久基本农田经依法划定后，任何单位和个人不得擅自占用或者改变其用途。国家能源、交通、水利、军事设施等重点建设项目选址确实难以避让永久基本农田，涉及农用地转用或者土地征收的，必须经国务院批准。

禁止通过擅自调整县级土地利用总体规划、乡（镇）土地利用总体规划等方式规避永久基本农田农用地转用或者土地征收的审批。”

“第三十七条　非农业建设必须节约使用土地，可以利用荒地的，不得占用耕地；可以利用劣地的，不得占用好地。

禁止占用耕地建窑、建坟或者擅自在耕地上建房、挖砂、采石、采矿、取土等。

禁止占用永久基本农田发展林果业和挖塘养鱼。”

“第五章　建设用地

第四十四条　建设占用土地，涉及农用地转为建设用地的，应当办理农用地转用审批手续。

永久基本农田转为建设用地的，由国务院批准。

在土地利用总体规划确定的城市和村庄、集镇建设用地规模范围内，为实施该规划而将永久基本农田以外的农用地转为建设用地的，按土地利用年度计划分批次按照国务院规定由原批准土地利用总体规划的机关或者其授权的机关批准。在已批准的农用地转用范围内，具体建设项目用地可以由市、县人民政府批准。

在土地利用总体规划确定的城市和村庄、集镇建设用地规模范围外，将永久基本农田以外的农用地转为建设用地的，由国务院或者国务院授权的省、自治区、直辖市人民政府批准。

第四十五条　为了公共利益的需要，有下列情形之一，确需征收农民集体所有的土地的，可以依法实施征收：

（一）军事和外交需要用地的；

（二）由政府组织实施的能源、交通、水利、通信、邮政等基础设施建设需要用地的；

（三）由政府组织实施的科技、教育、文化、卫生、体育、生态环境和资源保护、防灾减灾、文物保护、社区综合服务、社会福利、市政公用、优抚安置、英烈保护等公共事业需要用地的；

（四）由政府组织实施的扶贫搬迁、保障性安居工程建设需要用地的；

（五）在土地利用总体规划确定的城镇建设用地范围内，经省级以上人民政府批准由县级以上地方人民政府组织实施的成片开发建设需要用地的；

（六）法律规定为公共利益需要可以征收农民集体所有的土地的其他情形。

前款规定的建设活动，应当符合国民经济和社会发展规划、土地利用总体规划、城乡规划和专项规划；第（四）项、第（五）项规定的建设活动，还应当纳入国民经济和社会发展年度计划；第（五）项规定的成片开发并应当符合国务院自然资源主管部门规定的标准。

第四十六条　征收下列土地的，由国务院批准：

（一）永久基本农田；

（二）永久基本农田以外的耕地超过三十五公顷的；

（三）其他土地超过七十公顷的。

征收前款规定以外的土地的，由省、自治区、直辖市人民政府批准。

征收农用地的，应当依照本法第四十四条的规定先行办理农用地转用审批。其中，经国务院批准农用地转用的，同时办理征地审批手续，不再另行办理征地审批；经省、自治区、直辖市人民政府在征地批准权限内批准农用地转用的，同时办理征地审批手续，不再另行办理征地审批，超过征地批准权限的，应当依照本条第一款的规定另行办理征地审批。

第四十七条　国家征收土地的，依照法定程序批准后，由县级以上地方人民政府予以公告并组织实施。

县级以上地方人民政府拟申请征收土地的，应当开展拟征收土地现状调查和社会稳定风险评估，并将征收范围、土地现状、征收目的、补偿标准、安置方式和社会保障等在拟征收土地所在的乡（镇）和村、村民小组范围内公告至少三十日，听取被征地的农村集体经济组织及其成员、村民委员会和其他利害关系人的意见。

多数被征地的农村集体经济组织成员认为征地补偿安置方案不符合法律、法规规定的，县级以上地方人民政府应当组织召开听证会，并根据法律、法规的规定和听证会情况修改方案。

拟征收土地的所有权人、使用权人应当在公告规定期限内，持不动产权属证明材料办理补偿登记。县级以上地方人民政府应当组织有关部门测算并落实有关费用，保证足额到位，与拟征收土地的所有权人、使用权人就补偿、安置等签订协议；个别确实难以达成协议的，应当在申请征收土地时如实说明。

相关前期工作完成后，县级以上地方人民政府方可申请征收土地。”

“第五十三条　经批准的建设项目需要使用国有建设用地的，建设单位应当持法律、行政法规规定的有关文件，向有批准权的县级以上人民政府自然资源主管部门提出建设用地申请，经自然资源主管部门审查，报本级人民政府批准。

第五十四条　建设单位使用国有土地，应当以出让等有偿使用方式取得；但是，下列建设用地，经县级以上人民政府依法批准，可以以划拨方式取得：

（一）国家机关用地和军事用地；

（二）城市基础设施用地和公益事业用地；

（三）国家重点扶持的能源、交通、水利等基础设施用地；

（四）法律、行政法规规定的其他用地。

第五十五条　以出让等有偿使用方式取得国有土地使用权的建设单位，按照国务院规定的标准和办法，缴纳土地使用权出让金等土地有偿使用费和其他费用后，方可使用土地。”

（十七）《中华人民共和国野生动物保护法》

（1）了解该法的适用范围

“第二条　在中华人民共和国领域及管辖的其他海域，从事野生动物保护及相关活动，适用本法。

本法规定保护的野生动物，是指珍贵、濒危的陆生、水生野生动物和有重要生态、科学、社会价值的陆生野生动物。

本法规定的野生动物及其制品，是指野生动物的整体（含卵、蛋）、部分及其衍生物。

珍贵、濒危的水生野生动物以外的其他水生野生动物的保护，适用《中华人民共和国渔业法》等有关法律的规定。”

（2）了解野生动物分类分级保护的有关规定

“第十条　国家对野生动物实行分类分级保护。

国家对珍贵、濒危的野生动物实行重点保护。国家重点保护的野生动物分为一级保护野生动物和二级保护野生动物。国家重点保护野生动物名录，由国务院野生动物保护主管部门组织科学评估后制定，并每五年根据评估情况确定对名录进行调整。国家重点保护野生动物名录报国务院批准公布。

地方重点保护野生动物，是指国家重点保护野生动物以外，由省、自治区、直辖市重点保护的野生动物。地方重点保护野生动物名录，由省、自治区、直辖市人民政府组织科学评估后制定、调整并公布。

有重要生态、科学、社会价值的陆生野生动物名录，由国务院野生动物保护主管部门组织科学评估后制定、调整并公布。”

（3）熟悉野生动物及其栖息地状况调查、监测和评估的内容

“第十一条　县级以上人民政府野生动物保护主管部门，应当定期组织或者委托有关科学研究机构对野生动物及其栖息地状况进行调查、监测和评估，建立健全野生动物及其栖息地档案。

对野生动物及其栖息地状况的调查、监测和评估应当包括下列内容：

（一）野生动物野外分布区域、种群数量及结构；

（二）野生动物栖息地的面积、生态状况；

（三）野生动物及其栖息地的主要威胁因素；

（四）野生动物人工繁育情况等其他需要调查、监测和评估的内容。”

（4）熟悉野生动物保护的有关规定

“第十二条　国务院野生动物保护主管部门应当会同国务院有关部门，根据野生动物及其栖息地状况的调查、监测和评估结果，确定并发布野生动物重要栖息地名录。

省级以上人民政府依法划定相关自然保护区域，保护野生动物及其重要栖息地，保护、恢复和改善野生动物生存环境。对不具备划定相关自然保护区域条件的，县级以上人民政府可以采取划定禁猎（渔）区、规定禁猎（渔）期等其他形式予以保护。

禁止或者限制在相关自然保护区域内引入外来物种、营造单一纯林、过量施洒农药等人为干扰、威胁野生动物生息繁衍的行为。

相关自然保护区域，依照有关法律法规的规定划定和管理。

第十三条　县级以上人民政府及其有关部门在编制有关开发利用规划时，应当充分考虑野生动物及其栖息地保护的需要，分析、预测和评估规划实施可能对野生动物及其栖息地保护产生的整体影响，避免或者减少规划实施可能造成的不利后果。

禁止在相关自然保护区域建设法律法规规定不得建设的项目。机场、铁路、公路、水利水电、围堰、围填海等建设项目的选址选线，应当避让相关自然保护区域、野生动物迁徙洄游通道；无法避让的，应当采取修建野生动物通道、过鱼设施等措施，消除或者减少对野生动物的不利影响。

建设项目可能对相关自然保护区域、野生动物迁徙洄游通道产生影响的，环境影响评价文件的审批部门在审批环境影响评价文件时，涉及国家重点保护野生动物的，应当征求国务院野生动物保护主管部门意见；涉及地方重点保护野生动物的，应当征求省、自治区、直辖市人民政府野生动物保护主管部门意见。

第十四条　各级野生动物保护主管部门应当监视、监测环境对野生动物的影响。由于环境影响对野生动物造成危害时，野生动物保护主管部门应当会同有关部门进行调查处理。”

（十八）《中华人民共和国河道管理条例》

（1）熟悉城镇建设和发展不得占用河道滩地的有关规定

“第十六条　城镇建设和发展不得占用河道滩地。城镇规划的临河界限，由河道主管机关会同城镇规划等有关部门确定。沿河城镇在编制和审查城镇规划时，应当事先征求河道主管机关的意见。”

（2）掌握在河道管理范围和堤防安全保护区内进行生产活动或排污的有关规定

“第二十四条　在河道管理范围内，禁止修建围堤、阻水渠道、阻水道路；种植高秆农作物、芦苇、杞柳、荻柴和树木（堤防防护林除外）；设置拦河渔具；弃置矿渣、石渣、煤灰、泥土、垃圾等。

在堤防和护堤地，禁止建房、放牧、开渠、打井、挖窖、葬坟、晒粮、存放物料、开采地下资源、进行考古发掘以及开展集市贸易活动。

第二十五条　在河道管理范围内进行下列活动，必须报经河道主管机关批准；涉及其他部门的，由河道主管机关会同有关部门批准：

（一）采砂、取土、淘金、弃置砂石或者淤泥；

（二）爆破、钻探、挖筑鱼塘；

（三）在河道滩地存放物料、修建厂房或者其他建筑设施；

（四）在河道滩地开采地下资源及进行考古发掘。

第二十六条　根据堤防的重要程度、堤基土质条件等，河道主管机关报经县级以上人民政府批准，可以在河道管理范围的相连地域划定堤防安全保护区。在堤防安全保护区内，禁止进行打井、钻探、爆破、挖筑鱼塘、采石、取土等危害堤防安全的活动。”

（十九）《中华人民共和国自然保护区条例》

（1）掌握自然保护区的功能区划分及保护的规定

“第十八条　自然保护区可以分为核心区、缓冲区和实验区。

自然保护区内保存完好的天然状态的生态系统以及珍稀、濒危动植物的集中分布地，应当划为核心区，禁止任何单位和个人进入；除依照本条例第二十七条的规定经批准外，也不允许进入从事科学研究活动。

核心区外围可以划定一定面积的缓冲区，只准进入从事科学研究观测活动。

缓冲区外围划为实验区，可以进入从事科学试验、教学实习、参观考察、旅游以及驯化、繁殖珍稀、濒危野生动植物等活动。

原批准建立自然保护区的人民政府认为必要时，可以在自然保护区的外围划定一定面积的外围保护地带。”

（2）掌握自然保护区内禁止行为的有关规定

“第二十六条　禁止在自然保护区内进行砍伐、放牧、狩猎、捕捞、采药、开垦、烧荒、开矿、采石、挖沙等活动；但是，法律、行政法规另有规定的除外。

第二十七条　禁止任何人进入自然保护区的核心区。因科学研究的需要，必须进入核心区从事科学研究观测、调查活动的，应当事先向自然保护区管理机构提交申请和活动计划，并经自然保护区管理机构批准；其中，进入国家级自然保护区核心区的，应当经省、自治区、直辖市人民政府有关自然保护区行政主管部门批准。

自然保护区核心区内原有居民确有必要迁出的，由自然保护区所在地的地方人民政府予以妥善安置。

第二十八条　禁止在自然保护区的缓冲区开展旅游和生产经营活动。因教学科研的目的，需要进入自然保护区的缓冲区从事非破坏性的科学研究、教学实习和标本采集活动的，应当事先向自然保护区管理机构提交申请和活动计划，经自然保护区管理机构批准。

从事前款活动的单位和个人，应当将其活动成果的副本提交自然保护区管理机构。”

“第三十二条　在自然保护区的核心区和缓冲区内，不得建设任何生产设施。在自然保护区的实验区内，不得建设污染环境、破坏资源或者景观的生产设施；建设其他项目，其污染物排放不得超过国家和地方规定的污染物排放标准。在自然保护区的实验区内已经建成的设施，其污染物排放超过国家和地方规定的排放标准的，应当限期治理；造成损害的，必须采取补救措施。

在自然保护区的外围保护地带建设的项目，不得损害自然保护区内的环境质量；已造成损害的，应当限期治理。

限期治理决定由法律、法规规定的机关作出，被限期治理的企业事业单位必须按期完成治理任务。”

（3）掌握内部未分区的自然保护区按照核心区和缓冲区管理规定

“第三十条　自然保护区的内部未分区的，依照本条例有关核心区和缓冲区的规定管理。”

（二十）《风景名胜区条例》

熟悉风景名胜区保护的有关规定

“第四章　保护

第二十四条　风景名胜区内的景观和自然环境，应当根据可持续发展的原则，严格保护，不得破坏或者随意改变。

风景名胜区管理机构应当建立健全风景名胜资源保护的各项管理制度。

风景名胜区内的居民和游览者应当保护风景名胜区的景物、水体、林草植被、野生动物和各项设施。

第二十五条　风景名胜区管理机构应当对风景名胜区内的重要景观进行调查、鉴定，并制定相应的保护措施。

第二十六条　在风景名胜区内禁止进行下列活动：

（一）开山、采石、开矿、开荒、修坟立碑等破坏景观、植被和地形地貌的活动；

（二）修建储存爆炸性、易燃性、放射性、毒害性、腐蚀性物品的设施；

（三）在景物或者设施上刻划、涂污；

（四）乱扔垃圾。

第二十七条　禁止违反风景名胜区规划，在风景名胜区内设立各类开发区和在核心景区内建设宾馆、招待所、培训中心、疗养院以及与风景名胜资源保护无关的其他建筑物；已经建设的，应当按照风景名胜区规划，逐步迁出。

第二十八条　在风景名胜区内从事本条例第二十六条、第二十七条禁止范围以外的建设活动，应当经风景名胜区管理机构审核后，依照有关法律、法规的规定办理审批手续。

在国家级风景名胜区内修建缆车、索道等重大建设工程，项目的选址方案应当报国务院建设主管部门核准。

第二十九条　在风景名胜区内进行下列活动，应当经风景名胜区管理机构审核后，依照有关法律、法规的规定报有关主管部门批准：

（一）设置、张贴商业广告；

（二）举办大型游乐等活动；

（三）改变水资源、水环境自然状态的活动；

（四）其他影响生态和景观的活动。

第三十条　风景名胜区内的建设项目应当符合风景名胜区规划，并与景观相协调，不得破坏景观、污染环境、妨碍游览。

在风景名胜区内进行建设活动的，建设单位、施工单位应当制定污染防治和水土保持方案，并采取有效措施，保护好周围景物、水体、林草植被、野生动物资源和地形地貌。

第三十一条　国家建立风景名胜区管理信息系统，对风景名胜区规划实施和资源保护情况进行动态监测。

国家级风景名胜区所在地的风景名胜区管理机构应当每年向国务院建设主管部门报送风景名胜区规划实施和土地、森林等自然资源保护的情况；国务院建设主管部门应当将土地、森林等自然资源保护的情况，及时抄送国务院有关部门。”

（二十一）《土地复垦条例》

（1）熟悉生产建设活动损毁土地复垦的原则

“第三条　生产建设活动损毁的土地，按照‘谁损毁，谁复垦’的原则，由生产建设单位或者个人（以下称土地复垦义务人）负责复垦。但是，由于历史原因无法确定土地复垦义务人的生产建设活动损毁的土地（以下称历史遗留损毁土地），由县级以上人民政府负责组织复垦。

自然灾害损毁的土地，由县级以上人民政府负责组织复垦。

第四条　生产建设活动应当节约集约利用土地，不占或者少占耕地；对依法占用的土地应当采取有效措施，减少土地损毁面积，降低土地损毁程度。

土地复垦应当坚持科学规划、因地制宜、综合治理、经济可行、合理利用的原则。复垦的土地应当优先用于农业。”

（2）了解土地复垦义务人负责复垦的损毁土地范围

“第十条　下列损毁土地由土地复垦义务人负责复垦：

（一）露天采矿、烧制砖瓦、挖沙取土等地表挖掘所损毁的土地；

（二）地下采矿等造成地表塌陷的土地；

（三）堆放采矿剥离物、废石、矿渣、粉煤灰等固体废弃物压占的土地；

（四）能源、交通、水利等基础设施建设和其他生产建设活动临时占用所损毁的土地。”

（3）掌握土地复垦义务人应当保护土壤质量与生态环境、避免污染土壤和地下水的有关规定

“第十六条　土地复垦义务人应当建立土地复垦质量控制制度，遵守土地复垦标准和环境保护标准，保护土壤质量与生态环境，避免污染土壤和地下水。

土地复垦义务人应当首先对拟损毁的耕地、林地、牧草地进行表土剥离，剥离的表土用于被损毁土地的复垦。

禁止将重金属污染物或者其他有毒有害物质用作回填或者充填材料。受重金属污染物或者其他有毒有害物质污染的土地复垦后，达不到国家有关标准的，不得用于种植食用农作物。”

（二十二）《医疗废物管理条例》

（1）熟悉医疗卫生机构医疗废物管理的有关规定

“第十六条　医疗卫生机构应当及时收集本单位产生的医疗废物，并按照类别分置于防渗漏、防锐器穿透的专用包装物或者密闭的容器内。

医疗废物专用包装物、容器，应当有明显的警示标识和警示说明。

医疗废物专用包装物、容器的标准和警示标识的规定，由国务院卫生行政主管部门和环境保护行政主管部门共同制定。

第十七条　医疗卫生机构应当建立医疗废物的暂时贮存设施、设备，不得露天存放医疗废物；医疗废物暂时贮存的时间不得超过 2 天。

医疗废物的暂时贮存设施、设备，应当远离医疗区、食品加工区和人员活动区以及生活垃圾存放场所，并设置明显的警示标识和防渗漏、防鼠、防蚊蝇、防蟑螂、防盗以及预防儿童接触等安全措施。

医疗废物的暂时贮存设施、设备应当定期消毒和清洁。

第十八条　医疗卫生机构应当使用防渗漏、防遗撒的专用运送工具，按照本单位确定的内部医疗废物运送时间、路线，将医疗废物收集、运送至暂时贮存地点。

运送工具使用后应当在医疗卫生机构内指定的地点及时消毒和清洁。

第十九条　医疗卫生机构应当根据就近集中处置的原则，及时将医疗废物交由医疗废物集中处置单位处置。

医疗废物中病原体的培养基、标本和菌种、毒种保存液等高危险废物，在交医疗废物集中处置单位处置前应当就地消毒。

第二十条　医疗卫生机构产生的污水、传染病病人或者疑似传染病病人的排泄物，应当按照国家规定严格消毒；达到国家规定的排放标准后，方可排入污水处理系统。

第二十一条　不具备集中处置医疗废物条件的农村，医疗卫生机构应当按照县级人民政府卫生行政主管部门、环境保护行政主管部门的要求，自行就地处置其产生的医疗废物。自行处置医疗废物的，应当符合下列基本要求：

（一）使用后的一次性医疗器具和容易致人损伤的医疗废物，应当消毒并作毁形处理；

（二）能够焚烧的，应当及时焚烧；

（三）不能焚烧的，消毒后集中填埋。”

（2）熟悉医疗废物集中处置单位贮存、处置设施选址的有关规定

“第二十四条　医疗废物集中处置单位的贮存、处置设施，应当远离居（村）民居住区、水源保护区和交通干道，与工厂、企业等工作场所有适当的安全防护距离，并符合国务院环境保护行政主管部门的规定。”

（二十三）《危险化学品安全管理条例》

（1）熟悉危险化学品的法律定义

“第三条　本条例所称危险化学品，是指具有毒害、腐蚀、爆炸、燃烧、助燃等性质，对人体、设施、环境具有危害的剧毒化学品和其他化学品。

危险化学品目录，由国务院安全生产监督管理部门会同国务院工业和信息化、公安、环境保护、卫生、质量监督检验检疫、交通运输、铁路、民用航空、农业主管部门，根据化学品危险特性的鉴别和分类标准确定、公布，并适时调整。”

（2）了解国家对危险化学品的生产、储存实行统筹规划、合理布局的有关规定

“第十一条　国家对危险化学品的生产、储存实行统筹规划、合理布局。

国务院工业和信息化主管部门以及国务院其他有关部门依据各自职责，负责危险化学品生产、储存的行业规划和布局。

地方人民政府组织编制城乡规划，应当根据本地区的实际情况，按照确保安全的原则，规划适当区域专门用于危险化学品的生产、储存。”

（3）掌握危险化学品生产装置和储存设施选址的有关规定

“第十九条　危险化学品生产装置或者储存数量构成重大危险源的危险化学品储存设施（运输工具加油站、加气站除外），与下列场所、设施、区域的距离应当符合国家有关规定：

（一）居住区以及商业中心、公园等人员密集场所；

（二）学校、医院、影剧院、体育场（馆）等公共设施；

（三）饮用水源、水厂以及水源保护区；

（四）车站、码头（依法经许可从事危险化学品装卸作业的除外）、机场以及通信干线、通信枢纽、铁路线路、道路交通干线、水路交通干线、地铁风亭以及地铁站出入口；

（五）基本农田保护区、基本草原、畜禽遗传资源保护区、畜禽规模化养殖场（养殖小区）、渔业水域以及种子、种畜禽、水产苗种生产基地；

（六）河流、湖泊、风景名胜区、自然保护区；

（七）军事禁区、军事管理区；

（八）法律、行政法规规定的其他场所、设施、区域。

已建的危险化学品生产装置或者储存数量构成重大危险源的危险化学品储存设施不符合前款规定的，由所在地设区的市级人民政府安全生产监督管理部门会同有关部门监督其所属单位在规定期限内进行整改；需要转产、停产、搬迁、关闭的，由本级人民政府决定并组织实施。

储存数量构成重大危险源的危险化学品储存设施的选址，应当避开地震活动断层和容易发生洪灾、地质灾害的区域。

本条例所称重大危险源，是指生产、储存、使用或者搬运危险化学品，且危险化学品的数量等于或者超过临界量的单元（包括场所和设施）。”

（二十四）《中华人民共和国防治海岸工程建设项目污染损害海洋环境管理条例》

（1）熟悉建设各类海岸工程建设项目应采取的环境保护措施

“第十三条　设置向海域排放废水设施的，应当合理利用海水自净能力，选择好排污口的位置。采用暗沟或者管道方式排放的，出水管口位置应当在低潮线以下。

第十四条　建设港口、码头，应当设置与其吞吐能力和货物种类相适应的防污设施。

港口、油码头、化学危险品码头，应当配备海上重大污染损害事故应急设备和器材。

现有港口、码头未达到前两款规定要求的，由环境保护主管部门会同港口、码头主管部门责令其限期设置或者配备。

第十五条　建设岸边造船厂、修船厂，应当设置与其性质、规模相适应的残油、废油接收处理设施，含油废水接收处理设施，拦油、收油、消油设施，工业废水接收处理设施，工业和船舶垃圾接收处理设施等。

第十六条　建设滨海核电站和其他核设施，应当严格遵守国家有关核环境保护和放射防护的规定及标准。

第十七条　建设岸边油库，应当设置含油废水接收处理设施，库场地面冲刷废水的集接、处理设施和事故应急设施；输油管线和储油设施应当符合国家关于防渗漏、防腐蚀的规定。

第十八条　建设滨海矿山，在开采、选矿、运输、贮存、冶炼和尾矿处理等过程中，应当按照有关规定采取防止污染损害海洋环境的措施。

第十九条　建设滨海垃圾场或者工业废渣填埋场，应当建造防护堤坝和场底封闭层，设置渗液收集、导出、处理系统和可燃性气体防爆装置。

第二十条　修筑海岸防护工程，在入海河口处兴建水利设施、航道或者综合整治工程，应当采取措施，不得损害生态环境及水产资源。

第二十一条　兴建海岸工程建设项目，不得改变、破坏国家和地方重点保护的野生动植物的生存环境。不得兴建可能导致重点保护的野生动植物生存环境污染和破坏的海岸工程建设项目；确需兴建的，应当征得野生动植物行政主管部门同意，并由建设单位负责组织采取易地繁育等措施，保证物种延续。

在鱼、虾、蟹、贝类的洄游通道建闸、筑坝，对渔业资源有严重影响的，建设单位应当建造过鱼设施或者采取其他补救措施。

第二十二条　集体所有制单位或者个人在全民所有的水域、海涂，建设构不成基本建设项目的养殖工程的，应当在县级以上地方人民政府规划的区域内进行。

集体所有制单位或者个人零星经营性采挖砂石，应当在县级以上地方人民政府指定的区域内采挖。

第二十三条　禁止在红树林和珊瑚礁生长的地区，建设毁坏红树林和珊瑚礁生态系统的海岸工程建设项目。

第二十四条　兴建海岸工程建设项目，应当防止导致海岸非正常侵蚀。

禁止在海岸保护设施管理部门规定的海岸保护设施的保护范围内从事爆破、采挖砂石、取土等危害海岸保护设施安全的活动。非经国务院授权的有关主管部门批准，不得占用或者拆除海岸保护设施。”

（2）掌握禁止兴建的海岸工程建设项目的有关规定

“第九条　禁止兴建向中华人民共和国海域及海岸转嫁污染的中外合资经营企业、中外合作经营企业和外资企业；海岸工程建设项目引进技术和设备，必须有相应的防治污染措施，防止转嫁污染。

第十条　在海洋特别保护区、海上自然保护区、海滨风景游览区、盐场保护区、海水浴场、重要渔业水域和其他需要特殊保护的区域内不得建设污染环境、破坏景观的海岸工程建设项目；在其界区外建设海岸工程建设项目，不得损害上述区域环境质量。法律法规另有规定的除外。”

“第二十三条　禁止在红树林和珊瑚礁生长的地区，建设毁坏红树林和珊瑚礁生态系统的海岸工程建设项目。

第二十四条　兴建海岸工程建设项目，应当防止导致海岸非正常侵蚀。

禁止在海岸保护设施管理部门规定的海岸保护设施的保护范围内从事爆破、采挖砂石、取土等危害海岸保护设施安全的活动。非经国务院授权的有关主管部门批准，不得占用或者拆除海岸保护设施。”

（二十五）《防治海洋工程建设项目污染损害海洋环境管理条例》

（1）掌握严格控制围填海工程的有关规定

“第二十条　严格控制围填海工程。禁止在经济生物的自然产卵场、繁殖场、索饵场和鸟类栖息地进行围填海活动。

围填海工程使用的填充材料应当符合有关环境保护标准。”

（2）了解海洋工程拆除、弃置或者改作他用的环境保护有关规定

“第二十八条　海洋工程需要拆除或者改作他用的，应当在作业前报原核准该工程环境影响报告书的海洋主管部门备案。拆除或者改变用途后可能产生重大环境影响的，应当进行环境影响评价。

海洋工程需要在海上弃置的，应当拆除可能造成海洋环境污染损害或者影响海洋资源开发利用的部分，并按照有关海洋倾倒废弃物管理的规定进行。

海洋工程拆除时，施工单位应当编制拆除的环境保护方案，采取必要的措施，防止对海洋环境造成污染和损害。”

（3）熟悉海洋工程污染物排放管理的有关规定

“第二十九条　海洋油气矿产资源勘探开发作业中产生的污染物的处置，应当遵守下列规定：

（一）含油污水不得直接或者经稀释排放入海，应当经处理符合国家有关排放标准后再排放；

（二）塑料制品、残油、废油、油基泥浆、含油垃圾和其他有毒有害残液残渣，不得直接排放或者弃置入海，应当集中储存在专门容器中，运回陆地处理。

第三十条　严格控制向水基泥浆中添加油类，确需添加的，应当如实记录并向原核准该工程环境影响报告书的海洋主管部门报告添加油的种类和数量。禁止向海域排放含油量超过国家规定标准的水基泥浆和钻屑。

第三十一条　建设单位在海洋工程试运行或者正式投入运行后，应当如实记录污染物排放设施、处理设备的运转情况及其污染物的排放、处置情况，并按照国家海洋主管部门的规定，定期向原核准该工程环境影响报告书的海洋主管部门报告。

第三十二条　县级以上人民政府海洋主管部门，应当按照各自的权限核定海洋工程排放污染物的种类、数量，根据国务院价格主管部门和财政部门制定

的收费标准确定排污者应当缴纳的排污费数额。

排污者应当到指定的商业银行缴纳排污费。

第三十三条　海洋油气矿产资源勘探开发作业中应当安装污染物流量自动监控仪器，对生产污水、机舱污水和生活污水的排放进行计量。

第三十四条　禁止向海域排放油类、酸液、碱液、剧毒废液和高、中水平放射性废水；严格限制向海域排放低水平放射性废水，确需排放的，应当符合国家放射性污染防治标准。

严格限制向大气排放含有毒物质的气体，确需排放的，应当经过净化处理，并不得超过国家或者地方规定的排放标准；向大气排放含放射性物质的气体，应当符合国家放射性污染防治标准。

严格控制向海域排放含有不易降解的有机物和重金属的废水；其他污染物的排放应当符合国家或者地方标准。

第三十五条　海洋工程排污费全额纳入财政预算，实行‘收支两条线’管理，并全部专项用于海洋环境污染防治。具体办法由国务院财政部门会同国家海洋主管部门制定。”

（二十六）《畜禽规模养殖污染防治条例》

（1）掌握禁止建设畜禽养殖场、养殖小区区域

“第十一条　禁止在下列区域内建设畜禽养殖场、养殖小区：

（一）饮用水水源保护区，风景名胜区；

（二）自然保护区的核心区和缓冲区；

（三）城镇居民区、文化教育科学研究区等人口集中区域；

（四）法律、法规规定的其他禁止养殖区域。”

（2）熟悉优化项目选址、合理布置养殖场区的有关规定

“第十二条　新建、改建、扩建畜禽养殖场、养殖小区，应当符合畜牧业发展规划、畜禽养殖污染防治规划，满足动物防疫条件，并进行环境影响评价。对环境可能造成重大影响的大型畜禽养殖场、养殖小区，应当编制环境影响报告书；其他畜禽养殖场、养殖小区应当填报环境影响登记表。大型畜禽养殖场、养殖小区的管理目录，由国务院环境保护主管部门商国务院农牧主管部门确定。

环境影响评价的重点应当包括：畜禽养殖产生的废弃物种类和数量，废弃物综合利用和无害化处理方案和措施，废弃物的消纳和处理情况以及向环境直接排放的情况，最终可能对水体、土壤等环境和人体健康产生的影响以及控制和减少影响的方案和措施等。”

《关于做好畜禽规模养殖项目环境影响评价管理工作的通知》（环办环评〔2018〕31 号）

“一、优化项目选址，合理布置养殖场区

项目环评应充分论证选址的环境合理性，选址应避开当地划定的禁止养殖区域，并与区域主体功能区规划、环境功能区划、土地利用规划、城乡规划、畜牧业发展规划、畜禽养殖污染防治规划等规划相协调。当地未划定禁止养殖区域的，应避开饮用水水源保护区、风景名胜区、自然保护区的核心区和缓冲区、村镇人口集中区域，以及法律、法规规定的禁止养殖区域。

项目环评应结合环境保护要求优化养殖场区内部布置。畜禽养殖区及畜禽粪污贮存、处理和畜禽尸体无害化处理等产生恶臭影响的设施，应位于养殖场区主导风向的下风向位置，并尽量远离周边环境保护目标。参照《畜禽养殖业污染防治技术规范》，并根据恶臭污染物无组织排放源强，以及当地的环境及气象等因素，按照《环境影响评价技术导则　大气环境》要求计算大气环境防护距离，作为养殖场选址以及周边规划控制的依据，减轻对周围环境保护目标的不利影响。”

（3）熟悉畜禽粪便、污水综合利用的有关规定

“第十五条　国家鼓励和支持采取粪肥还田、制取沼气、制造有机肥等方法，对畜禽养殖废弃物进行综合利用。

第十六条　国家鼓励和支持采取种植和养殖相结合的方式消纳利用畜禽养殖废弃物，促进畜禽粪便、污水等废弃物就地就近利用。

第十七条　国家鼓励和支持沼气制取、有机肥生产等废弃物综合利用以及沼渣沼液输送和施用、沼气发电等相关配套设施建设。

第十八条　将畜禽粪便、污水、沼渣、沼液等用作肥料的，应当与土地的消纳能力相适应，并采取有效措施，消除可能引起传染病的微生物，防止污染环境和传播疫病。”

（4）熟悉畜禽养殖废弃物处理的有关规定

“第十九条　从事畜禽养殖活动和畜禽养殖废弃物处理活动，应当及时对畜禽粪便、畜禽尸体、污水等进行收集、贮存、清运，防止恶臭和畜禽养殖废弃物渗出、泄漏。

第二十条　向环境排放经过处理的畜禽养殖废弃物，应当符合国家和地方规定的污染物排放标准和总量控制指标。畜禽养殖废弃物未经处理，不得直接向环境排放。

第二十一条　染疫畜禽以及染疫畜禽排泄物、染疫畜禽产品、病死或者死因不明的畜禽尸体等病害畜禽养殖废弃物，应当按照有关法律、法规和国务院农牧主管部门的规定，进行深埋、化制、焚烧等无害化处理，不得随意处置。”

（二十七）《消耗臭氧层物质管理条例》

（1）了解消耗臭氧层物质的含义及条例适用范围

“第二条　本条例所称消耗臭氧层物质，是指对臭氧层有破坏作用并列入《中国受控消耗臭氧层物质清单》的化学品。

《中国受控消耗臭氧层物质清单》由国务院环境保护主管部门会同国务院有关部门制定、调整和公布。

第三条　在中华人民共和国境内从事消耗臭氧层物质的生产、销售、使用和进出口等活动，适用本条例。

前款所称生产，是指制造消耗臭氧层物质的活动。前款所称使用，是指利用消耗臭氧层物质进行的生产经营等活动，不包括使用含消耗臭氧层物质的产品的活动。”

（2）熟悉消耗臭氧层物质的生产、使用单位防止或者减少消耗臭氧层物质泄漏和排放的有关规定

“第二十条　消耗臭氧层物质的生产、使用单位，应当按照国务院环境保护主管部门的规定采取必要的措施，防止或者减少消耗臭氧层物质的泄漏和排放。

从事含消耗臭氧层物质的制冷设备、制冷系统或者灭火系统的维修、报废处理等经营活动的单位，应当按照国务院环境保护主管部门的规定对消耗臭氧层物质进行回收、循环利用或者交由从事消耗臭氧层物质回收、再生利用、销毁等经营活动的单位进行无害化处置。

从事消耗臭氧层物质回收、再生利用、销毁等经营活动的单位，应当按照国务院环境保护主管部门的规定对消耗臭氧层物质进行无害化处置，不得直接排放。”

四、环境政策

（一）《关于划定并严守生态保护红线的若干意见》

（1）掌握生态保护红线的含义

“生态保护红线是指在生态空间范围内具有特殊重要生态功能、必须强制性严格保护的区域，是保障和维护国家生态安全的底线和生命线，通常包括具有重要水源涵养、生物多样性维护、水土保持、防风固沙、海岸生态稳定等功能的生态功能重要区域，以及水土流失、土地沙化、石漠化、盐渍化等生态环境敏感脆弱区域。”

（2）了解严守生态保护红线的有关要求

“三、严守生态保护红线

落实地方各级党委和政府主体责任，强化生态保护红线刚性约束，形成一整套生态保护红线管控和激励措施。

（七）明确属地管理责任。地方各级党委和政府是严守生态保护红线的责任主体，要将生态保护红线作为相关综合决策的重要依据和前提条件，履行好保护责任。各有关部门要按照职责分工，加强监督管理，做好指导协调、日常巡护和执法监督，共守生态保护红线。建立目标责任制，把保护目标、任务和要求层层分解，落到实处。创新激励约束机制，对生态保护红线保护成效突出的单位和个人予以奖励；对造成破坏的，依法依规予以严肃处理。根据需要设置生态保护红线管护岗位，提高居民参与生态保护积极性。

（八）确立生态保护红线优先地位。生态保护红线划定后，相关规划要符合生态保护红线空间管控要求，不符合的要及时进行调整。空间规划编制要将生态保护红线作为重要基础，发挥生态保护红线对于国土空间开发的底线作用。

（九）实行严格管控。生态保护红线原则上按禁止开发区域的要求进行管理。严禁不符合主体功能定位的各类开发活动，严禁任意改变用途。生态保护红线划定后，只能增加、不能减少，因国家重大基础设施、重大民生保障项目建设等需要调整的，由省级政府组织论证，提出调整方案，经环境保护部、国家发展改革委会同有关部门提出审核意见后，报国务院批准。因国家重大战略资源勘查需要，在不影响主体功能定位的前提下，经依法批准后予以安排勘查项目。

（十）加大生态保护补偿力度。财政部会同有关部门加大对生态保护红线的支持力度，加快健全生态保护补偿制度，完善国家重点生态功能区转移支付政策。推动生态保护红线所在地区和受益地区探索建立横向生态保护补偿机制，共同分担生态保护任务。

（十一）加强生态保护与修复。实施生态保护红线保护与修复，作为山水林田湖生态保护和修复工程的重要内容。以县级行政区为基本单元建立生态保护红线台账系统，制定实施生态系统保护与修复方案。优先保护良好生态系统和重要物种栖息地，建立和完善生态廊道，提高生态系统完整性和连通性。分区分类开展受损生态系统修复，采取以封禁为主的自然恢复措施，辅以人工修复，改善和提升生态功能。选择水源涵养和生物多样性维护为主导生态功能的生态保护红线，开展保护与修复示范。有条件的地区，可逐步推进生态移民，有序推动人口适度集中安置，降低人类活动强度，减小生态压力。按照陆海统筹、综合治理的原则，开展海洋国土空间生态保护红线的生态整治修复，切实强化生态保护红线及周边区域污染联防联治，重点加强生态保护红线内入海河流综合整治。

（十二）建立监测网络和监管平台。环境保护部、国家发展改革委、国土资源部会同有关部门建设和完善生态保护红线综合监测网络体系，充分发挥地面生态系统、环境、气象、水文水资源、水土保持、海洋等监测站点和卫星的生态监测能力，布设相对固定的生态保护红线监控点位，及时获取生态保护红线监测数据。建立国家生态保护红线监管平台。依托国务院有关部门生态环境监管平台和大数据，运用云计算、物联网等信息化手段，加强监测数据集成分析和综合应用，强化生态气象灾害监测预警能力建设，全面掌握生态系统构成、分布与动态变化，及时评估和预警生态风险，提高生态保护红线管理决策科学化水平。实时监控人类干扰活动，及时发现破坏生态保护红线的行为，对监控发现的问题，通报当地政府，由有关部门依据各自职能组织开展现场核查，依法依规进行处理。2017 年年底前完成国家生态保护红线监管平台试运行。各省（自治区、直辖市）应依托国家生态保护红线监管平台，加强能力建设，建立本行政区监管体系，实施分层级监管，及时接收和反馈信息，核查和处理违法行为。

（十三）开展定期评价。环境保护部、国家发展改革委会同有关部门建立生态保护红线评价机制。从生态系统格局、质量和功能等方面，建立生态保护红线生态功能评价指标体系和方法。定期组织开展评价，及时掌握全国、重点区域、县域生态保护红线生态功能状况及动态变化，评价结果作为优化生态保护红线布局、安排县域生态保护补偿资金和实行领导干部生态环境损害责任追究的依据，并向社会公布。

（十四）强化执法监督。各级环境保护部门和有关部门要按照职责分工加强生态保护红线执法监督。建立生态保护红线常态化执法机制，定期开展执法督查，不断提高执法规范化水平。及时发现和依法处罚破坏生态保护红线的违法行为，切实做到有案必查、违法必究。有关部门要加强与司法机关的沟通协调，健全行政执法与刑事司法联动机制。

（十五）建立考核机制。环境保护部、国家发展改革委会同有关部门，根据评价结果和目标任务完成情况，对各省（自治区、直辖市）党委和政府开展生态保护红线保护成效考核，并将考核结果纳入生态文明建设目标评价考核体系，作为党政领导班子和领导干部综合评价及责任追究、离任审计的重要参考。

（十六）严格责任追究。对违反生态保护红线管控要求、造成生态破坏的部门、地方、单位和有关责任人员，按照有关法律法规和《党政领导干部生态环境损害责任追究办法（试行）》等规定实行责任追究。对推动生态保护红线工作不力的，区分情节轻重，予以诫勉、责令公开道歉、组织处理或党纪政纪处分，构成犯罪的依法追究刑事责任。对造成生态环境和资源严重破坏的，要实行终身追责，责任人不论是否已调离、提拔或者退休，都必须严格追责。”

（二）《全国生态环境保护纲要》

（1）了解重要生态功能区的类型和生态功能保护区的级别

“三、全国生态环境保护的主要内容与要求

（一）重要生态功能区的生态环境保护

7. 建立生态功能保护区。江河源头区、重要水源涵养区、水土保持的重点预防保护区和重点监督区、江河洪水调蓄区、防风固沙区和重要渔业水域等重要生态功能区，在保持流域、区域生态平衡，减轻自然灾害，确保国家和地区生态环境安全方面具有重要作用。对这些区域的现有植被和自然生态系统应严加保护，通过建立生态功能保护区，实施保护措施，防止生态环境的破坏和生态功能的退化。跨省域和重点流域、重点区域的重要生态功能区，建立国家级生态功能保护区；跨地（市）和县（市）的重要生态功能区，建立省级和地（市）级生态功能保护区。”

（2）熟悉对生态功能保护区采取的保护措施

“8. 对生态功能保护区采取以下保护措施：停止一切导致生态功能继续退化的开发活动和其他人为破坏活动；停止一切产生严重环境污染的工程项目建设；严格控制人口增长，区内人口已超出承载能力的应采取必要的移民措施；改变粗放生产经营方式，走生态经济型发展道路，对已经破坏的重要生态系统，要结合生态环境建设措施，认真组织重建与恢复，尽快遏制生态环境恶化趋势。”

（3）熟悉重点资源开发利用的生态环境保护要求

“（二）重点资源开发的生态环境保护

10. 切实加强对水、土地、森林、草原、海洋、矿产等重要自然资源的环境管理，严格资源开发利用中的生态环境保护工作。各类自然资源的开发，必须遵守相关的法律法规，依法履行生态环境影响评价手续；资源开发重点建设项目，应编报水土保持方案，否则一律不得开工建设。

11. 水资源开发利用的生态环境保护。水资源的开发利用要全流域统筹兼顾，生产、生活和生态用水综合平衡，坚持开源与节流并重，节流优先，治污为本，科学开源，综合利用。建立缺水地区高耗水项目管制制度，逐步调整用水紧缺地区的高耗水产业，停止新上高耗水项目，确保流域生态用水。在发生江河断流、湖泊萎缩、地下水超采的流域和地区，应停上新的加重水平衡失调的蓄水、引水和灌溉工程；合理控制地下水开采，做到采补平衡；在地下水严重超采地区，划定地下水禁采区，抓紧清理不合理的抽水设施，防止出现大面积的地下漏斗和地表塌陷。继续加大二氧化硫和酸雨控制力度，合理开发利用和保护大气水资源；对于擅自围垦的湖泊和填占的河道，要限期退耕还湖还水。通过科学的监测评价和功能区划，规范排污许可证制度和排污口管理制度。严禁向水体倾倒垃圾和建筑、工业废料，进一步加大水污染特别是重点江河湖泊水污染治理力度，加快城市污水处理设施、垃圾集中处理设施建设。加大农业面源污染控制力度，鼓励畜禽粪便资源化，确保养殖废水达标排放，严格控制氮、磷严重超标地区的氮肥、磷肥施用量。

12. 土地资源开发利用的生态环境保护。依据土地利用总体规划，实施土地用途管制制度，明确土地承包者的生态环境保护责任，加强生态用地保护，冻结征用具有重要生态功能的草地、林地、湿地。建设项目确需占用生态用地的，应严格依法报批和补偿，并实行‘占一补一’的制度，确保恢复面积不少于占用面积。加强对交通、能源、水利等重大基础设施建设的生态环境保护监管，建设线路和施工场址要科学选比，尽量减少占用林地、草地和耕地，防止水土流失和土地沙化。加强非牧场草地开发利用的生态监管。大江大河上中游陡坡耕地要按照有关规划，有计划、分步骤地实行退耕还林还草，并加强对退耕地的管理，防止复耕。

13. 森林、草原资源开发利用的生态环境保护。对具有重要生态功能的林区、草原，应划为禁垦区、禁伐区或禁牧区，严格管护；已经开发利用的，要退耕退牧，育林育草，使其休养生息。实施天然林保护工程，最大限度地保护和发挥好森林的生态效益；要切实保护好各类水源涵养林、水土保持林、防风固沙林、特种用途林等生态公益林；对毁林、毁草开垦的耕地和造成的废弃地，要按照‘谁批准谁负责，谁破坏谁恢复’的原则，限期退耕还林还草。加强森林、草原防火和病虫鼠害防治工作，努力减少林草资源灾害性损失；加大火烧迹地、采伐迹地的封山育林育草力度，加速林区、草原生态环境的恢复和生态功能的提高。大力发展风能、太阳能、生物质能等可再生能源技术，减少樵采对林草植被的破坏。

发展牧业要坚持以草定畜，防止超载过牧。严重超载过牧的，应核定载畜量，限期压减牲畜头数。采取保护和利用相结合的方针，严格实行草场禁牧期、禁牧区和轮牧制度，积极开发秸秆饲料，逐步推行舍饲圈养办法，加快退化草场的恢复。在干旱、半干旱地区要因地制宜调整粮畜生产比重，大力实施种草养畜富民工程。在农牧交错区进行农业开发，不得造成新的草场破坏；发展绿洲农业，不得破坏天然植被。对牧区的已垦草场，应限期退耕还草，恢复植被。

14．生物物种资源开发利用的生态环境保护。生物物种资源的开发应在保护物种多样性和确保生物安全的前提下进行。依法禁止一切形式的捕杀、采集濒危野生动植物的活动。严厉打击濒危野生动植物的非法贸易。严格限制捕杀、采集和销售益虫、益鸟、益兽。鼓励野生动植物的驯养、繁育。加强野生生物资源开发管理，逐步划定准采区，规范采挖方式，严禁乱采滥挖；严格禁止采集和销售发菜，取缔一切发菜贸易，坚决制止在干旱、半干旱草原滥挖具有重要固沙作用的各类野生药用植物。切实搞好重要鱼类的产卵场、索饵场、越冬场、洄游通道和重要水生生物及其生境的保护。加强生物安全管理，建立转基因生物活体及其产品的进出口管理制度和风险评估制度；对引进外来物种必须进行风险评估，加强进口检疫工作，防止国外有害物种进入国内。

15．海洋和渔业资源开发利用的生态环境保护。海洋和渔业资源开发利用必须按功能区划进行，做到统一规划，合理开发利用。切实加强海岸带的管理，严格围垦造地建港、海岸工程和旅游设施建设的审批，严格保护红树林、珊瑚礁、沿海防护林。加强重点渔场、江河出海口、海湾及其他渔业水域等重要水生资源繁育区的保护，严格渔业资源开发的生态环境保护监管。加大海洋污染防治力度，逐步建立污染物排海总量控制制度，加强对海上油气勘探开发、海洋倾废、船舶排污和港口的环境管理，逐步建立海上重大污染事故应急体系。

16．矿产资源开发利用的生态环境保护。严禁在生态功能保护区、自然保护区、风景名胜区、森林公园内采矿。严禁在崩塌滑坡危险区、泥石流易发区和易导致自然景观破坏的区域采石、采砂、取土。矿产资源开发利用必须严格规划管理，开发应选取有利于生态环境保护的工期、区域和方式，把开发活动对生态环境的破坏减少到最低限度。矿产资源开发必须防止次生地质灾害的发生。在沿江、沿河、沿湖、沿库、沿海地区开采矿产资源，必须落实生态环境保护措施，尽量避免和减少对生态环境的破坏。已造成破坏的，开发者必须限期恢复。已停止采矿或关闭的矿山、坑口，必须及时做好土地复垦。

17．旅游资源开发利用的生态环境保护。旅游资源的开发必须明确环境保护的目标与要求，确保旅游设施建设与自然景观相协调。科学确定旅游区的游客容量，合理设计旅游线路，使旅游基础设施建设与生态环境的承载能力相适应。加强自然景观、景点的保护，限制对重要自然遗迹的旅游开发，从严控制重点风景名胜区的旅游开发，严格管制索道等旅游设施的建设规模与数量，对不符合规划要求建设的设施，要限期拆除。旅游区的污水、烟尘和生活垃圾处理，必须实现达标排放和科学处置。”

（三）《全国主体功能区规划》

（1）了解主体功能区的划分

第二篇　指导思想与规划目标

第二章　指导思想

“第二节　主体功能区划分

根据以上开发定义和开发理念，本规划将我国国土空间分为以下主体功能区：按开发方式，分为优化开发区域、重点开发区域、限制开发区域和禁止开发区域（注：优化开发、重点开发和限制开发区域原则上以县级行政区为单元；禁止开发区域以自然或法定边界为基本单元，分布在其他主体功能区域之中。）；按开发内容，分为城市化地区、农产品主产区和重点生态功能区；按层级，分为国家和省级两个层面。

优化开发区域、重点开发区域、限制开发区域和禁止开发区域，是基于不同区域的资源环境承载能力、现有开发强度和未来发展潜力，以是否适宜或如何进行大规模高强度工业化城镇化开发为基准划分的。

优化开发区域是经济比较发达、人口比较密集、开发强度较高、资源环境问题更加突出，从而应该优化进行工业化城镇化开发的城市化地区。

重点开发区域是有一定经济基础、资源环境承载能力较强、发展潜力较大、集聚人口和经济的条件较好，从而应该重点进行工业化城镇化开发的城市化地区。优化开发和重点开发区域都属于城市化地区，开发内容总体上相同，开发强度和开发方式不同。

限制开发区域分为两类：一类是农产品主产区，即耕地较多、农业发展条件较好，尽管也适宜工业化城镇化开发，但从保障国家农产品安全以及中华民族永续发展的需要出发，必须把增强农业综合生产能力作为发展的首要任务，从而应该限制进行大规模高强度工业化城镇化开发的地区；一类是重点生态功能区，即生态系统脆弱或生态功能重要，资源环境承载能力较低，不具备大规模高强度工业化城镇化开发的条件，必须把增强生态产品生产能力作为首要任务，从而应该限制进行大规模高强度工业化城镇化开发的地区。

禁止开发区域是依法设立的各级各类自然文化资源保护区域，以及其他禁止进行工业化城镇化开发、需要特殊保护的重点生态功能区。国家层面禁止开发区域，包括国家级自然保护区、世界文化自然遗产、国家级风景名胜区、国家森林公园和国家地质公园。省级层面的禁止开发区域，包括省级及以下各级各类自然文化资源保护区域、重要水源地以及其他省级人民政府根据需要确定的禁止开发区域。

各类主体功能区，在全国经济社会发展中具有同等重要的地位，只是主体功能不同，开发方式不同，保护内容不同，发展首要任务不同，国家支持重点不同。对城市化地区主要支持其集聚人口和经济，对农产品主产区主要支持其增强农业综合生产能力，对重点生态功能区主要支持其保护和修复生态环境。”

“第三篇　国家层面主体功能区

国家层面的主体功能区是全国‘两横三纵’城市化战略格局、‘七区二十三带’农业战略格局、‘两屏三带’生态安全战略格局的主要支撑。推进形成主体功能区，必须明确国家层面优化开发、重点开发、限制开发、禁止开发四类主体功能区的功能定位、发展目标、发展方向和开发原则。”

（2）熟悉全国主体功能区规划开发原则中关于保护自然的有关要求

第二篇　指导思想与规划目标

第三章　开发原则

“第二节　保护自然

要按照建设环境友好型社会的要求，根据国土空间的不同特点，以保护自然生态为前提、以水土资源承载能力和环境容量为基础进行有度有序开发，走人与自然和谐的发展道路。

——把保护水面、湿地、林地和草地放到与保护耕地同等重要位置。

——工业化城镇化开发必须建立在对所在区域资源环境承载能力综合评价的基础上，严格控制在水资源承载能力和环境容量允许的范围内。编制区域规划等应事先进行资源环境承载能力综合评价，并把保持一定比例的绿色生态空间作为规划的主要内容。

——在水资源严重短缺、生态脆弱、生态系统重要、环境容量小、地震和地质灾害等自然灾害危险性大的地区，要严格控制工业化城镇化开发，适度控制其他开发活动，缓解开发活动对自然生态的压力。

——严禁各类破坏生态环境的开发活动。能源和矿产资源开发，要尽可能不损害生态环境并应最大限度地修复原有生态环境。

——加强对河流原始生态的保护。实现从事后治理向事前保护转变，实行严格的水资源管理制度，明确水资源开发利用、水功能区限制纳污及用水效率控制指标。在保护河流生态的基础上有序开发水能资源。严格控制地下水超采，加强对超采的治理和对地下水源的涵养与保护。加强水土流失综合治理及预防监督。

——交通、输电等基础设施建设要尽量避免对重要自然景观和生态系统的分割，从严控制穿越禁止开发区域。

——农业开发要充分考虑对自然生态系统的影响，积极发挥农业的生态、景观和间隔功能。严禁有损自然生态系统的开荒以及侵占水面、湿地、林地、草地等农业开发活动。

——在确保省域内耕地和基本农田面积不减少的前提下，继续在适宜的地区实行退耕还林、退牧还草、退田还湖。在农业用水严重超出区域水资源承载能力的地区实行退耕还水。

——生态遭到破坏的地区要尽快偿还生态欠账。生态修复行为要有利于构建生态廊道和生态网络。

——保护天然草地、沼泽地、苇地、滩涂、冻土、冰川及永久积雪等自然空间。”

(3) 熟悉国家层面主体功能区中优化开发、重点开发、限制开发区域的功能定位和发展方向

第三篇　国家层面主体功能区

“第五章　优化开发区域

——优化进行工业化城镇化开发的城市化地区

国家优化开发区域（注：提出优化开发区域，既是针对一些人口和经济密集的城市化地区存在过度开发隐患，必然优化发展内涵的追切要求，更是面对日趋激烈的国际竞争，增强我国国家竞争力的战略需要。）是指具备以下条件的城市化地区：综合实力较强，能够体现国家竞争力；经济规模较大，能支撑并带动全国经济发展；城镇体系比较健全，有条件形成具有全球影响力的特大城市群；内在经济联系紧密，区域一体化基础较好；科学技术创新实力较强，能引领并带动全国自主创新和结构升级。

第一节　功能定位和发展方向

国家优化开发区域的功能定位是：提升国家竞争力的重要区域，带动全国经济社会发展的龙头，全国重要的创新区域，我国在更高层次上参与国际分工及有全球影响力的经济区，全国重要的人口和经济密集区。

国家优化开发区域应率先加快转变经济发展方式，调整优化经济结构，提升参与全球分工与竞争的层次。发展方向和开发原则是：

——优化空间结构。减少工矿建设空间和农村生活空间，适当扩大服务业、交通、城市居住、公共设施空间，扩大绿色生态空间。控制城市蔓延扩张、工业遍地开花和开发区过度分散。

——优化城镇布局。进一步健全城镇体系，促进城市集约紧凑发展，围绕区域中心城市明确各城市的功能定位和产业分工，推进城市间的功能互补和经济联系，提高区域的整体竞争力。

——优化人口分布。合理控制特大城市主城区的人口规模，增强周边地区和其他城市吸纳外来人口的能力，引导人口均衡、集聚分布。

——优化产业结构。推动产业结构向高端、高效、高附加值转变，增强高新技术产业、现代服务业、先进制造业对经济增长的带动作用。发展都市型农业、节水农业和绿色有机农业；积极发展节能、节地、环保的先进制造业，大力发展拥有自主知识产权的高新技术产业，加快发展现代服务业，尽快形成服务经济为主的产业结构。积极发展科技含量和附加值高的海洋产业。

——优化发展方式。率先实现经济发展方式的根本性转变。研究与试验发展经费支出占地区生产总值比重明显高于全国平均水平。大力提高清洁能源比重，壮大循环经济规模，广泛应用低碳技术，大幅度降低二氧化碳排放强度，能源和水资源消耗以及污染物排放等标准达到或接近国际先进水平，全部实现垃圾无害化处理和污水达标排放。加强区域环境监管，建立健全区域污染联防联治机制。

——优化基础设施布局。优化交通、能源、水利、通信、环保、防灾等基础设施的布局和建设，提高基础设施的区域一体化和同城化程度。

——优化生态系统格局。把恢复生态、保护环境作为必须实现的约束性目标。严格控制开发强度，加大生态环境保护投入，加强环境治理和生态修复，净化水系、提高水质，切实严格保护耕地以及水面、湿地、林地、草地和文化自然遗产，保护好城市之间的绿色开敞空间，改善人居环境。”

“第六章　重点开发区域

——重点进行工业化城镇化开发的城市化地区

国家重点开发区域（注：提出重点开发区域，既是落实区域发展总体战略、拓展经济持续发展空间、促进区域协调发展的需要，也是减轻优化开发区域和限制开发区域人口资源、环境压力的需要。）是指具备以下条件的城市化地区：具备较强的经济基础，具有一定的科技创新能力和较好的发展潜力；城镇体系初步形成，具备经济一体化的条件，中心城市有一定的辐射带动能力，有可能发展成为新的大城市群或区域性城市群；能够带动周边地区发展，且对促进全国区域协调发展意义重大。

第一节　功能定位和发展方向

国家重点开发区域的功能定位是：支撑全国经济增长的重要增长极，落实区域发展总体战略、促进区域协调发展的重要支撑点，全国重要的人口和经济密集区。

重点开发区域应在优化结构、提高效益、降低消耗、保护环境的基础上推动经济可持续发展；推进新型工业化进程，提高自主创新能力，聚集创新要素，增强产业集聚能力，积极承接国际及国内优化开发区域产业转移，形成分工协作的现代产业体系；加快推进城镇化，壮大城市综合实力，改善人居环境，提高集聚人口的能力；发挥区位优势，加快沿边地区对外开放，加强国际通道和口岸建设，形成我国对外开放新的窗口和战略空间。发展方向和开发原则是：

——统筹规划国土空间。适度扩大先进制造业空间，扩大服务业、交通和城市居住等建设空间，减少农村生活空间，扩大绿色生态空间。

——健全城市规模结构。扩大城市规模，尽快形成辐射带动力强的中心城市，发展壮大其他城市，推动形成分工协作、优势互补、集约高效的城市群。

——促进人口加快集聚。完善城市基础设施和公共服务，进一步提高城市的人口承载能力，城市规划和建设应预留吸纳外来人口的空间。

——形成现代产业体系。增强农业发展能力，加强优质粮食生产基地建设，稳定粮食生产能力。发展新兴产业，运用高新技术改造传统产业，全面加快发展服务业，增强产业配套能力，促进产业集群发展。合理开发并有效保护能源和矿产资源，将资源优势转化为经济优势。

——提高发展质量。确保发展质量和效益，工业园区和开发区的规划建设应遵循循环经济的理念，大力提高清洁生产水平，减少主要污染物排放，降低资源消耗和二氧化碳排放强度。

——完善基础设施。统筹规划建设交通、能源、水利、通信、环保、防灾等基础设施，构建完善、高效、区域一体、城乡统筹的基础设施网络。

——保护生态环境。事先做好生态环境、基本农田等保护规划，减少工业化城镇化对生态环境的影响，避免出现土地过多占用、水资源过度开发和生态环境压力过大等问题，努力提高环境质量。

——把握开发时序。区分近期、中期和远期实施有序开发，近期重点建设好国家批准的各类开发区，对目前尚不需要开发的区域，应作为预留发展空间予以保护。”

第七章 限制开发区域（农产品主产区）

——限制进行大规模高强度工业化城镇化开发的农产品主产区

国家层面限制开发的农产品主产区是指具备较好的农业生产条件，以提供农产品为主体功能，以提供生态产品、服务产品和工业品为其他功能，需要在国土空间开发中限制进行大规模高强度工业化城镇化开发，以保持并提高农产品生产能力的区域。

“第一节 功能定位和发展方向

国家层面农产品主产区的功能定位是：保障农产品供给安全的重要区域，农村居民安居乐业的美好家园，社会主义新农村建设的示范区。

农产品主产区应着力保护耕地，稳定粮食生产，发展现代农业，增强农业综合生产能力，增加农民收入，加快建设社会主义新农村，保障农产品供给，确保国家粮食安全和食物安全。发展方向和开发原则是：

——加强土地整治，搞好规划、统筹安排、连片推进，加快中低产田改造，推进连片标准粮田建设。鼓励农民开展土壤改良。

——加强水利设施建设，加快大中型灌区、排灌泵站配套改造以及水源工程建设。鼓励和支持农民开展小型农田水利设施建设、小流域综合治理。建设节水农业，推广节水灌溉，发展旱作农业。

——优化农业生产布局和品种结构，搞好农业布局规划，科学确定不同区域农业发展重点，形成优势突出和特色鲜明的产业带。

——国家支持农产品主产区加强农产品加工、流通、储运设施建设，引导农产品加工、流通、储运企业向主产区聚集。

——粮食主产区要进一步提高生产能力，主销区和产销平衡区要稳定粮食自给水平。根据粮食产销格局变化，加大对粮食主产区的扶持力度，集中力量建设一批基础条件好、生产水平高、调出量大的粮食生产核心区。在保护生态前提下，开发资源有优势、增产有潜力的粮食生产后备区。

——大力发展油料生产，鼓励发挥优势，发展棉花、糖料生产，着力提高品质和单产。转变养殖业发展方式，推进规模化和标准化，促进畜牧和水产品的稳定增产。

——在复合产业带内，要处理好多种农产品协调发展的关系，根据不同产品的特点和相互影响，合理确定发展方向和发展途径。

——控制农产品主产区开发强度，优化开发方式，发展循环农业，促进农业资源的永续利用。鼓励和支持农产品、畜产品、水产品加工副产物的综合利用。加强农业面源污染防治。

——加强农业基础设施建设，改善农业生产条件。加快农业科技进步和创新，提高农业物质技术装备水平。强化农业防灾减灾能力建设。

——积极推进农业的规模化、产业化，发展农产品深加工，拓展农村就业和增收空间。

——以县城为重点推进城镇建设和非农产业发展，加强县城和乡镇公共服务设施建设，完善小城镇公共服务和居住功能。

——农村居民点以及农村基础设施和公共服务设施的建设，要统筹考虑人口迁移等因素，适度集中、集约布局。”

第八章　限制开发区域（重点生态功能区）

——限制进行大规模高强度工业化城镇化开发的重点生态功能区

国家层面限制开发的重点生态功能区是指生态系统十分重要，关系全国或较大范围区域的生态安全，目前生态系统有所退化，需要在国土空间开发中限制进行大规模高强度工业化城镇化开发，以保持并提高生态产品供给能力的区域。

第一节 功能定位和类型

国家重点生态功能区的功能定位是：保障国家生态安全的重要区域，人与自然和谐相处的示范区。

经综合评价，国家重点生态功能区包括大小兴安岭森林生态功能区等 25 个地区。总面积约 386 万平方公里，占全国陆地国土面积的 40.2%；2008 年底总人口约 1.1 亿人，占全国总人口的 8.5%。国家重点生态功能区分为水源涵养型、水土保持型、防风固沙型和生物多样性维护型四种类型。

“第三节 发展方向

国家重点生态功能区要以保护和修复生态环境、提供生态产品为首要任务，因地制宜地发展不影响主体功能定位的适宜产业，引导超载人口逐步有序转移。

——水源涵养型。推进天然林草保护、退耕还林和围栏封育，治理水土流失，维护或重建湿地、森林、草原等生态系统。严格保护具有水源涵养功能的自然植被，禁止过度放牧、无序采矿、毁林开荒、开垦草原等行为。加强大江大河源头及上游地区的小流域治理和植树造林，减少面源污染。拓宽农民增收渠道，解决农民长远生计，巩固退耕还林、退牧还草成果。

——水土保持型。大力推行节水灌溉和雨水集蓄利用，发展旱作节水农业。限制陡坡垦殖和超载过牧。加强小流域综合治理，实行封山禁牧，恢复退化植被。加强对能源和矿产资源开发及建设项目的监管，加大矿山环境整治修复力度，最大限度地减少人为因素造成新的水土流失。拓宽农民增收渠道，解决农民长远生计，巩固水土流失治理、退耕还林、退牧还草成果。

——防风固沙型。转变畜牧业生产方式，实行禁牧休牧，推行舍饲圈养，以草定畜，严格控制载畜量。加大退耕还林、退牧还草力度，恢复草原植被。加强对内陆河流的规划和管理，保护沙区湿地，禁止发展高耗水工业。对主要沙尘源区、沙尘暴频发区实行封禁管理。

——生物多样性维护型。禁止对野生动植物进行滥捕滥采，保持并恢复野生动植物物种和种群的平衡，实现野生动植物资源的良性循环和永续利用。加强防御外来物种入侵的能力，防止外来有害物种对生态系统的侵害。保护自然生态系统与重要物种栖息地，防止生态建设导致栖息环境的改变。”

（4）熟悉国家层面主体功能区中禁止开发区域和限制开发区域的功能定位和管制原则

“第三篇　国家层面主体功能区

第九章　禁止开发区域

——禁止进行工业化城镇化开发的重点生态功能区

国家禁止开发区域是指有代表性的自然生态系统、珍稀濒危野生动植物物种的天然集中分布地、有特殊价值的自然遗迹所在地和文化遗址等，需要在国土空间开发中禁止进行工业化城镇化开发的重点生态功能区。

第一节　功能定位

国家禁止开发区域的功能定位是：我国保护自然文化资源的重要区域，珍稀动植物基因资源保护地。

根据法律法规和有关方面的规定，国家禁止开发区域共 1 443 处，总面积约 120 万平方公里，占全国陆地国土面积的 12.5%。今后新设立的国家级自然保护区、世界文化自然遗产、国家级风景名胜区、国家森林公园、国家地质公园，自动进入国家禁止开发区域名录。

表 3　国家禁止开发区域基本情况

类型	个数	面积/万 km^2	占陆地国土面积比重/%
国家级自然保护区	319	92.85	9.67
世界文化自然遗产	40	3.72	0.39
国家级风景名胜区	208	10.17	1.06
国家森林公园	738	10.07	1.05
国家地质公园	138	8.56	0.89
合计	1 443	120	12.5

注：本表统计结果截至 2010 年 10 月 31 日。总面积中已扣除部分相互重叠的面积。

第二节　管制原则

国家禁止开发区域要依据法律法规规定和相关规划实施强制性保护，严格控制人为因素对自然生态和文化自然遗产原真性、完整性的干扰，严禁不符合主体功能定位的各类开发活动，引导人口逐步有序转移，实现污染物‘零排放’，提高环境质量。

一、国家级自然保护区

要依据《中华人民共和国自然保护区条例》、本规划确定的原则和自然保护区规划进行管理。

——按核心区、缓冲区和实验区分类管理。核心区，严禁任何生产建设活动；缓冲区，除必要的科学实验活动外，严禁其他任何生产建设活动；实验区，除必要的科学实验以及符合自然保护区规划的旅游、种植业和畜牧业等活动外，严禁其他生产建设活动。

——按核心区、缓冲区、实验区的顺序，逐步转移自然保护区的人口。绝大多数自然保护区核心区应逐步实现无人居住，缓冲区和实验区也应较大幅度减少人口。

——根据自然保护区的实际情况，实行异地转移和就地转移两种转移方式，一部分人口转移到自然保护区以外，一部分人口就地转为自然保护区管护人员。

——在不影响自然保护区主体功能的前提下，对范围较大、目前核心区人口较多的，可以保持适量的人口规模和适度的农牧业活动，同时通过生活补助等途径，确保人民生活水平稳步提高。

——交通、通信、电网等基础设施要慎重建设，能避则避，必须穿越的，要符合自然保护区规划，并进行保护区影响专题评价。新建公路、铁路和其他基础设施不得穿越自然保护区核心区，尽量避免穿越缓冲区。

二、世界文化自然遗产

要依据《保护世界文化和自然遗产公约》《实施世界遗产公约操作指南》、本规划确定的原则和文化自然遗产规划进行管理。

——加强对遗产原真性的保护，保持遗产在艺术、历史、社会和科学方面的特殊价值。加强对遗产完整性的保护，保持遗产未被人扰动过的原始状态。

三、国家级风景名胜区

要依据《风景名胜区条例》、本规划确定的原则和风景名胜区规划进行管理。

——严格保护风景名胜区内一切景物和自然环境，不得破坏或随意改变。

——严格控制人工景观建设。

——禁止在风景名胜区从事与风景名胜资源无关的生产建设活动。

——建设旅游设施及其他基础设施等必须符合风景名胜区规划，逐步拆除违反规划建设的设施。

——根据资源状况和环境容量对旅游规模进行有效控制，不得对景物、水体、植被及其他野生动植物资源等造成损害。

四、国家森林公园

要依据《中华人民共和国森林法》《中华人民共和国森林法实施条例》《中华人民共和国野生植物保护条例》《森林公园管理办法》、本规划确定的原则和森林公园规划进行管理。

——除必要的保护设施和附属设施外，禁止从事与资源保护无关的任何生产建设活动。

——在森林公园内以及可能对森林公园造成影响的周边地区，禁止进行采石、取土、开矿、放牧以及非抚育和更新性采伐等活动。

——建设旅游设施及其他基础设施等必须符合森林公园规划，逐步拆除违反规划建设的设施。

——根据资源状况和环境容量对旅游规模进行有效控制，不得对森林及其他野生动植物资源等造成损害。

——不得随意占用、征用和转让林地。

五、国家地质公园

要依据《世界地质公园网络工作指南》、本规划确定的原则和地质公园规划进行管理。

——除必要的保护设施和附属设施外，禁止其他生产建设活动。

——在地质公园及可能对地质公园造成影响的周边地区，禁止进行采石、取土、开矿、放牧、砍伐以及其他对保护对象有损害的活动。

——未经管理机构批准，不得在地质公园范围内采集标本和化石。”

（5）熟悉国家主体功能区环境政策

《关于贯彻实施国家主体功能区环境政策的若干意见》（环发〔2015〕92号）

“三、禁止开发区域环境政策

按照依法管理、强制保护的原则，执行最严格的生态环境保护措施，保持环境质量的自然本底状况，恢复和维护区域生态系统结构和功能的完整性，保持生态环境质量、生物多样性状况和珍稀物种的自然繁衍，保障未来可持续生存发展空间。

（一）优化保护区管理体制机制。将国家级自然保护区的全部、国家级风景名胜区、国家森林公园、国家地质公园、世界文化自然遗产等区域的生态功能极重要区纳入生态保护红线的管控范围，明确其空间分布界线和管控要求。优化自然保护区空间布局，积极推进中东部地区自然保护区建设，将河湖、海洋和草原生态系统及地质遗迹、小种群物种的保护作为新建自然保护区的重点。按照自然地理单元和多物种的栖息地综合保护原则，对已建自然保护区进行整合，通过建立生态廊道，增强自然保护区间的连通性，完善自然保护区建设管理的体制和机制。严格执行饮用水源保护制度，开展饮用水水源地环境风险排查，加强环境应急管理，推进饮用水水源一级保护区内的土地依法征收，依法取缔饮用水水源保护区内排污企业和排污口。引导人口逐步有序转移，按核心区、缓冲区、实验区的顺序，逐步转移自然保护区的人口，实现核心区无人居住，缓冲区和实验区人口大幅度减少。以政府投资为主，推进自然保护区内保护设施的建设，配备充足的人员和装备，加强生态保护技术培训，保障日常保护工作运行的经费。

（二）严控各类开发建设活动。不得新建工业企业和矿产开发企业，2020年底前迁出或关闭排放污染物以及有可能对环境安全造成隐患的现有各类企业事业单位和其他生产经营者，并加强相关企业迁出前的环境管理以及迁出后企业原址的风险评估。禁止新建铁路、公路和其他基础设施穿越自然保护区和风景名胜区核心区和缓冲区，尽量避免穿越实验区。严格控制风景名胜区、森林公园、湿地公园内人工景观建设。除文化自然遗产保护、森林草原防火、应急救援外，禁止在自然保护区核心区和缓冲区进行包括旅游、种植和野生动植物繁育在内的开发活动。环境影响评价必须科学预测其对敏感物种和敏感、脆弱生态系统的影响，并以不影响敏感物种生存、繁衍及生态系统的科学文化价值为目标，提出保护和恢复方案。

（三）持续推进生态保护补偿及考核评价制。着眼于激励生态环境保护行为，制定和落实科学的生态补偿制度和专项财政转移支付制度，使保护者得到补偿与激励。着力实施重大生态修复工程建设，加强环境公共服务设施建设。率先探索编制自然资源资产负债表与考评体系。构建生态环境资产核算框架体系，将生态保护补偿机制建设工作纳入地方政府的绩效考核，完善现有政绩考核制度，对领导干部实行自然资源资产离任审计，建立生态环境损害责任终身追究制。

四、重点生态功能区环境政策

按照生态优先、适度发展的原则，着力推进生态保育，增强区域生态服务功能和生态系统的抗干扰能力，夯实生态屏障，坚决遏制生态系统退化的趋势。保持并提高区域的水源涵养、水土保持、防风固沙、生物多样性维护等生态调节功能，保障区域生态系统的完整性和稳定性，土壤环境维持自然本底水平。水源涵养和生物多样性维护型重点生态功能区水质达到地表水、地下水Ⅰ类，空气质量达到一级；水土保持型重点生态功能区的水质达到Ⅱ类，空气质量达到二级；防风固沙型重点生态功能区的水质达到Ⅱ类，空气质量得到改善。

（一）划定并严守生态保护红线。在重点生态功能区、生态环境敏感区和脆弱区等区域划定生态保护红线，实行严格保护，确保生态功能不降低、面积不减少、性质不改变；科学划定森林、草原、湿地、海洋等领域生态保护红线。

（二）实行更加严格的产业准入标准。严格限制区内‘两高一资’产业落地，禁止高水资源消耗产业在水源涵养生态功能区布局，限制土地资源高消耗产业在水土保持生态功能区发展，降低防风固沙生态功能区的农牧业开发强度，禁止生物多样性维护生态功能区的大规模水电开发和林纸一体化产业发展。在不损害生态系统功能的前提下，因地制宜地发展旅游、农林牧产品生产和加工、观光休闲农业及风电、太阳能等新能源产业。原则上不再新建各类产业园区，严禁随意扩大现有产业园区范围。以工业为主的产业园区应加快完成园区的循环化改造，鼓励推进低消耗、可循环、少排放的生态型工业区建设，对不符合主体功能定位的现有产业，通过设备折旧补贴、设备贷款担保、迁移补贴、土地置换、关停补偿等手段，实施搬迁或关闭。严格执行排污许可管理制度，从严控制污染物排放总量，将排污许可管理制度允许的排放量作为污染物排放总量的管理依据，实现污染物排放总量持续下降。

（三）持续推进生态建设与生态修复重大工程。实施好生物多样性重大工程、风沙源治理、小流域综合治理、退耕还林还草、退牧还草等生态修复工程。推进国家级自然保护区建设。推进荒漠化、石漠化、水土流失综合治理，扩大森林、草原、湖泊、湿地面积，提高森林覆盖率，水土流失和荒漠化得到有效控制，野生动植物物种得到恢复和增加，保护生物多样性。严禁盲目引入外来物种，严格控制转基因物种环境释放活动。

（四）推进实施生态保护补偿及监测考评机制。逐步加大政府投资对生态环境保护方面的支持力度，重点用于国家重点生态功能区特别是中西部和东北地区国家重点生态功能区的发展。对国家支持的建设项目，适当提高中央政府补助比例。完善生态环境监测体系，实施生态环境质量监测、评价和考核。在生态系统服务功能十分重要的区域优先建立天地一体化的生态环境监管机制。取消重点生态功能区的地区生产总值考核，加强区域生态功能、可持续发展能力的评估与考核，并将结果向社会公布。

（五）切实落实环境分区管治。青藏高原生态屏障区，要重点保护好多样、独特的生态系统，发挥涵养大江大河水源和调节气候的作用。黄土高原-川滇生态屏障区，要重点加强水土流失防治和天然植被保护，发挥保障长江、黄河中下游地区生态安全的作用。东北森林带，要重点保护好森林资源和生物多样性，发挥东北平原生态安全屏障的作用。北方防沙带，要重点加强防护林建设、草原保护和防风固沙，对暂不具备管治条件的沙化土地实行封禁保护，发挥‘三北’地区生态安全屏障的作用。南方丘陵山地带，要重点加强植被修复和水土流失防治，发挥华南和西南地区生态安全屏障的作用。

五、农产品主产区环境政策

按照保障基本、安全发展的原则，优先保护耕地土壤环境，保障农产品主产区的环境安全，改善农村人居环境，农村区域达到《环境空气质量标准》（GB 3095—2012）二级标准；主要水产渔业生产区中珍稀水生生物栖息地、鱼虾类产卵场、仔稚幼鱼的索饵场等地表水达到《地表水环境质量标准》Ⅱ类要求，其他水产渔业生产区达到《地表水环境质量标准》Ⅲ类要求，并满足《渔业水质标准》，地下水达到《地下水质量标准》相关要求；农田灌溉用水应满足《农田灌溉水质标准》，严格控制重金属类污染物和有毒物质；重点粮食蔬菜产地执行《食用农产品产地环境质量评价标准》和《温室蔬菜产地环境质量评价标准》要求，一般农田土壤达到《土壤环境质量标准》二级标准。

（一）开展农村环境连片综合整治。加大村镇供水和污水、垃圾处理设施建设，并对污泥进行妥善的处理处置，加大乡镇工矿企业污染治理力度，确保农村土壤环境质量安全。积极推进农业清洁生产，加强面源污染控制，研究出台有利于有机肥生产、使用的优惠政策，建立健全农药废弃包装物回收处理体系、废旧地膜回收加工网络。以规模化畜禽养殖为重点，对畜禽养殖废弃物实施综合治理，推广生产有机肥，持续推进污染减排及废弃物综合利用。在农业生产区开展环境健康风险评估和分区，确定区域环境质量对不同农作物的影响，针对可能造成农产品污染的区域，开展生态修复，确保农产品质量。

（二）加强土壤环境治理。对于土壤清洁的农用地，要根据土壤环境保护工作需要，在其周边划出一定范围的防护区域，禁止在防护区域内新建有色金属、皮革制品、石油煤炭、化工医药、铅蓄电池制造、电镀以及其他排放有毒有害污染物的项目，逐步关闭或搬迁防护区域内的已有项目。对中轻度污染农用地，采取严格环境准入、加强污染源监管等措施，加强环境健康风险评估，防止土壤污染加重，相关责任方在土壤环境健康风险评估基础上开展土壤污染管治与修复。对重度污染农用地，严格用途管制，有序开展重度污染耕地种植结构调整，有效控制土壤环境风险。

（三）建立环境质量监测网络与考评机制。推行根据区域环境质量限制的污染物排放总量控制制度。严格控制重金属类污染物和挥发性有机污染物等有毒物质排放，将排污许可管理制度允许排放量作为污染物排放总量管理的依据。规划和项目环评，要强化土壤环境影响评价的内容，严格限制污染型企业进入农产品主产区，严禁有损自然生态系统的开荒以及侵占水面、湿地、林地、草地的农业开发活动。完善农产品产地环境质量评价标准，建立土壤环境质量定期监测和信息发布制度。加强区域农业生产环境安全、可持续发展能力的评估与考核，并将结果向社会公布。

（四）切实落实环境分区管治。东北平原国家农产品主产区强化黑土地水土流失和荒漠化综合管治，开展三江平原、松嫩平原湿地修复。黄淮海平原国家农产品主产区加强统筹地表地下水资源，控制农业面源污染和合理利用秸秆资源，严格控制污灌，防治土壤盐碱化。长江流域国家农产品主产区要加强湿地修复与生物多样性保护，防止土壤贫瘠化，管治土壤污染。对两湖地区、淮河苏北平原等，应在环境健康风险评估的基础上开展农田土壤修复。汾渭平原国家农产品主产区加强土壤侵蚀管治防治水土流失。河套灌区和甘肃新疆国家农产品主产区要合理调配水资源，发展高效节水农业。华南国家农产品主产区，要防治水土流失和土壤肥力下降，管治土壤污染。

六、重点开发区域环境政策

按照强化管治、集约发展的原则，加强环境管理与管治，大幅降低污染物排放强度，改善环境质量。一般城镇和工业区环境空气质量达到《环境空气质量标准》（GB 3095—2012）二级标准。地表水环境达到《地表水环境质量标准》相关要求，集中式生活饮用水地表水源地一级保护区应达到Ⅱ类标准及补充和特定项目要求，集中式生活饮用水地表水源地二级保护区及准保护区应达到Ⅲ类标准及补充和特定项目要求，工业用水应达到Ⅳ类标准，景观用水应达到Ⅴ类标准，纳污水体要求不影响下游水体功能，地下水达到《地下水质量标准》相关要求。土壤环境达到《土壤环境质量标准》和土壤环境风险评估规范确定的目标要求。

（一）切实加强城市环境管理。推动建立基于环境承载能力的城市环境功能分区管理制度，加强特征污染物控制。划定城市生态保护红线，促进形成有利于污染控制和降低居民健康风险的城市空间格局。保护对区域生态系统服务功能极重要的基础生态用地，将区域开敞空间与城市绿地系统有机结合起来，加强生态用地的连通性。

（二）深化主要污染物排放总量控制和环境影响评价制度。排污许可允许的主要污染物排放量须满足国家主要污染物排放总量削减任务和区域环境质量标准要求。严格依法开展规划环境影响评价，探索建立区域污染物行业排放总量管理模式，在建设项目环评和规划环评中推进人群健康影响评价。制定建设项目分类管理目录，提出鼓励发展的产业目录和产业发展的环保负面清单。

（三）加强环境综合整治。大力实施大气环境综合整治、水环境综合整治、近岸海域环境综合整治、土壤污染管治、重金属污染管治、环境噪声影响严重区管治等环境综合整治工程，严格化学品环境管理，强化城镇污水、垃圾收集与处理设施建设，加强环境管理和监督力度，提高各类治污设施的效率，强化对企业污染物稳定达标排放的监管，开展污染防治对环境、人群健康影响的效果评估。

（四）强化环境风险管理。要建立区域环境风险评估和风险防控制度。区域内以工业为主的开发区，要根据环境风险评估建立风险预警和风险控制机制，制定突发环境事件应急预案，针对高危企业开展环境污染健康影响评估，建设项目和现有企业开展环境风险评估和制定突发环境事件应急预案，强化对其相关工作的监管。对于环境污染问题突出或者居民反映强烈的高环境健康风险的区域开展环境与健康调查，采取有效措施降低环境健康损害风险，确保不发生大规模环境污染损害健康的事件。

（五）切实落实环境分区管治。呼包鄂榆、关中—天水、兰州—西宁、宁夏沿黄、天山北坡等区域要严格限制高耗水行业发展，提高水资源利用效率。成渝、黔中、滇中、藏中南等区域需严控有色金属产业项目审批，积极推动有色金属采冶的环境健康风险评估。要重视饮用水安全及水污染产生的环境健康问题和矿产资源开发带来的人群健康风险问题。控制采暖期煤烟型大气污染，加强草原生态系统保护，加强地下水保护，改善天山北坡山地水源涵养功能。成渝、黔中、滇中、藏中南等区域要强化酸雨污染防治，加强流域水土流失和水污染防治，加强石漠化治理、高原湖泊保护、大江大河防护林建设，保护和增强藏中南地区生态系统多样性及适应气候变化能力，优化并合理布局水电开发，开展有色金属采冶的环境健康风险评估。哈长地区要强化对石油等资源开发活动的生态环境监管，提升发展原油、石化产业，强化科技创新、综合服务功能。加强采暖期城市大气污染管治，推进松花江、嫩江流域、辽河流域和近岸海域污染防治，加强采煤沉陷区综合管治和矿山环境修复，强化长白山森林和水源保护，开展松嫩平原湿地修复，防治丘陵黑土地区水土流失，加快封山育林、植树造林和冷水性鱼类资源保护。太原城市群、中原经济区等区域要重视煤化工产业发展造成的土壤环境健康风险，优化发展煤炭、化工产业链，承接环渤海地区产业转移。要有效维护区域环境承载能力，加强区域大气污染管治联防联控，强化水污染管治，加强采煤沉陷区的生态恢复，推进平原地区和沙化地区的土地管治，重视空气污染带来的人群健康风险问题。冀中南地区要严格控制钢铁建材产业，积极稳妥进行产业改造。要加强水环境污染治理，加强南水北调中线引江干支渠、城市河道人工湿地建设，构建由防护林、城市绿地、区域生态水网等构成的生态格局。武汉城市圈、环长株潭城市群、鄱阳湖生态经济区、江淮地区等区域要把区域资源承载能力和生态环境容量作为承接产业转移的重要依据，严格资源节约和环保准入门槛。要加强长江、湘江、汉江、淮河和洞庭湖、巢湖、东湖、梁子湖、磁湖等重点水域的水资源保护和水环境污染防治，加强鄱阳湖生态经济区生态环境保护，加强大别山水土保持和水源涵养功能，重视土壤污染产生的人群健康问题。东陇海地区要优化港口产业集群，积极支持环境友好型企业发展，维护沿海区域环境健康。要加强自然保护区、重要湿地、滩涂以及水源保护区等的保护，加强淮河流域综合管治，加强入海河流小流域综合整治和近岸海域污染防治，实施矿山废弃地环境综合整治与生态修复，构建东部沿海防护林带、北部山区森林、南部平原林网有机融合的生态格局。北部湾地区、海峡西岸经济区要发展高效优质生态农业，转变养殖业发展方式，合理开发北部湾渔业资源，发展农产品精深加工业，深化闽台农业合作，建设特色农产品生产与加工出口示范基地，发展特色优势产业。要加强对自然保护区、生态公益林、水源保护区等的保护，加强防御台风、风暴潮等极端气候事件能力建设，构建以沿海红树林、珊瑚礁、港湾湿地为主体的沿海生态带和海洋特别保护区。

七、优化开发区域环境政策

按照严控污染、优化发展的原则，引导城市集约紧凑、绿色低碳发展，减少工矿建设空间和农村生活空间，扩大服务业、交通、城市居住、公共设施空间，扩大绿色生态空间。一般城镇和工业区环境空气质量达到《环境空气质量标准》（GB 3095—2012）二级标准。地表水环境达到《地表水环境质量标准》相关要求，集中式生活饮用水地表水源地一级保护区应达到Ⅱ类标准及补充和特定项目要求，集中式生活饮用水地表水源地二级保护区及准保护区应达到Ⅲ类标准及补充和特定项目要求，工业用水应达到Ⅳ类标准，景观用水应达到Ⅴ类标准，纳污水体要求不影响下游水体功能，地下水达到《地下水质量标准》相关要求。土壤环境达到《土壤环境质量标准》和土壤环境风险评估规范确定的目标要求。

（一）加强城市环境质量管理。优化城市生产、生活、生态空间，划定城市生态保护红线和最小生态安全距离，优化提升城市群生态保护空间，促进形成有利于污染控制和降低居民健康风险的城市空间格局。推进城市总体规划环境影响评价和人群健康风险评估，探索环境健康损害赔偿机制。编制实施城市环境总体规划，优化城市功能分区，控制城市蔓延扩张，扩大城市绿色生态空间，加强城市公园绿地、绿道网、绿化隔离带和城际生态廊道建设。

（二）严格污染物排放总量控制制度。有效控制区域性复合型大气污染，现有存量污染源通过结构调整、转型升级或提标改造削减排放量。新、改、扩建项目要按照《建设项目主要污染物排放总量指标审核及管理暂行办法》的要求，严格落实替代削减方案。推行煤炭消费总量控制制度，建立新上项目煤炭消费减量替代和污染物减排“双挂钩”机制。积极推进火电、钢铁、水泥等重点行业大气污染物与温室气体协同控制。建立绩效标杆和领跑者制度。严格执行排污许可管理制度，从严控制污染物排放总量，将排污许可管理制度允许的排放量作为污染物排放总量的管理依据，实现污染物排放总量持续下降。

（三）推行环保负面清单制度。全面深入实施节能减排，化解资源环境瓶颈制约，积极开展适应气候变化工作，提升城市综合适应能力，新建项目清洁生产应达到国际先进水平，新建产业园区应按生态工业园区标准进行规划建设。

禁止新建钢铁、水泥熟料、平板玻璃、电解铝、船舶等产能过剩行业新增产能项目。有序发展天然气调峰电站，原则上不再新建天然气发电项目。新建项目禁止配套建设自备燃煤电站，除热电联产外，禁止审批新建燃煤发电项目。现有多台燃煤机组装机容量合计达到 30 万 kW 以上的，可按照煤炭等量替代的原则建设为大容量燃煤机组。对火电、钢铁、石化、水泥、有色、化工等行业按照相关规定执行污染物特别排放限值，或严于国家标准有关污染物排放限值的地方标准。

（四）加强土壤环境保护工作。严格污染场地开发利用和流转的审批，新增建设用地和现有建设用地改变用途，未按要求开展土壤污染状况调查评估的，有关部门不得办理供地等相关手续；加强未开发利用污染场地的环境管理，开展对周边环境和人体健康的风险评估，定期发布重污染场地环境健康风险评估结果，防范风险。对于污染场地修复后再利用的区域，需要开展常规环境健康综合监测和 10 年以上的环境健康风险追踪评估。加强城镇辐射环境质量监督管理。

（五）切实落实环境分区管治。京津冀地区要加强生态环境保护，联防联控环境污染，建立一体化的环境准入和退出机制，构建区域生态环境监测网络；强化大气污染治理，确定大气环境质量底线，协同推进碳排放控制，加快推进低碳城镇化；实施清洁水行动，开展饮用水水源地保护，整治环渤海湾环境污染，推进土壤与地下水治理和农村环境改善工程；优化生态安全格局，划定生态保护红线，明确生态廊道，建设坝上高原生态防护区、燕山-太行山生态涵养区、低平原生态修复区和沿海生态防护区等。辽中南地区要加强东部山地水源涵养和饮用水水源地保护，加快采煤沉陷区综合管治及矿山生态修复，加强辽河流域和近海海域污染防治，强化城市煤烟型空气污染管治，构建由长白山余脉、辽河、鸭绿江、滨海湿地和沿海防护林构成的生态廊道。山东半岛地区要划定地下水禁采区和限采区并实施严格保护，强化工业颗粒物和粉尘管治，加快封山育林、提高森林覆盖率，构建片状生态网络和沿海生态廊道。长江三角洲地区要加强饮用水水源地保护，重点保护集中式饮用水水源地水质安全，遏制地下水超采，重点整治长江、太湖、淮河、钱塘江和城市水体污染；健全区域大气污染联防联控机制，改善区域大气环境质量；加强沿江沿海防护林体系建设，增强生态服务功能，保障生态安全。珠江三角洲地区推进二氧化硫、氮氧化物、颗粒物和挥发性有机物等多种污染物协同减排，强化区域大气污染联防联控；加强江河治理和水生态保护的基础设施建设，构建城乡一体的污水和垃圾处理系统；加强饮用水水源地保护和农业面源污染防治，重点防治畜禽、水产养殖污染；加快推进珠江水系、沿海重要绿化带和北部连绵山体为主要框架的区域生态安全体系建设，严格保护红树林湿地生态系统。”

（四）《全国海洋主体功能区规划》

（1）熟悉全国海洋主体功能区的功能分区

“（三）功能分区。海洋主体功能区按开发内容可分为产业与城镇建设、农渔业生产、生态环境服务三种功能。依据主体功能，将海洋空间划分为以下四类区域：

优化开发区域，是指现有开发利用强度较高，资源环境约束较强，产业结构亟需调整和优化的海域。

重点开发区域，是指在沿海经济社会发展中具有重要地位，发展潜力较大，资源环境承载能力较强，可以进行高强度集中开发的海域。

限制开发区域，是指以提供海洋水产品为主要功能的海域，包括用于保护海洋渔业资源和海洋生态功能的海域。

禁止开发区域，是指对维护海洋生物多样性，保护典型海洋生态系统具有重要作用的海域，包括海洋自然保护区、领海基点所在岛屿等。”

（2）了解内水和领海主体功能区限制开发区域管理的有关要求

“（三）限制开发区域。包括海洋渔业保障区、海洋特别保护区和海岛及其周边海域。

该区域的发展方向与开发原则是，实施分类管理，在海洋渔业保障区，实施禁渔区、休渔期管制，加强水产种质资源保护，禁止开展对海洋经济生物繁殖生长有较大影响的开发活动；在海洋特别保护区，严格限制不符合保护目标的开发活动，不得擅自改变海岸、海底地形地貌及其他自然生态环境状况；在海岛及其周边海域，禁止以建设实体坝方式连接岛礁，严格限制无居民海岛开发和改变海岛自然岸线的行为，禁止在无居民海岛弃置或者向其周边海域倾倒废水和固体废物。

海洋渔业保障区。包括传统渔场、海水养殖区和水产种质资源保护区。我国沿海有传统渔场52个，覆盖我国管辖海域的绝大部分。海水养殖区主要分布在近岸海域，面积约2.31万km^2。我国现有海洋国家级水产种质资源保护区51个，面积7.4万km^2。在传统渔场，要继续实行捕捞渔船数量和功率总量控制制度，严格执行伏季休渔制度，调整捕捞作业结构，促进渔业资源逐步恢复和合理利用；加强重要渔业资源保护，开展增殖放流，改善渔业资源结构。在海水养殖区，要推广健康养殖模式，推进标准化建设；发展设施渔业，拓展深水养殖，推进以海洋牧场建设为主要形式的区域综合开发。加强水产种质资源保护区建设和管理，在种质资源主要生长繁殖区，划定一定面积海域及其毗邻岛礁，用于保障种质资源繁殖生长，提高种群数量和质量。

海洋特别保护区。我国现有国家级海洋特别保护区 23 个，总面积约 2 859 km^2。加强海洋特别保护区建设和管理，严格控制开发规模和强度，集约利用海洋资源，保持海洋生态系统完整性，提高生态服务功能。在重要河口区域，禁止采挖海砂、围填海等破坏河口生态功能的开发活动；在重要滨海湿地区域，禁止开展围填海、城市建设开发等改变海域自然属性、破坏湿地生态系统功能的开发活动；在重要砂质岸线，禁止开展可能改变或影响沙滩自然属性的开发建设活动，岸线向海一侧 3.5 km 范围内禁止开展采挖海砂、围填海、倾倒废物等可能引发沙滩蚀退的开发活动；在重要渔业海域，禁止开展围填海及可能截断洄游通道等开发活动。适度发展渔业和旅游业。

海岛及其周边海域。加强交通通信、电力供给、人畜饮水、污水处理等设施建设，支持可再生能源、海水淡化、雨水集蓄和再生水回用等技术应用，改善居民基本生产、生活条件，提高基础教育、公共卫生、劳动就业、社会保障等公共服务能力。发展海岛特色经济，合理调整产业发展规模，支持渔业产业调整和结构优化，因地制宜发展生态旅游、生态养殖、休闲渔业等。保护海岛生态系统，维护海岛及其周边海域生态平衡。对开发利用程度较高、生态环境遭受破坏的海岛，实施生态修复。适度控制海岛居住人口规模，对发展成本高、生存环境差的边远海岛居民实施易地安置。加强对建有导航、观测等公益性设施海岛的保护和管理。充分利用现有科技资源，在具有科研价值的海岛建立试验基地。从事科研活动，不得对海岛及其周边海域生态环境造成损害。”

（3）熟悉内水和领海主体功能区禁止开发区域中海洋自然保护区管理的有关要求

“（四）禁止开发区域。包括各级各类海洋自然保护区、领海基点所在岛礁等。

该区域的管制原则是，对海洋自然保护区依法实行强制性保护，实施分类管理；对领海基点所在地实施严格保护，任何单位和个人不得破坏或擅自移动领海基点标志。

海洋自然保护区。我国现有国家级海洋自然保护区 34 个，总面积约 1.94 万 km^2。在保护区核心区和缓冲区内不得开展任何与保护无关的工程建设活动，海洋基础设施建设原则上不得穿越保护区，涉及保护区的航道、管线和桥梁等基础设施经严格论证并批准后方可实施。在保护区内开展科学研究，要合理选择考察线路。对具有特殊保护价值的海岛、海域等，要依法设立海洋自然保护区或扩大现有保护区面积。

领海基点所在岛礁。我国已公布 94 个领海基点。领海基点在有居民海岛的，应根据需要划定保护范围；领海基点在无居民海岛的，应实施全岛保护。禁止在领海基点保护范围内从事任何改变该区域地形地貌的活动。”

（五）《国务院办公厅关于推进城镇人口密集区危险化学品生产企业搬迁改造的指导意见》

了解城镇人口密集区危险化学品生产企业强化搬迁改造环保管理的有关规定

“（七）强化搬迁改造安全环保管理。地方各级人民政府要加强项目审批、选址、安全、环保等管理措施，严禁搬迁改造企业在原址新建、扩建危险化学品项目。要督促企业依法开展搬迁改造项目安全和环境影响评价，严格执行建设项目安全设施和污染防治设施‘三同时’（同时设计、同时施工、同时投入生产和使用）制度，及时组织项目竣工验收，确保项目建成投产后满足安全和环保要求。依法依规及时向就地改造、异地迁建后的企业核发安全生产许可证和排污许可证。对正在实施搬迁改造的企业加大监督检查力度，确保企业搬迁改造期间不出现安全和环保问题。搬迁改造企业拆除危险化学品生产装置、构筑物和防污染设施，要事先制定废弃危险化学品、残留污染物清理和安全处置方案，采取切实有效措施，防范拆除活动造成人员伤亡和环境污染；要加强剧毒化学品、易制爆化学品安全管理，严防丢失被盗。要加强腾退土地污染风险管控和治理修复，确保腾退土地符合规划用地土壤环境质量标准。”

（六）《国家危险废物名录 2021 年版》

（1）熟悉列入该名录的危险废物的情形

“第二条　具有下列情形之一的固体废物（包括液态废物），列入本名录：

（一）具有毒性、腐蚀性、易燃性、反应性或者感染性一种或者几种危险特性的；

（二）不排除具有危险特性，可能对生态环境或者人体健康造成有害影响，需要按照危险废物进行管理的。”

（2）熟悉危险废物实行豁免管理的相关规定

“第三条　列入本名录附录《危险废物豁免管理清单》中的危险废物，在所列的豁免环节，且满足相应的豁免条件时，可以按照豁免内容的规定实行豁免管理。”

（3）了解对不明确是否具有危险特性的固体废物的鉴别认定和管理规定

“第六条　对不明确是否具有危险特性的固体废物，应当按照国家规定的危险废物鉴别标准和鉴别方法予以认定。

经鉴别具有危险特性的，属于危险废物，应当根据其主要有害成分和危险特性确定所属废物类别，并按代码“900-000-××”（××为危险废物类别代码）

进行归类管理。

经鉴别不具有危险特性的，不属于危险废物。”

（4）了解废物代码的构成

“（三）废物代码，是指危险废物的唯一代码，为8位数字。其4中，第1～3位为危险废物产生行业代码（依据《国民经济行业分类（GB/T 4754—2017）》确定），第4～6位为危险废物顺序代码，第7～8位为危险废物类别代码。”

（七）《污染地块土壤环境管理办法（试行）》

（1）了解污染地块土壤治理和修复责任主体确定的有关规定

“第十条　按照‘谁污染，谁治理’原则，造成土壤污染的单位或者个人应当承担治理与修复的主体责任。

责任主体发生变更的，由变更后继承其债权、债务的单位或者个人承担相关责任。

责任主体灭失或者责任主体不明确的，由所在地县级人民政府依法承担相关责任。

土地使用权依法转让的，由土地使用权受让人或者双方约定的责任人承担相关责任。

土地使用权终止的，由原土地使用权人对其使用该地块期间所造成的土壤污染承担相关责任。

土壤污染治理与修复实行终身责任制。”

（2）熟悉污染地块土壤环境管理中风险管控的有关规定

“第十八条　污染地块土地使用权人应当根据风险评估结果，并结合污染地块相关开发利用计划，有针对性地实施风险管控。

对暂不开发利用的污染地块，实施以防止污染扩散为目的的风险管控。

对拟开发利用为居住用地和商业、学校、医疗、养老机构等公共设施用地的污染地块，实施以安全利用为目的的风险管控。

第十九条　污染地块土地使用权人应当按照国家有关环境标准和技术规范，编制风险管控方案，及时上传污染地块信息系统，同时抄送所在地县级人民政府，并将方案主要内容通过其网站等便于公众知晓的方式向社会公开。

风险管控方案应当包括管控区域、目标、主要措施、环境监测计划以及应急措施等内容。

第二十条　土地使用权人应当按照风险管控方案要求，采取以下主要措施：

（一）及时移除或者清理污染源；

（二）采取污染隔离、阻断等措施，防止污染扩散；

（三）开展土壤、地表水、地下水、空气环境监测；

（四）发现污染扩散的，及时采取有效补救措施。

第二十一条　因采取风险管控措施不当等原因，造成污染地块周边的土壤、地表水、地下水或者空气污染等突发环境事件的，土地使用权人应当及时采取环境应急措施，并向所在地县级以上环境保护主管部门和其他有关部门报告。

第二十二条　对暂不开发利用的污染地块，由所在地县级环境保护主管部门配合有关部门提出划定管控区域的建议，报同级人民政府批准后设立标识、发布公告，并组织开展土壤、地表水、地下水、空气环境监测。”

（八）《农用地土壤环境管理办法（试行）》

熟悉农用地土壤污染预防的有关规定

“第八条　排放污染物的企业事业单位和其他生产经营者应当采取有效措施，确保废水、废气排放和固体废物处理、处置符合国家有关规定要求，防止对周边农用地土壤造成污染。

从事固体废物和化学品储存、运输、处置的企业，应当采取措施防止固体废物和化学品的泄露、渗漏、遗撒、扬散污染农用地。

第九条　县级以上地方环境保护主管部门应当加强对企业事业单位和其他生产经营者排污行为的监管，将土壤污染防治作为环境执法的重要内容。

设区的市级以上地方环境保护主管部门应当根据本行政区域内工矿企业分布和污染排放情况，确定土壤环境重点监管企业名单，上传农用地环境信息系统，实行动态更新，并向社会公布。

第十条　从事规模化畜禽养殖和农产品加工的单位和个人，应当按照相关规范要求，确定废物无害化处理方式和消纳场地。

县级以上地方环境保护主管部门、农业主管部门应当依据法定职责加强畜禽养殖污染防治工作，指导畜禽养殖废弃物综合利用，防止畜禽养殖活动对农用地土壤环境造成污染。

第十一条　县级以上地方农业主管部门应当加强农用地土壤污染防治知识宣传，提高农业生产者的农用地土壤环境保护意识，引导农业生产者合理使用肥料、农药、兽药、农用薄膜等农业投入品，根据科学的测土配方进行合理施肥，鼓励采取种养结合、轮作等良好农业生产措施。

第十二条　禁止在农用地排放、倾倒、使用污泥、清淤底泥、尾矿（渣）等可能对土壤造成污染的固体废物。

农田灌溉用水应当符合相应的水质标准，防止污染土壤、地下水和农产品。禁止向农田灌溉渠道排放工业废水或者医疗污水。向农田灌溉渠道排放城镇污水以及未综合利用的畜禽养殖废水、农产品加工废水的，应当保证其下游最近的灌溉取水点的水质符合农田灌溉水质标准。”

（九）《工矿用地土壤环境管理办法（试行）》

熟悉工矿用地土壤环境污染重点监管单位污染防控的有关规定

“第三条　土壤环境污染重点监管单位（以下简称重点单位）包括：

（一）有色金属冶炼、石油加工、化工、焦化、电镀、制革等行业中应当纳入排污许可重点管理的企业；

（二）有色金属矿采选、石油开采行业规模以上企业；

（三）其他根据有关规定纳入土壤环境污染重点监管单位名录的企事业单位。

重点单位以外的企事业单位和其他生产经营者生产经营活动涉及有毒有害物质的，其用地土壤和地下水环境保护相关活动及相关环境保护监督管理，可以参照本办法执行。”

“第七条　重点单位新、改、扩建项目，应当在开展建设项目环境影响评价时，按照国家有关技术规范开展工矿用地土壤和地下水环境现状调查，编制调查报告，并按规定上报环境影响评价基础数据库。

重点单位应当将前款规定的调查报告主要内容通过其网站等便于公众知晓的方式向社会公开。

第八条　重点单位新、改、扩建项目用地应当符合国家或者地方有关建设用地土壤污染风险管控标准。

重点单位通过新、改、扩建项目的土壤和地下水环境现状调查，发现项目用地污染物含量超过国家或者地方有关建设用地土壤污染风险管控标准的，土地使用权人或者污染责任人应当参照污染地块土壤环境管理有关规定开展详细调查、风险评估、风险管控、治理与修复等活动。

第九条　重点单位建设涉及有毒有害物质的生产装置、储罐和管道，或者建设污水处理池、应急池等存在土壤污染风险的设施，应当按照国家有关标准和规范的要求，设计、建设和安装有关防腐蚀、防泄漏设施和泄漏监测装置，防止有毒有害物质污染土壤和地下水。

第十条　重点单位现有地下储罐储存有毒有害物质的，应当在本办法公布后一年之内，将地下储罐的信息报所在地设区的市级生态环境主管部门备案。

重点单位新、改、扩建项目地下储罐储存有毒有害物质的，应当在项目投入生产或者使用之前，将地下储罐的信息报所在地设区的市级生态环境主管部门备案。

地下储罐的信息包括地下储罐的使用年限、类型、规格、位置和使用情况等。

第十一条　重点单位应当建立土壤和地下水污染隐患排查治理制度，定期对重点区域、重点设施开展隐患排查。发现污染隐患的，应当制定整改方案，及时采取技术、管理措施消除隐患。隐患排查、治理情况应当如实记录并建立档案。

重点区域包括涉及有毒有害物质的生产区，原材料及固体废物的堆存区、储放区和转运区等；重点设施包括涉及有毒有害物质的地下储罐、地下管线，以及污染治理设施等。

第十二条　重点单位应当按照相关技术规范要求，自行或者委托第三方定期开展土壤和地下水监测，重点监测存在污染隐患的区域和设施周边的土壤、地下水，并按照规定公开相关信息。

第十三条　重点单位在隐患排查、监测等活动中发现工矿用地土壤和地下水存在污染迹象的，应当排查污染源，查明污染原因，采取措施防止新增污染，并参照污染地块土壤环境管理有关规定及时开展土壤和地下水环境调查与风险评估，根据调查与风险评估结果采取风险管控或者治理与修复等措施。

第十四条　重点单位拆除涉及有毒有害物质的生产设施设备、构筑物和污染治理设施的，应当按照有关规定，事先制定企业拆除活动污染防治方案，并在拆除活动前十五个工作日报所在地县级生态环境、工业和信息化主管部门备案。

企业拆除活动污染防治方案应当包括被拆除生产设施设备、构筑物和污染治理设施的基本情况、拆除活动全过程土壤污染防治的技术要求、针对周边环境的污染防治要求等内容。

重点单位拆除活动应当严格按照有关规定实施残留物料和污染物、污染设备和设施的安全处理处置，并做好拆除活动相关记录，防范拆除活动污染土壤和地下水。拆除活动相关记录应当长期保存。

第十五条　重点单位突发环境事件应急预案应当包括防止土壤和地下水污染相关内容。

重点单位突发环境事件造成或者可能造成土壤和地下水污染的，应当采取应急措施避免或者减少土壤和地下水污染；应急处置结束后，应当立即组织开展环境影响和损害评估工作，评估认为需要开展治理与修复的，应当制定并落实污染土壤和地下水治理与修复方案。

第十六条　重点单位终止生产经营活动前，应当参照污染地块土壤环境管理有关规定，开展土壤和地下水环境初步调查，编制调查报告，及时上传全国污染地块土壤环境管理信息系统。

重点单位应当将前款规定的调查报告主要内容通过其网站等便于公众知晓的方式向社会公开。

土壤和地下水环境初步调查发现该重点单位用地污染物含量超过国家或者地方有关建设用地土壤污染风险管控标准的，应当参照污染地块土壤环境管理有关规定开展详细调查、风险评估、风险管控、治理与修复等活动。”

第二科目　环境影响评价技术导则与标准

考试目的： 通过本科目考试，检验具有一定实践经验的环境影响评价专业技术人员对环境影响评价技术导则与标准了解、熟悉、掌握的程度和在环境影响评价及相关业务工作中应用环境影响评价技术导则、正确选择环境影响评价有关标准的能力。

一、生态环境标准管理办法

（1）熟悉环境保护标准的分类及含义

“第四条　生态环境标准分为国家生态环境标准和地方生态环境标准。

国家生态环境标准包括国家生态环境质量标准、国家生态环境风险管控标准、国家污染物排放标准、国家生态环境监测标准、国家生态环境基础标准和国家生态环境管理技术规范。国家生态环境标准在全国范围或者标准指定区域范围执行。

地方生态环境标准包括地方生态环境质量标准、地方生态环境风险管控标准、地方污染物排放标准和地方其他生态环境标准。地方生态环境标准在发布该标准的省、自治区、直辖市行政区域范围或者标准指定区域范围执行。

有地方生态环境质量标准、地方生态环境风险管控标准和地方污染物排放标准的地区，应当依法优先执行地方标准。”

（2）了解生态环境质量标准、生态环境风险管控标准、污染物排放标准应该包括的主要内容

“第十三条　生态环境质量标准应当包括下列内容：

（一）功能分类；

（二）控制项目及限值规定；

（三）监测要求；

（四）生态环境质量评价方法；

（五）标准实施与监督等。

第十八条　生态环境风险管控标准应当包括下列内容：

（一）功能分类；

（二）控制项目及风险管控值规定；

（三）监测要求；

（四）风险管控值使用规则；

（五）标准实施与监督等。

第二十三条　污染物排放标准应当包括下列内容：

（一）适用的排放控制对象、排放方式、排放去向等情形；

（二）排放控制项目、指标、限值和监测位置等要求，以及必要的技术和管理措施要求；

（三）适用的监测技术规范、监测分析方法、核算方法及其记录要求；

（四）达标判定要求；

（五）标准实施与监督等。”

（3）熟悉水和大气污染物排放标准的类型和执行顺序

“第二十一条　污染物排放标准包括大气污染物排放标准、水污染物排放标准、固体废物污染控制标准、环境噪声排放控制标准和放射性污染防治标准等。

水和大气污染物排放标准，根据适用对象分为行业型、综合型、通用型、流域（海域）或者区域型污染物排放标准。

行业型污染物排放标准适用于特定行业或者产品污染源的排放控制；综合型污染物排放标准适用于行业型污染物排放标准适用范围以外的其他行业污染源的排放控制；通用型污染物排放标准适用于跨行业通用生产工艺、设备、操作过程或者特定污染物、特定排放方式的排放控制；流域（海域）或者区域型污染物排放标准适用于特定流域（海域）或者区域范围内的污染源排放控制。

第二十四条　污染物排放标准按照下列顺序执行：

（一）地方污染物排放标准优先于国家污染物排放标准；地方污染物排放标准未规定的项目，应当执行国家污染物排放标准的相关规定。

（二）同属国家污染物排放标准的，行业型污染物排放标准优先于综合型和通用型污染物排放标准；行业型或者综合型污染物排放标准未规定的项目，应当执行通用型污染物排放标准的相关规定。

（三）同属地方污染物排放标准的，流域（海域）或者区域型污染物排放标准优先于行业型污染物排放标准，行业型污染物排放标准优先于综合型和通用型污染物排放标准。流域（海域）或者区域型污染物排放标准未规定的项目，应当执行行业型或者综合型污染物排放标准的相关规定；流域（海域）或者区域型、行业型或者综合型污染物排放标准均未规定的项目，应当执行通用型污染物排放标准的相关规定。”

二、环境影响评价技术导则

（一）建设项目环境影响评价技术导则　总纲

1．适用范围

熟悉导则的适用范围

“本标准规定了建设项目环境影响评价的一般性原则、通用规定、工作程序、工作内容及相关要求，适用于需编制环境影响报告书和环境影响报告表的建设项目环境影响评价。”

2．术语和定义

（1）熟悉累积影响的定义

“2.2　累计影响 Cumulative Impact

指当一种活动的影响与过去、现在及将来可预见活动的影响叠加时，造成环境影响的后果。”

（2）熟悉环境保护目标及污染源源强核算的定义

“2.3　环境保护目标 Environmental Protection Objects

指环境影响评价范围内的环境敏感区及需要特殊保护的对象。

2.5　污染源源强核算 Accounting for Polltion Sources Intensity

指选用可行的方法确定建设项目单位时间内污染物的产生量或排放量。”

3．总则

（1）了解环境影响评价原则

“3.1　环境影响评价原则

突出环境影响评价的源头预防作用，坚持保护和改善环境质量。

a）依法评价

贯彻执行我国环境保护相关法律法规、标准、政策和规划等，优化项目建设，服务环境管理。

b）科学评价

规范环境影响评价方法，科学分析项目建设对环境质量的影响。

c）突出重点

根据建设项目的工程内容及其特点，明确与环境要素间的作用效应关系，根据规划环境影响评价结论和审查意见，充分利用符合时效的数据资料及成果，对建设项目主要环境影响予以重点分析和评价。”

（2）了解环境影响评价的工作程序

“3.3 环境影响评价工作程序

分析判定建设项目选址选线、规模、性质和工艺路线等与国家和地方有关环境保护法律法规、标准、政策、规范、相关规划、规划环境影响评价结论及审查意见的符合性，并与生态保护红线、环境质量底线、资源利用上线和环境准入负面清单进行对照，作为开展环境影响评价工作的前提和基础。

环境影响评价工作一般分为三个阶段，即调查分析和工作方案制定阶段，分析论证和预测评价阶段，环境影响报告书（表）编制阶段。具体流程见图 1。”

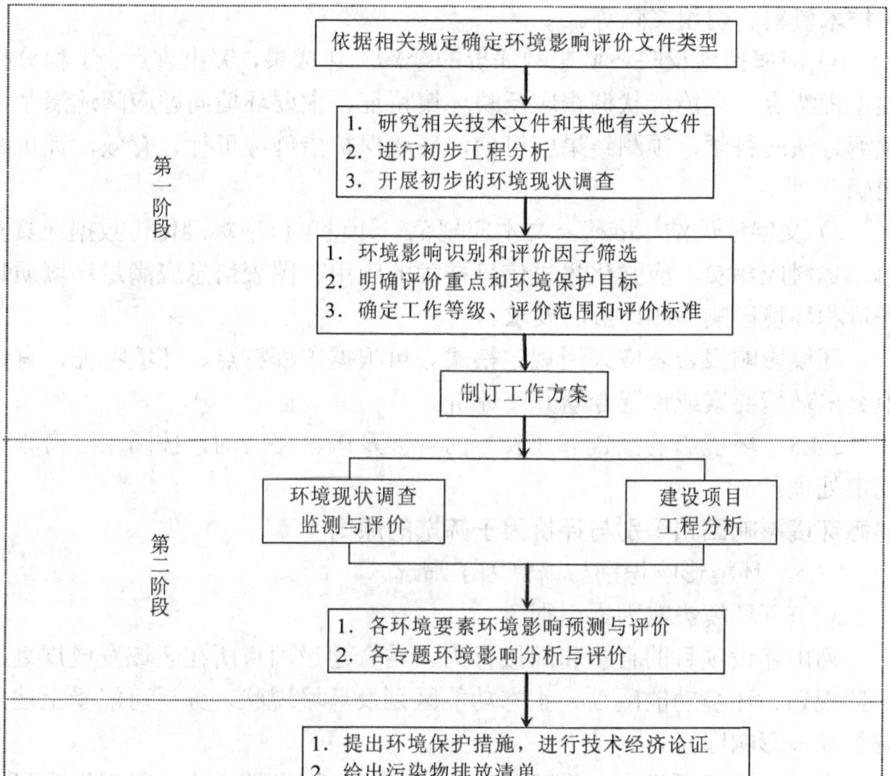

图 1 建设项目环境影响评价工作程序图

（3）了解环境影响报告书的编制要求

“3.4　环境影响报告书（表）编制要求

3.4.1　环境影响报告书编制要求

a）一般包括概述、总则、建设项目工程分析、环境现状调查与评价、环境影响预测与评价、环境保护措施及其可行性论证、环境影响经济损益分析、环境管理与监测计划、环境影响评价结论和附录附件等内容。

概述可简要说明建设项目的特点、环境影响评价的工作过程、分析判定相关情况、关注的主要环境问题及环境影响、环境影响评价的主要结论等。总则应包括编制依据、评价因子与评价标准、评价工作等级和评价范围、相关规划及环境功能区划、主要环境保护目标等。附录和附件应包括项目依据文件、相关技术资料、引用文献等。

b）应概括地反映环境影响评价的全部工作成果，突出重点。工程分析应体现工程特点，环境现状调查应反映环境特征，主要环境问题应阐述清楚，影响预测方法应科学，预测结果应可信，环境保护措施应可行、有效，评价结论应明确。

c）文字应简洁、准确，文本应规范，计量单位应标准化，数据应真实、可信，资料应翔实，应强化先进信息技术的应用，图表信息应满足环境质量现状评价和环境影响预测评价的要求。

环境影响报告表应采用规定格式。可根据工程特点、环境特征，有针对性地突出环境要素或设置专题开展评价。

3.4.3　环境影响报告书（表）内容涉及国家秘密的，按国家涉密管理有关规定处理。”

（4）熟悉环境影响因素识别与评价因子筛选的原则

“3.5　环境影响识别与评价因子筛选

3.5.1　环境影响因素识别

列出建设项目的直接和间接行为，结合建设项目所在区域发展规划、环境保护规划、环境功能区划、生态功能区划及环境现状，分析可能受上述行为影响的环境影响因素。

应明确建设项目在建设阶段、生产运行、服务期满后（可根据项目情况选择）等不同阶段的各种行为与可能受影响的环境要素间的作用效应关系、影响性质、影响范围、影响程度等，定性分析建设项目对各环境要素可能产生的污染影响与生态影响，包括有利与不利影响、长期与短期影响、可逆与不可逆影响、直接与间接影响、累积与非累积影响等。

环境影响因素识别可采用矩阵法、网络法、地理信息系统支持下的叠加图法等。

3.5.2　评价因子筛选

根据建设项目的特点、环境影响的主要特征，结合区域环境功能要求、环境保护目标、评价标准和环境制约因素，筛选确定评价因子。”

（5）掌握环境影响评价工作等级的划分依据

“3.6　环境影响评价等级的划分

按建设项目的特点、所在地区的环境特征、相关法律法规、标准及规划、环境功能区划等划分各环境要素、各专题评价工作等级。具体由环境要素或专题环境影响评价技术导则规定。”

（6）了解建设方案环境比选的原则

“3.11　建设方案的环境比选

建设项目有多个建设方案、涉及环境敏感区或环境影响显著时，应重点从环境制约因素、环境影响程度等方面进行建设方案环境比选。”

4．建设项目工程分析

（1）熟悉建设项目概况的内容要求

“4.1　建设项目概况

包括主体工程、辅助工程、公用工程、环保工程、储运工程以及依托工程等。

以污染影响为主的建设项目应明确项目组成、建设地点、原辅料、生产工艺、主要生产设备、产品（包括主产品和副产品）方案、平面布置、建设周期、总投资及环境保护投资等。

以生态影响为主的建设项目应明确项目组成、建设地点、占地规模、总平面及现场布置、施工方式、施工时序、建设周期和运行方式、总投资及环境保护投资等。

改扩建及异地搬迁建设项目还应包括现有工程的基本情况、污染物排放及达标情况、存在的环境保护问题及拟采取的整改方案等内容。”

（2）熟悉污染与生态影响因素分析的内容

“4.2　影响因素分析

4.2.1　污染影响因素分析

遵循清洁生产的理念，从工艺的环境友好性、工艺过程的主要产污节点以及末端治理措施的协同性等方面，选择可能对环境产生较大影响的主要因素进行深入分析。

绘制包含产污环节的生产工艺流程图：按照生产、装卸、储存、运输等环节分析包括常规污染物、特征污染物在内的污染物产生、排放情况（包括正常工况和开停工及维修等非正常工况），存在具有致癌、致畸、致突变的物质、持久性有机污染物或重金属的，应明确其来源、转移途径和流向；给出噪声、振动、放射性及电磁辐射等污染的来源、特性及强度等：说明各种源头防控、过程控制、末端治理、回收利用等环境影响减缓措施状况。

明确项目消耗的原料、辅料、燃料、水资源等种类、构成和数量，给出主要原辅材料及其他物料的理化性质、毒理特征，产品及中间体的性质、数量等。

对建设阶段和生产运行期间，可能发生突发性事件或事故，引起有毒有害、易燃易爆等物质泄漏，对环境及人身造成影响和损害的建设项目，应开展建设和生产运行过程的风险因素识别。存在较大潜在人群健康风险的建设项目，应开展影响人群健康的潜在环境风险因素识别。

4.2.2 生态影响因素分析

结合建设项目特点和区域环境特征，分析建设项目建设和运行过程（包括施工方式、施工时序、运行方式、调度调节方式等）对生态环境的作用因素与影响源、影响方式、影响范围和影响程度。重点为影响程度大、范围广、历时长或涉及环境敏感区的作用因素和影响源，关注间接性影响、区域性影响、长期性影响以及累积性影响等特有生态影响因素的分析。”

（3）掌握污染源源强核算内容

“4.3 污染源源强核算

4.3.1 根据污染物产生环节（包括生产、装卸、储存、运输）、产生方式和治理措施，核算建设项目有组织与无组织、正常工况与非正常工况下的污染物产生和排放强度，给出污染因子及其产生和排放的方式、浓度、数量等。

4.3.2 对改扩建项目的污染物排放量（包括有组织与无组织、正常工况与非正常工况）的统计，应分别按现有、在建、改扩建项目实施后等几种情形汇总污染物产生量、排放量及其变化量，核算改扩建项目建成后最终的污染物排放量。

4.3.3 污染源源强核算方法由污染源源强核算技术指南具体规定。”

5．环境现状调查与评价

了解环境现状调查与评价的基本要求

“5.1 基本要求

5.1.1 对与建设项目有密切关系的环境要素应全面、详细调查，给出定量的数据并作出分析或评价。对于自然环境的现状调查，可根据建设项目情况进行必要说明。

5.1.2　充分收集和利用评价范围内各例行监测点、断面或站位的近三年环境监测资料或背景值调查资料，当现有资料不能满足要求时，应进行现场调查和测试，现状监测和观测网点应根据各环境要素环境影响评价技术导则要求布设，兼顾均布性和代表性原则。符合相关规划环境影响评价结论及审查意见的建设项目，可直接引用符合时效的相关规划环境影响评价的环境调查资料及有关结论。”

6. 环境影响预测与评价

熟悉环境影响预测与评价的基本要求

“6.1　基本要求

6.1.1　环境影响预测与评价的时段、内容及方法均应根据工程特点与环境特性、评价工作等级、当地的环境保护要求确定。

6.1.2　预测和评价的因子应包括反映建设项目特点的常规污染因子、特征污染因子和生态因子，以及反映区域环境质量状况的主要污染因子、特殊污染因子和生态因子。

6.1.3　须考虑环境质量背景与环境影响评价范围内在建项目同类污染物环境影响的叠加。

6.1.4　对于环境质量不符合环境功能要求或环境质量改善目标的，应结合区域限期达标规划对环境质量变化进行预测。”

7. 环境保护措施及其可行性论证

掌握环境保护措施及其可行性论证的要求

“7.1　明确提出建设项目建设阶段、生产运行阶段和服务期满后（可根据项目情况选择）拟采取的具体污染防治、生态保护、环境风险防范等环境保护措施；分析论证拟采取措施的技术可行性、经济合理性、长期稳定运行和达标排放的可靠性、满足环境质量改善和排污许可要求的可行性、生态保护和恢复效果的可达性。

各类措施的有效性判定应以同类或相同措施的实际运行效果为依据，没有实际运行经验的，可提供工程化实验数据。

7.2　环境质量不达标的区域，应采取国内外先进可行的环境保护措施，结合区域限期达标规划及实施情况，分析建设项目实施对区域环境质量改善目标的贡献和影响。

7.3　给出各项污染防治、生态保护等环境保护措施和环境风险防范措施的具体内容、责任主体、实施时段，估算环境保护投入，明确资金来源。

7.4 环境保护投入应包括为预防和减缓建设项目不利环境影响而采取的各项环境保护措施和设施的建设费用、运行维护费用，直接为建设项目服务的环境管理与监测费用以及相关科研费用。”

8. 环境影响经济损益分析

了解环境经济损益分析的要求

“以建设项目实施后的环境影响预测与环境质量现状进行比较，从环境影响的正负两方面，以定性与定量相结合的方式，对建设项目的环境影响后果（包括直接和间接影响、不利和有利影响）进行货币化经济损益核算，估算建设项目环境影响的经济价值。”

9. 环境管理与监测计划

掌握环境管理与监测的要求

“9.1 按建设项目建设阶段、生产运行、服务期满后（可根据项目情况选择）等不同阶段，针对不同工况、不同环境影响和环境风险特征，提出具体环境管理要求。

9.2 给出污染物排放清单，明确污染物排放的管理要求。包括工程组成及原辅材料组分要求，建设项目拟采取的环境保护措施及主要运行参数，排放的污染物种类、排放浓度和总量指标，污染物排放的分时段要求，排污口信息，执行的环境标准，环境风险防范措施以及环境监测等。提出应向社会公开的信息内容。

9.3 提出建立日常环境管理制度、组织机构和环境管理台账相关要求，明确各项环境保护设施和措施的建设、运行及维护费用保障计划。

9.4 环境监测计划应包括污染源监测计划和环境质量监测计划，内容包括监测因子、监测网点布设、监测频次、监测数据采集与处理、采样分析方法等，明确自行监测计划内容。

a）污染源监测包括对污染源（包括废气、废水、噪声、固体废物等）以及各类污染治理设施的运转进行定期或不定期监测，明确在线监测设备的布设和监测因子。

b）根据建设项目环境影响特征、影响范围和影响程度，结合环境保护目标分布，制定环境质量定点监测或定期跟踪监测方案。

c）对以生态影响为主的建设项目应提出生态监测方案。

d）对存在较大潜在人群健康风险的建设项目，应提出环境跟踪监测计划。”

10. 环境影响评价结论

熟悉评价结论应明确的内容

"对建设项目的建设概况、环境质量现状、污染物排放情况、主要环境影响、公众意见采纳情况、环境保护措施、环境影响经济损益分析、环境管理与监测计划等内容进行概括总结，结合环境质量目标要求，明确给出建设项目的环境影响可行性结论。

对存在重大环境制约因素、环境影响不可接受或环境风险不可控、环境保护措施经济技术不满足长期稳定达标及生态保护要求、区域环境问题突出且整治计划不落实或不能满足环境质量改善目标的建设项目，应提出环境影响不可行的结论。"

（二）环境影响评价技术导则　大气环境

1. 术语和定义

熟悉环境空气保护目标、大气污染物分类、基本污染物、其他污染物、非正常排放、空气质量模型、短期浓度、长期浓度的定义

"3.7

推荐模型 recommended model

指生态环境主管部门按照一定的工作程序遴选，并以推荐名录形式公开发布的环境模型。列入推荐名录的环境模型简称推荐模型。当推荐模型适用性不能满足需要时，可采用替代模型。替代模型一般需经模型领域专家评审推荐，并经生态环境主管部门同意后方可使用。

本导则推荐模型及使用规范见附录 A 及附录 B。

3.8

短期浓度 short-term concentration

指某污染物的评价时段小于等于 24 h 的平均质量浓度，包括 1 h 平均质量浓度、8 h 平均质量浓度以及 24 h 平均质量浓度（也称为日平均质量浓度）。

3.9

长期浓度 long-term concentration

指某污染物的评价时段大于等于 1 个月的平均质量浓度，包括月平均质量浓度、季平均质量浓度和年平均质量浓度。"

2．总则

（1）掌握大气环境影响评价的工作任务

"4.1　工作任务

通过调查、预测等手段，对项目在建设阶段、生产运行和服务期满后（可根据项目情况选择）所排放的大气污染物对环境空气质量影响的程度、范围和频率进行分析、预测和评估，为项目的选址选线、排放方案、大气污染治理设施与预防措施制定、排放量核算，以及其他有关的工程设计、项目实施环境监测等提供科学依据或指导性意见。"

（2）熟悉大气环境影响评价的工作程序

"4.2.1　第一阶段。主要工作包括研究有关文件，项目污染源调查，环境空气保护目标调查，评价因子筛选与评价标准确定，区域气象与地表特征调查，收集区域地形参数，确定评价等级和评价范围等。

4.2.2　第二阶段。主要工作依据评价等级要求开展，包括与项目评价相关污染源调查与核实，选择适合的预测模型，环境质量现状调查或补充监测，收集建立模型所需气象、地表参数等基础数据，确定预测内容与预测方案，开展大气环境影响预测与评价工作等。

4.2.3　第三阶段。主要工作包括制定环境监测计划，明确大气环境影响评价结论与建议，完成环境影响评价文件的编写等。

4.2.4　大气环境影响评价工作程序见图 1，各工作阶段基本内容与规范见附录 C。"

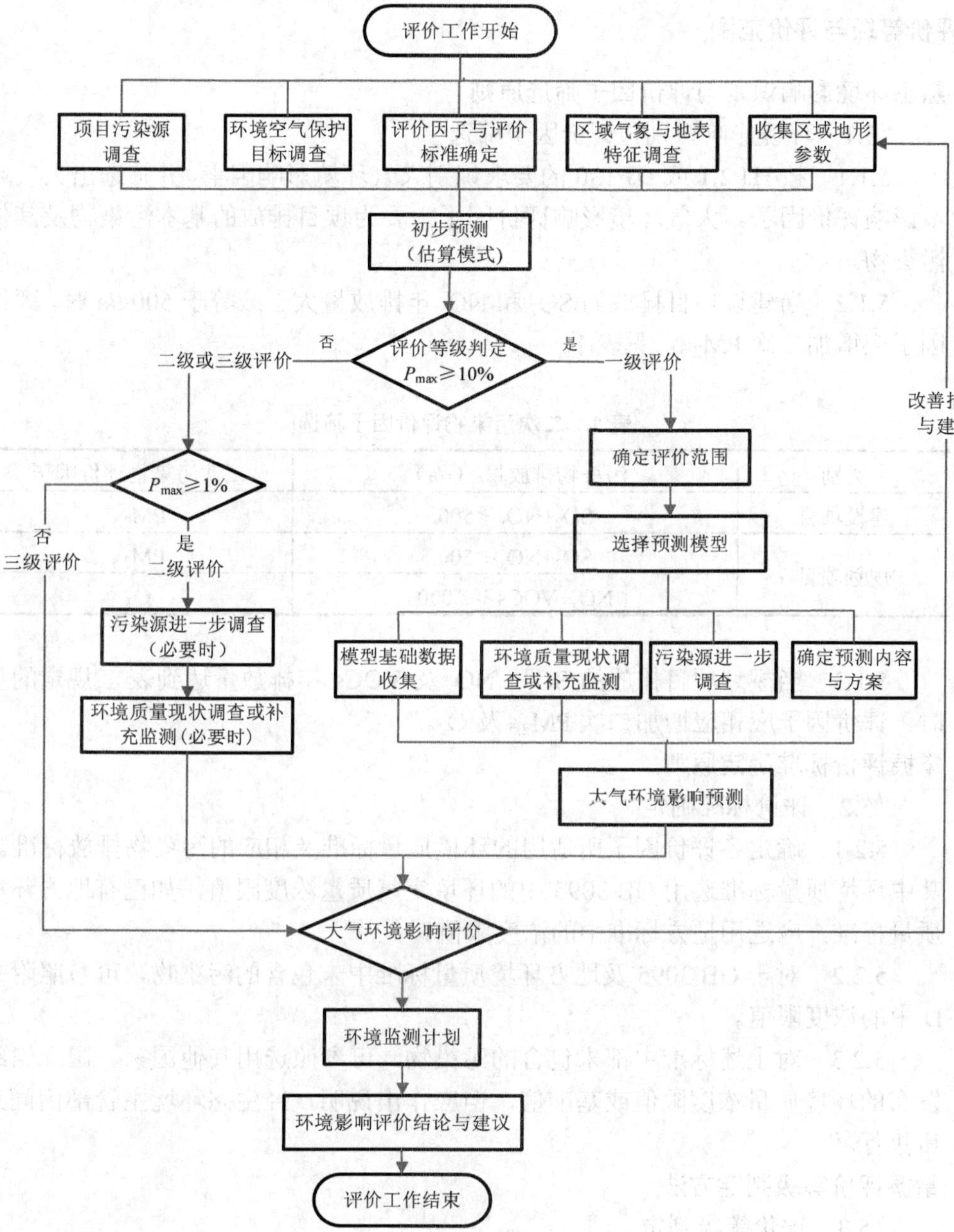

图 1　大气环境影响评价工作程序

3．评价等级与评价范围

（1）熟悉环境影响识别与评价因子筛选原则

“5.1 环境影响识别与评价因子筛选

5.1.1 按 HJ 2.1 或 HJ 130 的要求识别大气环境影响因素，并筛选出大气环境影响评价因子。大气环境影响评价因子主要为项目排放的基本污染物及其他污染物。

5.1.2 当建设项目排放的 SO_2 和 NO_x 年排放量大于或等于 500 t/a 时，评价因子应增加二次 $PM_{2.5}$，见表 1。

表 1 二次污染物评价因子筛选

类别	污染物排放量/（t/a）	二次污染物评价因子
建设项目	$SO_2+NO_x \geqslant 500$	$PM_{2.5}$
规划项目	$SO_2+NO_x \geqslant 500$	$PM_{2.5}$
	NO_x+VOCs≥2 000	O_3

5.1.3 当规划项目排放的 SO_2、NO_x 及 VOCs 年排放量达到表 1 规定的量时，评价因子应相应增加二次 $PM_{2.5}$ 及 O_3。”

（2）掌握评价标准确定原则

“5.2 评价标准确定

5.2.1 确定各评价因子所适用的环境质量标准及相应的污染物排放标准。其中环境质量标准选用 GB 3095 中的环境空气质量浓度限值，如已有地方环境质量标准，应选用地方标准中的浓度限值。

5.2.2 对于 GB 3095 及地方环境质量标准中未包含的污染物，可参照附录 D 中的浓度限值。

5.2.3 对上述标准中都未包含的污染物，可参照选用其他国家、国际组织发布的环境质量浓度限值或基准值，但应作出说明，经生态环境主管部门同意后执行。”

（3）掌握评价等级判定方法

“5.3 评价等级判定

5.3.1 选择项目污染源正常排放的主要污染物及排放参数，采用附录 A 推荐模型中估算模型分别计算项目污染源的最大环境影响，然后按评价工作分级判据进行分级。

5.3.2　评价工作分级方法

5.3.2.1　根据项目污染源初步调查结果，分别计算项目排放主要污染物的最大地面空气质量浓度占标率 P_i（第 i 个污染物，简称“最大浓度占标率”）及第 i 个污染物的地面空气质量浓度达到标准值的10%时所对应的最远距离 $D_{10\%}$。其中 P_i 定义见公式（1）。

$$P_i=\frac{C_i}{C_{0i}}\times100\% \tag{1}$$

式中：P_i——第 i 个污染物的最大地面空气质量浓度占标率，%；

C_i——采用估算模型计算出的第 i 个污染物的最大 1 h 地面空气质量浓度，μg/m³；

C_{0i}——第 i 个污染物的环境空气质量浓度标准，μg/m³。

一般选用 GB 3095 中 1 h 平均质量浓度的二级浓度限值，如项目位于一类环境空气功能区，应选择相应的一级浓度限值；对该标准中未包含的污染物，使用 5.2 确定的各评价因子 1 h 平均质量浓度限值。对仅有 8 h 平均质量浓度限值、日平均质量浓度限值或年平均质量浓度限值的，可分别按 2 倍、3 倍、6 倍折算为 1 h 平均质量浓度限值。

5.3.2.2　编制环境影响报告书的项目在采用估算模型计算评价等级时，应输入地形参数。

5.3.2.3　评价等级按表 2 的分级判据进行划分。最大地面空气质量浓度占标率 P_i 按公式（1）计算，如污染物数 i 大于1，取 P 值中最大者 P_{max}。

表 2　评价等级判别

评价工作等级	评价工作分级判据
一级评价	$P_{max}\geqslant10\%$
二级评价	$1\%\leqslant P_{max}<10\%$
三级评价	$P_{max}<1\%$

5.3.3　评价等级的判定还应遵守以下规定

5.3.3.1　同一项目有多个污染源（两个及以上，下同）时，则按各污染源分别确定评价等级，并取评价等级最高者作为项目的评价等级。

5.3.3.2　对电力、钢铁、水泥、石化、化工、平板玻璃、有色等高耗能行业的多源项目或以使用高污染燃料为主的多源项目，并且编制环境影响报告书的项目评价等级提高一级。

5.3.3.3　对等级公路、铁路项目，分别按项目沿线主要集中式排放源（如服务区、车站大气污染源）排放的污染物计算其评价等级。

5.3.3.4 对新建包含1 km及以上隧道工程的城市快速路、主干路等城市道路项目，按项目隧道主要通风竖井及隧道出口排放的污染物计算其评价等级。

5.3.3.5 对新建、迁建及飞行区扩建的枢纽及干线机场项目，应考虑机场飞机起降及相关辅助设施排放源对周边城市的环境影响，评价等级取一级。

5.3.3.6 确定评价等级同时应说明估算模型计算参数和判定依据，相关内容与格式要求见附录C中C.1。”

（4）掌握评价范围的确定原则

“5.4 评价范围确定

5.4.1 一级评价项目根据建设项目排放污染物的最远影响距离（$D_{10\%}$）确定大气环境影响评价范围。即以项目厂址为中心区域，自厂界外延$D_{10\%}$的矩形区域作为大气环境影响评价范围。当$D_{10\%}$超过25 km时，确定评价范围为边长50 km的矩形区域；当$D_{10\%}$小于2.5 km时，评价范围边长取5 km。

5.4.2 二级评价项目大气环境影响评价范围边长取5 km。

5.4.3 三级评价项目不需设置大气环境影响评价范围。

5.4.4 对于新建、迁建及飞行区扩建的枢纽及干线机场项目，评价范围还应考虑受影响的周边城市，最大取边长50 km。

5.4.5 规划的大气环境影响评价范围以规划区边界为起点，外延规划项目排放污染物的最远影响距离（$D_{10\%}$）的区域。”

（5）了解环境空气保护目标调查内容

“5.6 环境空气保护目标调查

5.6.1 调查项目大气环境评价范围内主要环境空气保护目标。在带有地理信息的底图中标注，并列表给出环境空气保护目标内主要保护对象的名称、保护内容、所在大气环境功能区划以及与项目厂址的相对距离、方位、坐标等信息。

5.6.2 环境空气保护目标调查相关内容与格式要求见附录C中C.2。”

4．环境空气质量现状调查与评价

（1）掌握不同等级评价项目的环境空气质量现状调查内容

“6.1 调查内容和目的

6.1.1 一级评价项目

6.1.1.1 调查项目所在区域环境质量达标情况，作为项目所在区域是否为达标区的判断依据。

6.1.1.2 调查评价范围内有环境质量标准的评价因子的环境质量监测数据

或进行补充监测，用于评价项目所在区域污染物环境质量现状，以及计算环境空气保护目标和网格点的环境质量现状浓度。

6.1.2　二级评价项目

6.1.2.1　调查项目所在区域环境质量达标情况。

6.1.2.2　调查评价范围内有环境质量标准的评价因子的环境质量监测数据或进行补充监测，用于评价项目所在区域污染物环境质量现状。

6.1.3　三级评价项目

只调查项目所在区域环境质量达标情况。”

（2）掌握环境空气质量现状数据来源的要求

“6.2　数据来源

6.2.1　基本污染物环境质量现状数据

6.2.1.1　项目所在区域达标判定，优先采用国家或地方生态环境主管部门公开发布的评价基准年环境质量公告或环境质量报告中的数据或结论。

6.2.1.2　采用评价范围内国家或地方环境空气质量监测网中评价基准年连续 1 年的监测数据，或采用生态环境主管部门公开发布的环境空气质量现状数据。

6.2.1.3　评价范围内没有环境空气质量监测网数据或公开发布的环境空气质量现状数据的，可选择符合 HJ 664 规定，并且与评价范围地理位置邻近，地形、气候条件相近的环境空气质量城市点或区域点监测数据。

6.2.1.4　对于位于环境空气质量一类区的环境空气保护目标或网格点，各污染物环境质量现状浓度可取符合 HJ 664 规定，并且与评价范围地理位置邻近，地形、气候条件相近的环境空气质量区域点或背景点监测数据。

6.2.2　其他污染物环境质量现状数据

6.2.2.1　优先采用评价范围内国家或地方环境空气质量监测网中评价基准年连续 1 年的监测数据。

6.2.2.2　评价范围内没有环境空气质量监测网数据或公开发布的环境空气质量现状数据的，可收集评价范围内近 3 年与项目排放的其他污染物有关的历史监测资料。

6.2.3　在没有以上相关监测数据或监测数据不能满足 6.4 规定的评价要求时，应按 6.3 要求进行补充监测。”

（3）熟悉环境空气质量现状补充监测的要求

“6.3　补充监测

6.3.1　监测时段

6.3.1.1　根据监测因子的污染特征，选择污染较重的季节进行现状监测。

补充监测原则上应取得 7 d 有效数据。

6.3.1.2　对于部分无法进行连续监测的其他污染物，可监测其一次空气质量浓度，监测时次应满足所用评价标准的取值时间要求。

6.3.2　监测布点

以近 20 年统计的当地主导风向为轴向，在厂址及主导风向下风向 5 km 范围内设置 1～2 个监测点。如需在一类区进行补充监测，监测点应设置在不受人为活动影响的区域。

6.3.3　监测方法

应选择符合监测因子对应环境质量标准或参考标准所推荐的监测方法，并在评价报告中注明。

6.3.4　监测采样

环境空气监测中的采样点、采样环境、采样高度及采样频率，按 HJ 664 及相关评价标准规定的环境监测技术规范执行。”

（4）掌握项目所在区域达标判断方法

“6.4.1　项目所在区域达标判断

6.4.1.1　城市环境空气质量达标情况评价指标为 SO_2、NO_2、PM_{10}、$PM_{2.5}$、CO 和 O_3，六项污染物全部达标即为城市环境空气质量达标。

6.4.1.2　根据国家或地方生态环境主管部门公开发布的城市环境空气质量达标情况，判断项目所在区域是否属于达标区。如项目评价范围涉及多个行政区（县级或以上，下同），需分别评价各行政区的达标情况，若存在不达标行政区，则判定项目所在评价区域为不达标区。

6.4.1.3　国家或地方生态环境主管部门未发布城市环境空气质量达标情况的，可按照 HJ 663 中各评价项目的年评价指标进行判定。年评价指标中的年均浓度和相应百分位数 24 h 平均或 8 h 平均质量浓度满足 GB 3095 中浓度限值要求的即为达标。”

（5）熟悉各污染物的环境质量现状评价内容和方法

“6.4.2　各污染物的环境质量现状评价

6.4.2.1　长期监测数据的现状评价内容，按 HJ 663 中的统计方法对各污染物的年评价指标进行环境质量现状评价。对于超标的污染物，计算其超标倍数和超标率。

6.4.2.2　补充监测数据的现状评价内容，分别对各监测点位不同污染物的短期浓度进行环境质量现状评价。对于超标的污染物，计算其超标倍数和超标率。”

（6）了解环境空气保护目标和网格点环境质量浓度计算方法

“6.4.3　环境空气保护目标及网格点环境质量现状浓度

6.4.3.1　对采用多个长期监测点位数据进行现状评价的，取各污染物相同时刻各监测点位的浓度平均值，作为评价范围内环境空气保护目标及网格点环境质量现状浓度，计算方法见公式（2）。

$$C_{现状(x,y,t)}=\frac{1}{n}\sum_{j=1}^{n}C_{现状(j,t)} \tag{2}$$

式中：$C_{现状(x,y,t)}$——环境空气保护目标及网格点（x，y）在 t 时刻环境质量现状浓度，μg/m^3；

$C_{现状(j,t)}$——第 j 个监测点位在 t 时刻环境质量现状浓度（包括短期浓度和长期浓度），μg/m^3；

n——长期监测点位数。

6.4.3.2　对采用补充监测数据进行现状评价的，取各污染物不同评价时段监测浓度的最大值，作为评价范围内环境空气保护目标及网格点环境质量现状浓度。对于有多个监测点位数据的，先计算相同时刻各监测点位平均值，再取各监测时段平均值中的最大值。计算方法见公式（3）。

$$C_{现状(x,y)}=\mathrm{Max}\left[\frac{1}{n}\sum_{j=1}^{n}C_{监测(j,t)}\right] \tag{3}$$

式中：$C_{现状(x,y)}$——环境空气保护目标及网格点（x，y）环境质量现状浓度，μg/m^3；

$C_{监测(j,t)}$——第 j 个监测点位在 t 时刻环境质量现状浓度（包括 1 h 平均、8 h 平均或日平均质量浓度），μg/m^3；

n——现状补充监测点位数。

6.4.4　环境空气质量现状评价内容与格式要求见附录 C 中 C.3。”

5．污染源调查

（1）掌握不同等级评价项目污染源调查内容

“7.1　调查内容

7.1.1　一级评价项目

7.1.1.1　调查本项目不同排放方案有组织及无组织排放源，对于改建、扩建项目还应调查本项目现有污染源。本项目污染源调查包括正常排放和非正常排放，其中非正常排放调查内容包括非正常工况、频次、持续时间和排放量。

7.1.1.2　调查本项目所有拟被替代的污染源（如有），包括被替代污染源名称、位置、排放污染物及排放量、拟被替代时间等。

7.1.1.3 调查评价范围内与评价项目排放污染物有关的其他在建项目、已批复环境影响评价文件的拟建项目等污染源。

7.1.1.4 对于编制报告书的工业项目，分析调查受本项目物料及产品运输影响新增的交通运输移动源，包括运输方式、新增交通流量、排放污染物及排放量。

7.1.2 二级评价项目，参照7.1.1.1和7.1.1.2调查本项目现有及新增污染源和拟被替代的污染源。

7.1.3 三级评价项目，只调查本项目新增污染源和拟被替代的污染源。

7.1.4 对于城市快速路、主干路等城市道路的新建项目，需调查道路交通流量及污染物排放量。

7.1.5 对于采用网格模型预测二次污染物的，需结合空气质量模型及评价要求，开展区域现状污染源排放清单调查。

7.1.6 污染源调查内容及格式要求见附录C中C.4。”

（2）熟悉污染源数据来源与要求

“7.2 数据来源与要求

7.2.1 新建项目的污染源调查，依据HJ 2.1、HJ 130、HJ 942、行业排污许可证申请与核发技术规范及各污染源源强核算技术指南，并结合工程分析从严确定污染物排放量。

7.2.2 评价范围内在建和拟建项目的污染源调查，可使用已批准的环境影响评价文件中的资料；改建、扩建项目现状工程的污染源和评价范围内拟被替代的污染源调查，可根据数据的可获得性，依次优先使用项目监督性监测数据、在线监测数据、年度排污许可执行报告、自主验收报告、排污许可证数据、环评数据或补充污染源监测数据等。污染源监测数据应采用满负荷工况下的监测数据或者换算至满负荷工况下的排放数据。

7.2.3 网格模型模拟所需的区域现状污染源排放清单调查按国家发布的清单编制相关技术规范执行。污染源排放清单数据应采用近3年内国家或地方生态环境主管部门发布的包含人为源和天然源在内所有区域污染源清单数据。在国家或地方生态环境主管部门未发布污染源清单之前，可参照污染源清单编制指南自行建立区域污染源清单，并对污染源清单准确性进行验证分析。”

6. 大气环境影响预测与评价

（1）掌握大气环境影响预测与评价的一般性要求

“8.1 一般性要求

8.1.1 一级评价项目应采用进一步预测模型开展大气环境影响预测与评价。

8.1.2 二级评价项目不进行进一步预测与评价，只对污染物排放量进行核算。

8.1.3 三级评价项目不进行进一步预测与评价。”

（2）掌握大气环境影响预测因子、预测范围的确定原则

“8.2 预测因子

预测因子根据评价因子而定，选取有环境质量标准的评价因子作为预测因子。

8.3 预测范围

8.3.1 预测范围应覆盖评价范围，并覆盖各污染物短期浓度贡献值占标率大于10%的区域。

8.3.2 对于经判定需预测二次污染物的项目，预测范围应覆盖 $PM_{2.5}$ 年平均质量浓度贡献值占标率大于1%的区域。

8.3.3 对于评价范围内包含环境空气功能区一类区的，预测范围应覆盖项目对一类区最大环境影响。

8.3.4 预测范围一般以项目厂址为中心，东西向为 X 坐标轴、南北向为 Y 坐标轴。”

（3）熟悉大气环境影响预测模型选取原则及规定

“8.5 预测模型

8.5.1 预测模型选择原则

8.5.1.1 一级评价项目应结合项目环境影响预测范围、预测因子及推荐模型的适用范围等选择空气质量模型。

8.5.1.2 各推荐模型适用范围见表3。

表3 推荐模型适用范围

模型名称	适用污染源	适用排放形式	推荐预测范围	模拟污染物			其他特性
				一次污染物	二次 $PM_{2.5}$	O_3	
AERMOD	点源、面源、线源、体源	连续源、间断源	局地尺度（≤50 km）	模型模拟法	系数法	不支持	—
ADMS							
AUSTAL2000	烟塔合一源						
EDMS/AEDT	机场源						
CALPUFF	点源、面源、线源、体源	连续源、间断源	城市尺度（50 km 到几百千米）	模型模拟法	模型模拟法	不支持	局地尺度特殊风场，包括长期静、小风和岸边熏烟
区域光化学网格模型	网格源	连续源、间断源	区域尺度（几百千米）	模型模拟法	模型模拟法	模型模拟法	模拟复杂化学反应

8.5.1.3　当推荐模型适用性不能满足需要时，可选择适用的替代模型。

8.5.2　预测模型选取的其他规定

8.5.2.1　当项目评价基准年内存在风速≤0.5 m/s 的持续时间超过 72 h 或近 20 年统计的全年静风（风速≤0.2 m/s）频率超过 35%时，应采用附录 A 中的 CALPUFF 模型进行进一步模拟。

8.5.2.2　当建设项目处于大型水体（海或湖）岸边 3 km 范围内时，应首先采用附录 A 中估算模型判定是否会发生熏烟现象。如果存在岸边熏烟，并且估算的最大 1 h 平均质量浓度超过环境质量标准，应采用附录 A 中的 CALPUFF 模型进行进一步模拟。

8.5.3　推荐模型使用要求

8.5.3.1　采用附录 A 中的推荐模型时，应按附录 B 要求提供污染源、气象、地形、地表参数等基础数据。

8.5.3.2　环境影响预测模型所需气象、地形、地表参数等基础数据应优先使用国家发布的标准化数据。采用其他数据时，应说明数据来源、有效性及数据预处理方案。”

（4）了解大气环境影响预测方法

“8.6　预测方法

8.6.1　采用推荐模型预测建设项目或规划项目对预测范围不同时段的大气环境影响。

8.6.2　当建设项目或规划项目排放 SO_2、NO_x 及 VOCs 年排放量达到表 1 规定的量时，可按表 4 推荐的方法预测二次污染物。

表 4　二次污染物预测方法

污染物排放量/（t/a）		预测因子	二次污染物预测方法
建设项目	$SO_2+NO_x\geqslant 500$	$PM_{2.5}$	AERMOD/ADMS（系数法）或 CALPUFF（模型模拟法）
规划项目	$500\leqslant SO_2+NO_x<2\,000$	$PM_{2.5}$	AERMOD/ADMS（系数法）或 CALPUFF（模型模拟法）
	$SO_2+NO_x\geqslant 2\,000$	$PM_{2.5}$	网格模型（模型模拟法）
	$NO_x+VOCs\geqslant 2\,000$	O_3	网格模型（模型模拟法）

8.6.3　采用 AERMOD、ADMS 等模型模拟 $PM_{2.5}$ 时，需将模型模拟的 $PM_{2.5}$ 一次污染物的质量浓度，同步叠加按 SO_2、NO_2 等前体物转化比率估算的二次 $PM_{2.5}$ 质量浓度，得到 $PM_{2.5}$ 的贡献浓度。前体物转化比率可引用科研成果或有

关文献，并注意地域的适用性。对于无法取得 SO_2、NO_2 等前体物转化比率的，可取 φ_{NO_2} 为 0.58、φ_{NO_2} 为 0.44，按公式（4）计算二次 $PM_{2.5}$ 贡献浓度。

$$C_{二次PM_{2.5}} = \varphi_{SO_2} \times C_{SO_2} + \varphi_{NO_2} \times C_{NO_2} \quad (4)$$

式中：$C_{二次PM_{2.5}}$ ——二次 $PM_{2.5}$ 质量浓度，$\mu g/m^3$；

φ_{SO_2}、φ_{NO_2} ——SO_2、NO_2 浓度换算为 $PM_{2.5}$ 浓度的系数；

C_{SO_2}、C_{NO_2} ——SO_2、NO_2 的预测质量浓度，$\mu g/m^3$。

8.6.4　采用 CALPUFF 或网格模型预测 $PM_{2.5}$ 时，模拟输出的贡献浓度应包括一次 $PM_{2.5}$ 和二次 $PM_{2.5}$ 质量浓度的叠加结果。

8.6.5　对已采纳规划环评要求的规划所包含的建设项目，当工程建设内容及污染物排放总量均未发生重大变更时，建设项目环境影响预测可引用规划环评的模拟结果。”

（5）熟悉达标区和不达标区评价项目的预测与评价内容

“8.7　预测与评价内容

8.7.1　达标区的评价项目

8.7.1.1　项目正常排放条件下，预测环境空气保护目标和网格点主要污染物的短期浓度和长期浓度贡献值，评价其最大浓度占标率。

8.7.1.2　项目正常排放条件下，预测评价叠加环境空气质量现状浓度后，环境空气保护目标和网格点主要污染物的保证率日平均质量浓度和年平均质量浓度的达标情况；对于项目排放的主要污染物仅有短期浓度限值的，评价其短期浓度叠加后的达标情况。如果是改建、扩建项目，还应同步减去“以新带老”污染源的环境影响。如果有区域削减项目，应同步减去削减源的环境影响。如果评价范围内还有其他排放同类污染物的在建、拟建项目，还应叠加在建、拟建项目的环境影响。

8.7.1.3　项目非正常排放条件下，预测评价环境空气保护目标和网格点主要污染物的 1 h 最大浓度贡献值及占标率。

8.7.2　不达标区的评价项目

8.7.2.1　项目正常排放条件下，预测环境空气保护目标和网格点主要污染物的短期浓度和长期浓度贡献值，评价其最大浓度占标率。

8.7.2.2　项目正常排放条件下，预测评价叠加大气环境质量限期达标规划（简称“达标规划”）的目标浓度后，环境空气保护目标和网格点主要污染物保证率日平均质量浓度和年平均质量浓度的达标情况；对于项目排放的主要污染物仅有短期浓度限值的，评价其短期浓度叠加后的达标情况。如果是改建、扩建项目，还应同步减去“以新带老”污染源的环境影响。如果有区域达标规划之外的削减项目，应同步减去削减源的环境影响。如果评价范围内还有其他排放同类污染物的在建、拟建项目，还应叠加在建、拟建项目的环境影响。

8.7.2.3 对于无法获得达标规划目标浓度场或区域污染源清单的评价项目，需评价区域环境质量的整体变化情况。

8.7.2.4 项目非正常排放条件下，预测评价环境空气保护目标和网格点主要污染物的1 h最大浓度贡献值及占标率。”

（6）了解区域规划大气环境预测与评价内容

“8.7.3 区域规划

8.7.3.1 预测评价区域规划方案中不同规划年叠加现状浓度后，环境空气保护目标和网格点主要污染物保证率日平均质量浓度和年平均质量浓度的达标情况；对于规划排放的其他污染物仅有短期浓度限值的，评价其叠加现状浓度后短期浓度的达标情况。

8.7.3.2 预测评价区域规划实施后的环境质量变化情况，分析区域规划方案的可行性。”

（7）了解不同评价对象或排放方案的预测内容和评价要求

“8.7.6 不同评价对象或排放方案对应预测内容和评价要求见表5。”

表5 预测内容和评价要求

评价对象	污染源	污染源排放形式	预测内容	评价内容
达标区评价项目	新增污染源	正常排放	短期浓度 长期浓度	最大浓度占标率
	新增污染源－“以新带老”污染源（如有）－区域削减污染源（如有）＋其他在建、拟建污染源（如有）	正常排放	短期浓度 长期浓度	叠加环境质量现状浓度后的保证率日平均质量浓度和年平均质量浓度的占标率，或短期浓度的达标情况
	新增污染源	非正常排放	1 h平均质量浓度	最大浓度占标率
不达标区评价项目	新增污染源	正常排放	短期浓度 长期浓度	最大浓度占标率
	新增污染源－“以新带老”污染源（如有）－区域削减污染源（如有）＋其他在建、拟建的污染源（如有）	正常排放	短期浓度 长期浓度	叠加达标规划目标浓度后的保证率日平均质量浓度和年平均质量浓度的占标率，或短期浓度的达标情况； 评价年平均质量浓度变化率

评价对象	污染源	污染源排放形式	预测内容	评价内容
	新增污染源	非正常排放	1 h 平均质量浓度	最大浓度占标率
区域规划	不同规划期/规划方案污染源	正常排放	短期浓度 长期浓度	保证率日平均质量浓度和年平均质量浓度的占标率，年平均质量浓度变化率
大气环境防护距离	新增污染源－“以新带老”污染源（如有）＋项目全厂现有污染源	正常排放	短期浓度	大气环境防护距离

（8）熟悉大气环境影响叠加方法

“8.8.1　环境影响叠加

8.8.1.1　达标区环境影响叠加

预测评价项目建成后各污染物对预测范围的环境影响，应用本项目的贡献浓度，叠加（减去）区域削减污染源以及其他在建、拟建项目污染源环境影响，并叠加环境质量现状浓度。计算方法见公式（5）。

$$C_{\text{叠加}(x,y,t)}=C_{\text{本项目}(x,y,t)}-C_{\text{区域削减}(x,y,t)}+C_{\text{拟在建}(x,y,t)}+C_{\text{现状}(x,y,t)} \tag{5}$$

式中：$C_{\text{叠加}(x,y,t)}$——在 t 时刻，预测点（x，y）叠加各污染源及现状浓度后的环境质量浓度，μg/m³；

$C_{\text{本项目}(x,y,t)}$——在 t 时刻，本项目对预测点（x，y）的贡献浓度，μg/m³；

$C_{\text{区域削减}(x,y,t)}$——在 t 时刻，区域削减污染源对预测点（x，y）的贡献浓度，μg/m³；

$C_{\text{现状}(x,y,t)}$——在 t 时刻，预测点（x，y）的环境质量现状浓度，μg/m³，各预测点环境质量现状浓度按 6.4.3 方法计算；

$C_{\text{拟在建}(x,y,t)}$——在 t 时刻，其他在建、拟建项目污染源对预测点（x，y）的贡献浓度，μg/m³。

其中本项目预测的贡献浓度除新增污染源环境影响外，还应减去“以新带老”污染源的环境影响，计算方法见公式（6）。

$$C_{\text{本项目}(x,y,t)}=C_{\text{新增}(x,y,t)}-C_{\text{以新带老}(x,y,t)} \tag{6}$$

式中：$C_{\text{新增}(x,y,t)}$——在 t 时刻，本项目新增污染源对预测点（x，y）的贡献浓度，μg/m³；

$C_{\text{以新带老}(x,y,t)}$——在 t 时刻，“以新带老”污染源对预测点（x，y）的贡献浓度，μg/m³。

8.8.1.2　不达标区环境影响叠加

对于不达标区的环境影响评价，应在各预测点上叠加达标规划中达标年的目标浓度，分析达标规划年的保证率日平均质量浓度和年平均质量浓度的达标情况。叠加方法可以用达标规划方案中的污染源清单参与影响预测，也可直接用达标规划模拟的浓度场进行叠加计算。计算方法见公式（7）。

$$C_{叠加(x,y,t)} = C_{本项目(x,y,t)} - C_{区域削减(x,y,t)} + C_{拟在建(x,y,t)} + C_{规划(x,y,t)} \tag{7}$$

式中：$C_{规划(x,y,t)}$——在 t 时刻，预测点（x，y）的达标规划年目标浓度，μg/m³。”

（9）**了解保证率日平均质量浓度计算方法**

“8.8.2　保证率日平均质量浓度

对于保证率日平均质量浓度，首先按 8.8.1.1 或 8.8.1.2 的方法计算叠加后预测点上的日平均质量浓度，然后对该预测点所有日平均质量浓度从小到大进行排序，根据各污染物日平均质量浓度的保证率（p），计算排在 p 百分位数的第 m 个序数，序数 m 对应的日平均质量浓度即为保证率日平均浓度ρ_m。其中序数 m 计算方法见公式（8）。

$$m = 1 + (n-1) \times p \tag{8}$$

式中：p——该污染物日平均质量浓度的保证率，按 HJ 663 规定的对应污染物年评价中 24 h 平均百分位数取值，%；

n——1 个日历年内单个预测点上的日平均质量浓度的所有数据个数，个；

m——百分位数 p 对应的序数（第 m 个），向上取整数。”

（10）**熟悉区域环境质量变化评价方法**

“8.8.4　区域环境质量变化评价

当无法获得不达标区规划达标年的区域污染源清单或预测浓度场时，也可评价区域环境质量的整体变化情况。按公式（9）计算实施区域削减方案后预测范围的年平均质量浓度变化率 k。当 $k \leqslant -20\%$时，可判定项目建设后区域环境质量得到整体改善。

$$k = \left[\bar{C}_{本项目(a)} - \bar{C}_{区域削减(a)}\right] / \bar{C}_{区域削减(a)} \times 100\% \tag{9}$$

式中：k——预测范围年平均质量浓度变化率，%；

$\bar{C}_{本项目(a)}$——本项目对所有网格点的年平均质量浓度贡献值的算术平均值，μg/m³；

$\bar{C}_{区域削减(a)}$——区域削减污染源对所有网格点的年平均质量浓度贡献值的算术平均值，μg/m³。”

（11）**掌握大气环境防护距离确定的原则和方法**

“8.8.5　大气环境防护距离确定

8.8.5.1　采用进一步预测模型模拟评价基准年内，本项目所有污染源（改建、扩建项目应包括全厂现有污染源）对厂界外主要污染物的短期贡献浓度分布。厂界外预测网格分辨率不应超过 50 m。

8.8.5.2　在底图上标注从厂界起所有超过环境质量短期浓度标准值的网格区域，以自厂界起至超标区域的最远垂直距离作为大气环境防护距离。”

（12）**了解污染控制措施有效性分析与方案比选内容**

“8.8.6　污染控制措施有效性分析与方案比选

8.8.6.1　达标区建设项目选择大气污染治理设施、预防措施或多方案比选时，应综合考虑成本和治理效果，选择最佳可行技术方案，保证大气污染物能够达标排放，并使环境影响可以接受。

8.8.6.2　不达标区建设项目选择大气污染治理设施、预防措施或多方案比选时，应优先考虑治理效果，结合达标规划和替代源削减方案的实施情况，在只考虑环境因素的前提下选择最优技术方案，保证大气污染物达到最低排放强度和排放浓度，并使环境影响可以接受。

8.8.6.3　污染治理设施及预防措施有效性分析与方案比选内容、结果与格式要求见附录 C 中 C.5.10。”

（13）**熟悉污染物排放量核算内容和方法**

“8.8.6　污染控制措施有效性分析与方案比选

8.8.6.1　达标区建设项目选择大气污染治理设施、预防措施或多方案比选时，应综合考虑成本和治理效果，选择最佳可行技术方案，保证大气污染物能够达标排放，并使环境影响可以接受。

8.8.6.2　不达标区建设项目选择大气污染治理设施、预防措施或多方案比选时，应优先考虑治理效果，结合达标规划和替代源削减方案的实施情况，在只考虑环境因素的前提下选择最优技术方案，保证大气污染物达到最低排放强度和排放浓度，并使环境影响可以接受。

8.8.6.3　污染治理设施及预防措施有效性分析与方案比选内容、结果与格式要求见附录 C 中 C.5.10。”

（14）**掌握大气环境影响评价结果表达的图表与内容要求**

“8.9　评价结果表达

8.9.1　基本信息底图。包含项目所在区域相关地理信息的底图，至少应包括评价范围内的环境功能区划、环境空气保护目标、项目位置、监测点位，以及图例、比例尺、基准年风频玫瑰图等要素。

8.9.2 项目基本信息图。在基本信息底图上标示项目边界、总平面布置、大气排放口位置等信息。

8.9.3 达标评价结果表。列表给出各环境空气保护目标及网格最大浓度点主要污染物现状浓度、贡献浓度、叠加现状浓度后保证率日平均质量浓度和年平均质量浓度、占标率、是否达标等评价结果。

8.9.4 网格浓度分布图。包括叠加现状浓度后主要污染物保证率日平均质量浓度分布图和年平均质量浓度分布图。网格浓度分布图的图例间距一般按相应标准值的 5%～100%进行设置。如果某种污染物环境空气质量超标，还需在评价报告及浓度分布图上标示超标范围与超标面积，以及与环境空气保护目标的相对位置关系等。

8.9.5 大气环境防护区域图。在项目基本信息图上沿出现超标的厂界外延按 8.8.5 确定的大气环境防护距离所包括的范围，作为本项目的大气环境防护区域。大气环境防护区域应包含自厂界起连续的超标范围。

8.9.6 污染治理设施、预防措施及方案比选结果表。列表对比不同污染控制措施及排放方案对环境的影响，评价不同方案的优劣。

8.9.7 污染物排放量核算表。包括有组织及无组织排放量、大气污染物年排放量、非正常排放量等。

8.9.8 一级评价应包括 8.9.1～8.9.7 的内容。二级评价一般应包括 8.9.1、8.9.2 及 8.9.7 的内容。”

7．环境监测计划

（1）了解大气环境监测计划的一般性要求

“9.1 一般性要求

9.1.1 一级评价项目按 HJ 819 的要求，提出项目在生产运行阶段的污染源监测计划和环境质量监测计划。

9.1.2 二级评价项目按 HJ 819 的要求，提出项目在生产运行阶段的污染源监测计划。

9.1.3 三级评价项目可参照 HJ 819 的要求，并适当简化环境监测计划。”

（2）熟悉污染源监测计划的内容

“9.2 污染源监测计划

9.2.1 按照 HJ 819、HJ 942、各行业排污单位自行监测技术指南及排污许可证申请与核发技术规范执行。

9.2.2 污染源监测计划应明确监测点位、监测指标、监测频次、执行排放标准。相关格式要求见附录 C 中 C.7。”

（3）熟悉环境质量监测计划的内容

“9.3 环境质量监测计划

9.3.1 筛选按 5.3.2 要求计算的项目排放污染物 P_i≥1%的其他污染物作为环境质量监测因子。

9.3.2 环境质量监测点位一般在项目厂界或大气环境防护距离（如有）外侧设置 1～2 个监测点。

9.3.3 各监测因子的环境质量每年至少监测一次，监测时段参照 6.3.1 执行。

9.3.4 新建 10 km 及以上的城市快速路、主干路等城市道路项目，应在道路沿线设置至少 1 个路边交通自动连续监测点，监测项目包括道路交通源排放的基本污染物。

9.3.5 环境质量监测采样方法、监测分析方法、监测质量保证与质量控制等应符合所执行的环境质量标准、HJ 819、HJ 942 的相关要求。

9.3.6 环境空气质量监测计划包括监测点位、监测指标、监测频次、执行环境质量标准等。相关格式要求见附录 C 中 C.7。”

8. 大气环境影响评价结论与建议

掌握大气环境影响评价结论与建议的内容与要求

“10.1 大气环境影响评价结论

10.1.1 达标区域的建设项目环境影响评价，当同时满足以下条件时，则认为环境影响可以接受。

a）新增污染源正常排放下污染物短期浓度贡献值的最大浓度占标率≤100%；

b）新增污染源正常排放下污染物年均浓度贡献值的最大浓度占标率≤30%（其中一类区≤10%）；

c）项目环境影响符合环境功能区划。叠加现状浓度、区域削减污染源以及在建、拟建项目的环境影响后，主要污染物的保证率日平均质量浓度和年平均质量浓度均符合环境质量标准；对于项目排放的主要污染物仅有短期浓度限值的，叠加后的短期浓度符合环境质量标准。

10.1.2 不达标区域的建设项目环境影响评价，当同时满足以下条件时，则认为环境影响可以接受。

a）达标规划未包含的新增污染源建设项目，需另有替代源的削减方案；

b）新增污染源正常排放下污染物短期浓度贡献值的最大浓度占标率≤100%；

c）新增污染源正常排放下污染物年均浓度贡献值的最大浓度占标率≤30%（其中一类区≤10%）；

d）项目环境影响符合环境功能区划或满足区域环境质量改善目标。现状浓度超标的污染物评价，叠加达标年目标浓度、区域削减污染源以及在建、拟建项目的环境影响后，污染物的保证率日平均质量浓度和年平均质量浓度均符合环境质量标准或满足达标规划确定的区域环境质量改善目标，或按8.8.4计算的预测范围内年平均质量浓度变化率 $k\leq-20\%$；对于现状达标的污染物评价，叠加后污染物浓度符合环境质量标准；对于项目排放的主要污染物仅有短期浓度限值的，叠加后的短期浓度符合环境质量标准。

10.1.3 区域规划的环境影响评价，当主要污染物的保证率日平均质量浓度和年平均质量浓度均符合环境质量标准，对于主要污染物仅有短期浓度限值的，叠加后的短期浓度符合环境质量标准时，则认为区域规划环境影响可以接受。”

9. 附录

（1）了解推荐的环境空气质量模型适用性和参数选择要求

“A.1 环境空气质量模型适用性

A.1.1 按预测范围

模型选取需考虑所模拟的范围。模型按模拟尺度可分为三类，即局地尺度（50 km以下）、城市尺度（几十到几百千米）、区域尺度（几百千米以上）模型。

在模拟局地尺度环境空气质量影响时，一般选用本导则推荐的估算模型、AERMOD、ADMS、AUSTAL2000等模型；在模拟城市尺度环境空气质量影响时，一般选用本导则推荐的CALPUFF模型；在模拟区域尺度空气质量影响或需考虑对二次 $PM_{2.5}$ 及 O_3 有显著影响的排放源时，一般选用本导则推荐的包含有复杂物理、化学过程的区域光化学网格模型。

A.1.2 按污染源的排放形式

模型选取需考虑所模拟污染源的排放形式。污染源从排放形式上可分为点源（含火炬源）、面源、线源、体源、网格源等；污染源从排放时间上可分为连续源、间断源、偶发源等；污染源从排放的运动形式上可分为固定源和移动源，其中移动源包括道路移动源和非道路移动源。此外还有一些特殊排放形式，比如烟塔合一源和机场源。

AERMOD、ADMS及CALPUFF等模型可直接模拟点源、面源、线源、体源，AUSTAL2000可模拟烟塔合一源，EDMS/AEDT可模拟机场源，光化学网格模型需要使用网格化污染源清单。

A.1.3　按污染物性质

模型选取需考虑评价项目和所模拟污染物的性质。污染物从性质上可分为颗粒态污染物和气态污染物，也可分为一次污染物和二次污染物。

当模拟 SO_2、NO_2 等一次污染物时，可依据预测范围选用适合尺度的模型。

当模拟二次 $PM_{2.5}$ 时，可采用系数法进行估算，或选用包括物理过程和化学反应机理模块的城市尺度模型。

对于规划项目需模拟二次 $PM_{2.5}$ 和 O_3 时，也可选用区域光化学网格模型。

A.1.4　按适用特殊气象条件

岸边熏烟。当在近岸内陆上建设高烟囱时，需要考虑岸边熏烟问题。由于水陆地表的辐射差异，水陆交界地带的大气由地面不稳定层结过渡到稳定层结，当聚集在大气稳定层内污染物遇到不稳定层结时将发生熏烟现象，在某固定区域将形成地面的高浓度。在缺少边界层气象数据或边界层气象数据的精确度和详细程度不能反映真实情况时，可选用大气导则推荐的估算模型获得近似的模拟浓度，或者选用 CALPUFF 模型。

长期静、小风。长期静、小风的气象条件是指静风和小风持续时间达几个小时到几天，在这种气象条件下，空气污染扩散（尤其是来自低矮排放源），可能会形成相对高的地面浓度。CALPUFF 模型对静风湍流速度做了处理，当模拟城市尺度以内的长期静、小风时的环境空气质量时，可选用大气导则推荐的 CALPUFF 模型。

A.2　推荐模型清单

A.2.1　导则推荐的模型包括估算模型 AERSCREEN、进一步预测模型 AERMOD、ADMS、AUSTAL2000、EDMS/AEDT、CALPUFF 以及 CMAQ 等光化学网格模型。

A.2.2　生态环境部模型管理部门推荐的其他环境空气质量模型。

A.2.3　模型的适用情况见表 A.1。

表 A.1　推荐模型适用情况表

模型名称	适用性	适用污染源	适用排放形式	推荐预测范围	适用污染物	输出结果	其他特性
AERSCREEN	用于评价等级及评价范围判定	点源（含火炬源）、面源（矩形或圆形）、体源	连续源	局地尺度（≤50 km）	一次污染物、二次 $PM_{2.5}$（系数法）	短期浓度最大值及对应距离	可以模拟熏烟和建筑物下洗

模型名称	适用性	适用污染源	适用排放形式	推荐预测范围	适用污染物	输出结果	其他特性
AERMOD	用于进一步预测	点源（含火炬源）、面源、线源、体源	连续源、间断源			短期和长期平均质量浓度分布	可以模拟建筑物下洗、干湿沉降
ADMS		点源、面源、线源、体源、网格源					可以模拟建筑物下洗、干湿沉降，包含街道窄谷模型
AUSTAL2000		烟塔合一源					可以模拟建筑物下洗
EDMS/AEDT		机场源					可以模拟建筑物下洗、干湿沉降
CALPUFF		点源、面源、线源、体源		城市尺度 50 km 到几百千米）	一次污染物和二次 $PM_{2.5}$		可以用于特殊风场，包括长期静、小风和岸边熏烟
光化学网格模型（CMAQ 或类似模型）		网格源	连续源、间断源	区域尺度（几百千米）	一次污染物和二次 $PM_{2.5}$、O_3		网格化模型，可以模拟复杂化学反应及气象条件对污染物浓度的影响等

注 1：生态环境部模型管理部门推荐的其他模型，按相应推荐模型适用情况进行选择。

注 2：对光化学网格模型（CMAQ 或类似的模型），在应用前应根据应用案例提供必要的验证结果。

B.1 污染源参数

B.1.1 估算模型应采用满负荷运行条件下排放强度及对应的污染源参数。

B.1.2 进一步预测模型应包括正常排放和非正常排放下排放强度及对应的污染源参数。

B.1.3 对于源强排放有周期性变化的，还需根据模型模拟需要输入污染源周期性排放系数。

B.2 污染源清单数据及前处理

光化学网格模型所需污染源包括人为源和天然源两种形式。其中人为源按空间几何形状分为点源（含火炬源）、面源和线源。道路移动源可以按线源或面源形式模拟，非道路移动源可按面源形式模拟。点源清单应包括烟囱坐标、地形高程、排放口几何高度、出口内径、烟气量、烟气温度等参数。面源应按行政区域提供或按经纬度网格提供。

点源、面源和线源需要根据光化学网格模型所选用的化学机理和时空分辨率进行前处理，包括污染物的物种分配和空间分配、点源的抬升计算、所有污染物的时间分配以及数据格式转换等。模型网格上按照化学机理分配好的物种还需要进行月变化、日变化和小时变化的时间分配。

光化学网格模型需要的天然源排放数据由天然源估算模型按照光化学网格模型所选用的化学机理模拟提供。天然源估算模型可以根据植被分布资料和气象条件，计算不同模型模拟网格的天然源排放。

B.3 气象数据

B.3.1 估算模型 AERSCREEN

模型所需最高和最低环境温度，一般需选取评价区域近 20 年以上资料统计结果。最小风速可取 0.5 m/s，风速计高度取 10 m。

B.3.2 AERMOD 和 ADMS

地面气象数据选择距离项目最近或气象特征基本一致的气象站的逐时地面气象数据，要素至少包括风速、风向、总云量和干球温度。根据预测精度要求及预测因子特征，可选择观测资料包括：湿球温度、露点温度、相对湿度、降水量、降水类型、海平面气压、地面气压、云底高度、水平能见度等。其中对观测站点缺失的气象要素，可采用经验证的模拟数据或采用观测数据进行插值得到。

高空气象数据选择模型所需观测或模拟的气象数据，要素至少包括一天早晚两次不同等压面上的气压、离地高度和干球温度等，其中离地高度 3 000 m 以内的有效数据层数应不少于 10 层。

B.3.3 AUSTAL2000

地面气象数据选择距离项目最近或气象特征基本一致的气象站的逐时地面气象数据，要素至少包括风向、风速、干球温度、相对湿度，以及采用测量或模拟气象资料计算得到的稳定度。

B.3.4 CALPUFF

地面气象资料应尽量获取预测范围内所有地面气象站的逐时地面气象数据，要素至少包括风速、风向、干球温度、地面气压、相对湿度、云量、云底高度。若预测范围内地面观测站少于 3 个，可采用预测范围外的地面观测站进行补充，或采用中尺度气象模拟数据。

高空气象资料应获取最少 3 个站点的测量或模拟气象数据，要素至少包括一天早晚两次不同等压面上的气压、离地高度、干球温度、风向及风速，其中离地高度 3 000 m 以内的有效数据层数应不少于 10 层。

B.3.5　光化学网格模型

光化学网格模型的气象场数据可由 WRF 或其他区域尺度气象模型提供。气象场应至少涵盖评价基准年 1 月、4 月、7 月、10 月。气象模型的模拟区域范围应略大于光化学网格模型的模拟区域，气象数据网格分辨率、时间分辨率与光化学网格模型的设定相匹配。在气象模型的物理参数化方案选择时应注意和光化学网格模型所选择参数化方案的兼容性。非在线的 WRF 等气象模型计算的气象数据提供给光化学网格模型应用时，需要经过相应的数据前处理，处理的过程包括光化学网格模拟区域截取、垂直差值、变量选择和计算、数据时间处理以及数据格式转换等。

B.4　地形数据

原始地形数据分辨率不得小于 90 m。

B.5　地表参数

估算模型 AERSCREEN 和 ADMS 的地表参数根据模型特点取项目周边 3 km 范围内占地面积最大的土地利用类型来确定。

AERMOD 地表参数一般根据项目周边 3 km 范围内的土地利用类型进行合理划分，或采用 AERSURFACE 直接读取可识别的土地利用数据文件。

AERMOD 和 AERSCREEN 所需的区域湿度条件划分可根据中国干湿地区划分进行选择。

CALPUFF 采用模型可以识别的土地利用数据来获取地表参数，土地利用数据的分辨率一般不小于模拟网格分辨率。

B.6　模型计算设置

B.6.1　城市/农村选项

当项目周边 3 km 半径范围内一半以上面积属于城市建成区或者规划区时，选择城市，否则选择农村。

当选择城市时，城市人口数按项目所属城市实际人口或者规划的人口数输入。

B.6.2　岸边熏烟选项

对估算模型 AERSCREEN，当污染源附近 3 km 范围内有大型水体时，需选择岸边熏烟选项。

B.6.3　计算点和网格点设置

B.6.3.1　估算模型 AERSCREEN 在距污染源 10 m 至 25 km 处默认为自动设置计算点，最远计算距离不超过污染源下风向 50 km。

B.6.3.2　采用估算模型 AERSCREEN 计算评价等级时，对于有多个污染源的可取污染物等标排放量 P_0 最大的污染源坐标作为各污染源位置。污染物等标排放量 P_0 计算见公式（B.1）。

$$P_0 = \frac{Q}{C_0} \times 10^{12} \tag{B.1}$$

式中：P_0——污染物等标排放量，m^3/a；

Q——污染源排放污染物的年排放量，t/a；

C_0——污染物的环境空气质量浓度标准，$\mu g/m^3$，取值同公式（1）中 C_{0i}。

B.6.3.3　AERMOD 和 ADMS 预测网格点的设置应具有足够的分辨率以尽可能精确预测污染源对预测范围的最大影响。网格点间距可以采用等间距或近密远疏法进行设置，距离源中心 5 km 的网格间距不超过 100 m，5～15 km 的网格间距不超过 250 m，大于 15 km 的网格间距不超过 500 m。

B.6.3.4　CALPUFF 模型中需要定义气象网格、预测网格和受体网格（包括离散受体）。其中气象网格范围和预测网格范围应大于受体网格范围，以保证有一定的缓冲区域考虑烟团的迂回和回流等情况。预测网格间距根据预测范围确定，应选择足够的分辨率以尽可能精确预测污染源对预测范围的最大影响。预测范围小于 50 km 的网格间距不超过 500 m，预测范围大于 100 km 的网格间距不超过 1 000 m。

B.6.3.5　光化学网格模型模拟区域的网格分辨率根据所关注的问题确定，并能精确到可以分辨出新增排放源的影响。模拟区域的大小应考虑边界条件对关心点浓度的影响。为提高计算精度，预测网格间距一般不超过 5 km。

B.6.3.6　对于邻近污染源的高层住宅楼，应适当考虑不同代表高度上的预测受体。

B.6.4　建筑物下洗

如果烟囱实际高度小于根据周围建筑物高度计算的最佳工程方案（GEP）烟囱高度时，且位于 GEP 的 5L 影响区域内时，则要考虑建筑物下洗的情况。GEP 烟囱高度计算见公式（B.2）。

$$\text{GEP 烟囱高度} = H + 1.5L \tag{B.2}$$

式中：H——从烟囱基座地面到建筑物顶部的垂直高度，m；

L——建筑物高度（BH）或建筑物投影宽度（PBW）的较小者，m。

GEP 的 5L 影响区域：每个建筑物在下风向会产生一个尾迹影响区，下风向影响最大距离为距建筑物 5L 处，迎风向影响最大距离为距建筑物 2L 处，侧风向影响最大距离为距建筑物 0.5L 处，即虚线范围内为建筑物影响区域，见图 B.1。

不同风向下的影响区是不同的，所有风向构成的一个完整的影响区域，即虚线范围内，称为 GEP 的 5L 影响区域，即建筑物下洗的最大影响范围，见图 B.2。图中烟囱 1 在建筑物下洗影响范围内，而烟囱 2 则在建筑物下洗影响范围外。

进一步预测考虑建筑物下洗时，需要输入建筑物角点横坐标和纵坐标，建筑物高度、宽度与方位角等参数。

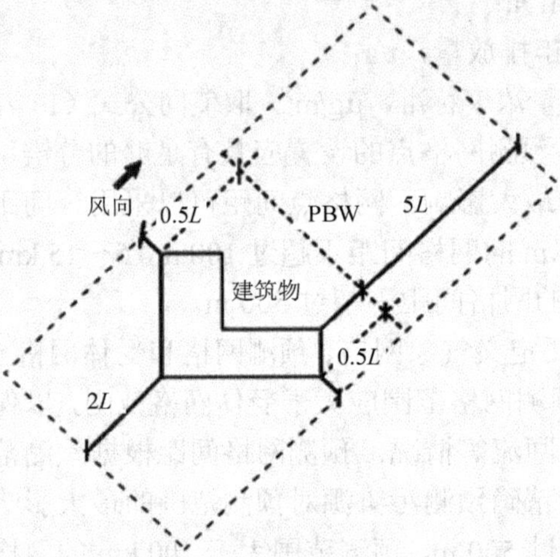

图 B.1　建筑物影响区域

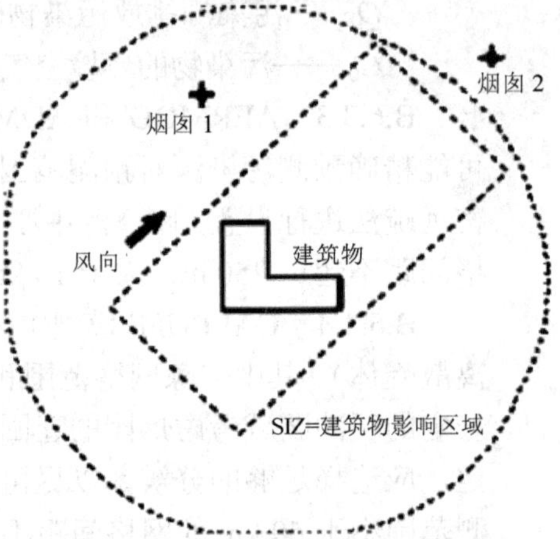

图 B.2　GEP 的 5L 影响区域

B.7　其他选项

B.7.1　AERMOD 模型

B.7.1.1　颗粒物干沉降和湿沉降

当 AERMOD 计算考虑颗粒物湿沉降时，地面气象数据中需要包括降雨类型、降雨量、相对湿度和站点气压等气象参数。

考虑颗粒物干沉降需要输入的参数是干沉降速度，用户可根据需要自行输入干沉降速度，也可输入气体污染物的相关沉降参数和环境参数自动计算干沉降速度。

B.7.1.2　气态污染物转化

AERMOD 模型的 SO_2 转化算法，模型中采用特定的指数衰减模型，需输入的参数包括半衰期或衰减系数。通常半衰期和衰减系数的关系为：衰减系数（s^{-1}）=0.693/半衰期（s）。AERMOD 模型中缺省设置的 SO_2 指数衰减的半衰期为 14 400 s。

AERMOD 模型的 NO_2 转化算法，可采用 PVMRM（烟羽体积摩尔率法）、OLM（O_3 限制法）或 ARM2 算法（环境比率法 2）。对于能获取到有效环境中

O_3浓度及烟道内NO_2/NO_x比率数据时，优先采用 PVMRM 或 OLM 方法。如果采用 ARM2 选项，对 1 小时浓度采用内定的比例值上限 0.9，年均浓度内置比例下限 0.5。当选择NO_2化学转化算法时，NO_2源强应输入NO_x排放源强。

B.7.2 CALPUFF 模型

CALPUFF 在考虑化学转化时需要O_3和NH_3的现状浓度数据。O_3和NH_3的现状浓度可采用预测范围内或邻近的例行环境空气质 量监测点监测数据，或其他有效现状监测资料进行统计分析获得。

B.7.3　光化学网格模型

B.7.3.1　初始条件和边界条件

光化学网格模型的初始条件和边界条件可通过模型自带的初始边界条件处理模块产生，以保证模拟区域范围、网格数、网格分辨率、时间和数据格式的一致性。初始条件使用上一个时次模拟的输出结果作为下一个时次模拟的初始场；边界条件使用更大模拟区域的模拟结果作为边界场，如子区域网格使用母区域网格的模拟结果作为边界场，外层母区域网格可使用预设的固定值或者全球模型的模拟结果作为边界场。

B.7.3.2　参数化方案选择

针对相同的物理、化学过程，光化学网格模型往往提供几种不同的算法模块。在模拟中根据需要选择合适的化学反应机理、气溶胶方案和云方案等参数化方案，并保证化学反应机理、气溶胶方案以及其他参数之间的相互匹配。

在应用中，应根据使用的时间和区域，对不同参数化方案的光化学网格模型应用效果进行验证比较。”

（2）熟悉大气环境影响评价基本内容与图表的要求

“具体见附录 C。”

（三）环境影响评价技术导则　地表水环境

1. 术语和定义

熟悉地表水、水环境保护目标、水污染当量、控制单元、生态流量、安全余量的定义

“3.1　地表水 surface water

存在于陆地表面的河流（江河、运河及渠道）、湖泊、水库等地表水体以及入海河口和近岸海域。

3.2　水环境保护目标 water environment protection target

饮用水水源保护区、饮用水取水口，涉水的自然保护区、风景名胜区，重要湿地、重点保护与珍稀水生生物的栖息地、重要水生生物的自然产卵场及索饵场、越冬场和洄游通道，天然渔场等渔业水体，以及水产种质资源保护区等。

3.3 水污染当量 water pollution equivalent

根据污染物或者污染排放活动对地表水环境的有害程度以及处理的技术经济性，衡量不同污染物对地表水环境污染的综合性指标或者计量单位。

3.4 控制单元 control unit

综合考虑水体、汇水范围和控制断面三要素而划定的水环境空间管控单元。

3.5 生态流量 ecological flows

满足河流、湖库生态保护要求、维持生态系统结构和功能所需要的流量（水位）与过程。

3.6 安全余量 margin of safety

考虑污染负荷和受纳水体水环境质量之间关系的不确定因素，为保障受纳水体水环境质量改善目标安全而预留的负荷量。”

2. 总则

（1）熟悉地表水环境影响评价的基本任务

“4.1 基本任务

在调查和分析评价范围地表水环境质量现状与水环境保护目标的基础上，预测和评价建设项目对地表水环境质量、水环境功能区、水功能区、水环境保护目标及水环境控制单元的影响范围与影响程度，提出相应的环境保护措施和环境管理与监测计划，明确给出地表水环境影响是否可接受的结论。”

（2）掌握地表水环境影响评价的基本要求

“4.2 基本要求

4.2.1 建设项目的地表水环境影响主要包括水污染影响与水文要素影响。根据其主要影响，建设项目的地表水环境影响评价划分为水污染影响型、水文要素影响型以及两者兼有的复合影响型。

4.2.2 地表水环境影响评价应按本标准规定的评价等级开展相应的评价工作。建设项目评价等级分为三级，分级原则与判据见5.2。复合影响型建设项目的评价工作，应按类别分别确定评价等级并开展评价工作。

4.2.3 建设项目排放水污染物应符合国家或地方水污染物排放标准要求，同时应满足受纳水体环境质量管理要求，并与排污许可管理制度相关要求衔接。水文要素影响型建设项目，还应满足生态流量的相关要求。”

（3）熟悉地表水环境影响评价的工作程序

“4.3 工作程序

地表水环境影响评价的工作程序见图1，一般分为三个阶段。

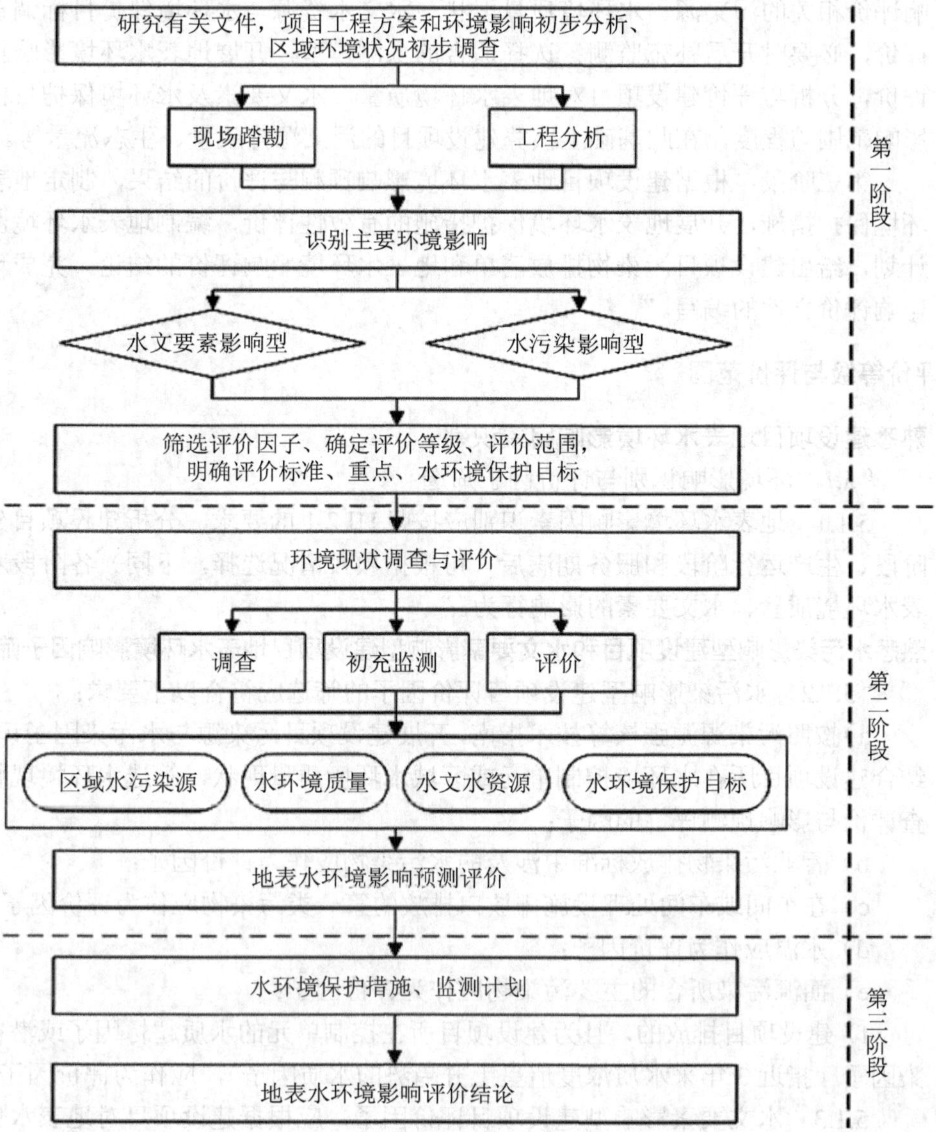

图 1　地表水环境影响评价工作程序

第一阶段，研究有关文件，进行工程方案和环境影响的初步分析，开展区域环境状况的初步调查，明确水环境功能区或水功能区管理要求，识别主要环境影响，确定评价类别。根据不同评价类别，进一步筛选评价因子，确定评价等级与评价范围，明确评价标准、评价重点和水环境保护目标。

第二阶段，根据评价类别、评价等级及评价范围等，开展与地表水环境影响评价相关的污染源、水环境质量现状、水文水资源与水环境保护目标调查与评价，必要时开展补充监测；选择适合的预测模型，开展地表水环境影响预测评价，分析与评价建设项目对地表水环境质量、水文要素及水环境保护目标的影响范围与程度，在此基础上核算建设项目的污染源排放量、生态流量等。

第三阶段，根据建设项目地表水环境影响预测与评价的结果，制定地表水环境保护措施，开展地表水环境保护措施的有效性评价，编制地表水环境监测计划，给出建设项目污染物排放清单和地表水环境影响评价的结论，完成环境影响评价文件的编写。”

3．评价等级与评价范围

（1）熟悉建设项目地表水环境影响因素识别

“5.1　环境影响识别与评价因子筛选

5.1.1　地表水环境影响因素识别应按照 HJ 2.1 的要求，分析建设项目建设阶段、生产运行阶段和服务期满后（可根据项目情况选择，下同）各阶段对地表水环境质量、水文要素的影响行为。”

（2）熟悉水污染影响型建设项目和水文要素影响型建设项目地表水环境影响因子筛选

“5.1.2　水污染影响型建设项目评价因子的筛选应符合以下要求：

a）按照污染源源强核算技术指南，开展建设项目污染源与水污染因子识别，结合建设项目所在水环境控制单元或区域水环境质量现状，筛选水环境现状调查评价与影响预测评价的因子；

b）行业污染物排放标准中涉及的水污染物应作为评价因子；

c）在车间或车间处理设施排放口排放的第一类污染物应作为评价因子；

d）水温应作为评价因子；

e）面源污染所含的主要污染物应作为评价因子；

f）建设项目排放的，且为建设项目所在控制单元的水质超标因子或潜在污染因子（指近 3 年来水质浓度值呈上升趋势的水质因子），应作为评价因子。

5.1.3　水文要素影响型建设项目评价因子，应根据建设项目对地表水体水文要素影响的特征确定。河流、湖泊及水库主要评价水面面积、水量、水温、径流过程、水位、水深、流速、水面宽、冲淤变化等因子，湖泊和水库需要重点关注湖底水域面积或蓄水量及水力停留时间等因子。感潮河段、入海河口及近岸海域主要评价流量、流向、潮区界、潮流界、纳潮量、水位、流速、水面宽、水深、冲淤变化等因子。

5.1.4　建设项目可能导致受纳水体富营养化的，评价因子还应包括与富营养化有关的因子（如总磷、总氮、叶绿素 a、高锰酸盐指数和透明度等。其中，叶绿素 a 为必须评价的因子）。”

（3）掌握建设项目地表水环境影响评价等级确定的依据

“5.2　评价等级确定

5.2.1　建设项目地表水环境影响评价等级按照影响类型、排放方式、排放量或影响情况、受纳水体环境质量现状、水环境保护目标等综合确定。”

（4）掌握水污染影响型建设项目和水文要素影响型建设项目地表水环境影响评价等级的确定

“5.2.2　水污染影响型建设项目根据废水排放方式和排放量划分评价等级，见表 1。

5.2.2.1　直接排放建设项目评价等级分为一级、二级和三级 A，根据废水排放量、水污染物污染当量数确定。

5.2.2.2　间接排放建设项目评价等级为三级 B。

5.2.3　水文要素影响型建设项目评价等级划分根据水温、径流与受影响地表水域等三类水文要素的影响程度进行判定，见表 2。”

表 1　水污染影响型建设项目评价等级判定

评价等级	判定依据	
	排放方式	废水排放量 Q/（m^3/d）；水污染物当量数 W/（量纲一）
一级	直接排放	Q≥20 000 或 W≥600 000
二级	直接排放	其他
三级 A	直接排放	Q<200 且 W<6 000
三级 B	间接排放	—

注 1：水污染物当量数等于该污染物的年排放量除以该污染物的污染当量值（见附录 A），计算排放污染物的污染物当量数，应区分第一类水污染物和其他类水污染物，统计第一类污染物当量数总和，然后与其他类污染物按照污染物当量数从大到小排序，取最大当量数作为建设项目评价等级确定的依据。

注 2：废水排放量按行业排放标准中规定的废水种类统计，没有相关行业排放标准要求的通过工程分析合理确定，应统计含热量大的冷却水的排放量，可不统计间接冷却水、循环水以及其他含污染物极少的清净下水的排放量。

注 3：厂区存在堆积物（露天堆放的原料、燃料、废渣等以及垃圾堆放场）、降尘污染的，应将初期雨污水纳入废水排放量，相应的主要污染物纳入水污染当量计算。

注 4：建设项目直接排放第一类污染物的，其评价等级为一级；建设项目直接排放的污染物为受纳水体超标因子的，评价等级不低于二级。

注 5：直接排放受纳水体影响范围涉及饮用水水源保护区、饮用水取水口、重点保护与珍稀水生生物的栖息地、重要水生生物的自然产卵场等保护目标时，评价等级不低于二级。

注 6：建设项目向河流、湖库排放温排水引起受纳水体水温变化超过水环境质量标准要求，且评价范围有水温敏感目标时，评价等级为一级。

注 7：建设项目利用海水作为调节温度介质，排水量≥500 万 m^3/d，评价等级为一级；排水量<500 万 m^3/d，评价等级为二级。

注 8：仅涉及清净下水排放的，如其排放水质满足受纳水体水环境质量标准要求的，评价等级为三级 A。

注 9：依托现有排放口，且对外环境未新增排放污染物的直接排放建设项目，评价等级参照间接排放，定为三级 B。

注 10：建设项目生产工艺中有废水产生，但作为回水利用，不排放到外环境的，按三级 B 评价。

表 2　水文要素影响型建设项目评价等级判定

评价等级	水温	径流		受影响地表水域		
	年径流量与总库容百分比 α/%	兴利库容与年径流量百分比 β/%	取水量占多年平均径流量百分比 γ/%	工程垂直投影面积及外扩范围 A_1/km^2；工程扰动水底面积 A_2/km^2；过水断面宽度占用比例或占用水域面积比例 R/%		工程垂直投影面积及外扩范围 A_1/km^2；工程扰动水底面积 A_2/km^2
				河流	湖库	入海河口、近岸海域
一级	$\alpha \leqslant 10$；或稳定分层	$\beta \geqslant 20$；或完全年调节与多年调节	$\gamma \geqslant 30$	$A_1 \geqslant 0.3$；或 $A_2 \geqslant 1.5$；或 $R \geqslant 10$	$A_1 \geqslant 0.3$；或 $A_2 \geqslant 1.5$；或 $R \geqslant 20$	$A_1 \geqslant 0.5$；或 $A_2 \geqslant 3$
二级	$20 > \alpha > 10$；或不稳定分层	$20 > \beta > 2$；或季调节与不完全年调节	$30 > \gamma > 10$	$0.3 > A_1 > 0.05$；或 $1.5 > A_2 > 0.2$；或 $10 > R > 5$	$0.3 > A_1 > 0.05$；或 $1.5 > A_2 > 0.2$；或 $20 > R > 5$	$0.5 > A_1 > 0.15$；或 $3 > A_2 > 0.5$
三级	$\alpha \geqslant 20$；或混合型	$\beta \leqslant 2$；或无调节	$\gamma \leqslant 10$	$A_1 \leqslant 0.05$；或 $A_2 \leqslant 0.2$；或 $R \leqslant 5$	$A_1 \leqslant 0.05$；或 $A_2 \leqslant 0.2$；或 $R \leqslant 5$	$A_1 \leqslant 0.15$；或 $A_2 \leqslant 0.5$

注 1：影响范围涉及饮用水水源保护区、重点保护与珍稀水生生物的栖息地、重要水生生物的自然产卵场、自然保护区等保护目标，评价等级应不低于二级。

注 2：跨流域调水、引水式电站、可能受到河流感潮河段影响，评价等级不低于二级。

注 3：造成入海河口（湾口）宽度束窄（束窄尺度达到原宽度的 5%以上），评价等级应不低于二级。

注 4：对不透水的单方向建筑尺度较长的水工建筑物（如防波堤、导流堤等），其与潮流或水流主流向切线垂直方向投影长度大于 2 km 时，评价等级应不低于二级。

注 5：允许在一类海域建设的项目，评价等级为一级。

注 6：同时存在多个水文要素影响的建设项目，分别判定各水文要素影响评价等级，并取其中最高等级作为水文要素影响型建设项目评价等级。

（5）掌握水污染型建设项目和水文要素影响型建设项目地表水环境影响评价范围的确定

“5.3　评价范围确定

5.3.1　建设项目地表水环境影响评价范围指建设项目整体实施后可能对地表水环境造成的影响范围。

5.3.2　水污染影响型建设项目评价范围，根据评价等级、工程特点、影响方式及程度、地表水环境质量管理要求等确定。

5.3.2.1　一级、二级及三级 A，其评价范围应符合以下要求：

a）应根据主要污染物迁移转化状况，至少需覆盖建设项目污染影响所及水域；

b）受纳水体为河流时，应满足覆盖对照断面、控制断面与消减断面等关心断面的要求；

c）受纳水体为湖泊、水库时，一级评价，评价范围宜不小于以入湖（库）排放口为中心、半径为 5 km 的扇形区域；二级评价，评价范围宜不小于以入湖（库）排放口为中心、半径为 3 km 的扇形区域；三级 A 评价，评价范围宜不小于以入湖（库）排放口为中心、半径为 1 km 的扇形区域；

d）受纳水体为入海河口和近岸海域时，评价范围按照 GB/T 19485 执行；

e）影响范围涉及水环境保护目标的，评价范围至少应扩大到水环境保护目标内受到影响的水域；

f）同一建设项目有两个及两个以上废水排放口，或排入不同地表水体时，按各排放口及所排入地表水体分别确定评价范围；有叠加影响的，叠加影响水域应作为重点评价范围。

5.3.2.2　三级 B，其评价范围应符合以下要求：

a）应满足其依托污水处理设施环境可行性分析的要求；

b）涉及地表水环境风险的，应覆盖环境风险影响范围所及的水环境保护目标水域。

5.3.3　水文要素影响型建设项目评价范围，根据评价等级、水文要素影响类别、影响及恢复程度确定，评价范围应符合以下要求：

a）水温要素影响评价范围为建设项目形成水温分层水域，以及下游未恢复到天然（或建设项目建设前）水温的水域；

b）径流要素影响评价范围为水体天然性状发生变化的水域，以及下游增减水影响水域；

c）地表水域影响评价范围为相对建设项目建设前日均或潮均流速及水深、或高（累积频率 5%）低（累积频率 90%）水位（潮位）变化幅度超过±5%的水域；

d）建设项目影响范围涉及水环境保护目标的，评价范围至少应扩大到水环境保护目标内受影响的水域；

e）存在多类水文要素影响的建设项目，应分别确定各水文要素影响评价范围，取各水文要素评价范围的外包线作为水文要素的评价范围。

5.3.4　评价范围应以平面图的方式表示，并明确起、止位置等控制点坐标。”

（6）**掌握建设项目地表水环境影响评价时期的确定**

“5.4　评价时期确定

5.4.1　建设项目地表水环境影响评价时期根据受影响地表水体类型、评价等级等确定，见表3。

5.4.2　三级B评价，可不考虑评价时期。”

表3　评价时期确定

受影响地表水体类型	评价等级		
	一级	二级	水污染影响型（三级A）/水文要素影响型（三级）
河流、湖库	丰水期、平水期、枯水期；至少丰水期和枯水期	丰水期和枯水期；至少枯水期	至少枯水期
入海河口（感潮河段）	河流：丰水期、平水期和枯水期；河口：春季、夏季和秋季；至少丰水期和枯水期，春季和秋季	河流：丰水期和枯水期；河口：春季、秋季2个季节；至少枯水期或1个季节	至少枯水期或1个季节
近岸海域	春季、夏季和秋季；至少春季、秋季2个季节	春季或秋季；至少1个季节	至少1次调查

注1：感潮河段，入海河口，近岸海域在丰、枯水期（或春夏秋冬四季）均应选择大潮期或小潮期中一个潮期开展评价（无特殊要求时，可不考虑一个潮期内高潮期、低潮期的差别）。选择原则为：依据调查监测海域的环境特征，以影响范围较大或影响程度较重为目标，定性判别和选择大潮期或小潮期作为调查潮期。

注2：冰封期较长且作为生活饮用水与食品加工用水的水源或有渔业用水需求的水域，应将冰封期纳入评价时期。

注3：具有季节性排水特点的建设项目，根据建设项目排水期对应的水期或季节确定评价时期。

注4：水文要素影响型建设项目对评价范围内的水生生物生长、繁殖与洄游有明显影响的时期，需将对应的时期作为评价时期。

注5：复合影响型建设项目分别确定评价时期，按照覆盖所有评价时期的原则综合确定。

（7）**熟悉水环境保护目标的确定**

“5.5　水环境保护目标确定

5.5.1　依据环境影响因素识别结果，调查评价范围内水环境保护目标，确定主要水环境保护目标。

5.5.2　应在地图中标注各水环境保护目标的地理位置、四至范围，并列表给出水环境保护目标内主要保护对象和保护要求，以及与建设项目占地区域的相对距离、坐标、高差，与排放口的相对距离、坐标等信息，同时说明与建设项目的水力联系。”

（8）熟悉建设项目地表水环境影响评价标准的确定

"5.6　环境影响评价标准确定

5.6.1　建设项目地表水环境影响评价标准，应根据评价范围内水环境质量管理要求和相关污染物排放标准的规定，确定各评价因子适用的水环境质量标准与相应的污染物排放标准。

5.6.1.1　根据 GB 3097、GB 3838、GB 5084、GB 11607、GB 18421、GB 18668 及相应的地方标准，结合受纳水体水环境功能区或水功能区、近岸海域环境功能区、水环境保护目标、生态流量等水环境质量管理要求，确定地表水环境质量评价标准。

5.6.1.2　根据现行国家和地方排放标准的相关规定，结合项目所属行业、地理位置，确定建设项目污染物排放评价标准。对于间接排放建设项目，若建设项目与污水处理厂在满足排放标准允许范围内，签订了纳管协议和排放浓度限值，并报相关生态环境保护部门备案，可将此浓度限值作为污染物排放评价的依据。

5.6.2　未划定水环境功能区或水功能区、近岸海域环境功能区的水域，或未明确水环境质量标准的评价因子，由地方人民政府生态环境保护主管部门确认应执行的环境质量要求；在国家及地方污染物排放标准中未包括的评价因子，由地方人民政府生态环境保护主管部门确认应执行的污染物排放要求。"

4．地表水环境现状调查与评价

（1）了解地表水环境现状调查与评价的总体要求

"6.1　总体要求

6.1.1　环境现状调查与评价应按照 HJ 2.1 的要求，遵循问题导向与管理目标导向统筹、流域（区域）与评价水域兼顾、水质水量协调、常规监测数据利用与补充监测互补、水环境现状与变化分析结合的原则。

6.1.2　应满足建立污染源与受纳水体水质响应关系的需求，符合地表水环境影响预测的要求。

6.1.3　工业园区规划环评的地表水环境现状调查与评价可依据本标准执行，流域规划环评参照执行，其他规划环评根据规划特性与地表水环境评价要求，参考执行或选择相应的技术规范。"

（2）熟悉地表水环境现状调查范围的确定原则

"6.2　调查范围

6.2.1　地表水环境的现状调查范围应覆盖评价范围，应以平面图方式表示，并明确起、止断面的位置及涉及范围。

6.2.2　对于水污染影响型建设项目，除覆盖评价范围外，受纳水体为河流时，在不受回水影响的河段，排放口上游调查范围宜不小于 500 m，受回水影响河段的上游调查范围原则上与下游调查的河段长度相等；受纳水体为湖库时，以排放口为圆心，调查半径在评价范围基础上外延 20%～50%。

6.2.3　对于水文要素影响型建设项目，受影响水体为河流、湖库时，除覆盖评价范围外，一级、二级评价时，还应包括库区及支流回水影响区、坝下至下一个梯级或河口、受水区、退水影响区。

6.2.4　对于水污染影响型建设项目，建设项目排放污染物中包括氮、磷或有毒污染物且受纳水体为湖泊、水库时，一级评价的调查范围应包括整个湖泊、水库，二级、三级 A 评价时，调查范围应包括排放口所在水环境功能区、水功能区或湖（库）湾区。”

（3）熟悉建设项目地表水环境现状调查因子与调查时期

“6.3　调查因子

地表水环境现状调查因子根据评价范围水环境质量管理要求、建设项目水污染物排放特点与水环境影响预测评价要求等综合分析确定。调查因子应不少于评价因子。

6.4　调查时期

调查时期和评价时期一致。”

（4）熟悉建设项目地表水环境现状调查内容与调查方法

“6.5　调查内容与方法

6.5.1　地表水环境现状调查内容包括建设项目及区域水污染源调查、受纳或受影响水体水环境质量现状调查、区域水资源与开发利用状况、水文情势与相关水文特征值调查，以及水环境保护目标、水环境功能区或水功能区、近岸海域环境功能区及其相关的水环境质量管理要求等调查。涉及涉水工程的，还应调查涉水工程运行规则和调度情况。详细调查内容见附录 B。

6.5.2　调查方法主要采用资料收集、现场监测、无人机或卫星遥感遥测等方法。”

（5）熟悉不同评价等级水污染影响型建设项目污染源调查要求

“6.6　调查要求

6.6.1　建设项目污染源调查应在工程分析基础上，确定水污染物的排放量及进入受纳水体的污染负荷量。

6.6.2　区域水污染源调查

6.6.2.1　应详细调查与建设项目排放污染物同类的，或有关联关系的已建项目、在建项目、拟建项目（已批复环境影响评价文件，下同）等污染源。

a）一级评价，以收集利用已建项目的排污许可证登记数据、环评及环保验收数据及既有实测数据为主，并辅以现场调查及现场监测；

b）二级评价，主要收集利用已建项目的排污许可证登记数据、环评及环保验收数据及既有实测数据，必要时补充现场监测；

c）水污染影响型三级 A 评价与水文要素影响型三级评价，主要收集利用与建设项目排放口的空间位置和所排污染物的性质关系密切的污染源资料，可不进行现场调查及现场监测；

d）水污染影响型三级 B 评价，可不开展区域污染源调查，主要调查依托污水处理设施的日处理能力、处理工艺、设计进水水质、处理后的废水稳定达标排放情况，同时应调查依托污水处理设施执行的排放标准是否涵盖建设项目排放的有毒有害的特征水污染物。

6.6.2.2　一级、二级评价，建设项目直接导致受纳水体内源污染变化，或存在与建设项目排放污染物同类的且内源污染影响受纳水体水环境质量，应开展内源污染调查，必要时应开展底泥污染补充监测。

6.6.2.3　具有已审批入河排放口的主要污染物种类及其排放浓度和总量数据，以及国家或地方发布的入河排放口数据的，可不对入河排放口汇水区域的污染源开展调查。

6.6.2.4　面污染源调查主要采用收集利用既有数据资料的调查方法，可不进行实测。

6.6.2.5　建设项目的污染物排放指标需要等量替代或减量替代时，还应对替代项目开展污染源调查。”

（6）熟悉水环境质量现状调查要求

“6.6.3　水环境质量现状调查

6.6.3.1　应根据不同评价等级对应的评价时期要求开展水环境质量现状调查。

6.6.3.2　应优先采用国务院生态环境保护主管部门统一发布的水环境状况信息。

6.6.3.3　当现有资料不能满足要求时，应按照不同等级对应的评价时期要求开展现状监测。

6.6.3.4　水污染影响型建设项目一级、二级评价时，应调查受纳水体近 3 年的水环境质量数据，分析其变化趋势。”

（7）了解水资源现状调查要求

“6.6.5　水资源与开发利用状况调查。水文要素影响型建设项目一级、二级评价时，应开展建设项目所在流域、区域的水资源与开发利用状况调查。”

（8）了解水文情势调查要求

“6.6.6　水文情势调查

6.6.6.1　应尽量收集临近水文站既有水文年鉴资料和其他相关的有效水文观测资料。当上述资料不足时，应进行现场水文调查与水文测量，水文调查与水文测量宜与水质调查同步进行。

6.6.6.2　水文调查与水文测量宜在枯水期进行。必要时，可根据水环境影响预测需要、生态环境保护要求，在其他时期（丰水期、平水期、冰封期等）进行。

6.6.6.3　水文测量的内容应满足拟采用的水环境影响预测模型对水文参数的要求。在采用水环境数学模型时，应根据所选用的预测模型需输入的水文特征值及环境水力学参数决定水文测量内容；在采用物理模型法模拟水环境影响时，水文测量应提供模型制作及模型试验所需的水文特征值及环境水力学参数。

6.6.6.4　水污染影响型建设项目开展与水质调查同步进行的水文测量，原则上可只在一个时期（水期）内进行。在水文测量的时间、频次和断面与水质调查不完全相同时，应保证满足水环境影响预测所需的水文特征值及环境水力学参数的要求。”

（9）熟悉地表水补充监测的要求、内容、监测布点与采样频率

“6.7　补充监测

6.7.1　补充监测要求

6.7.1.1　应对收集资料进行复核整理，分析资料的可靠性、一致性和代表性，针对资料的不足，制订必要的补充监测方案，确定补充监测时期、内容、范围。

6.7.1.2　需要开展多个断面或点位补充监测的，应在大致相同的时段内开展同步监测。需要同时开展水质与水文补充监测的，应按照水质水量协调统一的要求开展同步监测，测量的时间、频次和断面应保证满足水环境影响预测的要求。

6.7.1.3　应选择符合监测项目对应环境质量标准或参考标准所推荐的监测方法，并在监测报告中注明。水质采样与水质分析应遵循相关的环境监测技术规范。水文调查与水文测量的方法可参照 GB 50179、GB/T 12763、GB/T 14914 的相关规定执行。河流及湖库底泥调查参照 HJ/T 91 执行，入海河口、近岸海域沉积物调查参照 GB 17378、HJ 442 执行。

6.7.2　监测内容

6.7.2.1　应在常规监测断面的基础上，重点针对对照断面、控制断面以及环境保护目标所在水域的监测断面开展水质补充监测。

6.7.2.2　建设项目需要确定生态流量时，应结合主要生态保护对象敏感用水时段进行调查分析，有针对性地开展必要的生态流量与径流过程监测等。

6.7.2.3　当调查的水下地形数据不能满足水环境影响预测要求时，应开展水下地形补充测绘。

6.7.3　监测布点与采样频次

6.7.3.1　监测布点与采样频次要求见附录C。

6.7.3.2　底泥污染调查与评价的监测点位布设应能够反映底泥污染物空间分布特征的要求，根据底泥分布区域、分布深度、扰动区域、扰动深度、扰动时间等设置。”

（10）掌握地表水环境现状评价内容与要求

“6.8　环境现状评价内容与要求

根据建设项目水环境影响特点与水环境质量管理要求，选择以下全部或部分内容开展评价：

a）水环境功能区或水功能区、近岸海域环境功能区水质达标状况。评价建设项目评价范围内水环境功能区或水功能区、近岸海域环境功能区各评价时期的水质状况与变化特征，给出水环境功能区或水功能区、近岸海域环境功能区达标评价结论，明确水环境功能区或水功能区、近岸海域环境功能区水质超标因子、超标程度，分析超标原因；

b）水环境控制单元或断面水质达标状况。评价建设项目所在控制单元或断面各评价时期的水质现状与时空变化特征，评价控制单元或断面的水质达标状况，明确控制单元或断面的水质超标因子、超标程度，分析超标原因；

c）水环境保护目标质量状况。评价涉及水环境保护目标水域各评价时期的水质状况与变化特征，明确水质超标因子、超标程度，分析超标原因；

d）对照断面、控制断面等代表性断面的水质状况。评价对照断面水质状况，分析对照断面水质水量变化特征，给出水环境影响预测的设计水文条件；评价控制断面水质现状、达标状况，分析控制断面来水水质水量状况，识别上游来水不利组合状况，分析不利条件下的水质达标问题。评价其他监测断面的水质状况，根据断面所在水域的水环境保护目标水质要求，评价水质达标状况与超标因子；

e）底泥污染评价。评价底泥污染项目及污染程度，识别超标因子，结合底泥处置排放去向，评价退水水质与超标情况；

f）水资源与开发利用程度及其水文情势评价。根据建设项目水文要素影响特点，评价所在流域（区域）水资源与开发利用程度、生态流量满足程度、水域岸线空间占用状况等；

g）水环境质量回顾评价。结合历史监测数据与国家及地方生态环境保护主管部门公开发布的环境状况信息，评价建设项目所在水环境控制单元或断面、水环境功能区或水功能区、近岸海域环境功能区的水质变化趋势，评价主要超标因子变化状况，分析建设项目所在区域或水域的水质问题，从水污染、水文要素等方面，综合分析水环境质量现状问题的原因，明确与建设项目排污影响的关系；

h）流域（区域）水资源（包括水能资源）与开发利用总体状况、生态流量管理要求与现状满足程度、建设项目占用水域空间的水流状况与河湖演变状况；

i）依托污水处理设施稳定达标排放评价。评价建设项目依托的污水处理设施稳定达标状况，分析建设项目依托污水处理设施环境可行性。”

（11）熟悉地表水环境现状评价方法

“6.9 评价方法

6.9.1 水环境功能区或水功能区、近岸海域环境功能区及水环境控制单元或断面水质达标状况评价方法，参考国家或地方政府相关部门制定的水环境质量评价技术规范、水体达标方案编制指南、水功能区水质达标评价技术规范等。

6.9.2 监测断面或点位水环境质量现状评价方法。采用水质指数法评价，评价方法见附录D。

6.9.3 底泥污染状况评价方法。采用单项污染指数法评价，评价方法见附录D。”

5. 地表水环境影响预测

（1）熟悉建设项目地表水环境影响预测的总体要求

“7.1 总体要求

7.1.1 地表水环境影响预测应遵循HJ 2.1中规定的原则。

7.1.2 一级、二级、水污染影响型三级A与水文要素影响型三级评价应定量预测建设项目水环境影响，水污染影响型三级B评价可不进行水环境影响预测。

7.1.3 影响预测应考虑评价范围内已建、在建和拟建项目中，与建设项目排放同类（种）污染物、对相同水文要素产生的叠加影响。

7.1.4 建设项目分期规划实施的，应估算规划水平年进入评价范围的污染负荷，预测分析规划水平年评价范围内地表水环境质量变化趋势。”

（2）熟悉建设项目地表水环境影响预测因子、范围和预测时期

“7.2 预测因子与预测范围

7.2.1 预测因子应根据评价因子确定，重点选择与建设项目水环境影响关系密切的因子。

7.2.2　预测范围应覆盖 5.3 规定的评价范围，并根据受影响地表水体水文要素与水质特点合理拓展。

7.3　预测时期

水环境影响预测的时期应满足不同评价等级的评价时期要求（表 3）。水污染影响型建设项目，水体自净能力最不利以及水质状况相对较差的不利时期、水环境现状补充监测时期应作为重点预测时期；水文要素影响型建设项目，以水质状况相对较差或对评价范围内水生生物影响最大的不利时期为重点预测时期。”

（3）熟悉建设项目地表水环境影响预测情景和预测内容

“7.4　预测情景

7.4.1　根据建设项目特点分别选择建设期、生产运行期和服务期满后三个阶段进行预测。

7.4.2　生产运行期应预测正常排放、非正常排放两种工况对水环境的影响，如建设项目具有充足的调节容量，可只预测正常排放对水环境的影响。

7.4.3　应对建设项目污染控制和减缓措施方案进行水环境影响模拟预测。

7.4.4　对受纳水体环境质量不达标区域，应考虑区（流）域环境质量改善目标要求情景下的模拟预测。

7.5　预测内容

7.5.1　预测分析内容根据影响类型、预测因子、预测情景、预测范围地表水体类别、所选用的预测模型及评价要求确定。

7.5.2　水污染影响型建设项目，主要包括：

a）各关心断面（控制断面、取水口、污染源排放核算断面等）水质预测因子的浓度及变化；

b）到达水环境保护目标处的污染物浓度；

c）各污染物最大影响范围；

d）湖泊、水库及半封闭海湾等，还需关注富营养化状况与水华、赤潮等；

e）排放口混合区范围。

7.5.3　水文要素影响型建设项目，主要包括：

a）河流、湖泊及水库的水文情势预测分析主要包括水域形态、径流条件、水力条件以及冲淤变化等内容，具体包括水面面积、水量、水温、径流过程、水位、水深、流速、水面宽、冲淤变化等，湖泊和水库需要重点关注湖库水域面积或蓄水量及水力停留时间等因子；

b）感潮河段、入海河口及近岸海域水动力条件预测分析主要包括流量、流向、潮区界、潮流界、纳潮量、水位、流速、水面宽、水深、冲淤变化等因子。”

（4）熟悉河流数学模型和湖库数学模型的适用条件

“7.6.3 模型选择

a）河流数学模型。河流数学模型选择要求见表4。在模拟河流顺直、水流均匀且排污稳定时可以采用解析解。

表4 河流数学模型适用条件

模型分类	模型空间分类						模型时间分类	
	零维模型	纵向一维模型	河网模型	平面二维	立面二维	三维模型	稳态	非稳态
适用条件	水域基本均匀混合	沿程横断面均匀混合	多条河道相互连通，使得水流运动和污染物交换相互影响的河网地区	垂向均匀混合	垂向分层特征明显	垂向及平面分布差异明显	水流恒定、排污稳定	水流不恒定，或排污不稳定

b）湖库数学模型。湖库数学模型选择要求见表5。在模拟湖库水域形态规则、水流均匀且排污稳定时可以采用解析解模型。”

表5 湖库数学模型适用条件

模型分类	模型空间分类						模型时间分类	
	零维模型	纵向一维模型	平面二维	垂向一维	立面二维	三维模型	稳态	非稳态
适用条件	水流交换作用较充分、污染物质分布基本均匀	污染物在断面上均匀混合的河道型水库	浅水湖库，垂向分层不明显	深水湖库，水平分布差异不明显，存在垂向分层	深水湖库，横向分布差异不明显，存在垂向分层	垂向及平面分布差异明显	流场恒定、源强稳定	流场不恒定或源强不稳定

（5）了解感潮河段、入海河口数学模型的适用条件

“c）感潮河段、入海河口数学模型。污染物在断面上均匀混合的感潮河段、入海河口，可采用纵向一维非恒定数学模型，感潮河网区宜采用一维河网数学模型。浅水感潮河段和入海河口宜采用平面二维非恒定数学模型。如感潮河段、入海河口的下边界难以确定，宜采用一维、二维连接数学模型。”

（6）熟悉常用数学模型及模型概化

“7.7.1 当选用解析解方法进行水环境影响预测时，可对预测水域进行合理的概化。

7.7.2 河流水域概化要求：

a）预测河段及代表性断面的宽深比≥20 时，可视为矩形河段；

b）河段弯曲系数＞1.3 时，可视为弯曲河段，其余可概化为平直河段；

c）对于河流水文特征值、水质急剧变化的河段，应分段概化，并分别进行水环境影响预测；河网应分段概化，分别进行水环境影响预测。

7.7.3 湖库水域概化。根据湖库的入流条件、水力停留时间、水质及水温分布等情况，分别概化为稳定分层型、混合型和不稳定分层型。

7.7.4 受人工控制的河流，根据涉水工程（如水利水电工程）的运行调度方案及蓄水、泄流情况，分别视其为水库或河流进行水环境影响预测。

7.7.5 入海河口、近岸海域概化要求：

a）可将潮区界作为感潮河段的边界；

b）采用解析解方法进行水环境影响预测时，可按潮周平均、高潮平均和低潮平均三种情况，概化为稳态进行预测；

c）预测近岸海域可溶性物质水质分布时，可只考虑潮汐作用；预测密度小于海水的不可溶物质时应考虑潮汐、波浪及风的作用；

d）注入近岸海域的小型河流可视为点源，可忽略其对近岸海域流场的影响。”

（7）熟悉地表水环境影响预测的基础数据要求

“7.8.1 水文气象、水下地形等基础数据原则上应与工程设计保持一致，采用其他数据时，应说明数据来源、有效性及数据预处理情况。获取的基础数据应能够支持模型参数率定、模型验证的基本需求。

7.8.1.1 水文数据。水文数据应采用水文站点实测数据或根据站点实测数据进行推算，数据精度应与模拟预测结果精度要求匹配。河流、湖库建设项目水文数据时间精度应根据建设项目调控影响的时空特征，分析典型时段的水文情势与过程变化影响，涉及日调度影响的，时间精度宜不小于 1 h。感潮河段、入海河口及近岸海域建设项目应考虑盐度对污染物运移扩散的影响，一级评价时间精度不得低于 1 h。

7.8.1.2 气象数据。气象数据应根据模拟范围内或附近的常规气象监测站点数据进行合理确定。气象数据应采用多年平均气象资料或典型年实测气象资料数据。气象数据指标应包括气温、相对湿度、日照时数、降雨量、云量、风向、风速等。

7.8.1.3 水下地形数据。采用数值解模型时，原则上应采用最新的现有或补充测绘成果，水下地形数据精度原则上应与工程设计保持一致。建设项目实施后可能导致河道地形改变的，如疏浚及堤防建设以及水底泥沙淤积造成的库底、河底高程发生的变化，应考虑地形变化的影响。

7.8.1.4　涉水工程资料。包括预测范围内的已建、在建及拟建涉水工程，其取水量或工程调度情况、运行规则应与国家或地方发布的统计数据、环评及环保验收数据保持一致。

7.8.2　一致性及可靠性分析。对评价范围调查收集的水文资料（流速、流量、水位、蓄水量等）、水质资料、排放口资料（污水排放量与水质浓度）、支流资料（支流水量与水质浓度）、取水口资料（取水量、取水方式、水质数据）、污染源资料（排污量、排污去向与排放方式、污染物种类及排放浓度）等进行数据一致性分析。应明确模型采用基础数据的来源，保证基础数据的可靠性。

7.8.3　建设项目所在水环境控制单元如有国家生态环境保护部门发布的标准化土壤及土地利用数据、地形数据、环境水力学特征参数的，影响预测模拟时应优先使用标准化数据。”

（8）熟悉地表水环境影响模型预测的初始条件和边界条件

“7.9　初始条件

7.9.1　初始条件（水文、水质、水温等）设定应满足所选用数学模型的基本要求，需合理确定初始条件，控制预测结果不受初始条件的影响。

7.9.2　当初始条件对计算结果的影响在短时间内无法有效消除时，应延长模拟计算的初始时间，必要时应开展初始条件敏感性分析。

7.10　边界条件

7.10.1　设计水文条件确定要求

7.10.1.1　河流、湖库设计水文条件要求：

a）河流不利枯水条件宜采用90%保证率最枯月流量或近10年最枯月平均流量；流向不定的河网地区和潮汐河段，宜采用90%保证率流速为零时的低水位相应水量作为不利枯水水量；湖库不利枯水条件应采用近10年最低月平均水位或90%保证率最枯月平均水位相应的蓄水量，水库也可采用死库容相应的蓄水量。其他水期的设计水量则应根据水环境影响预测需求确定。

b）受人工调控的河段，可采用最小下泄流量或河道内生态流量作为设计流量。

c）根据设计流量，采用水力学、水文学等方法，确定水位、流速、河宽、水深等其他水力学数据。

7.10.1.2　入海河口、近岸海域设计水文条件要求：

a）感潮河段、入海河口的上游水文边界条件参照7.10.1.1的要求确定，下游水位边界的确定，应选择对应时段潮周期作为基本水文条件进行计算，可取用保证率为10%、50%和90%潮差，或上游计算流量条件下相应的实测潮位过程；

b）近岸海域的潮位边界条件界定，应选择一个潮周期作为基本水文条件，选用历史实测潮位过程或人工构造潮型作为设计水文条件。

7.10.1.3　河流、湖库设计水文条件的计算可按 SL 278 的规定执行。

7.10.2　污染负荷的确定要求

7.10.2.1　根据预测情景，确定各情景下建设项目排放的污染负荷量，应包括建设项目所有排放口（涉及一类污染物的车间或车间处理设施排放口、企业总排口、雨水排放口、温排水排放口等）的污染物源强。

7.10.2.2　应覆盖预测范围内的所有与建设项目排放污染物相关的污染源或污染源负荷占预测范围总污染负荷的比例超过 95%。

7.10.2.3　规划水平年污染源负荷预测要求

a）点源及面源污染源负荷预测要求。应包括已建、在建及拟建项目的污染物排放，综合考虑区域经济社会发展及水污染防治规划、区（流）域环境质量改善目标要求，按照点源、面源分别确定预测范围内的污染源的排放量与入河量。采用面源模型预测规划水平年污染负荷时，面源模型的构建、率定、验证等要求参照 7.11 相关规定执行。

b）内源负荷预测要求。内源负荷估算可采用释放系数法，必要时可采用释放动力学模型方法。内源释放系数可采用静水、动水试验进行测定或者参考类似工程资料确定；水环境影响敏感且资料缺乏区域需开展静水试验、动水试验确定释放系数；类比时需结合施工工艺、沉积物类型、水动力等因素进行修正。”

（9）熟悉地表水环境影响模型预测设计水文条件的确定要求

“7.10.1.1　河流、湖库设计水文条件要求：

a）河流不利枯水条件宜采用 90%保证率最枯月流量或近 10 年最枯月平均流量；流向不定的河网地区和潮汐河段，宜采用 90%保证率流速为零时的低水位相应水量作为不利枯水水量；湖库不利枯水条件应采用近 10 年最低月平均水位或 90%保证率最枯月平均水位相应的蓄水量，水库也可采用死库容相应的蓄水量。其他水期的设计水量则应根据水环境影响预测需求确定。

b）受人工调控的河段，可采用最小下泄流量或河道内生态流量作为设计流量。

c）根据设计流量，采用水力学、水文学等方法，确定水位、流速、河宽、水深等其他水力学数据。

7.10.1.2　入海河口、近岸海域设计水文条件要求：

a）感潮河段、入海河口的上游水文边界条件参照 7.10.1.1 的要求确定，下游水位边界的确定，应选择对应时段潮周期作为基本水文条件进行计算，可取用保证率为 10%、50%和 90%潮差，或上游计算流量条件下相应的实测潮位过程；

b）近岸海域的潮位边界条件界定，应选择一个潮周期作为基本水文条件，选用历史实测潮位过程或人工构造潮型作为设计水文条件。

7.10.1.3 河流、湖库设计水文条件的计算可按 SL 278 的规定执行。”

（10）熟悉地表水环境影响模型预测污染负荷的确定要求

“7.10.2 污染负荷的确定要求

7.10.2.1 根据预测情景，确定各情景下建设项目排放的污染负荷量，应包括建设项目所有排放口（涉及一类污染物的车间或车间处理设施排放口、企业总排口、雨水排放口、温排水排放口等）的污染物源强。

7.10.2.2 应覆盖预测范围内的所有与建设项目排放污染物相关的污染源或污染源负荷占预测范围总污染负荷的比例超过95%。

7.10.2.3 规划水平年污染源负荷预测要求

a）点源及面源污染源负荷预测要求。应包括已建、在建及拟建项目的污染物排放，综合考虑区域经济社会发展及水污染防治规划、区（流）域环境质量改善目标要求，按照点源、面源分别确定预测范围内的污染源的排放量与入河量。采用面源模型预测规划水平年污染负荷时，面源模型的构建、率定、验证等要求参照7.11相关规定执行。

b）内源负荷预测要求。内源负荷估算可采用释放系数法，必要时可采用释放动力学模型方法。内源释放系数可采用静水、动水试验进行测定或者参考类似工程资料确定；水环境影响敏感且资料缺乏区域需开展静水试验、动水试验确定释放系数；类比时需结合施工工艺、沉积物类型、水动力等因素进行修正。”

（11）了解地表水环境影响模型参数确定与模型验证要求

“7.11 参数确定与验证要求

7.11.1 水动力及水质模型参数包括水文及水力学参数、水质（包括水温及富营养化）参数等。其中水文及水力学参数包括流量、流速、坡度、糙率等；水质参数包括污染物综合衰减系数、扩散系数、耗氧系数、复氧系数、蒸发散热系数等。

7.11.2 模型参数确定可采用类比、经验公式、实验室测定、物理模型试验、现场实测及模型率定等，可以采用多类方法比对确定模型参数。当采用数值解模型时，宜采用模型率定法核定模型参数。

7.11.3 在模型参数确定的基础上，通过模型计算结果与实测数据进行比较分析，验证模型的适用性与误差及精度。

7.11.4 选择模型率定法确定模型参数的，模型验证应采用与模型参数率定不同组实测资料数据进行。

7.11.5 应对模型参数确定与模型验证的过程和结果进行分析说明，并以河宽、水深、流速、流量以及主要预测因子的模拟结果作为分析依据，当采用二维或三维模型时，应开展流场分析。模型验证应分析模拟结果与实测结果的拟合情况，阐明模型参数率定取值的合理性。”

（12）熟悉地表水环境影响预测点位设置要求

“7.12.1　预测点位设置要求

7.12.1.1　应将常规监测点、补充监测点、水环境保护目标、水质水量突变处及控制断面等作为预测重点。

7.12.1.2　当需要预测排放口所在水域形成的混合区范围时，应适当加密预测点位。”

（13）熟悉地表水环境影响模型预测结果的合理性分析

“7.12.2　模型结果合理性分析

7.12.2.1　模型计算成果的内容、精度和深度应满足环境影响评价要求。

7.12.2.2　采用数值解模型进行影响预测时，应说明模型时间步长、空间步长设定的合理性，在必要的情况下应对模拟结果开展质量或热量守恒分析。

7.12.2.3　应对模型计算的关键影响区域和重要影响时段的流场、流速分布、水质（水温）等模拟结果进行分析，并给出相关图件。

7.12.2.4　区域水环境影响较大的建设项目，宜采用不同模型进行比对分析。”

6．地表水环境影响评价

（1）掌握不同评价等级建设项目的主要评价内容

“8.1　评价内容

8.1.1　一级、二级、水污染影响型三级 A 及水文要素影响型三级评价。主要评价内容包括：

a）水污染控制和水环境影响减缓措施有效性评价；

b）水环境影响评价。

8.1.2　水污染影响型三级 B 评价。主要评价内容包括：

a）水污染控制和水环境影响减缓措施有效性评价；

b）依托污水处理设施的环境可行性评价。”

（2）掌握地表水环境影响评价要求

“8.2　评价要求

8.2.1　水污染控制和水环境影响减缓措施有效性评价应满足以下要求：

a）污染控制措施及各类排放口排放浓度限值等应满足国家和地方相关排放标准及符合有关标准规定的排水协议关于水污染物排放的条款要求；

b）水动力影响、生态流量、水温影响减缓措施应满足水环境保护目标的要求；

c）涉及面源污染的，应满足国家和地方有关面源污染控制治理要求；

d）受纳水体环境质量达标区的建设项目选择废水处理措施或多方案比选时，应满足行业污染防治可行技术指南要求，确保废水稳定达标排放且环境影响可以接受；

e）受纳水体环境质量不达标区的建设项目选择废水处理措施或多方案比选时，应满足区（流）域水环境质量限期达标规划和替代源的削减方案要求、区（流）域环境质量改善目标要求及行业污染防治可行技术指南中最佳可行技术要求，确保废水污染物达到最低排放强度和排放浓度，且环境影响可以接受。

8.2.2 水环境影响评价应满足以下要求：

a）排放口所在水域形成的混合区，应限制在达标控制（考核）断面以外水域，且不得与已有排放口形成的混合区叠加，混合区外水域应满足水环境功能区或水功能区的水质目标要求；

b）水环境功能区或水功能区、近岸海域环境功能区水质达标。说明建设项目对评价范围内的水环境功能区或水功能区、近岸海域环境功能区的水质影响特征，分析水环境功能区或水功能区、近岸海域环境功能区水质变化状况，在考虑叠加影响的情况下，评价建设项目建成以后各预测时期水环境功能区或水功能区、近岸海域环境功能区达标状况。涉及富营养化问题的，还应评价水温、水文要素、营养盐等变化特征与趋势，分析判断富营养化演变趋势；

c）满足水环境保护目标水域水环境质量要求。评价水环境保护目标水域各预测时期的水质（包括水温）变化特征、影响程度与达标状况；

d）水环境控制单元或断面水质达标。说明建设项目污染排放或水文要素变化对所在控制单元各预测时期的水质影响特征，在考虑叠加影响的情况下，分析水环境控制单元或断面的水质变化状况，评价建设项目建成以后水环境控制单元或断面在各预测时期的水质达标状况；

e）满足重点水污染物排放总量控制指标要求，重点行业建设项目，主要污染物排放满足等量或减量替代要求；

f）满足区（流）域水环境质量改善目标要求；

g）水文要素影响型建设项目同时应包括水文情势变化评价、主要水文特征值影响评价、生态流量符合性评价；

h）对于新设或调整入河（湖库、近岸海域）排放口的建设项目，应包括排放口设置的环境合理性评价；

i）满足生态保护红线、水环境质量底线、资源利用上线和环境准入清单管理要求。

8.2.3 依托污水处理设施的环境可行性评价，主要从污水处理设施的日处理能力、处理工艺、设计进水水质、处理后的废水稳定达标排放情况及排放标准是否涵盖建设项目排放的有毒有害的特征水污染物等方面开展评价，满足依托的环境可行性要求。”

（3）掌握污染源排放量核算的一般要求

“8.3.1　一般要求

8.3.1.1　污染源排放量是新（改、扩）建项目申请污染物排放许可的依据。

8.3.1.2　对改建、扩建项目，除应核算新增源的污染物排放量外，还应核算项目建成后全厂的污染物排放量，污染源排放量为污染物的年排放量。

8.3.1.3　建设项目在批复的区域或水环境控制单元达标方案的许可排放量分配方案中有规定的，按规定执行。

8.3.1.4　污染源排放量核算，应在满足 8.2.2 前提下进行核算。

8.3.1.5　规划环评污染源排放量核算与分配应遵循水陆统筹、河海兼顾、满足“三线一单”（生态保护红线、环境质量底线、资源利用上线、环境准入清单）约束要求的原则，综合考虑水环境质量改善目标要求、水环境功能区或水功能区、近岸海域环境功能区管理要求、经济社会发展、行业排污绩效等因素，确保发展不超载，底线不突破。”

（4）熟悉直接排放建设项目污染源排放量核算

“8.3.3　直接排放建设项目污染源排放量核算，根据建设项目达标排放的地表水环境影响、污染源源强核算技术指南及排污许可申请与核发技术规范进行核算，并从严要求。

8.3.3.1　直接排放建设项目污染源排放量核算应在满足 8.2.2 的基础上，遵循以下原则要求：

a）污染源排放量的核算水体为有水环境功能要求的水体；

b）建设项目排放的污染物属于现状水质不达标的，包括本项目在内的区（流）域污染源排放量应调减至满足区（流）域水环境质量改善目标要求；

c）当受纳水体为河流时，不受回水影响的河段，建设项目污染源排放量核算断面位于排放口下游，与排放口的距离应小于 2 km；受回水影响的河段，应在排放口的上下游设置建设项目污染源排放量核算断面，与排放口的距离应小于 1 km。建设项目污染源排放量核算断面应根据区间水环境保护目标位置、水环境功能区或水功能区及控制单元断面等情况调整。当排放口污染物进入受纳水体在断面混合不均匀时，应以污染源排放量核算断面污染物最大浓度作为评价依据；

d）当受纳水体为湖库时，建设项目污染源排放量核算点位应布置在以排放口为中心、半径不超过 50 m 的扇形水域内，且扇形面积占湖库面积比例不超过

5%，核算点位应不少于3个。建设项目污染源排放量核算点应根据区间水环境保护目标位置、水环境功能区或水功能区及控制单元断面等情况调整；

e）遵循地表水环境质量底线要求，主要污染物（化学需氧量、氨氮、总磷、总氮）需预留必要的安全余量。安全余量可按地表水环境质量标准、受纳水体环境敏感性等确定：受纳水体为GB 3838 Ⅲ类水域，以及涉及水环境保护目标的水域，安全余量按照不低于建设项目污染源排放量核算断面（点位）处环境质量标准的10%确定（安全余量≥环境质量标准×10%）；受纳水体水环境质量标准为GB 3838 Ⅳ、Ⅴ类水域，安全余量按照不低于建设项目污染源排放量核算断面（点位）环境质量标准的8%确定（安全余量≥环境质量标准×8%）；地方如有更严格的环境管理要求，按地方要求执行；

f）当受纳水体为近岸海域时，参照GB 18486执行。

8.3.3.2 按照8.3.3.1规定要求预测评价范围的水质状况，如预测的水质因子满足地表水环境质量管理及安全余量要求，污染源排放量即为水污染控制措施有效性评价确定的排污量。如果不满足地表水环境质量管理及安全余量要求，则进一步根据水质目标核算污染源排放量。”

（5）熟悉生态流量确定的一般要求

“8.4.1 一般要求

8.4.1.1 根据河流和湖库生态环境保护目标的流量（水位）及过程需求确定生态流量（水位）。河流应确定生态流量，湖库应确定生态水位。

8.4.1.2 根据河流、湖库的形态、水文特征及生物重要生境分布，选取代表性的控制断面综合分析评价河流和湖库的生态环境状况、主要生态环境问题等。生态流量控制断面或点位选择应结合重要生境和重要环境保护对象等保护目标的分布、水文站网分布以及重要水利工程位置等统筹考虑。

8.4.1.3 依据评价范围内各水环境保护目标的生态环境需水确定生态流量，生态环境需水的计算方法可参考有关标准规定执行。”

（6）熟悉河流、湖库生态流量的计算、综合分析与确定

“8.4.2 河流、湖库生态环境需水计算要求

8.4.2.1 河流生态环境需水

河流生态环境需水包括水生生态需水、水环境需水、湿地需水、景观需水、河口压咸需水等。应根据河流生态环境保护目标要求，选择合适方法计算河流生态环境需水及其过程，符合以下要求：

a）水生生态需水计算中，应采用水力学法、生态水力学法、水文学法等方法计算水生生态流量。水生生态流量最少采用两种方法计算，基于不同计算方法成果对比分析，合理选择水生生态流量成果；鱼类繁殖期的水生生态需水宜

采用生境分析法计算，确定繁殖期所需的水文过程，并取外包线作为计算成果，鱼类繁殖期所需水文过程应与天然水文过程相似。水生生态需水应为水生生态流量与鱼类繁殖期所需水文过程的外包线；

b）水环境需水应根据水环境功能区或水功能区确定控制断面水质目标，结合计算范围内的河段特征和控制断面与概化后污染源的位置关系，采用 7.6 的数学模型方法计算水环境需水；

c）湿地需水应综合考虑湿地水文特征和生态保护目标需水特征，综合不同方法合理确定湿地需水。河岸植被需水量采用单位面积用水量法、潜水蒸发法、间接计算法、彭曼公式法等方法计算；河道内湿地补给水量采用水量平衡法计算。保护目标在繁育生长关键期对水文过程有特殊需求时，应计算湿地关键期需水量及过程；

d）景观需水应综合考虑水文特征和景观保护目标要求，确定景观需水；

e）河口压咸需水应根据调查成果，确定河口类型，可采用附录 E 中的相关数学模型计算河口压咸需水；

f）其他需水应根据评价区域实际情况进行计算，主要包括冲沙需水、河道蒸发和渗漏需水等。对于多泥沙河流，需考虑河流冲沙需水计算。

8.4.2.2　湖库生态环境需水计算要求：

a）湖库生态环境需水包括维持湖库生态水位的生态环境需水及入（出）湖河流生态环境需水。湖库生态环境需水可采用最小值、年内不同时段值和全年值表示；

b）湖库生态环境需水计算中，可采用不同频率最枯月平均值法或近 10 年最枯月平均水位法确定湖库生态环境需水最小值。年内不同时段值应根据湖库生态环境保护目标所对应的生态环境功能，分别计算各项生态环境功能敏感水期要求的需水量。维持湖库形态功能的水量，可采用湖库形态分析法计算。维持生物栖息地功能的需水量，可采用生物空间法计算；

c）入（出）湖库河流的生态环境需水应根据 8.4.2.1 计算确定，计算成果应与湖库生态水位计算成果相协调。

8.4.3　河流、湖库生态流量综合分析与确定

8.4.3.1　河流应根据水生生态需水、水环境需水、湿地需水、景观需水、河口压咸需水和其他需水等计算成果，考虑各项需水的外包关系和叠加关系，综合分析需水目标要求，确定生态流量。湖库应根据湖库生态环境需水确定最低生态水位及不同时段内的水位。

8.4.3.2　应根据国家或地方政府批复的综合规划、水资源规划、水环境保护规划等成果中相关的生态流量控制等要求，综合分析生态流量成果的合理性。”

7．环境保护措施与监测计划

熟悉环境保护措施与监测计划的一般要求和内容

“9.1 一般要求

9.1.1 在建设项目污染控制治理措施与废水排放满足排放标准与环境管理要求的基础上，针对建设项目实施可能造成地表水环境不利影响的阶段、范围和程度，提出预防、治理、控制、补偿等环保措施或替代方案等内容，并制订监测计划。

9.1.2 水环境保护对策措施的论证应包括水环境保护措施的内容、规模及工艺、相应投资、实施计划，所采取措施的预期效果、达标可行性、经济技术可行性及可靠性分析等内容。

9.1.3 对水文要素影响型建设项目，应提出减缓水文情势影响，保障生态需水的环保措施。

9.2 水环境保护措施

9.2.1 对建设项目可能产生的水污染物，需通过优化生产工艺和强化水资源的循环利用，提出减少污水产生量与排放量的环保措施，并对污水处理方案进行技术经济及环保论证比选，明确污水处理设施的位置、规模、处理工艺、主要构筑物或设备、处理效率；采取的污水处理方案要实现达标排放，满足总量控制指标要求，并对排放口设置及排放方式进行环保论证。

9.2.2 达标区建设项目选择废水处理措施或多方案比选时，应综合考虑成本和治理效果，选择可行技术方案。

9.2.3 不达标区建设项目选择废水处理措施或多方案比选时，应优先考虑治理效果，结合区（流）域水环境质量改善目标、替代源的削减方案实施情况，确保废水污染物达到最低排放强度和排放浓度。

9.2.4 对水文要素影响型建设项目，应考虑保护水域生境及水生态系统的水文条件以及生态环境用水的基本需求，提出优化运行调度方案或下泄流量及过程，并明确相应的泄放保障措施与监控方案。

9.2.5 对于建设项目引起的水温变化可能对农业、渔业生产或鱼类繁殖与生长等产生不利影响，应提出水温影响减缓措施。对产生低温水影响的建设项目，对其取水与泄水建筑物的工程方案提出环保优化建议，可采取分层取水设施、合理利用水库洪水调度运行方式等。对产生温排水影响的建设项目，可采取优化冷却方式减少排放量，通过余热利用措施降低热污染强度，合理选择温排水口的布置和型式，控制高温区范围等。

9.3　监测计划

9.3.1　按建设项目建设期、生产运行期、服务期满后等不同阶段，针对不同工况、不同地表水环境影响的特点，根据 HJ 819、HJ/T 92、相应的污染源源强核算技术指南和自行监测技术指南，提出水污染源的监测计划，包括监测点位、监测因子、监测频次、监测数据采集与处理、分析方法等。明确自行监测计划内容，提出应向社会公开的信息内容。

9.3.2　提出地表水环境质量监测计划，包括监测断面或点位位置(经纬度)、监测因子、监测频次、监测数据采集与处理、分析方法等。明确自行监测计划内容，提出应向社会公开的信息内容。

9.3.3　监测因子需与评价因子相协调。地表水环境质量监测断面或点位设置需与水环境现状监测、水环境影响预测的断面或点位相协调，并应强化其代表性、合理性。

9.3.4　建设项目排放口应根据污染物排放特点、相关规定设置监测系统，排放口附近有重要水环境功能区或水功能区及特殊用水需求时，应对排放口下游控制断面进行定期监测。

9.3.5　对下泄流量有泄放要求的建设项目，在闸坝下游应设置生态流量监测系统。”

8．地表水环境影响评价结论

掌握水环境影响评价结论的内容与要求

“10.1　水环境影响评价结论

10.1.1　根据水污染控制和水环境影响减缓措施有效性评价、地表水环境影响评价的结果，明确给出地表水环境影响是否可接受的结论。

10.1.2　达标区的建设项目环境影响评价，依据 8.2 要求，同时满足水污染控制和水环境影响减缓措施有效性评价、水环境影响评价的情况下，认为地表水环境影响可以接受，否则认为地表水环境影响不可接受。

10.1.3　不达标区的建设项目环境影响评价，依据 8.2 要求，在考虑区（流）域环境质量改善目标要求、削减替代源的基础上，同时满足水污染控制和水环境影响减缓措施有效性评价、水环境影响评价的情况下，认为地表水环境影响可以接受，否则认为地表水环境影响不可接受。”

（四）环境影响评价技术导则　地下水环境

1．总则

（1）掌握地下水环境影响评价的一般性原则和基本任务

“4.1　一般性原则

根据建设项目对地下水环境影响的程度，结合《建设项目环境影响评价分类管理名录》，将建设项目分为四类，详见附录A。Ⅰ类、Ⅱ类、Ⅲ类建设项目的地下水环境影响评价应执行本标准，Ⅳ类建设项目不开展地下水环境影响评价。

4.2　评价基本任务

地下水环境影响评价应按本标准划分的评价工作等级开展相应评价工作，基本任务包括：识别地下水环境影响，确定地下水环境影响评价工作等级；开展地下水环境现状调查，完成地下水环境现状监测与评价；预测和评价建设项目对地下水水质可能造成的直接影响，提出有针对性的地下水污染防控措施与对策，制定地下水环境影响跟踪监测计划和应急预案。”

（2）熟悉地下水环境影响评价的工作程序和各阶段主要工作内容

4.3　工作程序

地下水环境影响评价工作可划分为准备阶段、现状调查与评价阶段、影响预测与评价阶段和结论阶段。地下水环境影响评价工作程序见图1。

4.4　各阶段主要工作内容

4.4.1　准备阶段

搜集和分析国家和地方有关地下水环境保护的法律、法规、政策、标准及相关规划等资料；了解建设项目工程概况，进行初步工程分析，识别建设项目对地下水环境可能造成的直接影响；开展现场踏勘工作，识别地下水环境敏感程度；确定评价工作等级、评价范围以及评价重点。

4.4.2　现状调查与评价阶段

开展现场调查、勘探、地下水监测、取样、分析、室内外试验和室内资料分析等工作，进行现状评价。

4.4.3　影响预测与评价阶段

进行地下水环境影响预测，依据国家、地方有关地下水环境的法规及标准，评价建设项目对地下水环境可能造成的直接影响。

4.4.4　结论阶段

综合分析各阶段成果，提出地下水环境保护措施与防控措施，制定地下水环境影响跟踪监测计划，完成地下水环境影响评价。”

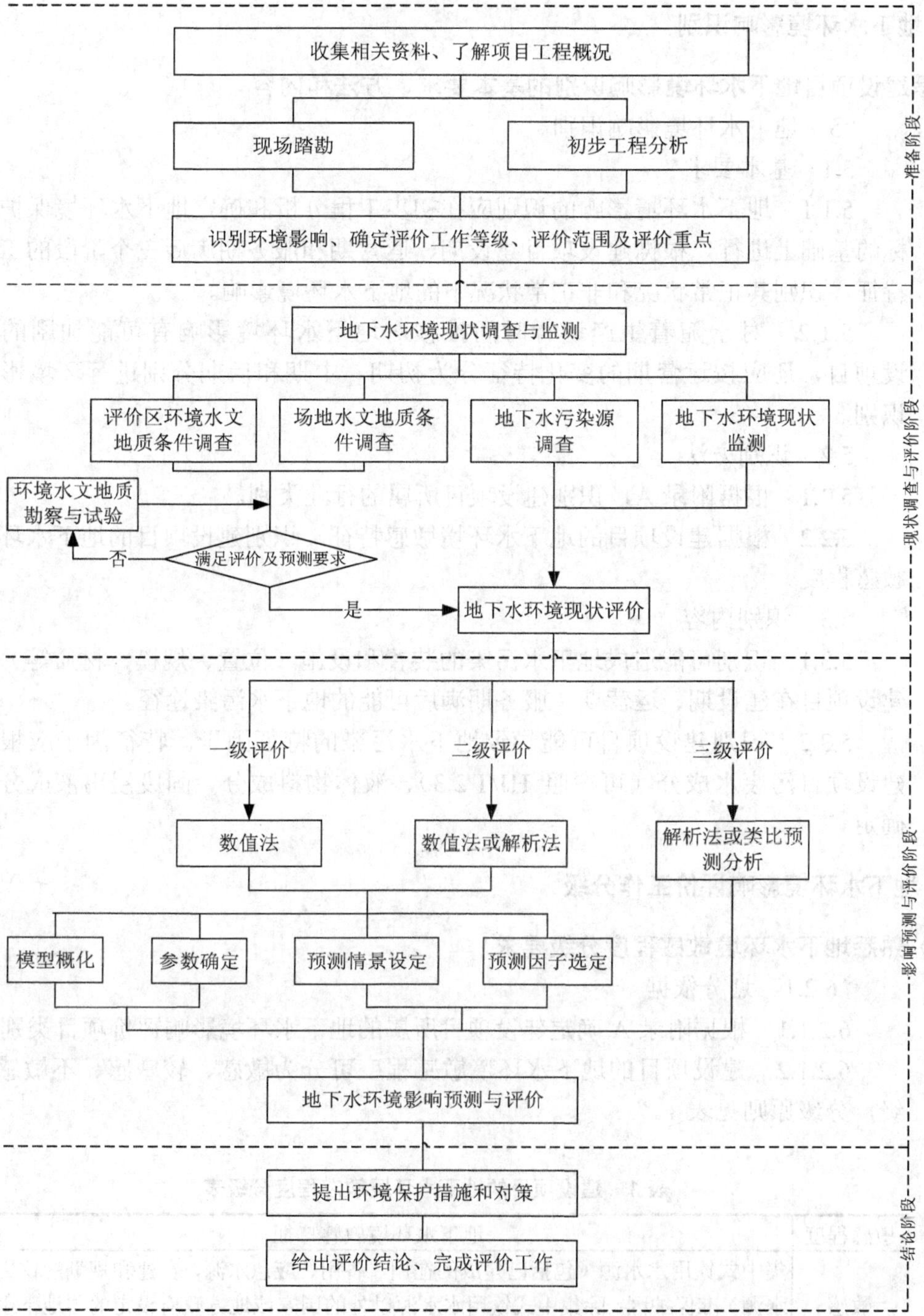

图 1　地下水环境影响评价工作程序图

2. 地下水环境影响识别

熟悉建设项目地下水环境影响识别的基本要求、方法和内容

“5 地下水环境影响识别

5.1 基本要求

5.1.1 地下水环境影响的识别应在初步工程分析和确定地下水环境保护目标的基础上进行，根据建设项目建设期、运营期和服务期满后三个阶段的工程特征，识别其正常状况和非正常状况下的地下水环境影响。

5.1.2 对于随着生产运行时间推移对地下水环境影响有可能加剧的建设项目，还应按运营期的变化特征分为初期、中期和后期分别进行环境影响识别。

5.2 识别方法

5.2.1 根据附录A，识别建设项目所属的行业类别。

5.2.2 根据建设项目的地下水环境敏感特征，识别建设项目的地下水环境敏感程度。

5.3 识别内容

5.3.1 识别可能造成地下水污染的装置和设施（位置、规模、材质等）及建设项目在建设期、运营期、服务期满后可能的地下水污染途径。

5.3.2 识别建设项目可能导致地下水污染的特征因子。特征因子应根据建设项目污废水成分（可参照 HJ/T 2.3）、液体物料成分、固废浸出液成分等确定。”

3. 地下水环境影响评价工作分级

（1）熟悉地下水环境敏感程度分级要求

“6.2.1 划分依据

6.2.1.1 根据附录A确定建设项目所属的地下水环境影响评价项目类别。

6.2.1.2 建设项目的地下水环境敏感程度可分为敏感、较敏感、不敏感三级，分级原则见表1。”

表1 建设项目的地下水环境敏感程度分级表

敏感程度	地下水环境敏感特征
敏感	集中式饮用水水源（包括已建成的在用、备用、应急水源，在建和规划的饮用水水源）准保护区；除集中式饮用水水源以外的国家或地方政府设定的与地下水环境相关的其他保护区，如热水、矿泉水、温泉等特殊地下水资源保护区

敏感程度	地下水环境敏感特征
较敏感	集中式饮用水水源（包括已建成的在用、备用、应急水源，在建和规划的饮用水水源）准保护区以外的补给径流区；未划定准保护区的集中式饮用水水源，其保护区以外的补给径流区；分散式饮用水水源地；特殊地下水资源（如热水、矿泉水、温泉等）保护区以外的分布区等其他未列入上述敏感分级的环境敏感区[a]
不敏感	上述地区之外的其他地区

注：a“环境敏感区”是指《建设项目环境影响评价分类管理名录》中所界定的涉及地下水的环境敏感区。

（2）掌握地下水环境影响评价工作等级划分要求

“6.2.2　建设项目评价工作等级

6.2.2.1　建设项目地下水环境影响评价工作等级划分见表2。

表2　建设项目评价工作等级分级表

项目类别 环境敏感程度	Ⅰ类项目	Ⅱ类项目	Ⅲ类项目
敏感	一	一	二
较敏感	一	二	三
不敏感	二	三	三

6.2.2.2　对于利用废弃盐岩矿井洞穴或人工专制盐岩洞穴、废弃矿井巷道加水幕系统、人工硬岩洞库加水幕系统、地质条件较好的含水层储油、枯竭的油气层储油等形式的地下储油库，危险废物填埋场应进行一级评价，不按表2划分评价工作等级。

6.2.2.3　当同一建设项目涉及两个或两个以上场地时，各场地应分别判定评价工作等级，并按相应等级开展评价工作。

6.2.2.4　线性工程应根据所涉地下水环境敏感程度和主要站场（如输油站、泵站、加油站、机务段、服务站等）位置进行分段判定评价工作等级，并按相应等级分别开展评价工作。”

4．地下水环境影响评价技术要求

掌握不同评价工作等级的地下水环境影响评价技术要求

“7 地下水环境影响评价技术要求

7.1　原则性要求

地下水环境影响评价应充分利用已有资料和数据，当已有资料和数据不能满足评价工作要求时，应开展相应评价工作等级要求的补充调查，必要时进行勘察试验。

7.2 一级评价要求

7.2.1 详细掌握调查评价区环境水文地质条件，主要包括含（隔）水层结构及其分布特征、地下水补径排条件、地下水流场、地下水动态变化特征、各含水层之间以及地表水与地下水之间的水力联系等，详细掌握调查评价区内地下水开发利用现状与规划。

7.2.2 开展地下水环境现状监测，详细掌握调查评价区地下水环境质量现状和地下水动态监测信息，进行地下水环境现状评价。

7.2.3 基本查清场地环境水文地质条件，有针对性地开展勘察试验，确定场地包气带特征及其防污性能。

7.2.4 采用数值法进行地下水环境影响预测，对于不宜概化为等效多孔介质的地区，可根据自身特点选择适宜的预测方法。

7.2.5 预测评价应结合相应环保措施，针对可能的污染情景，预测污染物运移趋势，评价建设项目对地下水环境保护目标的影响。

7.2.6 根据预测评价结果和场地包气带特征及其防污性能，提出切实可行的地下水环境保护措施与地下水环境影响跟踪监测计划，制定应急预案。

7.3 二级评价要求

7.3.1 基本掌握调查评价区的环境水文地质条件，主要包括含（隔）水层结构及其分布特征、地下水补径排条件、地下水流场等。了解调查评价区地下水开发利用现状与规划。

7.3.2 开展地下水环境现状监测，基本掌握调查评价区地下水环境质量现状，进行地下水环境现状评价。

7.3.3 根据场地环境水文地质条件的掌握情况，有针对性地补充必要的勘察试验。

7.4.4 根据建设项目特征、水文地质条件及资料掌握情况，采用数值法或解析法进行影响预测，评价对地下水环境保护目标的影响。

7.5.5 提出切实可行的环境保护措施与地下水环境影响跟踪监测计划。

7.4 三级评价要求

7.4.1 了解调查评价区和场地环境水文地质条件。

7.4.2 基本掌握调查评价区的地下水补径排条件和地下水环境质量现状。

7.4.3 采用解析法或类比分析法进行地下水环境影响分析与评价。

7.4.4 提出切实可行的环境保护措施与地下水环境影响跟踪监测计划。

7.5 其他技术要求

7.5.1 一级评价要求场地环境水文地质资料的调查精度应不低于 1∶10 000 比例尺，调查评价区的环境水文地质资料的调查精度应不低于 1∶50 000

比例尺。

7.5.2　二级评价环境水文地质资料的调查精度要求能够清晰反映建设项目与环境敏感区、地下水环境保护目标的位置关系，并根据建设项目特点和水文地质条件复杂程度确定调查精度，建议以不低于1∶50 000比例尺为宜。”

5. 地下水环境现状调查与评价

（1）掌握地下水环境现状调查与评价的原则和范围确定的方法与要求

“8.1　调查与评价原则

8.1.1　地下水环境现状调查与评价工作应遵循资料搜集与现场调查相结合、项目所在场地调查（勘察）与类比考察相结合、现状监测与长期动态资料分析相结合的原则。

8.1.2　地下水环境现状调查与评价工作的深度应满足相应的工作级别要求。当现有资料不能满足要求时，应通过组织现场监测或环境水文地质勘察与试验等方法获取。

8.1.3　对于一、二级评价的改、扩建类建设项目，应开展现有工业场地的包气带污染现状调查。

8.1.4　对于长输油品、化学品管线等线性工程，调查评价工作应重点针对场站、服务站等可能对地下水产生污染的地区开展。

8.2　调查评价范围

8.2.1　基本要求

地下水环境现状调查评价范围应包括与建设项目相关的地下水环境保护目标，以能说明地下水环境的现状，反映调查评价区地下水基本流场特征，满足地下水环境影响预测和评价为基本原则。

污染场地修复工程项目的地下水环境影响现状调查参照HJ 25.1执行。

8.2.2　调查评价范围确定

8.2.2.1　建设项目（除线性工程外）地下水环境影响现状调查评价范围可采用公式计算法、查表法和自定义法确定。

当建设项目所在地水文地质条件相对简单，且所掌握的资料能够满足公式计算法的要求时，应采用公式计算法确定；当不满足公式计算法的要求时，可采用查表法确定。当计算或查表范围超出所处水文地质单元边界时，应以所处水文地质单元边界为宜。

a）公式计算法

$$L=\alpha\times K\times I\times T/n_e \qquad (1)$$

式中：L——下游迁移距离，m；

α——变化系数，$\alpha \geqslant 1$，一般取 2；

K——渗透系数，m/d，常见渗透系数见附录 B 表 B.1；

I——水力坡度，量纲为 1；

T——质点迁移天数，取值不小于 5 000 d；

n_e——有效孔隙度，量纲为 1。

采用该方法时应包含重要的地下水环境保护目标，所得的调查评价范围如图 2 所示。

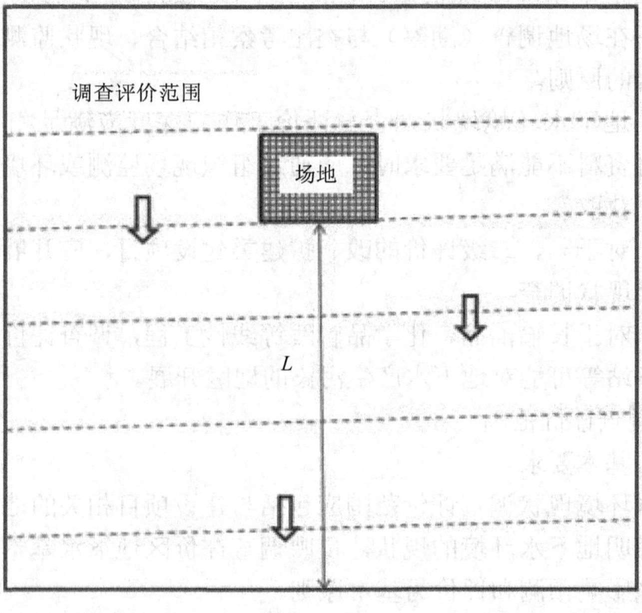

注：虚线表示等水位线；空心箭头表示地下水流向；场地上游距离根据评价需求确定，场地两侧不小于 $L/2$。

图 2　调查评价范围示意图

b）查表法

参照表 3。

表 3　建设项目地下水环境现状调查评价范围参照表

评价等级	调查评价面积/km^2	备注
一级	≥20	应包括重要的地下水环境保护目标，必要时适当扩大范围
二级	6～20	
三级	≤6	

c）自定义法

可根据建设项目所在地水文地质条件自行确定，须说明理由。

8.2.2.2　线性工程应以工程边界两侧分别向外延伸 200 m 作为调查评价范围；穿越饮用水源准保护区时，调查评价范围应至少包含水源保护区；线性工程站场的调查评价范围确定参照 8.2.2.1。”

（2）掌握水文地质条件调查的主要内容

“8.3.1　水文地质条件调查

在充分收集资料的基础上，根据建设项目特点和水文地质条件复杂程度，开展调查工作，主要内容包括：

a）气象、水文、土壤和植被状况；

b）地层岩性、地质构造、地貌特征与矿产资源；

c）包气带岩性、结构、厚度、分布及垂向渗透系数等；

d）含水层岩性、分布、结构、厚度、埋藏条件、渗透性、富水程度等；隔水层（弱透水层）的岩性、厚度、渗透性等；

e）地下水类型、地下水补径排条件；

f）地下水水位、水质、水温、地下水化学类型；

g）泉的成因类型，出露位置、形成条件及泉水流量、水质、水温，开发利用情况；

h）集中供水水源地和水源井的分布情况（包括开采层的成井密度、水井结构、深度以及开采历史）；

i）地下水现状监测井的深度、结构以及成井历史、使用功能；

j）地下水环境现状值（或地下水污染对照值）。

场地范围内应重点调查 c）。”

（3）熟悉地下水污染源调查的内容与要求

“8.3.2　地下水污染源调查

8.3.2.1　调查评价区内具有与建设项目产生或排放同种特征因子的地下水污染源。

8.3.2.2　对于一级、二级的改、扩建项目，应在可能造成地下水污染的主要装置或设施附近开展包气带污染现状调查，对包气带进行分层取样，一般在 0～20 cm 埋深范围内取一个样品，其他取样深度应根据污染源特征和包气带岩性、结构特征等确定，并说明理由。样品进行浸溶试验，测试分析浸溶液成分。”

（4）掌握地下水环境现状监测井点布设原则与要求

“8.3.3.3　现状监测井点的布设原则

a）地下水环境现状监测点采用控制性布点与功能性布点相结合的布设原

则。监测点应主要布设在建设项目场地、周围环境敏感点、地下水污染源以及对于确定边界条件有控制意义的地点。当现有监测点不能满足监测位置和监测深度要求时，应布设新的地下水现状监测井，现状监测井的布设应兼顾地下水环境影响跟踪监测计划。

b）监测层位应包括潜水含水层、可能受建设项目影响且具有饮用水开发利用价值的含水层。监测层位应包括潜水含水层、可能受建设项目影响且具有饮用水开发利用价值的含水层。

c）一般情况下，地下水水位监测点数以不小于相应评价级别地下水水质监测点数的两倍为宜。

d）地下水水质监测点布设的具体要求：

1）监测点布设应尽可能靠近建设项目场地或主体工程，监测点数应根据评价工作等级和水文地质条件确定。

2）一级评价项目潜水含水层的水质监测点应不少于7个，可能受建设项目影响且具有饮用水开发利用价值的含水层3～5个。原则上建设项目场地上游和两侧的地下水水质监测点均不得少于1个，建设项目场地及其下游影响区的地下水水质监测点不得少于3个。

3）二级评价项目潜水含水层的水质监测点应不少于5个，可能受建设项目影响且具有饮用水开发利用价值的含水层2～4个。原则上建设项目场地上游和两侧的地下水水质监测点均不得少于1个，建设项目场地及其下游影响区的地下水水质监测点不得少于2个。

4）三级评价项目潜水含水层水质监测点应不少于3个，可能受建设项目影响且具有饮用水开发利用价值的含水层1～2个。原则上建设项目场地上游及下游影响区的地下水水质监测点各不得少于1个。

e）管道型岩溶区等水文地质条件复杂的地区，地下水现状监测点应视情况确定，并说明布设理由。

f）在包气带厚度超过100 m的地区或监测井较难布置的基岩山区，当地下水质监测点数无法满足 d）要求时，可视情况调整数量，并说明调整理由。一般情况下，该类地区一级、二级评价项目应至少设置3个监测点，三级评价项目可根据需要设置一定数量的监测点。

8.3.3.4 地下水水质现状监测取样

a）应根据特征因子在地下水中的迁移特性选取适当的取样方法；

b）一般情况下，只取一个水质样品，取样点深度宜在地下水位以下1.0 m左右；

c）建设项目为改、扩建项目，且特征因子为DNAPLs（重质非水相液体）

时，应至少在含水层底部取一个样品。”

（5）熟悉环境水文地质勘察与试验的内容

“8.3.4　环境水文地质勘察与试验

8.3.4.1　环境水文地质勘察与试验是在充分收集已有资料和地下水环境现状调查的基础上，为进一步查明含水层特征和获取预测评价中必要的水文地质参数而进行的工作。

8.3.4.2　除一级评价应进行必要的环境水文地质勘察与试验外，对环境水文地质条件复杂且资料缺少的地区，二级、三级评价也应在区域水文地质调查的基础上对场地进行必要的水文地质勘察。

8.3.4.3　环境水文地质勘察可采用钻探、物探和水土化学分析以及室内外测试、试验等手段开展，具体参见相关标准与规范。

8.3.4.4　环境水文地质试验项目通常有抽水试验、注水试验、渗水试验、浸溶试验及土柱淋滤试验等，有关试验原则与方法参见附录 C。在评价工作过程中可根据评价工作等级和资料掌握情况选用。

8.3.4.5　进行环境水文地质勘察时，除采用常规方法外，还可采用其他辅助方法配合勘察。”

（6）熟悉地下水水质样品采集与现场测定的方法要求

“8.3.3.7　地下水水质样品采集与现场测定

a）地下水样品应采用自动式采样泵或人工活塞闭合式与敞口式定深采样器进行采集；

b）样品采集前，应先测量井孔地下水水位（或地下水位埋深）并做好记录，然后采用潜水泵或离心泵对采样井（孔）进行全井孔清洗，抽汲的水量不得小于 3 倍的井筒水（量）体积；

c）地下水水质样品的管理、分析化验和质量控制按照 HJ/T 164 执行。pH、E_h、DO、水温等不稳定项目应在现场测定。”

（7）熟悉不同评价工作等级地下水环境现状监测频率的要求

“8.3.3.6　现状监测频率要求

a）水位监测频率要求

1）评价工作等级为一级的建设项目，若掌握近 3 年内至少一个连续水文年的枯、平、丰水期地下水水位动态监测资料，评价期内应至少开展一期地下水水位监测；若无上述资料，应依据表 4 开展水位监测；

2）评价工作等级为二级的建设项目，若掌握近 3 年内至少一个连续水文年的枯、丰水期地下水水位动态监测资料，评价期可不再开展地下水水位现状监测；若无上述资料，应依据表 4 开展水位监测；

表 4　环境现状监测频率参照表

分布区 \ 频次 \ 评价等级	水位监测频率			水质监测频率		
	一级	二级	三级	一级	二级	三级
山前冲（洪）积	枯平丰	枯丰	一期	枯丰	枯	一期
滨海（含填海区）	二期[a]	一期	一期	一期	一期	一期
其他平原区	枯丰	一期	一期	枯	一期	一期
黄土地区	枯平丰	一期	一期	二期	一期	一期
沙漠地区	枯丰	一期	一期	一期	一期	一期
丘陵山区	枯丰	一期	一期	一期	一期	一期
岩溶裂隙	枯丰	一期	一期	枯丰	一期	一期
岩溶管道	二期	一期	一期	二期	一期	一期

注：a-“二期”的间隔有明显水位变化，其变化幅度接近年内变幅。

3）评价工作等级为三级的建设项目，若掌握近 3 年内至少一期的监测资料，评价期内可不再进行地下水水位现状监测；若无上述资料，应依据表 4 开展水位监测；

b）基本水质因子的水质监测频率应参照表 4，若掌握近 3 年至少一期水质监测数据，基本水质因子可在评价期补充开展一期现状监测；特征因子在评价期内应至少开展一期现状监测；

c）在包气带厚度超过 100 m 的评价区或监测井较难布置的基岩山区，若掌握近 3 年内至少一期的监测资料，评价期内可不进行地下水水位、水质现状监测；若无上述资料，至少开展一期现状水位、水质监测。”

（8）掌握地下水水质现状监测因子及评价内容

“8.3.3.5　地下水水质现状监测因子

a）检测分析地下水中 K^+、Na^+、Ca^{2+}、Mg^{2+}、CO_3^{2-}、HCO_3^-、Cl^-、SO_4^{2-} 的浓度；

b）地下水水质现状监测因子原则上应包括两类：一类是基本水质因子，另一类为特征因子。

1）基本水质因子以 pH、氨氮、硝酸盐、亚硝酸盐、挥发性酚类、氰化物、砷、汞、铬（六价）、总硬度、铅、氟、镉、铁、锰、溶解性总固体、高锰酸盐指数、硫酸盐、氯化物、总大肠菌群、细菌总数等以及背景值超标的水质因子为基础，可根据区域地下水水质状况、污染源状况适当调整；

2）特征因子根据 5.3.2 的识别结果确定，可根据区域地下水水质状况、污染源状况适当调整。

8.4　地下水环境现状评价

8.4.1　地下水水质现状评价

8.4.1.1　GB/T 14848 和有关法规及当地的环保要求是地下水环境现状评价的基本依据。对属于 GB/T 14848 水质指标的评价因子，应按其规定的水质分类标准值进行评价；对于不属于 GB/T 14848 水质指标的评价因子，可参照国家（行业、地方）相关标准（如 GB 3838、GB 5749、DZ/T 0290 等）进行评价。现状监测结果应进行统计分析，给出最大值、最小值、均值、标准差、检出率和超标率等。

8.4.1.2　地下水水质现状评价应采用标准指数法。标准指数＞1，表明该水质因子已超标，标准指数越大，超标越严重。标准指数计算公式分为以下两种情况：

a）对于评价标准为定值的水质因子，其标准指数计算方法见公式（2）：

$$P_i = \frac{C_i}{C_{si}} \tag{2}$$

式中：P_i ——第 i 个水质因子的标准指数，量纲为 1；

C_i ——第 i 个水质因子的监测浓度值，mg/L；

C_{si} ——第 i 个水质因子的标准浓度值，mg/L。

b）对于评价标准为区间值的水质因子（如 pH），其标准指数计算方法见公式（3）、公式（4）：

$$P_{pH} = \frac{7.0 - pH}{7.0 - pH_{sd}} \qquad pH \leqslant 7 \text{ 时} \tag{3}$$

$$P_{pH} = \frac{pH - 7.0}{pH_{su} - 7.0} \qquad pH > 7 \text{ 时} \tag{4}$$

式中：P_{pH}——pH 的标准指数，量纲为 1；

pH——pH 的监测值；

pH_{su}——标准中 pH 的上限值；

pH_{sd}——标准中 pH 的下限值。”

6．地下水环境影响预测

（1）掌握地下水环境影响预测的原则与范围

“9.1　预测原则

9.1.1　建设项目地下水环境影响预测应遵循 HJ 2.1 中确定的原则。考虑到地下水环境污染的复杂性、隐蔽性和难恢复性，还应遵循保护优先、预防为主的原则，预测应为评价各方案的环境安全和环境保护措施的合理性提供依据。

9.1.2 预测的范围、时段、内容和方法均应根据评价工作等级、工程特征与环境特征，结合当地环境功能和环保要求确定，应预测建设项目对地下水水质产生的直接影响，重点预测对地下水环境保护目标的影响。

9.1.3 在结合地下水污染防控措施的基础上，对工程设计方案或可行性研究报告推荐的选址（选线）方案可能引起的地下水环境影响进行预测。

9.2 预测范围

9.2.1 地下水环境影响预测范围一般与调查评价范围一致。

9.2.2 预测层位应以潜水含水层或污染物直接进入的含水层为主，兼顾与其水力联系密切且具有饮用水开发利用价值的含水层。

9.2.3 当建设项目场地天然包气带垂向渗透系数小于 1.0×10^{-6} cm/s 或厚度超过 100 m 时，预测范围应扩展至包气带。”

（2）熟悉地下水环境影响预测时段的划分及情景设置

“9.3 预测时段

地下水环境影响预测时段应选取可能产生地下水污染的关键时段，至少包括污染发生后 100 d、1 000 d，服务年限或者能反映特征因子迁移规律的其他重要的时间节点。

9.4 情景设置

9.4.1 一般情况下，建设项目须对正常状况和非正常状况的情景分别进行预测。

9.4.2 已依据 GB 16889、GB 18597、GB 18598、GB 18599、GB/T 50934 等规范设计地下水污染防渗措施的建设项目，可不进行正常状况情景下的预测。”

（3）熟悉地下水环境影响预测因子的选取要求

“9.5 预测因子

预测因子应包括：

a）根据 5.3.2 识别出的特征因子，按照重金属、持久性有机污染物和其他类别进行分类，并对每一类别中的各项因子采用标准指数法进行排序，分别取标准指数最大的因子作为预测因子；

b）现有工程已经产生的且改、扩建后将继续产生的特征因子，改、扩建后新增加的特征因子；

c）污染场地已查明的主要污染物；

d）国家或地方要求控制的污染物。”

（4）掌握不同评价工作等级应采用的地下水环境影响预测方法及其适用条件

“9.7 预测方法

9.7.1 建设项目地下水环境影响预测方法包括数学模型法和类比分析法。

其中，数学模型法包括数值法、解析法等。常用的地下水预测数学模型参见附录 D。

9.7.2　预测方法的选取应根据建设项目工程特征、水文地质条件及资料掌握程度来确定，当数值法不适用时，可用解析法或其他方法预测。一般情况下，一级评价应采用数值法，不宜概化为等效多孔介质的地区除外；二级评价中水文地质条件复杂且适宜采用数值法时，建议优先采用数值法；三级评价可采用解析法或类比分析法。

9.7.3　采用数值法预测前，应先进行参数识别和模型验证。

9.7.4　采用解析模型预测污染物在含水层中的扩散时，一般应满足以下条件：

a）污染物的排放对地下水流场没有明显的影响；

b）评价区内含水层的基本参数（如渗透系数、有效孔隙度等）不变或变化很小。

9.7.5　采用类比分析法时，应给出类比条件。类比分析对象与拟预测对象之间应满足以下要求：

a）二者的环境水文地质条件、水动力场条件相似；

b）二者的工程类型、规模及特征因子对地下水环境的影响具有相似性。

9.7.6　地下水环境影响预测过程中，对于采用非本导则推荐模式进行预测评价时，需明确所采用模式的适用条件，给出模型中的各参数物理意义及参数取值，并尽可能地采用本导则中的相关模式进行验证。”

（5）熟悉地下水环境影响预测源强的确定方法

“9.6　预测源强

地下水环境影响预测源强的确定应充分结合工程分析。

a）正常状况下，预测源强应结合建设项目工程分析和相关设计规范确定，如 GB 50141、GB 50268 等；

b）非正常状况下，预测源强可根据工艺设备或地下水环境保护设施因系统老化或腐蚀程度等设定。”

（6）熟悉地下水环境影响预测模型概化的内容

“9.8　预测模型概化

9.8.1　水文地质条件概化

根据调查评价区和场地环境水文地质条件，对边界性质、介质特征、水流特征和补径排等条件进行概化。

9.8.2　污染源概化

污染源概化包括排放形式与排放规律的概化。根据污染源的具体情况，排放形式可以概化为点源、线源、面源；排放规律可以简化为连续恒定排放或非连续恒定排放以及瞬时排放。

9.8.3 水文地质参数初始值的确定

预测所需的包气带垂向渗透系数、含水层渗透系数、给水度等参数初始值的获取应以收集评价范围内已有水文地质资料为主，不满足预测要求时需通过现场试验获取。”

（7）熟悉地下水环境影响的预测内容

“9.9 预测内容

9.9.1 给出特征因子不同时段的影响范围、程度、最大迁移距离。

9.9.2 给出预测期内建设项目场地边界或地下水环境保护目标处特征因子随时间的变化规律。

9.9.3 当建设项目场地天然包气带垂向渗透系数小于 1.0×10^{-6} cm/s 或厚度超过 100 m 时，须考虑包气带阻滞作用，预测特征因子在包气带中的迁移规律。

9.9.4 污染场地修复治理工程项目应给出污染物变化趋势或污染控制的范围。”

7. 地下水环境影响评价

（1）熟悉建设项目地下水环境影响评价的原则与方法

“10.1 评价原则

10.1.1 评价应以地下水环境现状调查和地下水环境影响预测结果为依据，对建设项目各实施阶段（建设期、运营期及服务期满后）不同环节及不同污染防控措施下的地下水环境影响进行评价。

10.1.2 地下水环境影响预测未包括环境质量现状值时，应叠加环境质量现状值后再进行评价。

10.1.3 应评价建设项目对地下水水质的直接影响，重点评价建设项目对地下水环境保护目标的影响。

10.3 评价方法

10.3.1 采用标准指数法对建设项目地下水水质影响进行评价，具体方法同8.4.1.2。

10.3.2 对属于 GB/T 14848 水质指标的评价因子，应按其规定的水质分类标准值进行评价；对于不属于 GB/T 14848 水质指标的评价因子，可参照国家（行业、地方）相关标准的水质标准值（如 GB 3838、GB 5749、DZ/T 0290 等）进行评价。”

（2）掌握建设项目地下水环境影响评价结论的判定要求

“10.4　评价结论

评价建设项目对地下水水质影响时，可采用以下判据评价水质能否满足标准的要求。

10.4.1　以下情况应得出可以满足标准要求的结论：

a）建设项目各个不同阶段，除场界内小范围以外地区，均能满足 GB/T 14848 或国家（行业、地方）相关标准要求的；

b）在建设项目实施的某个阶段，有个别评价因子出现较大范围超标，但采取环保措施后，可满足 GB/T 14848 或国家（行业、地方）相关标准要求的。

10.4.2　以下情况应得出不能满足标准要求的结论：

a）新建项目排放的主要污染物，改、扩建项目已经排放的及将要排放的主要污染物在评价范围内地下水中已经超标的；

b）环保措施在技术上不可行，或在经济上明显不合理的。”

8．地下水环境保护措施与对策

（1）熟悉地下水环境保护措施与对策的基本要求

“11.1　基本要求

11.1.1　地下水环境保护措施与对策应符合《中华人民共和国水污染防治法》和《中华人民共和国环境影响评价法》的相关规定，按照“源头控制、分区防控、污染监控、应急响应”且重点突出饮用水水质安全的原则确定。

11.1.2　地下水环境保护对策措施建议应根据建设项目特点、调查评价区和场地环境水文地质条件，在建设项目可行性研究提出的污染防控对策的基础上，根据环境影响预测与评价结果，提出需要增加或完善的地下水环境保护措施和对策。

11.1.3　改、扩建项目应针对现有工程引起的地下水污染问题，提出“以新带老”措施，有效减轻污染程度或控制污染范围，防止地下水污染加剧。

11.1.4　给出各项地下水环境保护措施与对策的实施效果，初步估算各措施的投资概算，列表给出并分析其技术、经济可行性。

11.1.5　提出合理、可行、操作性强的地下水污染防控的环境管理体系，包括地下水环境跟踪监测方案和定期信息公开等。”

（2）掌握建设项目地下水污染防控对策的内容及要求

“11.2　建设项目污染防治对策

11.2.1　源头控制措施

主要包括提出各类废物循环利用的具体方案，减少污染物的排放量；提出工艺、管道、设备、污水储存及处理构筑物应采取的污染防控措施，将污染物跑、冒、滴、漏降到最低限度。

11.2.2　分区防控措施

11.2.2.1　结合地下水环境影响评价结果，对工程设计或可行性研究报告提出的地下水污染防控方案提出优化调整建议，给出不同分区的具体防渗技术要求。

一般情况下，应以水平防渗为主，防控措施应满足以下要求：

a）已颁布污染控制标准或防渗技术规范的行业，水平防渗技术要求按照相应标准或规范执行，如 GB 16889、GB 18597、GB 18598、GB 18599、GB/T 50934 等；

b）未颁布相关标准的行业，应根据预测结果和建设项目场地包气带特征及其防污性能，提出防渗技术要求；或根据建设项目场地天然包气带防污性能、污染控制难易程度和污染物特性，参照表 7 提出防渗技术要求。其中污染控制难易程度分级和天然包气带防污性能分级参照表 5 和表 6 进行相关等级的确定。

表 5　污染控制难易程度分级参照表

污染控制难易程度	主要特征
难	对地下水环境有污染的物料或污染物泄漏后，不能及时发现和处理
易	对地下水环境有污染的物料或污染物泄漏后，可及时发现和处理

表 6　天然包气带防污性能分级参照表

分级	包气带岩土的渗透性能
强	$M_b \geqslant 1.0$ m，$K \leqslant 1.0 \times 10^{-6}$cm/s，且分布连续、稳定
中	0.5 m$\leqslant M_b < 1.0$ m，$K \leqslant 1.0 \times 10^{-6}$cm/s，且分布连续、稳定 $M_b \geqslant 1.0$ m，1.0×10^{-6}cm/s$< K \leqslant 1.0 \times 10^{-4}$cm/s，且分布连续、稳定
弱	岩（土）层不满足上述“强”和“中”条件

注：M_b：岩土层单层厚度；
K：渗透系数。

表 7　地下水污染防渗分区参照表

<table>
<tr><th>防渗分区</th><th>天然包气带防污性能</th><th>污染控制难易程度</th><th>污染物类型</th><th>防渗技术要求</th></tr>
<tr><td rowspan="2">重点防渗区</td><td>弱</td><td>易—难</td><td rowspan="2">重金属、持久性有机污染物</td><td rowspan="2">等效黏土防渗层 $M_b \geqslant 6.0$ m，$K \leqslant 1.0 \times 10^{-7}$cm/s；或参照 GB 18598 执行</td></tr>
<tr><td>中—强</td><td>难</td></tr>
<tr><td rowspan="3">一般防渗区</td><td>中—强</td><td>易</td><td>重金属、持久性有机污染物</td><td rowspan="3">等效黏土防渗层 $M_b \geqslant 1.5$ m，$K \leqslant 1.0 \times 10^{-7}$cm/s；或参照 GB 16889 执行</td></tr>
<tr><td>弱</td><td>易—难</td><td rowspan="2">其他类型</td></tr>
<tr><td>中—强</td><td>难</td></tr>
<tr><td>简单防渗区</td><td>中—强</td><td>易</td><td>其他类型</td><td>一般地面硬化</td></tr>
</table>

11.2.2.2　对难以采取水平防渗的建设项目场地，可采用垂向防渗为主、局部水平防渗为辅的防控措施。

11.2.2.3　根据非正常状况下的预测评价结果，在建设项目服务年限内个别评价因子超标范围超出厂界时，应提出优化总图布置的建议或地基处理方案。”

（3）掌握地下水环境监测与管理的内容及要求

“11.3　地下水环境监测与管理

11.3.1　建立地下水环境监测管理体系，包括制定地下水环境影响跟踪监测计划、建立地下水环境影响跟踪监测制度、配备先进的监测仪器和设备，以便及时发现问题，采取措施。

11.3.2　跟踪监测计划应根据环境水文地质条件和建设项目特点设置跟踪监测点，跟踪监测点应明确与建设项目的位置关系，给出点位、坐标、井深、井结构、监测层位、监测因子及监测频率等相关参数。

11.3.2.1　跟踪监测点数量要求：

a）一级、二级评价的建设项目，一般不少于 3 个，应至少在建设项目场地及其上、下游各布设 1 个。一级评价的建设项目，应在建设项目总图布置基础之上，结合预测评价结果和应急响应时间要求，在重点污染风险源处增设监测点；

b）三级评价的建设项目，一般不少于 1 个，应至少在建设项目场地下游布置 1 个。

11.3.2.2　明确跟踪监测点的基本功能，如背景值监测点、地下水环境影响跟踪监测点、污染扩散监测点等，必要时，明确跟踪监测点兼具的污染控制功能。

11.3.2.3　根据环境管理对监测工作的需要，提出有关监测机构、人员及装备的建议。

11.3.3　制定地下水环境跟踪监测与信息公开计划

11.3.3.1　落实跟踪监测报告编制的责任主体，明确地下水环境跟踪监测报告的内容，一般应包括：

a）建设项目所在场地及其影响区地下水环境跟踪监测数据，排放污染物的种类、数量、浓度；

b）生产设备、管廊或管线、贮存与运输装置、污染物贮存与处理装置、事故应急装置等设施的运行状况、跑冒滴漏记录、维护记录。

11.3.3.2　信息公开计划应至少包括建设项目特征因子的地下水环境监测值。”

9. 地下水环境影响评价结论

熟悉地下水环境影响评价结论的内容

“12 地下水环境影响评价结论

12.1 环境水文地质现状

概述调查评价区及场地环境水文地质条件和地下水环境现状。

12.2 地下水环境影响

根据地下水环境影响预测评价结果，给出建设项目对地下水环境和保护目标的直接影响。给出地下水环境影响预测评价结果，明确建设项目对地下水环境和保护目标的直接影响。

12.3 地下水环境污染防控措施

根据地下水环境影响评价结论，提出建设项目地下水污染防控措施的优化调整建议或方案。

12.4 地下水环境影响评价结论

结合环境水文地质条件、地下水环境影响、地下水环境污染防控措施、建设项目总平面布置的合理性等方面进行综合评价，明确给出建设项目地下水环境影响是否可接受的结论。”

（五）环境影响评价技术导则 声环境

1. 适用范围

熟悉导则的适用范围

“本标准规定了声环境影响评价的一般性原则、内容、工作程序、方法和要求。

本标准适用于建设项目声环境影响评价及规划环境影响评价中的声环境影响评价。”

2. 术语和定义

（1）熟悉点声源、线声源、面声源的概念

“3.4 点声源 point sound source

以球面波形式辐射声波的声源，辐射声波的声压幅值与声波传播距离（r）成反比。任何形状的声源，只要声波波长远远大于声源几何尺寸，该声源可视为点声源。在声环境影响评价中，声源中心到预测点之间的距离超过声源最大几何尺寸2倍时，可将该声源近似为点声源。

3.5　线声源　line sound source

以柱面波形式辐射声波的声源，辐射声波的声压幅值与声波传播距离的平方根（$\sqrt{r}$）成反比。

3.6　面声源　area sound source

以平面波形式辐射声波的声源，辐射声波的声压幅值不随传播距离改变（不考虑空气吸收）。”

（2）熟悉环境噪声和敏感目标的定义

“3.1　环境噪声　ambient noise

指在工业生产、建筑施工、交通运输和社会生活中所产生的干扰周围生活环境的声音（频率在 20～20 000 Hz 的可听声范围内）。

3.7　敏感目标　noise sensitive target

指医院、学校、机关、科研单位、住宅、自然保护区等对噪声敏感的建筑物或区域。”

3．总则

（1）了解声环境影响评价的基本任务

“4.1　基本任务

评价建设项目实施引起的声环境质量的变化和外界噪声对需要安静建设项目的影响程度；提出合理可行的防治措施，把噪声污染降低到允许水平；从声环境影响角度评价建设项目实施的可行性；为建项目优化选址、选线、合理布局以及城市规划提供科学依据。”

（2）熟悉声环境影响评价类别划分原则

“4.2.1　按评价对象划分，可分为建设项目声源对外环境的环境影响评价和外环境声源对需要安静建设项目的环境影响评价。

4.2.2　按声源种类划分，可分为固定声源和流动声源的环境影响评价。

固定声源的环境影响评价：主要指工业（工矿企业和事业单位）和交通运输（包括航空、铁路、城市轨道交通、公路、水运等）固定声源的环境影响评价。

流动声源的环境影响评价：主要指在城市道路、公路、铁路、城市轨道交通上行驶的车辆以及从事航空和水运等运输工具，在行驶过程中产生的噪声环境影响评价。

4.2.3　停车场、调车场、施工期施工设备、运行期物料运输、装卸设备等，按照 3.2、3.3 的定义，可分别划分为固定声源或流动声源。

4.2.4　建设项目既有固定声源，又有流动声源时，应分别进行噪声环境影响评价；同一敏感点既受到固定声源影响，又受到流动声源影响时，应进行叠加环境影响评价。”

（3）掌握声环境质量评价量、声源源强表达量、厂界（场界、边界）噪声评价量及应用条件

“4.3.1 声环境质量评价量

根据GB 3096，声环境功能区的环境质量评价量为昼间等效声级（L_d）、夜间等效声级（L_n），突发噪声的评价量为最大A声级（L_{max}）。

根据 GB 9660，机场周围区域受飞机通过（起飞、降落、低空飞越）噪声环境影响的评价量为计权等效连续感觉噪声级（L_{WECPN}）。

4.3.2 声源源强表达量

A 声功率级（L_{AW}），或中心频率为 63～8 000 Hz 8 个倍频带的声功率级（L_W）；距离声源 r 处的A声级[L_A（r）]或中心频率为63～8 000 Hz 8个倍频带的声压级[L_P（r）]；等效感觉噪声级（L_{EPN}）。

4.3.3 厂界、场界、边界噪声评价量

根据GB 12348、GB 12523，工业企业厂界、建筑施工场界噪声评价量为昼间等效声级（L_d）、夜间等效声级（L_n）、室内噪声倍频带声压级，频发、偶发噪声的评价量为最大A声级（L_{max}）。

根据GB 12525、GB 14227，铁路边界、城市轨道交通车站站台噪声评价量为昼间等效声级（L_d）、夜间等效声级（L_n）。

根据 GB 22337，社会生活噪声源边界噪声评价量为昼间等效声级（L_d）、夜间等效声级（L_n），室内噪声倍频带声压级、非稳态噪声的评价量为最大A声级（L_{max}）。”

（4）掌握声环境影响评价时段的划分原则

“根据建设项目实施过程中噪声的影响特点，可按施工期和运行期分别开展声环境影响评价。

运行期声源为固定声源时，固定声源投产运行后作为环境影响评价时段；运行期声源为流动声源时，将工程预测的代表性时段（一般分为运行近期、中期、远期）分别作为环境影响评价时段。”

4．评价工作等级与评价范围

（1）掌握声环境影响评价工作等级的划分原则

“5.1 划分的依据

声环境影响评价工作等级划分依据包括：

a）建设项目所在区域的声环境功能区类别；

b）建设项目建设前后所在区域的声环境质量变化程度；

c）受建设项目影响人口的数量。

5.2　评价等级划分

5.2.1　声环境影响评价工作等级一般分为三级，一级为详细评价，二级为一般性评价，三级为简要评价。

5.2.2　评价范围内有适用于 GB 3096 规定的 0 类声环境功能区域，以及对噪声有特别限制要求的保护区等敏感目标，或建设项目建设前后评价范围内敏感目标噪声级增高量达 5 dB（A）以上［不含 5 dB（A）］，或受影响人口数量显著增多时，按一级评价。

5.2.3　建设项目所处的声环境功能区为 GB 3096 规定的 1 类、2 类地区，或建设项目建设前后评价范围内敏感目标噪声级增高量达 3～5 dB（A）［含 5 dB（A）］，或受噪声影响人口数量增加较多时，按二级评价。

5.2.4　建设项目所处的声环境功能区为 GB 3096 规定的 3 类、4 类地区，或建设项目建设前后评价范围内敏感目标噪声级增高量在 3 dB（A）以下［不含 3 dB（A）］，且受影响人口数量变化不大时，按三级评价。

5.2.5　在确定评价工作等级时，如建设项目符合两个以上级别的划分原则，按较高级别的评价等级评价。”

（2）掌握各等级声环境影响评价工作的基本要求和评价范围的确定原则

“6.1　评价范围的确定

6.1.1　声环境影响评价范围依据评价工作等级确定。

6.1.2　对于以固定声源为主的建设项目（如工厂、港口、施工工地、铁路站场等）：

a）满足一级评价的要求，一般以建设项目边界向外 200 m 为评价范围；

b）二级、三级评价范围可根据建设项目所在区域和相邻区域的声环境功能区类别及敏感目标等实际情况适当缩小；

c）如依据建设项目声源计算得到的贡献值到 200 m 处，仍不能满足相应功能区标准值时，应将评价范围扩大到满足标准值的距离。

6.1.3　城市道路、公路、铁路、城市轨道交通地上线路和水运线路等建设项目：

a）满足一级评价的要求，一般以道路中心线外两侧 200 m 以内为评价范围；

b）二级、三级评价范围可根据建设项目所在区域和相邻区域的声环境功能区类别及敏感目标等实际情况适当缩小；

c）如依据建设项目声源计算得到的贡献值到 200 m 处，仍不能满足相应功能区标准值时，应将评价范围扩大到满足标准值的距离。

6.1.4 机场周围飞机噪声评价范围应根据飞行量计算到 L_{WECPN} 为 70 dB 的区域。

a）满足一级评价的要求，一般以主要航迹离跑道两端各 5～12 km、侧向各 1～2 km 的范围为评价范围；

b）二级、三级评价范围可根据建设项目所处区域的声环境功能区类别及敏感目标等实际情况适当缩小。

6.2 一级评价的基本要求

6.2.1 在工程分析中，给出建设项目对环境有影响的主要声源的数量、位置和声源源强，并在标有比例尺的图中标识固定声源的具体位置或流动声源的路线、跑道等位置。在缺少声源源强的相关资料时，应通过类比测量取得，并给出类比测量的条件。

6.2.2 评价范围内具有代表性的敏感目标的声环境质量现状需要实测。对实测结果进行评价，并分析现状声源的构成及其对敏感目标的影响。

6.2.3 噪声预测应覆盖全部敏感目标，给出各敏感目标的预测值及厂界（或场界、边界）噪声值。固定声源评价、机场周围飞机噪声评价、流动声源经过城镇建成区和规划区路段的评价应绘制等声级线图，当敏感目标高于（含）三层建筑时，还应绘制垂直方向的等声级线图。给出建设项目建成后不同类别的声环境功能区内受影响的人口分布、噪声超标的范围和程度。

6.2.4 当工程预测的不同代表性时段噪声级可能发生变化的建设项目，应分别预测其不同时段的噪声级。

6.2.5 对工程可行性研究和评价中提出的不同选址（选线）和建设布局方案，应根据不同方案噪声影响人口的数量和噪声影响的程度进行比选，并从声环境保护角度提出最终的推荐方案。

6.2.6 针对建设项目的工程特点和所在区域的环境特征提出噪声防治措施，并进行经济、技术可行性论证，明确防治措施的最终降噪效果和达标分析。

6.3 二级评价的基本要求

6.3.1 在工程分析中，给出建设项目对环境有影响的主要声源的数量、位置和声源源强，并在标有比例尺的图中标识固定声源的具体位置或流动声源的路线、跑道等位置。在缺少声源源强的相关资料时，应通过类比测量取得，并给出类比测量的条件。

6.3.2 评价范围内具有代表性的敏感目标的声环境质量现状以实测为主，可适当利用评价范围内已有的声环境质量监测资料，并对声环境质量现状进行评价。

6.3.3 噪声预测应覆盖全部敏感目标，给出各敏感目标的预测值及厂界（或场界、边界）噪声值，根据评价需要绘制等声级线图。给出建设项目建成后不同类别的声环境功能区内受影响的人口分布、噪声超标的范围和程度。

6.3.4 当工程预测的不同代表性时段噪声级可能发生变化的建设项目，应分别预测其不同时段的噪声级。

6.3.5 从声环境保护角度对工程可行性研究和评价中提出的不同选址（选线）和建设布局方案的环境合理性进行分析。

6.3.6 针对建设项目的工程特点和所在区域的环境特征提出噪声防治措施，并进行经济、技术可行性论证，给出防治措施的最终降噪效果和达标分析。

6.4 三级评价的基本要求

6.4.1 在工程分析中，给出建设项目对环境有影响的主要声源的数量、位置和声源源强，并在标有比例尺的图中标识固定声源的具体位置或流动声源的路线、跑道等位置。在缺少声源源强的相关资料时，应通过类比测量取得，并给出类比测量的条件。

6.4.2 重点调查评价范围内主要敏感目标的声环境质量现状，可利用评价范围内已有的声环境质量监测资料，若无现状监测资料时应进行实测，并对声环境质量现状进行评价。

6.4.3 噪声预测应给出建设项目建成后各敏感目标的预测值及厂界（或场界、边界）噪声值，分析敏感目标受影响的范围和程度。

6.4.4 针对建设项目的工程特点和所在区域的环境特征提出噪声防治措施，并进行达标分析。”

5. 声环境现状调查与评价

（1）掌握声环境现状调查的主要内容

“7.1.1 影响声波传播的环境要素

调查建设项目所在区域的主要气象特征：年平均风速和主导风向，年平均气温，年平均相对湿度等。

收集评价范围内 1：（2 000～50 000）地理地形图，说明评价范围内声源和敏感目标之间的地貌特征、地形高差及影响声波传播的环境要素。

7.1.2 声环境功能区划

调查评价范围内不同区域的声环境功能区划情况，调查各声环境功能区的声环境质量现状。

7.1.3 敏感目标

调查评价范围内的敏感目标的名称、规模、人口的分布等情况，并以图、表相结合的方式说明敏感目标与建设项目的关系（如方位、距离、高差等）。

7.1.4 现状声源

建设项目所在区域的声环境功能区的声环境质量现状超过相应标准要求或噪声值相对较高时，需对区域内的主要声源的名称、数量、位置、影响的噪声级等相关情况进行调查。

有厂界（或场界、边界）噪声的改、扩建项目，应说明现有建设项目厂界（或场界、边界）噪声的超标、达标情况及超标原因。”

（2）掌握不同条件下声环境现状监测的布点原则

“7.3.1 监测布点原则

7.3.1.1 布点应覆盖整个评价范围，包括厂界（或场界、边界）和敏感目标。当敏感目标高于（含）三层建筑时，还应选取有代表性的不同楼层设置测点。

7.3.1.2 评价范围内没有明显的声源（如工业噪声、交通运输噪声、建设施工噪声、社会生活噪声等）且声级较低时，可选择有代表性的区域布设测点。

7.3.1.3 评价范围内有明显的声源，并对敏感目标的声环境质量有影响，或建设项目为改、扩建工程，应根据声源种类采取不同的监测布点原则。

a）当声源为固定声源时，现状测点应重点布设在可能既受到现有声源影响，又受到建设项目声源影响的敏感目标处，以及有代表性的敏感目标处；为满足预测需要，也可在距离现有声源不同距离处设衰减测点；

b）当声源为流动声源，且呈现线声源特点时，现状测点位置选取应兼顾敏感目标的分布状况、工程特点及线声源噪声影响随距离衰减的特点，布设在具有代表性的敏感目标处。为满足预测需要，也可选取若干线声源的垂线，在垂线上距声源不同距离处布设监测点。其余敏感目标的现状声级可通过具有代表性的敏感目标噪声的验证和计算求得；

c）对于改、扩建机场工程，测点一般布设在主要敏感目标处，测点数量可根据机场飞行量及周围敏感目标情况确定，现有单条跑道、二条跑道或三条跑道的机场可分别布设 3～9、9～14 或 12～18 个飞机噪声测点，跑道增多可进一步增加测点。其余敏感目标的现状飞机噪声声级可通过测点飞机噪声声级的验证和计算求得。”

（3）熟悉声环境现状监测应执行的标准

“7.3.2 监测执行的标准

声环境质量监测执行 GB 3096；

机场周围飞机噪声测量执行 GB 9661；

工业企业厂界环境噪声测量执行 GB 12348；

社会生活环境噪声测量执行 GB 22337；

建筑施工场界噪声测量执行 GB 12524；

铁路边界噪声测量执行 GB 12525；

城市轨道交通车站站台噪声测量执行 GB 14227。”

（4）掌握声环境现状评价的主要内容

“7.4.1　以图、表结合的方式给出评价范围内的声环境功能区及其划分情况，以及现有敏感目标的分布情况。

7.4.2　分析评价范围内现有主要声源种类、数量及相应的噪声级、噪声特性等，明确主要声源分布。

7.4.3　分别评价不同类别的声环境功能区内各敏感目标的超、达标情况，说明其受到现有主要声源的影响状况。

7.4.4　给出不同类别的声环境功能区噪声超标范围内的人口数及分布情况。”

6. 声环境影响预测

（1）熟悉声环境影响预测范围和预测点的确定原则

“8.1.1　预测范围

应与评价范围相同。

8.1.2　预测点的确定原则

建设项目厂界（或场界、边界）和评价范围内的敏感目标应作为预测点。”

（2）掌握声环境影响预测需要的基础资料

“8.1.3　预测需要的基础资料

8.1.3.1　声源资料

建设项目的声源资料主要包括：声源种类、数量、空间位置、噪声级、频率特性、发声持续时间和对敏感目标的作用时间段等。

8.1.3.2　影响声波传播的各类参量

影响声波传播的各类参量应通过资料收集和现场调查取得，各类参量如下：

a）建设项目所处区域的年平均风速和主导风向，年平均气温，年平均相对湿度；

b）声源和预测点间的地形、高差；

c）声源和预测点间障碍物（如建筑物、围墙等；若声源位于室内，还包括门、窗等）的位置及长、宽、高等数据；

d）声源和预测点间树林、灌木等的分布情况，地面覆盖情况（如草地、水面、水泥地面、土质地面等）。”

（3）熟悉声源源强数据获得的途径及要求

“噪声源噪声级数据包括：声压级（包括倍频带声压级）、A 声级（包括最大 A 声级）、A 声功率级、倍频带声功率级以及有效连续感觉噪声级。

获得噪声源数据有两个途径：类比测量法，引用已有的数据。

对引用已有的数据要注意：

（1）引用类似的噪声源噪声级数据，必须是公开发表的、经过专家鉴定并且是按有关标准测量得到的数据。

（2）报告书应当指明被引用数据的来源。”

（4）熟悉飞机噪声计权等效连续感觉噪声级计算相关参量含义

“8.2.2　声级的计算

c）机场飞机噪声计权等效连续感觉噪声级（L_{WECPN}）计算公式：

$$L_{WECPN}=\overline{L_{EPN}}+10\lg(N_1+3N_2+10N_3)-39.4 \quad (3)$$

式中：N_1——7：00—19：00 对某个预测点声环境产生噪声影响的飞行架次；

N_2——19：00—22：00 对某个预测点声环境产生噪声影响的飞行架次；

N_3——22：00—7：00 对某个预测点声环境产生噪声影响的飞行架次；

$\overline{L_{EPN}}$——N 次飞行有效感觉噪声级能量平均值（$N=N_1+N_2+N_3$），dB。

$\overline{L_{EPN}}$ 的计算公式：

$$\overline{L_{EPN}}=10\lg\left(\frac{1}{N_1+N_2+N_3}\sum_i\sum_j 10^{0.1L_{EPNij}}\right) \quad (4)$$

式中：L_{EPNij}——j 航路，第 i 架次飞机在预测点产生的有效感觉噪声级，dB。

d）按工作等级要求绘制等声级线图。等声级线的间隔应不大于 5 dB（一般选 5 dB）。对于 L_{eq} 等声级线最低值应与相应功能区夜间标准值一致，最高值可为 75 dB；对于 L_{WECPN} 一般应有 70 dB、75 dB、80 dB、85 dB、90 dB 等声级线。”

（5）熟悉简化声源的条件和方法

“在声环境影响评价中，需要根据靠近声源某一位置（参考位置）处的已知声级来计算距声源较远处预测点的声级。

在预测前需根据声源与预测点之间空间分布形式对声源简化成三类声源，即点声源、线声源和面声源。

（1）点声源确定原则：当声波波长比声源尺寸大得多或是预测点离开声源的距离 d 比声源本身尺寸大得多（d>2 倍声源最大尺寸）时，声源可作点声源处理，等效点声源位置在声源本身的中心。如各种机械设备、单辆汽车、单架飞机等可简化为点声源。

（2）线声源确定原则：以柱面波形式辐射声波的声源，辐射声波的声压幅值与声波传播距离的平方根（$\sqrt{r}$）成反比。对于一长度为 l_0 的有限长的线声源，在线声源垂直平分线上距线声源的距离为 r，如 $r>l_0$，该有限长线声源可近似为点声源；如 $r<l_0/3$，该有限长线声源可近似为无限长线声源。

（3）面声源确定原则：以平面波形式辐射声波的声源，辐射声波的声压幅值不随传播距离改变（不考虑空气吸收）。对一长方形的有限大面声源（长度为 b，高度为 a，并 $a<b$），在该声源中心轴线上距声源中心距离为 r：如 $r<a/\pi$ 时，该声源可近似为面声源（$A_{div}\approx0$）；当 $a/\pi<r<b/\pi$，该声源可近似为线声源[$A_{div}\approx10\lg(r/r_0)$]；当 $r>b/\pi$ 时，该声源可近似为点声源[$A_{div}\approx20\lg(r/r_0)$]。

一个线声源或一个面声源也可分为若干线的分区或若干面积分区，而每一个线或面的分区可用处于中心位置的点声源表示。”

（6）熟悉引起户外声传播声级衰减的主要因素

“8.3.1　基本公式

户外声源声波在空气中传播引起声级衰减的主要因素有：几何发散（A_{div}）、大气吸收（A_{atm}）、地面效应（A_{gr}）、屏障屏蔽（A_{bar}）、其他多方面效应（A_{misc}）引起的衰减。”

（7）熟悉简化声源的几何发散衰减规律

“（1）点声源：

在距离点声源 r_1 处至 r_2 处的衰减值为 $\Delta L=20\lg(r_1/r_2)$。

当 $r_2=2r_1$ 时，$\Delta L=$ 6 dB，即点声源声传播距离增加 1 倍，衰减值是 6 dB。

（2）线声源：

在距离无限长线声源 r_1 至 r_2 处的衰减值为：$\Delta L=10\lg(r_1/r_2)$

当 $r_2=2r_1$ 时，由上式可算出 $\Delta L=-3$ dB，即线声源声传播距离增加 1 倍，衰减值是 3 dB。

有限长线声源的几何发散衰减：设线声源长度为 l_0，

① 当 $r>l_0$ 且 $r_0>l_0$ 时，$L_P(r)=L_P(r_0)-20\lg(r/r_0)$，即在有限长线声源的远场，有限长线声源可当作点声源处理。

② 当 $r<l_0/3$ 且 $r_0<l_0/3$ 时，$L_P(r)=L_P(r_0)-10\lg(r/r_0)$，即在近场区，有限长线声源可当作无限长线声源处理。

③ 当 $l_0/3<r<l_0$，且 $l_0/3<r_0<l_0$ 时，$L_P(r)=L_P(r_0)-15\lg(r/r_0)$。

（3）面声源：

作为一个整体的长方形面源（$b>a$），中心轴线上的几何发散声衰减可近似如下：

① 预测点和面声源中心距离 $r<a/\pi$ 时，几乎不衰减（$A_{div}\approx0$）；

② 当 $a/\pi < r < b/\pi$，距离加倍衰减 3 dB 左右，类似线声源衰减特性（$A_{div} \approx 10\lg(r/r_0)$）；

③ 当 $r > b/\pi$时，距离加倍衰减趋近于 6 dB，类似点声源衰减特性[$A_{div} \approx 20\lg(r/r_0)$]。"

（8）掌握不同运行时间声源噪声的叠加方法

"8.2.2　声级的计算

a）建设项目声源在预测点产生的等效声级贡献值（L_{eqg}）计算公式：

$$L_{eqg} = 10\lg\left(\frac{1}{T}\sum_{i=1}^{n} t_i 10^{0.1L_{Ai}}\right) \tag{1}$$

式中：L_{eqg}——建设项目声源在预测点的等效声级贡献值，dB（A）；

L_{Ai}——i 声源在预测点产生的 A 声级，dB（A）；

T——预测计算的时间段，s；

t_i——i 声源在 T 时段内的运行时间，s。

b）噪声贡献值计算

附录 A.1.5

设第 i 个室外声源在预测点产生的 A 声级为 L_{Ai}，在 T 时间内该声源工作时间为 t_i；第 j 个等效室外声源在预测点产生的 A 声级为 L_{Aj}，在 T 时间内该声源工作时间为 t_j，则拟建工程声源对预测点产生的贡献值（L_{eqg}）为：

$$L_{eqg} = 10\lg\left[\frac{1}{T}\left(\sum_{i=1}^{N} t_i 10^{0.1L_{Ai}} + \sum_{j=1}^{M} t_j 10^{0.1L_{Aj}}\right)\right] \tag{2}$$

式中：t_j——在 T 时间内 j 声源工作时间，s；

t_i——在 T 时间内 i 声源工作时间，s；

T——用于计算等效声级的时间，s；

N——室外声源个数；

M——等效室外声源个数。"

（9）熟悉典型建设项目噪声影响预测参数、预测内容及推荐预测模式中相关参量含义

"8.4.1.3　工业噪声预测内容

按 6.2～6.3 节不同评价工作等级的基本要求，选择以下工作内容分别进行预测，给出相应的预测结果。

a）厂界（或场界、边界）噪声预测

预测厂界噪声，给出厂界噪声的最大值及位置。

b）敏感目标噪声预测

预测敏感目标的贡献值、预测值、预测值与现状噪声值的差值，敏感目标所处声环境功能区的声环境质量变化，敏感目标所受噪声影响的程度，确定噪声影响的范围，并说明受影响人口分布情况。

当敏感目标高于（含）三层建筑时，还应预测有代表性的不同楼层所受的噪声影响。

c）绘制等声级线图

绘制等声级线图，说明噪声超标的范围和程度。

d）根据厂界（场界、边界）和敏感目标受影响的状况，明确影响厂界（场界、边界）和周围声环境功能区声环境质量的主要声源，分析厂界和敏感目标的超标原因。

8.4.2.3　公路、城市道路交通运输噪声预测内容

预测各预测点的贡献值、预测值、预测值与现状噪声值的差值，预测高层建筑有代表性的不同楼层所受的噪声影响。按贡献值绘制代表性路段的等声级线图，分析敏感目标所受噪声影响的程度，确定噪声影响的范围，并说明受影响人口分布情况。给出满足相应声环境功能区标准要求的距离。

依据评价工作等级要求，给出相应的预测结果。

8.4.3.3　铁路、城市轨道交通噪声预测内容同 8.4.2.3。”

7. 声环境影响评价

（1）熟悉声环境影响评价的主要内容

“9.2.1　评价方法和评价量

根据噪声预测结果和环境噪声评价标准，评价建设项目在施工、运行期噪声的影响程度、影响范围，给出边界（厂界、场界）及敏感目标的达标分析。

进行边界噪声评价时，新建建设项目以工程噪声贡献值作为评价量；改扩建建设项目以工程噪声贡献值与受到现有工程影响的边界噪声值叠加后的预测值作为评价量。

进行敏感目标噪声环境影响评价时，以敏感目标所受的噪声贡献值与背景噪声值叠加后的预测值作为评价量。对于改扩建的公路、铁路等建设项目，如预测噪声贡献值时已包括了现有声源的影响，则以预测的噪声贡献值作为评价量。

9.2.2　影响范围、影响程度分析

给出评价范围内不同声级范围覆盖下的面积，主要建筑物类型、名称、数量及位置，影响的户数、人口数。

9.2.3　噪声超标原因分析

分析建设项目边界（厂界、场界）及敏感目标噪声超标的原因，明确引起超标的主要声源。对于通过城镇建成区和规划区的路段，还应分析建设项目与

敏感目标间的距离是否符合城市规划部门提出的防噪声距离的要求。

9.2.4　对策建议

分析建设项目的选址（选线）、规划布局和设备选型等的合理性，评价噪声防治对策的适用性和防治效果，提出需要增加的噪声防治对策、噪声污染管理、噪声监测及跟踪评价等方面的建议，并进行技术、经济可行性论证。”

（2）熟悉背景值、贡献值、预测值的含义及其应用

“3.8　贡献值

由建设项目自身声源在预测点产生的声级；

3.9　背景值

不含建设项目自身声源影响的环境声级；

3.10　预测值

预测点的贡献值和背景值按能量叠加方法计算得到的声级。”

8．噪声防治对策

（1）掌握制定噪声防治措施的一般要求

“10.1　噪声防治措施的一般要求

10.1.1　工业（工矿企业和事业单位）建设项目噪声防治措施应针对建设项目投产后噪声影响的最大预测值制订，以满足厂界（场界、边界）和厂界外敏感目标（或声环境功能区）的达标要求。

10.1.2　交通运输类建设项目（如公路、铁路、城市轨道交通、机场项目等）的噪声防治措施应针对建设项目不同代表性时段的噪声影响预测值分期制定，以满足声环境功能区及敏感目标功能要求。其中，铁路建设项目的噪声防治措施还应同时满足铁路边界噪声排放标准要求。”

（2）熟悉噪声污染的规划防治对策和技术防治措施

“10.2　防治途径

10.2.1　规划防治对策

主要指从建设项目的选址（选线）、规划布局、总图布置和设备布局等方面进行调整，提出减少噪声影响的建议。如采用“闹静分开”和“合理布局”的设计原则，使高噪声设备尽可能远离噪声敏感区；建议建设项目重新选址（选线）或提出城乡规划中有关防止噪声的建议等。

10.2.2　技术防治措施

10.2.2.1　声源上降低噪声的措施

主要包括：

a）改进机械设计，如在设计和制造过程中选用发声小的材料来制造机件，改进设备结构和形状、改进传动装置以及选用已有的低噪声设备等；

b）采取声学控制措施，如对声源采用消声、隔声、隔振和减振等措施；

c）维持设备处于良好的运转状态；

d）改革工艺、设施结构和操作方法等。

10.2.2.2　噪声传播途径上降低噪声措施

主要包括：

a）在噪声传播途径上增设吸声、声屏障等措施；

b）利用自然地形物（如利用位于声源和噪声敏感区之间的山丘、土坡、地堑、围墙等）降低噪声；

c）将声源设置于地下或半地下的室内等；

d）合理布局声源，使声源远离敏感目标等。

10.2.2.3　敏感目标自身防护措施

主要包括：

a）受声者自身增设吸声、隔声等措施；

b）合理布局噪声敏感区中的建筑物功能和合理调整建筑物平面布局。

10.2.3　管理措施

主要包括提出环境噪声管理方案（如制定合理的施工方案、优化飞行程序等），制定噪声监测方案，提出降噪减噪设施的使用运行、维护保养等方面的管理要求，提出跟踪评价要求等。”

（3）掌握典型建设项目的噪声防治措施

“10.3　典型建设项目噪声防治措施

10.3.1　工业（工矿企业和事业单位）噪声防治措施

a）应从选址、总图布置、声源、声传播途径及敏感目标自身防护等方面分别给出噪声防治的具体方案。主要包括：选址的优化方案及其原因分析，总图布置调整的具体内容及其降噪效果（包括边界和敏感目标）；给出各主要声源的降噪措施、效果和投资；

b）设置声屏障和对敏感建筑物进行噪声防护等的措施方案、降噪效果及投资，并进行经济、技术可行性论证；

c）在符合《城乡规划法》中规定的可对城乡规划进行修改的前提下，提出厂界（或场界、边界）与敏感建筑物之间的规划调整建议；

d）提出噪声监测计划等对策建议。

10.3.2　公路、城市道路交通噪声防治措施

a）通过不同选线方案的声环境影响预测结果，分析敏感目标受影响的程度，提出优化的选线方案建议；

b）根据工程与环境特征，给出局部线路调整、敏感目标搬迁、邻路建筑物使用功能变更、改善道路结构和路面材料、设置声屏障和对敏感建筑物进行噪声防护等具体的措施方案及其降噪效果，并进行经济、技术可行性论证；

c）在符合《城乡规划法》中规定的可对城乡规划进行修改的前提下，提出城镇规划区段线路与敏感建筑物之间的规划调整建议；

d）给出车辆行驶规定及噪声监测计划等对策建议。

10.3.3 铁路、城市轨道噪声防治措施

a）通过不同选线方案声环境影响预测结果，分析敏感目标受影响的程度，提出优化的选线方案建议；

b）根据工程与环境特征，给出局部线路和站场调整，敏感目标搬迁或功能置换，轨道、列车、路基（桥梁）、道床的优选，列车运行方式、运行速度、鸣笛方式的调整，设置声屏障和对敏感建筑物进行噪声防护等具体的措施方案及其降噪效果，并进行经济、技术可行性论证；

c）在符合《城乡规划法》中明确的可对城乡规划进行修改的前提下，提出城镇规划区段铁路（或城市轨道交通）与敏感建筑物之间的规划调整建议；

d）给出列车行驶规定及噪声监测计划等对策建议。

10.3.4 机场噪声防治措施

a）通过不同机场位置、跑道方位、飞行程序方案的声环境影响预测结果，分析敏感目标受影响的程度，提出优化的机场位置、跑道方位、飞行程序方案建议；

b）根据工程与环境特征，给出机型优选，昼间、傍晚、夜间飞行架次比例的调整，对敏感建筑物进行噪声防护或使用功能变更、拆迁等具体的措施方案及其降噪效果，并进行经济、技术可行性论证；

c）在符合《城乡规划法》中明确的可对城乡规划进行修改的前提下，提出机场噪声影响范围内的规划调整建议；

d）给出飞机噪声监测计划等对策建议。”

（六）环境影响评价技术导则　土壤环境

1. 适用范围

掌握导则的适用范围

“本标准规定了土壤环境影响评价的一般性原则、工作程序、内容、方法和要求。

本标准适用于化工、冶金、矿山采掘、农林、水利等可能对土壤环境产生影响的建设项目土壤环境影响评价。

本标准不适用于核与辐射建设项目的土壤环境影响评价。”

2．术语和定义

熟悉土壤环境、土壤环境生态影响、土壤环境污染影响、土壤环境敏感目标的定义

“下列术语和定义适用于本标准。

3.1　土壤环境　soil environment

指受自然或人为因素作用的，由矿物质、有机质、水、空气、生物有机体等组成的陆地表面疏松综合体，包括陆地表层能够生长植物的土壤层和污染物能够影响的松散层等。

3.2　土壤环境生态影响　ecological impact on soil environment

指由于人为因素引起土壤环境特征变化导致其生态功能变化的过程或状态。

3.3　土壤环境污染影响　contaminative impact on soil environment

指因人为因素导致某种物质进入土壤环境，引起土壤物理、化学、生物等方面特性的改变，导致土壤质量恶化的过程或状态。

3.4　土壤环境敏感目标　sensitive target of soil environment

指可能受人为活动影响的、与土壤环境相关的敏感区或对象。”

3．总则

（1）了解土壤环境影响评价的一般性原则

“4.1　一般性原则

土壤环境影响评价应对建设项目建设期、运营期和服务期满后（可根据项目情况选择）对土壤环境理化特性可能造成的影响进行分析、预测和评估，提出预防或者减轻不良影响的措施和对策，为建设项目土壤环境保护提供科学依据。”

（2）熟悉土壤环境影响评价的基本任务

“4.2　评价基本任务

4.2.1　按照 HJ 2.1 建设项目污染影响和生态影响的相关要求，根据建设项目对土壤环境可能产生的影响，将土壤环境影响类型划分为生态影响型与污染影响型，其中本导则土壤环境生态影响重点指土壤环境的盐化、酸化、碱化等。

4.2.2　根据行业特征、工艺特点或规模大小等将建设项目类别分为Ⅰ类、Ⅱ类、Ⅲ类、Ⅳ类，见附录 A，其中Ⅳ类建设项目可不开展土壤环境影响评价；自身为敏感目标的建设项目，可根据需要仅对土壤环境现状进行调查。

4.2.3　土壤环境影响评价应按本标准划分的评价工作等级开展工作，识别建设项目土壤环境影响类型、影响途径、影响源及影响因子，确定土壤环境影响评价工作等级；开展土壤环境现状调查，完成土壤环境现状监测与评价；预测与评价建设项目对土壤环境可能造成的影响，提出相应的防控措施与对策。

4.2.4 涉及两个或两个以上场地或地区的建设项目应按 4.2.3 分别开展评价工作。

4.2.5 涉及土壤环境生态影响型与污染影响型两种影响类型的应按 4.2.3 分别开展评价工作。”

（3）了解土壤环境影响评价的工作程序

“4.3 工作程序

土壤环境影响评价工作可划分为准备阶段、现状调查与评价阶段、预测分析与评价阶段和结论阶段。土壤环境影响评价工作程序见图 1。”

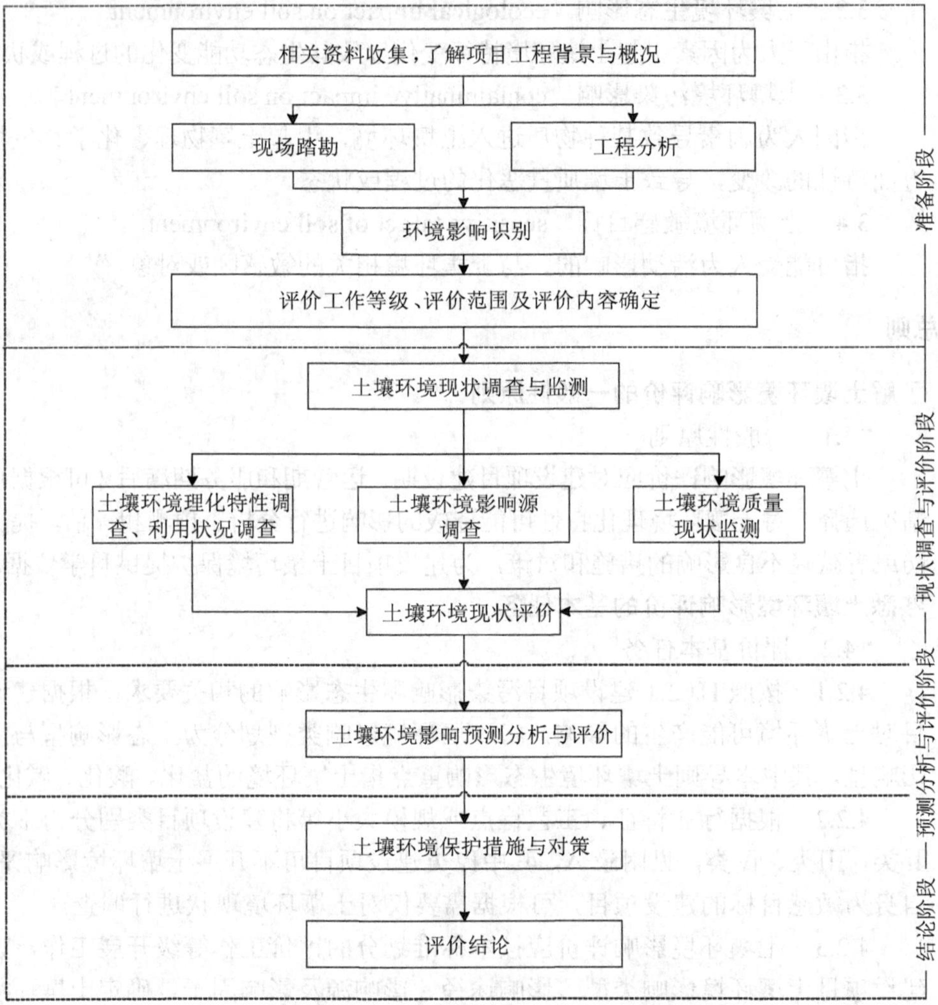

图 1 土壤环境影响评价工作程序图

（4）**熟悉土壤环境影响评价各阶段主要工作内容**

"4.4　各阶段主要工作内容

4.4.1　准备阶段

收集分析国家和地方土壤环境相关的法律、法规、政策、标准及规划等资料；了解建设项目工程概况，结合工程分析，识别建设项目对土壤环境可能造成的影响类型，分析可能造成土壤环境影响的主要途径；开展现场踏勘工作，识别土壤环境敏感目标；确定评价等级、范围与内容。

4.4.2　现状调查与评价阶段

采用相应标准与方法，开展现场调查、取样、监测和数据分析与处理等工作，进行土壤环境现状评价。

4.4.3　预测分析与评价阶段

依据本标准制定的或经论证有效的方法，预测分析与评价建设项目对土壤环境可能造成的影响。

4.4.4　结论阶段

综合分析各阶段成果，提出土壤环境保护措施与对策，对土壤环境影响评价结论进行总结。"

4．影响识别

（1）**了解土壤环境影响识别的基本要求**

"5.1　基本要求

在工程分析结果的基础上，结合土壤环境敏感目标，根据建设项目建设期、运营期和服务期满后（可根据项目情况选择）三个阶段的具体特征，识别土壤环境影响类型与影响途径；对于运营期内土壤环境影响源可能发生变化的建设项目，还应按其变化特征分阶段进行环境影响识别。"

（2）**掌握土壤环境影响的识别内容**

"5.2　识别内容

5.2.1　根据附录 A 识别建设项目所属行业的土壤环境影响评价项目类别。

5.2.2　识别建设项目土壤环境影响类型与影响途径、影响源与影响因子，初步分析可能影响的范围，具体识别内容参见附录 B。

5.2.3　根据 GB/T 21010 识别建设项目及周边的土地利用类型，分析建设项目可能影响的土壤环境敏感目标。"

5．评价工作分级

掌握土壤环境影响评价工作的等级划分和划分依据

“6.1 等级划分

土壤环境影响评价工作等级划分为一级、二级、三级。

6.2 划分依据

6.2.1 生态影响型

6.2.1.1 建设项目所在地土壤环境敏感程度分为敏感、较敏感、不敏感，判别依据见表1；同一建设项目涉及两个或两个以上场地或地区，应分别判定其敏感程度；产生两种或两种以上生态影响后果的，敏感程度按相对最高级别判定。

表1 生态影响型敏感程度分级表

敏感程度	判别依据		
	盐化	酸化	碱化
敏感	建设项目所在地干燥度[a]>2.5且常年地下水位平均埋深<1.5 m的地势平坦区域；或土壤含盐量>4 g/kg的区域	pH≤4.5	pH≥9.0
较敏感	建设项目所在地干燥度>2.5且常年地下水位平均埋深≥1.5 m的，或1.8<干燥度≤2.5且常年地下水位平均埋深<1.8 m的地势平坦区域；建设项目所在地干燥度>2.5或常年地下水位平均埋深<1.5 m的平原区；或2 g/kg<土壤含盐量≤4 g/kg的区域	4.5<pH≤5.5	8.5≤pH<9.0
不敏感	其他	5.5<pH<8.5	

注：a指采用E601观测的多年平均水面蒸发量与降水量的比值，即蒸降比值。

6.2.1.2 根据5.2.1识别的土壤环境影响评价项目类别与6.2.1.1敏感程度分级结果划分评价工作等级，详见表2。

表2 生态影响型评价工作等级划分表

敏感程度	项目类别		
	Ⅰ类	Ⅱ类	Ⅲ类
敏感	一级	二级	三级
较敏感	二级	二级	三级
不敏感	二级	三级	—

注：“—”表示可不开展土壤环境影响评价工作。

6.2.2　污染影响型

6.2.2.1　将建设项目占地规模分为大型（≥50 hm^2）、中型（5～50 hm^2）、小型（≤5 hm^2），建设项目占地主要为永久占地。

6.2.2.2　建设项目所在地周边的土壤环境敏感程度分为敏感、较敏感、不敏感，判别依据见表3。

6.2.2.3　根据土壤环境影响评价项目类别、占地规模与敏感程度划分评价工作等级，详见表4。

表3　污染影响型敏感程度分级表

敏感程度	判别依据
敏感	建设项目周边存在耕地、园地、牧草地、饮用水水源地或居民区、学校、医院、疗养院、养老院等土壤环境敏感目标的
较敏感	建设项目周边存在其他土壤环境敏感目标的
不敏感	其他情况

表4　污染影响型评价工作等级划分表

敏感程度	占地规模								
	Ⅰ类			Ⅱ类			Ⅲ类		
	大	中	小	大	中	小	大	中	小
敏感	一级	一级	一级	二级	二级	二级	三级	三级	三级
较敏感	一级	一级	二级	二级	二级	三级	三级	三级	—
不敏感	一级	二级	二级	二级	三级	三级	三级	—	—

注："—"表示可不开展土壤环境影响评价工作。

6.2.3　建设项目同时涉及土壤环境生态影响与污染影响时，应分别判定评价工作等级，并按相应等级分别开展评价工作。

6.2.4　当同一建设项目涉及两个或两个以上场地时，各场地应分别判定评价工作等级，并按相应等级分别开展评价工作。

6.2.5　线性工程重点针对主要站场位置（如输油站、泵站、阀室、加油站、维修场所等）参照6.2.2分段判定评价等级，并按相应等级分别开展评价工作。"

6. 现状调查与评价

（1）熟悉土壤环境现状调查与评价的基本原则与要求

"7.1　基本原则与要求

7.1.1　土壤环境现状调查与评价工作应遵循资料收集与现场调查相结合、

资料分析与现状监测相结合的原则。

7.1.2　土壤环境现状调查与评价工作的深度应满足相应的工作级别要求，当现有资料不能满足要求时，应通过组织现场调查、监测等方法获取。

7.1.3　建设项目同时涉及土壤环境生态影响型与污染影响型时，应分别按相应评价工作等级要求开展土壤环境现状调查，可根据建设项目特征适当调整、优化调查内容。

7.1.4　工业园区内的建设项目，应重点在建设项目占地范围内开展现状调查工作，并兼顾其可能影响的园区外围土壤环境敏感目标。”

（2）掌握建设项目土壤环境影响现状调查的评价范围

“7.2　调查评价范围

7.2.1　调查评价范围应包括建设项目可能影响的范围，能满足土壤环境影响预测和评价要求；改、扩建类建设项目的现状调查评价范围还应兼顾现有工程可能影响的范围。

7.2.2　建设项目（除线性工程外）土壤环境影响现状调查评价范围可根据建设项目影响类型、污染途径、气象条件、地形地貌、水文地质条件等确定并说明，或参考表 5 确定。

7.2.3　建设项目同时涉及土壤环境生态影响与污染影响时，应各自确定调查评价范围。

7.2.4　危险品、化学品或石油等输送管线应以工程边界两侧向外延伸 0.2 km 作为调查评价范围。”

表 5　现状调查范围

评价工作等级	影响类型	调查范围[a]	
		占地[b]范围内	占地范围外
一级	生态影响型	全部	5 km 范围内
	污染影响型		1 km 范围内
二级	生态影响型		2 km 范围内
	污染影响型		0.2 km 范围内
三级	生态影响型		1 km 范围内
	污染影响型		0.05 km 范围内

注：a-涉及大气沉降途径影响的，可根据主导风向下风向的最大落地浓度点适当调整。

b-矿山类项目指开采区与各场地的占地；改、扩建类的项目指现有工程与拟建工程的占地。

（3）了解资料收集的内容与要求

“7.3.1　资料收集

根据建设项目特点、可能产生的环境影响和当地环境特征，有针对性地收集调查评价范围内的相关资料，主要包括以下内容：

a）土地利用现状图、土地利用规划图、土壤类型分布图；

b）气象资料、地形地貌特征资料、水文及水文地质资料等；

c）土地利用历史情况；

d）与建设项目土壤环境影响评价相关的其他资料。”

（4）掌握土壤理化特性调查的内容

“7.3.2　理化特性调查内容

7.3.2.1　在充分收集资料的基础上，根据土壤环境影响类型、建设项目特征与评价需要，有针对性地选择土壤理化特性调查内容，主要包括土体构型、土壤结构、土壤质地、阳离子交换量、氧化还原电位、饱和导水率、土壤容重、孔隙度等；土壤环境生态影响型建设项目还应调查植被、地下水位埋深、地下水溶解性总固体等，可参照表C.1填写。

7.3.2.2　评价工作等级为一级的建设项目应参照表C.2填写土壤剖面调查表。”

（5）熟悉影响源调查的内容与要求

“7.3.3　影响源调查

7.3.3.1　应调查与建设项目产生同种特征因子或造成相同土壤环境影响后果的影响源。

7.3.3.2　改、扩建的污染影响型建设项目，其评价工作等级为一级、二级的，应对现有工程的土壤环境保护措施情况进行调查，并重点调查主要装置或设施附近的土壤污染现状。”

（6）了解土壤环境现状监测的基本要求

“7.4.1　基本要求

建设项目土壤环境现状监测应根据建设项目的影响类型、影响途径，有针对性地开展监测工作，了解或掌握调查评价范围内土壤环境现状。”

（7）掌握土壤环境现状监测的布点原则、现状监测点数量要求、取样方法、监测因子和频次要求

“7.4.2　布点原则

7.4.2.1　土壤环境现状监测点布设应根据建设项目土壤环境影响类型、评价工作等级、土地利用类型确定，采用均布性与代表性相结合的原则，充分反映建设项目调查评价范围内的土壤环境现状，可根据实际情况优化调整。

7.4.2.2　调查评价范围内的每种土壤类型应至少设置1个表层样监测点，应尽量设置在未受人为污染或相对未受污染的区域。

7.4.2.3　生态影响型建设项目应根据建设项目所在地的地形特征、地面径流方向设置表层样监测点。

7.4.2.4　涉及入渗途径影响的，主要产污装置区应设置柱状样监测点，采样深度需至装置底部与土壤接触面以下，根据可能影响的深度适当调整。

7.4.2.5　涉及大气沉降影响的，应在占地范围外主导风向的上、下风向各设置1个表层样监测点，可在最大落地浓度点增设表层样监测点。

7.4.2.6　涉及地面漫流途径影响的，应结合地形地貌，在占地范围外的上、下游各设置1个表层样监测点。

7.4.2.7　线性工程应重点在站场位置（如输油站、泵站、阀室、加油站及维修场所等）设置监测点，涉及危险品、化学品或石油等输送管线的应根据评价范围内土壤环境敏感目标或厂区内的平面布局情况确定监测点布设位置。

7.4.2.8　评价工作等级为一级、二级的改、扩建项目，应在现有工程厂界外可能产生影响的土壤环境敏感目标处设置监测点。

7.4.2.9　涉及大气沉降影响的改、扩建项目，可在主导风向下风向适当增加监测点位，以反映降尘对土壤环境的影响。

7.4.2.10　建设项目占地范围及其可能影响区域的土壤环境已存在污染风险的，应结合用地历史资料和现状调查情况，在可能受影响最重的区域布设监测点；取样深度根据其可能影响的情况确定。

7.4.2.11　建设项目现状监测点设置应兼顾土壤环境影响跟踪监测计划。

7.4.3　现状监测点数量要求

7.4.3.1　建设项目各评价工作等级的监测点数不少于表6要求。

表6　现状监测布点类型与数量

评价工作等级		占地范围内	占地范围外
一级	生态影响型	5个表层样点[a]	6个表层样点
	污染影响型	5个柱状样点[b]，2个表层样点	4个表层样点
二级	生态影响型	3个表层样点	4个表层样点
	污染影响型	3个柱状样点，1个表层样点	2个表层样点
三级	生态影响型	1个表层样点	2个表层样点
	污染影响型	3个表层样点	—

注：“—”表示无现状监测布点类型与数量的要求。

注：a 表层样应在0～0.2 m取样。

b 柱状样通常在0～0.5 m、0.5～1.5 m、1.5～3 m分别取样，3 m以下每3 m取1个样，可根据基础埋深、土体构型适当调整。

7.4.3.2　生态影响型建设项目可优化调整占地范围内、外监测点数量，保持总数不变；占地范围超过 5 000 hm^2 的，每增加 1 000 hm^2 增加 1 个监测点。

7.4.3.3　污染影响型建设项目占地范围超过 100 hm^2 的，每增加 20 hm^2 增加 1 个监测点。

7.4.4　现状监测取样方法

表层样监测点及土壤剖面的土壤监测取样方法一般参照 HJ/T 166 执行，柱状样监测点和污染影响型改、扩建项目的土壤监测取样方法还可参照 HJ 25.1、HJ 25.2 执行。

7.4.5　现状监测因子

土壤环境现状监测因子分为基本因子和建设项目的特征因子。

a）基本因子为 GB 15618、GB 36600 中规定的基本项目，分别根据调查评价范围内的土地利用类型选取；

b）特征因子为建设项目产生的特有因子，根据附录 B 确定；既是特征因子又是基本因子的，按特征因子对待；

c）7.4.2.2 与 7.4.2.10 中规定的点位须监测基本因子与特征因子；其他监测点位可仅监测特征因子。

7.4.6　现状监测频次要求

a）基本因子：评价工作等级为一级的建设项目，应至少开展 1 次现状监测；评价工作等级为二级、三级的建设项目，若掌握近 3 年至少 1 次的监测数据，可不再进行现状监测；引用监测数据应满足 7.4.2 和 7.4.3 的相关要求，并说明数据有效性；

b）特征因子：应至少开展 1 次现状监测。”

（8）掌握土壤环境现状评价标准

“7.5.2　评价标准

7.5.2.1　根据调查评价范围内的土地利用类型，分别选取 GB 15618、GB 36600 等标准中的筛选值进行评价，土地利用类型无相应标准的可只给出现状监测值。

7.5.2.2　评价因子在 GB 15618、GB 36600 等标准中未规定的，可参照行业、地方或国外相关标准进行评价，无可参照标准的可只给出现状监测值。

7.5.2.3　土壤盐化、酸化、碱化等的分级标准参见附录 D。”

（9）熟悉土壤环境现状评价方法

“7.5.3　评价方法

7.5.3.1　土壤环境质量现状评价应采用标准指数法，并进行统计分析，给出样本数量、最大值、最小值、均值、标准差、检出率和超标率、最大超标倍数等。

7.5.3.2 对照附录D给出各监测点位土壤盐化、酸化、碱化的级别，统计样本数量、最大值、最小值和均值，并评价均值对应的级别。”

（10）掌握土壤环境现状评价结论的要求

“7.5.4 评价结论

7.5.4.1 生态影响型建设项目应给出土壤盐化、酸化、碱化的现状。

7.5.4.2 污染影响型建设项目应给出评价因子是否满足7.5.2.1和7.5.2.2中相关标准要求的结论；当评价因子存在超标时，应分析超标原因。”

7．预测与评价

（1）熟悉预测与评价的基本原则与要求

“8.1 基本原则与要求

8.1.1 根据影响识别结果与评价工作等级，结合当地土地利用规划确定影响预测的范围、时段、内容和方法。

8.1.2 选择适宜的预测方法，预测评价建设项目各实施阶段不同环节与不同环境影响防控措施下的土壤环境影响，给出预测因子的影响范围与程度，明确建设项目对土壤环境的影响结果。

8.1.3 应重点预测评价建设项目对占地范围外土壤环境敏感目标的累积影响，并根据建设项目特征兼顾对占地范围内的影响预测。

8.1.4 土壤环境影响分析可定性或半定量地说明建设项目对土壤环境产生的影响及趋势。

8.1.5 建设项目导致土壤潜育化、沼泽化、潴育化和土地沙漠化等影响的，可根据土壤环境特征，结合建设项目特点，分析土壤环境可能受到影响的范围和程度。”

（2）了解预测评价范围、时段、情景设置、预测因子确定的原则

“8.2 预测评价范围

一般与现状调查评价范围一致。

8.3 预测评价时段

根据建设项目土壤环境影响识别结果，确定重点预测时段。

8.4 情景设置

在影响识别的基础上，根据建设项目特征设定预测情景。

8.5 预测与评价因子

8.5.1 污染影响型建设项目应根据环境影响识别出的特征因子选取关键预测因子。

8.5.2　可能造成土壤盐化、酸化、碱化影响的建设项目，分别选取土壤盐分含量、pH 值等作为预测因子。”

（3）熟悉预测评价标准和评价方法

“8.6　预测评价标准

GB 15618、GB 36600，或附录 D、附录 F 中的表 F.2。

8.7　预测与评价方法

8.7.1　土壤环境影响预测与评价方法应根据建设项目土壤环境影响类型与评价工作等级确定。

8.7.2　可能引起土壤盐化、酸化、碱化等影响的建设项目，其评价工作等级为一级、二级的，预测方法可参见附录 E、附录 F 或进行类比分析。

8.7.3　污染影响型建设项目，其评价工作等级为一级、二级的，预测方法可参见附录 E 或进行类比分析；占地范围内还应根据土体构型、土壤质地、饱和导水率等分析其可能影响的深度。

8.7.4　评价工作等级为三级的建设项目，可采用定性描述或类比分析法进行预测。”

（4）掌握预测评价结论的要求

“8.8　预测评价结论

8.8.1　以下情况可得出建设项目土壤环境影响可接受的结论：

a）建设项目各不同阶段，土壤环境敏感目标处且占地范围内各评价因子均满足 8.6 中相关标准要求的；

b）生态影响型建设项目各不同阶段，出现或加重土壤盐化、酸化、碱化等问题，但采取防控措施后，可满足相关标准要求的；

c）污染影响型建设项目各不同阶段，土壤环境敏感目标处或占地范围内有个别点位、层位或评价因子出现超标，但采取必要措施后，可满足 GB 15618、GB 36600 或其他土壤污染防治相关管理规定的。

8.8.2　以下情况不能得出建设项目土壤环境影响可接受的结论：

a）生态影响型建设项目：土壤盐化、酸化、碱化等对预测评价范围内土壤原有生态功能造成重大不可逆影响的；

b）污染影响型建设项目各不同阶段，土壤环境敏感目标处或占地范围内多个点位、层位或评价因子出现超标，采取必要措施后，仍无法满足 GB 15618、GB 36600 或其他土壤污染防治相关管理规定的。”

8. 保护措施与对策

（1）熟悉土壤环境保护措施与对策的基本要求

“9.1 基本要求

9.1.1 土壤环境保护措施与对策应包括保护的对象、目标，措施的内容、设施的规模及工艺、实施部位和时间、实施的保证措施、预期效果的分析等，在此基础上估算（概算）环境保护投资，并编制环境保护措施布置图。

9.1.2 在建设项目可行性研究提出的影响防控对策基础上，结合建设项目特点、调查评价范围内的土壤环境质量现状，根据环境影响预测与评价结果，提出合理、可行、操作性强的土壤环境影响防控措施。

9.1.3 改、扩建项目应针对现有工程引起的土壤环境影响问题，提出“以新带老”措施，有效减轻影响程度或控制影响范围，防止土壤环境影响加剧。

9.1.4 涉及取土的建设项目，所取土壤应满足占地范围对应的土壤环境相关标准要求，并说明其来源；弃土应按照固体废物相关规定进行处理处置，确保不产生二次污染。”

（2）掌握建设项目环境保护措施的内容

“9.2 建设项目环境保护措施

9.2.1 土壤环境质量现状保障措施

对于建设项目占地范围内的土壤环境质量存在点位超标的，应依据土壤污染防治相关管理办法、规定和标准，采取有关土壤污染防治措施。

9.2.2 源头控制措施

9.2.2.1 生态影响型建设项目应结合项目的生态影响特征、按照生态系统功能优化的理念、坚持高效适用的原则提出源头防控措施。

9.2.2.2 污染影响型建设项目应针对关键污染源、污染物的迁移途径提出源头控制措施，并与 HJ 2.2、HJ 2.3、HJ 19、HJ 169、HJ 610 等标准要求相协调。

9.2.3 过程防控措施

9.2.3.1 建设项目根据行业特点与占地范围内的土壤特性，按照相关技术要求采取过程阻断、污染物削减和分区防控措施。

9.2.3.2 生态影响型：

a）涉及酸化、碱化影响的可采取相应措施调节土壤 pH 值，以减轻土壤酸化、碱化的程度；

b）涉及盐化影响的，可采取排水排盐或降低地下水位等措施，以减轻土壤盐化的程度。

9.2.3.3　污染影响型：

a）涉及大气沉降影响的，占地范围内应采取绿化措施，以种植具有较强吸附能力的植物为主；

b)涉及地面漫流影响的，应根据建设项目所在地的地形特点优化地面布局，必要时设置地面硬化、围堰或围墙，以防止土壤环境污染；

c）涉及入渗途径影响的，应根据相关标准规范要求，对设备设施采取相应的防渗措施，以防止土壤环境污染。”

（3）了解土壤环境跟踪监测的内容

“9.3　跟踪监测

9.3.1　土壤环境跟踪监测措施包括制定跟踪监测计划、建立跟踪监测制度，以便及时发现问题，采取措施。

9.3.2　土壤环境跟踪监测计划应明确监测点位、监测指标、监测频次以及执行标准等。

a）监测点位应布设在重点影响区和土壤环境敏感目标附近；

b）监测指标应选择建设项目特征因子；

c）评价工作等级为一级的建设项目一般每 3 年内开展 1 次监测工作，二级的每 5 年内开展 1 次，三级的必要时可开展跟踪监测；

d）生态影响型建设项目跟踪监测应尽量在农作物收割后开展；

e）执行标准应同 7.5.2。

9.3.3　监测计划应包括向社会公开的信息内容。”

9．评价结论

掌握评价结论内容的要求

“参照附录 G 填写土壤环境影响评价自查表，概括建设项目的土壤环境现状、预测评价结果、防控措施及跟踪监测计划等内容，从土壤环境影响的角度，总结项目建设的可行性。”

（七）环境影响评价技术导则　生态影响

1．术语与定义

掌握生态影响、生态敏感区的定义

“3.1　生态影响 ecological impact

经济社会活动对生态系统及其生物因子、非生物因子所产生的任何有害的或有益的作用，影响可划分为不利影响和有利影响，直接影响、间接影响和累积影响，可逆影响和不可逆影响。

3.6 特殊生态敏感区 special ecological sensitive region

指具有极重要的生态服务功能，生态系统极为脆弱或已有较为严重的生态问题，如遭到占用、损失或破坏后所造成的生态影响后果严重且难以预防、生态功能难以恢复和替代的区域，包括自然保护区、世界文化和自然遗产地等。

3.7 重要生态敏感区 important ecological sensitive region

指具有相对重要的生态服务功能或生态系统较为脆弱，如遭到占用、损失或破坏后所造成的生态影响后果较严重，但可以通过一定措施加以预防、恢复和替代的区域，包括风景名胜区、森林公园、地质公园、重要湿地、原始天然林、珍稀濒危野生动植物天然集中分布区、重要水生生物的自然产卵场及索饵场、越冬场和洄游通道、天然渔场等。”

2. 总则

（1）熟悉生态影响评价的原则

“4.1 评价原则

4.1.1 坚持重点与全面相结合的原则。既要突出评价项目所涉及的重点区域、关键时段和主导生态因子，又要从整体上兼顾评价项目所涉及的生态系统和生态因子在不同时空等级尺度上结构与功能的完整性。

4.1.2 坚持预防与恢复相结合的原则。预防优先，恢复补偿为辅。恢复、补偿等措施必须与项目所在的生态功能区划的要求相适应。

4.1.3 坚持定量与定性相结合的原则。生态影响评价应尽量采用定量方法进行描述和分析，当现有科学方法不能满足定量需要或其他原因无法实现定量测定时，生态影响评价可听过定性或类比的方法进行描述和分析。”

（2）掌握生态影响评价工作等级的划分与调整原则

“4.2 评价工作分级

4.2.1 依据影响区域的生态敏感性和评价项目的工程占地（含水域）范围，包括永久占地和临时占地，将生态影响评价工作等级划分为一级、二级和三级，如表1所示。位于原厂界（或永久用地）范围内的工业类改扩建项目，可做生态影响分析。

4.2.2 当工程占地（含水域）范围的面积或长度分别属于两个不同评价工作等级时，原则上应按其中较高的评价工作等级进行评价。改扩建工程的工程占地范围以新增占地（含水域）面积或长度计算。

4.2.3 在矿山开采可能导致矿区土地利用类型明显改变，或拦河闸坝建设可能明显改变水文情势等情况下，评价工作等级应上调一级。”

表 1　生态影响评价工作等级划分

影响区域生态敏感性	工程占地（水域）范围		
	面积≥20 km^2 或长度≥100 km	面积 2～20 km^2 或长度 50～100 km	面积≤2 km^2 或长度≤50 km
特殊生态敏感区	一级	一级	一级
重要生态敏感区	一级	二级	三级
一般区域	二级	三级	三级

（3）掌握生态影响评价工作范围的确定原则

"4.3　评价工作范围

生态影响评价应能够充分体现生态完整性，涵盖评价项目全部活动的直接影响区域和间接影响区域。评价工作范围应依据评价项目对生态因子的影响方式、影响程度和生态因子之间的相互影响和相互依存关系确定。可综合考虑评价项目与项目区的气候过程、水文过程、生物过程等生物地球化学循环过程的相互作用关系，以评价项目影响区域所涉及的完整气候单元、水文单元、生态单元、地理单元界限为参照边界。"

（4）了解生态影响判定的依据

"4.4　生态影响判定依据

4.4.1　国家、行业和地方已颁布的资源环境保护等相关法规、政策、标准、规划和区划等确定的目标、措施与要求。

4.4.2　科学研究判定的生态效应或评价项目实际的生态监测、模拟结果。

4.4.3　评价项目所在地区及相似区域生态背景值或本底值。

4.4.4　已有性质、规模以及区域生态敏感性相似项目的实际生态影响类比。

4.4.5　相关领域专家、管理部门及公众的咨询意见。"

3．工程分析

（1）掌握工程分析的内容和涵盖的时段

"5　工程分析

5.1　工程分析内容

工程分析内容应包括：项目所处的地理位置、工程的规划依据和规划环评依据、工程类型、项目组成、占地规模、总平面及现场布置、施工方式、施工时序、运行方式、替代方案、工程总投资与环保投资、设计方案中的生态保护措施等。

工程分析时段应涵盖勘察期、施工期、运营期和退役期，以施工期和运营期为调查分析的重点。”

（2）掌握工程分析的重点

“5.2　工程分析重点

根据评价项目自身特点、区域的生态特点以及评价项目与影响区域生态系统的相互关系，确定工程分析的重点，分析生态影响的源，及其强度。主要内容应包括：

a）可能产生重大生态影响的工程行为；

b）与特殊生态敏感区和重要生态敏感区有关的工程行为；

c）可能产生间接、累积生态影响的工程行为；

d）可能造成重大资源占用和配置的工程行为。”

4. 生态现状调查与评价

（1）掌握不同评价工作等级生态现状调查要求

“6.1　生态现状调查

6.1.1　生态现状调查要求

生态现状调查是生态现状评价、影响预测的基础和依据，调查的内容和指标应能反映评价工作范围内的生态背景特征和现存的主要生态问题。在有敏感生态保护目标（包括特殊生态敏感区和重要生态敏感区）或其他特别保护要求对象时，应做专题调查。

生态现状调查应在收集资料基础上开展现场工作，生态现状调查的范围应不小于评价工作的范围。

一级评价应给出采样地样方实测、遥感等方法测定的生物量、物种多样性等数据，给出主要生物物种名录、受保护的野生动植物物种等调查资料；

二级评价的生物量和物种多样性调查可依据已有资料推断，或实测一定数量的、具有代表性的样方予以验证；

三级评价可充分借鉴已有资料进行说明。

生态现状调查方法可参见《环境影响评价技术导则　生态影响》（HJ 19—2011）附录 A；图件收集和编制要求应遵照《环境影响评价技术导则　生态影响》附录 B。”

（2）熟悉生态现状调查的方法

“A.1　资料收集法

即收集现有的能反映生态现状或生态背景的资料，从表现形式上分为文字资料和图形资料，从时间上可分为历史资料和现状资料，从收集行业类别上可分为农、林、牧、渔和环境保护部门，从资料性质上可分为环境影响报告书、有关污染源调查、生态保护规划、规定、生态功能区划、生态敏感目标的基本情况以及其他生态调查材料等。使用资料收集法时，应保证资料的现时性，引用资料必须建立在现场校验的基础上。

A.2　现场勘察法

现场勘察应遵循整体与重点相结合的原则，在综合考虑主导生态因子结构与功能的完整性的同时，突出重点区域和关键时段的调查，并通过对影响区域的实际踏勘，核实收集资料的准确性，以获取实际资料和数据。

A.3　专家和公众咨询法

专家和公众咨询法是对现场勘察的有益补充。通过咨询有关专家，收集评价工作范围内的公众、社会团体和相关管理部门对项目影响的意见，发现现场踏勘中遗漏的生态问题。专家和公众咨询应与资料收集和现场勘察同步开展。

A.4　生态监测法

当资料收集、现场勘察、专家和公众咨询提供的数据无法满足评价的定量需要，或项目可能产生潜在的或长期累积效应时，可考虑选用生态监测法。生态监测应根据监测因子的生态学特点和干扰活动的特点确定监测位置和频次，有代表性地布点。生态监测方法与技术要求须符合国家现行的有关生态监测规范和监测标准分析方法；对于生态系统生产力的调查，必要时需现场采样、实验室测定。

A.5　遥感调查法

当涉及区域范围较大或主导生态因子的空间等级尺度较大，通过人力踏勘较为困难或难以完成评价时，可采用遥感调查法。遥感调查过程中必须辅助必要的现场勘察工作。

A.6　海洋生态调查方法

海洋生态调查方法见GB/T 12763.9—2007。

A.7　水库渔业资源调查方法

水库渔业资源调查方法见SL 167—1996。”

（3）掌握生态背景调查的内容

“6.1.2.1　生态背景调查

根据生态影响的空间和时间尺度特点，调查影响区域内涉及的生态系统类型、结构、功能和过程，以及相关的非生物因子特征（如气候、土壤、地形地貌、水文及水文地质等），重点调查受保护的珍稀濒危物种、关键种、土著种、建群种和特有种，天然的重要经济物种等。如涉及国家级和省级保护物种、珍稀濒危物种和地方特有物种时，应逐个或逐类说明其类型、分布、保护级别、保护状况等；如涉及特殊生态敏感区和重要生态敏感区时，应逐个说明其类型、等级、分布、保护对象、功能区划、保护要求等。”

（4）掌握主要生态问题调查的内容

"6.1.2.2 主要生态问题调查

调查影响区域内已经存在的制约本区域可持续发展的主要生态问题，如水土流失、沙漠化、石漠化、盐渍化、自然灾害、生物入侵和污染危害等，指出其类型、成因、空间分布、发生特点等。"

（5）掌握生态现状评价的内容

"6.2.2 评价内容

a）在阐明生态系统现状的基础上，分析影响区域内生态系统状况的主要原因。评价生态系统的结构与功能状况（如水源涵养、防风固沙、生物多样性保护等主导生态功能）、生态系统面临的压力和存在的问题、生态系统的总体变化趋势等；

b）分析和评价受影响区域内动、植物等生态因子的现状组成、分布；当评价区域涉及受保护的敏感物种时，应重点分析该敏感物种的生态学特征；当评价区域涉及特殊生态敏感区或重要生态敏感区时，应分析其生态现状、保护现状和存在的问题等。"

（6）熟悉生态影响评价图件规范和要求

"生态影响评价的生态图件一般包括地形图、土地利用现状图、植被图、土壤侵蚀图，以及动物分布图、土壤类型图、生态监测布点图、自然保护区功能区划图等包涵生物及其生境信息的图件。生态制图应符合导则 HJ 19—2011 规定的制图比例和整饬规范要求。一般通过"3S"（RS、GIS、GPS）技术获取，也可通过航拍或收集有效的、权威的既有研究成果图件获取，并结合现场实际勘察情况或样方调查、监测结果予以校核。

生态影响评价图件制作应遵循附录 B 的要求。

B.1 一般原则

B.1.1 生态影响评价图件是指以图形、图像的形式对生态影响评价有关空间内容的描述、表达或定量分析。生态影响评价图件是生态影响评价报告的必要组成内容，是评价的主要依据和成果的重要表示形式，是指导生态保护措施设计的重要依据。

B.1.2 本附录主要适用于生态影响评价工作中表达地理空间信息的地图，应遵循有效、实用、规范的原则，根据评价工作等级和成图范围以及所表达的主题内容选择适当的成图精度和图件构成，充分反映出评价项目、生态因子构成、空间分布以及评价项目与影响区域生态系统的空间作用关系、途径或规模。

B.2 图件构成

B.2.1 根据评价项目自身特点、评价工作等级以及区域生态敏感性不同，生态影响评价图件由基本图件和推荐图件构成，如表 B.1 所示。

B.2.2　基本图件是指根据生态影响评价工作等级不同，各级生态影响评价工作需提供的必要图件。当评价项目涉及特殊生态敏感区域和重要生态敏感区时必须提供能反映生态敏感特征的专题图，如保护物种空间分布图；当开展生态监测工作时必须提供相应的生态监测点位图。

B.2.3　推荐图件是在现有技术条件下可以图形图像形式表达的、有助于阐明生态影响评价结果的选作图件。

表 B.1　生态影响评价图件构成要求

评价工作等级	基本图件	推荐图件
一级	（1）项目区域地理位置图 （2）工程平面图 （3）土地利用现状图 （4）地表水系图 （5）植被类型图 （6）特殊生态敏感区和重要生态敏感区空间分布图 （7）主要评价因子的评价成果和预测图 （8）生态监测布点图 （9）典型生态保护措施平面布置示意图	（1）当评价工作范围内涉及山岭重丘区时，可提供地形地貌图、土壤类型图和土壤侵蚀分布图 （2）当评价工作范围内涉及河流、湖泊等地表水时，可提供水环境功能区划图；当涉及地下水时，可提供水文地质图件等 （3）当评价工作范围涉及海洋和海岸带时，可提供海域岸线图、海洋功能区划图，根据评价需要选做海洋渔业资源分布图、主要经济鱼类产卵场分布图、滩涂分布现状图 （4）当评价工作范围内已有土地利用规划时，可提供已有土地利用规划图和生态功能分区图 （5）当评价工作范围内涉及地表塌陷时，可提供塌陷等值线图 （6）此外，可根据评价工作范围内涉及的不同生态系统类型，选做动植物资源分布图、珍稀濒危物种分布图、基本农田分布图、绿化布置图、荒漠化土地分布图等
二级	（1）项目区域地理位置图 （2）工程平面图 （3）土地利用现状图 （4）地表水系图 （5）特殊生态敏感区和重要生态敏感区空间分布图 （6）主要评价因子的评价成果和预测图 （7）典型生态保护措施平面布置示意图	（1）当评价工作范围内涉及山岭重丘区时，可提供地形地貌图和土壤侵蚀分布图 （2）当评价工作范围内涉及河流、湖泊等地表水时，可提供水环境功能区划图；当涉及地下水时，可提供水文地质图件 （3）当评价工作范围内涉及海域时，可提供海域岸线图和海洋功能区划图 （4）当评价工作范围内已有土地利用规划时，可提供已有土地利用规划图和生态功能分区图 （5）评价工作范围内，陆域可根据评价需要选做植被类型图或绿化布置图

评价工作等级	基本图件	推荐图件
三级	（1）项目区域地理位置图 （2）工程平面图 （3）土地利用或水体利用现状图 （4）典型生态保护措施平面布置示意图	（1）评价工作范围内，陆域可根据评价需要选做植被类型图或绿化布置图 （2）当评价工作范围内涉及山岭重丘区时，可提供地形地貌图 （3）当评价工作范围内涉及河流、湖泊等地表水时，可提供地表水系图 （4）当评价工作范围内涉及海域时，可提供海洋功能区划图 （5）当涉及重要生态敏感区时，可提供关键评价因子的评价成果图

B.3　图件制作规范与要求

B.3.1　数据来源与要求

a）生态影响评价图件制作基础数据来源包括：已有图件资料、采样、实验、地面勘测和遥感信息等。

b）图件基础数据来源应满足生态影响评价的时效要求，选择与评价基准时段相匹配的数据源。当图件主题内容无显著变化时，制图数据源的时效要求可在无显著变化期内适当放宽，但必须经过现场勘验校核。

B.3.2　制图与成图精度要求

生态影响评价制图的工作精度一般不低于工程可行性研究制图精度，成图精度应满足生态影响判别和生态保护措施的实施。

生态影响评价成图应能准确、清晰地反映评价主题内容，成图比例不应低于表B.2中的规范要求（项目区域地理位置图除外）。当成图范围过大时，可采用点线面相结合的方式，分幅成图；当涉及敏感生态保护目标时，应分幅单独成图，以提高成图精度。

表B.2　生态影响评价图件成图比例规范要求

成图范围		成图比例尺		
		一级评价	二级评价	三级评价
面积	≥100 km^2	≥1∶10万	≥1∶10万	≥1∶25万
	20～100 km^2	≥1∶5万	≥1∶5万	≥1∶10万
	2～≤20 km^2	≥1∶1万	≥1∶1万	≥1∶2.5万
	≤2 km^2	≥1∶5 000	≥1∶5 000	≥1∶1万
长度	≥100 km	≥1∶25万	≥1∶25万	≥1∶25万
	50～100 km	≥1∶10万	≥1∶10万	≥1∶25万
	10～≤50 km	≥1∶5万	≥1∶10万	≥1∶10万
	≤10 km	≥1∶1万	≥1∶1万	≥1∶5万

B.3.3　图形整饬规范

生态影响评价图件应符合专题地图制图的整饬规范要求，成图应包括图名、比例尺、方向标/经纬度、图例、注记、制图数据源（调查数据、实验数据、遥感信息源或其他）、成图时间等要素。”

5．生态影响预测与评价

（1）掌握生态影响预测与评价内容

“7.1　生态影响预测与评价内容

生态影响预测与评价内容应与现状评价内容相对应，依据区域生态保护的需要和受影响生态系统的主导生态功能选择评价预测指标。

a）评价工作范围内涉及的生态系统及其主要生态因子的影响评价。通过分析影响作用的方式、范围、强度和持续时间来判别生态系统受影响的范围、强度和持续时间；预测生态系统组成和服务功能的变化趋势，重点关注其中的不利影响、不可逆影响和累积生态影响；

b）敏感生态保护目标的影响评价应在明确保护目标的性质、特点、法律地位和保护要求的情况下，分析评价项目的影响途径、影响方式和影响程度，预测潜在的后果；

c）预测评价项目对区域现存主要生态问题的影响趋势。”

（2）熟悉推荐的生态影响评价和预测方法

“7.2　生态影响预测与评价方法

生态影响预测与评价方法应根据评价对象的生态学特性，在调查、判定该区主要的、辅助的生态功能以及完成功能必需的生态过程的基础上，分别采用定量分析与定性分析相结合的方法进行预测与评价。常用的方法包括列表清单法、图形叠置法、生态机理分析法、景观生态学法、指数法与综合指数法、类比分析法、系统分析法和生物多样性评价等，可参见附录C。

C.1　列表清单法

列表清单法是Little等于1971年提出的一种定性分析方法。该方法的特点是简单明了，针对性强。

a）方法

列表清单法的基本做法是，将拟实施的开发建设活动的影响因素与可能受影响的环境因子分别列在同一张表格的行与列内。逐点进行分析，并逐条阐明影响的性质、强度等。由此分析开发建设活动的生态影响。

b）应用

①进行开发建设活动对生态因子的影响分析；

② 进行生态保护措施的筛选；

③ 进行物种或栖息地重要性或优先度比选。

C.2 图形叠置法

图形叠置法，是把两个以上的生态信息叠合到一张图上，构成复合图，用以表示生态变化的方向和程度。本方法的特点是直观、形象，简单明了。

图形叠置法有两种基本制作手段：指标法和 3S 叠图法。

a）指标法

① 确定评价区域范围；

② 进行生态调查，收集评价工作范围与周边地区自然环境、动植物等的信息，同时收集社会经济和环境污染及环境质量信息；

③ 进行影响识别并筛选拟评价因子，其中包括识别和分析主要生态问题；

④ 研究拟评价生态系统或生态因子的地域分异特点与规律，对拟评价的生态系统、生态因子或生态问题建立表征其特性的指标体系，并通过定性分析或定量方法对指标赋值或分级，再依据指标值进行区域划分；

⑤ 将上述区划信息绘制在生态图上。

b）3S 叠图法

① 选用地形图，或正式出版的地理地图，或经过精校正的遥感影像作为工作底图，底图范围应略大于评价工作范围；

② 在底图上描绘主要生态因子信息，如植被覆盖、动物分布、河流水系、土地利用和特别保护目标等；

③ 进行影响识别与筛选评价因子；

④ 运用 3S 技术，分析评价因子的不同影响性质、类型和程度；

⑤ 将影响因子图和底图叠加，得到生态影响评价图。

c）图形叠置法的应用

① 主要用于区域生态质量评价和影响评价；

② 用于具有区域性影响的特大型建设项目评价中，如大型水利枢纽工程、新能源基地建设、矿业开发项目等；

③ 用于土地利用开发和农业开发中。

C.3 生态机理分析法

生态机理分析法是根据建设项目的特点和受其影响的动、植物的生物学特征，依照生态学原理分析、预测工程生态影响的方法。生态机理分析法的工作步骤如下：

a）调查环境背景现状和搜集工程组成和建设等有关资料；

b）调查植物和动物分布，动物栖息地和迁徙路线；

c）根据调查结果分别对植物或动物种群、群落和生态系统进行分析，描述其分布特点、结构特征和演化等级；

d）识别有无珍稀濒危物种及重要经济、历史、景观和科研价值的物种；

e）监测项目建成后该地区动物、植物生长环境的变化；

f）根据项目建成后的环境（水、气、土和生命组分）变化，对照无开发项目条件下动物、植物或生态系统演替趋势，预测项目对动物和植物个体、种群和群落的影响，并预测生态系统演替方向。

评价过程中有时要根据实际情况进行相应的生物模拟试验，如环境条件、生物习性模拟试验、生物毒理学试验、实地种植或放养试验等；或进行数学模拟，如种群增长模型的应用。

该方法需与生物学、地理学、水文学、数学及其他多学科合作评价，才能得出较为客观的结果。

C.4　景观生态学法

景观生态学法是通过研究某一区域、一定时段内的生态系统类群的格局、特点、综合资源状况等自然规律，以及人为干预下的演替趋势，揭示人类活动在改变生物与环境方面的作用的方法。景观生态学对生态质量状况的评判是通过两个方面进行的，一是空间结构分析，二是功能与稳定性分析。景观生态学认为，景观的结构与功能是相当匹配的，且增加景观异质性和共生性也是生态学和社会学整体论的基本原则。

空间结构分析基于景观是高于生态系统的自然系统，是一个清晰的和可度量的单位。景观由斑块、基质和廊道组成，其中基质是景观的背景地块，是景观中一种可以控制环境质量的组分。因此，基质的判定是空间结构分析的重要内容。判定基质有三个标准，即相对面积大、连通程度高、有动态控制功能。基质的判定多借用传统生态学中计算植被重要值的方法。

决定某一斑块类型在景观中的优势，也称优势度值（D_0）。优势度值由密度（R_d）、频率（R_f）和景观比例（L_p）三个参数计算得出。其数学表达式如下：

R_d=（斑块 i 的数目/斑块总数）×100%

R_f=（斑块 i 出现的样方数/总样方数）×100%

L_p=（斑块 i 的面积/样地总面积）×100%

D_0=0.5×[0.5×（R_d+R_f）+L_p]×100%

上述分析同时反映自然组分在区域生态系统中的数量和分布，因此能较准确地表示生态系统的整体性。

景观的功能和稳定性分析包括如下四方面内容：

a）生物恢复力分析：分析景观基本元素的再生能力或高亚稳定性元素能否

占主导地位；

b）异质性分析：基质为绿地时，由于异质化程度高的基质很容易维护它的基质地位，从而达到增强景观稳定性的作用；

c）种群源的持久性和可达性分析：分析动、植物物种能否持久保持能量流、养分流，分析物种流可否顺利地从一种景观元素迁移到另一种元素，从而增强共生性；

d)景观组织的开放性分析：分析景观组织与周边生境的交流渠道是否畅通。开放性强的景观组织可以增强抵抗力和恢复力。景观生态学方法既可以用于生态现状评价也可以用于生境变化预测，目前是国内外生态影响评价学术领域中较先进的方法。

C.5 指数法与综合指数法

指数法是利用同度量因素的相对值来表明因素变化状况的方法，是建设项目环境影响评价中规定的评价方法，指数法同样可将其拓展而用于生态影响评价中。指数法简明扼要，且符合人们所熟悉的环境污染影响评价思路，但困难之点在于需明确建立表征生态质量的标准体系，且难以赋权和准确定量。综合指数法是从确定同度量因素出发，把不能直接对比的事物变成能够同度量的方法。

a）单因子指数法

选定合适的评价标准，采集拟评价项目区的现状资料。可进行生态因子现状评价：例如以同类型立地条件的森林植被覆盖率为标准，可评价项目建设区的植被覆盖现状情况；亦可进行生态因子的预测评价：如以评价区现状植被盖度为评价标准，可评价建设项目建成后植被盖度的变化率。

b）综合指数法

① 分析研究评价的生态因子的性质及变化规律；

② 建立表征各生态因子特性的指标体系；

③ 确定评价标准；

④ 建立评价函数曲线，将评价的环境因子的现状值（开发建设活动前）与预测值（开发建设活动后）转换为统一的无量纲的环境质量指标。用1～0表示优劣（“1”表示最佳的、顶级的、原始或人类干预甚少的生态状况，“0”表示最差的、极度破坏的、几乎无生物性的生态状况）由此计算出开发建设活动前后环境因子质量的变化值；

⑤ 根据各评价因子的相对重要性赋予权重；

⑥ 将各因子的变化值综合，提出综合影响评价值。

即
$$\Delta E=\sum(E_{hi}-E_{qi})\times W_i \qquad (C.1)$$

式中：ΔE——开发建设活动日前后生态质量变化值；

E_{hi}——开发建设活动后 i 因子的质量指标；

E_{qi}——开发建设活动前 i 因子的质量指标；

W_i——i 因子的权值。

c）指数法应用

① 可用于生态因子单因子质量评价；

② 可用于生态多因子综合质量评价；

③ 可用于生态系统功能评价。

d）说明

建立评价函数曲线须根据标准规定的指标值确定曲线的上、下限。对于空气和水这些已有明确质量标准的因子，可直接用不同级别的标准值作上、下限；对于无明确标准的生态因子，须根据评价目的、评价要求和环境特点选择相应的环境质量标准值，再确定上、下限。

C.6　类比分析法

类比分析法是一种比较常用的定性和半定量评价方法，一般有生态整体类比、生态因子类比和生态问题类比等。

a）方法

根据已有的开发建设活动（项目、工程）对生态系统产生的影响来分析或预测拟进行的开发建设活动（项目、工程）可能产生的影响。选择好类比对象（类比项目）是进行类比分析或预测评价的基础，也是该法成败的关键。

类比对象的选择条件是：工程性质、工艺和规模与拟建项目基本相当，生态因子（地理、地质、气候、生物因素等）相似，项目建成已有一定时间，所产生的影响已基本全部显现。

类比对象确定后，则需选择和确定类比因子及指标，并对类比对象开展调查与评价，再分析拟建项目与类比对象的差异。根据类比对象与拟建项目的比较，做出类比分析结论。

b）应用

① 进行生态影响识别和评价因子筛选；

② 以原始生态系统作为参照，可评价目标生态系统的质量；

③ 进行生态影响的定性分析与评价；

④ 进行某一个或几个生态因子的影响评价；

⑤ 预测生态问题的发生与发展趋势及其危害；

⑥ 确定环保目标和寻求最有效、可行的生态保护措施。

C.7　系统分析法

系统分析法是指把要解决的问题作为一个系统，对系统要素进行综合分析，找出解决问题的可行方案的咨询方法。具体步骤包括：限定问题、确定目标、调查研究、收集数据、提出备选方案和评价标准、备选方案评估和提出最可行的方案。

系统分析法因其能妥善地解决一些多目标动态性问题，目前已广泛应用于各行各业，尤其在进行区域开发或解决优化方案选择问题时，系统分析法显示出其他方法所不能达到的效果。

在生态系统质量评价中使用系统分析的具体方法有专家咨询法、层次分析法、模糊综合评判法、综合排序法、系统动力学、灰色关联等方法，这些方法原则上都适用于生态影响评价。这些方法的具体操作过程可查阅有关书刊。

C.8　生物多样性评价方法

生物多样性评价是指通过实地调查，分析生态系统和生物种的历史变迁、现状和存在主要问题的方法，评价目的是有效保护生物多样性。

生物多样性通常用香农-威纳指数（Shannon-Wiener index）表征：

$$H=-\sum_{i=1}^{s}P_i\ln(P_i) \tag{C.2}$$

式中：H——样品的信息含量（彼得/个体）＝群落的多样性指数；

S——种数；

P_i——样品中属于第 i 种的个体比例，如样品总个体数为 N，第 i 种个体数为 n_i，则 $P_i=n_i/N$。

C.9　海洋及水生生物资源影响评价方法

海洋生物资源影响评价技术方法参见 SC/T 9110—2007，以及其他推荐的生态影响评价和预测适用方法；水生生物资源影响评价技术方法，可适当参照该技术规程及其他推荐的适用方法进行。

C.10　土壤侵蚀预测方法

土壤侵蚀预测方法参见 GB 4043—2008。”

6．生态影响的防护、恢复、补偿及替代方案

（1）掌握生态影响的防护、恢复与补偿原则

“8.1　生态影响的防护、恢复与补偿原则

8.1.1　应按照避让、减缓、补偿和重建的次序提出生态影响防护与恢复的措施；所采取措施的效果应有利修复和增强区域生态功能。

8.1.2　凡涉及不可替代、极具价值、极敏感、被破坏后很难恢复的敏感生态保护目标（如特殊生态敏感区、珍稀濒危物种）时，必须提出可靠的避让措施或生境替代方案。

8.1.3　涉及采取措施后可恢复或修复的生态目标时，也应尽可能提出避让措施；否则，应制定恢复、修复和补偿措施。各项生态保护措施应按项目实施阶段分别提出，并提出实施时限和估算经费。”

（2）熟悉替代方案的类型及基本要求

“8.2　替代方案

8.2.1　替代方案主要指项目中的选线、选址替代方案，项目的组成和内容替代方案，工艺和生产技术的替代方案，施工和运营方案的替代方案、生态保护措施的替代方案。

8.2.2　评价应对替代方案进行生态可行性论证，优先选择生态影响最小的替代方案，最终选定的方案至少应该是生态保护可行的方案。”

（3）掌握生态保护措施应包括的基本内容

“8.3　生态保护措施

8.3.1　生态保护措施应包括保护对象和目标，内容、规模及工艺，实施空间和时序，保障措施和预期效果分析，绘制生态保护措施平面布置示意图和典型措施设施工艺图。估算或概算环境保护投资。

8.3.2　对可能具有重大、敏感生态影响的建设项目，区域、流域开发项目，应提出长期的生态监测计划、科技支撑方案，明确监测因子、方法、频次等。

8.3.3　明确施工期和运营期管理原则与技术要求。可提出环境保护工程分标与招投标原则，施工期工程环境监理，环境保护阶段验收和总体验收、环境影响后评价等环保管理技术方案。”

（八）建设项目环境风险评价技术导则

1. 适用范围

掌握导则的适用范围

“本标准规定了建设项目环境风险评价的一般性原则、内容、程序和方法。

本标准适用于涉及有毒有害和易燃易爆危险物质生产、使用、储存（包括使用管线输运）的建设项目可能发生的突发性事故（不包括人为破坏及自然灾害引发的事故）的环境风险评价。

本标准不适用于生态风险评价及核与辐射类建设项目的环境风险评价。

对于有特定行业环境风险评价技术规范要求的建设项目，本标准规定的一般性原则适用。

相关规划类环境影响评价中的环境风险评价可参考本标准。”

2．术语与定义

熟悉环境风险、环境风险潜势、风险源、危险物质、危险单元、最大可信事故、大气毒性终点浓度的定义

“下列术语和定义适用于本标准。

3.1 环境风险 environmental risk

突发性事故对环境造成的危害程度及可能性。

3.2 环境风险潜势 environmental risk potential

对建设项目潜在环境危害程度的概化分析表达，是基于建设项目涉及的物质和工艺系统危险性及其所在地环境敏感程度的综合表征。

3.3 风险源 risk source

存在物质或能量意外释放，并可能产生环境危害的源。

3.4 危险物质 hazardous substance

具有易燃易爆、有毒有害等特性，会对环境造成危害的物质。

3.5 危险单元 hazard unit

由一个或多个风险源构成的具有相对独立功能的单元，事故状况下应可实现与其他功能单元的分割。

3.6 最大可信事故 maximum credible event

是基于经验统计分析，在一定可能性区间内发生的事故中，造成环境危害最严重的事故。

3.7 大气毒性终点浓度 air toxic endpoint

人员短期暴露可能会导致出现健康影响或死亡的大气污染物浓度，用于判断周边环境风险影响程度。”

3．总则

（1）了解环境风险评价的一般性原则和工作程序

“4.1 一般性原则

环境风险评价应以突发性事故导致的危险物质环境急性损害防控为目标，对建设项目的环境风险进行分析、预测和评估，提出环境风险预防、控制、减缓措施，明确环境风险监控及应急建议要求，为建设项目环境风险防控提供科学依据。

4.2　评价工作程序

评价工作程序见图 1。"

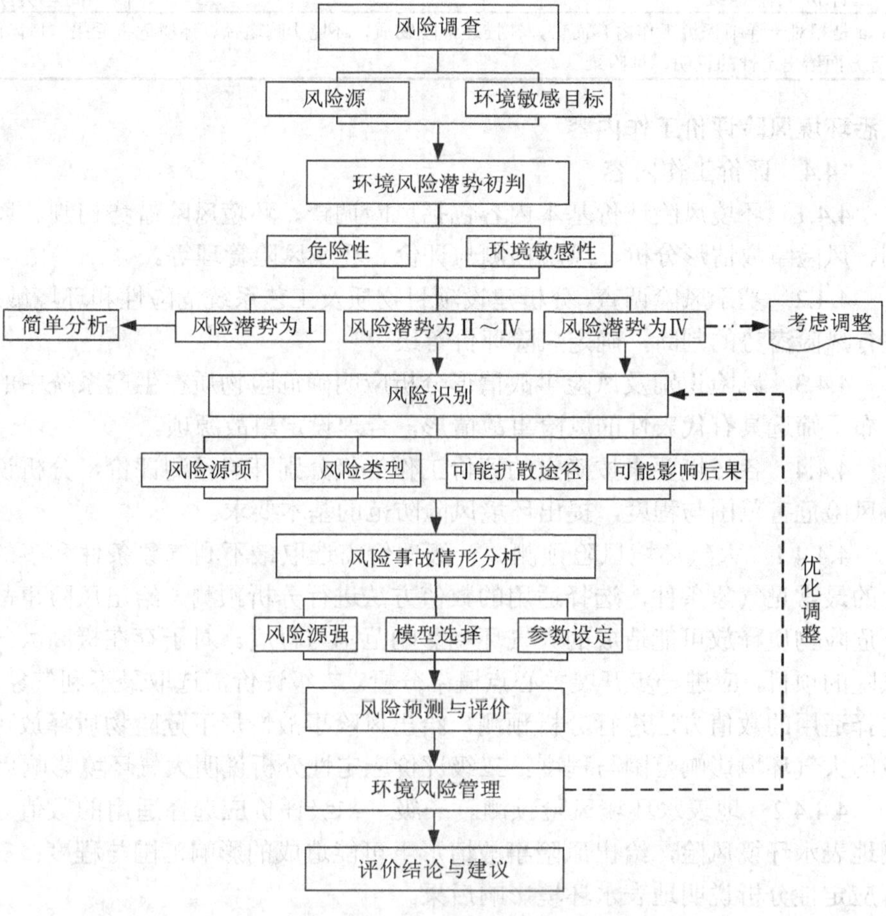

图 1　评价工作程序

（2）掌握环境风险评价工作等级划分的原则

"4.3　评价工作等级划分

环境风险评价工作等级划分为一级、二级、三级。根据建设项目涉及的物质及工艺系统危险性和所在地的环境敏感性确定环境风险潜势，按照表 1 确定评价工作等级。风险潜势为Ⅳ及以上，进行一级评价；风险潜势为Ⅲ，进行二级评价；风险潜势为Ⅱ，进行三级评价；风险潜势为Ⅰ，可开展简单分析。"

表 1 评价工作等级划分

环境风险潜势	Ⅳ、Ⅳ+	Ⅲ	Ⅱ	Ⅰ
评价工作等级	一	二	三	简单分析[a]

注：a 是相对于详细评价工作内容而言，在描述危险物质、环境影响途径、环境危害后果、风险防范措施等方面给出定性的说明，见附录 A。

（3）熟悉环境风险评价工作内容

“4.4 评价工作内容

4.4.1 环境风险评价基本内容包括风险调查、环境风险潜势初判、风险识别、风险事故情形分析、风险预测与评价、环境风险管理等。

4.4.2 基于风险调查，分析建设项目物质及工艺系统危险性和环境敏感性，进行风险潜势的判断，确定风险评价等级。

4.4.3 风险识别及风险事故情形分析应明确危险物质在生产系统中的主要分布，筛选具有代表性的风险事故情形，合理设定事故源项。

4.4.4 各环境要素按确定的评价工作等级分别开展预测评价，分析说明环境风险危害范围与程度，提出环境风险防范的基本要求。

4.4.4.1 大气环境风险预测。一级评价需选取最不利气象条件和事故发生地的最常见气象条件，选择适用的数值方法进行分析预测，给出风险事故情形下危险物质释放可能造成的大气环境影响范围与程度。对于存在极高大气环境风险的项目，应进一步开展关心点概率分析。二级评价需选取最不利气象条件，选择适用的数值方法进行分析预测，给出风险事故情形下危险物质释放可能造成的大气环境影响范围与程度。三级评价应定性分析说明大气环境影响后果。

4.4.4.2 地表水环境风险预测。一级、二级评价应选择适用的数值方法预测地表水环境风险，给出风险事故情形下可能造成的影响范围与程度；三级评价应定性分析说明地表水环境影响后果。

4.4.4.3 地下水环境风险预测。一级评价应优先选择适用的数值方法预测地下水环境风险，给出风险事故情形下可能造成的影响范围与程度；低于一级评价的，风险预测分析与评价要求参照 HJ 610 执行。

4.4.5 提出环境风险管理对策，明确环境风险防范措施及突发环境事件应急预案编制要求。

4.4.6 综合环境风险评价过程，给出评价结论与建议。”

（4）掌握环境风险评价范围的确定原则

“4.5 评价范围

4.5.1 大气环境风险评价范围：一级、二级评价距建设项目边界一般不低于 5 km；三级评价距建设项目边界一般不低于 3 km。油气、化学品输送管线项目一级、二级评价距管道中心线两侧一般均不低于 200 m；三级评价距管道中心线两侧一般均不低于 100 m。当大气毒性终点浓度预测到达距离超出评价范围时，应根据预测到达距离进一步调整评价范围。

4.5.2　地表水环境风险评价范围参照 HJ 2.3 确定。

4.5.3　地下水环境风险评价范围参照 HJ 610 确定。

4.5.4　环境风险评价范围应根据环境敏感目标分布情况、事故后果预测可能对环境产生危害的范围等综合确定。项目周边所在区域，评价范围外存在需要特别关注的环境敏感目标，评价范围需延伸至所关心的目标。”

4. 风险调查

（1）熟悉建设项目风险源调查的内容

“5.1　建设项目风险源调查

调查建设项目危险物质数量和分布情况、生产工艺特点，收集危险物质安全技术说明书（MSDS）等基础资料。”

（2）掌握环境敏感目标调查的要求

“5.2　环境敏感目标调查

根据危险物质可能的影响途径，明确环境敏感目标，给出环境敏感目标区位分布图，列表明确调查对象、属性、相对方位及距离等信息。”

5. 环境风险潜势初判

（1）掌握环境风险潜势划分的方法和判断原则

“6.1　环境风险潜势划分

建设项目环境风险潜势划分为 I 、II、III、IV/IV$^+$级。

根据建设项目涉及的物质和工艺系统的危险性及其所在地的环境敏感程度，结合事故情形下环境影响途径，对建设项目潜在环境危害程度进行概化分析，按照表 2 确定环境风险潜势。”

表 2　建设项目环境风险潜势划分

环境敏感程度（E）	危险物质及工艺系统危险性（P）			
	极高危害（P1）	高度危害（P2）	中度危害（P3）	轻度危害（P4）
环境高度敏感区（E1）	IV$^+$	IV	III	III
环境中度敏感区（E2）	IV	III	III	II
环境低度敏感区（E3）	III	III	II	I

注：IV$^+$为极高环境风险。

（2）熟悉危险物质及工艺系统危险性（P）和环境敏感程度（E）的分级确定原则

"6.2 P的分级确定

分析建设项目生产、使用、储存过程中涉及的有毒有害、易燃易爆物质，参见附录B确定危险物质的临界量。定量分析危险物质数量与临界量的比值（Q）和所属行业及生产工艺特点（M），按附录C对危险物质及工艺系统危险性（P）等级进行判断。

6.3 E的分级确定

分析危险物质在事故情形下的环境影响途径，如大气、地表水、地下水等，按照附录D对建设项目各要素环境敏感程度（E）等级进行判断。

6.4 建设项目环境风险潜势判断

建设项目环境风险潜势综合等级取各要素等级的相对高值。"

6. 风险识别

（1）熟悉风险识别的内容

"7.1 风险识别内容

7.1.1 物质危险性识别，包括主要原辅材料、燃料、中间产品、副产品、最终产品、污染物、火灾和爆炸伴生/次生物等。

7.1.2 生产系统危险性识别，包括主要生产装置、储运设施、公用工程和辅助生产设施以及环境保护设施等。

7.1.3 危险物质向环境转移的途径识别，包括分析危险物质特性及可能的环境风险类型，识别危险物质影响环境的途径，分析可能影响的环境敏感目标。"

（2）了解风险识别的方法和结果

"7.2 风险识别方法

7.2.1 资料收集和准备

根据危险物质泄漏、火灾、爆炸等突发性事故可能造成的环境风险类型，收集和准备建设项目工程资料，周边环境资料，国内外同行业、同类型事故统计分析及典型事故案例资料。对已建工程应收集环境管理制度，操作和维护手册，突发环境事件应急预案，应急培训、演练记录，历史突发环境事件及生产安全事故调查资料，设备失效统计数据等。

7.2.2 物质危险性识别

按附录B识别出的危险物质，以图表的方式给出其易燃易爆、有毒有害危险特性，明确危险物质的分布。

7.2.3 生产系统危险性识别

7.2.3.1 按工艺流程和平面布置功能区划，结合物质危险性识别，以图表的方式给出危险单元划分结果及单元内危险物质的最大存在量。按生产工艺流程分析危险单元内潜在的风险源。

7.2.3.2　按危险单元分析风险源的危险性、存在条件和转化为事故的触发因素。

7.2.3.3　采用定性或定量分析方法筛选确定重点风险源。

7.2.4　环境风险类型及危害分析

7.2.4.1　环境风险类型包括危险物质泄漏，以及火灾、爆炸等引发的伴生/次生污染物排放。

7.2.4.2　根据物质及生产系统危险性识别结果，分析环境风险类型、危险物质向环境转移的可能途径和影响方式。

7.3　风险识别结果

在风险识别的基础上，图示危险单元分布。给出建设项目环境风险识别汇总，包括危险单元、风险源、主要危险物质、环境风险类型、环境影响途径、可能受影响的环境敏感目标等，说明风险源的主要参数。”

7．风险事故情形分析

（1）熟悉风险事故情形设定的内容与原则

“8.1　风险事故情形设定

8.1.1　风险事故情形设定内容

在风险识别的基础上，选择对环境影响较大并具有代表性的事故类型，设定风险事故情形。风险事故情形设定内容应包括环境风险类型、风险源、危险单元、危险物质和影响途径等。

8.1.2　风险事故情形设定原则

8.1.2.1　同一种危险物质可能有多种环境风险类型。风险事故情形应包括危险物质泄漏，以及火灾、爆炸等引发的伴生/次生污染物排放情形。对不同环境要素产生影响的风险事故情形，应分别进行设定。

8.1.2.2　对于火灾、爆炸事故，需将事故中未完全燃烧的危险物质在高温下迅速挥发释放至大气，以及燃烧过程中产生的伴生/次生污染物对环境的影响作为风险事故情形设定的内容。

8.1.2.3　设定的风险事故情形发生可能性应处于合理的区间，并与经济技术发展水平相适应。一般而言，发生频率小于10^{-6}/年的事件是极小概率事件，可作为代表性事故情形中最大可信事故设定的参考。

8.1.2.4　风险事故情形设定的不确定性与筛选。由于事故触发因素具有不确定性，因此事故情形的设定并不能包含全部可能的环境风险，但通过具有代表性的事故情形分析可为风险管理提供科学依据。事故情形的设定应在环境风险识别的基础上筛选，设定的事故情形应具有危险物质、环境危害、影响途径等方面的代表性。”

（2）了解源项分析的方法

“8.2.1 源项分析方法

源项分析应基于风险事故情形的设定，合理估算源强。泄漏频率可参考附录E的推荐方法确定，也可采用事故树、事件树分析法或类比法等确定。”

（3）掌握事故源强的确定方法

“8.2.2 事故源强的确定

事故源强是为事故后果预测提供分析模拟情形。事故源强设定可采用计算法和经验估算法。计算法适用于以腐蚀或应力作用等引起的泄漏型为主的事故；经验估算法适用于以火灾、爆炸等突发性事故伴生/次生的污染物释放。”

8. 风险预测与评价

（1）掌握风险预测的内容

“9.1 风险预测

9.1.1 有毒有害物质在大气中的扩散

9.1.1.1 预测模型筛选

a）预测计算时，应区分重质气体与轻质气体排放选择合适的大气风险预测模型。其中重质气体和轻质气体的判断依据可采用附录G中G.2推荐的理查德森数进行判定；

b）采用附录G中的推荐模型进行气体扩散后果预测，模型选择应结合模型的适用范围、参数要求等说明模型选择的依据；

c）选用推荐模型以外的其他技术成熟的大气风险预测模型时，需说明模型选择理由及适用性。

9.1.1.2 预测范围与计算点

a）预测范围即预测物质浓度达到评价标准时的最大影响范围，通常由预测模型计算获取。预测范围一般不超过10 km；

b）计算点分特殊计算点和一般计算点。特殊计算点指大气环境敏感目标等关心点，一般计算点指下风向不同距离点。一般计算点的设置应具有一定分辨率，距离风险源500 m范围内可设置10～50 m间距，大于500 m范围内可设置50～100 m间距。

9.1.1.3 事故源参数

根据大气风险预测模型的需要，调查泄漏设备类型、尺寸、操作参数（压力、温度等），泄漏物质理化特性（摩尔质量、沸点、临界温度、临界压力、比热容比、气体比定压热容、液体比定压热容、液体密度、汽化热等）。

9.1.1.4　气象参数

a）一级评价，需选取最不利气象条件及事故发生地的最常见气象条件分别进行后果预测。其中最不利气象条件取 F 类稳定度，1.5 m/s 风速，温度 25℃，相对湿度 50%；最常见气象条件由当地近 3 年内的至少连续 1 年气象观测资料统计分析得出，包括出现频率最高的稳定度、该稳定度下的平均风速（非静风）、日最高平均气温、年平均湿度。

b）二级评价，需选取最不利气象条件进行后果预测。最不利气象条件取 F 类稳定度，风速 1.5 m/s，温度 25℃，相对湿度 50%。

9.1.1.5　大气毒性终点浓度值选取

大气毒性终点浓度即预测评价标准。大气毒性终点浓度值选取参见附录 H，分为 1 级、2 级。其中 1 级为当大气中危险物质浓度低于该限值时，绝大多数人员暴露 1 h 不会对生命造成威胁，当超过该限值时，有可能对人群造成生命威胁；2 级为当大气中危险物质浓度低于该限值时，暴露 1 h 一般不会对人体造成不可逆的伤害，或出现的症状一般不会损伤该个体采取有效防护措施的能力。

9.1.1.6　预测结果表述

a）给出下风向不同距离处有毒有害物质的最大浓度，以及预测浓度达到不同毒性终点浓度的最大影响范围。

b）给出各关心点的有毒有害物质浓度随时间变化情况，以及关心点的预测浓度超过评价标准时对应的时刻和持续时间。

c）对于存在极高大气环境风险的建设项目，应开展关心点概率分析，即有毒有害气体（物质）剂量负荷对个体的大气伤害概率、关心点处气象条件的频率、事故发生概率的乘积，以反映关心点处人员在无防护措施条件下受到伤害的可能性。有毒有害气体大气伤害概率估算参见附录 I 。

9.1.2　有毒有害物质在地表水、地下水环境中的运移扩散

9.1.2.1　有毒有害物质进入水环境的方式

有毒有害物质进入水环境包括事故直接导致和事故处理处置过程间接导致的情况，一般为瞬时排放源和有限时段内排放的源。

9.1.2.2　预测模型

a）地表水

根据风险识别结果，有毒有害物质进入水体的方式、水体类别及特征，以及有毒有害物质的溶解性，选择适用的预测模型。

1）对于油品类泄漏事故，流场计算按 HJ 2.3 中的相关要求，选取适用的预

测模型，溢油漂移扩散过程按 GB/T 19485 中的溢油粒子模型进行溢油轨迹预测。

2）其他事故，地表水风险预测模型及参数参照 HJ 2.3。

b）地下水

地下水风险预测模型及参数参照 HJ 610。

9.1.2.3　终点浓度值选取

终点浓度即预测评价标准。终点浓度值根据水体分类及预测点水体功能要求，按照 GB 3838、GB 5749、GB 3097 或 GB/T 14848 选取。对于未列入上述标准，但确需进行分析预测的物质，其终点浓度值选取可参照 HJ 2.3、HJ 610。

对于难以获取终点浓度值的物质，可按质点运移到达判定。

9.1.2.4　预测结果表述

a）地表水

根据风险事故情形对水环境的影响特点，预测结果可采用以下表述方式：

1）给出有毒有害物质进入地表水体最远超标距离及时间。

2）给出有毒有害物质经排放通道到达下游（按水流方向）环境敏感目标处的到达时间、超标时间、超标持续时间及最大浓度，对于在水体中漂移类物质，应给出漂移轨迹。

b）地下水

给出有毒有害物质进入地下水体到达下游厂区边界和环境敏感目标处的到达时间、超标时间、超标持续时间及最大浓度。”

（2）熟悉环境风险评价的内容

“9.2　环境风险评价

结合各要素风险预测，分析说明建设项目环境风险的危害范围与程度。大气环境风险的影响范围和程度由大气毒性终点浓度确定，明确影响范围内的人口分布情况；地表水、地下水对照功能区质量标准浓度（或参考浓度）进行分析，明确对下游环境敏感目标的影响情况。环境风险可采用后果分析、概率分析等方法开展定性或定量评价，以避免急性损害为重点，确定环境风险防范的基本要求。”

9．环境风险管理

（1）熟悉环境风险管理目标

“10.1　环境风险管理目标

环境风险管理目标是采用最低合理可行原则（as low as reasonable practicable，ALARP）管控环境风险。采取的环境风险防范措施应与社会经济技术发展水平相适应，运用科学的技术手段和管理方法，对环境风险进行有效的预防、监控、响应。”

（2）掌握环境风险防范措施

“10.2　环境风险防范措施

10.2.1　大气环境风险防范应结合风险源状况明确环境风险的防范、减缓措施，提出环境风险监控要求，并结合环境风险预测分析结果、区域交通道路和安置场所位置等，提出事故状态下人员的疏散通道及安置等应急建议。

10.2.2　事故废水环境风险防范应明确“单元—厂区—园区/区域”的环境风险防控体系要求，设置事故废水收集（尽可能以非动力自流方式）和应急储存设施，以满足事故状态下收集泄漏物料、污染消防水和污染雨水的需要，明确并图示防止事故废水进入外环境的控制、封堵系统。应急储存设施应根据发生事故的设备容量、事故时消防用水量及可能进入应急储存设施的雨水量等因素综合确定。应急储存设施内的事故废水，应及时进行有效处置，做到回用或达标排放。结合环境风险预测分析结果，提出实施监控和启动相应的园区/区域突发环境事件应急预案的建议要求。

10.2.3　地下水环境风险防范应重点采取源头控制和分区防渗措施，加强地下水环境的监控、预警，提出事故应急减缓措施。

10.2.4　针对主要风险源，提出设立风险监控及应急监测系统，实现事故预警和快速应急监测、跟踪，提出应急物资、人员等的管理要求。

10.2.5　对于改建、扩建和技术改造项目，应分析依托企业现有环境风险防范措施的有效性，提出完善意见和建议。

10.2.6　环境风险防范措施应纳入环保投资和建设项目竣工环境保护验收内容。

10.2.7　考虑事故触发具有不确定性，厂内环境风险防控系统应纳入园区/区域环境风险防控体系，明确风险防控设施、管理的衔接要求。极端事故风险防控及应急处置应结合所在园区/区域环境风险防控体系统筹考虑，按分级响应要求及时启动园区/区域环境风险防范措施，实现厂内与园区/区域环境风险防控设施及管理有效联动，有效防控环境风险。”

（3）了解突发环境事件应急预案编制要求

“10.3　突发环境事件应急预案编制要求

10.3.1　按照国家、地方和相关部门要求，提出企业突发环境事件应急预案编制或完善的原则要求，包括预案适用范围、环境事件分类与分级、组织机构与职责、监控和预警、应急响应、应急保障、善后处置、预案管理与演练等内容。

10.3.2 明确企业、园区/区域、地方政府环境风险应急体系。企业突发环境事件应急预案应体现分级响应、区域联动的原则，与地方政府突发环境事件应急预案相衔接，明确分级响应程序。”

10. 评价结论与建议

掌握评价结论与建议的内容

“11.1 项目危险因素

简要说明主要危险物质、危险单元及其分布，明确项目危险因素，提出优化平面布局、调整危险物质存在量及危险性控制的建议。

11.2 环境敏感性及事故环境影响

简要说明项目所在区域环境敏感目标及其特点，根据预测分析结果，明确突发性事故可能造成环境影响的区域和涉及的环境敏感目标，提出保护措施及要求。

11.3 环境风险防范措施和应急预案

结合区域环境条件和园区/区域环境风险防控要求，明确建设项目环境风险防控体系，重点说明防止危险物质进入环境及进入环境后的控制、消减、监测等措施，提出优化调整风险防范措施建议及突发环境事件应急预案原则要求。

11.4 环境风险评价结论与建议

综合环境风险评价专题的工作过程，明确给出建设项目环境风险是否可防控的结论。根据建设项目环境风险可能影响的范围与程度，提出缓解环境风险的建议措施。

对存在较大环境风险的建设项目，需提出环境影响后评价的要求。”

（九）规划环境影响评价技术导则 总纲

1. 适用范围

熟悉导则的适用范围

“本标准规定了开展规划环境影响评价的一般性原则、工作程序、内容、方法和要求。

本标准适用于国务院有关部门、设区的市级以上地方人民政府及其有关部门组织编制的土地利用的有关规划，区域、流域、海域的建设、开发利用规划，以及工业、农业、畜牧业、林业、能源、水利、交通、城市建设、旅游、自然资源开发的有关专项规划的环境影响评价。其他规划的环境影响评价可参照执行。

各综合性规划、专项规划环境影响评价技术导则和技术规范等应根据本标准制（修）订。”

2. 术语和定义

熟悉环境目标、生态空间、生态保护红线、环境质量底线、资源利用上线、环境敏感区、重点生态功能区、生态系统完整性、环境管控单元、生态环境准入清单、跟踪评价的定义。

“3.1 环境目标 environmental goals

指为保护和改善生态环境而设定的、拟在相应规划期限内达到的环境质量、生态功能和其他与生态环境保护相关的目标和要求，是规划编制和实施应满足的生态环境保护总体要求。

3.2 生态空间 ecological space

指具有自然属性、以提供生态服务或生态产品为主体功能的国土空间，包括森林、草原、湿地、河流、湖泊、滩涂、岸线、海洋、荒地、荒漠、戈壁、冰川、高山冻原、无居民海岛等区域，是保障区域生态系统稳定性、完整性，提供生态服务功能的主要区域。

3.3 生态保护红线 ecological conservation redline

指在生态空间范围内具有特殊重要生态功能、必须强制性严格保护的区域，是保障和维护国家生态安全的底线和生命线，通常包括具有重要水源涵养、生物多样性维护、水土保持、防风固沙、海岸生态稳定等功能的生态功能重要区域，以及水土流失、土地沙化、石漠化、盐渍化等生态环境敏感脆弱区域。

3.4 环境质量底线 environmental quality bottom line

指按照水、大气、土壤环境质量不断优化的原则，结合环境质量现状和相关规划、功能区划要求，考虑环境质量改善潜力，确定的分区域分阶段环境质量目标及相应的环境管控、污染物排放控制等要求。

3.5 资源利用上线 resource utilization upper limit line

以保障生态安全和改善环境质量为目的，结合自然资源开发管控，提出的分区域分阶段的资源开发利用总量、强度、效率等管控要求。

3.6 环境敏感区 environmental sensitive area

指依法设立的各级各类保护区域和对规划实施产生的环境影响特别敏感的区域，主要包括生态保护红线范围内或者其外的下列区域：

a）自然保护区、风景名胜区、世界文化和自然遗产地、海洋特别保护区、饮用水水源保护区；

b）永久基本农田、基本草原、森林公园、地质公园、重要湿地、天然林、野生动物重要栖息地、重点保护野生植物生长繁殖地、重要水生生物自然产卵场、索饵场、越冬场和洄游通道、天然渔场、水土流失重点预防区、沙化土地封禁保护区、封闭及半封闭海域；

c）以居住、医疗卫生、文化教育、科研、行政办公等为主要功能的区域，以及文物保护单位。

3.7 重点生态功能区 key ecological function area

指生态系统脆弱或生态功能重要，需要在国土空间开发中限制进行大规模高强度工业化城镇化开发，以保持并提高生态产品供给能力的区域。

3.8 生态系统完整性 ecosystem integrity

指自然生态系统通过其组织、结构、关系等应对外来干扰并维持自身状态稳定性和生产能力的功能水平。

3.9 环境管控单元 environmental control unit

指集成生态保护红线及生态空间、环境质量底线、资源利用上线的管控区域。

3.10 生态环境准入清单 list for eco-environmental permits

指基于环境管控单元，统筹考虑生态保护红线、环境质量底线、资源利用上线的管控要求，以清单形式提出的空间布局、污染物排放、环境风险防控、资源开发利用等方面生态环境准入要求。

3.11 跟踪评价 follow-up evaluation

指规划编制机关在规划的实施过程中，对已经和正在产生的环境影响进行监测、分析和评价的过程，用以检验规划实施的实际环境影响以及不良环境影响减缓措施的有效性，并根据评价结果，提出完善环境管理方案，或者对正在实施的规划方案进行修订。”

3．总则

（1）熟悉规划环境影响评价的目的

“4.1 评价目的

以改善环境质量和保障生态安全为目标，论证规划方案的生态环境合理性和环境效益，提出规划优化调整建议；明确不良生态环境影响的减缓措施，提出生态环境保护建议和管控要求，为规划决策和规划实施过程中的生态环境管理提供依据。”

（2）熟悉规划环境影响评价的原则

“4.2　评价原则

4.2.1　早期介入、过程互动

评价应在规划编制的早期阶段介入，在规划前期研究和方案编制、论证、审定等关键环节和过程中充分互动，不断优化规划方案，提高环境合理性。

4.2.2　统筹衔接、分类指导

评价工作应突出不同类型、不同层级规划及其环境影响特点，充分衔接“三线一单”成果，分类指导规划所包含建设项目的布局和生态环境准入。

4.2.3　客观评价、结论科学

依据现有知识水平和技术条件对规划实施可能产生的不良环境影响的范围和程度进行客观分析，评价方法应成熟可靠，数据资料应完整可信，结论建议应具体明确且具有可操作性。”

（3）掌握评价范围的确定原则

“4.3　评价范围

4.3.1　按照规划实施的时间维度和可能影响的空间尺度来界定评价范围。

4.3.2　时间维度上，应包括整个规划期，并根据规划方案的内容、年限等选择评价的重点时段。

4.3.3　空间尺度上，应包括规划空间范围以及可能受到规划实施影响的周边区域。周边区域确定应考虑各环境要素评价范围，兼顾区域流域污染物传输扩散特征、生态系统完整性和行政边界。”

（4）熟悉评价流程

“4.4　评价流程

4.4.1　工作流程

规划环境影响评价的一般工作流程见附录 A。

4.4.2　技术流程

规划环境影响评价的技术流程见图 1。

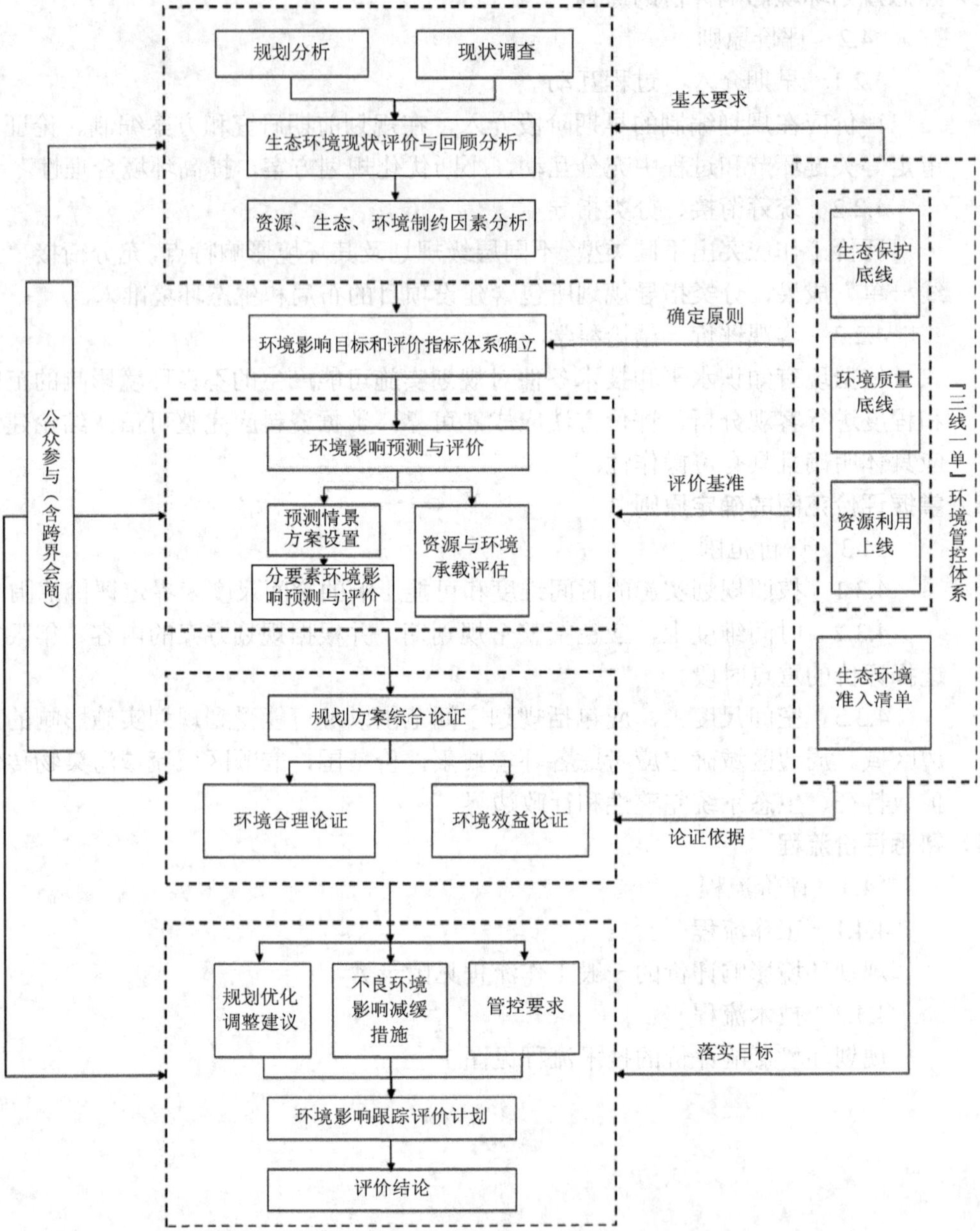

图 1　规划环境影响评价技术流程图

（注：编写规划环境影响篇章或说明的技术流程可参照图 1 执行）

附录 A

（规范性附录）

规划环境影响评价一般工作流程

规划环境影响评价应在规划编制的早期阶段介入，并与规划编制、论证及审定等关键环节和过程充分互动，互动内容一般包括：

1．在规划前期阶段，同步开展规划环评工作。通过对规划内容的分析，收集与规划相关的法律法规、环境政策等，收集上层位规划和规划所在区域战略环评及“三线一单”成果，对规划区域及可能受影响的区域进行现场踏勘，收集相关基础数据资料，初步调查环境敏感区情况，识别规划实施的主要环境影响，分析提出规划实施的资源、生态、环境制约因素，反馈给规划编制机关。

2．在规划方案编制阶段，完成现状调查与评价，提出环境影响评价指标体系，分析、预测和评价拟定规划方案实施的资源、生态、环境影响，并将评价结果和结论反馈给规划编制机关，作为方案比选和优化的参考和依据。

3．在规划的审定阶段：

a）进一步论证拟推荐的规划方案的环境合理性，形成必要的优化调整建议，反馈给规划编制机关。针对推荐的规划方案提出不良环境影响减缓措施和环境影响跟踪评价计划，编制环境影响报告书。

b）如果拟选定的规划方案在资源、生态、环境方面难以承载，或者可能造成重大不良生态环境影响且无法提出切实可行的预防或减缓对策和措施，或者根据现有的数据资料和专家知识对可能产生的不良生态环境影响的程度、范围等无法做出科学判断，应向规划编制机关提出对规划方案做出重大修改的建议并说明理由。

4．规划环境影响报告书审查会后，应根据审查小组提出的修改意见和审查意见对报告书进行修改完善。

5．在规划报送审批前，应将环境影响评价文件及其审查意见正式提交给规划编制机关。”

（5）了解评价方法

“4.5 评价方法

规划环境影响评价各工作环节常用方法参见附录 B。开展具体评价工作时可根据需要选用，也可选用其他已广泛应用、可验证的技术方法。

附 录 B

（资料性附录）

规划环境影响评价方法

规划环境影响评价的常用方法见表 B.1。”

表 B.1 规划环境影响评价的常用方法

评价环节	可采用的主要方式和方法
规划分析	核查表、叠图分析、矩阵分析、专家咨询（如智暴法、德尔斐法等）、情景分析、类比分析、系统分析
现状调查与评价	现状调查：资料收集、现场踏勘、环境监测、生态调查、问卷调查、访谈、座谈会。环境要素的调查方式和监测方法可参考 HJ 2.2、HJ 2.3、HJ 2.4、HJ 19、HJ 610、HJ 623、HJ 964 和有关监测规范执行 现状分析与评价：专家咨询、指数法（单指数、综合指数）、类比分析、叠图分析、生态学分析法（生态系统健康评价法、生物多样性评价法、生态机理分析法、生态系统服务功能评价方法、生态环境敏感性评价方法、景观生态学法等，以下同）、灰色系统分析法
环境影响识别与评价指标确定	核查表、矩阵分析、网络分析、系统流图、叠图分析、灰色系统分析法、层次分析、情景分析、专家咨询、类比分析、压力-状态-响应分析
规划实施生态环境压力分析	专家咨询、情景分析、负荷分析（估算单位国内生产总值物耗、能耗和污染物排放量等）、趋势分析、弹性系数法、类比分析、对比分析、供需平衡分析
环境影响预测与评价	类比分析、对比分析、负荷分析（估算单位国内生产总值物耗、能耗和污染物排放量等）、弹性系数法、趋势分析、系统动力学法、投入产出分析、供需平衡分析、数值模拟、环境经济学分析（影子价格、支付意愿、费用效益分析等）、综合指数法、生态学分析法、灰色系统分析法、叠图分析、情景分析、相关性分析、剂量-反应关系评价 环境要素影响预测与评价的方式和方法可参考 HJ 2.2、HJ 2.3、HJ 2.4、HJ 19、HJ 610、HJ 623、HJ 964 执行
环境风险评价	灰色系统分析法、模糊数学法、数值模拟、风险概率统计、事件树分析、生态学分析法、类比分析 可参考 HJ 169 执行

4. 规划分析

（1）掌握规划分析的基本要求

"5.1 基本要求

规划分析包括规划概述和规划协调性分析。规划概述应明确可能对生态环境造成影响的规划内容；规划协调性分析应明确规划与相关法律、法规、政策的相符性，以及规划在空间布局、资源保护与利用、生态环境保护等方面的冲突和矛盾。"

（2）掌握规划概述的内容与要求

"5.2 规划概述

介绍规划编制背景和定位，结合图、表梳理分析规划的空间范围和布局，规划不同阶段目标、发展规模、布局、结构（包括产业结构、能源结构、资源利用结构等）、建设时序，配套基础设施等可能对生态环境造成影响的规划内容，梳理规划的环境目标、环境污染治理要求、环保基础设施建设、生态保护与建设等方面的内容。如规划方案包含的具体建设项目有明确的规划内容，应说明其建设时段、内容、规模、选址等。”

（3）掌握规划协调性分析的内容与要求

“5.3　规划协调性分析

5.3.1　筛选出与本规划相关的生态环境保护法律法规、环境经济政策、环境技术政策、资源利用和产业政策，分析本规划与其相关要求的符合性。

5.3.2　分析规划规模、布局、结构等规划内容与上层位规划、区域“三线一单”管控要求、战略或规划环评成果的符合性，识别并明确在空间布局以及资源保护与利用、生态环境保护等方面的冲突和矛盾。

5.3.3　筛选出在评价范围内与本规划同层位的自然资源开发利用或生态环境保护相关规划，分析与同层位规划在关键资源利用和生态环境保护等方面的协调性，明确规划与同层位规划间的冲突和矛盾。”

5．现状调查与评价

（1）掌握现状调查的基本要求

“6.1　基本要求

开展资源利用和生态环境现状调查、环境影响回顾性分析，明确评价区域资源利用水平和生态功能、环境质量现状、污染物排放状况，分析主要生态环境问题及成因，梳理规划实施的资源、生态、环境制约因素。”

（2）熟悉现状调查的内容

“6.2　现状调查

6.2.1　调查应包括自然地理状况、环境质量现状、生态状况及生态功能、环境敏感区和重点生态功能区、资源利用现状、社会经济概况、环保基础设施建设及运行情况等内容。实际工作中应根据规划环境影响特点和区域生态环境保护要求，从附录 C 中选择相应内容开展调查和资料收集，并附相应图件。

6.2.2　现状调查应立足于收集和利用评价范围内已有的常规现状资料，并说明资料来源和有效性。有常规监测资料的区域，资料原则上包括近 5 年或更长时间段资料，能够说明各项调查内容的现状和变化趋势。对其中的环境监测数据，应给出监测点位名称、监测点位分布图、监测因子、监测时段、监测频次及监测周期等，分析说明监测点位的代表性。

6.2.3　当已有资料不能满足评价要求，或评价范围内有需要特别保护的环境敏感区时，可利用相关研究成果，必要时进行补充调查或监测，补充调查样点或监测点位应具有针对性和代表性。

附 录C

（规范性附录）

环境现状调查内容

规划环境影响评价中环境现状调查内容见表 C.1，实际工作中根据规划环境影响特点和区域环境保护要求，从表 C.1 中选择相应内容开展调查和资料收集。”

表C.1 资源、生态、环境现状调查内容

<table>
<tr><th colspan="2">调查要素</th><th>主要调查内容</th></tr>
<tr><td colspan="2">自然地理状况</td><td>地形地貌，河流、湖泊（水库）、海湾的水文状况，水文地质状况，气候与气象特征等</td></tr>
<tr><td rowspan="5">环境质量现状</td><td>地表水环境</td><td>1．水功能区划、海洋功能区划、近岸海域环境功能区划、保护目标及各功能区水质达标情况；
2．主要水污染因子和特征污染因子、水环境控制单元主要污染物排放现状、环境质量改善目标要求；
3．地表水控制断面位置及达标情况、主要水污染源分布和污染贡献率（包括工业、农业、生活污染源和移动源）、单位国内生产总值废水及主要水污染物排放量；
4．附水功能区划图、控制断面位置图、海洋功能区划图、近岸海域环境功能区划图、水环境控制单元图、主要水污染源排放口分布图和现状监测点位图</td></tr>
<tr><td>地下水环境</td><td>1．环境水文地质条件，包括含（隔）水层结构及分布特征、地下水补径排条件，地下水流场等；
2．地下水利用现状，地下水水质达标情况，主要污染因子和特征污染因子；
3．附环境水文地质相关图件，现状监测点位图</td></tr>
<tr><td>大气环境</td><td>1．大气环境功能区划、保护目标及各功能区环境空气质量达标情况；
2．主要大气污染因子和特征污染因子、大气环境控制单元主要污染物排放现状、环境质量改善目标要求；
3. 主要大气污染源分布和污染贡献率（包括工业、农业和生活污染源）、单位国内生产总值主要大气污染物排放量；
4．附大气环境功能区划图、大气环境管控分区图、重点污染源分布图和现状监测点位图</td></tr>
<tr><td>声环境</td><td>声环境功能区划、保护目标及各功能区声环境质量达标情况，附声环境功能区划图和现状监测点位图</td></tr>
<tr><td>土壤环境</td><td>1．土壤主要理化特征，主要土壤污染因子和特征污染因子，土壤中污染物含量，土壤污染风险防控区及防控目标，附土壤现状监测点位图；
2．海洋沉积物质量达标情况</td></tr>
</table>

调查要素		主要调查内容
生态状况及生态功能		1．生态保护红线与管控要求； 2．生态功能区划、主体功能区划； 3．生态系统的类型（森林、草原、荒漠、冻原、湿地、水域、海洋、农田、城镇等）及其结构、功能和过程； 4．植物区系与主要植被类型，珍稀、濒危、特有、狭域野生动植物的种类、分布和生境状况； 5．主要生态问题的类型、成因、空间分布、发生特点等； 6．附生态保护红线图、生态空间图、重点生态功能区划图及野生动植物分布图等
环境敏感区和重点生态功能区		1．环境敏感区的类型、分布、范围、敏感性（或保护级别）、主要保护对象及相关环境保护要求等，与规划布局空间位置关系，附相关图件； 2．重点生态功能区的类型、分布、范围和生态功能，与规划布局空间位置关系，附相关图件
资源利用现状	土地资源	主要用地类型、面积及其分布，土地资源利用上线及开发利用状况，土地资源重点管控区，附土地利用现状图
	水资源	水资源总量、时空分布，水资源利用上线及开发利用状况和耗用状况（包括地表水和地下水），海水与再生水利用状况，水资源重点管控区，附有关的水系图及水文地质相关图件
	能源	能源利用上线及能源消费总量、能源结构及利用效率
	矿产资源	矿产资源类型与储量、生产和消费总量、资源利用效率等，附矿产资源分布图
	旅游资源	旅游资源和景观资源的地理位置、范围和开发利用状况等，附相关图件
	岸线和滩涂资源	滩涂、岸线资源及其利用状况，附相关图件
	重要生物资源	重要生物资源（如林地资源、草地资源、渔业资源、海洋生物资源）和其他对区域经济社会发展有重要价值的资源地理分布、储量及其开发利用状况，附相关图件
其他	固体废物	固体废物（一般工业固体废物、一般农业固体废物、危险废物、生活垃圾）产生量及单位国内生产总值固体废物产生量，危险废物的产生量、产生源分布等
社会经济概况		评价范围内的人口规模、分布，经济规模与增长率，交通运输结构、空间布局等；重点关注评价区域的产业结构、主导产业及其布局、重大基础设施布局及建设情况等，附相应图件
环保基础设施建设及运行情况		评价范围内的污水处理设施（含管网）规模、分布、处理能力和处理工艺、服务范围；集中供热、供气情况；大气、水、土壤污染综合治理情况；区域噪声污染控制情况；一般工业固体废物与危险废物利用处置方式和利用处置设施情况（包括规模、分布、处理能力、处理工艺、服务范围和服务年限等）；现有生态保护工程及实施效果；环保投诉情况等

（3）熟悉现状评价与回顾性分析的内容

“6.3　现状评价与回顾性分析

6.3.1　资源利用现状评价

明确与规划实施相关的自然资源、能源种类，结合区域资源禀赋及其合理利用水平或上线要求，分析区域水资源、土地资源、能源等各类资源利用的现状水平和变化趋势。

6.3.2　环境与生态现状评价

a）结合各类环境功能区划及其目标质量要求，评价区域水、大气、土壤、声等环境要素的质量现状和演变趋势，明确主要和特征污染因子，并分析其主要来源；分析区域环境质量达标情况、主要环境敏感区保护等方面存在的问题及成因，明确需解决的主要环境问题。

b）结合区域生态系统的结构与功能状况，评价生态系统的重要性和敏感性，分析生态状况和演变趋势及驱动因子。当评价区域涉及环境敏感区和重点生态功能区时，应分析其生态现状、保护现状和存在的问题等；当评价区域涉及受保护的关键物种时，应分析该物种种群与重要生境的保护现状和存在问题。明确需解决的主要生态保护和修复问题。

6.3.3　环境影响回顾性分析

结合上一轮规划实施情况或区域发展历程，分析区域生态环境演变趋势和现状生态环境问题与上一轮规划实施或发展历程的关系，调查分析上一轮规划环评及审查意见落实情况和环境保护措施的效果。提出本次评价应重点关注的生态环境问题及解决途径。”

（4）熟悉制约因素分析的内容

“6.4　制约因素分析

分析评价区域资源利用水平、生态状况、环境质量等现状与区域资源利用上线、生态保护红线、环境质量底线等管控要求间的关系，明确提出规划实施的资源、生态、环境制约因素。”

6．环境影响识别与评价指标体系构建

（1）了解环境影响识别与评价指标体系构建的基本要求

“7.1　基本要求

识别规划实施可能产生的资源、生态、环境影响，初步判断影响的性质、范围和程度，确定评价重点，明确环境目标，建立评价的指标体系。”

（2）熟悉环境影响识别的原则

“7.2 环境影响识别

7.2.1 根据规划方案的内容、年限，识别和分析评价期内规划实施对资源、生态、环境造成影响的途径、方式，以及影响的性质、范围和程度。识别规划实施可能产生的主要生态环境影响和风险。

7.2.2 对于可能产生具有易生物蓄积、长期接触对人群和生物产生危害作用的无机和有机污染物、放射性污染物、微生物等的规划，还应识别规划实施产生的污染物与人体接触的途径以及可能造成的人群健康风险。

7.2.3 对资源、生态、环境要素的重大不良影响，可从规划实施是否导致区域环境质量下降和生态功能丧失、资源利用冲突加剧、人居环境明显恶化等三个方面进行分析与判断，具体判断标准详见附录D。

7.2.4 通过环境影响识别，筛选出受规划实施影响显著的资源、生态、环境要素，作为环境影响预测与评价的重点。

附录D

（资料性附录）

判识重大不良生态环境影响需考虑的因素

结合以下因素，判断和识别规划实施是否会产生重大不良生态环境影响。

1．导致区域环境质量、生态功能恶化的重大不良生态环境影响，主要包括规划实施使评价区域的环境质量下降（环境质量降级）或导致生态保护红线、重点生态功能区的组成、结构、功能发生显著不良变化或导致其功能丧失。

2．导致资源利用、环境保护严重冲突的重大不良生态环境影响，主要包括规划实施与规划范围内或相邻区域内的其他资源开发利用规划和环境保护规划等产生的显著冲突，规划实施可能导致的跨行政区、跨流域以及跨国界的显著不良影响。

3．导致人居环境发生显著不利变化的重大不良生态环境影响，主要包括规划实施导致具有易生物蓄积、长期接触对人体和生物产生危害作用的无机和有机污染物、放射性污染物、微生物等在水、大气和土壤等人群主要环境暴露介质中污染水平显著增加，农牧渔产品污染风险、人群健康风险显著增加，规划实施导致人居生态环境发生显著不良变化。”

（3）掌握环境目标和评价指标的确定原则

“7.3 环境目标与评价指标确定

7.3.1 确定环境目标。分析国家和区域可持续发展战略、生态环境保护法规与政策、资源利用法规与政策等的目标及要求，重点依据评价范围涉及的生态环境保护规划、生态建设规划以及其他相关生态环境保护管理规定，结合规划协调性分析结论，衔接区域“三线一单”成果，设定各评价时段有关生态功能保护、环境质量改善、污染防治、资源开发利用等的具体目标及要求。

7.3.2 建立评价指标体系。结合规划实施的资源、生态、环境等制约因素，从环境质量、生态保护、资源利用、污染排放、风险防控、环境管理等方面构建评价指标体系。评价指标应符合评价区域生态环境特征，体现环境质量和生态功能不断改善的要求，体现规划的属性特点及其主要环境影响特征。

7.3.3 确定评价指标值。评价指标应易于统计、比较和量化，指标值符合相关产业政策、生态环境保护政策、相关标准中规定的限值要求，如国内政策、标准中没有相应的规定，也可参考国际标准来确定；对于不易量化的指标可参考相关研究成果或经过专家论证，给出半定量的指标值或定性说明。”

7. 环境影响预测与评价

（1）掌握环境影响预测与评价的基本要求

“8.1 基本要求

8.1.1 主要针对环境影响识别出的资源、生态、环境要素，开展多情景的影响预测与评价，一般包括预测情景设置、规划实施生态环境压力分析，环境质量、生态功能的影响预测与评价，对环境敏感区和重点生态功能区的影响预测与评价，环境风险预测与评价，资源与环境承载力评估等内容。

8.1.2 环境影响预测与评价应给出规划实施对评价区域资源、生态、环境的影响程度和范围，叠加环境质量、生态功能和资源利用现状，分析规划实施后能否满足环境目标要求，评估区域资源与环境承载能力。

8.1.3 应充分考虑不同层级和属性规划的环境影响特征以及决策需求，采用定性和定量相结合的方式开展评价。对主要环境要素的影响预测和评价可参考相应的环境影响评价技术导则（HJ 2.2、HJ 2.3、HJ 2.4、HJ 19、HJ 169、HJ 610、HJ 623、HJ 964 等）来进行。”

（2）熟悉环境影响预测与评价的内容

“8.2 环境影响预测与评价的内容

8.2.1 预测情景设置

应结合规划所依托的资源环境和基础设施建设条件、区域生态功能维护和环境质量改善要求等，从规划规模、布局、结构、建设时序等方面，设置多种情景开展环境影响预测与评价。

8.2.2 规划实施生态环境压力分析

a）依据环境现状评价和回顾性分析结果，考虑技术进步等因素，估算不同情景下水、土地、能源等规划实施支撑性资源的需求量和主要污染物（包括常规污染物和特征污染物）的产生量、排放量。

b）依据生态现状评价和回顾性分析结果，考虑生态系统演变规律及生态保护修复等因素，评估不同情景下主要生态因子（如生物量、植被覆盖度/率、重要生境面积等）的变化量。

8.2.3　影响预测与评价

a）水环境影响预测与评价。预测不同情景下规划实施导致的区域水资源、水文情势、海洋水文动力环境和冲淤环境、地下水补径排状况等的变化，分析主要污染物对地表水和地下水、近岸海域水环境质量的影响，明确影响的范围、程度，评价水环境质量的变化能否满足环境目标要求，绘制必要的预测与评价图件。

b）大气环境影响预测与评价。预测不同情景下规划实施产生的大气污染物对环境空气质量的影响，明确影响范围、程度，评价大气环境质量的变化能否满足环境目标要求，绘制必要的预测与评价图件。

c）土壤环境影响预测与评价。预测不同情景下规划实施的土壤环境风险，评价土壤环境的变化能否满足相应环境管控要求，绘制必要的预测与评价图件。

d）声环境影响预测与评价。预测不同情景下规划实施对声环境质量的影响，明确影响范围、程度，评价声环境质量的变化能否满足相应的功能区目标，绘制必要的预测与评价图件。

e）生态影响预测与评价。预测不同情景下规划实施对生态系统结构、功能的影响范围和程度，评价规划实施对生物多样性和生态系统完整性的影响，绘制必要的预测与评价图件。

f）环境敏感区影响预测与评价。预测不同情景下规划实施对评价范围内生态保护红线、自然保护区等环境敏感区的影响，评价其是否符合相应的保护和管控要求，绘制必要的预测与评价图件。

g）人群健康风险分析。对可能产生具有易生物蓄积、长期接触对人群和生物产生危害作用的无机和有机污染物、放射性污染物、微生物等的规划，根据上述特定污染物的环境影响范围，估算暴露人群数量和暴露水平，开展人群健康风险分析。

h）环境风险预测与评价。对于涉及重大环境风险源的规划，应进行风险源及源强、风险源叠加、风险源与受体响应关系等方面的分析，开展环境风险评价。

8.2.4　资源与环境承载力评估

a）资源与环境承载力分析。分析规划实施支撑性资源（水资源、土地资源、能源等）可利用（配置）上线和规划实施主要环境影响要素（大气、水等）污染物允许排放量，结合现状利用和排放量、区域削减量，分析各评价时段剩余可利用的资源量和剩余污染物允许排放量。

b）资源与环境承载状态评估。根据规划实施新增资源消耗量和污染物排放量，分析规划实施对各评价时段剩余可利用资源量和剩余污染物允许排放量的占用情况，评估资源与环境对规划实施的承载状态。”

8．规划方案综合论证与优化调整建议

（1）掌握规划方案综合论证与优化调整建议的基本要求

“9.1 基本要求

以改善环境质量和保障生态安全为核心，综合环境影响预测与评价结果，论证规划目标、规模、布局、结构等规划内容的环境合理性以及评价设定的环境目标的可达性，分析判定规划实施的重大资源、生态、环境制约的程度、范围、方式等，提出规划方案的优化调整建议并推荐环境可行的规划方案。如果规划方案优化调整后资源、生态、环境仍难以承载，不能满足资源利用上线和环境质量底线要求，应提出规划方案的重大调整建议。”

（2）熟悉规划方案综合论证的内容

“9.2 规划方案综合论证

9.2.1 规划方案的综合论证包括环境合理性论证和环境效益论证两部分内容。前者从规划实施对资源、生态、环境综合影响的角度，论证规划内容的合理性；后者从规划实施对区域经济、社会与环境发挥的作用，以及协调当前利益与长远利益之间关系的角度，论证规划方案的合理性。

9.2.2 规划方案的环境合理性论证

a）基于区域环境保护目标以及“三线一单”要求，结合规划协调性分析结论，论证规划目标与发展定位的环境合理性。

b）基于环境影响预测与评价和资源与环境承载力评估结论，结合资源利用上线和环境质量底线等要求，论证规划规模和建设时序的环境合理性。

c）基于规划布局与生态保护红线、重点生态功能区、其他环境敏感区的空间位置关系和对以上区域的影响预测结果，结合环境风险评价的结论，论证规划布局的环境合理性。

d）基于环境影响预测与评价和资源与环境承载力评估结论，结合区域环境管理和循环经济发展要求，以及规划重点产业的环境准入条件和清洁生产水平，论证规划用地结构、能源结构、产业结构的环境合理性。

e）基于规划实施环境影响预测与评价结果，结合生态环境保护措施的经济技术可行性、有效性，论证环境目标的可达性。

9.2.3 规划方案的环境效益论证

分析规划实施在维护生态功能、改善环境质量、提高资源利用效率、减少温室气体排放、保障人居安全、优化区域空间格局和产业结构等方面的环境效益。

9.2.4 不同类型规划方案综合论证重点

进行综合论证时，应针对不同类型和不同层级规划的环境影响特点，选择论证方向，突出重点。

a）对于资源能源消耗量大、污染物排放量高的行业规划，重点从流域和区域资源利用上线、环境质量底线对规划实施的约束、规划实施可能对环境质量的影响程度、环境风险、人群健康风险等方面，论述规划拟定的发展规模、布局（及选址）和产业结构的环境合理性。

b）对于土地利用的有关规划和区域、流域、海域的建设、开发利用规划，农业、畜牧业、林业、能源、水利、旅游、自然资源开发专项规划，重点从流域或区域生态保护红线、资源利用上线对规划实施的约束，以及规划实施对生态系统及环境敏感区、重点生态功能区结构、功能的影响和生态风险等角度，论述规划方案的环境合理性。

c）对于公路、铁路、城市轨道交通、航运等交通类规划，重点从规划实施对生态系统结构、功能所造成的影响，规划布局与评价区域生态保护红线、重点生态功能区、其他环境敏感区的协调性等方面，论述规划布局（及选线、选址）的环境合理性。

d）对于产业园区等规划，重点从区域资源利用上线、环境质量底线对规划实施的约束、规划及包括的交通运输实施可能对环境质量的影响程度以及环境风险与人群健康风险等方面，综合论述规划规模、布局、结构、建设时序以及规划环境基础设施、重大建设项目的环境合理性。

e）对于城市规划、国民经济与社会发展规划等综合类规划，重点从区域资源利用上线、生态保护红线、环境质量底线对规划实施的约束，城市环境基础设施对规划实施的支撑能力、规划及相关交通运输实施对改善环境质量、优化城市生态格局、提高资源利用效率的作用等方面，综合论述规划方案的环境合理性。”

（3）掌握规划方案的优化调整建议的内容要求

“9.3 规划方案的优化调整建议

9.3.1 根据规划方案的环境合理性和环境效益论证结果，对规划内容提出明确的、具有可操作性的优化调整建议，特别是出现以下情形时：

a）规划的主要目标、发展定位不符合上层位主体功能区规划、区域“三线一单”等要求。

b）规划空间布局和包含的具体建设项目选址、选线不符合生态保护红线、重点生态功能区，以及其他环境敏感区的保护要求。

c）规划开发活动或包含的具体建设项目不满足区域生态环境准入清单要求、属于国家明令禁止的产业类型或不符合国家产业政策、环境保护政策。

d）规划方案中配套的生态保护、污染防治和风险防控措施实施后，区域的资源、生态、环境承载力仍无法支撑规划实施，环境质量无法满足评价目标，或仍可能造成重大的生态破坏和环境污染，或仍存在显著的环境风险。

e）规划方案中有依据现有科学水平和技术条件，无法或难以对其产生的不良环境影响的程度或范围作出科学、准确判断的内容。

9.3.2 应明确优化调整后的规划布局、规模、结构、建设时序，给出相应的优化调整图、表，说明优化调整后的规划方案具备资源、生态和环境方面的可支撑性。

9.3.3 将优化调整后的规划方案，作为评价推荐的规划方案。

9.3.4 说明规划环评与规划编制的互动过程、互动内容和各时段向规划编制机关反馈的建议及其被采纳情况等互动结果。”

9．环境影响减缓对策与措施

（1）掌握规划环境影响减缓对策和措施的基本要求

“10.1 规划的环境影响减缓对策和措施是针对评价推荐的规划方案实施后可能产生的不良环境影响，在充分评估规划方案中已明确的环境污染防治、生态保护、资源能源增效等相关措施的基础上，提出的环境保护方案和管控要求。

10.2 环境影响减缓对策和措施应具有针对性和可操作性，能够指导规划实施中的生态环境保护工作，有效预防重大不良生态环境影响的产生，并促进环境目标在相应的规划期限内可以实现。”

（2）熟悉规划环境影响减缓对策和措施包括的内容

“10.3 环境影响减缓对策和措施一般包括生态环境保护方案和管控要求。主要内容包括：

a）提出现有生态环境问题解决方案，规划区域整体性污染治理、生态修复与建设、生态补偿等环境保护方案，以及与周边区域开展联防联控等预防和减缓环境影响的对策措施。

b）提出规划区域资源能源可持续开发利用、环境质量改善等目标、指标性管控要求。

c）对于产业园区等规划，从空间布局约束、污染物排放管控、环境风险防控、资源开发利用等方面，以清单方式列出生态环境准入要求，成果形式见附录E。

附录E

（规范性附录）

环境管控要求和生态环境准入清单包含内容

环境影响减缓对策和措施中环境管控要求和生态环境准入清单包含的内容见表E.1。”

表E.1　生态环境准入清单包含内容

清单类型	准入内容
空间布局约束	1. 针对生态保护红线，明确不符合生态功能定位的各类禁止开发活动； 2. 针对生态保护红线外的生态空间，明确应避免损害其生态服务功能和生态产品质量的开发建设活动； 3. 针对大气、水等重点管控单元，开发建设活动避免降低管控单元环境质量，避免环境风险，管控单元外新建、改扩建污染型项目，需划定缓冲区域
污染物排放管控	1. 如果区域环境质量不达标，现有污染源提出削减计划，严格控制新增污染物排放的开发建设活动，新建、改扩建项目应提出更加严格的污染物排放控制要求；如果区域未完成环境质量改善目标，禁止新增重点污染物排放的建设项目； 2. 如果区域环境质量达标，新建、改扩建项目保证区域环境质量维持基本稳定
环境风险防控	针对涉及易导致环境风险的有毒有害和易燃易爆物质的生产、使用、排放、贮运等新建、改扩建项目，提出禁止准入要求或限制性准入条件以及环境风险防控措施
资源开发利用要求	1. 执行区域已确定的土地、水、能源等主要资源能源可开发利用总量； 2. 针对新建、改扩建项目，明确单位面积产值、单位产值水耗、用水效率、单位产值能耗等限制性准入要求； 3. 对于取水总量已超过控制指标的地区，提出禁止高耗水产业准入的要求；对于地下水禁止开采区或者限制开采区，提出禁止新增、限制地下水开发的准入要求； 4. 针对高污染燃料禁燃区，禁止新建、改扩建采用高污染燃料的项目和设施

10．对规划所包含建设项目的环评要求

熟悉对规划所包含建设项目的环评要求。

“11 规划所包含建设项目环评要求

11.1 如规划方案中包含具体的建设项目，应针对建设项目所属行业特点及其环境影响特征，提出建设项目环境影响评价的重点内容和基本要求，并依据规划环评的主要评价结论提出建设项目的生态环境准入要求（包括选址或选线、规模、资源利用效率、污染物排放管控、环境风险防控和生态保护要求等）、污染防治措施建设要求等。

11.2 对符合规划环评环境管控要求和生态环境准入清单的具体建设项目，应将规划环评结论作为重要依据，其环评文件中选址选线、规模分析内容可适当简化。当规划环评资源、环境现状调查与评价结果仍具有时效性时，规划所包含的建设项目环评文件中现状调查与评价内容可适当简化。”

11．环境影响跟踪评价计划

熟悉跟踪评价计划的内容要求。

“12 环境影响跟踪评价计划

12.1 结合规划实施的主要生态环境影响，拟定跟踪评价计划，监测和调查规划实施对区域环境质量、生态功能、资源利用等的实际影响，以及不良生态环境影响减缓措施的有效性。

12.2 跟踪评价取得的数据、资料和结果应能够说明规划实施带来的生态环境质量实际变化，反映规划优化调整建议、环境管控要求和生态环境准入清单等对策措施的执行效果，并为后续规划实施、调整、修编，完善生态环境管理方案和加强相关建设项目环境管理等提供依据。

12.3 跟踪评价计划应包括工作目的、监测方案、调查方法、评价重点、执行单位、实施安排等内容。主要包括：

a）明确需重点调查、监测、评价的资源生态环境要素，提出具体监测计划及评价指标，以及相应的监测点位、频次、周期等。

b）提出调查和分析规划优化调整建议、环境影响减缓措施、环境管控要求和生态环境准入清单落实情况和执行效果的具体内容和要求，明确分析和评价不良生态环境影响预防和减缓措施有效性的监测要求和评价准则。

c）提出规划实施对区域环境质量、生态功能、资源利用等的阶段性综合影响，环境影响减缓措施和环境管控要求的执行效果，后续规划实施调整建议等跟踪评价结论的内容和要求。”

12．公众参与和会商意见处理

掌握公众参与和会商意见处理的工作要求。

“13　公众参与和会商意见处理

收集整理公众意见和会商意见，对于已采纳的，应在环境影响评价文件中明确说明修改的具体内容；对于未采纳的，应说明理由。”

13．评价结论

掌握评价结论中应明确给出的内容。

“14　评价结论

14.1　评价结论是对全部评价工作内容和成果的归纳总结，应文字简洁、观点鲜明、逻辑清晰、结论明确。

14.2　在评价结论中应明确以下内容：

a）区域生态保护红线、环境质量底线、资源利用上线，区域环境质量现状和演变趋势，资源利用现状和演变趋势，生态状况和演变趋势，区域主要生态环境问题、资源利用和保护问题及成因，规划实施的资源、生态、环境制约因素。

b）规划实施对生态、环境影响的程度和范围，区域水、土地、能源等各类资源要素和大气、水等环境要素对规划实施的承载能力，规划实施可能产生的环境风险，规划实施环境目标可达性分析结论。

c）规划的协调性分析结论，规划方案的环境合理性和环境效益论证结论，规划优化调整建议等。

d）减缓不良环境影响的生态环境保护方案和管控要求。

e）规划包含的具体建设项目环境影响评价的重点内容和简化建议等。

f）规划实施环境影响跟踪评价计划的主要内容和要求。

g）公众意见、会商意见的回复和采纳情况。”

14．环境影响评价文件的编制要求

（1）熟悉规划环境影响报告书应包括的主要内容

“15.2　环境影响报告书应包括的主要内容

a）总则。概述任务由来，明确评价依据、评价目的与原则、评价范围、评价重点、执行的环境标准、评价流程等。

b）规划分析。介绍规划不同阶段目标、发展规模、布局、结构、建设时序，以及规划包含的具体建设项目的建设计划等可能对生态环境造成影响的规划内容；给出规划与法规政策、上层位规划、区域“三线一单”管控要求、同层位规划在环境目标、生态保护、资源利用等方面的符合性和协调性分析结论，重点明确规划之间的冲突与矛盾。

c）现状调查与评价。通过调查评价区域资源利用状况、环境质量现状、生态状况及生态功能等，说明评价区域内的环境敏感区、重点生态功能区的分布情况及其保护要求，分析区域水资源、土地资源、能源等各类自然资源现状利用水平和变化趋势，评价区域环境质量达标情况和演变趋势，区域生态系统结构与功能状况和演变趋势，明确区域主要生态环境问题、资源利用和保护问题及成因。对已开发区域进行环境影响回顾性分析，说明区域生态环境问题与上一轮规划实施的关系。明确提出规划实施的资源、生态、环境制约因素。

d）环境影响识别与评价指标体系构建。识别规划实施可能影响的资源、生态、环境要素及其范围和程度，确定不同规划时段的环境目标，建立评价指标体系，给出评价指标值。

e）环境影响预测与评价。设置多种预测情景，估算不同情景下规划实施对各类支撑性资源的需求量和主要污染物的产生量、排放量，以及主要生态因子的变化量。预测与评价不同情景下规划实施对生态系统结构和功能、环境质量、环境敏感区的影响范围与程度，明确规划实施后能否满足环境目标的要求。根据不同类型规划及其环境影响特点，开展人群健康风险分析、环境风险预测与评价。评价区域资源与环境对规划实施的承载能力。

f）规划方案综合论证和优化调整建议。根据规划环境目标可达性论证规划的目标、规模、布局、结构等规划内容的环境合理性，以及规划实施的环境效益。介绍规划环评与规划编制互动情况。明确规划方案的优化调整建议，并给出调整后的规划布局、结构、规模、建设时序。

g）环境影响减缓对策和措施。给出减缓不良生态环境影响的环境保护方案和管控要求。

h）如规划方案中包含具体的建设项目，应给出重大建设项目环境影响评价的重点内容要求和简化建议。

i）环境影响跟踪评价计划。说明拟定的跟踪监测与评价计划。

j）说明公众意见、会商意见回复和采纳情况。

k）评价结论。归纳总结评价工作成果，明确规划方案的环境合理性，以及优化调整建议和调整后的规划方案。”

（2）熟悉规划环境影响报告书中图件的要求

“15.3　环境影响报告书中图件的要求

a）规划环境影响评价文件中图件一般包括规划概述相关图件，环境现状和区域规划相关图件，现状评价、环境影响评价、规划优化调整、环境管控、跟踪评价计划等成果图件。

b）成果图件应包含地理信息、数据信息，依法需要保密的除外。

c）报告书应包含的成果图件及格式、内容要求见附录F。实际工作中应根据规划环境影响特点和区域环境保护要求，选取提交附录F中相应图件。

附录F

（规范性附录）

环境影响报告书中图件要求

F.1　工作基础底图要求

采用法定基础地理信息数据作为工作基础底图，精度与规划尺度和精度相匹配。底图要素包括行政区划、地形地貌、河流水系、道路交通、城区与乡村居民点、土地利用与土地覆盖等。

数据规格为：平面基准采用2000国家大地坐标系（CGCS2000），高程基准采用1985国家高程基准；深度基准采用理论深度基准面；投影方式一般采用高斯-克吕格投影，分带方式采用3°分带或6°分带，坐标单位为“米”，保留2位小数，涉及跨带的研究范围，应采用同一投影带。

工作基础底图数据的平面与高程精度应不低于所采用的数据源精度。依据影像补充采集或修正的数据采集精度应控制在5个像素以内。

F.2　基础图件要求

环境影响评价文件中包含的基础图件主要包括规划数据图件、环境现状和区域规划数据图件，图件具体要求见表F.1。

表F.1　基础图件要求

图件名称		图件和属性数据要求	图件类型
规划数据	规划范围图	规划范围（面积）	面状矢量图
	规划布局图	规划空间布局，各分区范围（面积）；规划不同时期线路走向（针对轨道交通等线性规划）	面状矢量图或线状矢量图
	规划区土地利用规划图	规划范围内各地块规划用地类型（用地类型名称、面积）	面状矢量图
环境现状和区域规划数据	生态保护红线分布图	评价范围内各生态保护红线区范围（红线区名称、面积）	面状矢量图
	环境管控单元图	评价范围内大气、水、土壤等环境管控单元图（管控单元名称、面积）	面状矢量图
	全国/省级主体功能区规划图	评价范围内全国/省级主体功能区范围（主体功能区类型名称）	

图件名称		图件和属性数据要求	图件类型
环境现状和区域规划数据	全国/省级生态功能区划图	评价范围内全国/省级生态功能区范围（生态功能区类型名称）	
	城市大气环境功能区划图	评价范围内大气环境功能区范围（功能区类型和保护目标）	
	城市声环境功能区划图	评价范围内声环境功能区范围（功能区类型和保护目标）	
	城市水环境功能区划图	评价范围内水环境功能区范围（功能区类型和保护目标）	
	土地利用现状和规划图	规划所在市（县）土地利用现状和规划（用地类型）	
	城市总体规划图	规划所在市（县）城市总体规划（各功能分区名称）	
	环境质量（水、大气、噪声、土壤）点位图	评价范围内环境质量（水、大气、噪声、土壤）监测点位置（监测点经纬度、监测时间、监测数据、达标情况）	
	主要污染源（水、大气、土壤）分布图	评价范围内水、大气、土壤主要污染源位置（污染物种类、排放量、达标情况）	
	其他环境敏感区分布图	评价范围内自然保护区、风景名胜区、森林公园等除生态保护红线外其他环境敏感区范围（名称、级别、面积、主要保护对象和保护要求）	
	珍稀、濒危野生动植物分布图	评价范围内珍稀、濒危野生动植物分布位置（名称、保护级别）	

F.3　评价图件要求

环境影响评价文件中包含的评价图件主要包括现状评价成果图件、环境影响评价成果图件、规划优化调整成果图件、环境管控成果图件和跟踪评价计划成果图件，图件具体要求见表F.2。成果数据应与工作基础底图采用统一的地理信息数据格式，按要素类型可将相关数据按不同图层存储。”

表F.2　评价图件要求

图件名称		图件和属性数据要求	图件类型
现状评价成果	规划布局与生态保护红线区位置关系图	规划功能分区或具体建设项目与生态保护红线区位置关系（最小直线距离或重叠范围和面积）	
	规划布局与除生态保护红线外其他环境敏感区位置关系图	规划功能分区或具体建设项目与除生态保护红线外其他环境敏感区位置关系（最小直线距离或重叠范围和面积）	

图件名称		图件和属性数据要求	图件类型
现状评价成果	规划区与全国/省级主体功能区叠图	规划区所处主体功能区位置（功能区名称）	
	规划区与全国/省级生态功能区叠图	规划区所处生态功能区位置（功能区名称）	
	环境质量评价结果图	评价范围内各环境功能区达标情况	
	生态系统演变评价结果图	评价范围内生态系统演变情况，如土地利用变化情况、水土流失变化情况等（评价时段、变化范围和面积等）	
	环境质量变化评价结果图	评价范围内环境质量变化情况（评价时段、各环境功能区环境质量变好或恶化）	
环境影响评价成果	水环境影响评价结果图	规划实施后水环境影响范围和程度（各规划期水环境影响范围、面积或长度，规划实施后各环境功能区达标情况）	
	大气环境影响评价结果图	规划实施后大气环境影响范围和程度（各规划期大气环境影响范围、面积，规划实施后各环境功能区达标情况）	
	土壤环境影响评价结果图	规划实施后土壤环境影响范围和程度（各规划期土壤环境影响范围、面积）	
	噪声环境影响评价结果图	规划实施后噪声环境影响范围和程度（各规划期噪声环境影响范围、面积，规划实施后各环境功能区达标情况）	
规划优化调整成果	规划布局优化调整成果图	规划布局调整前后对比（边界变化情况、面积变化情况）	面状矢量图
	规划规模优化调整成果图	规划规模调整前后对比（各规划期规模变化情况，对应规划内容建设时序调整情况）	面状矢量图
环境管控成果	环境管控成果图	规划范围内环境管控单元划分结果（各管控单元空间范围、面积、管控要求、生态环境准入清单）	面状矢量图
跟踪评价计划成果	监测点位布局图	跟踪监测方案提出的大气、水、土壤、生态等跟踪监测点位分布情况（位置、监测频率、监测内容）	点状矢量图

（3）熟悉规划环境影响篇章（或说明）应包括的主要内容

“15.4　规划环境影响篇章（或说明）应包括的主要内容

a）环境影响分析依据。重点明确与规划相关的法律法规、政策、规划和环境目标、标准。

b）现状调查与评价。通过调查评价区域资源利用状况、环境质量现状、生态状况及生态功能等，分析区域水资源、土地资源、能源等各类资源现状利用水平，评价区域环境质量达标情况和演变趋势，区域生态系统结构与功能状况和演变趋势等，明确区域主要生态环境问题、资源利用和保护问题及成因。明确提出规划实施的资源、生态、环境制约因素。

c）环境影响预测与评价。分析规划与相关法律法规、政策、上层位规划和同层位规划在环境目标、生态保护、资源利用等方面的符合性和协调性。预测与评价规划实施对生态系统结构和功能、环境质量、环境敏感区的影响范围与程度。根据规划类型及其环境影响特点，开展环境风险预测与评价。评价区域资源与环境对规划实施的承载能力，以及环境目标的可达性。给出规划方案的环境合理性论证结果。

d）环境影响减缓措施。给出减缓不良生态环境影响的环境保护方案和环境管控要求。针对主要环境影响提出跟踪监测和评价计划。

e）根据评价需要，在篇章（或说明）中附必要的图、表。”

三、环境质量标准

（一）环境空气质量标准（GB 3095—2012）

（1）掌握环境空气功能区的分类

“4.1　环境空气功能区分类

一类区为自然保护区、风景名胜区和其他需要特殊保护的地区。

二类区为居住区、商业交通居民混合区、文化区、工业区和农村地区。”

（2）掌握环境空气功能区质量要求

“4.2　环境空气功能区质量要求

一类区适用一级浓度限值，二类区适用二级浓度限值。一、二类环境功能区质量要求见表1和表2。”

表1　环境空气污染物基本项目浓度限值

污染物项目	平均时间	浓度限值		单位
		一级	二级	
SO_2	年平均	20	60	$\mu g/m^3$
	24小时平均	50	150	
	1小时平均	150	500	

污染物项目	平均时间	浓度限值		单位
		一级	二级	
NO_2	年平均	40	40	μg/m³
	24 小时平均	80	80	
	1 小时平均	200	200	
CO	24 小时平均	4	4	mg/m³
	1 小时平均	10	10	
O_3	24 小时平均	100	160	μg/m³
	1 小时平均	160	200	
PM_{10}	24 小时平均	40	70	
	1 小时平均	50	150	
$PM_{2.5}$	24 小时平均	15	35	
	1 小时平均	35	75	

表 2　环境空气污染物其他项目浓度限值

污染物项目	平均时间	浓度限值		单位
		一级	二级	
TSP	年平均	80	200	μg/m³
	24 小时平均	120	300	
NO_x	年平均	50	50	
	24 小时平均	100	100	
	1 小时平均	250	250	
Pb	年平均	0.5	0.5	μg/m³
	季平均	1	1	
B*a*P	年平均	0.001	0.001	
	24 小时平均	0.002 5	0.002 5	

（3）熟悉标准分期实施的要求

“关于实施《环境空气质量标准》（GB 3095—2012）的通知

二、分期实施新修订的《环境空气质量标准》

（一）分期实施新标准的时间要求

2012 年，京津冀、长三角、珠三角等重点区域以及直辖市和省会城市；

2013 年，113 个环境保护重点城市和国家环保模范城市；

2015 年，所有地级以上城市；

2016 年 1 月 1 日，全国实施新标准。

（二）鼓励各省、自治区、直辖市人民政府根据实际情况和当地环境保护的需要，在上述规定的时间要求之前实施新标准。

（三）经济技术基础较好且复合型大气污染比较突出的地区，如京津冀、长三角、珠三角等重点区域，要做到率先实施环境空气质量新标准，率先使监测结果与人民群众感受相一致，率先争取早日和国际接轨。”

（4）了解污染物的监测分析方法

“5.3　分析方法

应按表3的要求，采用相应的方法分析各项污染物的浓度。”

表3　各项污染物分析方法

污染物项	手工分析方法		自动分析方法
	分析方法	标准编号	
SO_2	环境空气 二氧化硫的测定 甲醛吸收-副玫瑰苯胺分光光度法	HJ 482	紫外荧光法、差分吸收光谱分析法
	环境空气 二氧化硫的测定 四氯汞盐吸收-副玫瑰苯胺分光光度法	HJ 483	
NO_2	环境空气 氮氧化物（一氧化氮和二氧化氮）的测定 盐酸萘乙二胺分光光度法	HJ 479	化学发光法、差分吸收光谱分析法
CO	空气质量 一氧化碳的测定 非分散红外法	GB 9801	气体滤波相关红外吸收法、非分散红外吸收法
O_3	环境空气 臭氧的测定 靛蓝二磺酸钠分光光度法	HJ 504	紫外荧光法、差分吸收光谱分析法
	环境空气 臭氧的测定 紫外光度法	HJ 590	
PM_{10}	环境空气 PM_{10} 和 $PM_{2.5}$ 的测定 重量法	HJ 618	微量振荡天平法、β射线法
$PM_{2.5}$	环境空气 PM_{10} 和 $PM_{2.5}$ 的测定 重量法	HJ 618	微量振荡天平法、β射线法
TSP	环境空气 总悬浮颗粒物的测定 重量法	GB/T 15432	—
NO_x	环境空气 氮氧化物（一氧化氮和二氧化氮）的测定 盐酸萘乙二胺分光光度法	HJ 479	化学发光法、差分吸收光谱分析法
Pb	环境空气 铅的测定 石墨炉原子吸收分光光度法（暂行）	HJ 539	—
	环境空气 铅的测定 火焰原子吸收分光光度法	GB/T 15264	—
B*a*P	空气质量 飘尘中苯并[*a*]芘的测定 乙酰化滤纸层析荧光分光光度法	GB 8971	—
	空气质量 苯并[*a*]芘的测定 高效液相色谱法	GB/T 15439	—

（5）掌握数据统计的有效性规定

“6.4　任何情况下，有效的污染物浓度数据均应符合表 4 中的最低要求，否则应视为无效数据。”

表 4　污染物浓度数据有效性的最低要求

污染物项目	平均时间	数据有效性规定
SO_2、NO_2、PM_{10}、$PM_{2.5}$、NO_x	年平均	每年至少有 324 个日平均浓度值 每月至少有 27 个日平均浓度值（二月至少有 25 个日平均浓度值）
SO_2、NO_2、CO、PM_{10}、$PM_{2.5}$、NO_x	24 h 平均	每日至少有 20 个 h 平均浓度值
O_3	8 h 平均	每 8 h 至少有 6 h 平均浓度值
SO_2、NO_2、CO、O_3、NO_x	1 h 平均	每小时至少有 45 min 的采样时间
TSP、B*a*P、Pb	年平均	每年至少有分布均匀的 60 个日平均浓度值 每月至少有分布均匀的 5 个日平均浓度值
Pb	季平均	每季至少有分布均匀的 15 个日平均浓度值 每月至少有分布均匀的 5 个日平均浓度值
TSP、B*a*P、Pb	24 h 平均	每月应有 24 h 的采样时间

（二）地表水环境质量标准（GB 3838—2002）

（1）熟悉标准的适用范围

“1.2　本标准适用于中华人民共和国领域内江河、湖泊、运河、渠道、水库等具有使用功能的地表水水域。具有特定功能的水域，执行相应的专业用水水质标准。

地表水环境质量标准基本项目适用于全国江河、湖泊、运河、渠道、水库等具有使用功能的地表水水域。

集中式生活饮用水地表水源地补充项目和特定项目适用于集中式生活饮用水地表水源地一级保护区和二级保护区。

与近海水域相连的地表水河口水域根据水环境功能按本标准相应类别标准值进行管理，近海水功能区水域根据使用功能按《海水水质标准》相应类别标准值进行管理。

批准划定的单一渔业水域按《渔业水质标准》进行管理；处理后的城市污水及与城市污水水质相近的工业废水用于农田灌溉用水的水质按《农田灌溉水质标准》进行管理。”

（2）掌握水域功能和标准的分类

“依据地表水水域环境功能和保护目标，按功能高低依次划分为五类：

Ⅰ类　主要适用于源头水、国家自然保护区；

Ⅱ类　主要适用于集中式生活饮用水地表水源地一级保护区、珍稀水生生物栖息地、鱼虾类产卵场、仔稚幼鱼的索饵场等；

Ⅲ类　主要适用于集中式生活饮用水地表水源地二级保护区、鱼虾类越冬场、洄游通道、水产养殖区等渔业水域及游泳区；

Ⅳ类　主要适用于一般工业用水区及人体非直接接触的娱乐用水区；

Ⅴ类　主要适用于农业用水区及一般景观要求水域。

对应地表水上述五类水域功能，将地表水环境质量标准基本项目标准值分为五类，不同功能类别分别执行相应类别的标准值。水域功能类别高的标准值严于水域功能类别低的标准值。同一水域兼有多类使用功能的，执行最高功能类别对应的标准值。”

（3）掌握标准项目划分与水质评价的原则

“5.1　地表水环境质量评价应根据应实现的水域功能类别，选取相应类别标准，进行单因子评价，评价结果应说明水质达标情况，超标的应说明超标项目和超标倍数。

5.2　丰、平、枯水期特征明显的水域，应分水期进行水质评价。

5.3　集中式生活饮用水地表水源地水质评价的项目应包括表 1 中的基本项目、表 2 中的补充项目以及由县级以上人民政府生态环境主管部门从表 3 中选择确定的特定项目。”

（4）了解地表水环境质量标准基本项目中常规项目（水温、pH 值、溶解氧、高锰酸盐指数、化学需氧量、五日生化需氧量、氨氮、总氮、总磷）的标准限值

表 1　地表水环境质量标准基本项目标准限值　　单位：mg/L

序号	项目 \ 标准值		分类 Ⅰ	Ⅱ	Ⅲ	Ⅳ	Ⅴ
1	水温			人为造成的环境水温变化应限制在： 周平均最大温升≤1℃ 周平均最大温降≤2℃			
2	pH		6～9				
3	溶解氧	≤	饱和率 90%（或 7.5）	6	5	3	2
4	高锰酸盐指数	≤	2	4	6	10	15

序号	标准值 项目		分类 I	II	III	IV	V
5	化学需氧量（COD）	≤	15	15	20	30	40
6	五日生化需氧量（BOD_5）	≤	3	3	4	6	10
7	氨氮（NH_3-N）	≤	0.15	0.5	1.0	1.5	2.0
8	总磷（以P计）	≤	0.02（湖、库0.01）	0.1（湖、库0.025）	0.2（湖、库0.05）	0.3（湖、库0.1）	0.4（湖、库0.2）
9	总氮（湖、库，以N计）	≤	0.2	0.5	1.0	1.5	2.0

（5）了解地表水环境质量标准基本项目中常规项目的监测分析方法

表4　地表水环境质量标准基本项目（部分）分析方法

序号	基本项目	分析方法	测定下限/（mg/L）	方法来源
1	水温	温度计法		GB 13195—91
2	pH	玻璃电极法		GB 6920—86
3	溶解氧	碘量法	0.2	GB 7489—87
		电化学探头法		HJ 506—2009
4	高锰酸盐指数		0.5	GB 11892—89
5	化学需氧量	重铬酸盐法	10	GB 11914—89
6	五日生化需氧量	稀释与接种法	2	GB 7488—87
7	氨氮	纳氏试剂比色法	0.05	GB 7479　87
		水杨酸分光光度法	0.01	GB 7481—87
8	总磷	钼酸铵分光光度法	0.01	GB 11893—89
9	总氮	过硫酸钾氧化紫外分光光度法	0.05	GB 11894—89

（三）地下水质量标准（GB/T 14848—2017）

（1）熟悉标准的适用范围

“1　范围

该标准规定了地下水质量分类、指标及限值、地下水质量调查与监测、地下水质量评价等内容。

标准适用于地下水质量调查、监测、评价与管理。”

（2）掌握地下水质量分类和指标分类

“4　地下水质量分类及指标

4.1　地下水质量分类

依据我国地下水质量状况和人体健康风险，参照生活饮用水、工业、农业等用水质量要求，依据各组分含量高低（pH 除外）分为五类。

Ⅰ类：地下水化学组分含量低，适用于各种用途；

Ⅱ类：地下水化学组分含量较低，适用于各种用途；

Ⅲ类：地下水化学组分含量中等，以 GB 5749—2006《生活饮用水卫生标准》为依据，主要适用于集中式生活饮用水水源及工农业用水；

Ⅳ类：地下水化学组分含量较高，以农业和工业用水质量要求以及一定水平的人体健康风险为依据，适用于农业和部分工业用水，适当处理后可作生活饮用水；

Ⅴ类：地下水化学组分含量高，不宜作为生活饮用水水源，其他用水可根据使用目的选用。

4.2　地下水质量分类指标

地下水质量指标分为常规指标和非常规指标。常规指标有 39 项，包括感官性状及一般化学指标（20 项）、微生物指标（2 项）、毒理学指标（15 项）、放射性指标（2 项）。非常规指标 54 项，全部为毒理学指标。详见表 1。”

表 1　地下水质量指标

常规指标		非常规指标	
感官性状及一般化学指标	色、嗅和味、浑浊度、肉眼可见物、pH、总硬度、溶解性总固体、硫酸盐、氯化物、铁、锰、铜、锌、铝、挥发性酚类、阴离子表面活性剂、耗氧量（COD_{Mn}）、氨氮、硫化物、钠	毒理学指标	铍、硼、锑、钡、镍、钴、钼、银、铊、二氯甲烷、1,2-二氯乙烷、1,1,1-三氯乙烷、1,1,2-三氯乙烷、1,2-二氯丙烷、三溴甲烷、氯乙烯、1,1-二氯乙烯、1,2-二氯乙烯、三氯乙烯、四氯乙烯、氯苯、邻二氯苯、对二氯苯、三氯苯、乙苯、二甲苯、苯乙烯、2,4-二硝基甲苯、2,6-二硝基甲苯、萘、蒽、荧蒽、苯并[b]荧蒽、苯并[a]芘、多氯联苯、邻苯二甲酸二（2-乙基己基）酯、2,4,6-三氯酚、五氯酚、六六六、γ-六六六（林丹）、滴滴涕、六氯苯、七氯、2,4-滴、克百威、涕灭威、敌敌畏、甲基对硫磷、马拉硫磷、乐果、毒死蜱、百菌清、莠去津、草甘膦
微生物指标	总大肠菌群、菌落总数		
毒理学指标	亚硝酸盐、硝酸盐、氰化物、氟化物、碘化物、汞、砷、硒、镉、铬（六价）、铅、三氯甲烷、四氯化碳、苯、甲苯		
放射性指标	总α放射性、总β放射性		

（3）了解地下水质量调查与监测的要求

“5.1　地下水质量应定期监测。潜水监测频率应不少于每年两次（丰水期和枯水期各 1 次），承压水监测频率可以根据质量变化情况确定，宜每年 1 次。

5.2 依据地下水质量的动态变化，应定期开展区域性地下水质量调查评价。

5.3 地下水质量调查与监测指标以常规指标为主，为便于水化学分析结果的审核，应补充钾、钙、镁、重碳酸根、碳酸根、游离二氧化碳指标；不同地区可在常规指标的基础上，根据当地实际情况补充选定非常规指标进行调查与监测。

5.4 地下水样品的采集、保存和送检应符合相关要求，采用适用的分析方法。

5.5 地下水质量检测方法的选择参见附录 B，使用前应按照 GB/T 27025—2008 中 5.4 的要求，进行有效确认和验证。”

（4）熟悉地下水质量评价的方法和原则

“6.1 地下水质量评价应以地下水质量检测资料为基础。

6.2 地下水质量单指标评价，按指标值所在的限值范围确定地下水质量类别，指标限值相同时，从优不从劣。示例：挥发性酚类Ⅰ、Ⅱ类限值均为 0.001 mg/L，若质量分析结果为 0.001 mg/L 时，应定为Ⅰ类，不定为Ⅱ类。

6.3 地下水质量综合评价，按单指标评价结果最差的类别确定，并指出最差类别的指标。

示例：某地下水样氯化物含量 400 mg/L，四氯乙烯含量 350 μg/L，这两个指标属Ⅴ类，其余指标均低于Ⅴ类，则该地下水质量综合类别定为Ⅴ类，Ⅴ类指标为氯离子和四氯乙烯。”

（四）海水水质标准（GB 3097—1997）

（1）掌握海水水质的分类

“3.1 海水水质分类

按照海域的不同使用功能和保护目标，海水水质分为四类：

第一类 适用于海洋渔业水域，海上自然保护区和珍稀濒危海洋生物保护区。

第二类 适用于水产养殖区，海水浴场，人体直接接触海水的海上运动或娱乐区，以及与人类食用直接有关的工业用水区。

第三类 适用于一般工业用水区，滨海风景旅游区。

第四类 适用于海洋港口水域，海洋开发作业区。”

（2）熟悉混合区的规定

“5 混合区的规定

污水集中排放形成的混合区，不得影响邻近功能区的水质和鱼类洄游通道。”

（五）声环境质量标准（GB 3096—2008）

（1）掌握标准的适用范围

“1 适用范围

本标准规定了五类声环境功能区的环境噪声限值及测量方法。

本标准适用于声环境质量评价与管理。

机场周围区域受飞机通过（起飞、降落、低空飞越）噪声的影响，不适用于本标准。”

（2）掌握声环境功能区分类

“4 声环境功能区分类

按区域的使用功能特点和环境质量要求，声环境功能区分为以下五种类型：

0 类声环境功能区：指康复疗养区等特别需要安静的区域。

1 类声环境功能区：指以居民住宅、医疗卫生、文化教育、科研设计、行政办公为主要功能，需要保持安静的区域。

2 类声环境功能区：指以商业金融、集市贸易为主要功能，或者居住、商业、工业混杂，需要维护住宅安静的区域。

3 类声环境功能区：指以工业生产、仓储物流为主要功能，需要防止工业噪声对周围环境产生严重影响的区域。

4 类声环境功能区：指交通干线两侧一定距离之内，需要防止交通噪声对周围环境产生严重影响的区域，包括 4a 类和 4b 类两种类型。4a 类为高速公路、一级公路、二级公路、城市快速路、城市主干路、城市次干路、城市轨道交通（地面段）、内河航道两侧区域；4b 类为铁路干线两侧区域。”

（3）熟悉各类声环境功能区环境噪声限值及相关规定

“5 环境噪声限值

5.1 各类声环境功能区适用表 1 规定的环境噪声等效声级限值。

5.2 表 1 中 4b 类声环境功能区环境噪声限值，适用于 2011 年 1 月 1 日起环境影响评价文件通过审批的新建铁路（含新开廊道的增建铁路）干线建设项目两侧区域。

表 1 环境噪声限值 单位：dB（A）

时段 声环境功能区类别	昼间	夜间
0 类	50	40
1 类	55	45

声环境功能区类别＼时段		昼间	夜间
2 类		60	50
3 类		65	55
4 类	4a 类	70	55
	4b 类	70	60

5.3　在下列情况下，铁路干线两侧区域不通过列车时的环境背景噪声限值，按昼间 70 dB（A）、夜间 55 dB（A）执行。

a）穿越城区的既有铁路干线。

b）对穿越城区的既有铁路干线进行改建、扩建的铁路建设项目。

既有铁路是指 2010 年 12 月 31 日前已建成运营的铁路或环境影响评价文件已通过审批的铁路建设项目。

5.4　各类声环境功能区夜间突发噪声，其最大声级超过环境噪声限值的幅度不得高于 15 dB（A）。”

（4）了解环境噪声监测的类型与方法

“6.4　监测类型与方法

根据监测对象和目的，环境噪声监测分为声环境功能区监测和噪声敏感建筑物监测两种类型，分别采用附录 B 和附录 C 规定的监测方法。”

（5）熟悉声环境功能区的划分要求

“7　声环境功能区的划分要求

7.1　城市声环境功能区的划分

城市区域应按照 GB/T 15190 的规定划分声环境功能区，分别执行本标准规定的 0、1、2、3、4 类声环境功能区环境噪声限值。

7.2　乡村声环境功能的确定

乡村区域一般不划分声环境功能区，根据环境管理的需要，县级以上人民政府生态环境主管部门可按以下要求确定乡村区域适用的声环境质量要求：

a）位于乡村的康复疗养区执行 0 类声环境功能区要求；

b）村庄原则上执行 1 类声环境功能区要求，工业活动较多的村庄以及有交通干线经过的村庄（指执行 4 类声环境功能区要求以外的地区）可局部或全部执行 2 类声环境功能区要求；

c）集镇执行 2 类声环境功能区要求；

d）独立于村庄、集镇之外的工业、仓储集中区执行 3 类声环境功能区要求；

e）位于交通干线两侧一定距离（参考 GB/T 15190 第 8.3 条规定）内的噪声敏感建筑物执行 4 类声环境功能区要求。”

（六）城市区域环境振动标准（GB 10070—88）

熟悉城市各类区域铅垂向 Z 振级标准值。

"3.1.1 城市各类区域铅垂向 Z 振级标准值列于下表。

城市各类区域铅垂向 Z 振级标准值　　单位：dB

适用地带范围	昼间	夜间
特殊住宅区	65	65
居民区、文教区	70	67
混合区、商业中心区	75	72
工业集中区	75	72
交通干线道路两侧	75	72
铁路干线两侧	80	80

3.1.2 本标准值适用于连续发生的稳态振动、冲击振动和无规则振动。

3.1.3 每日发生几次的冲击振动，其最大值昼间不允许超过标准值 10 dB，夜间不超过 3 dB。

3.2 适用地带范围的划定

3.2.1"特殊住宅区"是指特别需要安宁的住宅区。

3.2.2"居民、文教区"是指纯居民和文教、机关区。

3.2.3"混合区"是指一般商业与居民混合区；工业、商业、少量交通与居民混合区。

3.2.4"商业中心区"是指商业集中的繁华地区。

3.2.5"工业集中区"是指在一个城市或区域内规划明确确定的工业区。

3.2.6 "交通干线道路两侧"是指车流量每小时 100 辆以上的道路两侧。

3.2.7 "铁路干线两侧"是指距每日车流量不少于 20 列的铁道外轨 30 m 外两侧的住宅区。

3.2.8 本标准适用的地带范围，由地方人民政府划定。

3.3 本标准昼间、夜间的时间由当地人民政府按当地习惯和季节变化划定。"

（七）土壤环境质量　农用地土壤污染风险管控标准（试行）

（1）熟悉农用地土壤污染风险筛选值的定义、污染物项目及使用

"3.4 农用地土壤污染风险筛选值 risk screening values for soil contamination of agricultural land

指农用地土壤中污染物含量等于或者低于该值的，对农产品质量安全、农

作物生长或土壤生态环境的风险低，一般情况下可以忽略；超过该值的，对农产品质量安全、农作物生长或土壤生态环境可能存在风险，应当加强土壤环境监测和农产品协同监测，原则上应当采取安全利用措施。

4　农用地土壤污染风险筛选值

4.1　基本项目

农用地土壤污染风险筛选值的基本项目为必测项目，包括镉、汞、砷、铅、铬、铜、镍、锌，风险筛选值见表1。

表1　农用地土壤污染风险筛选值（基本项目）　单位：mg/kg

序号	污染物项目[ab]		风险筛选值			
			pH≤5.5	5.5＜pH≤6.5	6.5＜pH≤7.5	pH＞7.5
1	镉	水田	0.3	0.4	0.6	0.8
		其他	0.3	0.3	0.3	0.6
2	汞	水田	0.5	0.5	0.6	1.0
		其他	1.3	1.8	2.4	3.4
3	砷	水田	30	30	25	20
		其他	40	40	30	25
4	铅	水田	80	100	140	240
		其他	70	90	120	170
5	铬	水田	250	250	300	350
		其他	150	150	200	250
6	铜	果园	150	150	200	200
		其他	50	50	100	100
7	镍		60	70	100	190
8	锌		200	200	250	300

注：a 重金属和类金属砷均按元素总量计。
b 对于水旱轮作地，采用其中较严格的风险筛选值。

4.2　其他项目

4.2.1　农用地土壤污染风险筛选值的其他项目为选测项目，包括六六六、滴滴涕和苯并[*a*]芘，风险筛选值见表2。

表2　农用地土壤污染风险筛选值（其他项目）　单位：mg/kg

序号	污染物项目	风险筛选值
1	六六六总量[a]	0.10
2	滴滴涕总量[b]	0.10
3	苯并[*a*]芘	0.55

注：a 六六六总量为α-六六六、β-六六六、γ-六六六、δ-六六六四种异构体的含量总和。
b 滴滴涕总量为p,p'-滴滴伊、p,p'-滴滴滴、o,p'-滴滴涕、p,p'-滴滴涕四种衍生物的含量总和。

4.2.2　其他项目由地方环境保护主管部门根据本地区土壤污染特点和环境管理需求进行选择。

6　农用地土壤污染风险筛选值和管制值的使用

6.1　当土壤中污染物含量等于或者低于表1和表2规定的风险筛选值时，农用地土壤污染风险低，一般情况下可以忽略；高于表1和表2规定的风险筛选值时，可能存在农用地土壤污染风险，应加强土壤环境监测和农产品协同监测。

6.2　当土壤中镉、汞、砷、铅、铬的含量高于表1规定的风险筛选值、等于或者低于表3规定的风险管制值时，可能存在食用农产品不符合质量安全标准等土壤污染风险，原则上应当采取农艺调控、替代种植等安全利用措施。

6.3　当土壤中镉、汞、砷、铅、铬的含量高于表3规定的风险管制值时，食用农产品不符合质量安全标准等农用地土壤污染风险高，且难以通过安全利用措施降低食用农产品不符合质量安全标准等农用地土壤污染风险，原则上应当采取禁止种植食用农产品、退耕还林等严格管控措施。

6.4　土壤环境质量类别划分应以本标准为基础，结合食用农产品协同监测结果，依据相关技术规定进行划定。”

（2）熟悉农用地土壤污染风险管制值的定义、污染物项目及使用

“3.5　农用地土壤污染风险管制值 risk intervention values for soil contamination of agricultural land

指农用地土壤中污染物含量超过该值的，食用农产品不符合质量安全标准等农用地土壤污染风险高，原则上应当采取严格管控措施。

5　农用地土壤污染风险管制值

农用地土壤污染风险管制值项目包括镉、汞、砷、铅、铬，风险管制值见表3。”

表3　农用地土壤污染风险管制值　　单位：mg/kg

序号	污染物项目	风险管制值			
		pH≤5.5	5.5＜pH≤6.5	6.5＜pH≤7.5	pH＞7.5
1	镉	1.5	2.0	3.0	4.0
2	汞	2.0	2.5	4.0	6.0
3	砷	200	150	120	100
4	铅	400	500	700	1 000
5	铬	800	850	1 000	1 300

农用地土壤污染风险管制值的使用同农用地土壤风险筛选值，见上文中“6”。

（八）土壤环境质量　建设用地土壤污染风险管控标准（试行）（GB 36600—2018）

（1）熟悉建设用地的分类

"4　建设用地分类

4.1　建设用地中，城市建设用地根据保护对象暴露情况的不同，可划分为以下两类。

4.1.1　第一类用地：包括 GB 50137 规定的城市建设用地中的居住用地（R），公共管理与公共服务用地中的中小学用地（A33）、医疗卫生用地（A5）和社会福利设施用地（A6），以及公园绿地（G1）中的社区公园或儿童公园用地等。

4.1.2　第二类用地：包括 GB 50137 规定的城市建设用地中的工业用地（M），物流仓储用地（W），商业服务业设施用地（B），道路与交通设施用地（S），公用设施用地（U），公共管理与公共服务用地（A）（A33、A5、A6 除外），以及绿地与广场用地（G）（G1 中的社区公园或儿童公园用地除外）等。

4.2　建设用地中，其他建设用地可参照 4.1 划分类别。"

（2）熟悉建设用地土壤污染风险筛选值的定义、污染物项目确定及使用

"3.4　建设用地土壤污染风险筛选值　risk screening values for soil contamination of development land

指在特定土地利用方式下，建设用地土壤中污染物含量等于或者低于该值的，对人体健康的风险可以忽略；超过该值的，对人体健康可能存在风险，应当开展进一步的详细调查和风险评估，确定具体污染范围和风险水平。

表 1　建设用地土壤污染风险筛选值和管制值（基本项目）　　单位：mg/kg

序号	污染物项目	CAS 编号	筛选值		管制值	
			第一类用地	第二类用地	第一类用地	第二类用地
重金属和无机物						
1	砷	7440-38-2	20[a]	60[a]	120	140
2	镉	7440-43-9	20	65	47	172
3	铬（六价）	18540-29-9	3.0	5.7	30	78
4	铜	7440-50-8	2 000	18 000	8 000	36 000
5	铅	7439-92-1	400	800	800	2 500
6	汞	7439-97-6	8	38	33	82
7	镍	7440-02-0	150	900	600	2 000

序号	污染物项目	CAS 编号	筛选值		管制值	
			第一类用地	第二类用地	第一类用地	第二类用地
挥发性有机物						
8	四氯化碳	56-23-5	0.9	2.8	9	36
9	氯仿	67-66-3	0.3	0.9	5	10
10	氯甲烷	74-87-3	12	37	21	120
11	1,1-二氯乙烷	75-34-3	3	9	20	100
12	1,2-二氯乙烷	107-06-2	0.52	5	6	21
13	1,1-二氯乙烯	75-35-4	12	66	40	200
14	顺-1,2-二氯乙烯	156-59-2	66	596	200	2 000
15	反-1,2-二氯乙烯	156-60-5	10	54	31	163
16	二氯甲烷	75-09-2	94	616	300	2 000
17	1,2-二氯丙烷	78-87-5	1	5	5	47
18	1,1,1,2-四氯乙烷	630-20-6	2.6	10	26	100
19	1,1,2,2-四氯乙烷	79-34-5	1.6	6.8	14	50
20	四氯乙烯	127-18-4	11	53	34	183
21	1,1,1-三氯乙烷	71-55-6	701	840	840	840
22	1,1,2-三氯乙烷	79-00-5	0.6	2.8	5	15
23	三氯乙烯	79-01-6	0.7	2.8	7	20
24	1,2,3-三氯丙烷	96-18-4	0.05	0.5	0.5	5
25	氯乙烯	75-01-4	0.12	0.43	1.2	4.3
26	苯	71-43-2	1	4	10	40
27	氯苯	108-90-7	68	270	200	1 000
28	1,2-二氯苯	95-50-1	560	560	560	560
29	1,4-二氯苯	106-46-7	5.6	20	56	200
30	乙苯	100-41-4	7.2	28	72	280
31	苯乙烯	100-42-5	1 290	1 290	1 290	1 290
32	甲苯	108-88-3	1 200	1 200	1 200	1 200
33	间二甲苯+对二甲苯	108-38-3，106-42-3	163	570	500	570
34	邻二甲苯	95-47-6	222	640	640	640
半挥发性有机物						
35	硝基苯	98-95-3	34	76	190	760
36	苯胺	62-53-3	92	260	211	663
37	2-氯酚	95-57-8	250	2 256	500	4 500
38	苯并[*a*]蒽	56-55-3	5.5	15	55	151
39	苯并[*a*]芘	50-32-8	0.55	1.5	5.5	15

序号	污染物项目	CAS 编号	筛选值		管制值	
			第一类用地	第二类用地	第一类用地	第二类用地
40	苯并[b]荧蒽	205-99-2	5.5	15	55	151
41	苯并[k]荧蒽	207-08-9	55	151	550	1 500
42		218-01-9	490	1 293	4 900	12 900
43	二苯并[a,h]蒽	53-70-3	0.55	1.5	5.5	15
44	茚并[1,2,3-cd]芘	193-39-5	5.5	15	55	151
45	萘	91-20-3	25	70	255	700

注：a 具体地块土壤中污染物检测含量超过筛选值，但等于或者低于土壤环境背景值（见 3.6）水平的，不纳入污染地块管理。土壤环境背景值可参见附录 A。

表 2　建设用地土壤污染风险筛选值和管制值（其他项目）　　单位：mg/kg

序号	污染物项目	CAS 编号	筛选值		管制值	
			第一类用地	第二类用地	第一类用地	第二类用地
重金属和无机物						
1	锑	7440-36-0	20	180	40	360
2	铍	7440-41-7	15	29	98	290
3	钴	7440-48-4	20[a]	70[a]	190	350
4	甲基汞	22967-92-6	5.0	45	10	120
5	钒	7440-62-2	165[a]	752	330	1 500
6	氰化物	57-12-5	22	135	44	270
挥发性有机物						
7	一溴二氯甲烷	75-27-4	0.29	1.2	2.9	12
8	溴仿	75-25-2	32	103	320	1 030
9	二溴氯甲烷	124-48-1	9.3	33	93	330
10	1,2-二溴乙烷	106-93-4	0.07	0.24	0.7	2.4
半挥发性有机物						
11	六氯环戊二烯	77-47-4	1.1	5.2	2.3	10
12	2,4-二硝基甲苯	121-14-2	1.8	5.2	18	52
13	2,4-二氯酚	120-83-2	117	843	234	1 690
14	2,4,6-三氯酚	88-06-2	39	137	78	560
15	2,4-二硝基酚	51-28-5	78	562	156	1 130
16	五氯酚	87-86-5	1.1	2.7	12	27
17	邻苯二甲酸二（2-乙基己基）酯	117-81-7	42	121	420	1 210
18	邻苯二甲酸丁基苄酯	85-68-7	312	900	3 120	9 000

序号	污染物项目	CAS 编号	筛选值		管制值	
			第一类用地	第二类用地	第一类用地	第二类用地
19	邻苯二甲酸二正辛酯	117-84-0	390	2812	800	5 700
20	3,3′-二氯联苯胺	91-94-1	1.3	3.6	13	36
有机农药类						
21	阿特拉津	1912-24-9	2.6	7.4	26	74
22	氯丹[b]	12789-03-6	2.0	6.2	20	62
23	*p,p′*-滴滴滴	72-54-8	2.5	7.1	25	71
24	*p,p′*-滴滴伊	72-55-9	2.0	7.0	20	70
25	滴滴涕[c]	50-29-3	2.0	6.7	21	67
26	敌敌畏	62-73-7	1.8	5.0	18	50
27	乐果	60-51-5	86	619	170	1 240
28	硫丹[d]	115-29-7	234	1 687	470	3 400
29	七氯	76-44-8	0.13	0.37	1.3	3.7
30	α-六六六	319-84-6	0.09	0.3	0.9	3
31	β-六六六	319-85-7	0.32	0.92	3.2	9.2
32	γ-六六六	58-89-9	0.62	1.9	6.2	19
33	六氯苯	118-74-1	0.33	1	3.3	10
34	灭蚁灵	2385-85-5	0.03	0.09	0.3	0.9
多氯联苯、多溴联苯和二噁英类						
35	多氯联苯（总量）[e]	—	0.14	0.38	1.4	3.8
36	3,3′,4,4′,5-五氯联苯（PCB126）	57465-28-8	4×10^{-5}	1×10^{-4}	4×10^{-4}	1×10^{-3}
37	3,3′,4,4′,5,5′-六氯联苯（PCB169）	32774-16-6	1×10^{-4}	4×10^{-4}	1×10^{-3}	4×10^{-3}
38	二噁英类（总毒性当量）	—	1×10^{-5}	4×10^{-5}	1×10^{-4}	4×10^{-4}
39	多溴联苯（总量）	—	0.02	0.06	0.2	0.6
石油烃类						
40	石油烃（C_{10}-C_{40}）	—	826	4 500	5 000	9 000

注：a 具体地块土壤中污染物检测含量超过筛选值，但等于或者低于土壤环境背景值（见3.6）水平的，不纳入污染地块管理。土壤环境背景值可参见附录A。

b 氯丹为α-氯丹、γ-氯丹两种物质含量总和。

c 滴滴涕为*o,p′*-滴滴涕、*p,p′*-滴滴涕两种物质含量总和。

d 硫丹为α-硫丹、β-硫丹两种物质含量总和。

e 多氯联苯（总量）为PCB77、PCB81、PCB105、PCB114、PCB118、PCB123、PCB126、PCB156、PCB157、PCB167、PCB169、PCB189十二种物质含量总和。

5.3　建设用地土壤污染风险筛选值和管制值的使用

5.3.1　建设用地规划用途为第一类用地的，适用表 1 和表 2 中第一类用地的筛选值和管制值；规划用途为第二类用地的，适用表 1 和表 2 中第二类用地的筛选值和管制值。规划用途不明确的，适用表 1 和表 2 中第一类用地的筛选值和管制值。

5.3.2　建设用地土壤中污染物含量等于或者低于风险筛选值的，建设用地土壤污染风险一般情况下可以忽略。

5.3.3　通过初步调查确定建设用地土壤中污染物含量高于风险筛选值，应当依据 HJ 25.1、HJ 25.2 等标准及相关技术要求，开展详细调查。

5.3.4　通过详细调查确定建设用地土壤中污染物含量等于或者低于风险管制值，应当依据 HJ 25.3 等标准及相关技术要求，开展风险评估，确定风险水平，判断是否需要采取风险管控或修复措施。

5.3.5　通过详细调查确定建设用地土壤中污染物含量高于风险管制值，对人体健康通常存在不可接受风险，应当采取风险管控或修复措施。

5.3.6　建设用地若需采取修复措施，其修复目标应当依据 HJ 25.3、HJ 25.4 等标准及相关技术要求确定，且应当低于风险管制值。

5.3.7　表 1 和表 2 中未列入的污染物项目，可依据 HJ 25.3 等标准及相关技术要求开展风险评估，推导特定污染物的土壤污染风险筛选值。”

（3）熟悉建设用地土壤污染风险管制值的定义、污染物项目确定及使用

“3.5　建设用地土壤污染风险管制值　risk intervention values for soil contamination of development land

指在特定土地利用方式下，建设用地土壤中污染物含量超过该值的，对人体健康通常存在不可接受风险，应当采取风险管控或修复措施。”

建设用地土壤污染风险管制值的污染物项目确定及使用见（八）（2）中建设用地土壤污染风险筛选值的污染物项目确定及使用。

四、污染物排放标准

（一）大气污染物综合排放标准（GB 16297—1996）

（1）掌握标准的适用范围

“1.2　适用范围

1.2.1　在我国现有的国家大气污染物排放标准体系中，按照综合性排放标准与行业性排放标准不交叉执行的原则，锅炉执行 GB 13271—2001《锅炉大气污染物排放标准》、工业炉窑执行 GB 9078—1996《工业炉窑大气污染物排放标准》、火电厂执行 GB 13223—2011《火电厂大气污染物排放标准》、炼焦炉执行 GB 16171—1996《炼焦炉大气污染物排放标准》、水泥厂执行 GB 4915—2013《水泥厂大气污染物排放标准》、恶臭物质排放执行 GB 14554—93《恶臭污染物排放标准》、汽车排放执行 GB 14761.1～14761.7—93《汽车大气污染物排放标准》、摩托车排气执行 GB 14621—93《摩托车排气污染物排放标准》，其他大气污染物排放均执行本标准。

1.2.2 本标准实施后再行发布的行业性国家大气污染物排放标准，按其适用范围规定的污染源不再执行本标准。

1.2.3 本标准适用于现有污染源大气污染物排放管理，以及建设项目的环境影响评价、设计、环境保护设施竣工验收及其投产后的大气污染物排放管理。”

（2）掌握标准的指标体系

“本标准设置下列三项指标：

4.1 通过排气筒排放废气的最高允许排放浓度。

4.2 通过排气筒排放的废气，按排气筒高度规定的最高允许排放速率，任何一个排气筒必须同时遵守上述两项指标，超过其中任何一项均为超标排放。

4.3 以无组织方式排放的废气，规定无组织排放的监控点及相应的监控浓度限值。”

（3）掌握排放速率标准分级

“5 排放速率标准分级

本标准规定的最高允许排放速率，现有污染源分为一、二、三级，新污染源分为二、三级。按污染源所在的环境空气质量功能区类别，执行相应级别的排放速率标准，即：

位于一类区的污染源执行一级标准（一类区禁止新、扩建污染源，一类区现有污染源改建时执行现有污染源的一级标准）；

位于二类区的污染源执行二级标准；

位于三类区的污染源执行三级标准。”

（4）熟悉排气筒高度及排放速率的有关规定

“7.1 排气筒高度除须遵守表列排放速率标准值外，还应高出周围 200 m 半径范围的建筑 5 m 以上，不能达到该要求的排气筒，应按其高度对应的表列排放速率标准值严格 50%执行。

7.2 两个排放相同污染物（不论其是否由同一生产工艺过程产生）的排气筒，若其距离小于其几何高度之和，应合并视为一根等效排气筒。若有三根以上的近距排气筒，且排放同一种污染物时，应以前两根的等效排气筒，依次与第三、四根排气筒取等效值。等效排气筒的有关参数计算方法见附录 A。

7.3　若某排气筒的高度处于本标准列出的两个值之间，其执行的最高允许排放速率以内插法计算，内插法的计算式见本标准附录 B；当某排气筒的高度大于或小于本标准列出的最大或最小值时，以外推法计算其最高允许排放速率，外推法计算式见本标准附录 B。

7.4　新污染源的排气筒一般不应低于 15 m。若新污染源的排气筒必须低于 15 m 时，其排放速率标准值按 7.3 的外推计算结果再严格 50% 执行。”

（5）熟悉监测的采样时间与频次要求

“8.2　采样时间和频次

本标准规定的三项指标，均指任何 1 h 平均值不得超过的限值，故在采样时应做到：

8.2.1　排气筒中废气的采样

以连续 1 h 的采样获取平均值；

或在 1 h 内，以等时间间隔采集 4 个样品，并计平均值。

8.2.2　无组织排放监控点的采样

无组织排放监控点和参照点监测的采样，一般采用连续 1 h 采样计平均值；

若浓度偏低，需要时可适当延长采样时间；

若分析方法灵敏度高，仅需用短时间采集样品时，应实行等时间间隔采样，采集 4 个样品计平均值。

8.2.3　特殊情况下的采样时间和频次

若某排气筒的排放为间断性排放，排放时间小于 1 h，应在排放时段内实行连续采样，或在排放时段内以等时间间隔采集 2～4 个样品，并计平均值；

若某排气筒的排放为间断性排放，排放时间大于 1 h，则应在排放时段内按 8.2.1 的要求采样；

当进行污染事故排放监测时，按需要设置的采样时间和采样频次，不受上述要求限制；

建设项目环境保护设施竣工验收监测的采样时间和频次，按国家环境保护总局制定的建设项目环境保护设施竣工验收监测办法执行。”

（二）污水综合排放标准（GB 8978—1996）

（1）掌握标准的适用范围

“1.2　适用范围

本标准适用于现有单位水污染物的排放管理，以及建设项目的环境影响评价、建设项目环境保护设施设计、竣工验收及其投产后的排放管理。

按照国家综合排放标准与国家行业排放标准不交叉执行的原则，造纸工业执行《造纸工业水污染物排放标准》（GB 3544—92），船舶执行《船舶污染物排放标准》（GB 3552—83），船舶工业执行《船舶工业污染物排放标准》（GB 4286—84），海洋石油开发工业执行《海洋石油开发工业含油污水排放标准》（GB 4914—85），纺织染整工业执行《纺织染整工业水污染物排放标准》（GB 4287—92），肉类加工工业执行《肉类加工工业水污染物排放标准》（GB 13457—92），合成氨工业执行《合成氨工业水污染物排放标准》（GB 13458—92），钢铁工业执行《钢铁工业水污染物排放标准》（GB 13456—92），航天推进剂使用执行《航天推进剂水污染物排放标准》（GB 14374—93），兵器工业执行《兵器工业水污染物排放标准》（GB 14470.1～14470.3—93 和 GB 4274～4279—84），磷肥工业执行《磷肥工业水污染物排放标准》（GB 15580—95），烧碱、聚氯乙烯工业执行《烧碱、聚氯乙烯工业水污染物排放标准》（GB 15581—95），其他水污染物排放均执行本标准。（注：上述标准中部分有新标准的执行新标准）

1.3　本标准颁布后，新增加国家行业水污染物排放标准的行业，按其适用范围执行相应的国家水污染物行业标准，不再执行本标准。”

（2）掌握污水综合排放标准的分级

“4.1　标准分级

4.1.1　排入 GB 3838 Ⅲ类水域（划定的保护区和游泳区除外）和排入 GB 3097 中二类海域的污水，执行一级标准。

4.1.2　排入 GB 3838 中Ⅳ、Ⅴ类水域和排入 GB 3097 中三类海域的污水，执行二级标准。

4.1.3　排入设置二级污水处理厂的城镇排水系统的污水，执行三级标准。

4.1.4　排入未设置二级污水处理厂的城镇排水系统的污水，必须根据排水系统出水受纳水域的功能要求，分别执行 4.1.1 和 4.1.2 的规定。

4.1.5　GB 3838 中Ⅰ、Ⅱ类水域和Ⅲ类水域中划定的保护区，GB 3097 中一类海域，禁止新建排污口，现有排污口应按水体功能要求，实行污染物总量控制，以保证受纳水体水质符合规定用途的水质标准。”

（3）掌握污染物按性质及控制方式进行的分类

“4.2.1　本标准将排放的污染物按其性质及控制方式分为两类。

4.2.1.1　第一类污染物，不分行业和污水排放方式，也不分受纳水体的功能类别，一律在车间或车间处理设施排放口采样，其最高允许排放浓度必须达到本标准要求（采矿行业的尾矿坝出水口不得视为车间排放口）。

4.2.1.2　第二类污染物，在排污单位排放口采样，其最高允许排放浓度必须达到本标准要求。”

（4）熟悉第一类污染物的种类

表 1 列出本标准中规定的第一类污染物最高允许排放浓度限值。不论是 1997 年 12 月 31 日之前的建设单位，还是 1998 年 1 月 1 日之后的建设单位，均执行该表中的限值。

表 1　第一类污染物最高允许排放浓度　　单位：mg/L

序号	污染物	最高允许排放浓度
1	总汞	0.05
2	烷基汞	不得检出
3	总镉	0.1
4	总铬	1.5
5	六价铬	0.5
6	总砷	0.5
7	总铅	1.0
8	总镍	1.0
9	苯并[*a*]芘	0.000 03
10	总铍	0.005
11	总银	0.5
12	总 α 放射性	1 Bq/L
13	总 β 放射性	10 Bq/L

（5）熟悉监测的采样频率要求

“工业污水按生产周期确定监测频率。生产周期在 8 h 以内的，每 2 h 采样一次；生产周期大于 8 h 的，每 4 h 采样一次。24 h 不少于 2 次。最高允许排放浓度按日均值计算。”

（三）工业企业厂界环境噪声排放标准（GB 12348—2008）

（1）熟悉标准的适用范围

“本标准规定了工业企业和固定设备厂界环境噪声排放限值及其测量方法。

本标准适用于工业企业噪声排放的管理、评价及控制。机关、事业单位、团体等对外环境排放噪声的单位也按本标准执行。”

（2）熟悉环境噪声排放限值的有关规定

“4.1　厂界环境噪声排放限值

4.1.1 工业企业厂界环境噪声不得超过表 1 规定的排放限值。

表 1 工业企业厂界环境噪声排放限值 单位：dB（A）

厂界外声环境功能区类别	时段	
	昼间	夜间
0	50	40
1	55	45
2	60	50
3	65	55
4	70	55

4.1.2 夜间频发噪声的最大声级超过限值的幅度不得高于 10 dB（A）。

4.1.3 夜间偶发噪声的最大声级超过限值的幅度不得高于 15 dB（A）。

4.1.4 工业企业若位于未划分声环境功能区的区域，当厂界外有噪声敏感建筑物时，由当地县级以上人民政府参照 GB 3096 和 GB/T 15190 的规定确定厂界外区域的声环境质量要求，并执行相应的厂界环境噪声排放限值。

4.1.5 当厂界与噪声敏感建筑物距离小于 1 m 时，厂界环境噪声应在噪声敏感建筑物的室内测量，并将表 1 中相应的限值减 10 dB（A）作为评价依据。”

（3）熟悉测点位置、测量时段、测量结果修正的有关规定

“5.2 测量条件

5.2.1 气象条件：测量应在无雨雪、无雷电天气，风速为 5 m/s 以下时进行。不得不在特殊气象条件下测量时，应采取必要措施保证测量准确性，同时注明当时采取的措施及气象情况。

5.2.2 测量工况：测量应在被测声源正常工作时间进行，同时注明当时的工况。

5.3 测点位置

5.3.1 测点布设

根据工业企业声源、周围噪声敏感建筑物的布局以及毗邻的区域类别，在工业企业厂界布设多个测点，其中包括距噪声敏感建筑物较近以及受被测声源影响大的位置。

5.3.2 测点位置一般规定

一般情况下，测点选在工业企业厂界外 1 m、高度 1.2 m 以上、距任一反射面距离不小于 1 m 的位置。

5.3.3 测点位置其他规定

5.3.3.1 当厂界有围墙且周围有受影响的噪声敏感建筑物时，测点应选在厂界外 1 m、高于围墙 0.5 m 以上的位置。

5.3.3.2　当厂界无法测量到声源的实际排放状况时（如声源位于高空、厂界设有声屏障等），应按 5.3.2 设置测点，同时在受影响的噪声敏感建筑物户外 1 m 处另设测点。

5.3.3.3　室内噪声测量时，室内测量点位设在距任一反射面至少 0.5 m 以上、距地面 1.2 m 高度处，在受噪声影响方向的窗户开启状态下测量。

5.3.3.4　固定设备结构传声至噪声敏感建筑物室内，在噪声敏感建筑物室内测量时，测点应距任一反射面至少 0.5 m 以上、距地面 1.2 m、距外窗 1 m 以上，窗户关闭状态下测量。被测房间内的其他可能干扰测量的声源（如电视机、空调机、排气扇以及镇流器较响的日光灯、运转时出声的时钟等）应关闭。

5.4　测量时段

5.4.1　分别在昼间、夜间两个时段测量。夜间有频发、偶发噪声影响时同时测量最大声级。

5.4.2　被测声源是稳态噪声，采用 1min 的等效声级。

5.4.3　被测声源是非稳态噪声，测量被测声源有代表性时段的等效声级，必要时测量被测声源整个正常工作时段的等效声级。

5.5　背景噪声测量

5.5.1　测量环境：不受被测声源影响且其他声环境与测量被测声源时保持一致。

5.5.2　测量时段：与被测声源测量的时间长度相同。

5.6　测量记录

噪声测量时需做测量记录。记录内容应主要包括：被测量单位名称、地址、厂界所处声环境功能区类别、测量时气象条件、测量仪器、校准仪器、测点位置、测量时间、测量时段、仪器校准值（测前、测后）、主要声源、测量工况、示意图（厂界、声源、噪声敏感建筑物、测点等位置）、噪声测量值、背景值、测量人员、校对人、审核人等相关信息。

5.7　测量结果修正

5.7.1　噪声测量值与背景噪声值相差大于 10 dB（A）时，噪声测量值不做修正。

5.7.2　噪声测量值与背景噪声值相差在 3～10 dB（A）时，噪声测量值与背景噪声值的差值取整后，按表 4 进行修正。

5.7.3　噪声测量值与背景噪声值相差小于 3 dB（A）时，应采取措施降低背景噪声后，视情况按 5.7.1 或 5.7.2 执行；仍无法满足前两款要求的，应按环境噪声监测技术规范的有关规定执行。”

表 4 测量结果修正表 单位：dB（A）

差值	3	4～5	6～10
修正值	−3	−2	−1

（4）了解噪声测量结果评价的有关规定

"6. 测量结果评价

6.1 各个测点的测量结果应单独评价。同一测点每天的测量结果按昼间、夜间进行评价。

6.2 最大声级 L_{max} 直接评价。"

（四）建筑施工场界环境噪声排放标准（GB 12523—2011）

（1）熟悉标准的适用范围

"本标准适用于周围有噪声敏感建筑物的建筑施工噪声排放的管理、评价及控制。市政、通信、交通、水利等其他类型的施工噪声排放可参照本标准执行。

本标准不适用于抢修、抢险施工过程中产生噪声的排放监管。"

（2）掌握环境噪声排放限值的有关规定

"4 环境噪声排放限值

4.1 建筑施工过程中场界环境噪声不得超过表 1 规定的排放限值。

表 1 建筑施工场界环境噪声排放限值 单位：dB（A）

昼间	夜间
70	55

4.2 夜间噪声最大声级超过限值的幅度不得高于 15 dB（A）。

4.3 当场界距噪声敏感建筑物较近，其室外不满足测量条件时，可在噪声敏感建筑物室内测量，并将表 1 中相应的限值减 10 dB（A）作为评价依据。"

（3）熟悉测点位置、测量时段、测量结果修正的有关规定

"5.2 测量气象条件

测量应在无雨雪、无雷电天气，风速为 5 m/s 以下时进行。

5.3 测点位置

5.3.1 测点布设

根据施工场地周围噪声敏感建筑物位置和声源位置的布局，测点应设在对噪声敏感建筑物影响较大、距离较近的位置。

5.3.2　测点位置一般规定

一般情况测试设在建筑施工场界外 1 m，高度 1.2 m 以上的位置。

5.3.3　测点位置其他规定

5.3.3.1　当场界有围墙且周围有噪声敏感建筑物时，测点应设在场界外 1 m，高于围墙 0.5 m 以上的位置，且位于施工噪声影响的声照射区域。

5.3.3.2　当场界无法测量到声源的实际排放时，如：声源位于高空、场界有声屏障、噪声敏感建筑物高于场界围墙等情况，测点可设在噪声敏感建筑物户外 1 m 的位置。

5.3.3.3　在噪声敏感建筑物室内测量时，测点设在室内中央、距室内任一反射面 0.5 m 以上、距地面 1.2 m 高度以上，在受噪声影响方向的窗户开启状态下测量。

5.4　测量时段

施工期间，测量连续 20 min 的等效声级，夜间同时测量最大声级。

5.5　背景噪声测量

5.5.1　测量环境：不受被测声源影响且其他声环境与测量被测声源时保持一致。

5.5.2　测量时段：稳态噪声测量 1 min 的等效声级，非稳态噪声测量 20 min 的等效声级。

5.7　测量结果修正

5.7.1　背景噪声值比噪声测量值低 10 dB（A）以上时，噪声测量值不做修正。

5.7.2　噪声测量值与背景噪声值相差在 3～10 dB（A）时，噪声测量值与背景噪声值的差值修约后，按表 2 进行修正。

5.7.3　噪声测量值与背景噪声值相差小于 3 dB（A）时，应采取措施降低背景噪声后，视情况按 5.7.1 或 5.7.2 执行；仍无法满足前两款要求的，应按环境噪声监测技术规范的有关规定执行。”

表 2　测量结果修正表　　单位：dB（A）

差值	3	4～5	6～10
修正值	–3	–2	–1

（4）了解噪声测量结果评价的有关规定

“6　测量结果评价

6.1　各个测点的测量结果应单独评价。

6.2　最大声级 L_{Amax} 直接评价。”

（五）社会生活环境噪声排放标准（GB 22337—2008）

（1）熟悉标准的适用范围

“本标准规定了营业性文化娱乐场所和商业经营活动中可能产生环境噪声污染的设备、设施边界噪声排放限值和测量方法。

本标准适用于对营业性文化娱乐场所、商业经营活动中使用的向环境排放噪声的设备、设施的管理、评价与控制。”

（2）熟悉环境噪声排放限值的有关规定

“4　环境噪声排放限值

4.1　边界噪声排放限值

4.1.1　社会生活噪声排放源边界噪声不得超过表 1 规定的排放限值。

表 1　社会生活噪声排放源边界噪声排放限值　　单位：dB（A）

边界外声环境功能区类别	时段	
	昼间	夜间
0 类	50	40
1 类	55	45
2 类	60	50
3 类	65	55
4 类	70	55

4.1.2　在社会生活噪声排放源边界处无法进行噪声测量或测量的结果不能如实反映其对噪声敏感建筑物的影响程度的情况下，噪声测量应在可能受影响的敏感建筑物窗外 1 m 处进行。

4.1.3　当社会生活噪声排放源边界与噪声敏感建筑物距离小于 1 m 时，应在噪声敏感建筑物的室内测量，并将表 1 中相应的限值减 10 dB（A）作为评价依据。

4.2　结构传播固定设备室内噪声排放限值

4.2.1　在社会生活噪声排放源位于噪声敏感建筑物内情况下，噪声通过建筑物结构传播至噪声敏感建筑物室内时，噪声敏感建筑物室内等效声级不得超过表 2 和表 3 规定的限值。

表2　结构传播固定设备室内噪声排放限值（等效声级）　单位：dB（A）

噪声敏感建筑物声环境所处功能区类别 \ 房间类型 / 时段	A类房间		B类房间	
	昼间	夜间	昼间	夜间
0类	40	30	40	30
1类	40	30	45	35
2、3、4类	45	35	50	40

说明：A类房间是指以睡眠为主要目的，需要保证夜间安静的房间，包括住宅卧室、医院病房、宾馆客房等。

B类房间是指主要在昼间使用，需要保证思考与精神集中、正常讲话不被干扰的房间，包括学校教室、会议室、办公室、住宅中卧室以外的其他房间等。

表3　结构传播固定设备室内噪声排放限值（倍频带声压级）（略）

4.2.2　对于在噪声测量期间发生非稳态噪声（如电梯噪声等）的情况，最大声级超过限值的幅度不得高于10 dB（A）。”

（3）熟悉测点位置、测量时段、测量结果修正的有关规定

“5.2　测量条件

5.2.1　气象条件：测量应在无雨雪、无雷电天气，风速为5 m/s以下时进行。不得不在特殊气象条件下测量时，应采取必要措施保证测量准确性，同时注明当时采取的措施及气象情况。

5.2.2　测量工况：测量应在被测声源正常工作时间进行，同时注明当时的工况。

5.3　测点位置

5.3.1　测点布设

根据社会生活噪声排放源、周围噪声敏感建筑物的布局以及毗邻的区域类别，在社会生活噪声排放源边界布设多个测点，其中包括距噪声敏感建筑物较近以及受被测声源影响大的位置。

5.3.2　测点位置一般规定

一般情况下，测点选在社会生活噪声排放源边界外1 m、高度1.2 m以上、距任一反射面距离不小于1 m的位置。

5.3.3　测点位置其他规定

5.3.3.1　当边界有围墙且周围有受影响的噪声敏感建筑物时，测点应选在边界外1 m、高于围墙0.5 m以上的位置。

5.3.3.2　当边界无法测量到声源的实际排放状况时（如声源位于高空、边界设有声屏障等），应按5.3.2设置测点，同时在受影响的噪声敏感建筑物户外1 m处另设测点。

5.3.3.3　室内噪声测量时，室内测量点位设在距任一反射面至少 0.5 m 以上、距地面1.2 m高度处，在受噪声影响方向的窗户开启状态下测量。

5.3.3.4　社会生活噪声排放源的固定设备结构传声至噪声敏感建筑物室内，在噪声敏感建筑物室内测量时，测点应距任一反射面至少 0.5 m 以上、距地面1.2 m、距外窗1 m以上，窗户关闭状态下测量。被测房间内的其他可能干扰测量的声源（如电视机、空调机、排气扇以及镇流器较响的日光灯、运转时出声的时钟等）应关闭。

5.4　测量时段

5.4.1　分别在昼间、夜间两个时段测量。夜间有频发、偶发噪声影响时同时测量最大声级。

5.4.2　被测声源是稳态噪声，采用1 min的等效声级。

5.4.3　被测声源是非稳态噪声，测量被测声源有代表性时段的等效声级，必要时测量被测声源整个正常工作时段的等效声级。

5.5　背景噪声测量

5.5.1　测量环境：不受被测声源影响且其他声环境与测量被测声源时保持一致。

5.5.2　测量时段：与被测声源测量的时间长度相同。

5.6　测量记录

噪声测量时需做测量记录。记录内容应主要包括：被测量单位名称、地址、边界所处声环境功能区类别、测量时气象条件、测量仪器、校准仪器、测点位置、测量时间、测量时段、仪器校准值（测前、测后）、主要声源、测量工况、示意图（边界、声源、噪声敏感建筑物、测点等位置）、噪声测量值、背景值、测量人员、校对人、审核人等相关信息。

5.7　测量结果修正

5.7.1　噪声测量值与背景噪声值相差大于10 dB（A）时，噪声测量值不做修正。

5.7.2　噪声测量值与背景噪声值相差在 3～10 dB（A）时，噪声测量值与背景噪声值的差值取整后，按表4进行修正。

表4　测量结果修正表　　单位：dB（A）

差值	3	4～5	6～10
修正值	−3	−2	−1

5.7.3　噪声测量值与背景噪声值相差小于 3 dB（A）时，应采取措施降低背景噪声后，视情况按 5.7.1 或 5.7.2 执行；仍无法满足前二款要求的，应按环境噪声监测技术规范的有关规定执行。”

（4）了解噪声测量结果评价的有关规定

“6　测量结果评价

6.1　各个测点的测量结果应单独评价。同一测点每天的测量结果按昼间、夜间进行评价。

6.2　最大声级 L_{max} 直接评价。”

（六）恶臭污染物排放标准（GB 14554—93）

（1）熟悉标准的适用范围

“本标准适用于全国所有向大气排放恶臭气体单位及垃圾堆放场的排放管理以及建设项目的环境影响评价、设计、竣工验收及其建成后的排放管理。”

（2）熟悉恶臭厂界标准值的分级

“4.1　标准分级

本标准恶臭污染物厂界标准值分三级。

4.1.1　排入 GB 3095 中一类区的执行一级标准，一类区中不得建新的排污单位。

4.1.2　排入 GB 3095 中二类区的执行二级标准。

4.1.3　排入 GB 3095 中三类区的执行三级标准。”

（3）熟悉标准实施的有关规定

“5　标准的实施

5.1　排污单位排放（包括泄漏和无组织排放）的恶臭污染物，在排污单位边界上规定监测点（无其他干扰因素）的一次最大监测值（包括臭气浓度）都必须低于或等于恶臭污染物厂界标准值。

5.2　排污单位经烟、气排气筒（高度在 15 m 以上）排放的恶臭污染物的排放量和臭气浓度都必须低于或等于恶臭污染物排放标准。

5.3　排污单位经排水排出并散发的恶臭污染物和臭气浓度必须低于或等于恶臭污染物厂界标准值。”

（4）了解监测的有关规定

“6　监测

6.1　有组织排放源监测

6.1.1　排气筒的最低高度不得低于 15 m。

6.1.2　凡在表 2 所列两种高度之间的排气筒，采用四舍五入方法计算其排气筒的高度。表 2 中所列的排气筒高度系指从地面（零地面）起至排气口的垂直高度。

6.1.3　采样点：有组织排放源的监测采样点应为臭气进入大气的排气口，也可以在水平排气道和排气筒下部采样监测，测得臭气浓度或进行换算求得实际排放量。经过治理的污染源监测点设在治理装置的排气口，并应设置永久性标志。

6.1.4　有组织排放源采样频率应按生产周期确定监测频率，生产周期在 8 h 以内的，每 2 h 采集一次，生产周期大于 8 h 的，每 4 h 采集一次，取其最大测定值。

6.2　无组织排放源监测

6.2.1　采样点

厂界的监测采样点，设置在工厂厂界的下风向侧，或有臭气方位的边界线上。

6.2.2　采样频率

连续排放源相隔 2 h 采一次，共采集 4 次，取其最大测定值。

间歇排放源选择在气味最大时间内采样，样品采集次数不少于 3 次，取其最大测定值。

6.3　水域监测

水域（包括海洋、河流、湖泊、排水沟、渠）的监测，应以岸边为厂界边界线，其采样点设置、采样频率与无组织排放源监测相同。"

（七）挥发性有机物无组织排放控制标准（GB 37822—2019）

（1）掌握标准的适用范围

"本标准规定了 VOCs 物料储存无组织排放控制要求、VOCs 物料转移和输送无组织排放控制要求、工艺过程 VOCs 无组织排放控制要求、设备与管线组件 VOCs 泄漏控制要求、敞开液面 VOCs 无组织排放控制要求，以及 VOCs 无组织排放废气收集处理系统要求、企业厂区内及周边污染监控要求。

本标准适用于涉及 VOCs 无组织排放的现有企业或生产设施的 VOCs 无组织排放管理，以及涉及 VOCs 无组织排放的建设项目的环境影响评价、环境保护设施设计、竣工环境保护验收、排污许可证核发及其投产后的 VOCs 无组织排放管理。

国家发布的行业污染物排放标准中对 VOCs 无组织排放控制已作规定的，按行业污染物排放标准执行。

因安全因素或特殊工艺要求不能满足本标准规定的 VOCs 无组织排放控制

要求，可采取其他等效污染控制措施，并向当地生态环境主管部门报告或依据排污许可证相关要求执行。”

（2）掌握挥发性有机物、总挥发性有机物、非甲烷总烃、无组织排放、密闭、密闭空间、VOCs 物料、泄漏检测值的定义

“3.1

挥发性有机物 volatile organic compounds（VOCs）

参与大气光化学反应的有机化合物，或者根据有关规定确定的有机化合物。

在表征 VOCs 总体排放情况时，根据行业特征和环境管理要求，可采用总挥发性有机物（以 TVOC 表示）、非甲烷总烃（以 NMHC 表示）作为污染物控制项目。

3.2

总挥发性有机物 total volatile organic compounds（TVOC）

采用规定的监测方法，对废气中的单项 VOCs 物质进行测量，加和得到 VOCs 物质的总量，以单项 VOCs 物质的质量浓度之和计。实际工作中，应按预期分析结果，对占总量 90%以上的单项 VOCs 物质进行测量，加和得出。

3.3

非甲烷总烃 non-methane hydrocarbons（NMHC）

采用规定的监测方法，氢火焰离子化检测器有响应的除甲烷外的气态有机化合物的总和，以碳的质量浓度计。

3.4

无组织排放 fugitive emission

大气污染物不经过排气筒的无规则排放，包括开放式作业场所逸散，以及通过缝隙、通风口、敞开门窗和类似开口（孔）的排放等。

3.5

密闭 closed/close

污染物质不与环境空气接触，或通过密封材料、密封设备与环境空气隔离的状态或作业方式。

3.6

密闭空间 closed space

利用完整的围护结构将污染物质、作业场所等与周围空间阻隔所形成的封闭区域或封闭式建筑物。该封闭区域或封闭式建筑物除人员、车辆、设备、物料进出时，以及依法设立的排气筒、通风口外，门窗及其他开口（孔）部位应随时保持关闭状态。

3.7

VOCs 物料 VOCs-containing materials

本标准是指 VOCs 质量占比大于等于 10%的物料，以及有机聚合物材料。

本标准中的含 VOCs 原辅材料、含 VOCs 产品、含 VOCs 废料（渣、液）等术语的含义与 VOCs 物料相同。

3.8

挥发性有机液体 volatile organic liquid

任何能向大气释放 VOCs 的符合下列条件之一的有机液体：

（1）真实蒸气压大于等于 0.3 kPa 的单一组分有机液体；

（2）混合物中，真实蒸气压大于等于 0.3 kPa 的组分总质量占比大于等于 20%的有机液体。

3.9

真实蒸气压 true vapor pressure

有机液体工作（储存）温度下的饱和蒸气压（绝对压力），或者有机混合物液体气化率为零时的蒸气压，又称泡点蒸气压，可根据 GB/T 8017 等相应测定方法换算得到。

注：在常温下工作（储存）的有机液体，其工作（储存）温度按常年的月平均气温最大值计算。

3.10

浸液式密封 liquid-mounted seal

浮顶的边缘密封浸入储存物料液面的密封形式，又称液体镶嵌式密封。

3.11

机械式鞋形密封 mechanical shoe seal

通过弹簧或配重杠杆使金属薄板垂直紧抵于储罐罐壁上的密封形式。

3.12

双重密封 double seals

浮顶边缘与储罐内壁间设置两层密封的密封形式，又称双封式密封。下层密封称为一次密封，上层密封称为二次密封。

3.13

气相平衡系统 vapor balancing system

在装载设施与储罐之间或储罐与储罐之间设置的气体连通与平衡系统。

3.14

泄漏检测值 leakage detection value

采用规定的监测方法，检测仪器探测到的设备与管线组件泄漏点的 VOCs

浓度扣除环境本底值后的净值，以碳的摩尔分数表示。”

（3）熟悉各类声环境功能区环境噪声限值及相关规定。（略）

（4）熟悉 VOCs 无组织排放废气收集处理系统要求

“10　VOCs 无组织排放废气收集处理系统要求

10.1　基本要求

10.1.1　针对 VOCs 无组织排放设置的废气收集处理系统应满足本章要求。

10.1.2　VOCs 废气收集处理系统应与生产工艺设备同步运行。VOCs 废气收集处理系统发生故障或检修时，对应的生产工艺设备应停止运行，待检修完毕后同步投入使用；生产工艺设备不能停止运行或不能及时停止运行的，应设置废气应急处理设施或采取其他替代措施。

10.2　废气收集系统要求

10.2.1　企业应考虑生产工艺、操作方式、废气性质、处理方法等因素，对 VOCs 废气进行分类收集。

10.2.2　废气收集系统排风罩（集气罩）的设置应符合 GB/T 16758 的规定。采用外部排风罩的，应按 GB/T 16758、AQ/T 4274—2016 规定的方法测量控制风速，测量点应选取在距排风罩开口面最远处的 VOCs 无组织排放位置，控制风速不应低于 0.3 m/s（行业相关规范有具体规定的，按相关规定执行）。

10.2.3　废气收集系统的输送管道应密闭。废气收集系统应在负压下运行，若处于正压状态，应对输送管道组件的密封点进行泄漏检测，泄漏检测值不应超过 500 μmol/mol，亦不应有感官可察觉泄漏。泄漏检测频次、修复与记录的要求按照第 8 章规定执行。

10.3 VOCs 排放控制要求

10.3.1　VOCs 废气收集处理系统污染物排放应符合 GB 16297 或相关行业排放标准的规定。

10.3.2　收集的废气中 NMHC 初始排放速率≥3 kg/h 时，应配置 VOCs 处理设施，处理效率不应低于 80%；对于重点地区，收集的废气中 NMHC 初始排放速率≥2 kg/h 时，应配置 VOCs 处理设施，处理效率不应低于 80%；采用的原辅材料符合国家有关低 VOCs 含量产品规定的除外。

10.3.3　进入 VOCs 燃烧（焚烧、氧化）装置的废气需要补充空气进行燃烧、氧化反应的，排气筒中实测大气污染物排放浓度，应按式（1）换算为基准含氧量为 3%的大气污染物基准排放浓度。利用锅炉、工业炉窑、固废焚烧炉焚烧处理有机废气的，烟气基准含氧量按其排放标准规定执行。

$$\rho_{基}=\frac{21-O_{基}}{21-O_{实}}\times\rho_{实} \qquad (1)$$

式中：$\rho_{基}$——大气污染物基准排放质量浓度，mg/m^3；

$\rho_{实}$——实测大气污染物排放质量浓度，mg/m^3；

$O_{基}$——干烟气基准含氧量，%；

$O_{实}$——实测的干烟气含氧量，%。

进入 VOCs 燃烧（焚烧、氧化）装置中废气含氧量可满足自身燃烧、氧化反应需要，不需另外补充空气的（燃烧器需要补充空气助燃的除外），以实测质量浓度作为达标判定依据，但装置出口烟气含氧量不得高于装置进口废气含氧量。

吸附、吸收、冷凝、生物、膜分离等其他 VOCs 处理设施，以实测质量浓度作为达标判定依据，不得稀释排放。

10.3.4　排气筒高度不低于 15 m（因安全考虑或有特殊工艺要求的除外），具体高度以及与周围建筑物的相对高度关系应根据环境影响评价文件确定。

10.3.5　当执行不同排放控制要求的废气合并排气筒排放时，应在废气混合前进行监测，并执行相应的排放控制要求；若可选择的监控位置只能对混合后的废气进行监测，则应按各排放控制要求中最严格的规定执行。

10.4　记录要求

企业应建立台账，记录废气收集系统、VOCs 处理设施的主要运行和维护信息，如运行时间、废气处理量、操作温度、停留时间、吸附剂再生/更换周期和更换量、催化剂更换周期和更换量、吸收液 pH 值等关键运行参数。台账保存期限不少于 3 年。”

（5）了解企业厂区内 VOCs 无组织排放监控要求

“11.1　企业边界及周边 VOCs 监控要求执行 GB 16297 或相关行业排放标准的规定。

11.2　地方生态环境主管部门可根据当地环境保护需要，对厂区内 VOCs 无组织排放状况进行监控，具体实施方式由各地自行确定。厂区内 VOCs 无组织排放监控要求参见附录 A（略）。”

（6）了解污染物监测、标准实施与监督的有关规定

“12　污染物监测要求

12.1　企业应按照有关法律、《环境监测管理办法》和 HJ 819 等规定，建立企业监测制度，制订监测方案，对污染物排放状况及其对周边环境质量的影响开展自行监测，保存原始监测记录，并公布监测结果。

12.2　新建企业和现有企业安装污染物排放自动监控设备的要求，按有关法律和《污染源自动监控管理办法》等规定执行。

12.3　对于挥发性有机液体储罐、挥发性有机液体装载设施以及废气收集处理系统的 VOCs 排放，监测采样和测定方法按 GB/T 16157、HJ/T 397、HJ 732 以及 HJ 38、HJ 1012、HJ 1013 的规定执行。对于储罐呼吸排气等排放强度周期性波动的污染源，污染物排放监测时段应涵盖其排放强度大的时段。

12.4　对于设备与管线组件泄漏、敞开液面逸散的 VOCs 排放，监测采样和测定方法按 HJ 733 的规定执行，采用氢火焰离子化检测仪（以甲烷或丙烷为校准气体）。对于循环冷却水中总有机碳（TOC），测定方法按 HJ 501 的规定执行。

12.5　企业边界及周边 VOCs 监测按 HJ/T 55 的规定执行。

13 实施与监督

13.1　本标准由县级以上人民政府生态环境主管部门负责监督实施。

13.2　企业是实施排放标准的责任主体，应采取必要措施，达到本标准规定的污染物排放控制要求。

13.3　企业未遵守本标准规定的措施性控制要求，属于违法行为，依照法律法规等有关规定予以处理。

13.4　对于设备与管线组件 VOCs 泄漏控制，如发现下列情况之一，属于违法行为，依照法律法规等有关规定予以处理：

a）企业密封点数量超过 2 000 个（含），但未开展泄漏检测与修复工作的；

b）未按规定的频次、时间进行泄漏检测与修复的；

c）现场随机抽查，在检测不超过 100 个密封点的情况下，发现有 2 个以上（不含）不在修复期内的密封点出现可见泄漏现象或超过泄漏认定浓度的。”

（八）锅炉大气污染物排放标准（GB 13271—2014）

（1）掌握标准的适用范围

“1　适用范围

本标准规定了锅炉烟气中颗粒物、二氧化硫、氮氧化物、汞及其化合物的最高允许排放浓度限值和烟气黑度限值。

本标准适用于以燃煤、燃油和燃气为燃料的单台出力 65 t/h 及以下蒸汽锅炉、各种容量的热水锅炉及有机热载体锅炉；各种容量的层燃炉、抛煤机炉。

使用型煤、水煤浆、煤矸石、石油焦、油页岩、生物质成型燃料等的锅炉，参照本标准中燃煤锅炉排放控制要求执行。

本标准不适用于以生活垃圾、危险废物为燃料的锅炉。

本标准适用于在用锅炉的大气污染物排放管理，以及锅炉建设项目环境影响评价、环境保护设施设计、竣工环境保护验收及其投产后的大气污染物排放管理。

本标准适用于法律允许的污染物排放行为；新设立污染源的选址和特殊保护区域内现有污染源的管理，按照《中华人民共和国大气污染防治法》《中华人民共和国水污染防治法》《中华人民共和国海洋环境保护法》《中华人民共和国固体废物污染环境防治法》《中华人民共和国放射性污染防治法》《中华人民共和国环境影响评价法》等法律、法规、规章的相关规定执行。"

（2）熟悉锅炉大气污染物排放控制要求

"4　大气污染物排放控制要求

4.1　10 t/h 以上在用蒸汽锅炉和 7 MW 以上在用热水锅炉 2015 年 9 月 30 日前执行 GB 13271—2001 中规定的排放限值，10 t/h 及以下在用蒸汽锅炉和 7 MW 及以下在用热水锅炉 2016 年 6 月 30 日前执行 GB 13271—2001 中规定的排放限值。

4.2　10 t/h 以上在用蒸汽锅炉和 7 MW 以上在用热水锅炉自 2015 年 10 月 1 日起执行表 1 规定的大气污染物排放限值，10 t/h 及以下在用蒸汽锅炉和 7 MW 及以下在用热水锅炉自 2016 年 7 月 1 日起执行表 1 规定的大气污染物排放限值。

表 1　在用锅炉大气污染物排放浓度限值　　单位：mg/m^3

污染物项目	限值			污染物排放监控位置
	燃煤锅炉	燃油锅炉	燃气锅炉	
颗粒物	80	60	30	烟囱或烟道
二氧化硫	400 550 [(1)]	300	100	
氮氧化物	400	400	400	
汞及其化合物	0.05	—	—	
烟气黑度（林格曼黑度，级）	≤1			烟囱排放口

注：（1）位于广西壮族自治区、重庆市、四川省和贵州省的燃煤锅炉执行该限值。

4.3　自 2014 年 7 月 1 日起，新建锅炉执行表 2 规定的大气污染物排放限值。

表 2　新建锅炉大气污染物排放浓度限值　　单位：mg/m^3

污染物项目	限值			污染物排放监控位置
	燃煤锅炉	燃油锅炉	燃气锅炉	
颗粒物	50	30	20	烟囱或烟道
二氧化硫	300	200	50	
氮氧化物	300	250	200	
汞及其化合物	0.05	—	—	
烟气黑度（林格曼黑度，级）	≤1			烟囱排放口

4.4　重点地区锅炉执行表 3 规定的大气污染物特别排放限值。执行大气污染物特别排放限值的地域范围、时间，由国务院环境保护主管部门或省级人民政府规定。

表 3　大气污染物特别排放限值　　单位：mg/m^3

污染物项目	限值			污染物排放监控位置
	燃煤锅炉	燃油锅炉	燃气锅炉	
颗粒物	30	30	20	烟囱或烟道
二氧化硫	200	100	50	
氮氧化物	200	200	150	
汞及其化合物	0.05	—	—	
烟气黑度（林格曼黑度，级）	≤1			烟囱排放口

4.5　每个新建燃煤锅炉房只能设一根烟囱，烟囱高度应根据锅炉房装机总容量，按表 4 规定执行，燃油、燃气锅炉烟囱不低于 8 m，锅炉烟囱的具体高度按批复的环境影响评价文件确定。新建锅炉房的烟囱周围半径 200 m 距离内有建筑物时，其烟囱应高出最高建筑物 3 m 以上。

表 4　燃煤锅炉房烟囱最低允许高度

锅炉房装机总容量	MW	＜0.7	0.7～＜1.4	1.4～＜2.8	2.8～＜7	7～＜14	≥14
	t/h	＜1	1～＜2	2～＜4	4～＜10	10～＜20	≥20
烟囱最低允许高度	m	20	25	30	35	40	45

4.6 不同时段建设的锅炉，若采用混合方式排放烟气，且选择的监控位置只能监测混合烟气中的大气污染物浓度，应执行各个时段限值中最严格的排放限值。”

（3）熟悉锅炉安装自动监控设备的有关规定

“5.1.4 20 t/h 及以上蒸汽锅炉和 14 MW 及以上热水锅炉应安装污染物排放自动监控设备，与环保部门的监控中心联网，并保证设备正常运行，按有关法律和《污染源自动监控管理办法》的规定执行。”

（4）了解基准含氧量的规定和排放浓度折算要求

“5.2 大气污染物基准含氧量排放浓度折算方法

实测的锅炉颗粒物、二氧化硫、氮氧化物、汞及其化合物的排放浓度，应执行 GB 5468 或 GB/T 16157 规定，按公式（1）折算为基准氧含量排放浓度。各类燃烧设备的基准氧含量按表 6 的规定执行。

表 6 基准含氧量

锅炉类型	基准含盐量（O_2）/%
燃煤锅炉	9
燃油、燃气锅炉	3.5

$$\rho=\rho'\times\frac{21-\varphi(O_2)}{21-\varphi'(O_2)} \tag{1}$$

式中，ρ——大气污染物基准氧含量排放浓度，mg/m^3；

ρ'——实测的大气污染物排放浓度，mg/m^3；

$\varphi(O_2)$——实测的氧含量；

$\varphi'(O_2)$——基准氧含量。”

（九）固体废物鉴别标准 通则（GB 34330—2017）

（1）熟悉标准的适用范围

“1 适用范围

本标准规定了依据产生来源的固体废物鉴别准则、在利用和处置过程中的固体废物鉴别准则、不作为固体废物管理的物质、不作为液态废物管理的物质。

该标准不适用于放射性废物的鉴别；不适用于固体废物的分类；也不适用于有专用固体废物鉴别标准的物质的固体废物鉴别。”

（2）了解依据产生来源的固体废物鉴别

“4 依据产生来源的固体废物鉴别

下列物质属于固体废物（章节 6 包括的物质除外）。

4.1　丧失原有使用价值的物质，包括以下种类：

a）在生产过程中产生的因为不符合国家、地方制定或行业通行的产品标准（规范），或者因为质量原因，不能在市场出售、流通或者不能按照原用途使用的物质，如不合格品、残次品、废品等。但符合国家、地方制定或行业通行的产品标准中等外品级的物质以及在生产企业内进行返工（返修）的物质除外；

b）超过质量保证期，而不能在市场出售、流通或者不能按照原用途使用的物质；

c）因为沾染、掺入、混杂无用或有害物质使其质量无法满足使用要求，而不能在市场出售、流通或者不能按照原用途使用的物质；

d）在消费或使用过程中产生的，因为使用寿命到期而不能继续按照原用途使用的物质；

e）执法机关查处没收的需报废、销毁等无害化处理的物质，包括（但不限于）假冒伪劣产品、侵犯知识产权产品、毒品等禁用品；

f）以处置废物为目的生产的，不存在市场需求或不能在市场上出售、流通的物质；

g）因为自然灾害、不可抗力因素和人为灾难因素造成损坏而无法继续按照原用途使用的物质；

h）因丧失原有功能而无法继续使用的物质；

i）由于其他原因而不能在市场出售、流通或者不能按照原用途使用的物质。

4.2　生产过程中产生的副产物，包括以下种类：

a）产品加工和制造过程中产生的下脚料、边角料、残余物质等；

b）在物质提取、提纯、电解、电积、净化、改性、表面处理以及其他处理过程中产生的残余物质；

c）在物质合成、裂解、分馏、蒸馏、溶解、沉淀以及其他过程中产生的残余物质；

d）金属矿、非金属矿和煤炭开采、选矿过程中产生的废石、尾矿、煤矸石等；

e）石油、天然气、地热开采过程中产生的钻井泥浆、废压裂液、油泥或油泥砂、油脚和油田溅溢物等；

f）火力发电厂锅炉、其他工业和民用锅炉、工业窑炉等热能或燃烧设施中，燃料燃烧产生的燃煤炉渣等残余物质；

g）在设施设备维护和检修过程中，从炉窑、反应釜、反应槽、管道、容器以及其他设施设备中清理出的残余物质和损毁物质；

h）在物质破碎、粉碎、筛分、碾磨、切割、包装等加工处理过程中产生的不能直接作为产品或原材料或作为现场返料的回收粉尘、粉末；

i）在建筑、工程等施工和作业过程中产生的报废料、残余物质等建筑废物；

j）畜禽和水产养殖过程中产生的动物粪便、病害动物尸体等；

k）农业生产过程中产生的作物秸秆、植物枝叶等农业废物；

l）教学、科研、生产、医疗等实验过程中，产生的动物尸体等实验室废弃物质；

m）其他生产过程中产生的副产物。

4.3 环境治理和污染控制过程中产生的物质，包括以下种类：

a）烟气和废气净化、除尘处理过程中收集的烟尘、粉尘，包括粉煤灰；

b）烟气脱硫产生的脱硫石膏和烟气脱硝产生的废脱硝催化剂；

c）煤气净化产生的煤焦油；

d）烟气净化过程中产生的副产硫酸或盐酸；

e）水净化和废水处理产生的污泥及其他废弃物质；

f）废水或废液（包括固体废物填埋场产生的渗滤液）处理产生的浓缩液；

g）化粪池污泥、厕所粪便；

h）固体废物焚烧炉产生的飞灰、底渣等灰渣；

i）堆肥生产过程中产生的残余物质；

j）绿化和园林管理中清理产生的植物枝叶；

k）河道、沟渠、湖泊、航道、浴场等水体环境中清理出的漂浮物和疏浚污泥；

l）烟气、臭气和废水净化过程中产生的废活性炭、过滤器滤膜等过滤介质；

m）在污染地块修复、处理过程中，采用填埋、焚烧、水泥窑协同处置，或者生产砖、瓦、筑路材料等其他建筑材料的方式处置或利用的污染土壤；

n）在其他环境治理和污染修复过程中产生的各类物质。

4.4 其他：

a）法律禁止使用的物质；

b）国务院环境保护行政主管部门认定为固体废物的物质。”

（3）了解利用和处置过程中的固体废物鉴别

“5 利用和处置过程中的固体废物鉴别

5.1 在任何条件下，固体废物按照以下任何一种方式利用或处置时，仍然作为固体废物管理（但包含在6.2条中的除外）：

a）以土壤改良、地块改造、地块修复和其他土地利用方式直接施用于土地或生产施用于土地的物质（包括堆肥），以及生产筑路材料；

b）焚烧处置（包括获取热能的焚烧和垃圾衍生燃料的焚烧），或用于生产燃料，或包含于燃料中；

c）填埋处置；

d）倾倒、堆置；

e）国务院环境保护行政主管部门认定的其他处置方式。

5.2　利用固体废物生产的产物同时满足下述条件的，不作为固体废物管理，按照相应的产品管理（按照前款进行利用或处置的除外）：

a）符合国家、地方制定或行业通行的被替代原料生产的产品质量标准；

b）符合相关国家污染物排放（控制）标准或技术规范要求，包括该产物生产过程中排放到环境中的有害物质限值和该产物中有害物质的含量限值；

当没有国家污染控制标准或技术规范时，该产物中所含有害成分含量不高于利用被替代原料生产的产品中的有害成分含量，并且在该产物生产过程中，排放到环境中的有害物质浓度不高于利用所替代原料生产产品过程中排放到环境中的有害物质浓度，当没有被替代原料时，不考虑该条件；

c）有稳定、合理的市场需求。”

（4）熟悉不作为固体废物管理的物质

“6　不作为固体废物管理的物质

6.1　以下物质不作为固体废物管理

a）任何不需要修复和加工即可用于其原始用途的物质，或者在产生点经过修复和加工后满足国家、地方制定或行业通行的产品质量标准并且用于其原始用途的物质；

b）不经过贮存或堆积过程，而在现场直接返回到原生产过程或返回其产生过程的物质；

c）修复后作为土壤用途使用的污染土壤；

d）供实验室化验分析用或科学研究用固体废物样品。

6.2　按照以下方式进行处置后的物质，不作为固体废物管理

a）金属矿、非金属矿和煤炭采选过程中直接留在或返回到采空区的符合GB 18599中第Ⅰ类一般工业固体废物要求的采矿废石、尾矿和煤矸石。但是带入除采矿废石、尾矿和煤矸石以外的其他污染物质的除外；

b）工程施工中产生的按照法规要求或国家标准要求就地处置的物质。

6.3　国务院环境保护行政主管部门认定不作为固体废物管理的物质”

（5）熟悉不作为液体废物管理的物质

“7　不作为液态废物管理的物质

7.1　满足相关法规和排放标准要求可排入环境水体或者市政污水管网和处理设施的废水、污水；

7.2 经过物理处理、化学处理、物理化学处理和生物处理等废水处理工艺处理后，可以满足向环境水体或市政污水管网和处理设施排放的相关法规和排放标准要求的废水、污水；

7.3 废酸、废碱中和处理后产生的满足前述要求的废水。”

（十）生活垃圾填埋场污染控制标准（GB 16889—2008）

（1）熟悉标准的适用范围

“1 适用范围

本标准规定了生活垃圾填埋场选址、设计与施工、填埋废物的入场条件、运行、封场、后期维护与管理的污染控制和监测等方面的要求。

本标准适用于生活垃圾填埋场建设、运行和封场后的维护与管理过程中的污染控制和监督管理。本标准的部分规定也适用于与生活垃圾填埋场配套建设的生活垃圾转运站的建设、运行。

本标准只适用于法律允许的污染物排放行为；新设立污染源的选址和特殊保护区域内现有污染源的管理，按照《中华人民共和国大气污染防治法》《中华人民共和国水污染防治法》《中华人民共和国海洋环境保护法》《中华人民共和国固体废物污染环境防治法》《中华人民共和国放射性污染防治法》《中华人民共和国环境影响评价法》等法律、法规、规章的相关规定执行。”

（2）熟悉生活垃圾填埋场的选址要求

“4 选址要求

4.1 生活垃圾填埋场的选址应符合区域性环境规划、环境卫生设施建设规划和当地的城市规划。

4.2 生活垃圾填埋场场址不应选在城市工农业发展规划区、农业保护区、自然保护区、风景名胜区、文物（考古）保护区、生活饮用水水源保护区、供水远景规划区、矿产资源储备区、军事要地、国家保密地区和其他需要特别保护的区域内。

4.3 生活垃圾填埋场选址的标高应位于重现期不小于 50 年一遇的洪水位之上，并建设在长远规划中的水库等人工蓄水设施的淹没区和保护区之外。

拟建有可靠防洪设施的山谷型填埋场，并经过环境影响评价证明洪水对生活垃圾填埋场的环境风险在可接受范围内，前款规定的选址标准可以适当降低。

4.4 生活垃圾填埋场场址的选择应避开下列区域：破坏性地震及活动构造区；活动中的坍塌、滑坡和隆起地带；活动中的断裂带；石灰岩溶洞发育带；废弃矿区的活动塌陷区；活动沙丘区；海啸及涌浪影响区；湿地；尚未稳定的冲积扇及冲沟地区；泥炭以及其他可能危及填埋场安全的区域。

4.5　生活垃圾填埋场场址的位置及与周围人群的距离应依据环境影响评价结论确定，并经地方环境保护行政主管部门批准。

在对生活垃圾填埋场场址进行环境影响评价时，应考虑生活垃圾填埋场产生的渗滤液、大气污染物（含恶臭物质）、滋养动物（蚊、蝇、鸟类等）等因素，根据其所在地区的环境功能区类别，综合评价其对周围环境、居住人群的身体健康、日常生活和生产活动的影响，确定生活垃圾填埋场与常住居民居住场所、地表水域、高速公路、交通主干道（国道或省道）、铁路、飞机场、军事基地等敏感对象之间合理的位置关系以及合理的防护距离。环境影响评价的结论可作为规划控制的依据。”

（3）熟悉填埋废物的入场要求

“6　填埋废物的入场要求

6.1　下列废物可以直接进入生活垃圾填埋场填埋处置。

（1）由环境卫生机构收集或者自行收集的混合生活垃圾，以及企事业单位产生的办公废物。

（2）生活垃圾焚烧炉渣（不包括焚烧飞灰）。

（3）生活垃圾堆肥处理产生的固态残余物。

（4）服装加工、食品加工以及其他城市生活服务行业产生的性质与生活垃圾相近的一般工业固体废物。

6.2　《医疗废物分类目录》中的感染性废物经过下列方式处理后，可以进入生活垃圾填埋场填埋处置。

（1）按照 HJ/T 228 要求进行破碎毁形和化学消毒处理，并满足消毒效果检验指标；

（2）按照 HJ/T 229 要求进行破碎毁形和微波消毒处理，并满足消毒效果检验指标；

（3）按照 HJ/T 276 要求进行破碎毁形和高温蒸汽处理，并满足处理效果检验指标；

（4）医疗废物焚烧处置后的残渣的入场标准按照第 6.3 条执行。

6.3　生活垃圾焚烧飞灰和医疗废物焚烧残渣（包括飞灰、底渣）经处理后满足下列条件，可以进入生活垃圾填埋场填埋处置。

（1）含水率小于 30%；

（2）二噁英含量低于 3 μg TEQ/kg；

（3）按照 HJ/T 300 制备的浸出液中危害成分浓度低于表 1 规定的限值。

表1　浸出液污染物浓度限值

序号	污染物项目	浓度限值/（mg/L）
1	汞	0.05
2	铜	40
3	锌	100
4	铅	0.25
5	镉	0.15
6	铍	0.02
7	钡	25
8	镍	0.5
9	砷	0.3
10	总铬	4.5
11	六价铬	1.5
12	硒	0.1

6.4　一般工业固体废物经处理后，按照 HJ/T 300 制备的浸出液中危害成分浓度低于表1规定的限值，可以进入生活垃圾填埋场填埋处置。

6.5　经处理后满足第6.3条要求的生活垃圾焚烧飞灰和医疗废物焚烧残渣（包括飞灰、底渣）和满足第6.4条要求的一般工业固体废物在生活垃圾填埋场中应单独分区填埋。

6.6　厌氧产沼等生物处理后的固态残余物、粪便经处理后的固态残余物和生活污水处理厂污泥经处理后含水率小于60%，可以进入生活垃圾填埋场填埋处置。

6.7　处理后分别满足第6.2、6.3、6.4和6.6条要求的废物应由地方环境保护行政主管部门认可的监测部门检测、经地方环境保护行政主管部门批准后，方可进入生活垃圾填埋场。

6.8　下列废物不得在生活垃圾填埋场中填埋处置。

（1）除符合第6.3条规定的生活垃圾焚烧飞灰以外的危险废物。

（2）未经处理的餐饮废物。

（3）未经处理的粪便。

（4）禽畜养殖废物。

（5）电子废物及其处理处置残余物。

（6）除本填埋场产生的渗滤液之外的任何液态废物和废水。

国家环境保护标准另有规定的除外。”

（4）**熟悉生活垃圾填埋场污染物排放控制要求**

"9　污染物排放控制要求

9.1　水污染物排放控制要求

9.1.1　生活垃圾填埋场应设置污水处理装置，生活垃圾渗滤液（含调节池废水）等污水经处理并符合本标准规定的污染物排放控制要求后，可直接排放。

9.1.2　现有和新建生活垃圾填埋场自2008年7月1日起执行表2规定的水污染物排放浓度限值。

9.1.3　2011年7月1日前，现有生活垃圾填埋场无法满足表2规定的水污染物排放浓度限值要求的，满足以下条件时可将生活垃圾渗滤液送往城市二级污水处理厂进行处理。

（1）生活垃圾渗滤液在填埋场经过处理后，总汞、总镉、总铬、六价铬、总砷、总铅等污染物浓度达到表2规定浓度限值。

（2）城市二级污水处理厂每日处理生活垃圾渗滤液总量不超过污水处理量的0.5%，并不超过城市二级污水处理厂额定的污水处理能力。

（3）生活垃圾渗滤液应均匀注入城市二级污水处理厂。

（4）不影响城市二级污水处理厂的污水处理效果。

2011年7月1日起，现有全部生活垃圾填埋场应自行处理生活垃圾渗滤液并执行表2规定的水污染排放浓度限值。

表2　现有和新建生活垃圾填埋场水污染物排放浓度限值

序号	控制污染物	排放浓度限值	污染物排放监控位置
1	色度（稀释倍数）	40	常规污水处理设施排放口
2	化学需氧量（COD_{Cr}）/（mg/L）	100	
3	生化需氧量（BOD_5）/（mg/L）	30	
4	悬浮物/（mg/L）	30	
5	总氮/（mg/L）	40	
6	氨氮/（mg/L）	25	
7	总磷/（mg/L）	3	
8	粪大肠菌群数/（个/L）	10 000	
9	总汞/（mg/L）	0.001	
10	总镉/（mg/L）	0.01	
11	总铬/（mg/L）	0.1	
12	六价铬/（mg/L）	0.05	
13	总砷/（mg/L）	0.1	
14	总铅/（mg/L）	0.1	

9.1.4 根据环境保护工作的要求，在国土开发密度已经较高、环境承载能力开始减弱，或环境容量较小、生态环境脆弱，容易发生严重环境污染问题而需要采取特别保护措施的地区，应严格控制生活垃圾填埋场的污染物排放行为，在上述地区的现有和新建生活垃圾填埋场自 2008 年 7 月 1 日起执行表 3 规定的水污染物特别排放限值。

9.2 甲烷排放控制要求

9.2.1 填埋工作面上 2 m 以下高度范围内甲烷的体积百分比应不大于 0.1%。

9.2.2 生活垃圾填埋场应采取甲烷减排措施；当通过导气管道直接排放填埋气体时，导气管排放口的甲烷的体积百分比不大于 5%。

9.3 生活垃圾填埋场在运行中应采取必要的措施防止恶臭物质的扩散。在生活垃圾填埋场周围环境敏感点方位的场界的恶臭污染物浓度应符合 GB 14554 的规定。

9.4 生活垃圾转运站产生的渗滤液经收集后，可采用密闭运输送到城市污水处理厂处理、排入城市排水管道进入城市污水处理厂处理或者自行处理等方式。排入设置城市污水处理厂的排水管网的，应在转运站内对渗滤液进行处理，总汞、总镉、总铬、六价铬、总砷、总铅等污染物浓度限值达到表 2 规定浓度限值，其他水污染物排放控制要求由企业与城镇污水处理厂根据其污水处理能力商定或执行相关标准。排入环境水体或排入未设置污水处理厂的排水管网的，应在转运站内对渗滤液进行处理并达到表 2 规定的浓度限值。”

表 3 现有和新建生活垃圾填埋场水污染物特别排放限值

序号	控制污染物	排放浓度限值	污染物排放监控位置
1	色度（稀释倍数）	30	常规污水处理设施排放口
2	化学需氧量（COD_{Cr}）/（mg/L）	60	
3	生化需氧量（BOD_5）/（mg/L）	20	
4	悬浮物/（mg/L）	30	
5	总氮/（mg/L）	20	
6	氨氮/（mg/L）	8	
7	总磷/（mg/L）	1.5	
8	粪大肠菌群数/（个/L）	1 000	
9	总汞/（mg/L）	0.001	
10	总镉/（mg/L）	0.01	
11	总铬/（mg/L）	0.1	
12	六价铬/（mg/L）	0.05	
13	总砷/（mg/L）	0.1	
14	总铅/（mg/L）	0.1	

（十一）生活垃圾焚烧污染控制标准（GB 18485—2014）《关于发布〈生活垃圾焚烧污染控制标准〉（GB 18485—2014）修改单的公告》

（1）熟悉标准的适用范围

“1　适用范围

本标准规定了生活垃圾焚烧厂的选址要求、工艺要求、入炉废物要求、运行要求、排放控制要求、监测要求、实施与监督等内容。

本标准适用于生活垃圾焚烧厂的设计、环境影响评价、竣工验收以及运行过程中的污染控制及监督管理。

掺加生活垃圾质量超过入炉（窑）物料总质量 30%的工业窑炉以及生活污水处理设施产生的污泥、一般工业固体废物的专用焚烧炉的污染控制参照本标准执行。

本标准适用于法律允许的污染物排放行为；新设立污染源的选址和特殊保护区域内现有污染源的管理，按照《中华人民共和国大气污染防治法》《中华人民共和国水污染防治法》《中华人民共和国海洋环境保护法》《中华人民共和国固体废物污染环境防治法》《中华人民共和国放射性污染防治法》《中华人民共和国环境影响评价法》《中华人民共和国城乡规划法》和《中华人民共和国土地管理法》等法律、法规、规章的相关规定执行。”

（2）熟悉生活垃圾焚烧厂的选址要求

“4　选址要求

4.1　生活垃圾焚烧厂的选址应符合当地的城乡总体规划、环境保护规划和环境卫生专项规划，并符合当地的大气污染防治、水资源保护、自然生态保护等要求。

4.2　应依据环境影响评价结论确定生活垃圾焚烧厂厂址的位置及其与周围人群的距离。经具有审批权的环境保护行政主管部门批准后，这一距离可作为规划控制的依据。

4.3　在对生活垃圾焚烧厂厂址进行环境影响评价时，应重点考虑生活垃圾焚烧厂内各设施可能产生的有害物质泄漏、大气污染物（含恶臭物质）的产生与扩散以及可能的事故风险等因素，根据其所在地区的环境功能区类别，综合评价其对周围环境、居住人群的身体健康、日常生活和生产活动的影响，确定生活垃圾焚烧厂与常住居民居住场所、农用地、地表水体以及其他敏感对象之间合理的位置关系。”

（3）**熟悉生活垃圾焚烧厂的入炉废物要求**

“6 入炉废物要求

6.1 下列废物可以直接进入生活垃圾焚烧炉进行焚烧处置：

——由环境卫生机构收集或者生活垃圾产生单位自行收集的混合生活垃圾；

——由环境卫生机构收集的服装加工、食品加工以及其他为城市生活服务的行业产生的性质与生活垃圾相近的一般工业固体废物；

——生活垃圾堆肥处理过程中筛分工序产生的筛上物，以及其他生化处理过程中产生的固态残余组分；

——按照HJ/T 228、HJ/T 229、HJ/T 276要求进行破碎毁形和消毒处理并满足消毒效果检验指标的《医疗废物分类目录》中的感染性废物。

6.2 在不影响生活垃圾焚烧炉污染物排放达标和焚烧炉正常运行的前提下，生活污水处理设施产生的污泥和一般工业固体废物可以进入生活垃圾焚烧炉进行焚烧处置，焚烧炉排放烟气中污染物浓度执行表4规定的限值。

6.3 下列废物不得在生活垃圾焚烧炉中进行焚烧处置：

——危险废物，本标准6.1条规定的除外；

——电子废物及其处理处置残余物。

国家环境保护行政主管部门另有规定的除外。”

（4）**熟悉生活垃圾焚烧厂的排放控制要求**

“8 排放控制要求

8.1 2015年12月31日前，现有生活垃圾焚烧炉排放烟气中污染物浓度执行GB 18485—2001中规定的限值。

8.2 自2016年1月1日起，现有生活垃圾焚烧炉排放烟气中污染物浓度执行表4规定的限值。

8.3 自2014年7月1日起，新建生活垃圾焚烧炉排放烟气中污染物浓度执行表4规定的限值。

表4 生活垃圾焚烧炉排放烟气中污染物限值

序号	污染物项目	限值	取值时间
1	颗粒物/（mg/m^3）	30	1 h均值
		20	24 h均值
2	氮氧化物（NO_x）/（mg/m^3）	300	1 h均值
		250	24 h均值
3	二氧化硫（SO_2）/（mg/m^3）	100	1 h均值
		80	24 h均值

序号	污染物项目	限值	取值时间
4	氯化氢（HCl）/（mg/m^3）	60	1 h 均值
		50	24 h 均值
5	汞及其化合物（以 Hg 计）/（mg/m^3）	0.05	测定均值
6	镉、铊及其化合物（以 Cd +Tl 计）/（mg/m^3）	0.1	测定均值
7	锑、砷、铅、铬、钴、铜、锰、镍及其化合物（以 Sb+As+Pb+Cr+Co+Cu+ Mn+Ni 计）/（mg/m^3）	1.0	测定均值
8	二噁英类/（ng TEQ/m^3）	0.1	测定均值
9	一氧化碳（CO）/（mg/m^3）	100	1 h 均值
		80	24 h 均值

8.4　生活污水处理设施产生的污泥、一般工业固体废物的专用焚烧炉排放烟气中二噁英类污染物浓度执行表 5 中规定的限值。

表 5　生活污水处理设施产生的污泥、一般工业固体废物专用焚烧炉排放烟气中二噁英类限值

焚烧处理能力/（t/d）	二噁英类排放限值/（$ngTEQ/m^3$）	取值时间
＞100	0.1	测定均值
50～100	0.5	测定均值
＜50	1.0	测定均值

8.5　在本标准 7.1、7.2、7.3 和 7.4 条规定的时间内，所获得的监测数据不作为评价是否达到本标准排放限值的依据，但在这些时间内颗粒物浓度的 1 小时均值不得大于 150 mg/m^3。

8.6　生活垃圾焚烧飞灰与焚烧炉渣应分别收集、贮存、运输和处置。生活垃圾焚烧飞灰应按危险废物进行管理，如进入生活垃圾填埋场处置，应满足 GB 16889 的要求；如进入水泥窑处置，应满足 GB 30485 的要求。

8.7　生活垃圾渗滤液和车辆清洗废水应收集并在生活垃圾焚烧厂内处理或送至生活垃圾填埋场渗滤液处理设施处理，处理后满足 GB 16889 表 2 的要求（如厂址在符合 GB 16889 中第 9.1.4 条要求的地区，应满足 GB 16889 表 3 的要求）后，可直接排放。

若通过污水管网或采用密闭输送方式送至采用二级处理方式的城市污水处理厂处理，应满足以下条件：

（1）在生活垃圾焚烧厂内处理后，总汞、总镉、总铬、六价铬、总砷、总铅等污染物浓度达到 GB 16889 表 2 规定的浓度限值要求；

（2）城市二级污水处理厂每日处理生活垃圾渗滤液和车辆清洗废水总量不超过污水处理量的 0.5%；

（3）城市二级污水处理厂应设置生活垃圾渗滤液和车辆清洗废水专用调节池，将其均匀注入生化处理单元；

（4）不影响城市二级污水处理厂的污水处理效果。”

（十二）危险废物贮存污染控制标准（GB 18597—2001）《关于发布〈一般工业固体废物贮存、处置场污染控制标准〉（GB 18599—2001）等 3 项国家污染物控制标准修改单的公告》（公告 2013 年　第 36 号）

（1）熟悉标准的适用范围

“本标准适用于所有危险废物（尾矿除外）贮存的污染控制及监督管理，适用于危险废物的产生者、经营者和管理者。”

（2）熟悉危险废物贮存设施的选址要求

“6.1　危险废物集中贮存设施的选址

6.1.1　地质结构稳定，地震烈度不超过 7 度的区域内。

6.1.2　设施底部必须高于地下水最高水位。

6.1.3　应依据环境影响评价结论确定危险废物集中贮存设施的位置及其与周围人群的距离，并经具有审批权的环境保护行政主管部门批准，并可作为规划控制的依据。

在对危险废物集中贮存设施场址进行环境影响评价时，应重点考虑危险废物集中贮存设施可能产生的有害物质泄漏、大气污染物（含恶臭物质）的产生与扩散以及可能的事故风险等因素，根据其所在地区的环境功能区类别，综合评价其对周围环境、居住人群的身体健康、日常生活和生产活动的影响，确定危险废物集中贮存设施与常住居民居住场所、农用地、地表水体以及其他敏感对象之间合理的位置关系。

6.1.4　应避免建在溶洞区或易遭受严重自然灾害如洪水、滑坡，泥石流、潮汐等影响的地区。

6.1.5　应在易燃、易爆等危险品仓库、高压输电线路防护区域以外。

6.1.6　应位于居民中心区常年最大风频的下风向。

6.1.7　集中贮存的废物堆选址除满足以上要求外，还应满足基础必须防渗，防渗层为至少 1 m 厚黏土层（渗透系数≤10^{-7} cm/s），或 2 mm 厚高密度聚乙烯，或至少 2 mm 厚的其他人工材料，渗透系数≤10^{-10} cm/s 要求。”

（十三）危险废物填埋污染控制标准（GB 18598—2019）

（1）**熟悉标准的适用范围**

“本标准规定了危险废物填埋的入场条件，填埋场的选址、设计、施工、运行、封场及监测的环境保护要求。

本标准适用于新建危险废物填埋场的建设、运行、封场及封场后环境管理过程的污染控制。现有危险废物填埋场的入场要求、运行要求、污染物排放要求、封场及封场后环境管理要求、监测要求按照本标准执行。本标准适用于生态环境主管部门对危险废物填埋场环境污染防治的监督管理。

本标准不适用于放射性废物的处置及突发事故产生危险废物的临时处置。”

（2）**熟悉填埋场的场址选择要求**

“4　填埋场场址选择要求

4.1　填埋场选址应符合环境保护法律法规及相关法定规划要求。

4.2　填埋场场址的位置及与周围人群的距离应依据环境影响评价结论确定。

在对危险废物填埋场场址进行环境影响评价时，应重点考虑危险废物填埋场渗滤液可能产生的风险、填埋场结构及防渗层长期安全性及其由此造成的渗漏风险等因素，根据其所在地区的环境功能区类别，结合该地区的长期发展规划和填埋场设计寿命期，重点评价其对周围地下水环境、居住人群的身体健康、日常生活和生产活动的长期影响，确定其与常住居民居住场所、农用地、地表水体以及其他敏感对象之间合理的位置关系。

4.3　填埋场场址不应选在国务院和国务院有关主管部门及省、自治区、直辖市人民政府划定的生态保护红线区域、永久基本农田和其他需要特别保护的区域内。

4.4　填埋场场址不得选在以下区域：破坏性地震及活动构造区，海啸及涌浪影响区；湿地；地应力高度集中，地面抬升或沉降速率快的地区；石灰溶洞发育带；废弃矿区、塌陷区；崩塌、岩堆、滑坡区；山洪、泥石流影响地区；活动沙丘区；尚未稳定的冲积扇、冲沟地区及其他可能危及填埋场安全的区域。

4.5　填埋场选址的标高应位于重现期不小于100年一遇的洪水位之上，并在长远规划中的水库等人工蓄水设施淹没和保护区之外。

4.6　填埋场场址地质条件应符合下列要求，刚性填埋场除外：

a）场区的区域稳定性和岩土体稳定性良好，渗透性低，没有泉水出露；

b）填埋场防渗结构底部应与地下水有记录以来的最高水位保持3 m以上的距离。

4.7　填埋场场址不应选在高压缩性淤泥、泥炭及软土区域，刚性填埋场选址除外。

4.8　填埋场场址天然基础层的饱和渗透系数不应大于 1.0×10^{-5} cm/s，且其厚度不应小于 2 m，刚性填埋场除外。

4.9　填埋场场址不能满足 4.6、4.7 及 4.8 的要求时，必须按照刚性填埋场要求建设。”

（3）了解柔性填埋场、刚性填埋场的设计、建设要求

“5.1　填埋场应包括以下设施：接收与贮存设施、分析与鉴别系统、预处理设施、填埋处置设施（其中包括：防渗系统、渗滤液收集和导排系统、填埋气体控制设施）、环境监测系统（其中包括人工合成材料衬层渗漏检测、地下水监测、稳定性监测和大气与地表水等的环境检测）、封场覆盖系统（填埋封场阶段）、应急设施及其他公用工程和配套设施。同时，应根据具体情况选择设置渗滤液和废水处理系统、地下水导排系统。

5.2　填埋场应建设封闭性的围墙或栅栏等隔离设施，专人管理的大门，安全防护和监控设施，并且在入口处标识填埋场的主要建设内容和环境管理制度。

5.3　填埋场处置不相容的废物应设置不同的填埋区，分区设计要有利于以后可能的废物回取操作。

5.4　柔性填埋场应设置渗滤液收集和导排系统，包括渗滤液导排层、导排管道和集水井。渗滤液导排层的坡度不宜小于 2%。渗滤液导排系统的导排效果要保证人工衬层之上的渗滤液深度不大于 30 cm，并应满足下列条件：

a）渗滤液导排层采用石料时应采用卵石，初始渗透系数应不小于 0.1 cm/s，碳酸钙含量应不大于 5%；

b）渗滤液导排层与填埋废物之间应设置反滤层，防止导排层淤堵；

c）渗滤液导排管出口应设置端头井等反冲洗装置，定期冲洗管道，维持管道通畅；

d）渗滤液收集与导排设施应分区设置。

5.5　柔性填埋场应采用双人工复合衬层作为防渗层。双人工复合衬层中的人工合成材料采用高密度聚乙烯膜时应满足 CJ/T 234 规定的技术指标要求，并且厚度不小于 2.0 mm。双人工复合衬层中的黏土衬层应满足下列条件：

a）主衬层应具有厚度不小于 0.3 m，且其被压实、人工改性等措施后的饱和渗透系数小于 1.0×10^{-7} cm/s 的黏土衬层；

b）次衬层应具有厚度不小于 0.5 m，且其被压实、人工改性等措施后的饱和渗透系数小于 1.0×10^{-7} cm/s 的黏土衬层。

5.6　黏土衬层施工过程应充分考虑压实度与含水率对其饱和渗透系数的

影响，并满足下列条件：

a）每平方米黏土层高度差不得大于 2 cm；

b）黏土的细粒含量（粒径小于 0.075 mm）应大于 20%，塑性指数应大于 10%，不应含有粒径大于 5 mm 的尖锐颗粒物；

c）黏土衬层的施工不应对渗滤液收集和导排系统、人工合成材料衬层、渗漏检测层造成破坏。

5.7　柔性填埋场应设置两层人工复合衬层之间的渗漏检测层，它包括双人工复合衬层之间的导排介质、集排水管道和集水井，并应分区设置。检测层渗透系数应大于 0.1 cm/s。

5.8　刚性填埋场设计应符合以下规定：

a）刚性填埋场钢筋混凝土的设计应符合 GB 50010 的相关规定，防水等级应符合 GB 50108 一级防水标准；

b）钢筋混凝土与废物接触的面上应覆有防渗、防腐材料；

c）钢筋混凝土抗压强度不低于 25 N/mm^2，厚度不小于 35 cm；

d）应设计成若干独立对称的填埋单元，每个填埋单元面积不得超过 50 m^2 且容积不得超过 250 m^3；

e）填埋结构应设置雨棚，杜绝雨水进入；

f）在人工目视条件下能观察到填埋单元的破损和渗漏情况，并能及时进行修补。

5.9　填埋场应合理设置集排气系统。

5.10　高密度聚乙烯防渗膜在铺设过程中要对膜下介质进行目视检测，确保平整性，确保没有遗留尖锐物质与材料。对高密度聚乙烯防渗膜进行目视检测，确保没有质量瑕疵。高密度聚乙烯防渗膜焊接过程中，应满足 CJJ 113 相关技术要求。在填埋区施工完毕后，需要对高密度聚乙烯防渗膜进行完整性检测。

5.11　填埋场施工方案中应包括施工质量保证和施工质量控制内容，明确环保条款和责任，作为项目竣工环境保护验收的依据，同时可作为填埋场建设环境监理的主要内容。

5.12　填埋场施工完毕后应向当地生态环境主管部门提交施工报告、全套竣工图，所有材料的现场和试验室检测报告，采用高密度聚乙烯膜作为人工合成材料衬层的填埋场还应提交防渗层完整性检测报告。”

（4）了解填埋废物的入场要求

“6　填埋废物的入场要求

6.1　下列废物不得填埋：

a）医疗废物；

b）与衬层具有不相容性反应的废物；

c）液态废物。

6.2　除6.1所列废物，满足下列条件或经预处理满足下列条件的废物，可进入柔性填埋场：

a）根据HJ/T 299制备的浸出液中有害成分浓度不超过表1中允许填埋控制限值的废物；

b）根据GB/T 15555.12测得浸出液pH为7.0～12.0的废物；

c）含水率低于60%的废物；

d）水溶性盐总量小于10%的废物，测定方法按照NY/T 1121.16执行，待国家发布固体废物中水溶性盐总量的测定方法后执行新的监测方法标准；

e）有机质含量小于5%的废物，测定方法按照HJ 761执行；

f）不再具有反应性、易燃性的废物。

6.3　除6.1所列废物，不具有反应性、易燃性或经预处理不再具有反应性、易燃性的废物，可进入刚性填埋场。

6.4　砷含量大于5%的废物，应进入刚性填埋场处置，测定方法按照表1执行。”

表1　危险废物允许填埋的控制限值

序号	项目	稳定化控制限值/（mg/L）	检测方法
1	烷基汞	不得检出	GB/T 14204
2	汞（以总汞计）	0.12	GB/T 15555.1、HJ 702
3	铅（以总铅计）	1.2	HJ 766、HJ 781、HJ 786、HJ 787
4	镉（以总镉计）	0.6	HJ 766、HJ 781、HJ 786、HJ 787
5	总铬	15	GB/T 15555.5、HJ 749、HJ 750
6	六价铬	6	GB/T 15555.4、GB/T 15555.7、HJ 687
7	铜（以总铜计）	120	HJ 751、HJ 752、HJ 766、HJ 781
8	锌（以总锌计）	120	HJ 766、HJ 781、HJ 786
9	铍（以总铍计）	0.2	HJ 752、HJ 766、HJ 781
10	钡（以总钡计）	85	HJ 766、HJ 767、HJ 781
11	镍（以总镍计）	2	GB/T 15555.10、HJ 751、HJ 752、HJ 766、HJ 781
12	砷（以总砷计）	1.2	GB/T 15555.3、HJ 702、HJ 766
13	无机氟化物（不包括氟化钙）	120	GB/T 15555.11、HJ 999
14	氰化物（以CN^-计）	6	暂时按照GB 5085.3附录G方法执行，待国家固体废物氰化物监测方法标准发布实施后，应采用国家监测方法标准

（5）**熟悉填埋场污染物排放控制要求**

“8　填埋场污染物排放控制要求

8.1　废水污染物排放控制要求

8.1.1　填埋场产生的渗滤液（调节池废水）等污水必须经过处理，并符合本标准规定的污染物排放控制要求后方可排放，禁止渗滤液回灌。

8.1.2　2020 年 8 月 31 日前，现有危险废物填埋场废水进行处理，达到 GB 8978 中第一类污染物最高允许排放浓度标准要求及第二类污染物最高允许排放浓度标准要求后方可排放。第二类污染物排放控制项目包括：pH、悬浮物（SS）、五日生化需氧量（BOD_5）、化学需氧量（COD_{Cr}）、氨氮（NH_3-N）、磷酸盐（以 P 计）。

8.1.3　自 2020 年 9 月 1 日起，现有危险废物填埋场废水污染物排放执行表 2 规定的限值。

表 2　危险废物填埋场废水污染物排放限值　　单位：mg/L，pH 除外

序号	污染物项目	直接排放	间接排放[a]	污染物排放监控位置
1	pH	6～9	6～9	危险废物填埋场废水总排放口
2	五日生化需氧量（BOD_5）	4	50	
3	化学需氧量（COD_{Cr}）	20	200	
4	总有机碳（TOC）	8	30	
5	悬浮物（SS）	10	100	
6	氨氮	1	30	
7	总氮	1	50	
8	总铜	0.5	0.5	
9	总锌	1	1	
10	总钡	1	1	
11	氰化物（以 CN^- 计）	0.2	0.2	
12	总磷（TP，以 P 计）	0.3	3	
13	氟化物（以 F^- 计）	1	1	
14	总汞	0.001		渗滤液调节池废水排放口
15	烷基汞	不得检出		
16	总砷	0.05		
17	总镉	0.01		
18	总铬	0.1		
19	六价铬	0.05		
20	总铅	0.05		

序号	污染物项目	直接排放	间接排放 [a]	污染物排放监控位置
21	总铍	0.002		渗滤液调节池废水排放口
22	总镍	0.05		
23	总银	0.5		
24	苯并[a]芘	0.000 03		

注：a 工业园区和危险废物集中处置设施内的危险废物填埋场向污水处理系统排放废水时执行间接排放限值。

8.2　填埋场有组织气体和无组织气体排放应满足 GB 16297 和 GB 37822 的规定。监测因子由企业根据填埋废物特性从上述两个标准的污染物控制项目中提出，并征得当地生态环境主管部门同意。

8.3　危险废物填埋场不应对地下水造成污染。地下水监测因子和地下水监测层位由企业根据填埋废物特性和填埋场所处区域水文地质条件提出，必须具有代表性且能表示废物特性的参数，并征得当地生态环境主管部门同意。常规测定项目包括：浑浊度、pH、溶解性总固体、氯化物、硝酸盐（以 N 计）、亚硝酸盐（以 N 计）。填埋场地下水质量评价按照 GB/T 14848 执行。”

（十四）危险废物焚烧污染控制标准（GB 18484—2020）

（1）熟悉标准的适用范围

“本标准规定了危险废物焚烧设施的选址、运行、监测和废物贮存、配伍及焚烧处置过程的生态环境保护要求，以及实施与监督等内容。

本标准适用于现有危险废物焚烧设施（不包含专用多氯联苯废物和医疗废物焚烧设施）的污染控制和环境管理，以及新建危险废物焚烧设施建设项目的环境影响评价、危险废物焚烧设施的设计与施工、竣工验收、排污许可管理及建成后运行过程中的污染控制和环境管理。

已发布专项国家污染控制标准或者环境保护标准的专用危险废物焚烧设施执行其专项标准。

危险废物熔融、热解、气化等高温热处理设施的污染物排放限值，若无专项国家污染控制标准或者环境保护标准的，可参照本标准执行。

本标准不适用于利用锅炉和工业炉窑协同处置危险废物。”

（2）熟悉焚烧设施的选址要求

“4.1　危险废物焚烧设施选址应符合生态环境保护法律法规及相关法定规划要求，并综合考虑设施服务区域、交通运输、地质环境等基本要素，确保设施处于长期相对稳定的环境。鼓励危险废物焚烧设施入驻循环经济园区等市政设施的集中区域，在此区域内各设施功能布局可依据环境影响评价文件进行调整。

4.2 焚烧设施选址不应位于国务院和国务院有关主管部门及省、自治区、直辖市人民政府划定的生态保护红线区域、永久基本农田集中区域和其他需要特别保护的区域内。

4.3 焚烧设施厂址应与敏感目标之间设置一定的防护距离，防护距离应根据厂址条件、焚烧处置技术工艺、污染物排放特征及其扩散因素等综合确定，并应满足环境影响评价文件及审批意见要求。”

（3）了解危险废物焚烧厂的污染控制技术要求

“5.1 贮存

5.1.1 贮存设施应符合 GB 18597 中规定的要求。

5.1.2 贮存设施应设置焚烧残余物暂存设施和分区。

5.2 配伍

5.2.1 入炉危险废物应符合焚烧炉的设计要求。具有易爆性的危险废物禁止进行焚烧处置。

5.2.2 危险废物入炉前应根据焚烧炉的性能要求对危险废物进行配伍，以使其热值、主要有害组分含量、可燃氯含量、重金属含量、可燃硫含量、水分和灰分符合焚烧处置设施的设计要求，应保证入炉废物理化性质稳定。

5.2.3 预处理和配伍车间污染控制措施应符合 GB 18597 中规定的要求，产生的废气应收集并导入废气处理装置，产生的废水应收集并导入废水处理装置。

5.3 焚烧

5.3.1 一般规定

5.3.1.1 焚烧设施应采取负压设计或其他技术措施，防止运行过程中有害气体逸出。

5.3.1.2 焚烧设施应配置具有自动联机、停机功能的进料装置，烟气净化装置，以及集成烟气在线自动监测、运行工况在线监测等功能的运行监控装置。

5.3.1.3 焚烧设施竣工环境保护验收前，应进行技术性能测试，测试方法按照 HJ 561 执行，性能测试合格后方可通过验收。

5.3.2 进料装置

5.3.2.1 进料装置应保证进料通畅、均匀，并采取防堵塞和清堵塞设计。

5.3.2.2 液态废物进料装置应单独设置，并应具备过滤功能和流量调节功能，选用材质应具有耐腐蚀性。

5.3.2.3 进料口应采取气密性和防回火设计。

5.3.3 焚烧炉

5.3.3.1 危险废物焚烧炉的技术性能指标应符合表1（略）的要求。

5.3.3.2 焚烧炉应配置辅助燃烧器，在启、停炉时以及炉膛内温度低于表1（略）要求时使用，并应保证焚烧炉的运行工况符合表1（略）要求。

5.3.4 烟气净化装置

5.3.4.1 焚烧烟气净化装置至少应具备除尘、脱硫、脱硝、脱酸、去除二噁英类及重金属类污染物的功能。

5.3.4.2 每台焚烧炉宜单独设置烟气净化装置。

5.3.5 排气筒

5.3.5.1 排气筒高度不得低于表2规定的高度，具体高度及设置应根据环境影响评价文件及其审批意见确定，并应按GB/T 16157设置永久性采样孔。

表2 焚烧炉排气筒高度

焚烧处理能力/（kg/h）	排气筒最低允许高度（m）
≤300	25
300～2 000	35
2 000～2 500	45
≥2 500	50

5.3.5.2 排气筒周围200米半径距离内存在建筑物时，排气筒高度应至少高出这一区域内最高建筑物5米以上。

5.3.5.3 如有多个排气源，可集中到一个排气筒排放或采用多筒集合式排放，并在集中或合并前的各分管上设置采样孔。”

（4）熟悉危险废物焚烧厂的排放控制要求

“6.1 自本标准实施之日起，新建焚烧设施污染控制执行本标准规定的要求；现有焚烧设施，除烟气污染物以外的其他大气污染物以及水污染物和噪声污染物控制等，执行本标准6.4、6.5、6.6和6.7相关要求。

6.2 现有焚烧设施烟气污染物排放，2021年12月31日前执行GB 18484—2001表3（略）规定的限值要求，自2022年1月1日起应执行本标准表3（略）规定的限值要求。

6.3 除6.2条规定的条件外，焚烧设施烟气污染物排放应符合表3（略）的规定。

6.4 除危险废物焚烧炉外的其他生产设施及厂界的大气污染物排放应符

合 GB 16297 和 GB 14554 的相关规定。属于 GB 37822 定义的 VOCs 物料的危险废物，其贮存、运输、预处理等环节的挥发性有机物无组织排放控制应符合 GB 37822 的相关规定。

6.5　焚烧设施产生的焚烧残余物及其他固体废物，应根据《国家危险废物名录》和国家规定的危险废物鉴别标准等进行属性判定。属于危险废物的，其贮存和利用处置应符合国家和地方危险废物有关规定。

6.6　焚烧设施产生的废水排放应符合 GB 8978 的要求。

6.7　厂界噪声应符合 GB 12348 的控制要求。”

（5）了解标准实施与监督的有关规定

“9.1　本标准由县级以上生态环境主管部门负责监督实施。

9.2　除无法抗拒的灾害和其他应急情况下，危险废物焚烧设施均应遵守本标准的污染控制要求，并采取必要措施保证污染防治设施正常运行。

9.3　各级生态环境主管部门在对危险废物焚烧设施进行监督性检查时，对于水污染物，可以现场即时采样或监测的结果，作为判定排污行为是否符合排放标准以及实施相关生态环境保护管理措施的依据；对于大气污染物，可以采用手工监测并按照监测规范要求测得的任意 1 小时平均浓度值，作为判定排污行为是否符合排放标准以及实施相关生态环境保护管理措施的依据。

9.4　除 7.2.4 规定的条件外，CEMS 日均值数据可作为判定排污行为是否符合排放标准的依据；炉膛内热电偶测量温度未达到 7.2.5 要求，且一个自然日内累计超过 5 次的，参照《生活垃圾焚烧发电厂自动监测数据应用管理规定》等相关规定判定为“未按照国家有关规定采取有利于减少持久性有机污染物排放措施”，并依照相关法律法规予以处理。”

（十五）一般工业固体废物贮存和填埋污染控制标准（GB 18599—2020）

（1）熟悉标准的适用范围

“本标准规定了一般工业固体废物贮存场、填埋场的选址、建设、运行、封场、土地复垦等过程的环境保护要求，以及替代贮存、填埋处置的一般工业固体废物充填及回填利用环境保护要求，以及监测要求和实施与监督等内容。

本标准适用于新建、改建、扩建的一般工业固体废物贮存场和填埋场的选址、建设、运行、封场、土地复垦的污染控制和环境管理，现有一般工业固体废物贮存场和填埋场的运行、封场、土地复垦的污染控制和环境管理，以及替代贮存、填埋处置的一般工业固体废物充填及回填利用的污染控制及环境管理。

针对特定一般工业固体废物贮存和填埋发布的专用国家环境保护标准的，

其贮存、填埋过程执行专用环境保护标准。

采用库房、包装工具（罐、桶、包装袋等）贮存一般工业固体废物过程的污染控制，不适用本标准，其贮存过程应满足相应防渗漏、防雨淋、防扬尘等环境保护要求。”

（2）熟悉一般工业固体废物分类及贮存场、填埋场的类型

“第Ⅰ类一般工业固体废物 class I non-hazardous industrial solid waste

按照 HJ 557 规定方法获得的浸出液中任何一种特征污染物浓度均未超过 GB 8978 最高允许排放浓度（第二类污染物最高允许排放浓度按照一级标准执行），且 pH 值在 6～9 范围之内的一般工业固体废物。

第Ⅱ类一般工业固体废物 class II non-hazardous industrial solid waste

按照HJ 557规定方法获得的浸出液中有一种或一种以上的特征污染物浓度超过 GB 8978 最高允许排放浓度（第二类污染物最高允许排放浓度按照一级标准执行），或 pH 值在 6～9 范围之外的一般工业固体废物。

Ⅰ类场 class I non-hazardous industrial solid waste storage and landfill facility

可接受本标准 6.1 条规定的各类一般工业固体废物并符合本标准相关污染控制技术要求规定的一般工业固体废物贮存场及填埋场。

Ⅱ类场 class II non-hazardous industrial solid waste storage and landfill facility

可接受本标准 6.2 条、6.3 条规定的各类一般工业固体废物并符合本标准相关污染控制技术要求规定的一般工业固体废物贮存场及填埋场。”

（3）熟悉贮存场和填埋场选址要求

“4.1 一般工业固体废物贮存场、填埋场的选址应符合环境保护法律法规及相关法定规划要求。

4.2 贮存场、填埋场的位置与周围居民区的距离应依据环境影响评价文件及审批意见确定。

4.3 贮存场、填埋场不得选在生态保护红线区域、永久基本农田集中区域和其他需要特别保护的区域内。

4.4 贮存场、填埋场应避开活动断层、溶洞区、天然滑坡或泥石流影响区以及湿地等区域。

4.5 贮存场、填埋场不得选在江河、湖泊、运河、渠道、水库最高水位线以下的滩地和岸坡，以及国家和地方长远规划中的水库等人工蓄水设施的淹没区和保护区之内。

4.6 上述选址规定不适用于一般工业固体废物的充填和回填。”

（4）了解贮存场和填埋场技术要求

“5.1　一般规定

5.1.1　根据建设、运行、封场等污染控制技术要求不同，贮存场、填埋场分为 I 类场和 II 类场。

5.1.2　贮存场、填埋场的防洪标准应按重现期不小于 50 年一遇的洪水位设计，国家已有标准提出更高要求的除外。

5.1.3　贮存场和填埋场一般应包括以下单元：

a）　防渗系统、渗滤液收集和导排系统；

b）　雨污分流系统；

c）分析化验与环境监测系统；

d）　公用工程和配套设施；

e）　地下水导排系统和废水处理系统（根据具体情况选择设置）。

5.1.4　贮存场及填埋场施工方案中应包括施工质量保证和施工质量控制内容，明确环保条款和责任，作为项目竣工环境保护验收的依据，同时可作为建设环境监理的主要内容。

5.1.5　贮存场及填埋场在施工完毕后应保存施工报告、全套竣工图、所有材料的现场及实验室检测报告。采用高密度聚乙烯膜作为人工合成材料衬层的贮存场及填埋场还应提交人工防渗衬层完整性检测报告。上述材料连同施工质量保证书作为竣工环境保护验收的依据。

5.1.6　贮存场及填埋场渗滤液收集池的防渗要求应不低于对应贮存场、填埋场的防渗要求。

5.1.7　贮存场除应符合本标准规定污染控制技术要求之外，其设计、施工、运行、封场等还应符合相关行政法规规定、国家及行业标准要求。

5.1.8　食品制造业、纺织服装和服饰业、造纸和纸制品业、农副食品加工业等为日常生活提供服务的活动中产生的与生活垃圾性质相近的一般工业固体废物，以及有机质含量超过 5%的一般工业固体废物（煤矸石除外），其直接贮存、填埋处置应符合 GB 16889 要求。

5.2　I 类场技术要求

5.2.1　当天然基础层饱和渗透系数不大于 1.0×10^{-5} cm/s，且厚度不小于 0.75 m 时，可以采用天然基础层作为防渗衬层。

5.2.2　当天然基础层不能满足 5.2.1 条防渗要求时，可采用改性压实粘土类衬层或具有同等以上隔水效力的其他材料防渗衬层，其防渗性能应至少相当于渗透系数为 1.0×10^{-5} cm/s 且厚度为 0.75 m 的天然基础层。

5.3 II类场技术要求

5.3.1 II类场应采用单人工复合衬层作为防渗衬层，并符合以下技术要求：

a）人工合成材料应采用高密度聚乙烯膜，厚度不小于 1.5 mm，并满足GB/T 17643 规定的技术指标要求。采用其他人工合成材料的，其防渗性能至少相当于1.5 mm 高密度聚乙烯膜的防渗性能。

b）粘土衬层厚度应不小于0.75 m，且经压实、人工改性等措施处理后的饱和渗透系数不应大于 1.0×10^{-7} cm/s。使用其他粘土类防渗衬层材料时，应具有同等以上隔水效力。

5.3.2 II 类场基础层表面应与地下水年最高水位保持 1.5 m 以上的距离。当场区基础层表面与地下水年最高水位距离不足 1.5 m 时，应建设地下水导排系统。地下水导排系统应确保 II 类场运行期地下水水位维持在基础层表面1.5 m 以下。

5.3.3 II 类场应设置渗漏监控系统，监控防渗衬层的完整性。渗漏监控系统的构成包括但不限于防渗衬层渗漏监测设备、地下水监测井。

5.3.4 人工合成材料衬层、渗滤液收集和导排系统的施工不应对粘土衬层造成破坏。”

（5）熟悉一般工业固体废物入场要求

“6.1 进入I类场的一般工业固体废物应同时满足以下要求：

a）第I类一般工业固体废物（包括第II类一般工业固体废物经处理后属于第I类一般工业固体废物的）；

b）有机质含量小于2%（煤矸石除外），测定方法按照HJ 761进行；

c）水溶性盐总量小于2%，测定方法按照NY/T 1121.16进行。

6.2 进入II类场的一般工业固体废物应同时满足以下要求：

a）有机质含量小于5%（煤矸石除外），测定方法按照HJ 761进行；

b）水溶性盐总量小于5%，测定方法按照NY/T 1121.16进行。

6.3 5.1.8条所规定的一般工业固体废物经处理并满足6.2条要求后仅可进入II类场贮存、填埋。

6.4 不相容的一般工业固体废物应设置不同的分区进行贮存和填埋作业。

6.5 危险废物和生活垃圾不得进入一般工业固体废物贮存场及填埋场。国家及地方有关法律法规、标准另有规定的除外。”

第三科目　环境影响评价技术方法

考试目的：通过本科目考试，检验具有一定实践经验的环境影响评价专业技术人员对从事环境影响评价所必需的技术方法了解、熟悉、掌握的程度和在环境影响评价及相关业务工作中正确把握、运用环境影响评价技术方法的能力。

一、工程分析

（一）污染影响型项目工程分析

1. 熟悉建设项目污染物产生及排放环节的分析方法

遵循清洁生产的理念，从工艺的环境友好性、工艺过程的主要产污节点以及末端治理措施的协同性等方面，选择可能对环境产生较大影响的主要因素进行深入分析。

绘制包含产污环节的生产工艺流程图；按照生产、装卸、储存、运输等环节分析包括常规污染物、特征污染物在内的污染物产生、排放情况（包括正常工况和开停工及维修等非正常工况），存在具有致癌、致畸、致突变的物质、持久性有机污染物或重金属的，应明确其来源、转移途径和流向；给出噪声、振动、放射性及电磁辐射等污染的来源、特性及强度等；说明各种源头防控、过程控制、末端治理、回收利用等环境影响减缓措施状况。

明确项目消耗的原料、辅料、燃料、水资源等种类、构成和数量，给出主要原辅材料及其他物料的理化性质、毒理特征，产品及中间体的性质、数量等。

对建设阶段和生产运行期间，可能发生突发性事件或事故，引起有毒有害、易燃易爆等物质泄漏，对环境及人身造成影响和损害的建设项目，应开展建设和生产运行过程的风险因素识别。

存在较大潜在人群健康风险的建设项目，应开展影响人群健康的潜在环境风险因素识别。

依据《污染源源强核算技术指南　准则》（HJ 884—2018），结合工艺流程，识别产生废气、废水、噪声、振动、固体废物等的污染源，确定污染源类型和数量，针对每个污染源识别所有规定的污染物及其治理措施。

2. 了解改扩建及异地搬迁项目现有工程污染物排放情况的调查方法

说明与建设项目的依托关系。

依据《建设项目环境影响评价技术导则　总纲》（HJ 2.1—2016），改扩建及异地搬迁建设项目还应包括现有工程的基本情况、污染物排放及达标情况、存在的环境保护问题及拟采取的整改方案等内容。对改扩建项目的污染物排放量（包括有组织与无组织、正常工况与非正常工况）的统计，应分别按现有、在建、改扩建项目实施后等几种情形汇总污染物产生量、排放量及其变化量，核算改扩建项目建成后最终的污染物排放量。

3. 熟悉运用工艺流程图、物料平衡等核算污染物排放量的方法

一般情况下，工艺流程应在设计单位、建设单位的可研或设计文件基础上，根据工艺过程的描述及同类项目生产的实际情况进行绘制。环境影响评价工艺流程图有别于工程设计工艺流程图，环境影响评价关心的是工艺过程中产生污染物的具体部位、污染物的种类和数量。所以绘制的污染工艺流程应包括涉及产生污染物的装置和工艺过程，不产生污染物的过程和装置可以简化，有化学反应发生的工序要列出主要化学反应和副反应式，并在总平面布置图上标出污染源的准确位置，以便为其他专题评价提供可靠的污染源资料。工艺流程的叙述应与工艺流程图相对应，注意产排污节点的编号应一致。在产污环节分析中，应包括主体工程、公用工程、辅助工程、储运等项目组成的内容，说明是否会增加依托工程污染物排放量。对于现有工程回顾性评价，应明确项目污染物排放统计的基准年份。

在环境影响评价进行工程分析时，必须根据不同行业的具体特点，选择若干有代表性的物料，主要是针对有毒有害的物料，进行物料衡算，即：指根据质量守恒定律，利用物料数量或元素数量在输入端与输出端之间的平衡关系，计算确定污染物单位时间产生量或排放量。

4. 掌握运用物料衡算法、类比法、实测法、产污系数法、排污系数法、实验法，分析生产设施、公用工程设施、辅助设施各单元产排污情况的方法

这些都是工程分析中污染源源强核算的技术方法，依据《污染源源强核算技术指南　准则》（HJ 884—2018），物料衡算法是根据质量守恒定律，利用物料数量或元素数量在输入端与输出端之间的平衡关系，计算确定污染物单位时间产生量或排放量。类比法是对比分析在原辅料及燃料成分、产品、工艺、规模、污染控制措施、管理水平等方面具有相同或类似特征的污染源，利用其相关资料，确定污染物浓度、废气量、废水量等相关参数进而核算污染物单位时间产生量或排放量，或者直接确定污染物单位时间产生量或排放量。实测法是通过现场测定得到的污染物产生或排放相关数据，进而核算出污染物单位时间产生量或排放量。产污系数法是根据不同的原辅料及燃料、产品、工艺、规模，选取相关行业污染源源强核算技术指南给定的产污系数，依据单位时间产品产量计算出污染物产生量，并结合所采用治理措施情况，核算污染物单位时间排放量。排污系数法是根据不同的原辅料及燃料、产品、工艺、规模和治理措施，选取相关行业污染源源强核算技术指南给定的排污系数，结合单位时间产品产量直接计算确定污染物单位时间排放量。实验法是模拟实验确定相关参数，核算污染物单位时间产生量或排放量。

5. 熟悉建设项目可能产生的致癌、致畸、致突变物质及持久性有机污染物、重金属等的来源、产生情况、排放途径的分析方法

致癌、致畸、致突变物质及持久性有机污染物、重金属等属于环境影响评价中须特别关注的特征污染物。根据生产工艺、使用的原辅材料、化学反应情况等，以及类比同类项目生产情况，按照生产、装卸、储存、运输等环节分析，识别并判断建设项目是否可能产生致癌、致畸、致突变的物质（与清单对照）、持久性有机污染物或重金属，分析排放情况，明确其来源、转移途径和流向；核算排放强度、排放途径及排放方式。

6. 掌握各要素环境影响预测所需的污染源参数

工程分析中污染源源强核算按照《污染源源强核算技术指南　准则》（HJ 884—2018）及具体行业污染源源强核算指南，内容规定的方法。

污染源源强核算原则要求：

（1）污染源的识别

污染源的识别应结合行业特点，涵盖所有工艺和装备类型，明确所有可能产生废气、废水、噪声、固体废物等污染物的场所、设备和装置，包括可能对水环境和土壤环境产生不利影响的“跑冒滴漏”等环节。应分别对废气、废水、噪声、振动等污染源进行分类。

（2）污染物的确定

有行业标准的，应根据国家和地方颁布的行业污染物排放标准，确定污染源中的废气、废水相关污染物。没有行业标准的，可结合国家和地方颁布的综合污染物排放标准，或参照具有类似产排污特性的相关行业污染物排放标准，确定污染源中的废气、废水相关污染物。也可依据原辅料及燃料使用和生产工艺情况，分析确定污染源中的废气、废水相关污染物。

（3）核算方法的确定

可采用实测法、物料衡算法、产污系数法、排污系数法、类比法、实验法等。根据行业污染物源强核算指南给出核算方法优先等级来选用。

（4）时期及分类等要求

污染源识别和污染物类型及排放量是各要素污染影响专题评价的基础资料，必须按建设过程、运营过程两个时期，详细核算和统计，一些项目还应对服务期满后（退役期）影响源强进行核算，力求完善。达标排放必须以项目的最大负荷核算。

① 废气按点源、面源、线源进行核算，说明源强、排放方式和排放高度及存在的有关问题；

② 废水应说明种类、成分、浓度、排放方式、排放去向；

③ 固体废物应进行分类。废液应说明种类、成分、浓度、是否属于危险废物、处置方式和去向；废渣应说明有害成分、溶出物浓度、是否属于危险废物、数量、处理和处置方式及贮存方法；

④ 噪声和放射性应列表说明源强、剂量及分布；

⑤ 污染源强表：序号、污染源、污染因子、产生量、治理措施、排放量、排放方式、排放去向、达标分析。

（5）依据项目性质

① 对于新建项目污染物排放量统计，须按废水和废气污染物分别统计各种污染物排放总量，固体废物按我国规定统计一般固体废物和危险废物。并应算清“两本账”，即生产过程中的污染物产生量和采取污染防治措施后的污染物削减量，二者之差为污染物最终排放量。

统计方法应以车间或工段为核算单元，对于泄漏和放散量部分，原则上要实测，实测有困难时，可利用年均消耗定额的数据进行物料平衡推算。

新建项目污染物排放量统计表：类别、污染物名称、产生量、治理削减量、排放量。

② 技改扩建项目污染物源强

算清新老污染源“三本账”：技改扩建前污染物排放量、技改扩建项目污染物排放量、技改扩建完成后（包括“以新带老”削减量）污染物排放量。

技改扩建前排放量－“以新带老”削减量＋技改扩建项目排放量＝技改扩建完成后排放量。

技改扩建项目污染物排放量统计表：类别、污染物、现有工程排放量、拟建项目排放量、“以新带老”削减量、技改工程完成后总排放量、增减量变化。

根据行业排污许可证管理的要求，建设项目废气排放口通常可划分为主要排放口、一般排放口和特殊排放口，实行分类管理。主要排放口管控许可排放浓度和许可排放量，一般排放口管控许可排放浓度，特殊排放口暂不管控许可排放浓度和许可排放量。在相关行业建设项目环境影响评价中，应按照各排放口污染物排放特点及排放负荷说明排放口的类型。建设项目废水总排放口为主要排放口，通常不区分装置内部的排放口、车间排放口、生产设施排放口。污染源及排放口类型确定后，污染源及排放口还应给出对应的参数，包括排放口坐标、高度、温度、压力、流量、内径、污染物排放速率、状态、排放规律（连续排放、间断排放、排放频次）、无组织排放源的位置及范围等。

7. 了解清洁生产主要指标的选取与计算方法

从污染预防思想出发，考虑产品的生命周期，原则上将清洁生产指标分为六个大类，即：生产工艺与装备要求、资源能源利用指标、产品指标、污染物产生指标（末端处理前）、废物回收利用指标和环境管理要求。具体要求如下：

生产工艺与装备要求。该类指标为定性指标。应通过调查国内外同行业的先进生产工艺与装备水平，在满足国家产业政策要求的基础上，采用资源消耗低、污染排放少的清洁生产工艺、装备和制造技术。要具体提出符合清洁生产思想的先进生产工艺、装备和制造技术。具体指标可包括装备要求、生产规模、工艺方案、主要设备参数、自动化控制水平等。因行业性质不同根据具体情况可作适当调整。

资源能源利用指标。该类指标为定量指标。可选择行业最常用的经济技术指标。原辅材料应得到充分利用，并在生产过程中不对生态环境产生大的影响；原辅材料应是无毒或低毒的，进入环境后对人体健康和环境质量无负面影响或影响轻微。具体指标可包括原辅料的选择、单位产品原辅材料的消耗、单位产品取水量、水的重复利用率、水的循环利用率、单位产品耗电量、单位产品耗蒸汽量、综合能耗等，因行业性质不同根据具体情况可作适当调整。其中，综合能耗是生产工艺消耗的各种能源包括一次能源和二次能源折算为标准煤之和与产品总量之比。各种能源折合标煤系数可结合行业能源消耗种类，参照国家统计局当年发布的《中国能源统计年鉴》确定。

产品指标。该类指标为定量指标。具体指标可包括产品一次合格率，以及产品（特别是有毒有害主、副产品）贮存、包装、装卸、运输、使用和废弃过程中的清洁生产要求等。

污染物产生指标（末端处理前）。该类指标为定量指标。主要根据总量控制要求，给出单位产品的污染物产生指标，主要包括废水、废气和固体废物三类污染物。结合行业污染物产生的特点，应重点关注二氧化硫、氮氧化物、烟尘、工业粉尘、化学需氧量、氨氮、总磷、重金属、工业固体废物、持久性有机污染物和行业特征污染物。

废物回收利用指标。该类指标为定量指标。为了避免废物流失到环境中造成环境污染和对人体健康造成危害，应对其合理有效的综合利用和处置进行规定。对生产过程中产生的废水、废气、固体废物，应在经济技术可行的条件下，积极拓展综合利用途径，提高废物回收利用率。具体指标可包括工业废水重复利用率、工艺气体重复利用率、固体废物回用率以及本企业不能回收利用的废物但可作为其他企业的原辅材料的利用率等。因行业性质不同根据具体情况可作适当调整。

环境管理要求。该类指标为定性指标。企业的环境管理水平与清洁生产水平密切相关。应围绕企业管理环节中对环境影响较大的各个方面，根据行业特点提出规范和改进环境管理的具体要求。具体可包括环境法律法规标准指标、环境审核指标、生产过程环境管理指标、固体废物处理处置指标、相关方环境管理指标等。因行业性质不同根据具体情况可作适当调整，各项环境管理指标应侧重本行业的环境薄弱环节、特征污染物或环境风险的问题。

建设项目工程分析应参考项目可行性研究中工艺技术比选、节能、节水、设备等篇章的内容，分析项目从原料到产品的设计是否符合清洁生产的理念，包括生产工艺与装备要求、资源能源利用指标、产品指标、污染物产生指标（末端处理前）、废物回收利用指标和环境管理要求等方面说明。

根据当前的行业技术、装备水平和管理水平，原则上将各项指标分为三个等级：一级为国际清洁生产先进水平；二级为国内清洁生产先进水平；三级为国内清洁生产基本水平。对于我国特有的行业，三个等级可定义如下：一级为国内清洁生产领先水平；二级为国内清洁生产先进水平；三级为国内清洁生产基本水平。标准指标值的确定，应建立在实际数据和科学分析的基础上。通过资料收集、现场调查、现场清洁生产审核、现场实测、发放调查表、文献检索、专家咨询等方法，获取国内和国际企业的实际数据。

8. 掌握建设项目无组织排放、非正常工况污染物排放量的核算方法

无组织排放源的含义：

工程分析中将没有排气筒或排气筒高度低于 15 m 排放源定为无组织排放源。

无组织排放源的统计方法主要有三种：

（1）物料衡算法。通过全厂物料的投入产出分析，核算无组织排放量。

（2）类比法。与工艺相同、使用原料相似的同类工厂进行类比，在此基础上，核算本厂无组织排放量。

（3）反推法。通过对同类工厂正常生产时无组织监控点进行现场监测，利用面源扩散模式反推，以此确定工厂无组织排放量。

对建设项目生产运行阶段的开车、停车、检修等非正常排放时的污染物进行分析，找出非正常排放的来源，给出非正常排放污染物的种类、成分、数量与强度，产生环节、原因、发生频率及控制措施等。可参考具体行业污染源源强核算指南规定的方法。

（二）生态影响型项目工程分析

1. 了解各类生态影响型项目工程分析方法

生态影响型项目工程分析应根据评价项目自身特点、区域的生态特点以及评价项目与影响区域生态系统的相互关系，确定工程分析的重点，分析生态影响的源及其强度。

技术要求主要有：工程组成完全、重点工程明确、全过程分析、影响源分析、其他分析（如环境风险），并根据评价项目自身特点（如铁路公路、管道工程、矿山开采、水利水电、港口码头、石油天然气开发等不同类型的建设项目，各有其特点）、区域的生态特点以及评价项目与影响区域生态系统的相互关系，确定工程分析的重点，分析生态影响的“源”及其途径与强度。

实际上，生态影响的源就是工程永久和临时占用的各类土地（包括水域）及面积，以及施工方式和营运方式。即生态影响的源就是占用了土地，占用土地的面积就是施工期生态影响的源强。当然，影响的强度还与施工方式有关，某些工程营运方式则是运行期间的生态影响“源”，如水利水电工程的运行方式，不同的运行方式由于水文情势的变化对鱼类及其“三场”或产卵会造成一定的生态影响。

2. 掌握生态影响型项目工程分析的时段和重点内容要求

工程分析的时段一般分为勘察期、施工期、运营期和退役期（根据项目情况选择确定是否考虑退役期）。重点是施工期和运营期。

工程分析基本内容应包括：项目所处的地理位置、工程的规划依据和规划环评依据、工程类型、项目组成、占地规模、总平面及现场布置、施工方式、施工时序、运行方式、替代方案、工程总投资与环保投资、设计方案中的生态保护措施等。重点关注以下主要内容：

（1）可能产生重大生态影响的工程行为；

（2）与特殊生态敏感区和重要生态敏感区有关的工程行为；

（3）可能产生间接、累积生态影响的工程行为；

（4）可能造成重大资源占用和配置的工程行为。

生态影响型项目工程分析具体内容如表1。

表1 生态影响型项目工程分析具体内容

工程分析项目	工作内容	基本要求
1．工程概况	（1）工程特征 （2）项目组成 （3）施工和营运方案 （4）工程布置示意图 （5）比选方案	工程组成全面，突出重点工程
2．项目初步论证	（1）有关环境保护要求的符合性 （2）总图布置和选址选线合理性（不进行预测分析与评价）	从宏观方面进行论证，必要时提出替代或调整方案
3．影响源识别	（1）生态影响源识别。工程占地类型及占用不同类型土地的面积，工程行为识别（施工和营运方案）。关注重点工程及其施工工艺的识别与分析 （2）污染源识别 （3）环境风险源识别 （4）原有工程识别（改扩建项目）	从工程本身的环境影响特点进行识别，确定项目环境影响的来源和强度
4．环境保护方案分析	（1）施工和营运方案的环境合理性 （2）工艺和设施的先进性和可靠性 （3）环境保护措施的可行性与有效性 （4）环境保护投资	从经济、环境、技术和管理方面来论证环境保护方案的可行性
5．其他分析	（1）非正常工况分析 （2）事故风险识别 （3）防范与应急措施	可在工程分析中专门分析，也可纳入其他部分或专题进行分析

3．掌握项目施工期主要生态影响的分析方法

施工期对生态影响的途径，首先是占地，包括永久占地和临时占地。尤其是占用生物生产性土地（如植被、水面等）；其次是施工行为或施工方式（方案），即主要通过不同施工方案、施工工艺及施工场地布设使区域地形地貌发生改变，地表植被遭到破坏，致使不同土地利用类型的生产能力及利用方向发生改变，或者由于生态因子的变化使自然资源受到影响，而且特别关注重点工程对生态敏感保护目标与重大资源造成直接、间接和累积影响的“行为”。如输油输气管道分别采用大开挖和定向钻两种不同方式穿越河流，则影响是明显不同的。此外，施工人员违法违规的活动对生态也将产生影响。

4．熟悉项目运行期生态影响性质、途径和强度的分析方法

运行期对生态影响的性质、途径和强度，往往因工程类型（如公路、铁路、管线、机场、港口码头、水利水电、油气田开发及矿山开采等）、生态系统的类

型及可能涉及的重点保护对象的不同而不同，包括森林生态系统、草原生态系统、河流及湿地生态系统、农田生态系统、荒漠生态系统、海洋生态系统等，特别是生态敏感性（是否涉及特殊和重要生态敏感区）等，其影响性质包括有利/不利影响、可逆/不可逆影响、临时/长期影响、间接/直接影响、累积影响等。

影响途径主要源于工程的运行方式（方案），即由于营运方式以及突发环境风险事故等导致不同生态影响。如水电工程运行期不同调度运行方式，对下游河道的水文情势及水生生态的影响则不同，需考虑生态流量的泄放方式的有效性。工程运行或突发环境风险事故改变了区域空间格局、土地和水体的利用状况以及人居环境等，进而影响自然资源状况。

影响强度因工程类型、规模的不同差别较大，取决于影响源的强度，包括征占的土地（包括水面）面积、排放污染物的强度（如排放废水对水生生态的影响）。水利水电工程则还需考虑淹没面积。

分析方法通常可采用定性、定量或定性与定量相结合的方式，以及“主体—受体—效应”分析法（即工程生产运行方式、受主体行为所影响的对象、产生的影响效应或结果）、生态机理法、矩阵法、专家咨询法、类比法等。

5. 掌握生态影响因素识别的方法

建设项目环境影响识别一般从生态影响和环境污染两个方面考虑，在结合项目自身环境影响特点、区域环境特点和具体环境敏感目标的基础上进行识别。

生态影响型建设项目的生态影响因素识别，实际上是生态影响“源”的识别，主要识别建设项目主要有哪些工程或其哪些行为会对生态造成影响。不仅要识别工程行为造成的直接生态影响，还要注意识别污染影响造成的间接生态影响，识别工程行为和污染影响在时间或空间上的累积效应（累积影响），明确各类影响的性质（有利/不利）和属性（可逆/不可逆、临时/长期等）、程度（大/小、强/弱）等。

分析方法多采用列表法或矩阵法，也可以采用类比法和专家咨询法等。

二、环境现状调查与评价

（一）自然环境现状调查与评价

熟悉确定大气、地表水、地下水、土壤、声、生态等环境要素环境现状评价及环境风险评价中环境保护目标的技术要求。

根据《环境影响评价技术导则　总纲》（HJ 2.1—2016），环境保护目标的调查应根据环境影响识别结果，附图并列表说明各环境要素（大气、地表水、地下水、土壤、噪声、生态及环境风险）评价范围内的环境功能区划和主要的环境敏感区，列表详细说明环境保护目标的地理位置、服务功能、四至范围、保护对象和保护要求等，图示标清各环境保护目标与工程的位置关系。

对存在环境风险的建设项目，应根据有毒有害物质排放途径确定调查范围，明确可能受影响的环境敏感目标，给出敏感目标区位相对位置图，明确对象、属性、相对方位及距离等数据。

（二）环境空气质量现状调查

1. 熟悉应用现状调查数据分析环境空气质量现状的方法

环境空气质量现状调查内容包括：① 调查项目所在区域环境质量达标情况；② 调查评价范围内有环境质量标准的评价因子的环境质量监测数据或进行补充监测；③ 计算环境空气保护目标和网格点的环境质量现状浓度。不同评价等级对环境空气质量现状调查内容和要求不同。

项目所在区域达标判定，优先采用生态环境主管部门公开发布的评价基准年环境质量公告或环境质量报告中的数据或结论。

基本污染物的环境质量现状数据主要来源：① 生态环境主管部门公开发布的项目所在区达标判定结果和数据；② 评价范围内国家或地方环境质量空气监测网的监测数据或生态环境主管部门公开发布的环境空气质量数据；③ 评价范围外符合 HJ 664 规定，并且与评价范围地理位置邻近，地形、气候条件相近的环境空气质量城市点或区域点监测数据；④ 一类区可选择符合 HJ 664 规定，并且与评价范围地理位置邻近，地形、气候条件相近的环境空气质量区域点或背景点监测数据。

其他污染物的环境质量现状数据主要来源：① 评价范围内环境空气质量监测网监测数据；② 评价范围内近 3 年与项目排放污染物有关的历史监测资料；③ 补充监测。

收集的资料应注意选择评价基准年连续 1 年的监测数据，并符合 HJ 664 及大气导则对选择邻近例行监测站点的基本要求与筛选原则。

补充监测应确定监测因子、监测时段、监测布点及监测方法等，监测采样符合 HJ 664 及相关评价标准确定的监测规范，补充监测原则上应取得 7 d 有效数据。

根据生态环境主管部门公开发布的城市达标情况，判定项目所在区是否属于达标区，或按照 HJ 663 中年评价指标进行达标判定（表 2）。

表 2　不同评价项目年评价指标

评价时段	评价项目及平均时间
小时评价	SO_2、NO_2、CO、O_3的 1 h 平均
日评价	SO_2、NO_2、PM_{10}、$PM_{2.5}$、CO 的 24 h 平均、O_3的日最大 8 h 平均
年评价	SO_2年平均、SO_2 24 h 平均第 98 百分位数 NO_2年平均、NO_2 24 h 平均第 98 百分位数 PM_{10}年平均、PM_{10} 24 h 平均第 95 百分位数 $PM_{2.5}$年平均、$PM_{2.5}$ 24 h 平均第 95 百分位数 CO 24 h 平均第 95 百分位数 O_3日最大 8 h 滑动平均值的第 90 百分位数 TSP 年平均、TSP 24 h 平均第 95 百分位数 Pb 年平均 B[*a*]P 年平均 NO_x年平均、NO_x 24 h 平均第 98 百分位数

各污染物的环境质量现状评价，长期监测数据和补充监测数据对应不同评价方法。

环境空气保护目标及网格点环境质量现状浓度，采用长期监测点位数据的，取各污染物相同时刻各监测点位的浓度平均值；采用补充监测数据进行现状评价的，取各污染物不同评价时段监测浓度的最大值；对于有多个监测点位数据的，先计算相同时刻各监测点位平均值，再取各监测时段平均值中的最大值。

2．了解大气边界层结构及其变化规律

（1）边界层结构和特征参数

受下垫面影响的几千米以下的大气层称为边界层，大气边界层是对流层中最靠近下垫表面的气层，通过湍流交换，白昼地面获得的太阳辐射能以感热和潜热的形式向上输送，加热上面的空气，夜间地面的辐射冷却同样也逐渐影响到上面的大气，这种热量输送过程造成大气边界层内温度的日变化。另外，大型气压场形成的大气运动动量通过湍流切应力的作用源源不断向下传递，经大气边界层到达地面并由于摩擦而部分损耗，相应地造成大气边界层内风的日变化。由于受太阳辐射、地表辐射的热量输送，以及地表的摩擦力等作用，形成边界层内的温度和风速的变化。

在陆地高压区，边界层的生消演变具有明显的昼夜变化，晴朗天气条件下大气边界层的生消演变规律见图 1。在日间，受太阳辐射的作用地面得到加热，混合层逐渐加强，中午时达到最大高度；日落后，由于地表辐射，地面温度低于上覆的空气温度，形成逆温的稳定边界层；次日，又受太阳辐射的作用，混合层重新升起。

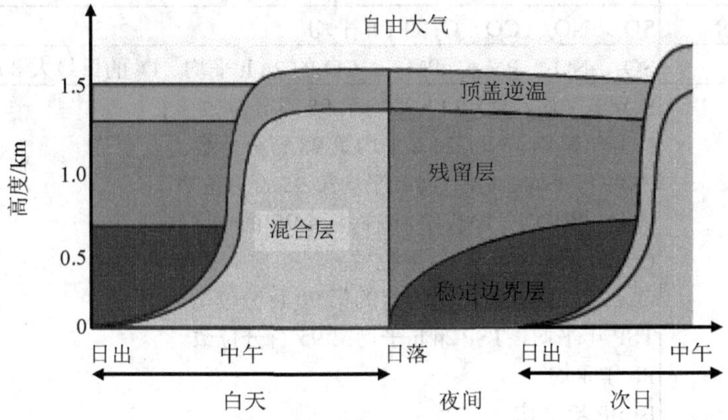

图1　晴朗天气条件下大气边界层的生消演变规律

大气边界层的生消演变规律依赖于地表的热量和动量通量等因素，污染物的传输扩散取决于边界层的特征参数。在《环境影响评价技术导则　大气环境》（HJ 2.2）中推荐的AERMOD和ADMS模型中通过常规气象资料计算出有混合层高度（h）、莫宁—奥布霍夫长度（Monin-Obukhov）[以下简称莫奥长度（L_{mo}）]等边界层参数，了解这些参数的物理含义，对分析污染物传输扩散很有意义。

混合层高度（h）：指对流边界层的高度，也就是在大气边界层处于不稳定层结时的厚度（图2）。通常晴朗白天中纬度陆地上的大气边界层基本上都属于不稳定的类型，混合层越高，对流边界层越不稳定，在强不稳定条件下，混合层高度可达到1 km以上。混合层的高度决定了垂直方向污染物的扩散能力，通常在小风强不稳定条件下，高烟囱（100 m以上）附近1 km左右有污染物高浓度聚集区，随距离增加污染物浓度衰减很快，此现象也说明了在强不稳定条件下，污染物在垂直方向很快扩散到地表。

莫奥长度（L_{mo}）：莫宁与奥布霍夫认为对于定常、水平均匀、无辐射和无相变的近地面层，其运动学和热力学结构仅决定于湍流状况。莫奥长度（L_{mo}）反映了近地面大气边界层的稳定层结的状况，莫奥长度（L_{mo}）与稳定度和混合层高度的关系见图2。

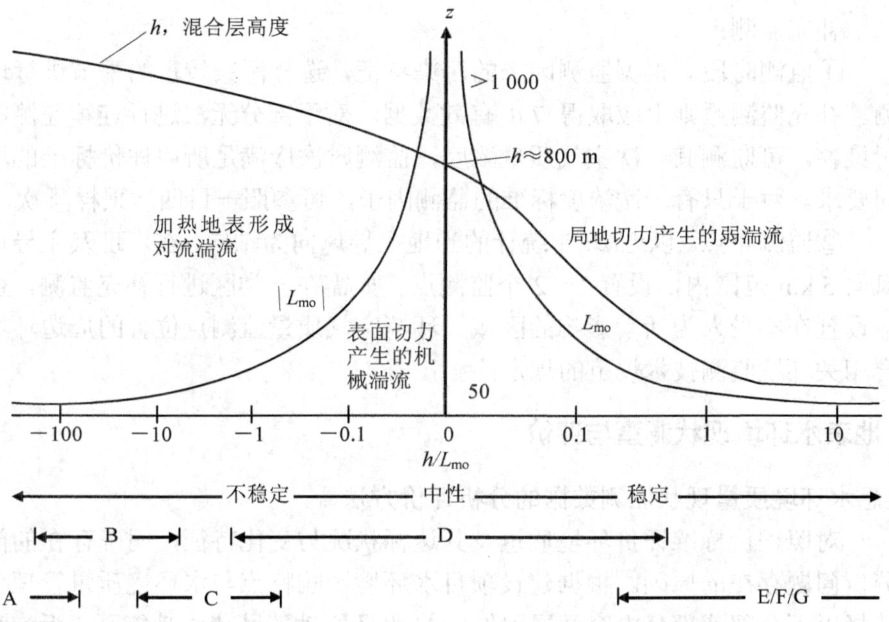

图 2 莫奥长度与稳定度和混合层高度的关系

从图 2 中可以看出，当 $L_{mo}>0$，近地面大气边界层处于稳定状态，L_{mo} 数值越小或混合层高度（h）与 L_{mo} 的比值（h/L_{mo}）越大越稳定，混合层高度则越低；当 $L_{mo}<0$，边界层处于不稳定状态，$|L_{mo}|$数值越小或$|h/L_{mo}|$越大越不稳定，混合层高度则越高；当$|L_{mo}|\to\infty$，边界层处于中性状态，$|h/L_{mo}|=0$，此种情况下，混合层高度大约有 800 m。

（2）边界层污染气象分析

人类活动排放的污染物主要在大气边界层中进行传输与扩散，受大气边界层的生消演变影响。有些污染现象随着边界层的生消演变而产生。污染物扩散受下垫面的影响也比较大，非均匀下垫面会引起局地风速、风向发生改变，形成复杂风场，常见的复杂风场有海陆风、山谷风等。

边界层演变：在晴朗的夜空，由于地表辐射，地面温度低于上覆的空气温度，形成逆温的稳定边界层，而白天混合层中的污染物残留在稳定边界层的上面。次日，又受太阳辐射的作用，混合层重新升起，见图 1。由于边界层的生消演变，导致近地层的低矮污染源排放的污染物在夜间不易扩散，如果夜间有连续的低矮污染源排放，则污染物浓度会持续增高；而日出后，夜间聚集在残留层内的中高污染源排放的污染物会向地面扩散，出现熏烟型污染（fumigation）。

3. 了解补充监测期间气象条件对污染物现状监测结果影响的分析方法

补充监测：

①监测时段。根据监测因子的污染特征，选择污染较重的季节进行现状监测。补充监测原则上应取得 7 d 有效数据。对于部分无法进行连续监测的其他污染物，可监测其一次空气质量浓度，监测时次应满足所用评价标准的取值时间要求。对于只有一次浓度标准的监测因子，可参照一日四次采样频次。

②监测布点。以近 20 年统计的当地主导风向为轴向，在厂址及主导风向下风向 5 km 范围内，设置 1～2 个监测点。如需在一类区进行补充监测，监测点应设置在不受人为活动影响的区域。环境空气质量监测点位置的周边环境应符合相关环境监测技术规范的规定。

（三）地表水环境现状调查与评价

1. 熟悉水环境质量现状监测数据的分析评价方法

对照评价标准评价环境质量及其达标状况与变化特征，明确存在的问题，分析问题存在的原因。根据建设项目水环境影响特点与水环境质量管理要求，选择以下全部或部分内容开展评价：① 水环境功能区或水功能区、近岸海域环境功能区水质达标状况；② 水环境控制单元或断面水质达标状况；③ 水环境保护目标质量状况；④ 对照断面、控制断面等代表性断面的水质状况；⑤ 底泥污染评价。

评价方法：

水环境功能区或水功能区、近岸海域环境功能区及水环境控制单元或断面水质达标状况评价方法，参考国家或地方政府相关部门制定的水环境质量评价技术规范、水体达标方案编制指南、水功能区水质达标评价技术规范等。

监测断面或点位水环境质量现状评价，采用水质指数法评价。

底泥污染状况评价方法，采用单项污染指数法评价。

单项水质参数评价常采用标准指数法，其计算公式如下：

① 一般性水质因子（随着浓度增加而水质变差的水质因子）的指数计算公式：

$$S_{i,j} = C_{i,j} / C_{si} \tag{1}$$

式中：$S_{i,j}$——评价因子 i 的水质指数，大于 1 表明该水质因子超标；

$C_{i,j}$——评价因子 i 在 j 点的实测统计代表值，mg/L；

C_{si}——评价因子 i 的水质评价标准限值，mg/L。

② 溶解氧（DO）的标准指数计算公式：

$$S_{DO,j}=DO_s/DO_j \qquad DO_j\leqslant DO_f \tag{2}$$

$$S_{DO,j}=\frac{|DO_f-DO_j|}{DO_f-DO_s} \qquad DO_j>DO_f \tag{3}$$

式中：$S_{DO,j}$——溶解氧的标准指数，大于 1 表明该水质因子超标；

DO_j——溶解氧在 j 点的实测统计代表值，mg/L；

DO_s——溶解氧的水质评价标准限值，mg/L；

DO_f——饱和溶解氧浓度，mg/L，对于河流，$DO_f=468/(31.6+T)$；对于盐度比较高的湖泊、水库及入海河口、近岸海域，$DO_f=(491-2.65S)/(33.5+T)$；

S——实用盐度符号，量纲一；

T——水温，℃。

③ pH 的指数计算公式：

$$S_{pH,j}=\frac{7.0-pH_j}{7.0-pH_{sd}} \qquad pH_j\leqslant 7.0 \tag{4}$$

$$S_{pH,j}=\frac{pH_j-7.0}{pH_{su}-7.0} \qquad pH_j>7.0 \tag{5}$$

式中：$S_{pH,j}$——pH 的指数，大于 1 表明该水质因子超标；

pH_j——pH 实测统计代表值；

pH_{sd}——评价标准中 pH 的下限值；

pH_{su}——评价标准中 pH 的上限值。

④ 底泥污染指数计算公式：

$$P_{i,j}=C_{i,j}/C_{si} \tag{6}$$

式中：$P_{i,j}$——底泥污染因子 i 的单项污染指数，大于 1 表明该污染因子超标；

$C_{i,j}$——调查点位污染因子 i 的实测值，mg/L；

C_{si}——污染因子 i 的评价标准值或参考值，mg/L。

具体技术要求参照《环境影响评价技术导则　地表水环境》（HJ 2.3—2018）中“附录 D 水环境质量评价方法”的内容。

2. 掌握水文条件对水环境质量现状的影响

水环境现状调查与监测的目的是掌握评价范围内水体污染源、水文、水质和水体功能利用等方面的环境背景情况，为地表水环境现状和预测评价提供基础资料。现状调查包括资料收集、现场调查以及必要的环境监测。

环境现状调查与评价应遵循问题导向与管理目标导向统筹、流域（区域）与评价水域兼顾、水质水量协调、常规监测数据利用与补充监测互补、水环境现状与变化分析结合的原则。

根据当地水文资料初步确定河流、湖库、入海河口、近岸海域的丰水期、平水期、枯水期，同时确定最能代表这三个时期的季节或月份。遇气候异常年份，要根据流量实际变化情况确定。对有水库调节的河流，要注意水库放水或不放水时的水量变化。调查时期和评价时期一致。河流、湖库应根据评价工作等级选择丰、平、枯水期开展评价，将丰水期选为不利水期，其原因为面源污染严重的水域丰水期水质可能比平水期更差；对于入海河口（感潮河段），河流根据评价工作等级选择丰、平、枯水期开展评价，河口应选择不同季节作为评价时期；近岸海域应选择不同季节开展评价。评价等级不同，对各类水域评价时期的要求也不同。评价时期的确定参照《环境影响评价技术导则　地表水环境》（HJ 2.3—2018）中“5.4 评价时期确定”的内容。

（四）地下水环境现状调查与评价

1. 熟悉水文地质常用参数的获取方法

（1）孔隙度与有效孔隙度

松散岩石是由大小不等的颗粒组成的。颗粒或颗粒集合体之间的空隙，称为孔隙。岩石中孔隙体积的多少是影响其储容地下水能力大小的重要因素。孔隙体积的多少可用孔隙度表示。孔隙度是指某一体积岩石（包括孔隙在内）中孔隙体积所占的比例。

若以 n 表示岩石的孔隙度，V 表示包括孔隙在内的岩石体积，V_n 表示岩石中孔隙的体积，则：

$$n=\frac{V_n}{V}\times 100\% \tag{7}$$

孔隙度是一个比值，可用小数或百分数表示。

孔隙度的大小主要取决于分选程度及颗粒排列情况，另外颗粒形状及胶结充填情况也影响孔隙度。对于黏性土，结构及次生孔隙常是影响孔隙度的重要因素。岩石孔隙是地下水储存场所和运动通道。孔隙的多少、大小、形状、连通情况和分布规律，对地下水的分布和运动具有重要影响。

表 3 列出了自然界中主要松散岩石孔隙度的参考数值。

表 3 主要松散岩石孔隙度的参考数值

岩石名称	砾石	砂	粉砂	黏土
孔隙度变化区间/%	25～40	25～50	35～50	40～70

由于多孔介质中并非所有的孔隙都是连通的，于是人们提出了有效孔隙度的概念。有效孔隙度为重力水流动的孔隙体积（不包括结合水占据的空间）与岩石体积之比。显然，有效孔隙度小于孔隙度。

（2）给水度与贮水系数

若使潜水地下水面下降，则下降范围内饱水岩石及相应的支持毛细水带中的水，将因重力作用而下移并部分地从原先赋存的空隙中释出。把地下水水位下降一个单位深度，从地下水位延伸到地表面的单位水平面积岩石柱体，在重力作用下释出的水的体积，称为给水度，用 μ 表示。

对于均质的松散岩石，给水度的大小与岩性、初始地下水位埋藏深度以及地下水位下降速率等因素有关。表 4 给出了常见松散岩石的给水度。

表 4 常见松散岩石的给水度 单位：%

岩石名称	给水度变化区间	平均给水度
砾砂	0.20～0.35	0.25
粗砂	0.20～0.35	0.27
中砂	0.15～0.32	0.26
细砂	0.10～0.28	0.21
粉砂	0.05～0.19	0.18
亚黏土	0.03～0.12	0.07
黏土	0.00～0.05	0.02

对于承压含水层，可以比照潜水含水层给水度定义其贮水系数。

承压含水层的贮水系数（S）是指其测压水位下降（或上升）一个单位深度，单位水平面积含水层释出（或储存）的水的体积。

可以看出，在形式上，潜水含水层的给水度与承压含水层的贮水系数非常相似，但是在释出（或储存）水的机理方面有很大差异。水位下降时潜水含水层所释出的水来自部分空隙的排水，而测压水位下降时承压含水层所释出的水来自含水层体积的膨胀及含水介质的压密（从而与承压含水层厚度有关）。显然，测压水位下降时承压含水层以此种形式释出的水量远小于潜水含水层水位下降时释出的水量。承压含水层的贮水系数一般为 0.005～0.000 05，常较潜水含水层小 1～3 个数量级。由此不难理解，开采承压含水层往往会形成大面积测压水位大幅度下降。

（3）渗透系数

岩石的透水性是指岩石允许水透过的能力。表征岩石透水性的定量指标是渗透系数，一般以 m/d 或 cm/s 为单位。

渗透系数又称水力传导系数。在各向同性介质中，它定义为单位水力梯度下的单位流量，表示流体通过孔隙骨架的难易程度。在各向异性介质中，渗透系数以张量形式表示。渗透系数越大，岩石透水性越强。

渗透系数 K 是综合反映岩石渗透能力的一个指标。影响渗透系数大小的因素很多，主要取决于介质颗粒的形状、大小、不均匀系数和水的黏滞性等。不过，在实际工作中，由于不同地区地下水的黏性差别并不大，在研究地下水流动规律时，常常可以忽略地下水的黏性，即认为渗透系数只与含水层介质的性质有关，使得问题简单化。要建立计算渗透系数 K 的精确理论公式比较困难，通常可通过试验方法（包括实验室测定法和现场测定法）或经验估算法来确定 K 值。表 5 给出了松散岩石渗透系数的参考值。

表 5　松散岩石渗透系数的参考值

岩性名称	主要颗粒粒径/mm	渗透系数/（m/d）	渗透系数/（cm/s）
轻亚黏土		0.05～0.1	5.79×10^{-5}～1.16×10^{-4}
亚黏土		0.1～0.25	1.16×10^{-4}～2.89×10^{-4}
黄土		0.25～0.5	2.89×10^{-4}～5.79×10^{-4}
粉土质砂		0.5～1.0	5.79×10^{-4}～1.16×10^{-3}
粉砂	0.05～0.1	1.0～1.5	1.16×10^{-3}～1.74×10^{-3}
细砂	0.1～0.25	5.0～10	5.79×10^{-3}～1.16×10^{-2}
中砂	0.25～0.5	10.0～25	1.16×10^{-2}～2.89×10^{-2}
粗砂	0.5～1.0	25～50	2.89×10^{-2}～5.78×10^{-2}
砾砂	1.0～2.0	50～100	5.78×10^{-2}～1.16×10^{-1}
圆砾		75～150	8.68×10^{-2}～1.74×10^{-1}
卵石		100～200	1.16×10^{-1}～2.31×10^{-1}
块石		200～500	2.31×10^{-1}～5.79×10^{-1}
漂石		500～1 000	5.79×10^{-1}～1.16×10^{0}

2. 掌握不同比例尺水文地质图的分析方法

一级评价要求场地环境水文地质资料的调查精度应不低于 1∶10 000 比例尺，评价区的环境水文地质资料的调查精度应不低于 1∶50 000 比例尺。二级评价环境水文地质资料的调查精度要求能够清晰反映建设项目环境敏感区、地下水环境保护目标的位置关系，并根据建设项目特点和水文地质条件、复杂程度确定调查精度，建议一般不低于 1∶50 000 的比例尺为宜。

3．了解影响地下水水位变化的因素。

（1）地下水的补给

含水层中的地下水自外界获得水量补充的作用称为补给。地下水的主要补给来源有降水入渗补给、地表水入渗补给、来自其他含水层的补给以及人工补给等。

（2）蒸发

在常温下水由液态变为气态进入大气的过程称为蒸发。空气中的水汽主要来自地表水、地下水、土壤和植物的蒸发。有了蒸发作用，水循环才得以不断进行。

（3）降水

当空气中水汽含量达饱和状态时，超过饱和限度的水汽便凝结，以液态或固态形式降落到地面，这就是降水。

降水是水循环的主要环节之一，一个地区降水量的大小，决定了该地区水资源的丰富程度，对地下水资源的形成具有重要影响。

（4）下渗

下渗又称入渗，是指水从地表渗入土壤和地下的运动过程。它不仅影响土壤水和地下水的动态，直接决定壤中流和地下径流的生成，而且影响河川径流的组成。下渗强度指的是单位面积上单位时间内渗入土壤中的水量，用下渗率 f 表示，常用 mm/min 或 mm/h 计。在超渗产流地区，只有当降水强度超过下渗率时才能产生径流。可见，下渗是将地表水与地下水、土壤水联系起来的纽带，是径流形成过程、水循环过程的重要环节。

在天然条件下，下渗过程往往呈现不稳定和不连续性，形成这种情况的原因是多方面的，归纳起来主要有以下 4 个方面。

① 土壤特性的影响

土壤特性对下渗的影响，主要决定于土壤的透水性能及土壤的前期含水量。其中透水性能又和土壤的质地、孔隙的多少与大小有关。一般来说，土壤颗粒越粗，孔隙直径越大，其透水性能越好，土壤的下渗能力也越大。

② 降水特性的影响

降水特性包括降水强度、历时、降水时程分配及降水空间分布等。其中降水强度直接影响土壤下渗强度及下渗水量，在降水强度 i 小于下渗率 f 的条件下，降水全部渗入土壤，下渗过程受降水过程制约。在相同土壤水分条件下，下渗率随雨强增大而增大。尤其是在植被覆盖条件下情况更明显。但对于裸露的土壤，由于强雨点可将土粒击碎，并充填土壤的孔隙中，从而可能减少下渗率。此外，降水的时程分布对下渗也有一定的影响，如在相同条件下，连续性降水的下渗量要小于间歇性降水的下渗量。

③ 流域植被、地形条件的影响

通常有植被的地区，由于植被及地面上枯枝落叶具有滞水作用，增加了下渗时间，从而减少了地表径流，增大了下渗量。而地面起伏、切割程度不同，又影响地面漫流的速度和汇流时间。在相同的条件下，地面坡度大、漫流速度快，历时短，下渗量就小。

④ 人类活动的影响

人类活动对下渗的影响，既有增大的一面，也有抑制的一面。例如，各种坡地改梯田、植树造林、蓄水工程均会增加水的滞留时间，从而增大下渗量。反之，砍伐森林、过度放牧、不合理的耕作，则加剧水土流失，从而减少下渗量。在地下水资源不足的地区采用人工回灌，则是有计划、有目的地增加下渗量；反之，在低洼易涝地区，开挖排水沟渠则是有计划、有目的地控制下渗量，控制地下水的活动。从这意义上说，人们研究水的入渗规律，正是为了有计划、有目的地控制入渗过程，使之朝着人们所期望的方向发展。

（5）径流

径流是水文循环的重要环节和水均衡的基本要素，系指降落到地表的降水在重力作用下沿地表或地下流动的水流。因此，径流可分为地表径流和地下径流，两者具有密切联系，并经常相互转化。

评价等级为一级的建设项目，若掌握近三年内至少一个连续水文年的枯、平、丰水期地下水水位动态监测资料，评价期内至少开展一期地下水监测；若无上述资料，依据相关标准开展水位监测。评价等级为二级的建设项目，若掌握近三年内至少一个连续水文年的丰水期，地下水动态监测资料评价期可不开展现状评价。

（五）土壤环境现状调查与评价

1. 熟悉土壤环境现状调查的主要内容和方法

土壤环境具有较强的复杂性和非均质性，应开展相当精度的调查工作来确保土壤环境影响评价工作的科学性和准确性。但考虑到该要素首次系统地纳入环境影响评价技术体系，基础相对薄弱，调查工作时应在充分收集相关资料的基础上进行。

（1）资料收集。

收集建设项目所在区的气象、地形地貌特征、水文及水文地质、土地利用现状、土地利用规划、土壤类型分布、土地利用历史情况等资料，以及与建设项目土壤环境影响评价其他相关的资料。

（2）遥感图像应用。

① 区域调查宜选用 TM/ETM 等卫星遥感图像，用于区分地貌类型、地质构造、水体、地下水溢出带、土地利用变化等。

② 重点区调查宜选用彩色红外片、紫外或红外扫描航空遥感片和TM/SPOT等卫星遥感图像，主要用于识别点、线、面污染源，如管线泄漏污染调查、城市垃圾和工业固体废物的堆放及规模、城市建设发展变化和工业布局等的调查。

（3）走访调查。

采用走访、座谈、问卷调查等多种方式，重点了解土地利用历史情况、周边污染状况和污染事件。

（4）地面调查。

通过现场踏勘观察调查点及周边的土地利用现状、植被或作物的生长状况、周边影响源分布情况、是否存在污染状况或存在污染有关的现象，拍摄典型照片。

（5）剖面调查。

开展剖面调查时，应根据调查点及其周边的地形地貌特征、剖面实施的便利性等因素，留取剖面照片；改扩建的建设项目应当充分分析污染最重的区域，结合场地实际情况，配合水文地质调查，开展必要的土壤剖面钻探调查。

① 钻探。在重点调查区配合钻探取样划分地层，查明土体构型，为取得有关参数提供依据，如水样和/或岩（土）样采取、试验等。

② 物探。物探工作重点布置在地面调查难以判断而又需要解决问题的地段，或者基本确定土壤已受污染的地段。主要物探技术方法有：地质雷达法、高密度电法和电磁法。

（6）土壤气、土壤水监测等其他技术在调查中的应用。

2. 了解土壤环境生态影响的影响因素

土壤环境生态影响，指由于人为因素引起土壤环境特征变化导致其生态功能变化的过程或状态。

土壤物理性质包括：密度、相对密度、孔隙度、土壤结构、土壤机械组成、土壤黏着力、土壤膨胀、收缩、土壤安全角、土壤空气、土壤温度、土壤水分、土壤毛细管水上升高度、土壤水分常数等。土壤化学性质包括：土壤 pH、可溶盐、总盐、可溶盐阴阳离子、土壤养分（氮、磷、钾）、土壤有机质、土壤酸度、土壤碱度、以及各类化学物质在土壤中的含量等。但土壤环境影响评价中，应根据评价实际需要，有针对性地选取相应的理化特性指标进行调查，而非每个建设项目均调查所有的理化特性指标。

根据土壤环境影响类型、建设项目特征与评价需要，在调查土壤理化特性内容的基础上，土壤环境生态影响型建设项目调查植被、地下水位埋深、地下水溶解性总固体等内容。

① 植被特征。植被特征与土壤环境的关系是生态学研究的重要领域。获取区域地表植被覆盖状况，对于揭示地表植被分布、动态变化趋势以及评价区域生态环境具有现实作用。植被恢复过程中，土壤养分和有机质等含量有所改善，而土壤养分的改善有助于植被的恢复。土壤状况不仅影响着植物群落的演替方向，更进一步决定着植物群落的类型、分布和动态。

不同植被群落下土壤性质存在显著差异。有研究表明，植被各项指标与土壤粉粒含量、黏粒含量、全氮含量以及有机质含量呈现正相关，与砂粒含量、土壤容重、pH、有效磷含量呈现负相关。

场地土壤的植被覆盖情况可通过遥感生态解译与地面调查相结合的方式进行调查分析。具体调查方法可参考《生态环境状况评价技术规范》（HJ 192—2015）、《环境影响评价技术导则　生态环境》（HJ 19—2011）以及《生物多样性观测技术导则》（HJ 710—2014）等相关技术规范。

② 地下水位埋深。地下水位埋深是指地下水面到地表的距离，是影响包气带水升降的重要因素，与土壤盐渍化成因密切相关。土壤盐渍化的根本防治措施是调控地下水位，比如在地下水开采过程中，由于地下水埋深大于毛细带强烈上升高度，可以切断水盐沿毛细管上升的通道，从而可以有效地防止返盐和土壤积盐。同时，由于水位埋深加大，可以容纳灌水和降水的入渗，蒸发强度显著减弱，从而改变水盐运动方向和动态特征，使水盐向下运动，有利于包气带水土盐分淡化，防止潜水因蒸发而浓缩和使盐分向土壤表层累积，对从根本上防治土壤盐渍化有重要意义。地下水水位测量是水文地质勘查领域的基本技术手段，可通过地面调查、勘探等方法进行。

③ 溶解性总固体。溶解性总固体是指水流经围岩后单位体积水样中溶解无机矿物成分的总质量，包括溶解于水中的各种离子、分子、化合物的总量。地下水溶解性总固体是评价地下水含盐量、表征地下水无机污染物的重要指标，受降雨、蒸发、地形、土壤类型、土地利用类型、岩性及农业活动等因素的影响，其分布具有空间变异性。溶解性总固体指标值越高，地下水矿化程度越高，所含各种阴、阳离子总量越多，地下水经包气带蒸发遗留地表土壤的盐分越多，土壤盐渍化的程度越高。因此，地下水中溶解性总固体是判断土壤是否会发生

盐碱化的重要指标之一。溶解性总固体的测定可选取现场仪器测定或室内试验称量法。具体测定方法及操作规程可参考《土壤检测 第16部分：土壤水溶性盐总量的测定》（NY/T 1121.16—2006）。

3. 了解酸化、盐化、碱化的分级标准

我国尚无专门的土壤盐化、酸化、碱化分级标准，为此，土壤导则根据相应研究和应用成果，采用专家评判的方式，制定匹配土壤环境影响评价需要的分级标准（表6、表7）。盐化分级方法引自业内权威专著《中国盐渍土》，土壤碱化和酸化分级标准参考了《中国土壤》有关内容，考虑土壤含盐量超过1～2 g/kg、pH小于4.5和大于8.5时作物生长受到抑制、养分供给受限、土壤质量恶化。同时，根据实际应用的情况，在《中国土壤》酸化分级基础上对酸化和碱化标准进行了细化，在实际工作中，可根据建设项目所在地的区域自然背景状况适当调整。

表6　土壤盐化分级标准

分级	土壤含盐量（SSC）/（g/kg）	
	滨海、半湿润和半干旱地区	干旱、半荒漠和荒漠地区
未盐化	SSC＜1	SSC＜2
轻度盐化	1≤SSC＜2	2≤SSC＜3
中度盐化	2≤SSC＜4	3≤SSC＜5
重度盐化	4≤SSC＜6	5≤SSC＜10
极重度盐化	SSC≥6	SSC≥10

注：根据区域自然背景状况适当调整。

表7　土壤酸化、碱化分级标准

土壤pH	土壤酸化、碱化强度
pH＜3.5	极重度酸化
3.5≤pH＜4.0	重度酸化
4.0≤pH＜4.5	中度酸化
4.5≤pH＜5.5	轻度酸化
5.5≤pH＜8.5	无酸化或碱化
8.5≤pH＜9.0	轻度碱化
9.0≤pH＜9.5	中度碱化
9.5≤pH＜10.0	重度碱化
pH≥10.0	极重度碱化

注：土壤酸化、碱化强度指受人为影响后呈现的土壤pH，可根据区域自然背景状况适当调整。

（六）声环境现状调查与评价

1. 掌握声环境质量评价量的含义及适用情景

环境噪声现状评价量：

（1）A 声级

为了能用仪器直接测量出人的主观响度感觉，研究人员为测量噪声的仪器——声级计设计了一种特殊的滤波器，叫 A 计权网络。通过 A 计权网络测得的噪声值更接近人的听觉，这个测得的声压级称为 A 计权声级，简称 A 声级，以 L_{PA} 或 L_A 表示，单位为 dB。

（2）最大 A 声级

在规定的测量时间段内或对某一独立噪声事件，测得的 A 声级最大值，用 L_{max} 表示，单位为 dB（A）。

（3）等效连续 A 声级

等效连续 A 声级（简称等效声级），即将某一段时间内连续暴露的不同 A 声级变化，用能量平均的方法以 A 声级表示该段时间内的噪声大小，用 L_{eq} 表示，单位为 dB（A）。

根据定义，等效声级表示为：

$$L_{eq}=10\lg\left(\frac{1}{T}\int_0^T 10^{0.1\cdot L_A}\,dt\right) \tag{8}$$

式中：L_A——t 时刻的瞬时 A 声级；

T——规定的测量时间段。

等效连续 A 声级是应用较广泛的环境噪声评价量。我国制定的《声环境质量标准》和《工业企业厂界环境噪声排放标准》《建筑施工场界噪声限值》《铁路边界噪声限值和测量方法》等环境噪声排放标准，均采用该评价量作为其标准参数，只是根据环境噪声实际变化情况确定不同的测量时间段，将其测量结果代表某段时间环境噪声状况。

（4）昼间等效声级、夜间等效声级

在昼间时段内测得的等效连续 A 声级称为昼间等效声级，用 L_d 表示，单位为 dB（A）。

在夜间时段内测得的等效连续 A 声级称为夜间等效声级，用 L_n 表示，单位为 dB（A）。

注：根据《中华人民共和国环境噪声污染防治法》，“昼间”是指 6：00—22：00 的时段；“夜间”是指 22：00 至次日 6：00 的时段。

县级以上人民政府为环境噪声污染防治的需要（如考虑时差、作息习惯差异等）而对昼间、夜间的划分另有规定的，应按其规定执行。

（5）计权等效连续感觉噪声级 LWECPN 或 WECPNL：

计权等效连续感觉噪声级是在有效感觉噪声级的基础上发展起来、用于分析航空噪声的评价量，其特点在于既考虑了在全天 24 h 内飞机通过某一固定点所产生的总噪声级，同时也考虑了不同时间段内的飞机对周围环境所造成的影响。

计权等效连续感觉噪声级仅作为评价机场飞机噪声影响的参数，其对照评价的标准是《机场周围飞机噪声环境标准》。

2. 熟悉工矿企业、轨道交通、公路、机场等建设项目声环境现状调查的方法及要点

（1）工矿企业环境噪声现状水平调查

现有车间的噪声现状调查，重点为 85 dB（A）以上的噪声源分布及声级特性分析。

厂区内噪声水平调查一般采用网格法，每间隔 10～50 m 划分正方形网格（大型厂区可取 50～100 m），在交叉点（或中心点）布点测量，测量结果标在图上供数据处理用。

厂界噪声水平调查测量点布置在厂界外 1 m 处，间隔距离可以为 50～100 m，大型项目也可以取 100～300 m，具体测量方法参照相应的标准规定。

生活居住区噪声水平调查，也可将生活区划成网格测量，进行总体水平分析，或针对敏感目标，参照《声环境质量标准》（GB 3096—2008）布置测点，调查敏感点处噪声现状水平。

所有调查数据按有关标准选用的参数进行数据统计和计算，所得结果供现状评价用。

（2）公路、铁路环境噪声现状水平调查

公路、铁路为线路型工程，其噪声现状水平调查应重点关注沿线的环境噪声敏感目标，其具体方法为：

调查评价范围内有关城镇、学校、医院、居民集中区或农村生活区在沿线的分布和建筑情况以及相应执行的噪声标准。

通过测量调查环境噪声背景值，若敏感目标较多，应分路段测量环境噪声背景值（逐点或选典型代表点布点）。

若存在现有噪声源（包括固定源和流动源），应调查其分布状况和对周围敏感目标影响的范围和程度。

环境噪声现状水平调查一般测量等效连续 A 声级。必要时，除给出昼间和夜间背景噪声值外，还需给出噪声源影响的距离、超标范围和程度，以及全天 24 h 等效声级值，作为现状评价和预测评价依据。

（3）机场周围环境噪声现状水平调查

在机场周围进行环境调查时，需调查评价范围内声环境功能区划、敏感目标和人口分布，噪声源种类、数量及相应的噪声级。当评价范围内没有明显噪声源，且声级较低（≤45 dB）时，噪声现状监测点可依据评价等级分别选择3～6个测点，测量等效连续A声级。

改扩建工程，应根据现有飞机飞行架次、飞行程序和机场周围敏感点分布，分别选择3～18个测点进行飞机噪声监测；无敏感点的可在机场近台、远台设点监测。在每个测点分别测量不同机型起飞、降落时的最大A声级、持续时间（最大声级下10 dB的持续时间）或EPNL，对于飞机架次较多的机场可实施连续监测，并根据飞越该测点的不同机型和架次，计算出该测点的WECPNL。同时给出年日平均飞行架次和机型，绘制现状等声级线图。

3. 掌握声环境现状监测结果的分析方法

环境噪声现状评价方法：

环境噪声现状评价包括噪声源现状评价和声环境质量现状评价，其评价方法是对照相关标准评价达标或超标情况并分析其原因，同时评价受到噪声影响的人口分布情况。

（1）以图、表结合的方式给出评价范围内声功能区划情况，现有敏感目标分布情况，以及声源分布情况。

（2）分析评价范围内现有主要声源种类、数量及相应的噪声级、声级特性等，评价厂界（或场界、边界）超、达标情况。

（3）分析评价不同声功能区内各敏感目标的超标、达标情况，说明其受到现有主要声源的影响状况。对于改、扩建飞机场，需要绘制现状WECPNL的等声级线图进行说明。

（4）给出不同类别声环境功能区噪声超标范围内的人口数及分布情况。

（七）生态现状调查与评价

1. 熟悉生态系统、生物量的调查和评价方法

（1）生态系统调查和评价方法

生态系统是生物群落及其地理环境相互作用的自然系统。习惯上，通常按生境和植被类型划分各类生态系统，如生物圈中有陆地生态系统、海洋生态系统和淡水生态系统；陆地生态系统中又进一步分为森林生态系统、草原生态系统、荒漠生态系统、冻原生态系统等；森林生态系统又有针叶林、阔叶林、混交林等。除自然生态系统外，还有人工生态系统，如农田、城市等。

生态系统的调查应重点调查其类型、结构、功能和过程，以及相关的非生

物因子特征。生态系统的结构包括营养结构（食物链及食物网）、空间结构（上层的自养层和下层的异养层，以及垂直分层）和时间结构（昼夜周期性与季节性），而以生物为核心的能量流量和物质循环是生态系统最基本的功能和特征。结构与功能的统一制约着自然生态系统的生产力（生物产量、生物量）。

由于生态系统类型多样，不同类型的生态系统有不同的调查方法，一般根据群落或植被类型、优势种或建群种、地形地貌或土地利用类型即可确定。具体方法包括收集资料法（利用前人成果）、现场调查或现场取样方法（设置样地或样方）、遥感（从更大层度上考虑）、科学判断法（利用掌握的生态学或相关学科知识）或专家咨询法等。

评价应在区域生态基本特征现状调查的基础上，对生态现状进行定量或定性的分析评价。重点评价生态系统的完整性、稳定性、动态变化性。

评价方法应采用文字和图件相结合的表现形式，采用生态系统质量的评价方法或运用社会—经济的观点来估算的方法。包括列表清单法、图形叠加法、生态机理法、指数与综合指数法、系统分析法、景观生态学法、生物多样性评价、生产力法等。

（2）生物量调查和评价方法

生态系统的生物量，又称“现存量”，是指一定地段面积内（单位面积或体积内）某个时期生存着的活有机体的数量，是衡量环境质量变化的主要标志。

生物量的测定，采用样地调查收割法。样地面积一般是森林选用 1 000 m^2；疏林及灌木林选用 500 m^2；草本群落选用 100 m^2。下面是几种当前常用的方法：

① 皆伐实测法：为了精确测定生物量，或用作标准来检查其他测定方法的精确度，采用皆伐实测法。林木伐倒之后，测定其各部分的材积，并根据比重或烘干重换算成干重。各株林木干重之和即为林木的植物生物量。

② 平均木法：采伐并测定具有林分平均断面积的树木的生物量，再乘以总株数。为了保证测定的精度，可采伐多株具平均断面积的样木，测定其生物量，再计算单位面积的干重。

③ 将研究地段的林木按其大小分级，在各级内再取平均木，然后再换算成单位面积的干重。

④ 随机抽样法：研究地段上随机选多株样木，伐倒并测定其生物量。将样木生物量之和乘以研究地段总胸高断面积与样木胸高断面积之和之比，即得全林的生物量。

⑤ 遥感法：采用卫星遥感技术也可以测算植被生物量，现在普遍应用是测算一个区域农作物的产量，当然也可以测算其他植被的生物量。

⑥ 历史资料法：在环境影响评价实际工作中，可采用收集历史资料及参考

相关研究成果等方法获取当地生物量。

2. 熟悉陆生植被、植物的调查和评价方法

植被是指覆盖地表的植物群落的泛称。植被调查首先要识别植被类型，植被类型是植物群落的高级或最高级的分类单位，系具有一致外貌的群系联合。关于植被分类，按地理特征、地域、群落或其形成过程等不同分类方法各有不同。生态影响评价一般按植被中的植物种类、数量、结构、生活型及生态特点，以优势种来确定植被的类型。

（1）植物群落结构调查和评价方法

植物群落的结构主要包括群落的物种组成、植株的大小、分布与排序（即布局）。自然植被经常须进行现场的样方调查，样方调查中首先须确定样地，一般草本的样方在 1 m^2 以上，灌木林样方在 10 m^2 以上，乔木林样方在 100 m^2 以上，样方大小依据植株大小和密度确定。其次须确定样方数目，样方的面积须包括群落的大部分物种，一般可用种与面积和关系曲线确定样方数目。样方的排列有系统排列和随机排列两种方式。样方调查中“压线”植物的计量须合理。

在样方调查（主要是进行物种调查、覆盖度调查）的基础上，可依下列方法计算群落中物种的重要值：

① 密度＝个体数目/样方面积

$$相对密度=\frac{一个种的密度}{所有种的密度}\times 100\% \quad (9)$$

② 优势度＝底面积（或覆盖面积总值）/样方面积

$$相对优势度=\frac{一个种优势度}{所有种优势度}\times 100\% \quad (10)$$

③ 频度＝包含该种样方数/样方总数

$$相对频度=\frac{一个种的频度}{所有种的频度}\times 100\% \quad (11)$$

④ 重要值＝相对密度+相对优势度+相对频度

根据物种重要值可判断群落的类型。一般以重要值最高，或重要值排在前两位或前三位的物种确定群落的类型。

3. 熟悉陆生动物及其生境的调查和评价方法

动物调查目的是了解调查区域动物种类、分布、种群数量与种群密度、栖居生境类型及质量（动物营巢、营穴）、繁殖、育雏、天敌、昼夜活动、迁徙，重要经济种类、受威胁现状及因素、保护现状等方面内容。即主要是对动物种类、生理特性与生态习性、生境等的调查。

由于不同种类的动物大小、生理特性与生态习性以及生境条件差别很大，因此，针对不同种类的动物有不同的方法。除常规的资料收集法、现场勘察法、专家咨询法、遥感、总体计数法、标记重捕法、指数估算法、非损伤性取样法、定位半定位观测等方法外，还可以采取样线（带）法、样地（方）法、两栖爬行动物、捕获（捉）法、标本收集法、直观调查法、特征识别法、访谈法等。具体方法可参照“生物多样性观测技术导则”（HJ 710—2014）系列中的陆生哺乳动物、鸟类、爬行动物、两栖动物、内陆水域鱼类、淡水底栖大型无脊椎动物、蝴蝶、大中型土壤动物等的调查（观测）方法。

（1）两栖爬行类物种调查

两栖爬行类应选择在繁殖季节进行调查。在一个样点最好能进行 2 次以上的调查，特别是两栖爬行类的繁殖季节相对集中，宜以天为频度展开观察，维持至繁殖行为结束。

样区的选择应该覆盖评价区各种栖息地类型，每种生境确定不同数量的调查点和线。

调查内容包括：种类、分布、种群数量（种群密度、栖息地面积等）、栖息生境类型及质量、受威胁现状及因素、保护现状等。

调查方法：

① 全部计数法。将调查样区内所有种类和数量都统计出来。

② 样线（带）法。此方法适于大范围内估计物种种群密度，可以以一定的路线长度为基础，也可以以一定的调查时间为基础。

③ 鸣声计数法。这种定点声音监测法通常会连续记录好几个晚上，所以会配合定时器做片断选取。

④ 卵块或窝巢计数法。对于一些繁殖时间和繁殖地点相对固定的两栖爬行类，宜采用本方法。

⑤ 访问调查法。对于一些特殊种类可采取本方法。

分析与评价：组成分析（通过资料收集及野外调查，统计分析评价区两栖爬行类各目、科、属所属物种数目，占总种数的比例及各高级分类阶元的组成）；区划类型分析（对调查区域的两栖爬行类进行地理区划分析，分析该地区物种所占分区的多样性及每个分区中物种比例）；物种分析（种类名称、分布、数量、种群密度及栖息面积、栖息生境及质量、受威胁现状及因素、保护现状）等。

（2）鸟类物种调查

鸟类调查要选择在合适的时间或不同季节进行调查，在我国越冬的候鸟在冬季调查，在我国繁殖的候鸟在夏季调查，其他鸟类应在全年的不同季节调查。在一个样点最好能进行 2 次以上的调查。

样区的选择应该覆盖评价区各种栖息地类型，每种生境确定不同数量的调查线路或调查点。

调查内容包括：种类、分布、种群数量（种群密度、栖息地面积等）、栖息生境及质量、受威胁现状及因素、保护现状等。

调查方法：

① 样线（带）调查法。每条样线要进行2次以上调查，每种栖息地或生境类型一般需要1 000 m或更长的样线。

② 样点调查法。在一些不便于行走的调查区，如崎岖山地、湖泊、水库、沼泽、海岸、湿地等，宜采用本方法。

③ 分区直数法。主要针对水鸟，将调查区域（湖面、江面）内按照半径2 000 m或500 m一段进行分区，逐一统计各分区内水鸟种类和数量。

④ 红外相机陷阱法。主要针对地栖性鸟类和大型雉类，在人类活动干扰相对较小的区域，按公里/公顷网格进行布设，选择在不同的生境层中布设红外相机，保证相机安放点覆盖调查样区内主要生境层。红外相机安放在动物通道或可能经常出现的地点（如水源地、觅食地）。

⑤ 访问调查法。对于一些特殊种类可采取本方法。

分析与评价：区系分析（依据资料及实地调查结果，统计分析评价区内鸟类的种类组成及所属目、科、属的多样性，分析评价区的鸟类区系组成，计算出东洋区、古北区和广布鸟种数各自所占繁殖鸟总种数的百分比）；居留类型分析（统计分析所记录到的鸟类分别属于哪种居留类型，如留鸟、夏候鸟、冬候鸟、旅鸟、还是迷鸟）；不同生境的代表种类分析（分析评价区不同生境类型的代表性鸟类，如游禽、涉禽、陆禽、猛禽、攀禽、鸣禽）；物种分析（种类名称、分布、数量、种群密度及栖息面积、栖息生境及质量、受威胁现状及因素、保护现状）等。

（3）哺乳类物种调查

哺乳类调查要选择在全年不同的季节进行调查。在一个样点最好能进行2次以上的调查。样区的选择应该覆盖各种栖息地类型，每种生境确定不同数量的调查点和线。

调查内容包括：种类、分布、种群数量（种群密度、栖息地面积等）、哺乳类种群结构、栖息生境类型及质量、受威胁现状及因素、保护现状等。

调查方法：

① 样线（带）调查法。按一定的路线，沿途通过驱赶等方法，沿途观察动物活动或存留足迹、粪便、爪印等，准确记录出现的动物种类和数量。

② 样点调查法。根据当地村民提供的哺乳类可能出没的盐碱塘、野生动物的经常饮水处、有规律性的必经通道等场所进行定点定时观察哺乳类动物的实

体和相关踪迹，特别要区分动物的不同个体和踪迹的新旧。

③ 红外相机陷阱法。在人类活动干扰相对较小的区域，按公里/公顷网格进行布设，选择在不同的生境层中布设红外相机，保证相机安放点覆盖调查样区内主要生境层。红外相机安放在动物通道或可能经常出现的地点（如硝塘、水源地、觅食地）。

④ 踪迹判断法。很难直接观察到野生哺乳类动物实体或不能采集标本时，根据哺乳类活动时留下的踪迹——足印、粪便、体毛、爪印、食痕、睡窝、洞穴等来判定所属物种、个体相对大小、雌雄性别、家域面积大小、大致数量、昼行或夜行、季节性迁移和生境偏好等。

⑤ 直观调查法。对于猿猴、松鼠、旱獭等少量昼行类群，按一定的路线或方向无声缓慢行进，直接观察记录视线范围内的各种动物及其活动情况。

⑥ 鸣叫调查法。此法用于长臂猿等的种群调查，每天早晨记录长臂猿的晨鸣时间、位点等，连续监听一周以上记录，据此来推算种群及个体数量。

⑦ 访问调查法。通过与当地熟悉情况的猎手、放牧者等进行交谈，了解评价区的野生哺乳类物种和数量等信息。

分析与评价：物种组成分析（通过资料查阅及实地调查，分析调查地区哺乳类的状况，分析各分类阶元的比例组成）、动物地理区划分析（分析统计区系成分组成，如东洋种、古北种、广布种等，并注明土著种、外来种、特有种、优势种等）、栖息地评价（分析评价哺乳类所在区域的栖息地的总体气候类型、时空连续性和完整性以及哺乳类赖以生存的植被生境类型、时空结构水平等）、物种分析（种类名称、分布、数量、种群密度及栖息面积、栖息生境及质量、受威胁因素、保护现状）等。

动物评价要重点评价国家和地方重点保护野生动物及其种群的生态学特性，尤其关注对其生境（食源、水源、栖息地、庇护所、繁殖地、领地等）的评价，即栖息地环境及质量，包括植被、食物、水源、地形地貌、免受威胁或干扰条件。动物生境是动物（个体、种群）在其生活史的某一阶段所依存的场所（或环境条件），是维持其正常生命活动所依赖的各种环境资源的总和。主要取决于食物、隐蔽条件和水。

评价方法常应用动物生态学原理，采用定性、定量或二者相结合的方法，包括最小生活种群评价法及对生境完整性、迁徙路径与范围、食源丰富性、领地范围、种群性别比例及其增长率等进行评价。

4．了解淡水水生生物与渔业资源的调查方法

淡水水生生物调查包括：

（1）浮游生物调查

浮游生物包括浮游植物和浮游动物，也包括鱼卵和仔鱼。浮游生物调查指标包括：

① 种类组成及分布：包括种及其类属和门类，不同水域的种类数（种/网）；

② 细胞总量：平均总量（个/m^3）及其区域分布、季节分析；

③ 生物量：单位体积水体中的浮游生物总重量（mg/m^3）；

④ 主要类群：按各种类的浮游生物的生态属性和区域分布特点进行划分；

⑤ 主要优势种及分布：细胞密度（个/m^3）最大的种类及其分布；

⑥ 鱼卵和仔鱼的数量（粒/网或尾/网）及种类、分布。

（2）底栖生物调查

① 总生物量（g/m^2）和密度（个/m^3）；

② 种类及其生物量、密度：各种类的底栖生物及其相应的生物量、密度；

③ 种类—组成—分布；

④ 群落与优势种：群落组成、分布及其优势种；

⑤ 底质：类型。

（3）鱼类

鱼类是水生生态调查的重点，一般调查方法为网捕，也附加市场调查法等。鱼类调查既包括鱼类种群的生态学调查，也包括鱼类作为资源的调查。一般调查指标有：

① 种类组成与分布：区分目、科、属、种，相应的分布位置；

② 渔获密度、组成与分布：渔获密度（尾/网），相应的种类、地点；

③ 渔获生物量、组成与分布：渔获生物量（g/网）及相应的种类、地点；

④ 鱼类区系特征：不同温度区及其适宜鱼类种类，不同水层（上、中、底层）中分布，不同水域（静水、流水、急流）鱼类分布；

⑤ 经济鱼类和常见鱼类：种类、生产力；

⑥ 特有鱼类：地方特有鱼类种类、生活史（食性、繁殖与产卵、洄游等）、特殊生境要求与利用、种群动态；

⑦ 保护鱼类：列入国家和省级一、二类保护名录中的鱼类、分布、生活史、种群动态及生境条件。

河流渔业资源调查方法具体见《淡水渔业资源调查规范 河流》（SC/T 9429—2019）。

水库渔业资源调查按《水库渔业资源调查规范》（SL 167—2014）执行。

水库渔业资源调查的内容主要包括水库形态与自然环境调查、水库污染状况调查、水库沉积物调查、水的理化性质调查、浮游植物和浮游动物调查、浮游植物叶绿素的测定、浮游植物初级生产力的测定、微生物调查、底栖动物调查、着生生物调查、大型水生植物调查、鱼类调查、经济鱼类产卵场调查、其他水生经济动物调查。具体如下：

① 水库形态与自然环境调查。主要调查水库工程概况、水库形态特征、集雨区概况、淹没区概况、消落区概况、气候气象和水文条件等。

② 水库污染状况调查。调查内容主要包括工业污染源调查、生活污染源调查、农业污染源调查、地表排污水体调查。应查明污染源的类型、空间分布特征，主要污染物种类、排放方式、排放强度和污染物接纳场所的地质环境等。污染源调查以收集有关部门，进行资料整理为主。对重要污染源或潜在污染源应进行野外核实和监测。对受到重金属或农药等污染物重度污染的水库，宜进行生物体污染物检测。

③ 水库沉积物调查。必做的检测项目有氧化还原电位、总磷、总氮、有机碳，选做的项目有含水率、总汞、铜、铅、镉、锌、铬、砷、硒、油类、六六六、滴滴涕、多氯联苯、狄氏硫化物。

④ 水的理化性质调查。

必做的检测项目包括水温、透明度、电导率、pH 值、溶解氧、化学耗氧量、总碱度、总硬度、氨氮、硝酸盐氮、总氮、总磷、可溶性磷酸盐等，选做的检测项目包括重碳酸盐、碳酸盐、钙、镁、氯化物、硫酸盐、亚硝酸盐氮、总铁、钠、钾、污染状况等。

⑤ 浮游植物和浮游动物调查。通过采样、样品固定、种类鉴定、计数、生物量计算等，分析浮游植物和浮游动物的种类组成，并按分类系统列出名录表，记录浮游植物和浮游动物的数量和生物量。

⑥ 浮游植物叶绿素的测定。测定叶绿素 a、叶绿素 b、叶绿素 c 的含量。

⑦ 浮游植物初级生产力的测定。采用黑白瓶测氧法测定浮游植物的初级生产力。

⑧ 微生物调查。记录细菌总数、异养细菌数量和细菌生物量的测定结果。

⑨ 底栖动物调查。分析软体动物、水生昆虫和水栖寡毛类的种类组成，并按分类系统列出名录表，记录数量和生物量的调查结果。

⑩ 着生生物调查。分析着生藻类和着生原生动物的种类组成，并按分类系统列出名录表，记录计数结果。

⑪ 大型水生植物调查。分析大型水生植物的种类组成，并按分类系统列出名录表，记录称重结果。

⑫ 鱼类调查。包括种类组成、渔获物分析、主要经济鱼类和土著鱼类年龄与生长、渔产量统计。

⑬ 经济鱼类产卵场调查。水库中经济鱼类种类很多，应根据实际情况和调查目的确定调查内容。除特大型水库外，一般应对非放养的经济鱼类的产卵场进行调查，主要调查其位置和规模。

⑭ 其他水生经济动物调查。水库中水生经济动物除鱼类外，还有虾、蟹等甲壳动物、蛙、大鲵、龟、鳖等两栖爬行类动物等。在进行水库渔业资源调查时，应根据水库及其流域实际情况确定其他水生经济动物调查对象。

5. 了解海洋生态的调查方法

海洋生态调查一般按规范的方法进行，如海洋水质和底泥监测须按《海洋监测规范　第3部分：样品采集、贮存与运输》（GB 17378.3—2007）和《海洋监测规范　第4部分：海水分析》（GB 17378.4—2007）执行，海洋生物调查按《海洋调查规范　第9部分：海洋生态调查指南》（GB/T 12763.9—2007）执行，该规范对样品采集、保存和分析方法等都进行了规定。

海洋生物调查的内容除了上述淡水水生生物和渔业资源调查的内容外，还应进行潮间带生物调查，潮间带生物调查的采样和标本处理按《海洋调查规范　第9部分：海洋生态调查指南》（GB/T 12763.9—2007）进行，一般按不同的潮区进行调查，其主要调查指标是：

（1）种类组成与分布：鉴定潮间带生物种和类属；

（2）生物量（g/m^2）和密度（个/m^2）及其分布：包括平面分布和垂直分布；

（3）群落：群落类型和结构，按潮区分别调查；

（4）底质：相应群落的底质类型（砂、岩、泥）。

在近岸海域还需要执行《近岸海域环境监测技术规范 第六部分 近岸海域生物监测》（HJ 442.6—2020）、《近岸海域环境监测技术规范 第五部分 近岸海域生物质量监测》（HJ 442.5—2020）。

6. 了解“3S”技术在生态现状调查中的应用

“3S”（RS、GPS、GIS）技术是指遥感、地理信息系统、全球定位系统，在生态环境调查与研究中，具有重要作用。

（1）遥感（RS）

遥感是指通过任何不接触被观测物体的手段来获取信息的过程和方法，包括航天遥感、航空遥感、船载遥感、雷达以及照相机摄制的图像。景观生态学的迅速发展，得益于遥感技术的发展及其应用。遥感为景观生态学研究和应用提供的信息包括：地形、地貌、地面水体、植被类型及其分布、土地利用类型及其面积、生物量分布、土壤类型及其水体特征、群落蒸腾量、叶面积指数及叶绿素含量等。最常用的卫星遥感资源是美国陆地资源卫星 TM 影像，包括 7 个波段，每个波段的信息反映了不同的生态学特点。

利用计算机进行景观遥感分类，一般可以分为五个步骤：数据收集和预处理、选择训练样区与GPS定位、遥感影像分类、分类结果的后处理、分类精度评价。

（2）地理信息系统（GIS）

地理信息系统是在计算机支持下，对空间数据进行采集、存储、检索、运算、显示和分析的管理系统。这里的空间数据指不同来源和方式的遥感和非遥感手段所获取的数据。它有多种数据类型，包括地图、遥感数据和统计数据等，其共同特点是都有确切的空间位置。

空间数据录入后，地理信息系统可以进行空间数据查询、分析、缓冲区分析、图层叠加分析、数据更新显示局部信息收集等操作。

（3）全球定位系统（GPS）

GPS系统包括三部分：GPS卫星星座、地面监控系统、GPS信号接收机。

7. 了解景观生态学方法在生态现状调查与评价中的应用

景观生态学法是通过研究某一区域、一定时段内的生态系统类群的格局、特点、综合资源状况等自然规律，以及人为干预下的演替趋势，揭示人类活动在改变生物与环境方面的作用的方法。景观生态学对生态质量状况的评判是通过两个方面进行的，一是空间结构分析，二是功能与稳定性分析。景观生态学认为，景观的结构与功能是相当匹配的，且增加景观异质性和共生性也是生态学和社会学整体论的基本原则。

空间结构分析基于景观是高于生态系统的自然系统，是一个清晰的和可度量的单位。景观由斑块、基质和廊道组成，其中基质是景观的背景地块，是景观中一种可以控制环境质量的组分。因此，基质的判定是空间结构分析的重要内容。判定基质有三个标准，即相对面积大、连通程度高、有动态控制功能。基质的判定多借用传统生态学中计算植被重要值的方法。决定某一斑块类型在景观中的优势，也称优势度值（D_o）。优势度值由密度（R_d）、频率（R_f）和景观比例（L_p）三个参数计算得出。其数学表达式如下：

$$R_d=（斑块\ i\ 的数目/斑块总数）\times 100\% \qquad (12)$$

$$R_f=（斑块\ i\ 出现的样方数/总样方数）\times 100\% \qquad (13)$$

$$L_p=（斑块\ i\ 的面积/样方总面积）\times 100\% \qquad (14)$$

$$D_o=0.5\times[0.5\times(R_d+R_f)+L_p]\times 100\% \qquad (15)$$

上述分析同时反映自然组分在区域生态系统中的数量和分布，因此能较准确地表示生态系统的整体性。

景观的功能和稳定性分析包括如下四个方面内容：

（1）生物恢复力分析：分析景观基本元素的再生能力或高亚稳定性元素能

否占主导地位。

（2）异质性分析：基质为绿地时，由于异质化程度高的基质很容易维护它的基质地位，从而达到增强景观稳定性的作用。

（3）种群源的持久性和可达性分析：分析动、植物物种能否持久保持能量流、养分流，分析物种流可否顺利地从一种景观元素迁移到另一种元素，从而增强共生性。

（4）景观组织的开放性分析：分析景观组织与周边生境的交流渠道是否畅通。开放性强的景观组织可以增强抵抗力和恢复力。景观生态学方法既可以用于生态现状评价，也可以用于生境变化预测，目前是国内外生态影响评价学术领域中较先进的方法。

景观生态学法主要是针对具有区域性质的大型项目，如大型水利工程；线性项目，如铁路、输油、输气管道等，重点研究的是项目对区域景观的切割作用带来的影响。

三、环境影响识别与评价因子的筛选

熟悉评价因子筛选的技术方法

根据建设项目的特点、环境影响的主要特征，结合区域环境功能要求，环境保护目标、评价标准和环境制约因素，筛选确定评价因子。

应重点关注环境制约因素。评价因子须能够反映环境影响的主要特征、区域环境的基本状况及建设项目特点和排污特征。评价因子的具体筛选方法如下：

（1）大气环境影响评价因子筛选

按 HJ 2.1 或 HJ 130 的要求识别大气环境影响因素，并筛选出大气环境影响评价因子。大气环境影响评价因子主要为项目排放的基本污染物及其他污染物。

当建设项目排放的 SO_2 和 NO_x 年排放量大于或等于 500 t/a 时，评价因子应增加二次 $PM_{2.5}$（表 8）。

表 8　二次污染物评价因子筛选

类别	污染物排放量/（t/a）	二次污染物评价因子
建设项目	$SO_2+NO_x \geqslant 500$	$PM_{2.5}$
规划项目	$SO_2+NO_x \geqslant 500$	$PM_{2.5}$
	$NO_x+VOCs \geqslant 2\,000$	O_3

当规划项目排放的 SO_2、NO_x 及 VOCs 年排放量达到表 8 规定的量时，评价因子应相应增加二次 $PM_{2.5}$ 及 O_3。

（2）水环境影响评价因子筛选

在环境影响识别的基础上，根据建设项目的特点、环境影响的主要特征，结合区域水环境功能要求、水环境保护目标、评价标准和环境制约因素，筛选确定评价因子。按照建设项目环境影响的类型分别进行水环境影响评价因子筛选。

① 水污染影响型建设项目评价因子的筛选

a）按照污染源源强核算技术指南，开展建设项目污染源与水污染因子识别，结合建设项目所在水环境控制单元或区域水环境质量现状，筛选水环境现状调查评价与影响预测评价的因子；

b）行业污染物排放标准中涉及的水污染物应作为评价因子；

c）在车间或车间处理设施排放口排放的第一类污染物应作为评价因子；

d）水温应作为评价因子；

e）面源污染所含的主要污染物应作为评价因子；

f）建设项目排放的，且为建设项目所在控制单元的水质超标因子或潜在污染因子（指近 3 年来水质浓度值呈上升趋势的水质因子），应作为评价因子。

② 水文要素影响型建设项目评价因子的筛选

评价因子应根据建设项目对地表水体水文要素影响的特征确定。河流、湖泊及水库主要评价水面面积、水量、水温、径流过程、水位、水深、流速、水面宽、冲淤变化等因子，湖泊和水库需要重点关注水域面积或蓄水量及水力停留时间等因子。感潮河段、入海河口及近岸海域主要评价流量、流向、潮区界、潮流界、纳潮量、水位、流速、水面宽、水深、冲淤变化等因子。

③ 富营养化有关的因子

建设项目可能导致受纳水体富营养化的，评价因子还应包括与富营养化有关的因子（如总磷、总氮、叶绿素 a、高锰酸盐指数和透明度等。其中，叶绿素 a 为必须评价的因子）。

四、环境影响预测与评价

（一）大气环境影响预测与评价

1. 掌握常规气象资料（温度、风速、风向玫瑰、主导风向）的分析内容与用法

根据估算模型或者进一步预测模型需求，收集公开发布的气象统计资料或

基准年的逐时气象数据，气象要素与格式应符合所选择预测模型的要求。

收集或统计当地近 20 年统计的主导风向，作为补充监测布点的依据。主导风向指风频最大的风向角的范围，对于以 16 方位角表示的风向，主导风向一般是指连续 2～3 个风向角的范围。

（1）估算模型 AERSCREEN

模型所需最高和最低环境温度，一般需选取评价区域近 20 年以上资料统计结果。最小风速可取 0.5 m/s，风速计高度取 10 m。

（2）AERMOD 和 ADMS

地面气象数据选择距离项目最近或气象特征基本一致的气象站的逐时地面气象数据，要素至少包括风速、风向、总云量和干球温度。根据预测精度要求及预测因子特征，可选择观测资料包括湿球温度、露点温度、相对湿度、降水量、降水类型、海平面气压、地面气压、云底高度、水平能见度等。其中对观测站点缺失的气象要素，可采用经验证的模拟数据或采用观测数据进行插值得到。

高空气象数据选择模型所需观测或模拟的气象数据，要素至少包括一天早晚两次不同等压面上的气压、离地高度和干球温度等，其中离地高度 3 000 m 内的有效数据层数应不少于 10 层。

（3）AUSTAL2000

地面气象数据选择距离项目最近或气象特征基本一致的气象站的逐时地面气象数据，要素至少包括风向、风速、干球温度、相对湿度，以及采用测量或模拟气象资料计算得到的稳定度。

（4）CALPUFF

地面气象资料应尽量获取预测范围内所有地面气象站的逐时地面气象数据，要素至少包括风速、风向、干球温度、地面气压、相对湿度、云量、云底高度。若预测范围内地面观测站少于 3 个，可采用预测范围外的地面观测站进行补充，或采用中尺度气象模拟数据。

高空气象资料应获取最少 3 个站点的测量或模拟气象数据，要素至少包括一天早晚两次不同等压面上的气压、离地高度、干球温度、风向及风速，其中离地高度 3 000 m 内的有效数据层数应不少于 10 层。

（5）光化学网格模型

光化学网格模型的气象场数据可由 WRF 或其他区域尺度气象模型提供。气象场应至少涵盖评价基准年 1 月、4 月、7 月、10 月。气象模型的模拟区域范围应略大于光化学网格模型的模拟区域，气象数据网格分辨率、时间分辨率与光化学网格模型的设定相匹配。在气象模型的物理参数化方案选择时应注意和光化学网格模型所选择参数化方案的兼容性。非在线的 WRF 等气象模型计算的气象数据提供给光化学网格模型应用时，需要经过相应的数据前处理，处理的过程包括光化学网格模拟区域截取、垂直差值、变量选择和计算、数据时间处理以及数据格式转换等。

2．熟悉大气环境影响预测模型的应用情景

导则推荐的模型包括估算模型 AERSCREEN、进一步预测模型 AERMOD、ADMS、AUSTAL2000、EDMS/AEDT、CALPUFF 以及 CMAQ 等光化学网格模型，以及生态环境部模型管理部门推荐的其他环境空气质量模型。根据不同预测模拟需要选择适合的模型。

按预测范围选择：在模拟局地尺度时，一般推荐选用估算模型、AERMOD、ADMS、AUSTAL2000 等模型；在模拟城市尺度时，一般推荐选用导则推荐的 CALPUFF 模型；在模拟区域尺度或需考虑对二次 $PM_{2.5}$ 及 O_3 有显著影响的排放源时，一般推荐选用导则推荐的包含有复杂物理、化学过程的区域光化学网格模型。

按污染源排放形式适用性选择：AERMOD、ADMS 及 CALPUFF 等模型可直接模拟点源、面源、线源、体源，AUSTAL2000 可模拟烟塔合一源，EDMS/AEDT 可模拟机场源，光化学网格模型需要使用网格化污染源清单。

按污染物性质选择：当模拟 SO_2、NO_2 等一次污染物时，可依据预测范围选用适合尺度的模型。

当模拟二次 $PM_{2.5}$ 时，可采用系数法进行估算，或选用包括物理过程和化学反应机理模块的城市尺度模型。

对于规划项目需模拟二次 $PM_{2.5}$ 和 O_3 时，也可选用区域光化学网格模型。

按适用特殊气象条件选择：当存在岸边熏烟、长期小静风时，可选择 CALPUFF 模型。

对光化学网格模型（CMAQ 或类似的模型），在应用前应根据应用案例提供必要的验证结果（表 9）。

表 9　推荐模型适用情况

模型名称	适用性	适用污染源	适用排放形式	推荐预测范围	适用污染物
AERSCREEN	用于评价等级及评价范围判定	点源（含火炬源）、面源（矩形或圆形）、体源	连续源	局地尺度（≤50 km）	一次污染物、二次 $PM_{2.5}$（系数法）

模型名称	适用性	适用污染源	适用排放形式	推荐预测范围	适用污染物
AERMOD	用于进一步预测	点源（含火炬源）、面源、线源、体源	连续源、间断源		
ADMS		点源、面源、线源、体源、网格源			
AUSTAL2000		烟塔合一源			
EDMS/AEDT		机场源			
CALPUFF		点源、面源、线源、体源		城市尺度（50 km 到几百千米）	一次污染物和二次 $PM_{2.5}$
光化学网格模型（CMAQ 或类似模型）		网格源	连续源、间断源	区域尺度（几百千米）	一次污染物和二次 $PM_{2.5}$、O_3

3．熟悉使用估算模式计算大气污染源最大环境影响所需参数的选取要求与用法

（1）满负荷运行条件下排放强度及对应的污染源参数。

点源排放速率（g/s），烟囱几何高度（m），烟囱出口内径（m），烟囱出口处烟气排放速度（m/s），烟囱出口处的烟气温度（K）。

（2）气象数据。

模型所需最高和最低环境温度，一般需选取评价区域近 20 年以上资料统计结果。最小风速，风速计高度。

（3）地形数据。

报告书项目需在估算时考虑地形数据，分辨率不小于 90 m。

（4）地表参数。

取项目周边 3 km 范围内占地面积最大的土地利用类型来确定。

（5）模型计算设置。

在计算时需要考虑城市/农村选项，岸边熏烟选项、计算点和网格点设置。

4．熟悉使用 AERMOD、ADMS、CALPUFF 模式预测大气环境影响所需的污染源参数、气象数据要求

（1）使用 AERMOD、ADMS 或 CALPUFF 模式系统所需的污染源参数一般应包括正常排放和非正常排放下的排放强度及对应的污染源参数。对于源强排放有周期性变化的，还需根据模型模拟需要输入污染源周期性排放系数。对应须输入污染源按点源、面源、体源、线源、火炬源等不同污染源排放形式，分别给出相应的污染源参数，具体调查内容和格式要求见导则附录 C 污染源调查部分。

其中点源包括：排气筒底部中心坐标、排气筒底部的海拔高度（m）、排气筒几何高度（m）、排气筒出口内径（m）、烟气出口速度（m/s）、排气筒出口处烟气温度（K）、各主要污染物正常排放量（g/s）、污染源非正常排放下的污染物排放量（g/s）。

（2）不同模式系统所需要的气象参数要求不同。对于 AERMOD 和 ADMS 模型：地面气象数据选择距离项目最近或气象特征基本一致的气象站的逐时地面气象数据，要素至少包括风速、风向、总云量和干球温度。根据预测精度要求及预测因子特征，可选择观测资料包括：湿球温度、露点温度、相对湿度、降水量、降水类型、海平面气压、地面气压、云底高度、水平能见度等。其中对观测站点缺失的气象要素，可采用经验证的模拟数据或采用观测数据进行插值得到。

高空气象数据选择模型所需观测或模拟的气象数据，要素至少包括一天早晚两次不同等压面上的气压、离地高度和干球温度等，其中离地高度 3 000 m 以内的有效数据层数应不少于 10 层。

对于 CALPUFF 模型：地面气象资料应尽量获取预测范围内所有地面气象站的逐时地面气象数据，要素至少包括风速、风向、干球温度、地面气压、相对湿度、云量、云底高度。若预测范围内地面观测站少于 3 个，可采用预测范围外的地面观测站进行补充，或采用中尺度气象模拟数据。

高空气象资料应获取最少 3 个站点的测量或模拟气象数据，要素至少包括一天早晚两次不同等压面上的气压、离地高度、干球温度、风向及风速，其中离地高度 3 000 m 以内的有效数据层数应不少于 10 层。

5. 了解使用 AUSTAL2000、EDMS/AEDT、光化学网格模型预测大气环境影响所需的污染源参数、气象数据的要求

（1）污染源参数

AUSTAL2000 用来计算烟塔合一项目环境影响，所需污染源参数主要包括：冷却塔底部中心坐标，以及排气筒底部的海拔高度（m）、冷却塔高度（m）及冷却塔出口内径（m）、冷却塔出口烟气流速（m/s）、冷却塔出口烟气温度（℃）、烟气中液态水含量（kg/kg）、烟气相对湿度（%）、各主要污染物排放速率（kg/h），排放工况，年排放小时数（h）。

EDMS/AEDT 用来计算机场项目大气环境影响，所需污染源参数主要包括不同飞行阶段的跑道面源排放参数，即：飞行阶段，面源起点坐标，有效排放高度（m），面源宽度（m），面源长度（m），与正北向夹角（°），污染物排放速率[kg/（m^2·h）]。

光化学网格模型所需污染源包括人为源和天然源两种形式。其中人为源按空间几何形状分为点源（含火炬源）、面源和线源。道路移动源可以按线源或面源形式模拟，非道路移动源可按面源形式模拟。点源清单应包括烟囱坐标、地形高程、排放口几何高度、出口内径、烟气量、烟气温度等参数。面源应按行政区域提供或按经纬度网格提供。

（2）气象数据

AUSTAL2000 所需地面气象数据选择距离项目最近或气象特征基本一致的气象站的逐时地面气象数据，要素至少包括风向、风速、干球温度、相对湿度，以及采用测量或模拟气象资料计算得到的稳定度。

EDMS/AEDT 所需气象数据与 AERMOD 相同。

光化学网格模型的气象场数据可由 WRF 或其他区域尺度气象模型提供。气象场应至少涵盖评价基准年 1 月、4 月、7 月、10 月。

6. 熟悉确定大气环境防护距离的方法与适用条件

项目所有污染源排放的各污染物短期贡献浓度在厂界之外均无超标点，无须设置大气环境防护距离。

需核算大气环境防护距离时，应采用进一步预测模型模拟评价基准年内，本项目所有污染源（改建、扩建项目应包括全厂现有污染源）对厂界外主要污染物的短期贡献浓度分布。厂界外预测网格分辨率不应超过 50 m。

以自厂界起至环境质量短期浓度超标区域的最远垂直距离作为大气环境防护距离。在项目基本信息图上沿出现超标的厂界外延大气环境防护距离所包括的范围，作为本项目的大气环境防护区域。

非超标厂界不需外扩大气环境防护距离。

项目大气环境防护区域之外，大气环境影响评价结论应符合环境影响可以接受的条件。

（二）地表水环境影响预测与评价

1. 熟悉水污染物在地表水体中输移、转化、扩散的主要过程

（1）水体中污染物迁移与转化概述。

物理过程：移流、紊动扩散、离散。

化学过程：氧化还原、中和、吸附、沉淀。

生物过程：好氧、光合作用。

（2）河流水体中污染物的对流和扩散混合。

对流：对流是溶解态或颗粒态物质随水流的运动。可以在横向、垂向、纵向发生对流。在河流中，主要是沿河流纵向的对流，河流的流量和流速是表征

对流作用的重要参数。

横向混合：横向混合指由于水流中的紊动作用，在流动的横向方向上溶解态或颗粒态物质的混合，通常用横向扩散系数表示。在横向混合区内，对流和横向扩散混合是最重要的，有时纵向混合也不能忽略。

纵向混合：纵向混合是由于主流在横、垂方向上的流速分布不均匀而引起的在流动方向上的溶解态或颗粒态质量的分散混合，通常用纵向离散系数表示。

（3）海水中污染物的混合扩散。

排放到海洋中的污水，一般是含有各种污染物的淡水。它的密度比海水都小，入海后一边与海水混合而稀释，一边在海面向四周扩展。

2．掌握常用河流水环境影响预测稳态模式（一维、二维）要求的基础资料及参数

常用河流水环境影响预测稳态模式（一维、二维）要求的基础资料及参数：

（1）受纳水体的水质情况。

按照评价工作等级要求和建设项目外排污水对受纳水体水质影响的特性，确定相应水期及环境水文条件下的水质状况及水质预测因子的背景浓度。一般采用环评实测水质成果数据或者利用收集到的现有水质监测资料数据。

（2）污染源情况。

根据预测情景，确定各情景下建设项目排放的污染负荷量，确定覆盖预测范围内与建设项目排放污染物相关的污染源情况。

（3）预测的设计水文条件。

水污染影响型建设项目，水体自净能力最不利以及水质状况相对较差的不利时期、水环境现状补充监测时期应作为重点预测时期；水文要素影响型建设项目，以水质状况相对较差或对评价范围内水生生物影响最大的不利时期为重点预测时期。在进行预测时需要确定拟预测时段的设计水文条件，如用 90%保证率最枯月流量或近 10 年最枯月平均流量等，其他水期的设计水量则应根据水环境影响预测需求确定。

（4）水质模型参数和边界条件（或初始条件）。

在利用水质模型进行水质预测时，需要根据建模、验模的工作程序确定水质模型参数的数值。水文及水力学参数包括流量、流速、坡度、糙率等；水质参数包括污染物综合衰减系数、扩散系数、耗氧系数、复氧系数、蒸发散热系数等。模型参数确定可采用类比、经验公式、实验室测定、物理模型试验、现场实测及模型率定等，可以采用多类方法比对确定模型参数。当采用数值解模型时，宜采用模型率定法核定模型参数。对于稳态模型，需要确定预测计算的水动力、水质边界条件；对于动态模型或模拟瞬时排放、有限时段排放等，还需要确定初始条件。

一般在河流水文调查与水文测量时会对模型需要的基础资料和参数予以考虑。河流水文调查与水文测量的内容包括：水文系列及其特征参数；水文年及水期的划分；河流物理形态参数；河流水沙参数、丰枯水期水流及水位变化特征等。河网地区应调查各河段流向、流速、流量关系，了解流向、流速、流量的变化特点。具体调查内容应根据评价等级及河流规模按照《环境影响评价技术导则 地表水环境》（HJ 2.3—2018）中“7 地表水环境影响预测”的需要决定。

3. 了解水文情势的分析方法

根据建设项目特征、受影响水体类型及水力学特征、评价等级，选取适宜的模型、方法预测水面面积、水量、水温、径流过程、水位、水深、流速、水面宽、冲淤变化等因子的变化。应根据不同类型水体预测模型选取相应的水文基础数据。根据需要利用流场、流速分布等分析模拟结果合理性，基于不同情景下的预测结果采用数据统计等方法进行水文情势变化及主要水文特征值影响评价。对涉及生态流量的，应分析确定生态流量。

模型选取及计算具体技术要求参照《环境影响评价技术导则 地表水环境》（HJ 2.3—2018）中“7 地表水环境影响预测”的内容；生态流量确定方法具体技术要求参照“8.4 生态流量确定”的内容。

4. 掌握河流水质预测模式参数的测定、选取与用法

水动力及水质模型参数包括水文及水力学参数、水质（包括水温及富营养化）参数等。其中水文及水力学参数包括流量、流速、坡度、糙率等；水质参数包括污染物综合衰减系数、扩散系数、耗氧系数、复氧系数、蒸发散热系数等。

模型参数确定可采用类比、经验公式、实验室测定、物理模型试验、现场实测及模型率定等，可以采用多类方法比对确定模型参数。当采用数值解模型时，宜采用模型率定法核定模型参数。

在模型参数确定的基础上，通过模型计算结果与实测数据进行比较分析，验证模型的适用性与误差及精度。

选择模型率定法确定模型参数的，模型验证应采用与模型参数率定不同组实测资料数据进行。

应对模型参数确定与模型验证的过程和结果进行分析说明，并以河宽、水深、流速、流量以及主要预测因子的模拟结果作为分析依据，当采用二维或三维模型时，应开展流场分析。模型验证应分析模拟结果与实测结果的拟合情况，阐明模型参数率定取值的合理性。

5. 掌握常用河流水质预测模式的用法

地表水环境影响预测模型包括数学模型、物理模型。地表水环境影响预测宜选用数学模型。数学模型包括：面源污染负荷估算模型、水动力模型、水质

（包括水温及富营养化）模型等，可根据地表水环境影响预测的需要选择。

水动力模型及水质模型。按照时间分为稳态模型与非稳态模型，按照空间分为零维、一维（包括纵向一维及垂向一维，纵向一维包括河网模型）、二维（包括平面二维及立面二维）以及三维模型，按照是否需要采用数值离散方法分为解析解模型与数值解模型。水动力模型及水质模型的选取根据建设项目的污染源特性、受纳水体类型、水力学特征、水环境特点及评价等级等要求，选取适宜的预测模型。河流适用的数学模型选择要求如表 10 所示。

表 10 河流数学模型适用条件

模型分类	模型空间分类						模型时间分类	
	零维模型	纵向一维模型	河网模型	平面二维	立面二维	三维模型	稳态	非稳态
适用条件	水域基本均匀混合	沿程横断面均匀混合	多条河道相互连通，使得水流运动和污染物交换相互影响的河网地区	垂向均匀混合	垂向分层特征明显	垂向及平面分布差异明显	水流恒定、排污稳定	水流不恒定，或排污不稳定

在模拟河流顺直、水流均匀且排污稳定时可以采用解析解模型。

具体模型选择和应用的技术要求参照《环境影响评价技术导则 地表水环境》（HJ 2.3—2018）中“7.6 预测模型”“7.7 模型概化”的内容。

6. 了解湖泊、河口海湾、近海水质预测模式的用法

水动力模型及水质模型的选取根据建设项目的污染源特性、受纳水体类型、水力学特征、水环境特点及评价等级等要求，选取适宜的预测模型。

（1）湖库数学模型。湖库数学模型选择要求见表 11。在模拟湖库水域形态规则、水流均匀且排污稳定时可以采用解析解模型。

表 11 湖库数学模型适用条件

模型分类	模型空间分类						模型时间分类	
	零维模型	纵向一维模型	平面二维	垂向一维	立面二维	三维模型	稳态	非稳态
适用条件	水流交换作用较充分、污染物质分布基本均匀	污染物在断面上均匀混合的河道型水库	浅水湖库，垂向分层不明显	深水湖库，水平分布差异不明显，存在垂向分层	深水湖库，横向分布差异不明显，存在垂向分层	垂向及平面分布差异明显	流场恒定、源强稳定	流场不恒定或源强不稳定

（2）感潮河段、入海河口数学模型。污染物在断面上均匀混合的感潮河段、入海河口，可采用纵向一维非恒定数学模型，感潮河网区宜采用一维河网数学模型。浅水感潮河段和入海河口宜采用平面二维非恒定数学模型。如感潮河段、入海河口的下边界难以确定，宜采用一、二维连接数学模型。

（3）近岸海域数学模型。近岸海域宜采用平面二维非恒定模型。如果评价海域的水流和水质分布在垂向上存在较大的差异（如排放口附近水域），宜采用三维数学模型。

具体模型选择和应用的技术要求参照《环境影响评价技术导则　地表水环境》（HJ 2.3—2018）中“7.6 预测模型”“7.7 模型概化”的内容。

（三）地下水环境影响预测与评价

1．熟悉地下水环境影响预测应考虑的重点区域

根据 HJ 610—2016 中，地下水环境保护目标定义：

潜水含水层和可能受建设项目影响且具有饮用水开发利用价值的含水层，集中式饮用水水源和分散式饮用水水源地，以及《建设项目环境影响评价分类管理名录》中所界定的涉及地下水的环境敏感区。重点区域为集中式饮用水水源和分散式饮用水水源地，以及《建设项目环境影响评价分类管理名录》中所界定的涉及地下水的环境敏感区。

2．熟悉污染物在包气带和含水层中的运移特征

污染物进入包气带后，可能经历一系列复杂的物理、化学和生物作用，这些作用往往交织在一起进行。另外，由于包气带特殊的水动力条件，使得污染物在运移过程中受到介质含水率、毛细力、温度等因素的影响。以上因素使得污染物在包气带中的运移显得相当复杂。

污染物质进入地下水含水层及在其中运移的速度都很缓慢，若不进行专门监测，往往发现时，地下水污染已达到相当严重的程度。同时，地下水由于循环交替缓慢，即使排除污染源，已经进入地下水的污染物质，将在含水层中长期滞留并随着地下水流动，污染范围还将不断扩大。另外，污染物还会以越流的方式从已受污染的含水层转移到未受污染的含水层。

地下水污染方式可分为直接污染和间接污染两种。直接污染的特点是：污染物直接进入含水层，在污染过程中，污染物的性质不变。这是对地下水污染的主要方式。间接污染的特点是：地下水污染并非由于污染物直接进入含水层引起的，而是由于污染物作用于其他物质，使这些物质中的某些成分进入地下水造成的。例如，污染引起的地下水硬度的增加、溶解氧的减少等。间接污染过程复杂，污染原因易被掩盖，要查清污染来源和途径较为困难。

地下水污染途径是多种多样的，大致可归为4类：① 间歇入渗型。大气降水或其他灌溉水使污染物随水通过非饱水带，周期性地渗入含水层，主要污染对象是潜水。固体废物在淋滤作用下，淋滤液下渗引起的地下水污染，也属此类。② 连续入渗型。污染物随水不断地渗入含水层，主要也是污染潜水。废水渠、废水池、废水渗井等和受污染的地表水体连续渗漏造成地下水污染，即属此类。③ 越流型。污染物是通过越流的方式从已受污染的含水层（或天然咸水层）转移到未受污染的含水层（或天然淡水层）。污染物或者是通过整个层间，或者是通过地层尖灭的天窗，或者是通过破损的井管，污染潜水和承压水。地下水的开采改变了越流方向，使已受污染的潜水进入未受污染的承压水，即属此类。④ 径流型。污染物通过地下径流进入含水层，污染潜水或承压水。污染物通过地下岩溶孔道进入含水层，即属此类。

3. 掌握地下水环境影响预测模型所需的参数及预测内容

一般来说，地下水模型需要的第一部分数据，是确定研究区水文地质和水文地球化学条件的各种参数。这些参数构成水流和迁移模型的输入数据，包括：

（1）含水层几何性质的参数，如模型边界的位置、含水层和隔水层的厚度以及现有污染范围；

（2）常规物理及化学参数，如渗透系数、孔隙度以及化学反应速率常数；

（3）与外部应力有关的各种参数，如污染源的变化状况、补给和排泄的分布状况，或是注水和抽水量。

常用的水文地质参数：

① 孔隙度（n）：多孔体中所有孔隙的体积与总体积之比。

② 有效孔隙度（n_e）：由于并非所有孔隙都相互连通，把连通的孔隙体积与总体积之比称为有效孔隙度。

③ 渗透系数（K）：又称水力传导系数，是表征岩石透水性的定量指标。渗透系数愈大，岩石的透水能力愈强。单位为m/d或cm/s。

④ 给水度：一定体积的饱水多孔介质在重力作用下释放出的水体积与多孔介质体积之比。

⑤ 贮水系数：也称释水系数，是指承压含水层测压水位下降（或上升）一个单位深度，单位水平面积含水层释出（或储存）的水的体积。

⑥ 贮水率：表示当含水层水头变化一个单位时，从单位体积含水层中，应水体积膨胀（或压缩）以及介质骨架的压缩（或伸长）而释放（或贮存）的弹性水量，用μ_s表示，它是描述地下水三维非稳定流或剖面二维流中的水文地质参数。

⑦ 水动力弥散系数（D）：是表征在一定流速下，多孔介质对某种污染物质

弥散能力的参数，它在宏观上反映了多孔介质中地下水流动过程和空隙结构特征对溶质运移过程的影响。一般地说，水动力弥散系数包括机械弥散系数与分子扩散系数。

⑧ 降水入渗补给系数（α）：指降水渗入量与降水总量的比值。

（4）预测方案。

预测方案需要根据建设项目的工程条件分析，结合项目对地下水污染风险源的位置，进行正常、非正常状况及措施条件下建设项目对地下水环境的影响预测。

不同状况指可能对地下水产生污染风险的装置区、装卸区、处置（储存）区、污废水处理区等在正常状况、非正常状况措施条件下对地下水环境的影响程度及影响范围。

（5）预测时段。

预测时段应包括项目的建设期、运行期及服务期满后的各个阶段，具体时间需根据建设项目的具体情况确定。

4. 了解地下水环境影响预测模型识别与验证的基本要求

参数识别：在已知数学模型初始、边界条件下，通常对地下水系统数学模型的输入和输出计算结果的分析，已达到选择正确参数（即参数识别）、校正已建立数学模型和边界条件的计算过程。

模型验证：根据模型识别后的参数和已知初始、边界条件，选用更长计算时段，通过对地下水系统模型的输入和输出计算，使计算所得数据与实际观测数据有最好的拟合，以进一步提高数学模型的正确性。

判断模型识别与验证的依据主要有：

模拟的地下水流场要与实际地下水流场基本一致；

模拟地下水的动态过程要与实测的动态过程基本相似；

从均衡的角度出发，模拟的地下水均衡变化与实际要素基本相符；

识别的水文地质参数要符合实际水文地质条件。

5. 熟悉地下水环境影响评价方法

（1）采用标准指数法对建设项目地下水水质影响进行评价；

（2）对属于GB/T 14848水质指标的评价因子，应按其规定的水质分类标准值进行评价；对于不属于GB/T 14848水质指标的评价因子，可参照国家（行业、地方）相关标准的水质标准值（如GB 3838、GB 5749、DZ/T 0290等）进行评价。

（四）土壤环境影响预测与评价

1. 熟悉不同土壤环境污染影响途径及其影响预测评价的重点区域

土壤环境污染影响型的建设项目影响途径主要包括大气沉降、地面漫流、垂直入渗等。

（1）大气沉降

大气沉降主要是指建设项目施工及运营过程中，无组织或有组织向大气环境排放污染物，并通过一定的途径将污染物沉降至地面，从而对土壤环境造成影响的过程。大气沉降是重金属与有机物污染土壤环境的重要途径之一。

能源、运输、冶金和建筑材料生产产生的气体和粉尘中含有大量的重金属及有机物，除汞以外，其他重金属基本上是以气溶胶的形态进入大气，并经过干沉降、湿沉降进入土壤。存在于煤和石油中的一些微量元素，如 Cd、Zn、As 和 Cu 等经工业燃烧，以飘尘、灰、颗粒物或气体形式释放。此外，一些金属如硒、铅、钼等，被加入燃料或润滑剂中以改善其性质，都是加剧土壤重金属污染的因素。

经大气沉降进入土壤的重金属及有机物污染，与重工业发达程度、城市的人口密度、土地利用率、交通发达程度有直接关系，距城市越近污染的程度就越重，污染强弱顺序为：城市—郊区—农村。大气沉降类水平影响范围视污染物随大气扩散、沉降的范围而定，垂向上为污染物的累积过程，在不受外力因素影响条件下污染深度较浅，因此大气沉降大多仅对表层土壤环境造成影响。

（2）地面漫流

地面漫流重点考虑由于建设项目所在地的坡度较大，建设项目产生的废水随地面径流而流动，导致废水对厂界外土壤环境造成的大面积污染，例如矿山、独立渣场等建设项目。这一类建设项目污染土壤环境的面积较大，但一般影响的深度相对入渗途径来说较浅，除了地势最低洼处，大多仅对表层土壤环境造成影响。矿山、库、坝、渣场等建设项目极易通过地面漫流污染土壤环境，可将建设项目所在地的下游区域以及距离建设项目较近的沟渠、河流、湖、库之间区域作为土壤环境影响重点关注区域。

（3）垂直入渗

垂直入渗主要是指厂区各类原料及产污设施、装置，在“跑、冒、滴、漏”过程中或防渗设施老化破损情况下，经泄漏点对土壤环境产生影响的过程。垂直入渗影响途径普遍存在于大多数产污企业中，污染物的影响主要表现在垂向上污染物的扩散，水平方向上的扩散趋势甚微，而垂向上污染物的污染深度与污染物性质、包气带渗透性能、地下水的水位埋深等因素密切相关。

（4）其他

其他类影响主要指项目建设或运营过程中，由于非以上三种途径对土壤环境造成影响的过程。如车辆运输过程中的遗撒、风险事故爆炸过程中导致的原料或污染物的不均匀散落等过程。该类污染过程主要表现为污染源呈点源分布且位置随机，污染物落地后与表层土壤混合，在不受外力条件影响下影响范围不大，垂向扩散深度不深。

土壤环境影响评价应采用适宜的预测方法对土壤中化学指标的变化情况进行预测，主要包括对土壤中某外来物质的变化情况或受土壤累积作用影响的某种物质的富集情况进行预测。应重点预测评价建设项目对占地范围外土壤环境敏感目标的累积影响，并根据建设项目特征兼顾对占地范围内的影响预测。

① 重点预测建设项目对占地范围外环境敏感目标可能造成的影响，包括耕地、园地、牧草地、饮用水水源地或居民区、学校、医院、疗养院、养老院等。

② 建设项目导致土壤潜育化、沼泽化、潴育化和土地沙漠化等影响的，可根据土壤环境特征，结合建设项目特点，分析土壤环境可能受到影响的范围和程度。

2. 掌握土壤污染源强的估算方法

（1）涉及大气累积沉降的污染源强，首先根据大气环境影响评价沉降计算获得沉降量和沉降污染物浓度（含量），在没有淋出量数据的基础上，考虑最不利因素，即沉降污染物全部累积进行计算，预测沉降途径下的土壤污染。

（2）其他外源性输入的污染源强，如农田盐分、农药等污染，可通过数理统计方法或根据实际数量确定，淋出和输出量可根据淋出实验或经验参数获取。

（3）入渗途径的土壤污染源强可参见地下水污染源强篇章。

3. 熟悉土壤环境影响预测方法、评价方法及适用条件

土壤环境影响预测方法主要包括以下两种：

（1）方法一

① 适用范围

本方法适用于某种物质可概化为以面源形式进入土壤环境的影响预测，包括大气沉降、地面漫流以及盐、酸、碱类等物质进入土壤环境引起的土壤盐化、酸化、碱化等。

② 一般方法和步骤

a）可通过工程分析计算土壤中某种物质的输入量；涉及大气沉降影响的，可参照 HJ 2.2 相关技术方法给出；

b）土壤中某种物质的输出量主要包括淋溶或径流排出、土壤缓冲消耗等两部分；植物吸收量通常较小，不予考虑；涉及大气沉降影响的，可不考虑输出量；

c）分析比较输入量和输出量，计算土壤中某种物质的增量；

d）将土壤中某种物质的增量与土壤现状值进行叠加后，进行土壤环境影响预测。

③ 预测方法

a）单位质量土壤中某种物质的增量可用下式计算：

$$\Delta S = n(I_s - L_s - R_s) / (\rho_b \times A \times D) \tag{16}$$

式中：ΔS——单位质量表层土壤中某种物质的增量，g/kg；

I_S——预测评价范围内单位年份表层土壤中某种物质的输入量，g；

L_S——预测评价范围内单位年份表层土壤中某种物质经淋溶排出的量，g；

R_S——预测评价范围内单位年份表层土壤中某种物质经径流排出的量，g；

ρ_b——表层土壤容重，kg/m^3；

A——预测评价范围，m^2；

D——表层土壤深度，一般取 0.2 m，可根据实际情况适当调整；

n——持续年份，a。

b）单位质量土壤中某种物质的预测值可根据其增量叠加现状值进行计算：

$$S=S_b+\Delta S \tag{17}$$

式中：S_b——单位质量土壤中某种物质的现状值，g/kg；

S——单位质量土壤中某种物质的预测值，g/kg。

c）酸性物质或碱性物质排放后表层土壤 pH 预测值，可根据表层土壤游离酸或游离碱浓度的增量进行计算：

$$pH=pH_b \pm \Delta S/BC_{pH} \tag{18}$$

式中：pH_b——土壤 pH 现状值；

BC_{pH}——缓冲容量，mmol/（kg·pH）；

pH——土壤 pH 预测值。

d）缓冲容量（BC_{pH}）测定方法：采集项目区土壤样品，样品加入不同量游离酸或游离碱后分别进行 pH 值测定，绘制不同浓度游离酸或游离碱和 pH 值之间的曲线，曲线斜率即为缓冲容量。

（2）方法二

① 适用范围

本方法适用于某种污染物以点源形式垂直进入土壤环境的影响预测，重点预测污染物可能影响到的深度。

② 一维非饱和溶质运移模型预测方法

a）一维非饱和溶质垂向运移控制方程：

$$\frac{\partial(\theta c)}{\partial t}=\frac{\partial}{\partial z}\left(\theta D\frac{\partial c}{\partial z}\right)-\frac{\partial}{\partial z}(qc) \tag{19}$$

式中：c——污染物介质中的浓度，mg/L；

D——弥散系数，m^2/d；

q——渗流速率，m/d；

z——沿 z 轴的距离，m；

t——时间变量，d；

θ——土壤含水率，%。

b）初始条件

$$c(z,t)=0 \quad t=0，L\leqslant z<0 \tag{20}$$

c）边界条件

第一类 Dirichlet 边界条件，其中式（21）适用于连续点源情景，式（22）适用于非连续点源情景。

$$c（z，t）=c_0 \quad t>0，z=0 \tag{21}$$

$$c(z,t)=\begin{cases}c_0 & 0<t\leqslant t_0\\0 & t>t_0\end{cases} \tag{22}$$

第二类 Neumann 零梯度边界。

$$-\theta D\frac{\partial c}{\partial z}=0 \qquad t>0，z=L \tag{23}$$

（五）声环境影响预测与评价

1. 掌握噪声级相加与相减的计算方法

（1）噪声级（分贝）的相加

① 公式法

分贝相加一定要按能量（声功率或声压平方）相加，求两个声压级合成的声压级 L_{1+2}，可按下列步骤计算：

a）因 $L_1=20\lg（P_1/P_0）$ 和 $L_2=20\lg（P_2/P_0）$，运用对数换算得：

$$P_1=P_0 10^{L_1/20} \text{ 和 } P_2=P_0 10^{L_2/20} \tag{24}$$

b）合成声压 P_{1+2}，按能量相加则 $P_{1+2}^2=P_1^2+P_2^2$

即：$P_{1+2}^2 = P_0^2(10^{L_1/10} + 10^{L_2/10})$ 或 $(P_{1+2}/P_0)^2 = 10^{L_1/10} + 10^{L_2/10}$　（25）

c）按声压级的定义合成的声压级

$$L_{1+2}=20\lg(P_{1+2}/P_0) = 10\lg(P_{1+2}/P_0)^2 \quad (26)$$

即：$L_{1+2}=10\lg(10^{L_1/10}+10^{L_2/10})$

几个声压级相加的通用式为：

$$L_{总} = 10\lg\left(\sum_{i=1}^{n} 10^{\frac{L_i}{10}}\right) \quad (27)$$

式中：$L_{总}$——几个声压级相加后的总声压级，dB；

L_i——某一个声压级，dB。

若上式的几个声压级均相同，即可简化为：

$$L_{总} = L_P + 10\lg N \quad (28)$$

式中：L_P——单个声压级，dB；

N——相同声压级的个数。

② 查表法

利用分贝和的增值表直接查出不同声级值加和后的增加值，然后计算加和结果（表 12）。

表 12　分贝和的增值

声压级差（L_1-L_2）/dB	0	1	2	3	4	5	6	7	8	9	10
增值 ΔL	3.0	2.5	2.1	1.8	1.5	1.2	1.0	0.8	0.6	0.5	0.4

（2）噪声级的相减

如果已知两个声源在某一预测点产生的合成声压级$L_{合}$和其中一个声源在预测点单独产生的声压级 L_2，则另一个声源在此点单独产生的声压级 L_1 可用下式计算：

$$L_1 = 10\lg\left(10^{0.1L_{合}} - 10^{0.1L_2}\right) \quad (29)$$

2．熟悉实际声源近似为点声源的条件

任何形状的声源，只要声波波长远远大于声源几何尺寸，该声源可视为点声源。在声环境影响评价中，声源中心到预测点之间的距离超过声源最大几何

尺寸 2 倍时，可将该声源近似为点声源。各种机械设备、单辆汽车、单架飞机等在一定条件下均可简化为点声源。

3. 掌握点声源几何发散衰减公式的用法

（1）无指向性点声源几何发散衰减的基本公式

$$L_P(r)=L_P(r_0)-20\lg(r/r_0) \tag{30}$$

当 $r_2=2r_1$ 时，$\Delta L=-6$ dB，即点声源声传播距离增加 1 倍，衰减值是 6 dB。

如果已知点声源的倍频带声功率级 L_W 或 A 声功率级 L_{AW}，且声源处于自由声场，则式（30）等效为式（31）或式（32）：

$$L_P(r)=L_W-20\lg(r)-11 \tag{31}$$

$$L_A(r)=L_{AW}-20\lg(r)-11 \tag{32}$$

如果声源处于半自由声场，则公式（30）等效为式（33）或式（34）：

$$L_P(r)=L_W-20\lg(r)-8 \tag{33}$$

$$L_A(r)=L_{AW}-20\lg(r)-8 \tag{34}$$

（2）具有指向性点声源几何发散衰减的计算公式

声源在自由空间中辐射声波时，其强度分布的一个主要特性是指向性。例如，喇叭发声，其喇叭正前方声音大，而侧面或背面就小。对于自由空间的点声源，其在某一 θ 方向上距离 r 处的倍频带声压级 $L_P(r)_\theta$：

$$L_P(r)_\theta=L_W-20\lg(r)+D_{I\theta}-11 \tag{35}$$

式中：$D_{I\theta}$——θ方向上的指向性指数，$D_{I\theta}=10\lg R_\theta$；

R_θ——指向性因素，$R_\theta=I_\theta/I$；

I——所有方向上的平均声强，W/m^2；

I_θ——某一θ方向上的声强，W/m^2。

按式（30）计算具有指向性点声源几何发散衰减时，式（30）中的 $L_P(r)$ 与 $L_P(r_0)$ 必须是在同一方向上的倍频带声压级。

4. 熟悉线声源、面声源几何发散衰减公式的用法

（1）线声源的几何发散衰减

① 无限长线声源

无限长线声源几何发散衰减的基本公式是：

$$L_P(r)=L_P(r_0)-10\lg(r/r_0) \tag{36}$$

当 $r_2=2r_1$ 时，$\Delta L=-3$ dB，即无限长线声源声传播距离增加 1 倍，衰减值是 3 dB。

② 有限长线声源

设线声源长度为 l_0，单位长度线声源辐射的倍频带声功率级为 L_W。在线声源垂直平分线上距声源 r 处的声压级为：

$$L_P(r)=L_W+10\lg\left[\frac{1}{r}\operatorname{arctg}\left(\frac{l_0}{2r}\right)\right]-8 \quad (37)$$

或

$$L_P(r)=L_P(r_0)+10\lg\left[\frac{\frac{1}{r}\operatorname{arctg}\left(\frac{l_0}{2r}\right)}{\frac{1}{r_0}\operatorname{arctg}\left(\frac{l_0}{2r_0}\right)}\right] \quad (38)$$

当 $r>l_0$ 且 $r_0>l_0$ 时，式（38）近似简化为：

$$L_P(r)=L_P(r_0)-20\lg(r/r_0) \quad (39)$$

在有限长线声源的远场，有限长线声源可当作点声源处理。

当 $r<l_0/3$ 且 $r_0<l_0/3$ 时，式（35）可近似简化为：

$$L_P(r)-L_P(r_0)-10\lg(r/r_0) \quad (40)$$

即在近场区，有限长线声源可当作无限长线声源处理。

当 $l_0/3<r<l_0$，且 $l_0/3<r_0<l_0$ 时，可以作近似计算：

$$L_P(r)=L_P(r_0)-15\lg(r/r_0) \quad (41)$$

（2）面声源的几何发散衰减

一个大型机器设备的振动表面，车间透声的墙壁，均可以认为是面声源。如果已知面声源单位面积的声功率为 W，各面积元噪声的位相是随机的，面声源可看作由无数点声源连续分布组合而成，其合成声级可按能量叠加法求出。

图 3 给出了长方形面声源中心轴线上的声衰减曲线。当预测点和面声源中心距离 r 处于以下条件时，可按下述方法近似计算：$r<a/\pi$时，几乎不衰减（$A_{div}\approx0$）；当 $a/\pi<r<b/\pi$，距离加倍衰减 3 dB 左右，类似线声源衰减特性[$A_{div}\approx10\lg(r/r_0)$]；当 $r>b/\pi$时，距离加倍衰减趋近于 6 dB，类似点声源衰减特性[$A_{div}\approx20\lg(r/r_0)$]。其中面声源的 $b>a$。图 3 中虚线为实际衰减量。

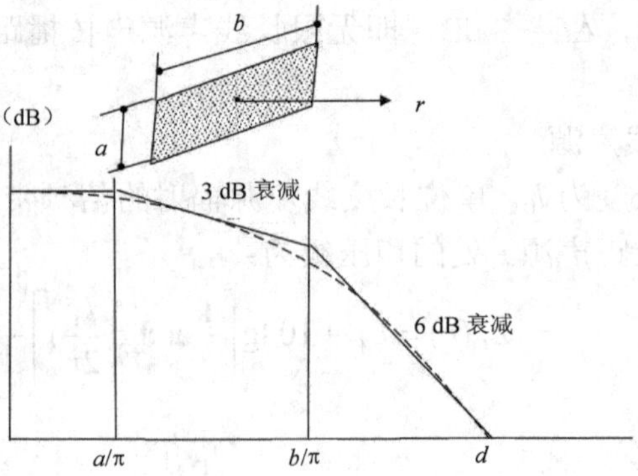

图 3　长方形面声源中心轴线上的衰减特性

5．熟悉噪声从室内向室外传播的计算方法

噪声从室内向室外传播的声级差计算：

当声源位于室内，设靠近开口处（或窗户）室内和室外的声级分别为 L_1 和 L_2。若声源所在室内声场近似扩散声场，则声级差为：

$$NR = L_1 - L_2 = TL + 6 \tag{42}$$

式中：TL——隔墙（或窗户）倍频带的隔声量，dB。

其中 L_1 可以是测量值或计算值，若为计算值时，按下式计算：

$$L_1 = L_{W1} + 10\lg\left(\frac{Q}{4\pi r_1^2} + \frac{4}{R}\right) \tag{43}$$

式中：L_{W1}——某个室内声源在靠近围护结构处产生的倍频带声功率级；

r_1——某个室内声源在靠近围护结构处的距离；

R——房间常数；

Q——指向性因数；通常对无指向性声源，当声源放在房间中心时，Q=1；当放在一面墙的中心时，Q=2；当放在两面墙夹角处时，Q=4；当放在三面墙夹角处时，Q=8；

L_1——靠近围护结构处的倍频带声压级。

在计算过程中，首先用上式计算出某个声源在某个室内围护结构处（如窗户）的倍频带声压级，然后计算出所有室内声源在靠近围护结构处产生的总倍频带声压级（按噪声级叠加计算求和），再将室外声级 L_2 和透声面积换算成等效室外声源，计算出等效声源的倍频带声功率级：

$$L_{W2}=L_2(T)+10\lg S \tag{44}$$

式中：S——透声面积，m^2。

具体具体技术要求参照《环境影响评价技术导则　声环境》（HJ 2.4—2009）中“附录 A.1”的内容。

6. 熟悉声环境影响评价的方法

声环境影响评价基本要求和方法包括以下几方面：

（1）评价方法和评价量

根据噪声预测结果和环境噪声评价标准，评价建设项目在施工、运行期噪声的影响程度、影响范围，给出边界（厂界、场界）及敏感目标的达标分析。

进行边界噪声评价时，新建项目以工程噪声贡献值作为评价量；改扩建项目以工程噪声贡献值与受到现有工程影响的边界噪声值叠加后的预测值作为评价量。

进行敏感目标噪声环境影响评价时，以敏感目标所受的噪声贡献值与背景噪声值叠加后的预测值作为评价量。对于改扩建的公路、铁路等建设项目，如预测噪声贡献值时已包括了现有声源的影响，则以预测的噪声贡献值作为评价量。

（2）影响范围、影响程度分析

给出评价范围内不同声级范围覆盖下的面积，主要建筑物类型、名称、数量及位置，影响的户数、人口数。

（3）噪声超标原因分析

分析建设项目边界（厂界、场界）及敏感目标噪声超标的原因，明确引起超标的主要声源。

对于通过城镇建成区和规划区的路段，还应分析建设项目与敏感目标间的距离是否符合城市规划部门提出的防噪声距离。

（4）对策建议

分析建设项目的选址（选线）、规划布局和设备选型等的合理性，评价噪声防治对策的适用性和防治效果，提出需要增加的噪声防治对策、噪声污染管理、噪声监测及跟踪评价等方面的建议，并进行技术、经济可行性论证。

7. 了解户外声传播除几何发散衰减外的其他衰减计算方法

（1）空气吸收引起的衰减（A_{atm}）

空气吸收引起的衰减按式（45）计算：

$$A_{atm}=\frac{\alpha(r-r_0)}{1000} \qquad (45)$$

式中：α——温度、湿度和声波频率的函数，预测计算中一般根据建设项目所处区域常年平均气温和湿度选择相应的空气吸收系数，具体数据见

《环境影响评价技术导则　声环境》（HJ 2.4—2009）表3。

（2）地面效应衰减（A_{gr}）

地面类型可分为：

①坚实地面：包括铺筑过的路面、水面、冰面以及夯实地面。

②疏松地面：包括被草或其他植物覆盖的地面，以及农田等适合于植物生长的地面。

③混合地面：由坚实地面和疏松地面组成。

声波越过疏松地面，或大部分为疏松地面的混合地面传播时，在预测点仅计算A声级前提下，地面效应引起的倍频带衰减可用式（46）计算。

$$A_{gr}=4.8-\left(\frac{2h_m}{r}\right)\left[17+\left(\frac{300}{r}\right)\right] \quad (46)$$

式中：r——声源到预测点的距离，m；

h_m——传播路径的平均离地高度，m，可按图4进行计算，$h_m=F/r$；

F——面积，m^2。

若A_{gr}计算出负值，则A_{gr}可用“0”代替。

其他情况可参照GB/T 17247.2进行计算。

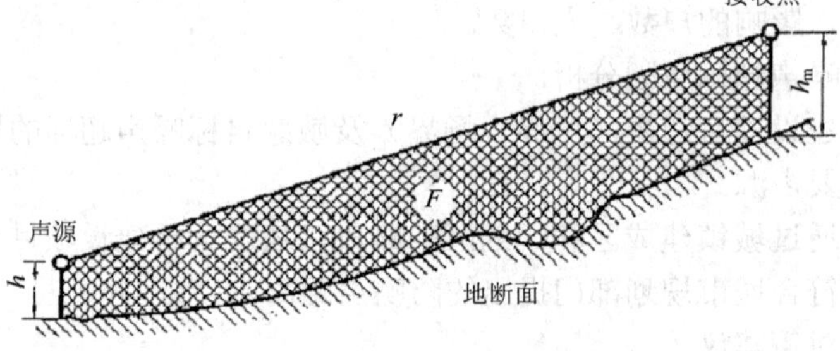

图4　估计平均高度h_m的方法

（3）屏障引起的衰减（A_{bar}）

位于声源和预测点之间的实体障碍物，如围墙、建筑物、土坡或地堑等会起到声屏障作用，从而引起声能量的较大衰减。在环境影响评价中，可将各种形式的屏障简化为具有一定高度的薄屏障。

如图5所示，S、O、P三个点在同一平面内且垂直于地面。

定义$\delta=SO+OP-SP$为声程差，$N=2\delta/\lambda$为菲涅尔数，其中λ为声波波长。

在噪声预测中，声屏障插入损失的计算方法应需要根据实际情况作简化处理。

①有限长薄屏障在点声源声场中引起的衰减计算。

a）首先计算图 6 所示 3 个传播途径的声程差δ_1、δ_2、δ_3和相应的菲涅尔数N_1、N_2、N_3。

b）声屏障引起的衰减按式（47）计算：

$$A_{\text{bar}} = -10\lg\left[\frac{1}{3+20N_1}+\frac{1}{3+20N_2}+\frac{1}{3+20N_3}\right] \tag{47}$$

当屏障很长（作无限长处理）时，则

$$A_{\text{bar}} = -10\lg\left[\frac{1}{3+20N_1}\right] \tag{48}$$

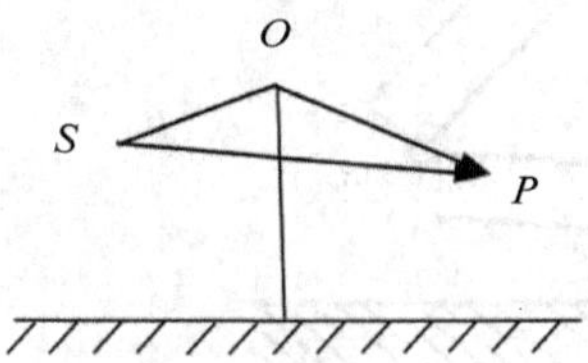

图 5　无限长声屏障

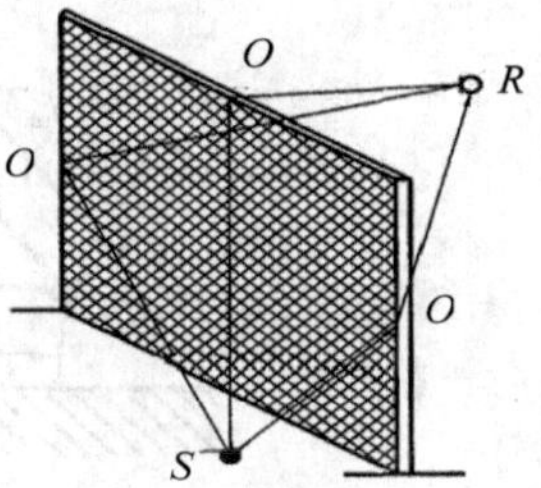

图 6　在有限长声屏障上不同的传播路径

②双绕射计算

对于图 7 所示的双绕射情景，可由式（49）计算绕射声与直达声之间的声程差δ：

$$\delta = \left[(d_{ss}+d_{sr}+e)^2+a^2\right]^{\frac{1}{2}} - d \tag{49}$$

式中：a——声源和接收点之间的距离在平行于屏障上边界的投影长度，m；

d_{ss}——声源到第一绕射边的距离，m；

d_{sr}——（第二）绕射边到接收点的距离，m；

e——在双绕射情况下两个绕射边界之间的距离，m。

在任何频带上，屏障衰减在单绕射（即薄屏障）情况下，衰减最大取 20 dB；屏障衰减在双绕射（即厚屏障）情况下，衰减最大取 25 dB。

计算了屏障衰减后，不再考虑地面效应衰减。

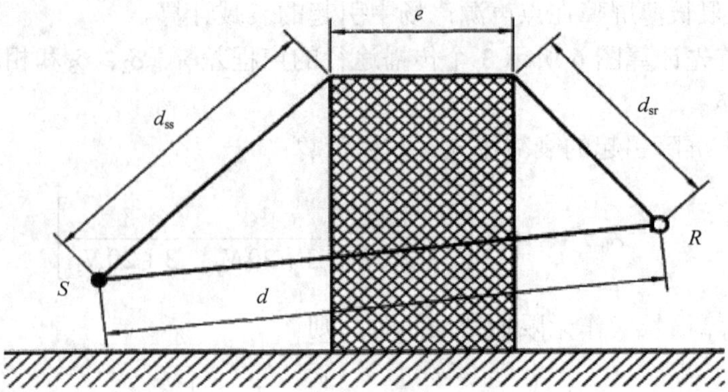

（a）

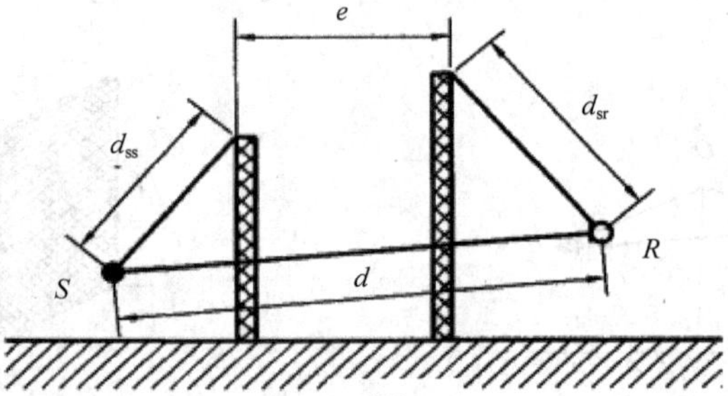

（b）

图 7　利用建筑、土堤作为厚屏障

（4）绿化林带噪声衰减计算

绿化林带的附加衰减与树种、林带结构和密度等因素有关。在声源附近的绿化林带，或在预测点附近的绿化林带，或两者均有的情况都可以使声波衰减，见图 8。

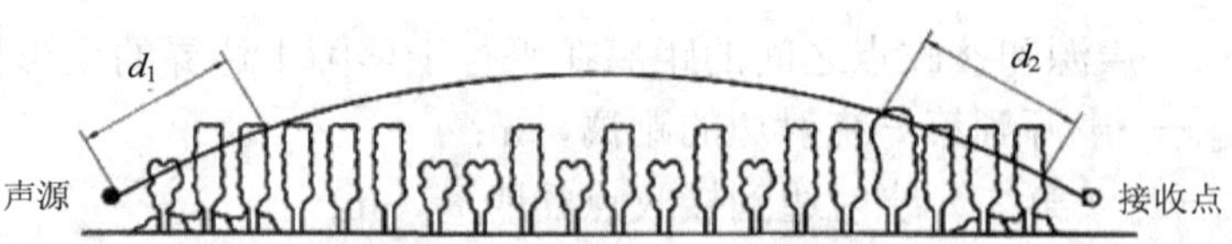

图 8　通过树和灌木时的噪声衰减

通过树叶传播造成的噪声衰减随通过树叶传播距离 d_f 的增长而增加，其中 $d_f=d_1+d_2$，为了计算 d_1 和 d_2，可假设弯曲路径的半径为 5 km。

表 13 中的第一行给出了通过总长度为 10～20 m 的密叶时，由密叶引起的

衰减；第二行为通过总长度 20～200 m 密叶时的衰减系数；当通过密叶的路径长度大于 200 m 时，可使用 200 m 的衰减值。

表 13　倍频带噪声通过密叶传播时产生的衰减

项目	传播距离 d_f/m	倍频带中心频率/Hz							
		63	125	250	500	1 000	2 000	4 000	8 000
衰减/dB	$10 \leqslant d_f < 20$	0	0	1	1	1	1	2	3
衰减系数/（dB/m）	$20 \leqslant d_f < 200$	0.02	0.03	0.04	0.05	0.06	0.08	0.09	0.12

（5）其他多方面原因引起的衰减

其他衰减包括通过工业场所的衰减；通过房屋群的衰减等。在声环境影响评价中，一般情况下，不考虑自然条件（如风、温度梯度、雾）变化引起的附加修正。

工业场所的衰减、房屋群的衰减等可参照 GB/T 17247.2 进行计算。

8. 了解等声级线图的含义

等声级线图绘制：

计算出各网格点上的噪声级（如 L_{eq}、WECPNL）后，采用某种数学方法（如双三次拟合法，按距离加权平均法，按距离加权最小二乘法）计算并绘制出等声级线。

等声级线的间隔不大于 5 dB。对于 L_{eq}，最低可画到 35 dB 的等声级线，最高可画到 75 dB 的等声级线，一般需对应项目所涉及的声环境功能区的昼、夜间标准值要求；对于 WECPNL，一般应有 70 dB、75 dB、80 dB、85 dB、90 dB 的等值线。

等声级图直观地表明了项目的噪声级分布，为分析功能区噪声超标状况提供了方便，同时为城市规划、城市环境噪声管理提供了依据。

（六）生态影响预测与评价

1. 掌握各级生态影响评价工作的基本图件和推荐图件要求

一级评价的基本图件（9 个），包括：

（1）项目区域地理位置图；

（2）工程平面图；

（3）土地利用现状图；

（4）地表水系图；

（5）植被类型图；

（6）特殊生态敏感区和重要生态敏感区空间分布图；

（7）主要评价因子的评价成果和预测图；

（8）生态监测布点图；

（9）典型生态保护措施平面布置示意图。

一级评价的推荐图件，包括：

（1）当评价范围内涉及山岭重丘区时，可提供地形地貌图、土壤类型图和土壤侵蚀分布图；

（2）当评价工作范围内涉及河流、湖泊等地表水时，可提供水环境功能区划图；当涉及地下水时，可提供水文地质图件等；

（3）当评价工作范围涉及海洋和海岸带时，可提供海域岸线图、海洋功能区划图，根据评价需要选做海洋渔业资源分布图、主要经济鱼类产卵场分布图、滩涂分布现状图；

（4）当评价工作范围内已有土地利用规划图时，可提供已有土地利用规划图和生态功能分区图；

（5）当评价工作范围内涉及地表塌陷时，可提供塌陷等值线图；

此外，可根据评价工作范围内涉及的不同生态系统类型，选做动植物资源分布图、珍稀濒危物种分布图、基本农田分布图、绿化布置图、荒漠化土地分布图等。

二级评价的基本图件（7个），包括：

（1）项目区域地理位置图；

（2）工程平面图；

（3）土地利用现状图；

（4）地表水系图；

（5）特殊生态敏感区和重要生态敏感区空间分布图；

（6）主要评价因子的评价成果和预测图；

（7）典型生态保护措施平面布置示意图。

二级评价的推荐图件，包括：

（1）当评价范围内涉及山岭重丘区时，可提供地形地貌图和土壤侵蚀分布图；

（2）当评价工作范围内涉及河流、湖泊等地表水时，可提供水环境功能区划图；当涉及地下水时，可提供水文地质图件等；

（3）当评价工作范围涉及海域时，可提供海域岸线图和海洋功能区划图；

（4）当评价工作范围内已有土地利用规划图时，可提供已有土地利用规划图和生态功能分区图；

（5）评价工作范围内，陆域可根据评价需要选做植被类型图或绿化布置图。

三级评价的基本图件（4个），包括：

（1）项目区域地理位置图；

（2）工程平面图；

（3）土地利用或水体利用现状图；

（4）典型生态保护措施平面布置示意图。

三级评价的推荐图件，包括：

（1）评价工作范围内，陆域可根据评价需要选做植被类型图或绿化布置图；

（2）当评价范围内涉及山岭重丘区时，可提供地形地貌图；

（3）当评价工作范围内涉及河流、湖泊等地表水时，可提供地表水系图；

（4）当评价工作范围涉及海域时，可提供海洋功能区划图；

（5）当涉及重要生态敏感区时，可提供关键评价因子的评价成果图。

以上基本图件中，实际工作易忽略典型生态保护措施平面布置示意图，应予关注。

2. 熟悉生态影响评价图件整饬要求

生态影响评价图件应符合专题地图制图的整饬规范要求，标准的图幅配置应包括图名、比例尺/经纬度（应注意保密要求，地形图可只切出评价范围内的部分，不应标示经纬度）、方向标/指北针、风玫瑰/风向标、图例、注记、制图数据源（调查数据、实验数据、遥感信息源或其他）、制图单位、成图时间等要素。

3. 掌握生态机理分析法、指数法、综合指数法和类比分析法

（1）生态机理分析法

生态机理分析法是根据建设项目的特点和受其影响的动植物的生物学特征，依照生态学基本概念、基本原理分析、预测工程生态影响的方法。生态机理分析法的工作步骤如下：

① 调查环境背景现状、搜集工程组成和建设等有关资料；

② 调查植物和动物分布、动物栖息地和迁徙路线；

③ 根据调查结果分别对植物或动物种群、群落和生态系统进行分析，描述其分布特点、结构特征和演化等级；

④ 识别有无珍稀濒危物种及具有重要经济、历史、景观和科研价值的物种；

⑤ 预测项目建成后该地区动物、植物生长环境的变化；

⑥ 根据项目建成后的环境（水、气、土和生命组分）变化，对照无开发项目条件下动物、植物或生态系统演替趋势，预测项目对动物和植物个体、种群

和群落的影响，并预测生态系统演替方向。

评价过程中有时要根据实际情况进行相应的生物模拟试验，如环境条件、生物习性模拟试验、生物毒理学试验、实地种植或放养试验等；或进行数学模拟，如种群增长模型应用。

该方法需与生物学、地理学、水文学、数学及其他多学科合作评价，才能得出较为客观的结果。

（2）指数法和综合指数法

指数法是利用同度量因素的相对值来表明因素变化状况的方法，是建设项目环境影响评价中规定的评价方法，指数法同样可将其拓展用于生态影响评价。指数法简明扼要，且符合人们所熟悉的环境污染影响评价思路，但困难之点在于需明确建立表征生态质量的标准体系，且难以赋权和准确定量。综合指数法是从确定同度量因素出发，把不能直接对比的事物变成能够同度量的方法。

① 单因子指数法。

选定合适的评价标准，采集拟评价项目区的现状资料。可进行生态因子现状评价：如以同类型立地条件的森林植被覆盖率为标准，可评价项目建设区的植被覆盖现状情况；也可进行生态因子的预测评价：如以评价区现状植被盖度为评价标准，可评价建设项目建成后植被盖度的变化率。

② 综合指数法。

a）分析研究评价的生态因子的性质及变化规律；

b）建立表征各生态因子特性的指标体系；

c）确定评价标准；

d）建立评价函数曲线，将评价的环境因子的现状值（开发建设活动前）与预测值（开发建设活动后）转换为统一的无量纲的环境质量指标。用 1～0 表示优劣（1 表示最佳的、顶级的、原始或人类干预甚少的生态状况，0 表示最差的、极度破坏的、几乎无生物性的生态状况），由此计算出开发建设活动前后环境因子质量的变化值；

e）根据各评价因子的相对重要性赋予权重；

f）将各因子的变化值综合，提出综合影响评价值。

即：
$$\Delta E=\sum(E_{\mathrm{h}i}-E_{\mathrm{q}i})\times W_i \tag{50}$$

式中：ΔE——开发建设活动前后生态质量变化值；

$E_{\mathrm{h}i}$——开发建设活动后 i 因子的质量指标；

$E_{\mathrm{q}i}$——开发建设活动前 i 因子的质量指标；

W_i——i 因子的权值。

③ 指数法应用。

a）可用于生态因子单因子质量评价；

b）可用于生态多因子综合质量评价；

c）可用于生态系统功能评价。

④ 说明。

建立评价函数曲线须根据标准规定的指标值确定曲线的上限、下限。对于空气和水这些已有明确质量标准的因子，可直接用不同级别的标准值作上限、下限；对于无明确标准的生态因子，需根据评价目的、评价要求和环境特点选择相应的环境质量标准值，再确定上限、下限。

此外，还有一常用方法，即“图形叠置法”，虽然今年的考试大纲未有规定，但大家仍有必要了解。

图形叠置法是把两个以上的生态信息叠合到一张图上，构成复合图、用以表示生态变化的方向和程度。本方法的特点是直观、形象，简单明了。

图形叠置法有两种基本制作手段：指标法和“3S”叠图法。

① 指标法。

a）确定评价区域范围；

b）进行生态调查，收集评价工作范围与周边地区自然环境、动植物等的信息，同时收集社会经济和环境污染及环境质量信息；

c）进行影响识别并筛选拟评价因子，其中包括识别和分析主要生态问题；

d）研究拟评价生态系统或生态因子的地域分异特点与规律，对拟评价的生态系统、生态因子或生态问题建立表征其特性的指标体系，并通过定性分析或定量方法对指标赋值或分级，再依据指标值进行区域划分；

e）将上述区划信息绘制在生态图上。

②“3S”叠图法。

a）选用地形图，或正式出版的地理地图，或经过精校正的遥感影像作为工作底图，底图范围应略大于评价工作范围；

b）在底图上描绘主要生态因子信息，如植被覆盖、动物分布、河流水系、土地利用和特别保护目标等；

c）进行影响识别与筛选评价因子；

d）运用“3S”技术，分析评价因子的不同影响性质、类型和程度；

e）将影响因子图和底图叠加，得到生态影响评价图。

③ 图形叠置法应用。

a）主要用于区域生态质量评价和影响评价；

b）用于具有区域性影响的特大型建设项目评价，如大型水利枢纽工程、新能源基地建设、矿业开发项目等；

c）用于土地利用开发和农业开发。

（3）类比分析法

类比分析法是一种比较常用的定性和半定量评价方法，一般有生态整体类比、生态因子类比和生态问题类比等。

根据已有的开发建设活动（项目、工程）对生态系统产生的影响来分析或预测拟进行的开发建设活动（项目、工程）可能产生的影响。选择好类比对象（类比项目）是进行类比分析或预测评价的基础，也是该法成败的关键。

类比对象的选择条件是：工程性质、工艺和规模与拟建项目基本相当，环境特征或生态因子（地理、地质、气候、生物因素等）相似，项目建成已有一定时间，所产生的影响已基本全部显现。

类比对象确定后，则需选择和确定类比因子及指标，并对类比对象开展调查与评价，再分析拟建项目与类比对象的差异。根据类比对象与拟建项目的比较，做出类比分析结论。

应用：

① 进行生态影响识别和评价因子筛选；

② 以原始生态系统作为参照，可评价目标生态系统的质量；

③ 进行生态影响的定性分析与评价；

④ 进行某一个或几个生态因子的影响评价；

⑤ 预测生态问题的发生与发展趋势及其危害；

⑥ 确定环保目标和寻求最有效、可行的生态保护措施。

类比法是环境影响评价中十分重要的方法，应在可以或能够利用类比法的情况下，优先采用，但一定要注意类比的条件（即可类比性）。

4. 了解景观生态学评价方法

景观生态学法中基质的判定是空间结构分析的重要内容，多借用传统生态学中计算植被重要值的方法。景观生态学评价方法较多，生态影响评价中常用景观优势度方法。确定某一斑块类型在景观中的优势，也称优势度值（D_o）。优势度值由密度（R_d）、频率（R_f）和景观比例（L_p）3 个参数计算得出。其数学表达式如下：

R_d=（斑块 i 的数目/斑块总数）×100%

R_f=（斑块 i 出现的样方数/总样方数）×100%

L_p=（斑块 i 的面积/样方总面积）×100%

$D_o=0.5\times[0.5\times(R_d+R_f)+L_p]\times100\%$

5. 了解生物多样性评价方法

生物多样性包括遗传多样性、物种多样性、群落或生态系统多样性。生物多样性评价是指通过实地调查，分析生态系统和生物种的历史变迁、现状和存在的主要问题的方法，评价目的是有效保护生物多样性。目前，建设项目环境影响评价的生物多样性评价主要是物种层面的生物多样性评价。

生物多样性通常用香农-威纳指数（Shannon-Wiener Index）表征：

$$H=-\sum_{i=1}^{S}P_i\ln(P_i) \qquad (51)$$

式中：H——样品的信息含量（彼得/个体）=群落的多样性指数；

S——种数；

P_i——样品中属于第 i 种的个体比例，如样品总个体数为 N，第 i 种个体数为 n_i，则 $P_i=n_i/N$。

除香农—威纳指数外，还可以通过种的丰富度、均匀度、辛普森（Simpson）多样性指数等进行评价。

6. 熟悉土壤侵蚀、水体富营养化的评价方法

（1）土壤侵蚀评价方法。

① 水土流失主要方法：物理模型法、现场调查法、水文手册查算法、土壤侵蚀及产沙数学模型法等。

通用水土流失方程式（USLE）：

$$A=R\cdot K\cdot \mathrm{LS}\cdot C\cdot P \qquad (52)$$

式中：A——单位面积多年平均土壤侵蚀量，t/（$hm^2\cdot a$）；

R——降雨侵蚀力因子，$R=EI_{30}$（一次降雨总动能与最大 30 min 雨强之积）；

K——土壤可蚀性因子，根据土壤的机械组成、有机质含量、土壤结构及渗透性确定；

LS——坡长因子，我国黄河流域雨强资料，$\mathrm{LS}=0.067\,L^{0.2}S^{1.3}$；

C——植被和经营管理因子，与植被覆盖度和耕作期有关；

P——水土保持措施因子，主要有农业耕作措施、工程措施、植物措施。

② 评价方法——标准法。

a）土壤侵蚀容许量标准；

b）水力侵蚀、重力侵蚀强度分级标准；

c）风蚀强度分级，按植被覆盖度、年风蚀厚度、侵蚀模数三项指标划分。

（2）水体富营养化的评价方法。

① 流域污染源调查及湖库水体 TP 浓度计算与测定法。包括数学模式计算

法、输出系数法、实测法等。

② 营养物质负荷法预测富营养化。包括 Vollenweider-OECD 模型、Dillon 的 TP 负荷与平均水深线性关系预测法、湖泊 P 滞留估算法。

③ 营养状况指数法预测富营养化。应用较广的是营养状况指数法（TSI），即卡尔森（Carlson）指数法，该法根据透明度、TP 和叶绿素三指标关系确定，当 TSI＜40 为贫营养，TSI 在 40～50 为中营养，TSI＞50 为富营养。但该法对于湖水过于浑浊（非藻类浊度）或水草丰茂的湖泊，不适用。

水体富营养化预测还有评分法和综合评价法等。

7. 熟悉生态系统组成和服务功能变化趋势的分析方法

根据不同生态系统的特性，在调查、判定该区域各类生态系统主要的和辅助的生态功能以及完成功能必需的生态过程的基础上，分别采用定量分析和定性分析相结合的方法对建设项目可能造成生态系统组成（生物与生物之间的相互关系，如物种及其种群或群落组成、分布、空间结构层次或空间排序，以及生物与非生物环境之间的关系）和服务功能（如水源涵养、水土保持、调节气候、维护生物多样性、提供生产生活资料等）变化趋势进行预测与评价，重点关注其中的不利影响、不可逆影响和累积生态影响，以及项目建设和生产运行对环境保护目标的影响。

变化趋势一般是要根据其历史情况（某一较长时间尺度范围），以列表或线性图、柱状图、面积变化图等的形式来表述。

常用的方法有列表清单法、图形叠置法、生态机理法、景观生态学方法、指数法与综合指数法、类比分析法、系统分析法和生物多样性评价法、生物生产力评价法、“3S”技术法等。

（七）固体废物环境影响评价

1. 熟悉固体废物的分类及综合利用途径

固体废物分类：

（1）按污染特性分：一般废物和危险废物。

（2）按来源分：

① 城市固体废物：生活垃圾、城建渣土、商业固体废物、粪便。

② 工业固体废物：冶金工业固废、能源工业固废、石化工业固废、矿业固废、轻工业固废、其他工业固废。

③ 农业固体废物：秸秆、农用薄膜、畜禽排泄物。

废物与资源具有相对性。固体废物具有鲜明的时间和空间特征，是在错误时间放在错误地点的资源。从时间方面讲，它是由于人的环保意识或疏忽而没有被利用即抛弃的资源，或由于目前的科学技术和经济条件下无法加以利用的资源。但随着人们环保意识的增强、时间的推移、科学技术的发展以及人们的要求变化，废物就可能成为资源，或将其作为原料转化为资源。从空间角度看，废物是相对于某一过程或某一方面没有使用价值，而并非在一切过程或一切方面都没有使用价值。一种过程的废物，往往可以成为另一种过程的原料。固体废物一般具有某些工业原材料所具有的化学、物理特性，且较废水、废气容易收集、运输、加工处理，因而可以回收利用为资源。

固体废物综合利用是《中华人民共和国固体废物污染环境防治法》关于“减量化、资源化、无害化”的体现。根据固体废物的类型、性质，应分类、分别进行综合利用，变废为宝。综合利用的途径因“废物”不同而异。

2. 了解固体废物中污染物进入环境的方式及在环境中的迁移转化

（1）固体废物中污染物进入环境的方式。

固体废物的危害具有潜在性、长期性和灾害性。对环境的污染不同于废水、废气和噪声。固体废物呆滞性大、扩散性小，它对环境的影响主要是通过水、气和土壤进行的。固态的危险废物具有呆滞性和不可稀释性，一旦造成环境污染，有时很难补救恢复。其中污染成分的迁移转化，如浸出液在土壤中的迁移，是一个比较缓慢的过程，其危害可能在数年以至数十年后才能发现。

① 对大气环境的影响：自身分解产生有害气体，污染空气；固废焚烧产生废气。

② 对水环境的影响：自身分解和淋溶，有害成分污染水体，破坏生态。

③ 对土壤环境的影响：毒害微生物，改变土壤性质和结构，占用土地。

（2）固体废物中污染物的迁移转化。

进入环境的固体废物是潜在的污染源，在一定条件下会发生化学、物理或生物转化，导致有毒有害物质长期不断释放进入环境。

① 污染地表水、地下水、大气和土壤；并通过食物链进入人体，危害人体健康。

② 填埋场渗滤液中污染物的迁移转化。

对于固体废物处理处置工程，填埋场渗滤液对地下水的污染控制是填埋场建设的核心问题。

a）渗滤液实际渗流速度；

b）污染物迁移速度。

由以上可以看出，由于固体废物对环境的危害影响需通过水、气或土壤等介质方能进行。因此，固体废物既是污染水、大气、土壤等的“源头”，又是废水和废气处理过程的“终态”。

3. 掌握采用焚烧、填埋等方式处置固体废物产生的主要环境影响

（1）焚烧处置固体废物产生的主要环境影响。

在固体废物的焚烧过程中，主要关注焚烧产生的烟气和残渣对环境的影响。

① 在焚烧过程中所产生的粒状污染物大致有 3 类：

a）废物中的不可燃物；

b）部分无机盐类在高温下氧化而排出，在炉外凝结成粒状物；

c）未燃烧完全而产生的碳颗粒与煤烟。

② 焚烧产生的酸性气体，主要包括 SO_2、HCl 与 HF 等。

③ 焚烧所产生的氮氧化物。

④ 废物中所含重金属物质，高温焚烧后部分残留于灰渣中，部分在高温下气化挥发进入烟气。

⑤ 废物焚烧过程中产生的毒性有机氯化物。

（2）填埋处置固体废物对环境的主要影响

固体废物填埋过程中主要污染源是渗滤液和填埋气体。

垃圾填埋场的环境影响包括多个方面。运行中的填埋场，对环境的影响主要包括：

① 填埋场渗滤液泄漏或处理不当对地下水及地表水的污染；

② 填埋场产生气体排放对大气的污染、对公众健康的危害以及可能发生的爆炸对公众安全的威胁；

③ 填埋场的存在对周围景观的不利影响；

④ 填埋作业及垃圾堆体对周围地质环境的影响，如造成滑坡、崩塌、泥石流等；

⑤ 填埋机械噪声对公众的影响；

⑥ 填埋场滋生的害虫、昆虫、啮齿动物以及在填埋场觅食的鸟类和其他动物可能传播疾病；

⑦ 填埋垃圾中的塑料袋、纸张以及尘土等在未来得及覆土压实情况下可能飘出场外，造成环境污染和景观破坏；

⑧ 流经填埋场区的地表径流可能受到污染。

封场后的填埋场对环境的影响减小，但填埋场植被恢复过程中种植于填埋场顶部覆盖层上的植物可能受到污染。

五、环境保护措施

（一）大气污染治理措施

1. 掌握废气的收集、大气污染物治理措施与排放控制的一般要求

（1）废气的收集。

①对产生逸散粉尘或有害气体的设备，宜采取密闭、隔离和负压操作措施。

②污染气体应尽可能利用生产设备本身的集气系统进行收集，逸散的污染气体采用集气（尘）罩收集。

③当不能或不便采用密闭罩时，可根据工艺操作要求和技术经济条件选择适宜的其他敞开式集气（尘）罩。集气（尘）罩应尽可能包围或靠近污染源，将污染物限制在较小空间内，减少吸气范围，便于捕集和控制污染物。

④集气（尘）罩的吸气方向应尽可能与污染气流运动方向一致，利用污染气流的动能，避免或减弱集气（尘）罩周围紊流、横向气流等对抽吸气气流的干扰与影响。

⑤吸气点的排风量应按防止粉尘或有害气体扩散到周围环境空间为原则确定。

（2）废气的排放。

①污染气体通过净化设备处理达标后由排气筒排入大气。

②排气筒高度应按《大气污染物综合排放标准》（GB 16297）和行业、地方排放标准规定确定。

③应根据使用条件、功能要求、排气筒高度、材料供应及施工条件等因素，确定采用砖排气筒、钢筋混凝土排气筒或钢排气筒。

④排气筒的出口直径应根据出口流速确定，流速宜取 15 m/s 左右。当采用钢管烟囱且高度较高时或烟气量较大时，可适当提高出口流速至 20～25 m/s。

⑤应当根据批准的环境影响评价文件的要求在排气筒上建设、安装自动监控设备及其配套设施或预留连续监测装置安装位置。排气筒或烟道应按相关规范设置永久性采样孔，必要时设置测试平台。

⑥排放有腐蚀性的气体时，排气筒应采用防腐设计。

⑦大型除尘系统排气筒底部应设置比烟道底部低 0.5～1.0 m 的积灰坑，并应设置清灰孔，多雨地区大型除尘系统排气筒应考虑排水设施。

⑧非防雷保护范围的排气筒，应装设避雷设施。

⑨对于可能影响航空器飞行安全的烟囱，应按相关要求设置航空障碍灯和标志。

2. 熟悉除尘、吸收、吸附、燃烧等典型处理工艺及其一般要求

（1）除尘处理工艺的一般规定。

①除尘工艺应根据生产工艺合理配置，控制和减少无组织排放，设备或除尘系统排放至大气的气体应符合《大气污染物综合排放标准》（GB 16297）和行业、地方排放标准及总量控制的限值。

②对除尘器收集的粉尘或排出的污水，根据生产条件、除尘器类型、粉尘的回收价值、粉尘的特性和便于维护管理等因素，按照国家、行业、地方相关标准以及《工业企业设计卫生标准》（GBZ 1）的要求，采取妥善的回收和处理措施。

③除尘器宜布置在除尘工艺的负压段上。当布置在正压段时，电除尘器应采用热风清扫，袋式除尘器应保证清灰压力大于系统操作压力，配套风机应考虑防磨措施。

④除尘工艺的场地标高、场地排水和防洪等均应符合《工业企业总平面设计规范》（GB 50187）的规定。

（2）气态污染物吸收工艺的一般规定。

①吸收法净化气态污染物是利用气体混合物中各组分在一定液体中溶解度的不同而分离气体混合物的方法。主要适用于吸收效率和速率较高的有毒有害气体的净化。

②吸收系统应包括集气罩、废气预处理、吸收液（浆液）制备和供应系统、吸收装置、控制系统、副产物的处置与利用装置、风机、排气筒、管道等。

③吸收工艺的选择应考虑：废气流量、浓度、温度、压力、组分、性质、吸收剂性质、再生、吸收装置特性以及经济性因素等。

④高温气体应采取降温措施；对于含尘气体，需回收副产品时应进行预除尘。

⑤吸收工艺的主体装置和管道系统，应根据处理介质的性质选择适宜的防腐材料和防腐措施，必要时应采取防冻、防火和防爆措施。

（3）气态污染物吸附工艺的一般规定。

①吸附法净化气态污染物是利用固体吸附剂对气体混合物中各组分吸附选择性的不同而分离气体混合物的方法，主要适用于低浓度有毒有害气体净化。

②吸附工艺分为变温吸附和变压吸附，《大气污染治理工程技术导则》（HJ 2000）中的吸附指变温吸附。

③吸附系统包括集气罩、废气预处理、吸附装置、脱附（回收）系统、控

制系统、副产物的处置与利用装置、风机、排气筒和管道等。

3. 了解除尘器、吸收装置、吸附装置的类型及其适用条件

（1）除尘器。除尘器主要有机械除尘器、湿式除尘器、袋式除尘器和静电除尘器。

①机械除尘器：包括重力沉降室、惯性除尘器和旋风除尘器等。机械除尘器宜用于处理密度较大、颗粒较粗的粉尘，在多级除尘工艺中作为高效除尘器的预除尘。

②湿式除尘器：适用于捕集粒径 1 μm 以上的尘粒；高湿烟气和亲水性粉尘的净化，可选择湿式除尘器，但应考虑冲洗和清理；湿式除尘器不适用于疏水性粉尘、遇水后产生可燃或有爆炸危险、易结垢粉尘。

③袋式除尘器：袋式除尘器属高效除尘设备，宜用于处理风量大、浓度范围广和波动较大的含尘气体。

④静电除尘器：静电除尘器属高效除尘设备，宜用于处理大风量的高温烟气。

（2）吸收处置装置。

①常用的吸收装置有填料塔、喷淋塔、板式塔、鼓泡塔、湍球塔和文丘里等。

②吸收装置应具有较大的有效接触面积和处理效率，较高的界面更新强度，良好的传质条件，较小的阻力和较高的推动力。

（3）吸附装置。

①常用的吸附设备有固定床、移动床和流化床。工业应用宜采用固定床。

②常用吸附剂包括：活性炭（包括活性炭纤维）、分子筛、活性氧化铝和硅胶等。

③吸附装置用于处理易燃、易爆气体时，应符合安全生产及事故防范的相关规定。

4. 熟悉二氧化硫、氮氧化物的治理工艺及选用原则

（1）二氧化硫治理工艺及选用原则

①二氧化硫治理工艺划分为湿法、干法和半干法，常用工艺包括石灰石/石灰-石膏法、烟气循环流化床法、氨法、镁法、海水法、吸附法、炉内喷钙法、旋转喷雾法、有机胺法、氧化锌法和亚硫酸钠法等。

②二氧化硫治理应执行国家或地方相关的技术政策和排放标准，满足总量控制的要求。

③燃煤电厂烟气脱硫应符合以下规定：

a）采用石灰石/石灰—石膏法工艺时应符合《火电厂烟气脱硫工程技术规

范　石灰石/石灰—石膏法》（HJ 179）的规定；

b）采用烟气循环流化床工艺时应符合《火电厂烟气脱硫工程技术规范　烟气循环流化床法》（HJ 178）的规定；

c）燃用高硫燃料的锅炉，当周围 80 km 内有可靠的氨源时，经过技术经济和安全比较后，宜使用氨法工艺，并对副产物进行深加工利用；

d）燃用低硫燃料的海边电厂，经过技术经济比较和海洋环保论证，可使用海水法脱硫或以海水为工艺水的钙法脱硫。

④工业锅炉/炉窑应因地制宜、因物制宜、因炉制宜选择适宜的脱硫工艺，采用湿法脱硫工艺应符合相关规定。

⑤钢铁行业根据烟气流量和二氧化硫体积分数，结合吸收剂的供应情况，宜选用半干法、氨法、石灰石/石灰-石膏法脱硫工艺。

⑥有色冶金工业中硫化矿冶炼烟气中二氧化硫体积分数大于 3.5%时，应以生产硫酸为主。烟气制造硫酸后，其尾气二氧化硫体积分数仍不能达标时，应经脱硫或其他方法处理达标后排放。

（2）氮氧化物控制措施及选用原则。

①控制燃烧产生的氮氧化物（NO_x）应优先采用低氮燃烧技术。当不能满足环保要求时，应增设选择性催化还原（SCR）、选择性非催化还原（SNCR）等烟气脱硝装置。

②燃煤电厂燃用烟煤、褐煤时，宜采用低氮燃烧技术；燃用贫煤、无烟煤以及环境敏感地区不能达到环保要求时，应增设烟气脱硝系统。

③采用 SCR 脱硝装置时，应优先采用高尘布置方案。

④选择烟气脱硝方式时，应考虑对锅炉的影响。

5. 了解挥发性有机物、恶臭、卤化物气体的基本处理技术及其选用原则

（1）挥发性有机化合物（VOCs）。

挥发性有机化合物（VOCs）废气主要包括低沸点的烃类、卤代烃类、醇类、酮类、醛类、醚类、酸类和胺类等。

①挥发性有机化合物的基本处理技术。

a）回收类方法：主要有吸附法、吸收法、冷凝法和膜分离法等。

b）消除类方法：主要有燃烧法、生物法、低温等离子体法和催化氧化法等。

②挥发性有机物处理技术的选用原则。

a）吸附法适用于低浓度挥发性有机化合物废气的有效分离与去除，是一种广泛应用的化工工艺单元，由于每单元吸附容量有限，宜与其他方法联合使用。

b）吸收法宜用于废气流量较大、浓度较高、温度较低和压力较高的挥发性有机化合物废气的处理。工艺流程简单，可用于喷漆、绝缘材料、粘接、金属

清洗和化工等行业应用。

c）冷凝法宜用于高浓度的挥发性有机化合物废气回收和处理，属高效处理工艺，宜作为降低废气有机负荷的前处理方法，与吸附法、燃烧法等其他方法联合使用，回收有价值的产品。

d）膜分离法宜用于较高浓度挥发性有机化合物废气的分离与回收，属高效处理工艺，选择该方法时，应考虑预处理成本、膜元件造价、寿命、堵塞等因素。

（2）恶臭。

①恶臭气体的种类：含硫的化合物如硫化氢、二氧化硫等；含氮的化合物如胺、氨等；卤素及衍生物如卤代烃等；氧的有机物如醇、酚、醛、酮、酸、酯等；烃类如烷烃、烯烃、炔烃以及芳香烃等。

②恶臭气体的基本处理技术。

a）物理学方法：主要有水洗法、物理吸附法、稀释法和掩蔽法。

b）化学方法：主要有药液吸收法、化学吸附法和燃烧法。

c）生物学方法：主要有生物过滤法、生物吸收法和生物滴滤法。

③恶臭气体处理技术的选用原则。

a）当难以用单一方法处理以达到恶臭气体排放标准时，宜采用联合脱臭法。

b）物理类的处理方法宜作为化学或生物处理的预处理，在达到排放标准要求的前提下也可作为唯一的处理工艺。

c）化学吸收类处理方法宜用于处理大气量、高浓度和中浓度的恶臭气体。

d）化学吸附类的处理方法宜用于处理低浓度、多组分的恶臭气体。

e）化学燃烧类的处理方法宜用于处理连续排气、高浓度的可燃性恶臭气体，净化效率高，处理费用高。

f）化学氧化类的处理方法宜用于处理高浓度和中浓度的恶臭气体，净化效率高，处理费用高。

g）生物类处理方法宜用于气体浓度波动不大、浓度较低或复杂组分的恶臭气体处理，净化效率较高。

（3）卤化物气体。

在大气污染治理方面，卤化物主要包括无机卤化物气体和有机卤化物气体[氟化氢、氯气、溴化氢和氯化氢（盐酸酸雾）等]。

①卤化物气体的基本处理技术。

a）物理化学类方法：固相（干法）吸附法、液相（湿法）吸收法和化学氧化脱卤法。

b）生物学方法：生物过滤法、生物吸收法和生物滴滤法。

②卤化物气体处理技术的选用原则。

a）在对无机卤化物废气处理时，应首先考虑其回收利用价值。

b）吸收和吸附等物理化学方法在资源回收利用和卤化物深度处理上工艺技术相对成熟，优先使用物理化学类方法处理卤化物气体。

c）吸收法治理含氯或氯化氢（盐酸酸雾）废气时，宜采用碱液吸收法。

d）垃圾焚烧尾气中的含氯废气宜采用碱液或碳酸钠溶液吸收处理。

e）吸收法治理含氟废气，吸收剂宜采用水、碱液或硅酸钠。

f）电解铝行业治理含氟废气宜采用氧化铝粉吸附法。

6. 了解含重金属污染物废气的处理技术

大气中应重点控制的重金属污染物有：汞、铅、砷、镉、铬及其化合物。

（1）重金属废气的基本处理方法包括：过滤法、吸收法、吸附法、冷凝法和燃烧法。

（2）考虑重金属不能被降解的特性，大气污染物中重金属的治理应重点关注：

①物理形态：应从气态转化为液态或固态，达到重金属污染物从气相中脱离的目的。

②化学形态：应控制重金属元素价态朝利于稳定化、固定化和降低生物毒性的方向进行。

③应按照相关标准要求处理重金属废气治理中使用过的洗脱剂、吸附剂和吸收液，避免二次污染。

（3）汞及其化合物废气一般处理方法是：吸收法、吸附法、冷凝法和燃烧法。

①冷凝法宜用于净化回收高浓度的汞蒸气，可采取常压和加压两种方式，常作为吸收法和吸附法净化汞蒸气的前处理。

②充氯活性炭吸附法宜用于含汞废气处理。

③燃烧法宜用于燃煤电厂含汞烟气的处理。

（4）铅及其化合物废气宜用吸收法处理。

（5）砷、镉、铬及其化合物废气通常采用吸收法和过滤法处理。

7. 了解污染防治措施有效性分析的基本要求

（1）大气污染控制措施评价内容。

①对于达标区的建设项目，预测评价不同方案主要污染物对环境空气保护目标和网格点的环境影响及达标情况，比较分析不同污染治理设施、预防措施或排放方案的有效性。

②对于不达标区的建设项目，预测不同方案主要污染物对环境空气保护目

标和网格点的环境影响，评价达标情况或评价区域环境质量的整体变化情况，比较分析不同污染治理设施、预防措施或排放方案的有效性。

（2）大气污染控制措施分析结论要求。

①大气污染治理设施与预防措施必须保证污染源排放以及控制措施均符合排放标准的有关规定，满足经济、技术可行性。

②从项目选址选线、污染源的排放强度与排放方式、污染控制措施技术与经济可行性等方面，结合区域环境质量现状及区域削减方案、项目正常排放及非正常排放下大气环境影响预测结果，综合评价污染治理设施、预防措施及排放方案的优劣，并对存在的问题（如果有）提出解决方案。需进行方案比选的，经比选后给出污染控制措施可行性建议及最终的推荐方案。

8．熟悉废气处理回收利用和污染物治理措施的效率分析及其环境影响减缓效果分析

废气处理回收利用、污染物治理措施的效率和排放浓度应首先满足国家及地方发布的污染源排放标准要求。对于项目厂界浓度超过大气污染物厂界浓度限值的，应要求削减排放源强或调整工程布局，待满足厂界浓度限值后，再核算大气环境防护距离。

各排放口排放大气污染物的核算排放浓度、排放速率及污染物年排放量，应为通过环境影响评价，并且环境影响评价结论为可接受时对应的各项排放参数。

（二）水污染治理措施

1．熟悉污水处理厂（站）总平面布置和高程布置的要求

（1）总平面布置要求。

①处理构筑物应尽可能按流程顺序布置，将管理区和生活区布置在夏季主导风向上风侧，污泥区和进水区应布置在夏季主导风向下风侧。

②处理构筑物的间距应以节约用地、缩短管线长度为原则，同时满足各构筑物的施工、设备安装和各种管道的埋设、养护维修管理的要求，并按远期发展合理规划。

③污泥处理构筑物的布置应保证运行安全、管理方便，宜布置成单独的组合。

④污泥消化池与其他处理构筑物的间距应大于20 m，储气罐与其他构筑物的间距应根据容量大小按有关规定确定，具体设计要求应符合《城镇燃气设计规范》（GB 50028）的规定。

（2）高程布置要求。

①不宜选址建设在洪水淹没区，当必须在可能受洪水威胁的地区建厂时，

应采取必要的防洪措施。

②工程场地的竖向布置，应考虑土方平衡和有利于排水。

③工程出水水位，宜高于受纳水体的常年水位。

④污染物处理过程中，应尽可能采用重力流，需要提升时应设置相应的提升设备。

⑤处理构筑物之间的水头损失包括沿程损失、局部损失与构筑物本身的水头损失。此外，还应考虑为扩建预留储备水头。

⑥进行水力计算时，应选择距离最长、损失最大的流程，并按最大设计流量计算。当有两个以上并联运行的构筑物时，应考虑某一构筑物发生故障时，其余构筑物须负担全部流量的情况。

2. 熟悉常用的物理、化学及物化处理工艺单元的类型及其作用

（1）常用物理处理工艺单元的类型及其作用。

①栅格：去除会阻塞或卡住泵、阀及其机械设备的大颗粒物等，分粗格栅和细格栅。

②沉砂池：一般设置在泵站和沉淀池之前，用以分离废水中密度较大的砂粒、灰渣等无机固体颗粒。分平流沉砂池和曝气沉砂池。

③沉淀池：适用于去除悬浮于污水中可沉淀的固体物质。按池内水流方向，分为平流沉淀池、辐流式沉淀池和竖流沉淀池。

④隔油装置：适用于去除废水中的浮油和重油。分为平流和斜板式。

⑤气浮：适用于去除水中密度小于1 kg/L的悬浮物、油类和脂肪，宜用于污（废）水处理，也可用于污泥浓缩。

（2）常用化学处理工艺单元的类型及其作用。

①中和：适用于酸性、碱性废水的处理。

②化学沉淀：适用于去除污（废）水中的重金属离子、碱土金属及某些非金属，沉淀剂可选用石灰、硫化物、钡盐和铁屑等。

③化学氧化：适用于去除污（废）水中的有机物、无机离子及致病微生物等。通常包括氯氧化、湿式催化氧化、臭氧氧化、空气氧化等。

④离子交换：适用于原水脱盐净化，回收工业废水中有价金属离子、阴离子化工原料等。

⑤膜分离：微滤适用于去除粒径为0.1～10 μm的悬浮物、颗粒物、纤维和细菌；超滤适用于去除分子量在10^3～10^6 Da的胶体和大分子物质；纳滤适用于分离分子量在200～1 000 Da、分子尺寸在1～2 nm的溶解性物质、二价及高价盐等；反渗透适用于去除水中全部溶质，宜用于脱盐及去除微量残留有机物。

⑥吸附：适用于去除水中全部溶质，宜用于脱盐及去除微量残留有机物。

（3）常用物化处理工艺单元的类型及其作用。

①混凝：可用于污（废）水的预处理、中间处理或最终处理，可去除污（废）水中胶体及悬浮污染物，适用于污（废）水的破乳、除油和污泥浓缩。

②电渗析：适用于去除污（废）水中的溶质离子，可用于海水或苦咸水（＜10 g/L）淡化、自来水脱盐制取初级纯水、与离子交换组合制取高纯水、废液的处理回收等。

③电吸附：适用于污（废）水中微量金属离子、部分有机物及部分无机盐等杂质的去除。

3．掌握常用的好氧法、厌氧法生物处理工艺的适用条件

（1）好氧生物处理工艺的适用条件。

①好氧生物处理宜用于进水 $BOD_5/COD \geq 0.3$ 的城镇污水、生活污水、易生物降解工业废水。

②传统活性污泥法适用于以去除污水中碳源有机物为主要目标，无氮、磷去除要求的情况。

③氧化沟不宜用于寒冷地区。

④序批式活性污泥法（SBR）适用于建设规模为Ⅲ类（≥10 万 t/d、＜20 万 t/d）、Ⅳ类（≥5 万 t/d、＜10 万 t/d）、Ⅴ类（≥1 万 t/d、＜5 万 t/d）的污水处理厂和中型、小型废水处理站，适合于间歇排放工业废水的处理。

⑤生物接触氧化适用于低浓度的生活污水和具有可生化性的工业废水处理，生物接触氧化池应根据进水水质和处理程度确定采用一段式或多段式。

⑥生物滤池适用于低浓度的生活污水和具有可生化性的工业废水处理。

⑦曝气生物滤池适用于深度处理或生活污水的二级处理。

（2）厌氧法生物处理工艺的适用条件。

①厌氧生物处理宜用于高浓度、难生物降解有机废水和污泥等的处理。

②升流式厌氧污泥床（UASB）适用于高浓度有机废水。

③厌氧滤池适用于处理溶解性有机废水。容积负荷宜在 3～15 kgCOD/(m^3·d)，低温（15～25℃）时宜采用低负荷，高温（50～55℃）时宜采用高负荷。

④厌氧流化床适用于各种浓度有机废水的处理。厌氧流化床中应考虑设置固液分离装置。

4．了解生物脱氮除磷工艺要求

（1）当采用生物法去除污水中的氮、磷污染物时，原水水质应满足 GB 50014 的相关规定，即脱氮时，污水中的五日生化需氧量与总凯氏氮之比大于 4；除磷时，污水中的五日生化需氧量与总磷之比大于 17。

（2）仅需脱氮时，宜采用缺氧/好氧法；仅需除磷时，宜采用厌氧/好氧法；当需要同时脱氮除磷时，宜采用厌氧/缺氧/好氧法。各工艺的设计应符合《室外排水设计规范》（GB 50014）和相关工艺类工程技术规范的规定，参数取值应通过试验或参考同类工程实例确定。

（3）污水采用生物除磷处理时，剩余污泥的浓缩应结合实际情况考虑采用机械浓缩、气浮浓缩、离心浓缩等形式。

（4）缺氧/好氧法和厌氧/好氧法工艺单元前不设初沉池时，不宜采用曝气沉砂池。

（5）厌氧/好氧法的二沉池水力停留时间不宜过长。

（6）当出水总磷不能达到排放标准要求时，宜采用化学除磷作为辅助手段。

5. 了解建设项目排水系统的划分及污水处理工艺组合的要求

建设项目废水排放系统包括生活污水和生产废水排放系统。

（1）应根据原水水质特性、主要污染物类型及处理出水水质目标，在技术经济比较的基础上选择适宜的处理单元或组合工艺。

（2）污（废）水处理组合工艺中各处理单元要相互协调，在各处理单元的协同作用下去除污（废）水中的目标污染物质，最终使污（废）水达标排放或回用。

（3）采用厌氧和好氧组合工艺处理污（废）水时，厌氧工艺单元应设置在好氧工艺单元前。

（4）当污（废）水中含有生物毒性物质，且污（废）水处理工艺组合中有生物处理单元时，应在污（废）水进入生物处理单元前去除生物毒性物质。

（5）在污（废）水达标排放、技术经济合理的前提下应优先选用污泥产量低的处理单元或组合工艺。

（6）城镇污水处理应根据排放和回用要求选用一级处理、二级处理、三级处理、再生处理的工艺组合。

①一级处理主要去除污水中呈悬浮或漂浮状态的污染物。

②二级处理主要去除污水中呈胶体和溶解状态的有机污染物及植物性营养盐。

③三级处理是对经过二级处理后没有得到较好去除的污染物质进行深化处理。

④当有污水回用需求时，应设置污水再生处理工艺单元。

（7）城镇污水脱氮除磷应以生物处理单元为主，生物处理单元不能达到排放标准要求时，应辅以化学处理单元。

（8）工业废水处理系统中应考虑设置事故应急池。

（9）工业废水处理站的流程组合与工艺比选应符合 HJ 471、HJ 564、HJ 575、

HJ 580、HJ 2002、HJ 2003、HJ 2004 等相应污染源类工程技术规范的规定。

6. 了解废水分质处理的基本要求

实行“清污分流、雨污分流”。分别采取有针对性的处理技术，实现废水分类收集、分质处理、分质回用。根据不同工业废水的水质特点选用不同排放系统进行分类收集，如清净下水排放系统、初期雨水排放系统、后期雨水排放系统、生活污水排放系统、生产废水排放系统、含盐废水排放系统、含油废水排放系统等。

7. 熟悉污水处理厂（站）的污泥处理与处置的一般规定

（1）水污染治理工程产生的污泥应根据工程规模、地区环境条件和经济条件进行减量化、稳定化、无害化和资源化处理与处置。

（2）污泥处理工艺的选择应考虑污泥性质与数量、技术条件、运行管理费用、环境保护要求及有关法律法规、农业发展情况、当地气候条件和污泥最终处置的方式等因素。

（3）污泥处理构筑物和设备的设置应符合 GB 50014 的规定。

（4）污泥经过处理后，应符合 CJ 3025 的规定。

（5）应依据危险废物的名录及相关鉴别标准，对工业废水处理所产生的污泥进行鉴别，属危险废物的工业废水污泥，应按 GB 18484、GB 18597、GB 18598 的要求处理与处置。

8. 熟悉污水处理厂（站）恶臭污染治理的一般规定和常用除臭技术工艺

（1）恶臭污染治理的一般规定。

①恶臭污染治理应在进行多方案的技术经济比较后确定，应优先考虑生物除臭方法。

②无须经常人工维护的设施，如沉砂池、初沉池和污泥浓缩池等，宜采用固定式的封闭措施控制臭气；需经常维护和保养的设施，如格栅间、泵房的集水井和污水处理厂的污泥脱水机房等，宜采用局部活动式或简易式的臭气隔离措施控制臭气。

（2）常用除臭技术工艺。

①生物滤池除臭；

②化学氧化除臭；

③洗涤吸收除臭；

④活性炭吸附及再生除臭。

9. 熟悉废水源头控制、末端治理环境保护措施的内容

（1）源头控制措施。

①优化生产工艺，提高废水循环利用率，采用先进工艺设备，降低工业废

水的产生量。

②推行节约用水、绿色生活理念，减少生活废水产生。

③合理布局给排水系统，保证污水收集全面、通畅，实行雨污分流，减少污水处理量。

（2）末端治理。

①应进行雨污分流、清污分流，对废水进行分类收集、分质处理，循环利用。

②废水排入污水处理厂（站）进行综合处理。根据生活污水和生产废水排放系统的不同特点、进水水质、水量，选择适宜的污水处理工艺组合，确保废水稳定达标排放。主要工艺单元包括：物理、化学及物化处理单元，生物处理单元，生态处理单元，消毒处理单元，污泥处理与处置单元及恶臭污染治理单元。

③建立在线监测系统，进行有效管理，保障废水达标排放。

10. 了解污水回用深度处理的工艺技术

污水深度处理是在传统的生物方法之后，将二级处理出水再进一步进行物理、化学和生物处理，以便有效去除污水中各种不同性质的杂质，满足不同的回用水水质要求。现在已有的深度处理方法包括颗粒介质过滤、吸附、膜技术、高级氧化和消毒等。

（三）地下水环境污染防治对策

1. 熟悉常用的地下水污染预防措施

（1）源头控制措施。

主要包括提出各类废物循环利用的具体方案，减少污染物的排放量；提出工艺、管道、设备、污水储存及处理构筑物应采取的污染防控措施，将污染物跑、冒、滴、漏降到最低限度。

（2）分区防控措施。

结合地下水环境影响评价结果，对工程设计或可行性研究报告提出的地下水污染防控方案提出优化调整建议，给出不同分区的具体防渗技术要求。

一般情况下，应以水平防渗为主，防控措施应满足以下要求：

已颁布污染控制标准或防渗技术规范的行业，水平防渗技术要求按照相应标准或规范执行，如 GB 16889、GB 18597、GB 18598、GB 18599、GB/T 50934 等；

未颁布相关标准的行业，根据预测结果和场地包气带特征及其防污性能，提出防渗技术要求；或根据建设项目场地天然包气带防污性能、污染控制难易程度和污染物特性，参照表 11-4 提出防渗技术要求。其中污染控制难易程度分级和天然包气带防污性能分级分别参照表 11-2（略）和表 11-3（略）进行相关等级的确定。

对难以采取水平防渗的场地，可采用垂向防渗为主、局部水平防渗为辅的防控措施。垂向防渗是利用场区底部的天然相对不透水层作为底部隔水层，在场区四周或地下水下游设置垂向防渗帷幕，垂向防渗帷幕底部深入天然相对不透水层一定深度，阻断场地内填埋污染物与周边土壤和地下水的水力联系，使场区形成一个相对封闭的单元。

垂向防渗的设计与其施工工艺水平是紧密相关的，应根据工程的水文地质条件、污染物特性、地形及稳定性情况，结合防渗帷幕需要达到的渗透系数、深度和刚度，选择与之相适应的阻控类型。

垂向防渗一般根据污染特性、范围、水文地质条件及地形地貌，设置在地下水下游或污染场地周围，阻止污染物向外界迁移。对于已有重点污染源的垂向防渗主要应用于：① 由于地形条件限制，无法进行地面防渗的；② 由于已有装置的限制而无法开展地面防渗的；③ 已有大量固废堆存（贮存/填埋）而无法开展地面防渗的；④ 地下水污染范围已超出厂（场）界的，且需切断污染向厂（场）界外传输途径的。

（3）优化装置布局。

结合国家产业政策，调整工农业产业结构，合理进行产业布局。严格限制能耗大、污染重的企业上马，按环境容量确定污染物允许排放总量，必须严格控制工业废水和生活污水排放量及排放浓度，在其排入环境之前应进行净化处理。根据水文地质条件，合理确定可能发生污染的建设项目选址及污染物储存或污水排放位置。工业企业应改进生产工艺，加强节水措施，提高污水资源化程度，减少水的消耗量和外排量。

2. 熟悉地下水污染的应急控制措施

（1）地下水污染源控制技术。

①不可清除的污染源的控制。

像城市垃圾、工业垃圾及放射性废物，它们是人类活动中产生的固体废物。在目前的科学技术水平下，这些废物还不能完全消除。所以，为了使进入包气带和地下水的污染物减少到最低限度，必须采取控制措施。

②可清除的污染源的控制。

随便抛撒在地面的废弃设备，如贮存罐、贮存箱、废油筒等；还有污水渗坑、排污渠道以及现在还使用的但已发现破损渗漏的设备等都属于可清除的污染源。其控制措施一般是停止使用或迁移到安全的地点。

（2）地下水污染水力控制技术。

①抽水（排水）系统。

a）重力排水。排水沟或者沟渠通常向地下开挖一定深度。二者在一定深度内对于降低地下水位是行之有效的，可以用来将浅层污染区从地下水中隔离出来。但对于较深含水层无能为力。

b）浅井和群井。浅井是一种有效的抽水方式，可以有效地控制污染水流侧向和垂向运动。在收集淋滤液时，浅井可用来降低地表附近的地下水位。同样也可以用来拦截地表附近的污染水流。浅井设置相对经济。而且，浅井使用的抽水设备最少。群井是紧密排列的浅井在空间的简单组合，通常在地表通过真空泵相互连接。

c）深井。在含水层中污染水流无法使用浅井系统时，才使用深井。

②注水系统。

a）补给水塘。补给水塘是位于地下水水面或者水面之上的水塘，水可以从补给水塘自然地渗入含水层。使用补给水塘通常局限于潜水含水层。水塘下部的土壤必须有足够的渗透性。

b）注水井。供水管头必须至少放到被注水含水层的地下水面以下。补给水应该是洁净的。它有两个优点：一是根据邻近井的抽水速度，补给速度可以控制。二是可以针对特定深度、特定含水层（包括承压含水层）进行补给。

③水动力屏障系统。

a）重力排水。重力排水可减少从污染源来的水流。常规重力排水从河流得到补给，同时得到淋滤液的补给，使得收集和处理的水量较大。重力排水可降低地下水位，使之不与污染物羽状流束接触。在地势平坦的地区，可能需要配备水泵的集水坑。

b）抽水井。抽水井的主要作用是降低地下水水位和抽出被污染的水，以达到控制污染物迁移和去除污染的目的。

c）地表水体的保护。可以通过改变排泄区的位置或将其移到地表水体以外来防止向地表水体排放污染物。抽水后，污染物羽状流束被悬挂，与地下水之间的间隔加大，污染物在土壤中迁移距离也增加了，因此土壤会降解一部分污染物。

d）避免直接接触。可以通过降低地下水位并在污染源和饱水带顶端产生一个隔离带来防止污染物和地下水直接接触。抽水井打到基岩，可以使污染源与新建立的水面产生最大的分离。应该注意，为确保已经建立的隔离区长期运行，需要进行监测。

e）防止含水层污染。可以通过生成一个局部向上的水力梯度，来防止下伏含水层的污染。在污染源周围建造抽水井，可以产生一个局部向上的水力梯度，来限制污染物的运动。为了确保对整个场地产生作用，可设计群井来实现场地尺度的污染控制。

f）水力学方法的不足。水力学方法有关的材料、技术和工艺流程并不能保证从地下环境中完全、永久地去除污染物。水力学方法并未影响污染物的物理、化学特性，由污染物和地下控制系统材料之间的反应引起的系统失灵可能会导致向地下水中释放原污染物或新污染物。

3. 了解常用地下水污染修复的技术方法及适用性

（1）地下水污染修复技术。

①污染地下水的抽出—处理技术

抽出—处理系统的基本运转程序是，通过置于污染羽状体下游的抽水井，把已污染的地下水抽出，然后通过地上的处理设施，将溶解于水中的污染物去除，使其达到设计目标，最终把净化水排入地表水体，回用或回注地下补给地下水。这个系统实际上由两部分组成，一部分是从地下抽出污染的地下水，另一部分是将抽出污染的地下水在地上设施中进行处理。抽出的最终目标是通过合理地设计抽水井，使已污染的地下水完全抽出来。

必须把对抽出—处理系统的监测作为修复措施整体必不可少的组成部分。处理方法可根据污染物类型和处理费用来选择，大致可分为三类：物理法包括吸附法、重力分离法、过滤法、膜处埋法、吹脱法等；化学法包括混凝沉淀法、氧化还原法、离子交换法以及中和沉淀法等；生物法包括生物接触氧化法、生物滤池法等。

处理后地下水的去向有两个，一是直接使用，二是用于回灌。

②就地恢复工程技术。

按原理来分，有物理、化学和生物处理技术；按其应用方式可分为就地处理和易地处理。

（2）治理包气带土层有机污染的生物通风。

生物通风技术是指把空气注入受有机污染的包气带土层，促进有机污染物的挥发及好氧生物降解的技术。生物通风技术的工艺流程有三种：①单注工艺；②注—抽工艺；③抽—注工艺。

（四）土壤环境污染防治对策

1. 熟悉常用的土壤污染源头控制措施

污染影响型建设项目应针对关键污染源、污染物的迁移途径提出源头控制措施，并与 HJ 2.2、HJ 2.3、HJ 19、HJ 169、HJ 610 等标准要求相协调。

生态影响型建设项目应结合项目的生态影响特征、按照生态系统功能优化的理念、坚持高效适用的原则提出源头防控措施。

2. 熟悉土壤污染的过程防控措施

建设项目根据行业特点与占地范围内的土壤特性，按照相关技术要求采取过程阻断、污染物削减和分区防控措施。

（1）涉及大气沉降影响的，占地范围内应采取绿化措施，以种植具有较强吸附能力的植物为主；

（2）涉及地面漫流影响的，应根据建设项目所在地的地形特点优化地面布局，必要时设置地面硬化、围堰或围墙，以防止土壤环境污染；

（3）涉及入渗途径影响的，应根据相关标准规范要求，对设备设施采取相应的防渗措施，以防止土壤环境污染。

3. 了解常用土壤污染修复的技术方法及适用性

土壤污染修复的技术方法概况来说可分为物理、化学、生物及联合修复等，各方法均有相应的优势和适用范围，在处理污染土壤时应当根据实际情况选择适宜的处理方式以达到预期的处理效果。

（1）物理方法。

① 电修复法是将电极插入到受污染的地下水或土壤区域，在直流电的作用下形成直流电场，土壤中的离子和颗粒物质会沿着电场方向发生定向的电渗析、电泳运动以及电迁移，使土壤空隙中的荷电离子或粒子发生迁移运动，该方法与传统的土壤修复技术相比具有经济效益高、不破坏现场生态环境以及接触毒物少的优点，适用于治理渗透系数低的密质土壤。

② 热解析法主要用于修复有机物，它是通过加热升温土壤，收集挥发性污染物进行集中处理，该方法需要消耗大量的能力并且容易破坏土壤中的有机质和结构水，同时还会向空气挥发有害蒸汽，因而易造成二次污染。

③ 土壤气相抽提法是一种原位修复技术，主要是去除石油污染土壤中挥发性或半挥发性的石油组分，具有可操作性强、处理污染物的范围宽、可由标准设备操作、不破坏土壤结构及可回收利用废物等优点。

④ CSP 法是用煤和焦炭等含碳的物料当作吸附物，在90℃和强烈搅拌下通过煤表面强力吸附烃基污染物，然后用重选或浮选法将干净的土壤和吸附有烃基化合物的煤分开。

（2）化学方法。

化学修复是通过土壤中的吸附、溶解、氧化还原、拮抗、络合螯合或沉淀作用，以降低土壤中污染物的迁移性或生物有效性。常用方法有以下 4 种：

① 固化：为控制污染物在土壤中的迁移，将含有重金属的污染土壤与固化

剂按一定比例进行混合，熟化后形成渗透性较低的固体混合物，从而隔离污染土壤与外界环境的联系，将污染物固封在固化物中，一般适用于面积小但污染严重的土壤。

② 稳定化：一般是通过在土壤中加入化学物质改变重金属的不易溶解、迁移能力小、毒性小的形态或价态，该方法操作比较复杂，但可灵活处理不同类型的污染物。

③ 萃取法：根据相似相溶原理，使用有机溶剂萃取受油类污染的土壤中的有机相，回收油用于回炼，分离的溶剂可循环使用，该方法仅适用于受油污浓度较高的土壤。

④ 淋洗法：将受到污染的土壤经过清水淋洗液或含有化学助剂的水溶液淋洗出污染物。

（3）生物方法。

在土壤中有毒有害物质浓度减少到一定程度的基础上，可利用生物生命代谢活动使污染的土壤恢复到健康状态，主要包括以下三类：

① 微生物修复：微生物修复的实质是生物降解或者生物转化，即微生物对有机污染物的分解作用或者对无机污染物的钝化作用。利用微生物修复技术既可治理农药、除草剂、石油、多环芳烃等有机物污染的环境，又可治理重金属等无机物污染的环境；既可使用土著微生物进行自然生物修复，又可通过补充营养盐、电子受体及添加人工培养菌或基因工程菌进行人工生物修复；既可进行原位修复，也可进行异位修复。该技术具有成本低、操作简单、无二次污染、处理效果好且能大面积推广应用等优点。

目前，普遍认为微生物修复是最具发展潜力的土壤污染修复技术，但也存在富集重金属的微生物细胞难以从土壤中分离、与修复现场土著菌株竞争等不利因素。

② 植物修复：根据植物对土壤中污染物的提取、稳定、降解和挥发等的机理和作用，修复被污染的土壤，主要包括以下4种：

a）植物提取主要是靠植物吸收土壤中的污染物，将污染物运输并储存在植物体的地上部分，再通过收割植物而达到去除土壤中污染物的目的，该方法相对成熟，应用广泛。

b）植物稳定是指植物通过某种生化过程使污染基质中污染物的流动性降低，生物可利用性下降，该方法仅为暂时污染物固定，存在重新激活恢复毒性的风险。

c）植物降解是通过植物根系分泌物与根际微生物联合作用而达到降解污染物的生物化学过程，该方法通常配合微生物修复技术使用。

d）植物挥发是土壤中的污染物在植物根系分泌的特殊物质的作用下转化为挥发态，或植物将土壤中的污染物吸收到体内再转换为气态物质释放到大气中的过程，但这种将污染物转移到大气中的方法存在不确定的环境风险。

③ 动物修复：主要是通过土壤动物群来修复受污染的土壤，包括吸收、转化、分解等直接作用和改善土壤理化性质的间接作用。

（4）联合修复方法。

联合以上两种或两种以上的方法对土壤中的污染物进行去除，该方法需要进行相应方法适用性的匹配，以达到最佳的修复效果。

（五）环境噪声与振动污染治理措施

1. 熟悉噪声、振动控制方案设计的基本要求

（1）噪声与振动控制的基本原则是优先源强控制；其次应尽可能靠近污染源采取传输途径的控制技术措施；必要时再考虑敏感点防护措施。

（2）源强控制：应根据各种设备噪声、振动的产生机理，合理采用各种针对性的降噪减振技术，尽可能选用低噪声设备和减振材料，以减少或抑制噪声与振动的产生。

（3）传输途径控制：若高噪声和强振动产生在设备已安装运行后，声源降噪受到很大局限甚至无法实施的情况下，应在传播途径上采取隔声、吸声、消声、隔振、阻尼处理等有效技术手段及综合治理措施，以抑制噪声与振动的扩散。

（4）敏感点防护：在对噪声源或传播途径均难以采用有效噪声与振动控制措施的情况下，应对敏感点进行防护。

2. 掌握隔声、隔振工程措施的一般要求

应根据污染源的性质、传播形式及其与环境敏感点的位置关系，采用不同的隔声处理方案：

（1）对固定声源进行隔声处理时，应尽可能靠近噪声源设置隔声措施，如各种设备隔声罩、风机隔声箱以及空压机和柴油发电机的隔声机房等建筑隔声结构。隔声设施应充分密闭，避免缝隙孔洞造成的漏声（特别是低频漏声）；其内壁应采用足够量的吸声处理。

（2）对敏感点采取隔声防护措施时，应采用隔声间（室）的结构形式，如隔声值班室、隔声观察窗等；对临街居民建筑可安装隔声窗或通风隔声窗。

（3）对噪声传播途径进行隔声处理时，可采用具有一定高度的隔声墙或隔声屏障（如利用路堑、土堤、房屋建筑等）；必要时应同时采用上述几种结构相结合的形式。

隔振工程措施的一般规定：

（1）隔振设计既适用于防护机器设备振动或冲击对操作者、其他设备或周围环境的有害影响，也适用于防止外界振动对敏感目标的干扰。当机器设备产生的振动可以引起固体声传导并引发结构噪声时，也应进行隔振降噪处理。

（2）若布局条件允许时，应使对隔振要求较高的敏感点或精密设备尽可能远离振动较强的机器设备或其他振动源（如铁路、公路干线）。

（3）隔振装置及支承结构型式，应根据机器设备的类型、振动强弱、扰动频率、安装和检修形式等特点，以及建筑、环境和操作者对噪声与振动的要求等因素统筹确定。

3. 熟悉消声设计方案及其选用的要求

消声器设计或选用应满足以下要求：

（1）应根据噪声源的特点，在所需要消声的频率范围内有足够大的消声量；

（2）消声器的附加阻力损失必须控制在设备运行的允许范围内；

（3）良好的消声器结构应设计科学、小型高效、造型美观、坚固耐用、维护方便、使用寿命长；

（4）对于降噪要求较高的管道系统，应通过合理控制管道和消声器截面尺寸及介质流速，使流体再生噪声得到合理控制。

4. 了解降噪水平检测的一般要求

（1）工程验收前应检测降噪减振设备和元件的降噪技术参数是否达到设计要求。

（2）噪声与振动控制工程的性能通常可以采用插入损失、传递损失或声压级降低量来检测。

（六）固体废物处理处置

1. 熟悉固体废物减量化、资源化、无害化的要求及相关技术方法

（1）主要原则。

减量化—清洁生产：通过改善生产工艺和设备设计，以及加强管理，来降低原料、能源的消耗量；通过改变消费和生活方式，减少产品的过度包装和一次性制品的大量使用，最大限度地减少固体废物的产生量。

资源化—综合利用：将固体废物视为“放错了地方的资源”，或是“尚未找到利用技术的新材料”，通过综合利用，使有利用价值的固体废物变废为宝，实现资源的再循环利用。

无害化—安全处置：对无利用价值的固体废物的最终处置（焚烧和填埋），应在严格的管理控制下，按照特定要求进行，实现无害于环境的安全处置。

（2）固体废物处置常用方法。

①预处理方法。

城市固体废物的种类复杂，大小、形状、状态、性质千差万别，一般需要进行预处理。常用的预处理技术有三种：

a）压实。用物理的手段提高固体废物的聚集程度，减少其容积，以便于运输和后续处理，主要设备为压实机。

b）破碎。用机械方法破坏固体废物内部的聚合力，减少颗粒尺寸，为后续处理提供合适的固相粒度。

c）分选。根据固体废物不同的物质性质，在进行最终处理之前，分离出有价值的和有害的成分，实现“废物利用”。

②生物处理方法。

生物处理是通过微生物的作用，使固体废物中可降解有机物转化为稳定产物的处理技术。生物处理分为好氧堆肥和厌氧消化。好氧堆肥是在充分供氧的条件下，利用好氧微生物分解固体废物中有机物质的过程，产生的堆肥是优质的土壤改良剂和农肥。厌氧消化是在无氧或缺氧条件下，利用厌氧微生物的作用使废物中可生物降解的有机物转化为甲烷、二氧化碳和稳定物质的生物化学过程。

③卫生填埋方法。

区别于传统的填埋法，卫生填埋法采用严格的污染控制措施，使整个填埋过程的污染和危害减少到最低限度，在填埋场的设计、施工、运行时最关键的问题是控制含大量有机酸、氨氮和重金属等污染物的渗滤液随意流出，应做到统一收集后集中处理。

④一般物化处理方法。

工业生产产生的某些含油、含酸、含碱或含重金属的废液，均不宜直接焚烧或填埋，要通过简单的物理化学处理。经处理后水溶液可以再回收利用，有机溶剂可以做焚烧的辅助燃料，浓缩物或沉淀物则可送去填埋或焚烧。因此，物理化学方法也是综合利用或预处理过程。

⑤安全填埋方法。

安全填埋是一种把危险废物放置或贮存在环境中，使其与环境隔绝的处置方法，也是对其在经过各种方式的处理之后所采取的最终处置措施。目的是割断废物和环境的联系，使其不再对环境和人体健康造成危害。

一个完整的安全填埋场应包括废物接收与贮存系统、分析监测系统、预处理系统、防渗系统、渗滤液集排水系统、雨水及地下水集排水系统、渗滤液处理系统、渗滤液监测系统、管理系统和公用工程等。

⑥焚烧处理方法。

焚烧法是一种高温热处理技术，即以一定的过剩空气量与被处理的有机废物在焚烧炉内进行氧化分解反应，废物中的有毒有害物质在高温中氧化、热解而被破坏。焚烧处置的特点是可以实现无害化、减量化、资源化。焚烧的主要目的是尽可能焚毁废物，使被焚烧的物质变成无害和最大限度地减容，并尽量减少新的污染物质的产生，避免造成二次污染。焚烧不但可以处置城市垃圾和一般工业废物，而且可以用于处置危险废物。

⑦热解法。

区别于焚烧，热解技术是在氧分压较低的条件下，利用热能将大分子量的有机物裂解为分子量相对较小的易于处理的化合物或燃料气体、油和炭黑等有机物质。热解处理适用于具有一定热值的有机固体废物。热解应考虑的主要影响因素有热解废物的组分、粒度及均匀性、含水率、反应温度及加热速率等。高温热解温度应在 1 000℃以上，主要热解产物应为燃气。中温热解温度应在600～700℃，主要热解产物应为类重油物质。低温热解温度应在 600℃以下，主要热解产物应为炭黑。热解产物经净化后进行分馏可获得燃油、燃气等产品。

2. 熟悉固体废物的收集、运输及贮存的要求

一般工业固体废物贮存、处置场设计和建设应满足《一般工业固体废物贮存、处置场污染控制标准》（GB 18599—2020）等相关标准要求。

城市生活垃圾的收集、贮存及运输应根据《生活垃圾处理技术指南》（建城〔2010〕61 号），结合《城市生活垃圾分类及其评价标准》（CJJ/T 102—2004）、《生活垃圾分类标志》（GB/T 19095—2019）等要求，设计、建设及运行管理应满足《生活垃圾转运站工程项目建设标准》（建标 117—2009）、《生活垃圾转运站技术规范》（CJJ/T 47—2016）和《生活垃圾收集站技术规程》（CJJ 179—2012）等相关标准要求。

危险废物产生单位及经营单位的危险废物收集、贮存和运输活动应满足《危险废物收集 贮存 运输技术规范》（HJ 2025—2012）中的技术要求。

3. 了解固体废物生物处理的工艺流程、常用方法

生活垃圾的生物处理设施设计和建设应根据《生活垃圾堆肥处理工程项目建设标准》（建标 141—2010），满足《生活垃圾综合处理与资源利用技术要求》（GB/T 25180—2010）、《生活垃圾堆肥处理工程项目建设标准》（建标 141—2010）和《城市生活垃圾好氧静态堆肥处理技术规程》（CJJ/T 52—1993）等相关标准要求。

4. 了解固体废物焚烧处理的一般规定、工艺流程、常用焚烧炉型及其适用范围

生活垃圾焚烧厂设计和建设应满足《生活垃圾焚烧处理工程技术规范》

（CJJ 90—2009）、《生活垃圾焚烧处理工程项目建设标准》（建标 142—2010）、《关于进一步加强生物质发电项目环境影响评价管理工作的通知》（环发〔2008〕82 号）和《生活垃圾焚烧污染控制标准》（GB 18485—2014）等相关标准、规范性文件以及各地地方标准的要求。焚烧炉的选型应执行《生活垃圾焚烧炉及余热锅炉》（GB/T 18750—2008）。

危险废物集中焚烧处置工程设计和建设应满足《危险废物集中焚烧处置工程建设技术规范》（HJ/T 176—2005）和《危险废物焚烧污染控制标准》（GB 18484—2020）等相关标准的要求。特殊危险废物（多氯联苯、爆炸性、放射性废物等）专用焚烧处置工程可参照本技术规范的有关规定；对于统筹考虑焚烧危险废物和医疗废物的焚烧处置工程，应同时满足本技术规范和《医疗废物处理处置污染控制标准》（GB 39707—2020）、《医疗废物集中焚烧处置工程建设技术规范》（HJ/T 177—2005）的有关规定，相对应指标技术要求不同的，按从严的要求执行。

5．了解控制焚烧烟气中的酸性气体、烟尘、重金属、二噁英等污染物的措施与设备

生活垃圾在焚烧炉内应得到充分燃烧，二次燃烧室内的烟气在不低于850℃的条件下滞留时间不小于 2 s，焚烧炉渣热灼减率应控制在 5%以内。

烟气净化系统必须设置袋式除尘器，去除焚烧烟气中的粉尘污染物。酸性污染物包括氯化氢、氟化氢、硫氧化物、氮氧化物等，应选用干法、半干法、湿法或其组合处理工艺对其进行去除。应优先考虑通过生活垃圾焚烧过程的燃烧控制，抑制氮氧化物的产生，并宜设置脱氮氧化物系统或预留该系统安装位置。

生活垃圾焚烧过程应采取有效措施控制烟气中二噁英的排放，具体措施包括：严格控制燃烧室内焚烧烟气的温度、停留时间与气流扰动工况；减少烟气在 200～500℃温度区的滞留时间；设置活性炭粉等吸附剂喷入装置，去除烟气中的二噁英和重金属。

6．熟悉固体废物填埋工艺、填埋场入场要求、防渗以及渗滤液、填埋气体的收集与处理要求

城市生活垃圾卫生填埋处理工程应根据《生活垃圾处理技术指南》（建城〔2010〕61 号），满足《生活垃圾卫生填埋处理工程项目建设标准》（建标 124—2009）、《生活垃圾卫生填埋技术规范》（CJJ 17—2004）等相关标准要求。填埋废物入场要求应执行《生活垃圾填埋场污染控制标准》（GB 16889—2008）中的相关规定；防渗系统设计、建设及管理应满足《生活垃圾卫生填埋场防渗系统工程技术规范》（CJJ 113—2007）及《生活垃圾渗沥液处理技术规范》

（CJJ 150—2010）；对于填埋气体，则应满足《生活垃圾卫生填埋处理工程项目建设标准》（建标 124—2009）和《生活垃圾填埋场填埋气体收集处理及利用工程技术规范》（CJJ 133—2009）中的相关要求。

危险废物安全填埋处置工程的规划、设计、施工及验收和运行管理应根据《危险废物污染防治技术政策》和《"十二五"危险废物污染防治规划》（环发〔2012〕123 号），实施全过程管理，严格满足《危险废物填埋污染控制标准》（GB 18598—2019）和《危险废物安全填埋处置工程建设技术要求》（环发〔2004〕75 号）等相关部门规章、标准、规范性文件及各地地方标准的要求，防止危险废物填埋处置对环境造成污染。

7. 掌握一般工业固体废物的处置要求

总体上，一般工业固体废物处置过程的环境管理应满足《一般工业固体废物贮存、处置场污染控制标准》（GB 18599—2020）等相关标准要求。由于一般工业固体废物来源广泛、性质各异，在实际工作中还应考虑相关部门规章、标准、规范性文件及各地地方标准的要求，如：

《工业固体废物资源综合利用评价管理暂行办法》和《国家工业固体废物资源综合利用产品目录》（工业和信息化部公告　2018 年　第 26 号）；

《农用污泥污染物控制标准》（GB 4284—2018）；

《工业固体废物综合利用先进适用技术目录（第一批）》（工业和信息化部公告　2013 年　第 18 号）；

《关于进一步加强尾矿库监督管理工作的指导意见》（安监总管一〔2012〕32 号）；

《关于印发〈城镇污水处理厂污泥处理处置技术指南（试行）〉的通知》（建科〔2011〕34 号）；

《金属尾矿综合利用先进适用技术目录》（工联节〔2011〕第 139 号）；

《城镇污水处理厂污泥处理处置污染防治最佳可行技术指南（试行）》（环境保护部公告　2010 年　第 26 号）；

《城镇污水处理厂污泥处理技术规程》（CJJ 131—2009）；

《城镇污水处理厂污泥处理处置及污染防治技术政策（试行）》（建城〔2009〕23 号）。

（七）生态保护与恢复措施

1. 熟悉生态保护与恢复的一般技术要求

（1）应按照避让、减缓、补偿和重建的次序提出生态影响防护与恢复措施；所采取措施的效果应有利于修复和增强区域生态功能。

（2）凡涉及不可替代、极具价值、极敏感、被破坏后很难恢复的敏感生态保护目标（如特殊生态敏感区、珍稀濒危物种集中分布区或栖息地）时，必须提出可靠的避让措施或生境替代方案。

（3）涉及采取措施后可恢复或修复的生态目标时，也应尽可能提出避让措施；否则，应制订恢复、修复和补偿措施。各项生态保护措施应按项目实施阶段分别提出，并提出实施时限和估算经费。

2. 掌握生态影响减缓措施和生态保护措施应遵循的基本原则、要求和技术方法

（1）生态保护措施应包括保护对象和目标，内容、规模及工艺，实施空间和时序，保障措施和预期效果分析，绘制生态保护措施平面布置示意图和典型措施设施工艺图。估算或概算环境保护投资。

（2）对可能具有重大、敏感生态影响的建设项目，区域、流域开发项目，应提出长期的生态监测计划、科技支撑方案，明确监测因子、方法、频次等。

（3）明确施工期和运营期管理原则与技术要求。可提出环境保护工程分标与招投标原则，制订施工期工程环境监理、环境保护阶段验收和总体验收、环境影响后评价等环保管理技术方案。

3. 掌握采取可靠的避让措施或生境替代方案的要求

（1）凡涉及不可替代、极具价值、极敏感、被破坏后很难恢复的敏感生态保护目标（如特殊生态敏感区、珍稀濒危物种集中分布区或栖息地）时，必须提出可靠的避让措施或生境替代方案。

（2）替代方案主要指项目中的选线、选址替代方案，项目的组成和内容替代方案，工艺和生产技术的替代方案，施工和运营方案的替代方案以及生态保护措施的替代方案。

评价应对替代方案进行生态可行性论证，优先选择生态影响最小的替代方案，最终选定的方案至少应该是生态保护可行的方案。

4. 掌握减少生态影响的工程技术措施

应从项目中的选址选线、项目的组成和内容、工艺和生产技术，施工和运营方案、生态保护措施等方面，选取合理的替代方案，来减少生态影响。评价应对替代方案进行生态可行性论证，优先选择生态影响最小的替代方案，最终选定的方案至少应该是生态保护可行的方案。

（1）合理选址选线。

从环境保护出发，合理的选址和选线主要是指：

①选址选线避绕敏感的环境保护目标，不对敏感保护目标造成直接危害。

②选址选线符合地方环境保护规划和环境功能（含生态功能）区划的要求，与规划相协调。

③选址选线不存在潜在的环境风险。

④从区域角度或大空间长时间范围看，建设项目的选址选线不影响区域具有重要科学价值、美学价值、社会文化价值和潜在价值的地区或目标。

（2）工程方案分析与优化。

工程方案的优化措施主要是：

①选择减少资源消耗的方案。

②采用环境友好的方案。

③采用循环经济理念，优化建设方案。

④发展环境保护工程设计方案。

（3）施工方案分析与合理化建议。

施工期的生态影响因建设项目性质不同和项目所处环境特点的不同会有很大的差别。在建设项目环境影响评价时需要根据具体情况做具体分析，提出有针对性的施工期环境保护工作建议。

①建立规范化操作程序和制度。

②合理安排施工次序、季节、时间。

③改变落后的施工组织方式，采用科学的施工组织方法。

（4）加强工程的环境保护管理。

根据建设项目生态影响和生态保护的"过程性"特点，以及建设项目生态影响的渐进性、累积性、复杂性、综合性特点，做好两项工作：

①施工期环境工程监理与施工队伍管理。

②营运期生态监测与动态管理。

5. 熟悉生态保护和恢复效果的可达性分析方法

根据 HJ 2.1—2016，应明确提出建设项目建设阶段、生产运行阶段和服务期满后（根据项目情况选择）拟采取的生态保护措施，分析论证拟采取措施的技术可行性、经济合理性、长期稳定运行的可靠性、满足生态环境质量改善的可行性、生态保护措施和恢复效果的可达性。

给出各项生态保护措施的具体内容、责任主体、实施时段、估算生态保护投入，明确资金来源。

生态保护投入应包括预防和减缓不利生态影响而采取的各项生态保护措施和设施的建设费用、运行维护费用，直接为建设项目服务的生态管理和生态监测费用以及相关科研费用。

六、环境管理与环境监测

1. 熟悉环境管理的基本要求和环境监测的技术要求

（1）按建设项目建设阶段、生产运行阶段、服务期满后（可根据项目情况选择）等不同阶段，针对不同工况、不同环境影响和环境风险特征，提出具体环境管理要求，包括管理制度、管理机构、人员组成等；日常环境管理制度应明确各项环境保护设施的建设、运行及维护保障计划。

（2）按不同阶段列出监测计划，包括污染源监测计划及环境质量监测计划，结合项目特点明确监测因子、监测频次、采样地点等。

2. 熟悉污染物排放的管理要求和排放清单的主要内容

（1）大气污染物。

①向大气排放污染物的，应当符合大气污染物排放标准，遵守重点大气污染物排放总量控制要求。

②排放工业废气或者有毒有害大气污染物的单位，应当取得排污许可证；依照法律法规和国务院生态环境主管部门的规定设置大气污染物排放口。

③禁止通过偷排、篡改或者伪造监测数据、以逃避现场检查为目的的临时停产、非紧急情况下开启应急排放通道、不正常运行大气污染防治设施等逃避监管的方式排放大气污染物。

④工业废气排放单位应按规定对排放的工业废气和有毒有害大气污染物进行监测，并保存原始监测记录。其中，重点排污单位应当安装、使用大气污染物排放自动监测设备，与生态环境主管部门的监控设备联网，保证监测设备正常运行并依法公开排放信息。

（2）水污染物。

①排放废水的，应当按照有关规定取得排污许可证；满足区域总量控制要求；向县级以上地方人民政府生态环境主管部门申报登记拥有的水污染物排放设施、处理设施和在正常作业条件下排放水污染物的种类、数量和浓度，并提供防治水污染方面的有关技术资料。

②排放水污染物的种类、数量和浓度有重大改变的，应当及时申报登记；其水污染物处理设施应当保持正常使用；拆除或者闲置水污染物处理设施的，应当事先报县级以上地方人民政府生态环境主管部门批准。

③按照法律规定设置排污口；禁止私设暗管或者采取其他规避监管的方式排放水污染物。

④重点排污单位应当安装水污染物排放自动监测设备，与生态环境主管部门的监控设备联网，并保证监测设备正常运行。排放工业废水的企业，应当对其所排放的工业废水进行监测，并保存原始监测记录。

（3）噪声。

①必须保持防治环境噪声污染的设施的正常使用；拆除或者闲置环境噪声污染防治设施的，必须事先报经所在地的县级以上地方人民政府生态环境行政主管部门批准。

②环境噪声污染严重的落后设备应按照国家有关要求予以淘汰。

③向周围生活环境排放噪声的，应满足环境噪声排放标准。

（4）排放清单。

①污染物排放清单主要包括工程组成及原辅材料组分，建设项目拟采取的环境保护措施及主要运行参数，排放的污染物种类、排放浓度和总量指标，污染物排放的分时段情况，排污口信息，执行的环境标准，环境风险防范措施以及环境监测等。

②在建设项目污染物排放清单中的各类污染物应有具体的管理要求，需提出环境信息公开的内容要求。

3. 了解环境管理台账与监测数据保存的要求

排污单位应当严格执行排污许可证的规定，按规范进行台账记录，主要内容包括生产信息、燃料、原辅材料使用情况、污染防治设施运行记录、监测数据等；台账应长期保存。

4. 熟悉废气、废水、地下水环境监测及生态监测的内容和要求

（1）废水监测。

废水污染源监控，因企业内部排水系统的划分和废水收集相对集中，可以在需要监控的部位设置自动在线监测仪器和手动监测采样口。依据《污水监测技术规范》（HJ 91.1—2019）和《合成氨工业水污染物排放标准》（GB 13458—2013）要求，对企业排放废水的采样，应根据监测污染物的种类，在规定的污染物排放监控位置进行，有废水处理设施的，应在处理设施后监控。在污染物排放监控位置应设置永久性监测排污口标志。

（2）废气监测。

对废气污染源的监测，采样位置和采样口设置相对复杂。不同排放标准中对废气污染源监测有不同的要求。《锅炉大气污染物排放标准》（GB 13271—2014）、《火电厂大气污染物排放标准》（GB 13223—2011）规定，企业应按照环境监测管理规定和技术规范［《锅炉烟尘测试方法》（GB 5468—1991）、《固定污染源排气中颗粒物测定与气态污染物采样方法》（GB/T 16157—1996）、《固定源废气监测技术规范》（HJ/T 397—2007）〕的要求，设计、建设、维护永久性采样口、采样测试平台和排污标志。有废气处理设施的，应在该设施后监控。

①固定污染源烟气排放连续监测。

《固定污染源烟气（SO_2、NO_x、颗粒物）排放连续监测技术规范》（HJ 75—2017）中，固定污染源烟气CEMS安装位置要求：

a）固定污染源烟气 CEMS 应安装在能准确可靠地连续监测固定污染源烟气排放状况的有代表性的位置上。

b）应优先选择在垂直管段和烟道负压区域。

c）测定位置应避开烟道弯头和断面急剧变化的部位。

d）为了便于颗粒物和流速参比方法的校验和比对监测，烟气 CEMS 不宜安装在烟道内烟气流速小于 5 m/s 的位置。

e）每台固定污染源排放设备应安装一套烟气CEMS。

②固定源废气监测采样口及采样平台设置。

《固定源废气监测技术规范》（HJ/T 397—2007）规定了采样口设置及采样平台。

a）采样位置应避开对测试人员操作有危险的场所。采样位置应优先选择在垂直管段，应避开烟道弯头和断面急剧变化的部位。

b）采样位置应设置在距弯头、阀门、变径管下游方向不小于6倍直径，和距上述部件上游方向不小于 3 倍直径处。对矩形烟道，其当量直径 $D=2AB/(A+B)$，式中 A、B 为边长。采样断面的气流速度最好在 5 m/s 以上。

c）测试现场空间位置有限，很难满足上述要求时，可选择比较适宜的管段采样，但采样断面与弯头等的距离至少是烟道直径的 1.5 倍，并应适当增加测点的数量和采样频次。

d）对于气态污染物，由于混合比较均匀，其采样位置可不受上述规定限制，但应避开涡流区。

e）必要时应设置采样平台，采样平台应有足够的工作面积使工作人员安全、方便地操作。平台面积应不小于 1.5 m^2，并设有 1.1 m 高的护栏和不低于 10 cm 的脚部挡板，采样平台的承重应不小于 200 kg/m^2，采样孔距平台面为 1.2～1.3 m。

（3）地下水监测。

为了及时准确地掌握建设项目及下游地区地下水环境质量状况和地下水体中污染物的动态变化，应建立覆盖全厂的地下水长期监控系统，包括科学、合理地设置地下水污染监控井，建立完善的监测制度，配备先进的检测仪器和设备，以便及时发现并及时控制。地下水环境监测应参考《地下水环境监测技术规范》(HJ 164—2020)，结合含水层系统和地下水径流系统特征，考虑潜在污染源、环境保护目标等因素，依据《环境影响评价技术导则　地下水环境》(HJ 610—2016)相关要求布置地下水监测点。

①地下水环境监测点布设。

a)监测点布设原则。

监测点总体上能反映监测区域内的地下水环境质量状况。

监测点不宜变动，尽可能保持地下水监测数据的连续性。

综合考虑监测井成井方法、当前科技发展和监测技术水平等因素，考虑实际采样的可行性，使地下水监测点布设切实可行。

定期(如每5年)对地下水质监测网的运行状况进行一次调查评价，根据最新情况对地下水质监测网进行优化调整。

b)监测点布设要求。

对于面积较大的监测区域，沿地下水流向为主与垂直地下水流向为辅相结合布设监测点；对同一个水文地质单元，可根据地下水的补给、径流、排泄条件布设控制性监测点。地下水存在多个含水层时，监测井应为层位明确的分层监测井。

地下水饮用水源地的监测点布设，以开采层为监测重点；存在多个含水层时，应在与目标含水层存在水力联系的含水层中布设监测点，并将与地下水存在水力联系的地表水纳入监测。

对地下水构成影响较大的区域，如化学品生产企业以及工业集聚区在地下水污染源的上游、中心、两侧及下游区分别布设监测点；尾矿库、危险废物处置场和垃圾填埋场等区域在地下水污染源的上游、两侧及下游分别布设监测点，以评估地下水的污染状况。污染源位于地下水水源补给区时，可根据实际情况加密地下水监测点。

污染源周边地下水监测以浅层地下水为主，如浅层地下水已被污染且下游存在地下水饮用水源地，需增加主开采层地下水的监测点。

岩溶区监测点的布设重点在于追踪地下暗河出入口和主要含水层，按地下河系统径流网形状和规模布设监测点，在主管道与支管道间的补给、径流区适当布设监测点，在重大或潜在的污染源分布区适当加密地下水监测点。

裂隙发育区的监测点尽量布设在相互连通的裂隙网络上。

可以选用已有的民井和生产井或泉点作为地下水监测点，但须满足地下水监测设计的要求。

c)监测点布设方法。

区域监测点布设方法区域地下水监测点布设参照《区域地下水质监测网设

计规范》（DZ/T 0308—2017）相关要求执行。

地下水饮用水源保护区和补给区监测点布设方法：

孔隙水和风化裂隙水。地下水饮用水源保护区和补给区面积小于 50 km^2 时，水质监测点不少于 7 个；面积为 50～100 km^2 时，监测点不得少于 10 个；面积大于 100 km^2 时，每增加 25 km^2 监测点至少增加 1 个；监测点按网格法布设在饮用水源保护区和补给区内。

岩溶水。地下水饮用水源保护区和补给区岩溶主管道上水质监测点不少于 3 个，一级支流管道长度大于 2 km 布设 2 个监测点，一级支流管道长度小于 2 km 布设 1 个监测点。

构造裂隙水。构造裂隙水参见岩溶水的布点方法。

污染源地下水监测点布设方法：

孔隙水和风化裂隙水。工业污染源：

工业集聚区　对照监测点布设 1 个，设置在工业集聚区地下水流向上游边界处；污染扩散监测点至少布设 5 个，垂直于地下水流向呈扇形布设不少于 3 个，在集聚区两侧沿地下水流方向各布设 1 个监测点；工业集聚区内部监测点要求 3～5 个/10 km^2，若面积大于 100 km^2 时，每增加 15 km^2 监测点至少增加 1 个；监测点布设在主要污染源附近的地下水下游，同类型污染源布设 1 个监测点，工业集聚区内监测点布设总数不少于 3 个。

工业集聚区外工业企业　对照监测点布设 1 个，设置在工业企业地下水流向上游边界处；污染扩散监测点布设不少于 3 个，地下水下游及两侧的监测点均不得少于 1 个；工业企业内部监测点要求 1～2 个/10 km^2，若面积大于 100 km^2 时，每增加 15 km^2 监测点至少增加 1 个；监测点布设在存在地下水污染隐患区域。

矿山开采区：

采矿区、分选区、冶炼区和尾矿库位于同一个水文地质单元　对照监测点布设 1 个，设置在矿山影响区上游边界；污染扩散监测点不少于 3 个，地下水下游及两侧的地下水监测点均不得少于 1 个；尾矿库下游 30～50 m 处布设 1 个监测点，以评价尾矿库对地下水的影响。

采矿区、分选区、冶炼区和尾矿库位于不同水文地质单元　对照监测点布设 2 个，设置在矿山影响区和尾矿库影响区上游边界 30～50 m 处；污染扩散监测点不少于 3 个，地下水下游及两侧的地下水监测点均不得少于 1 个；尾矿库下游 30～50 m 处设置 1 个监测点，以评价尾矿库对地下水的影响；采矿区与分选区分别设置 1 个监测点以确定其是否对地下水产生影响，如果地下水已污染，应加密布设监测点，以确定地下水的污染范围。

加油站：

地下水流向清楚时，污染扩散监测点至少 1 个，设置在地下水下游距离埋地油罐 5～30 m 处；地下水流向不清楚时，布设 3 个监测点，呈三角形分布，设置在距离埋地油罐 5～30 m 处。

农业污染源：

再生水农用区　对照监测点布设 1 个，设置在再生水农用区地下水流向上游边界；污染扩散监测点布设不少于 6 个，分别在再生水农用区两侧各 1 个，再生水农用区及其下游不少于 4 个；面积大于 100 km^2 时，监测点不少于 20 个，且面积以 100 km^2 为起点每增加 15 km^2，监测点数量增加 1 个。

畜禽养殖场和养殖小区　对照监测点布设 1 个，设置在养殖场和养殖小区地下水流向上游边界；污染扩散监测点不少于 3 个，地下水下游及两侧的地下水监测点均不得少于 1 个；若养殖场和养殖小区面积大于 1 km^2，在场区内监测点数量增加 2 个。

高尔夫球场：

对照监测点布设 1 个，设置在高尔夫球场地下水流向上游边界处；污染扩散监测点不少于 3 个，地下水下游及两侧的地下水监测点均不得少于 1 个；高尔夫球场内部监测点不少于 1 个。

岩溶水：

原则上主管道上不得少于 3 个监测点，根据地下河的分布及流向，在地下河的上、中、下游布设 3 个监测点，分别作为对照监测点、污染监测点及污染扩散监测点；岩溶发育完善，地下河分布复杂的，根据现场情况增加 2～4 个监测点，一级支流管道长度大于 2 km 布设 2 个点，一级支流管道长度小于 2 km 布设 1 个点。

构造裂隙水：

构造裂隙水参见岩溶水的布点方法　危险废物处置场地下水监测点的布设参照 GB 18598 相关要求执行。

生活垃圾填埋场地下水监测点的布设参照 GB 16889 相关要求执行。

一般工业固体废物贮存、处置场地下水监测点的布设参照 GB 18599 相关要求执行。

其他类型污染源地下水监测点的布设可参照以上方法。

d）监测采样

采样频次和采样时间：

依据具体水文地质条件和地下水监测井使用功能，结合当地污染源、污染物排放实际情况，争取用最低的采样频次，取得最有时间代表性的样品，达到全面反映调查对象的地下水 水质状况、污染原因和迁移规律的目的。

不同监测对象的地下水采样频次见表14，有条件的地方可按当地地下水水质变化情况，适当增加采样频次。

表14 不同监测对象的地下水采样频次

监测对象	采样频次
地下水饮用水源取水井	常规指标采样宜不少于每月1次，非常规指标采样宜不少于每年1次
地下水饮用水源保护区和补给区	采样宜不少于每年2次（枯、丰水期各1次）
区域	区域采样频次参照DZ/T 0308的相关要求执行
污染源	危险废物处置场采样频次参照GB 18598的相关要求执行
	生活垃圾填埋场采样频次参照GB 16889的相关要求执行
	一般工业固体废物贮存、处置场地下水采样频次参照GB 18599相关要求执行
	其他污染源，对照监测点采样频次宜不少于每年1次，其他监测点采样频次宜不少于每年2次，发现有地下水污染现象时需增加采样频次

5. 了解自行监测的基本要求和监测方案的主要内容

自行监测的一般要求：

（1）制定监测方案。

排污单位应查清所有污染源，确定主要污染源及主要监测指标，制定监测方案。监测方案内容包括：单位基本情况、监测点位及示意图、监测指标、执行标准及其限值、监测频次、采样和样品保存方法、监测分析方法和仪器、质量保证与质量控制等。

新建排污单位应当在投入生产或使用并产生实际排污行为之前完成自行监测方案的编制及相关准备工作。

（2）设置和维护监测设施。

排污单位应按照规定设置满足开展监测所需要的监测设施。废水排放口，废气（采样）监测平台、监测断面和监测孔的设置应符合监测规范要求。监测平台应便于开展监测活动，应能保证监测人员的安全。

废水排放量大于100 t/d的，应安装自动测流设施并开展流量自动监测。

（3）开展自行监测。

排污单位应按照最新的监测方案开展监测活动，可根据自身条件和能力，利用自有人员、场所和设备自行监测；也可委托其他有资质的检（监）测机构代其开展自行监测。

持有排污许可证的企业自行监测年度报告内容可以在排污许可证年度执行报告中体现。

（4）做好监测质量保证与质量控制。

排污单位应建立自行监测质量管理制度，按照相关技术规范要求做好监测质量保证与质量控制。

（5）记录和保存监测数据。

排污单位应做好与监测相关的数据记录，按照规定进行保存，并依据相关法规向社会公开监测结果。

监测内容应包括：污染物排放监测、周边环境质量影响监测、关键工艺参数监测和污染治理设施处理效果监测。具体技术要求按照《排污单位自行监测技术指南　总则》（HJ 819—2017）执行。

6. 熟悉建设项目环境监测计划的内容和要求

环境监测计划应包括污染源监测计划和环境质量监测计划，内容包括监测因子、监测网点布设、监测频次、监测数据采集与处理、采样分析方法等，明确自行监测计划内容。

（1）污染源监测包括对污染源（包括废气、废水、噪声、固体废物等）以及各类污染治理设施的运转进行定期或不定期监测，明确在线监测设备的布设和监测因子。

（2）根据建设项目环境影响特征、影响范围和影响程度，结合环境保护目标分布，制定环境质量定点监测或定期跟踪监测方案。

（3）对以生态影响为主的建设项目应提出生态监测方案。

（4）对存在较大潜在人群健康风险的建设项目，应提出环境跟踪监测计划。

七、环境风险分析

1. 熟悉建设项目危险单元划分的基本要求

基于风险调查，分析建设项目物质及工艺系统危险性和环境敏感性，进行风险潜势的判断，确定风险评价等级。

物质危险性识别应以 HJ 169 附录 B 中所列突发环境事件危险物质及临界量为基础，并根据物质自身的危险、有害特性及其在系统中的存在方式进行识别。

生产系统危险性识别，首先应划分危险单元，按工艺流程和平面布置功能区划，结合物质危险性识别，以图表的方式给出危险单元划分结果及单元内危险物质的最大存在量。

危险单元是指由一个或多个风险源构成的具有相对独立功能的单元，事故状况下应可实现与其他功能单元的分割。

按生产工艺流程和平面布置功能区划，分析各危险单元内潜在的风险源，给出建设项目环境风险识别汇总。

2. 掌握适用于确定代表性事故情形的筛选分析方法

（1）风险事故情形设定内容。

在风险识别的基础上，选择对环境影响较大并具有代表性的事故类型，设定风险事故情形。风险事故情形设定内容应包括环境风险类型、风险源、危险单元、危险物质和影响途径等。

（2）风险事故情形设定原则。

同一种危险物质可能有多种环境风险类型。风险事故情形应包括危险物质泄漏以及火灾、爆炸等引发的伴生/次生污染物排放情形。对不同环境要素产生影响的风险事故情形，应分别进行设定。

对于火灾、爆炸事故，需将事故中未完全燃烧的危险物质在高温下迅速挥发释放至大气，以及燃烧过程中产生的伴生/次生污染物对环境的影响作为风险事故情形设定的内容。

设定的风险事故情形发生可能性应处于合理的区间，并与经济技术发展水平相适应。一般而言，发生频率小于 10^{-6}/a 的事件是极小概率事件，可作为代表性事故情形中最大可信事故设定的参考。

（3）风险事故情形发生频率确定。

事故发生频率的确定方法可采用实测或项目历年来运行数据获得，亦可根据事件树、失效模式分析法等分析方法确定。HJ 169 附录 E 参考荷兰国家应用科学院（TNO）紫皮书给出了典型泄漏事故类型（如容器、管道、泵体、压缩机、装卸臂和装卸软管的泄漏和破裂等）的泄漏频率推荐值（表 15）。

表 15　HJ 169 中泄漏频率推荐值

部件类型	泄漏模式	泄漏频率
反应器/工艺储罐/气体储罐/塔器	泄漏孔径为 10 mm 孔径	1.00×10^{-4}/a
	10 min 内储罐泄漏完	5.00×10^{-6}/a
	储罐全破裂	5.00×10^{-6}/a
常压单包容储罐	泄漏孔径为 10 mm 孔径	1.00×10^{-4}/a
	10 min 内储罐泄漏完	5.00×10^{-6}/a
	储罐全破裂	5.00×10^{-6}/a

部件类型	泄漏模式	泄漏频率
常压双包容储罐	泄漏孔径为 10 mm 孔径 10 min 内储罐泄漏完 储罐全破裂	1.00×10^{-4}/a 1.25×10^{-8}/a 1.25×10^{-8}/a
常压全包容储罐	储罐全破裂	1.00×10^{-8}/a
内径≤75 mm 的管道	泄漏孔径为 10%孔径 全管径泄漏	5.00×10^{-6}/（m·a） 1.00×10^{-6}/（m·a）
75 mm＜内径≤150 mm 的管道	泄漏孔径为 10%孔径 全管径泄漏	2.00×10^{-6}/（m·a） 3.00×10^{-7}/（m·a）
内径＞150 mm 的管道	泄漏孔径为 10%孔径（最大 50 mm） 全管径泄漏	2.40×10^{-6}/（m·a）* 1.00×10^{-7}/（m·a）
泵体和压缩机	泵体和压缩机最大连接管泄漏孔径为 10%孔径（最大 50 mm） 泵体和压缩机最大连接管全管径泄漏	5.00×10^{-4}/a 1.00×10^{-4}/a
装卸臂	装卸臂连接管泄漏孔径为 10%孔径（最大 50 mm） 装卸臂全管径泄漏	3.00×10^{-7}/h 3.00×10^{-8}/h
装卸软管	装卸软管连接管泄漏孔径为 10%孔径（最大 50mm） 装卸软管全管径泄漏	4.00×10^{-5}/h 4.00×10^{-6}/h

注：以上数据来源于荷兰 TNO 紫皮书（Guidelines for Quantitative）以及 Reference Manual Bevi Risk Assessments；

*来源于国际油气协会 International Association of Oil & Gas Producers 发布的 Risk Assessment Data Directory（2010，3）。

3. 熟悉环境风险事故源强估算方法

事故源强设定可采用计算法和经验估算法。计算法适用于以腐蚀或应力作用等引起的泄漏型为主的事故；经验估算法适用于以火灾、爆炸等突发性事故伴生/次生的污染物释放。

（1）物质泄漏量的计算。

液体、气体和两相流泄漏速率的计算参见附录 F 推荐的方法。

泄漏时间应结合建设项目探测和隔离系统的设计原则确定。一般情况下，设置紧急隔离系统的单元，泄漏时间可设定为 10 min；未设置紧急隔离系统的单元，泄漏时间可设定为 30 min。

泄漏液体的蒸发速率计算可采用 HJ 169 附录 F 推荐的方法。蒸发时间应结合物质特性、气象条件、工况等综合考虑，一般情况下，可按 15～30 min 计；泄漏物质形成的液池面积以不超过泄漏单元的围堰（或堤）内面积计。

（2）经验法估算物质释放量。

火灾、爆炸事故在高温下迅速挥发释放至大气的未完全燃烧危险物质，以及在燃烧过程中产生的伴生/次生污染物，可参照附录F采用经验法估算释放量。

（3）其他估算方法。

①装卸事故，泄漏量按装卸物质流速和管径及失控时间计算，失控时间一般可按5～30 min计。

②油气长输管线泄漏事故，按管道截面100%断裂估算泄漏量，应考虑截断阀启动前、后的泄漏量。截断阀启动前，泄漏量按实际工况确定；截断阀启动后，泄漏量以管道泄压至与环境压力平衡所需要时间计。

③水体污染事故源强应结合污染物释放量、消防用水量及雨水量等因素综合确定。

（4）源强参数确定。

根据风险事故情形确定事故源参数（如泄漏点高度、温度、压力、泄漏液体蒸发面积等）、释放/泄漏速率、释放/泄漏时间、释放/泄漏量、泄漏液体蒸发量等，给出源强汇总。

4. 了解事故的环境危害途径及分析方法

（1）有毒有害物质在大气中的扩散

①预测模型筛选。

HJ 169推荐SLAB模型、AFTOX模型分别作为平坦地形下重质气体、中性/轻质气体后果预测扩散模型。推荐模型的适用情况见表16。

表16 HJ 169中推荐模型适用情况

模型名称	适用初始扩散状态	适用排放形式	适用排放类型
SLAB	重质气体	连续源、限时源、瞬时源	地面液池蒸发、抬升水平喷射、烟囱或抬升垂直喷射以及瞬时体源
AFTOX	中性/轻质气体	连续源、限时源、瞬时源	地面或具有一定高度的源释放的气体或液体以及浮力烟羽排放

注：生态环境部模型管理部门推荐的其他模型，按相应推荐模型适用情况进行选择。

判定初始烟团/烟羽是否为重质气体，取决于它相对空气的“过剩密度”和环境条件等因素。通常采用理查德森数（R_i）作为标准进行判断。R_i的概念公式为

$$R_i = \frac{\text{烟团的势能}}{\text{环境的湍流动能}} \tag{53}$$

R_i是个流体动力学参数。根据不同的排放性质，理查德森数的计算公式不同。一般地，依据排放类型，理查德森数的计算分连续排放、瞬时排放两种形式：

连续排放

$$R_i = \frac{\left[\frac{g(Q/\rho_{\text{rel}})}{D_{\text{rel}}} \times \left(\frac{\rho_{\text{rel}} - \rho_{\text{a}}}{\rho_{\text{a}}}\right)\right]^{\frac{1}{3}}}{U_r} \tag{54}$$

瞬时排放

$$R_i = \frac{g(Q_{\text{t}}/\rho_{\text{rel}})^{\frac{1}{3}}}{U_{\text{r}}^2} \times \left(\frac{\rho_{\text{rel}} - \rho_{\text{a}}}{\rho_{\text{a}}}\right) \tag{55}$$

式中：ρ_{rel}——排放物质进入大气的初始密度，kg/m^3；

ρ_{a}——环境空气密度，kg/m^3；

Q——连续排放烟羽的排放速率，kg/s；

Q_{t}——瞬时排放的物质质量，kg；

D_{rel}——初始的烟团宽度，即源直径，m；

U_{r}——10 m 高处风速，m/s。

判定连续排放还是瞬时排放，可以通过对比排放时间 T_{d} 和污染物到达最近的受体点（网格点或敏感点）的时间 T 确定

$$T=2X/U_{\text{r}} \tag{56}$$

式中：X——事故发生地与计算点的距离，m；

U_{r}——10 m 高处风速，m/s。假设风速和风向在 T 时间段内保持不变。

当 $T_{\text{d}} > T$ 时，可被认为是连续排放的；当 $T_{\text{d}} \leqslant T$ 时，可被认为是瞬时排放。

对于连续排放，$R_i \geqslant 1/6$ 为重质气体，$R_i < 1/6$ 为轻质气体；对于瞬时排放，$R_i > 0.04$ 为重质气体，$R_i \leqslant 0.04$ 为轻质气体。当 R_i 处于临界值附近时，说明烟团/烟羽既不是典型的重质气体扩散，也不是典型的轻质气体扩散。可以进行敏感性分析，分别采用重质气体模型和轻质气体模型进行模拟，选取影响范围最大的结果。

当泄漏事故发生在丘陵、山地等时，应考虑地形对扩散的影响，选择适合的大气风险预测模型。当考虑地形对扩散的影响时，所采用的地形原始数据分辨率一般不应低于 30 m。

②预测范围与计算点设置。

预测范围即预测物质浓度达到评价标准时的最大影响范围，通常由预测模型计算获取。预测范围一般不超过 10 km。

计算点分特殊计算点和一般计算点。特殊计算点指大气环境敏感目标等关

心点，一般计算点指下风向不同距离点。一般计算点的设置应具有一定分辨率，距离风险源 500 m 范围内可设置 10～50 m 间距，大于 500 m 范围内可设置 50～100 m 间距。

③预测结果表述

a）下风向不同距离处有毒有害物质的最大浓度，以及预测浓度达到不同毒性终点浓度的最大影响范围。

b）各关心点的有毒有害物质浓度随时间变化情况，以及关心点的预测浓度超过评价标准时对应的时刻和持续时间。

c）对于存在极高大气环境风险的建设项目，应开展关心点概率分析，以反映关心点处人员在无防护措施条件下受到伤害的可能性。有毒有害气体大气伤害概率估算参见 HJ 169 附录 I。

（2）有毒有害物质在地表水环境中的运移扩散

①预测模型及参数选取

地表水数值预测模型计算主要分为水体流场计算和有毒有害物质在水体中的迁移转化计算两部分。根据预测水体的类型参照 HJ 2.3 中的相关要求，选取适用的预测模型。

对河流、湖库水体，如有毒有害物质进入水体后能快速充分混合（横向、垂向、纵向），可采用零维预测模型；如在断面上（横向、垂向）快速均匀混合，可采用纵向一维预测模型；如仅能在垂向快速均匀混合，可采用平面二维预测模型；如仅能在横向快速均匀混合，垂向分层明显，可采用立面二维预测模型；其他情况可采用三维预测模型。

对河口及近岸海域水体，宜采用平面二维非恒定模型。如果评价海域的水流和水质分布在垂向上存在较大的差异，宜采用三维数学模型。

对于溢油漂移扩散过程按 GB/T 19485 中的溢油粒子模型进行溢油轨迹预测。

模型参数确定可采用类比、经验公式、实验室测定、物理模型试验、现场实测及模型率定等方法，可以采用多类方法比对确定模型参数。当采用数值解模型时，宜采用模型率定法核定模型参数。

②预测结果表述。

a）给出有毒有害物质进入地表水体最远超标距离及时间。

b）给出有毒有害物质经排放通道到达下游（按水流方向）环境敏感目标处的到达时间、超标时间、超标持续时间及最大浓度，对于在水体中漂移类物质，应给出漂移轨迹。

（3）有毒有害物质在地下水环境中的运移扩散

①预测模型及参数选取。

地下水风险预测模型及参数参照 HJ 610。

地下水环境风险不同于大气、地表水环境风险，具有较明显的迟缓性，环境事故发生后，地下水造成污染风险的表现时间上按照不同水文地质条件差异很大，如岩溶发育地区，连通性较好，环境风险表现较快；卵砾石地层地区的渗透系数较大，水力梯度较大时环境风险表现亦快；黏土或黄土地区，渗透系数较小，地势平缓且水力梯度较小，表现较为迟缓，甚至对周边环境敏感点数十年无影响。致使上述现象发生的关键原因是水文地质条件的不同，即水文地质参数的差异。关键水文地质参数主要包括各含水层（弱透水层）渗透系数、给水度（贮水系数）、有效孔隙度、弥散系数以及与溶质运移相关的其他参数，这些参数的选取需根据含水介质的不同，根据经验值和实测获取。

②预测结果表述。

给出有毒有害物质进入地下水体到达下游厂区边界和环境敏感目标处的到达时间、超标时间、超标持续时间及最大浓度。

5. 熟悉事故源、环境危害途径、降低危害后果的控制措施

（1）大气环境风险防范措施

结合风险源状况明确环境风险的防范、减缓措施，提出环境风险监控要求，并结合环境风险预测分析结果、区域交通道路和安置场所位置等，提出事故状态下人员的疏散通道及安置等应急建议。

（2）事故废水环境风险防范措施

明确“单元—厂区—园区/区域”的环境风险防控体系要求，设置事故废水收集（尽可能以非动力自流方式）和应急储存设施，以满足事故状态下收集泄漏物料、污染消防水和污染雨水的需要，明确并图示防止事故废水进入外环境的控制、封堵系统。

应急储存设施应根据发生事故的设备容量、事故时消防用水量及可能进入应急储存设施的雨水量等因素综合确定。应急储存设施内的事故废水，应及时进行有效处置，做到回用或达标排放。结合环境风险预测分析结果，提出实施监控和启动相应的园区/区域突发环境事件应急预案的建议要求。

（3）地下水环境风险防范措施

重点采取源头控制和分区防渗措施，加强地下水环境的监控、预警，提出事故应急减缓措施。

（4）其他风险防范措施

①针对主要风险源，提出设立风险监控及应急监测系统，实现事故预警和

快速应急监测、跟踪，提出应急物资、应急人员等的管理要求。

② 对于改建、扩建和技术改造项目，应分析依托企业现有环境风险防范措施的有效性，提出完善意见和建议。

③ 环境风险防范措施应纳入环保投资和建设项目竣工环境保护验收内容。

④ 考虑事故触发具有不确定性，厂内环境风险防控系统应纳入园区/区域环境风险防控体系，明确风险防控设施、管理的衔接要求。极端事故风险防控及应急处置应结合所在园区/区域环境风险防控体系统筹考虑，按分级响应要求及时启动园区/区域环境风险防范措施，实现厂内与园区/区域环境风险防控设施及管理有效联动，有效防控环境风险。

6. 熟悉环境风险防控措施区域联动要求

按照国家、地方和相关部门要求，提出企业突发环境事件应急预案编制或完善的原则要求，包括预案适用范围、环境事件分类与分级、组织机构和职责、监控和预警、应急响应、应急保障、善后处置、预案管理与演练等内容。

明确企业、园区/区域、地方政府环境风险应急体系，体现分级响应、区域联动原则，与地方政府突发环境事件应急预案相衔接，明确分级响应程序。

八、环境影响的经济损益分析

1. 了解环境影响经济损益分析的主要方法

环境影响的经济损益分析，也称为环境影响的经济评价，就是要估算某一项目、规划或政策所引起环境影响的经济价值，并将环境影响的价值纳入项目、规划或政策的经济分析（费用效益分析）中去，以判断这些环境影响对该项目、规划或政策的可行性会产生多大的影响。这里，对负面的环境影响，估算出的是环境成本；对正面的环境影响，估算出的是环境效益。

将建设项目实施后的环境影响预测与环境质量现状进行比较，从环境影响的正负两方面，以定性与定量相结合的方式，对建设项目的环境影响后果（包括直接和间接影响、不利和有利影响）进行货币化经济损益核算，估算建设项目环境影响的经济价值。

在建设项目环境影响的经济分析中，以定性和定量相结合的方式，从环境要素、资源类别等方面筛选出需要或者可能进行经济评价的环境影响因子进行经济核算。重点核算建设项目排放到环境中的污染物按照现行的治理技术和水平全部治理所需要的虚拟支出以及生态保护措施的费用。

虚拟治理成本是指建设项目排放到环境中的污染物按照现行的治理成本和

水平全部治理所需要的虚拟支出，采用治理成本法（单位污染物治理成本×污染物排放量）计算获得。污染物通常包括水污染物、大气污染物、固体废物等三大类。单位成本包括污染治理中的固定资产折旧、药剂费、人工费、电费等运行费用，通过统计调查计算得出。关于生态影响损益分析，可采取定性和定量分析的方法，从建设项目对生态系统造成的生态服务功能损失考虑，也可以采用生态恢复的虚拟成本法或理论治理成本计算，还可以根据《生态环境损害鉴定评估指南》系列技术规范提供的方法核算，如直接市场价值法、揭示偏好法、陈述偏好法、实际费用统计法、费用明细法、承包商报价法、指南或手册参考法、案例比对法。

对建设项目的环境影响后果（包括直接和间接影响、不利和有利影响）进行货币化经济损益核算。相关核算工作可参考污染事故鉴定、场地污染修复、环境审计。

环境价值评估方法

面对千差万别的环境对象，人们使用过许多方法来评估环境的价值，同时在不断发明新的环境价值评估技术。目前，全部的环境价值评估技术（方法）可分为三组：

第Ⅰ组评估方法
1. 旅行费用法（TCM，travel cost method）
2. 隐含价格法（HPM，hedonic pricing model）
3. 调查评价法（CVM，contingent valuation method）
4. 成果参照法（BT，benefit transfer）

第Ⅱ组评估方法
1. 医疗费用法（medical expenditure approach）
2. 人力资本法（human capital approach）
3. 生产力损失法（loss of productivity approach）
4. 恢复或重置费用法（restoration or replacement cost approach）
5. 影子工程法（shadow project approach）
6. 防护费用法（averting cost approach）

第Ⅲ组评估方法
1. 反向评估（reverse valuation）
2. 机会成本法（opportunity cost approach）

2. 了解环境保护投入的组成

（1）环境污染治理投入。

①水污染治理设施或措施的建设和运行维护费用；

②废气污染治理设施或措施的建设和运行维护费用；

③噪声和振动治理措施或措施的建设和运行维护费用（声屏障、隔声窗、低噪声路面、阻尼钢轨、整体减震道床、减震沟等）；

④固体废物处置措施的建设和运行维护费用；

⑤核与辐射等防治措施的建设和运行维护费用。

（2）环境风险防范措施。

存在环境风险的建设项目，风险防范措施费用。

（3）生态环境保护投入。

①项目经过自然保护区、世界文化和自然遗产等特殊生态敏感区及风景名胜区、重要湿地、珍稀濒危野生动植物天然分布区等重要生态敏感区采取的生态保护措施；名木古树保护措施；

②施工道路、施工营地、施工料场、取土场、弃土（渣）临时占地等生态恢复措施；

③水土保持措施；

④减少工程占用耕地措施；

⑤减少项目对林地、草地等地表植被破坏的措施；

（4）环境管理、环境监测和环境科研费用。

直接为建设项目服务的环境管理与监测费用及环境科研费用。

九、环评文件图表与数据文件

1. 熟悉环境影响评价文件附图的技术要求

《建设项目环境影响评价技术导则　总纲》（HJ 2.1—2016）要求，文字应简洁、准确，文本应规范，计量单位应标准化，数据应真实、可信，资料应翔实，应强化先进信息技术的应用，图表信息应满足环境质量现状评价和环境影响预测评价的要求。

2. 了解附图、附表所需基础数据来源及图表内容编制的方法

《建设项目环境影响评价技术导则　总纲》（HJ 2.1—2016）规定附录和附件应包括项目依据文件、相关技术资料、引用文献等。各要素及各行业技术导则对附图、图表也有相应要求。

第四科目　环境影响评价案例分析

考试目的：通过本科目考试，检验具有一定实践经验的环境影响评价专业技术人员运用环境影响评价相关法律法规、技术导则与标准、技术方法开展环境影响评价工作和解决实际问题的能力。

一、相关法律法规运用和政策、规划的符合性分析

（1）建设项目环境影响评价中采用的相关法律法规的适用性分析；
（2）建设项目与环境政策的符合性分析；
（3）建设项目与主体功能区规划、环境保护规划和环境功能区划的符合性分析；
（4）建设项目与规划环境影响评价文件及其审查意见的符合性分析。

二、项目分析

（1）分析建设项目施工期和运营期环境影响的因素和途径，识别产污环节、污染因子和污染物特性，核算物耗、水耗、能耗和主要污染物源强；
（2）分析计算改扩建及异地搬迁工程污染物排放量变化；
（3）评价污染物达标排放情况；
（4）分析固体废物处理处置合理性。

三、环境现状调查与评价

（1）判定评价范围内环境敏感区；
（2）制定环境现状调查与监测方案；
（3）分析环境现状调查资料、监测数据的代表性和有效性；
（4）评价环境质量现状。

四、环境影响识别、预测与评价

（1）识别环境影响因素与筛选评价因子；
（2）选用评价标准；
（3）确定评价工作等级和评价范围；

（4）确定环境要素评价专题的主要内容；

（5）选择、运用预测模式与评价方法；

（6）预测和评价环境影响（含非正常工况）。

五、环境风险评价

（1）识别重点危险源并描述可能发生的环境风险事故；

（2）提出减缓和消除事故环境影响的措施。

六、环境保护措施分析

（1）分析污染控制措施的技术经济可行性；

（2）分析生态影响防护、恢复与补偿措施的技术经济可行性；

（3）制订环境管理与监测计划。

七、环境可行性分析

（1）分析不同工程方案（选址、规模、工艺等）环境比选的合理性；

（2）论证建设项目环境可行性分析的完整性；

（3）判断环境影响评价结论的正确性。

八、规划环境影响评价

（1）分析规划的协调性；

（2）判断规划实施后影响环境的主要因素及可能产生的主要环境问题；

（3）分析环境影响减缓措施的合理性和有效性；

（4）综合论证规划方案的环境合理性并提出规划方案的优化调整建议；

（5）结合规划环境影响评价工作成果提出对规划所包含的建设项目环境影响评价的指导意见。

一、化工、石化项目

1　主要相关产业政策、行业环评技术导则及常用标准

1.1《关于印发〈现代煤化工建设项目环境准入条件（试行）〉的通知》（环办〔2015〕111号）

1.2《关于加强规划环境影响评价与建设项目环境影响评价联动工作的意见》（环

发〔2015〕178 号）

1.3《关于规范火电等七个行业建设项目环境影响评价文件审批的通知》（环办〔2015〕112 号）—《石化建设项目环境影响评价文件审批原则（试行）》

1.4《关于印发水泥制造等七个行业建设项目环境影响评价文件审批原则的通知》（环办环评〔2016〕114 号）—《制药建设项目环境影响评价文件审批原则（试行）》

1.5《关于印发〈建设项目环境影响评价信息公开机制方案〉的通知》（环发〔2015〕162 号）

1.6《关于进一步加强涉及自然保护区开发建设活动监督管理的通知》（环发〔2015〕57 号）

1.7《关于发布〈石油炼制工业污染物排放标准〉等六项国家污染物排放标准的公告》（环境保护部公告 2015 年 第 27 号）

1.8《国务院关于印发水污染防治行动计划的通知》（国发〔2015〕17 号）

1.9《国务院关于印发大气污染防治行动计划》

1.10《国务院关于印发土壤污染防治行动计划》

1.11《中共中央 国务院关于全面加强生态环境保护 坚决打好污染防治攻坚战的意见》

1.12《打赢蓝天保卫战三年行动计划》（国发〔2018〕22 号）

1.13《建设项目环境保护管理条例》（国务院令 第 682 号）

1.14《建设项目环境影响评价分类管理名录（2021 年版）》（生态环境部令 第 16 号）

1.15《关于发布〈石油炼制工业废水治理工程技术规范〉等两项国家环境保护标准的公告》（公告 2014 年 第 84 号）

1.16《烧碱、聚氯乙烯工业废水处理工程技术规范》（HJ 2051—2016）

1.17《关于发布〈重点行业二噁英污染防治技术政策〉等 5 份指导性文件的公告（重点行业二噁英、合成氨、砷、铬盐工业、汞）》（公告 2015 年 第 90 号）

1.18《关于修改〈产业结构调整指导目录（2011 年本）〉有关条款的决定》（发改委令〔2013〕第 21 号）

1.19《国家发展改革委关于规范煤制天然气产业发展有关事项的通知》（发改能源〔2010〕1205 号）

1.20《国家发展改革委关于规范煤化工产业有序发展的通知》（发改产业〔2011〕635 号）

1.21《关于进一步加强和改善电石行业管理工作的通知》（工信厅产业〔2011〕45 号）

1.22《关于印发〈电石法聚氯乙烯行业汞污染综合防治方案〉的通知》（工信部

节〔2010〕261号）

1.23《关于进一步加强规划环境影响评价工作的通知》（环发〔2011〕99号）

1.24《国家发改委关于进一步巩固电石、铁合金、焦炭行业清理整顿成果 规范其健康发展的有关意见的通知》（发改产业〔2004〕2930号）

1.25《国家发改委关于炼油、乙烯工业有序健康发展的紧急通知》（发改工业〔2005〕2617号）

1.26《国家发展改革委关于加强焦化生产企业行业准入管理工作的通知》（2005年）

1.27《关于加强环境影响评价管理防范环境风险的通知》（环发〔2005〕152号）

1.28《关于继续做好电石、焦化行业准入管理工作的通知》（发改办产业〔2007〕1647号）

1.29《电石行业准入条件（2007年修订）》（发改委公告 2007年 第70号）

1.30《纯碱行业准入条件》（工产业〔2010〕第99号）

1.31《农药产业政策》（工联产业政策〔2010〕第1号）

1.32《轮胎产业政策》（工产业政策〔2010〕第2号）

1.33《黄磷行业准入条件》（产业〔2008〕第17号）

1.34《焦化行业准入条件（2014年修订）》（工业和信息化部 公告2014年 第14号）

1.35《氯碱（烧碱、聚氯乙烯）行业准入条件》（发改委公告 2007年 第74号）

1.36《关于检查化工石化等新建项目环境风险的通知》（环办〔2006〕4号）

1.37《制定地方大气污染物排放标准的技术原则与方法》（GB/T 3840—91）

1.38《建设项目环境影响评价技术导则 总纲》（HJ 2.1—2016）

1.39《环境影响评价技术导则 石油化工建设项目》（HJ/T 89—2003）

1.40《环境影响评价技术导则 农药建设项目》（HJ 582—2010）

1.41《环境影响评价技术导则 制药建设项目》（HJ 611—2011）

1.42《环境影响评价技术导则 地下水环境》（HJ 610—2016）

1.43《建设项目环境风险评价技术导则》（HJ 169—2018）

1.44《环境影响评价技术导则 土壤环境（试行）》（HJ 964—2018）

1.45《炼焦炉大气污染物排放标准》（GB 16171—1996）

1.46《清洁生产标准 基本化学原料制造业（环氧乙烷乙二醇）》（HJ/T 190—2006）

1.47《清洁生产标准 氮肥制造业》（HJ/T 188—2006）

1.48《清洁生产标准 炼焦行业》（HJ/T 126—2003）

1.49《清洁生产标准 石油炼制业》（HJ/T 125—2003）

1.50《清洁生产标准 纯碱行业》（HJ 474—2009）

1.51《清洁生产标准 氯碱工业（烧碱）》（HJ 475—2009）

1.52《清洁生产标准　氯碱工业（聚氯乙烯）》（HJ 476—2009）

1.53《清洁生产标准　石油炼制业（沥青）》（HJ 443—2008）

1.54《化工建设项目环境保护设计规范》（GB 50483—2009）

1.55《合成氨工业水污染物排放标准》（GB 13458—2013）

1.56《挥发性有机物（VOCs）污染防治措施政策》（环境保护部公告　2013 年　第 31 号）

1.57《石化行业挥发性有机物综合整治方案》（环发〔2014〕177 号）

1.58《排污许可证申请与核发技术规范　石化工业》HJ 853—2017

1.59《排污许可证申请与核发技术规范　炼焦化学工业》HJ 854—2017

1.60《排污许可证申请与核发技术规范　农药制造工业》HJ 862—2017

1.61《排污许可证申请与核发技术规范　无机化学工业》HJ 1035—2019

1.62《排污许可申请证与核发技术规范　印刷工业》HJ 1066—2019

1.63《炼焦化学工业污染防治可行技术指南》HJ 2306—2018 等相关行业污染防治可行技术指南

2　工程概况与工程分析要点

工程概况是工程分析的基础，但绝不是环境影响评价所称的“工程分析”的实质内容。环境影响评价所称的工程分析的重点是环境影响因素的分析，包括环境影响源识别（污染源、环境风险源和生态影响源）和源强的核算。对化工、石化建设项目而言，由于其突出表现为污染源和环境风险源，因此，污染因素和环境风险因素的分析是重点。同时，也有必要对可研或初步设计中提出的环保措施可行性进行分析，必要时应对厂址选择、总图布置提出意见。但新建项目也要进行生态影响因素的分析。

2.1　工程概况

工程概况包括工程名称、建设性质、地点、规模、项目组成表（包括主体工程、辅助工程、公用工程、环保工程、配套工程和厂外依托等，依托设施应说明与本工程的同步性或分析可依托性）、产品方案及运输方式、建设投资等。附区域地理位置图和总平面布置图。案例分析考试中常会在题干中给出工程的基本内容或一定的项目组成、规模等，供考生了解项目情况，答题时应主要根据题干内容进行分析。如题干中有明显的主要工程内容或工艺环节遗漏，答题时需要给出遗漏的工程内容（往往以“还需要给出工程的哪些内容”的类似情势提出要求），考查考生对工程或工艺是否了解。

2.2　生产装置、工艺路线

实际工作中往往会要求详细说明项目主要原料、辅助材料、燃料、水资源等的种类、来源、规格、消耗量（包括单耗、总耗指标）。给出主要的原料、辅料和燃料中有毒有害物质的含量。给出清晰的生产装置及配套设施的主要工艺流程图，给出主、副化学反应式，说明生产工艺方法、操作控制条件、主要物料的走向，根据标注产污节点的污染源流程图及相对应的表，说明每套生产装置的产污过程、排放点位置、污染物成分、数量、浓度、去向。重点应说明项目涉及的优先控制污染物、“三致”物质和持久性有机污染物的产生、去向等。重点关注污染物无组织排放量、确定依据及合理性。罐区应包括各种原料、成品、半成品的储罐，各种水处理装置等，还有原料、产品的运输（装卸站台、码头、罐车、船等）。同时要考虑非主体工程的污染源。案例考试时，往往通过原辅材料、工艺装置或工艺流程，让考生识别废气、废水、固体废物（特别是危险废物，多年来一直是考试的重点之一）等主要污染物种类，识别风险源（与危险废物结合）。对此，化工、石化类项目则需在化工学科基础上，通过工程可行性研究或设计报告了解化学反应和工艺过程，从参与化学反应的原辅材料和产品情况识别产生的“三废”情况。作为工程分析的主要方面，近年来，此类问题出题考查的频率较高。

2.3　污染源及环保措施分析

污染源分析应以物料平衡、水平衡、燃料平衡、蒸气平衡以及特征元素平衡等工程分析内容为基础，同时要考虑正常工况及非正常工况。根据工艺流程，识别污染源及其产生与排放的污染物，重要的是确定所排放污染物的强度（即源强，大气污染物包括排放速率与浓度，废水则主要是排放浓度）、主要污染源或产污环节（如废气产污环节）、污染物类型（如废水类型）或种类、排放形式、“三废”污染治理措施等，特别是废气无组织排放环节及治理技术措施、噪声治理措施、危险废物等的处理处置措施、企业环境管理与监测要求等。生态环境部颁布的各行业“排污许可证申请与核发技术规范”“污染防治可行技术指南”应予以关注。

（1）大气污染源应明确有组织排放源的分布和排放参数、无组织排放源强、非正常排放的发生条件和持续时间；其中特征污染物是需要重点关注的，也是多年来考试的重点，一般要求指明产生于工艺流程的环节、污染物种类或根据题干信息计算排放强度（有组织排放一般要求计算浓度和速率，无组织排放一般要求计算厂界浓度并确定大气环境防护距离）。

（2）水污染源应明确污水种类与分类收集处理方案、废水的重复利用率、正常工况下的排污源强及排放参数，非正常排放的发生条件、位置、强度和持续时间，水中优先控制污染物的产生和排放源强；废水污染物中重金属等一类污染物是要特别关注的，一类污染物就是各行业废水的特征污染物，往往是考试的重点，一般要求给出产生于工艺流程的环节、污染物种类或根据题干信息计算排放浓度。

（3）固体废物应明确一般工业固体废物和危险废物的种类、性质、组分、容积和含水率等。危险废物既是环境影响评价实际工作中关注的重点，也是考试中的重点，考试中工程分析方面通常要求指出危险废物产生的工艺环节（根据题干所给的工艺流程图确定）、危险废物种类或产生量。

（4）改扩建项目要明确改扩建前后污染物排放的变化情况，明确增减量。

（5）对建设项目已包含的环保措施，应遵循技术先进性、可靠性、经济合理性、可操作性的原则，一般从工艺方案、设备、构筑物、处理效果以及投资、技术经济指标等方面予以分析论证。改扩建项目如与现有工程有依托关系，应分析依托的可行性，明确现有工程是否存在环保问题，提出明确的“以新带老”措施。对于改扩建项目，识别、分析现有工程存在的环境问题并提出解决方案，即以新带（代）老，这在环境保护法律法规及相关技术导则中均有明确要求。在考试中往往要求根据题干信息要求指出现有工程是否存在环境问题，以及针对存在的环境问题要求给出相应的污染治理措施或设施等。

（6）清洁生产贯穿工程分析全过程。有清洁生产报告的，可引用其结论；无清洁生产报告的，则以有关行业先进技术、工艺、设备、原材料和污染防治措施为基础，从产品生命周期全过程考虑，分析与国家和行业颁布的产业政策、清洁生产标准和环保政策的一致性：国家已颁布清洁生产指标的行业，按已颁布的清洁生产指标进行评估；未颁布清洁生产指标的行业，参照行业同类产品、相同规模、相同工艺和先进工艺的清洁生产指标进行清洁生产分析。

（7）工程分析应给出污染物排放清单。包括常规污染物和特征污染物（重点是特征污染物）。

（8）环境风险是化工石化类项目关注的重中之“重”。应根据建设项目涉及的物质及工艺系统危险性和所在地的环境敏感性确定环境风险潜势，按照《建设项目环境风险评价技术导则》（HJ 169—2018）确定评价等级和范围，进行风险调查、环境风险潜势初判、风险识别、风险事故情形分析、风险预测与评价、配备环境风险应急物资，提出环境风险应急对策、监测与管理要求等。在考试中，化工石化类案例往往会要求识别危险单元、危险物质、判定环境风险评价等级与范围、判定风险潜势与风险事故类型、风险危害，针对风险问题提出工程技术措施或管理对策、措施等。

2.4　总图布置分析

除了分析总图布置的工艺与生产合理性，还需分析其环境的合理性。

3　主要环境影响及污染防治措施

3.1　主要污染因子

3.1.1　施工期同一般建设项目，根据施工特点重点对施工期产生的废气、废水、固体废物、噪声等进行系统的分析。大型项目，特别是新建项目，由于其占地面积较大，存在改变土地利用类型、破坏植被等生态影响问题，还需要考虑对区域生态的影响。

3.1.2 运行期

3.1.2.1 废水污染因子应包括装置生产废水、清净下水、非正常工况排水、事故排水、前期雨水，一般污染因子包括石油类、COD、BOD_5、氨氮、pH、悬浮物、特征因子（苯系物、硫化物、氰化物、挥发酚等）。需要考生充分了解这些因子，根据考试题干信息确定对应工艺环节的污染物种类。

3.1.2.2 废气污染因子应包括有组织排放、无组织排放及非正常工况和事故排放量，一般污染因子包括 SO_2、NO_x、烟尘、粉尘、烃类，特征污染物如苯系物、烃类等 VOCs 类、CO、氨、氟、氯、H_2S、硫醇、硫醚（恶臭）。除常规因子需要充分了解以外，考试中往往出题频率较高的为特征污染物，考生应结合题干信息或提供的工艺流程图，指明其产生的环节，计算排放强度（速率和浓度）或提出治理措施等。

3.1.2.3 固废污染因子应根据工程分析，按一般工业固废、危险固废、生活垃圾分别考虑。特征重要的是危险废物，一定要结合题干信息或提供的工艺流程，能够识别危险废物产生的环节、危险废物种类，并能提出处理处置措施，其中重要措施就是厂内贮存或暂存须采取严格的“三防”措施，或及时委托有相应资质的危险废物处理机构处理。

3.1.2.4 化工、石化类建设项目一般应考虑大气环境风险、地表水环境风险和地下水环境风险，按照《建设项目环境风险评价技术导则》（HJ 169—2018）确定的环境风险评价等级与范围，进行预测评价与分析。

3.1.2.5 生产设备运行噪声。与生态影响评价的情势基本类似，噪声和生态影响通常不是此类项目的重点，在历年环评案例分析考试中，此类案例中少有噪声和生态影响方面的考试内容。但不等于此类项目没有噪声影响和生态影响，需要根据实际情况考虑。

3.2 主要污染防治措施

3.2.1 废水采取分类收集、分质处理措施。化工、石化行业生产废水一般成分复杂、可生化性差、处理难度大，需采取专门的治理措施，通常采用多种方法组合成的处理工艺系统。首先应采取清洁生产工艺，对废水分类进行预处理（一级处理），然后采用二级生化处理。其中化工废水预处理方法包括化学法（中和、絮凝沉淀、催化氧化、电解）、物理化学法（汽提、吹脱、蒸发、精馏），石化废水预处理工艺包括隔油、浮选、破乳（老三套）；后续处理工艺根据具体情况定，一般有好氧、厌氧及 SBR 等处理工艺。如考虑废水回用，则须进行三级深度处理（化学氧化、活性炭吸附、砂滤、超滤、反渗透等）。污水处理站一般均应设置调节池和事故废水池，以防止废水冲击负荷对污水生化处理的影响。生产废水、清净下水排放口设置在线检测系统。考试中一定要注意的是，不同性质或类型的废水应分别进行预处理，如果题干中采取的是“混合处理”则是值得关注的环境问题。另外，从节水原则考虑，水资源应充分利用，切实提高废水处理后的回用率，对能够综合利用或回用的却不利用的水资源，也是需要解决的环境问题。

3.2.2　废气治理和控制的主要措施。特征污染物一般采用吸收法、吸附法、冷凝法、催化法、燃烧法；对具有回收价值的废气专门处理，如采用克劳斯炉回收硫黄；工艺有机废气送加热炉燃烧，热能回收利用；恶臭则采用控制无组织废气排放进行防治；石化行业的非正常排放废气则采用火炬燃烧排放；其余废气经高空或火炬燃烧排放。

3.2.3　化工石化行业废渣一般属危险废物，除根据性质考虑综合利用以外，必须建符合环保要求的安全处置设施（必须满足危险废物暂存或处理处置标准的要求，且为竣工环保验收的重要内容），或交付有资质单位安全处置。

3.2.4　明确提出建设项目在建设阶段、运行阶段拟采取的具体污染防治和环境风险防范措施。所采取的环保措施应有利于改善区域环境质量，对环境质量不达标的区域，应采取国内外先进可行的环境保护措施，结合区域限期达标规划及实施情况，分析建设项目实施对区域环境质量改善目标的贡献和影响。

3.2.5　给出各项污染防治、环境风险防范措施的具体内容、责任主体、实施时段、估算环保投入，明确资金来源。

3.2.6　明确环境保护投入。包括为预防和减缓不利影响而采取的各项环境保护措施和设施的建设费用、运行维护费用，直接为建设项目服务的环境管理与监测费用以及相关的科研费用。

4　环境管理与监测计划

加强环境管理与监测是法律法规要求建设项目做好环境保护工作的重要内容，是企业的法定职责。通过有效的环境管理与监测，使项目防治污染设施的建设和运行得以落实，可以长期监控环保设施的运行和污染物排放情况，通过监测可以了解和掌握建设项目排污特征，研究污染发展趋势，是开展科学技术研究和综合开发的基础，是建设项目依法公开环境信息的基础和数据来源。大多数化工、石化类项目，特别是大型化工石化项目，由于其特性，均为“重点污染源”，应当按照国家有关规定和监测规范安装使用监测设备（自动监测设施或设备应与当地生态环境主管部门联网），保证监测设备正常运行，保存原始监测记录。

环境影响评价文件提出的日常环境管理制度要求，应明确各项环境保护设施的建设、运行及维护保障计划。环境监测计划应包括污染源监测计划和环境质量监测计划。在环评报告书中有“环境管理与监测计划”专章，评价单位会根据项目情况及其污染源、污染物排放情况提出具体的监测计划，包括监测点位、监测频次、监测指标等。而且实施情况是竣工环保验收的重要依据。

关于环境监测，在考试中一般考查环境质量现状监测方面内容的出题频率较高，包括水环境监测断面布设或点位设置、环境空气监测布点，监测指标或因子等，主要考查对相关导则中关于监测的技术要求的熟悉程度。对建设项目施工期或营运期的监测，则主要针对污染源或受影响对象考虑，与环评工作的“环境现状监测”有所不同。

5 应注意的问题

5.1 化工、石化类项目，工艺复杂，污染物种类多，但涉及的某一行业某一工艺的主要污染物及治理措施，对于已颁布“排污许可证申请与核发技术规范”“污染防治可行技术指南”的行业，则主要污染物和治理措施均可从中获得。相关规范和指南对了解各行业情况，识别污染源、主要产污环节、污染物类型和主要污染物、污染防治措施、环境管理和监测要求等具有重要的指导作用，也是考试的重要参考材料。

5.2 注意建设项目与国家产业政策、所在地的总体发展规划等各级各类规划的符合性，明确项目是否按照要求进入石化化工工业园（区），明确项目建设与行业发展规划、区域发展规划、石化化工工业园（区）规划等规划环评及其审查意见的符合性；厂址的选择应符合城市规划布局和功能区划的要求，同时注意工艺路线能否满足清洁生产的要求。

5.3 此类项目环境风险评价是重点。按照《建设项目环境风险评价技术导则》（HJ 169—2018）进行环境风险识别、风险潜势初判，考虑大气、地表水和地下水环境风险。关注原料、辅料、中间产品或半成品、成品的性质，明确其毒性，结合生产装置操作参数，严格遵守有关危险化学品管理的规定，注意其环境风险：建设项目环境风险评价应包括原料输运、贮存、实用、生产、处置等在内的全过程的环境风险识别，对潜在的风险途径分析完整，进行风险防范措施分析论证，建立分级风险防范体系，编制完善的应急预案并实现与石化化工工业园（区）以及地方政府应急预案的联动（定期进行环境风险应急演练，不断完善预案）。关注环境风险的控制与预防、风险的应对与处置。高度关注原料输运、使用、贮存全过程的事故环境风险问题，充分重视环境风险评价相关内容，提出切实有效的预案及应急措施。

5.4 注意特征污染物评价标准的选择、执行问题；尤其是外资项目，国内无相应排放标准时应参照项目输出国或发达国家现行标准执行，应由地市级环保局提出，经省级环保局批准后采用，报环保部备案。

5.5 工程分析要清晰，物料平衡、给排水平衡、污水水质水量平衡合理，如有特征污染物，应另行做其平衡图、表。还应关注非正常工况排污分析和大气环境影响预测；对于改扩建项目必须算清新老污染源“三本账”。

5.6 关注无组织排放，特别是恶臭气体的排放，最主要的排放源为罐区、装罐车（船）站台（码头）。重点关注石化化工项目防护距离的设置，应根据有关防护距离设置的标准、导则、规范等分别计算、确定防护距离，对不同生产装置依据上述计算结果绘制包路线图；根据环函〔2009〕224 号从严原则，按包络线最大边界范围确定项目的防护距离。对项目防护距离内的环境敏感目标应制订相应的搬迁安置方案，落实资金来源、明确责任主体。

5.7 化工项目属于典型的以水污染为主的建设项目，要关注化工项目废水的处理与达标排放，以及废水处理方案的分析比选；对废水采用生物法进行处理的，应对废水及主要废水污染物进行可生化性分析，论述去除率的可靠性。

5.8 关注噪声污染，特别是非正常工况时的大量放空和大修期间的吹扫放空更易激化厂群矛盾，应要求按有关规定采取消声、降噪措施，尽量避免夜间、长时间放空吹扫作业。

5.9 固体废物处理处置也是此类项目环境影响评价的重点。首先应对不同类型的固体废物分类，分别提出处理处置措施。应关注固废综合利用中的污染物转移，保证接收方有防治污染的技术与措施，最好立足于在企业内无害化处理。重点关注危险废物的产生、处理与处置，由厂家回收利用的，应与回收厂家签订协议；作为副产品外售处理的，应严格执行转移联单制度；委托其他单位进行处置的，应明确接收单位的处理资质以及处理能力，并附接收协议。

5.10 排污清单，应明确 SO_2、氮氧化物、COD、氨氮、VOCs 等主要污染物的排放情况；从削减措施的可靠性、行业和区域总量控制、与减排任务的关系等角度分析指标来源的合理性。

5.11 根据现状调查与评价结果，明确项目所在区域环境特征，识别评价范围内的环境保护目标（根据 HJ 2.1—2016 的要求，附图列表说明评价范围内各环境要素涉及的环境敏感区、需要特殊保护对象的名称、功能、与建设项目的位置关系以及环境保护要求等），预测分析、评价对环境保护目标的影响性质与程度。

5.12 应关注环境保护措施可行性论证。根据 HJ 2.1—2016，应分析论证拟采取的具体的污染防治、环境风险防范等措施的技术可行性、经济合理性、长期稳定运行和达标排放的可靠性、满足环境质量改善和排污许可要求的可行性。各类措施的有效性判定应以同类或相同措施的实际运行效果为依据（如类比已运行的同类或相同措施），没有实际运行经验的，可提供工程化实验数据。考试中一般要求针对某种污染物提出消减措施或污染控制措施，或针对不利环境影响，或针对受不利影响的保护目标（保护对象），提出有针对性的环境保护措施，且一般以要求提出工程措施为主。

5.13 此类建设项目要求“入园进区”（工业园区、产业聚集区），园区规划环评结论及审查意见是该类项目环评工作的重要依据。与规划环评结论，特别是审查意见要求的符合性分析，是其建设项目环评的重要内容，否则，建设项目将不能审批。这也案例考试中需要注意的问题（如果题干中提到这方面的内容，则建设项目的环保措施需符合规划环评及审查意见要求，不符合就需要补充、完善）。

二、冶金机电项目

1 主要相关产业政策、行业环评技术导则及常用标准

1.1《关于规范火电等七个行业建设项目环境影响评价文件审批的通知》（环办〔2015〕112号）—《铜铅锌冶炼建设项目环境影响评价文件审批原则（试行）》

1.2《关于修改〈产业结构调整指导目录（2011年本）〉有关条款的决定》（发改委令 2013年 第21号）

1.3《外商投资产业指导目录（2011年修订）》（国家发改委 商务部令 第12号）

1.4《装备制造业调整和振兴规划》（2009年）

1.5《汽车产品回收利用技术政策》（国家发改委公告 2006年 第9号）

1.6《国家发展改革委关于汽车工业结构调整意见的通知》（发改工业〔2006〕2882号）

1.7《汽车产业发展政策》（发改委令 2009年 第8号）

1.8《工业和信息化部关于加强汽车生产企业投资项目备案管理的通知》（工信部装〔2009〕93号）

1.9《新能源汽车生产企业及产品准入管理规则》（工产业〔2009〕第44号）

1.10《国务院关于印发节能与新能源汽车产业发展规划（2012—2020年）的通知》（国发〔2012〕22号）

1.11《当前优先发展的高技术产业化重点领域指南（2011年度）》（国家发展改革委、科学技术部、工业和信息化部、商务部、知识产权局联合发布，2011年 第10号）

1.12《国务院关于加快培育和发展战略性新兴产业的决定》（国发〔2010〕32号）

1.13《多晶硅行业准入条件》（工联电子〔2010〕137号）

1.14《国务院关于印发进一步鼓励软件产业和集成电路产业发展若干政策的通

知》（国发〔2011〕4 号）

1.15《国务院办公厅转发环境保护部等部门关于加强重金属污染防治工作指导意见的通知》（国办发〔2009〕61 号）

1.16《消耗臭氧层物质管理条例》（国务院令　2010 年　第 573 号）

1.17《关于发布〈中国受控消耗臭氧层物质清单〉的公告》（环境保护部、国家发展和改革委员会、工业和信息化部公告　2010 年　第 72 号）

1.18《废弃家用电器与电子产品污染防治技术政策》（环发〔2006〕115 号）

1.19《电子废物污染环境防治管理办法》（国家环境保护总局令　2007 年　第 40 号）

1.20《废弃电器电子产品回收处理管理条例》（国务院令　2009 年　第 551 号）

1.21《关于加强废弃电子电气设备环境管理的公告》（环发〔2003〕143 号）

1.22《汽车制造厂卫生防护距离标准》（GB 18075—2000）

1.23《内燃机厂卫生防护距离标准》（GB 18074—2000）

1.24《汽车涂料中有害物质限量》（GB 24409—2009）

1.25《以噪声污染为主的工业企业卫生防护距离标准》（GB 18083—2000）

1.26《城市区域环境振动标准》（GB 10070—88）

1.27《城市机动车排放空气污染测算方法》（HJ/T 180—2005）

1.28《车用压燃式发动机排气污染物排放限值及测量方法》（GB 17691—2005）

1.29《电镀污染物排放标准》（GB 21900—2008）

1.30《船舶工业污染物排放标准》（GB 4286—84）

1.31《清洁生产标准　印制电路板制造业》（HJ 450—2008）

1.32《清洁生产标准　铅蓄电池工业》（HJ 447—2008）

1.33《清洁生产标准　彩色显像（示）管生产》（HJ/T 360—2007）

1.34《清洁生产标准　电镀行业》（HJ/T 314—2006）、《关于公布〈清洁生产标准　电镀行业〉（HJ/T 314—2006）修改方案的公告》（环保部公告　2008 年　第 59 号）

1.35《清洁生产标准　汽车制造业（涂装）》（HJ/T 293—2006）

1.36《电镀废水治理工程技术规范》（HJ 2002—2010）

1.37《含油污水处理工程技术规范》（HJ 580—2010）

1.38《膜分离法污水处理工程技术规范》（HJ 579—2010）

1.39《废弃电器电子产品处理污染控制技术规范》（HJ 527—2010）

1.40《机械行业清洁生产评价指标体系（试行）》

1.41《机械工业环境保护设计规范》（JBJ 16—2000）

1.42《电池工业污染物排放标准》（GB 30484—2013）

1.43《城市车辆用柴油发动机排气污染物排放限值及测量方法（WHTC工况法）》（HJ 689—2014）。

1.44《轻型汽车污染物排放限值及测量方法（中国第五阶段）》（GB 18352.5—2013）

1.45《电池工业污染物排放标准》（GB 30484—2013）

1.46《电子玻璃工业大气污染物排放标准》（GB 29495—2013）

1.47《土壤环境质量　农用地土壤污染风险管控标准（试行）》（GB 15618—2018）

1.48《土壤环境质量　建设用地土壤污染风险管控标准（试行）》（GB 36600—2018）

1.49《排污许可证申请与核发技术规范 电镀工业》（HJ 855—2017）

1.50《排污许可证申请与核发技术规范 汽车制造》（HJ 971—2018）

1.51《排污许可证申请与核发技术规范 电池工业》（HJ 967—2018）

1.52《排污许可证申请与核发技术规范 电子工业》（HJ 1031—2019）

1.53 各行业污染防治可行技术指南

2 工程概况与工程分析要点

2.1 工程概述

工程名称、建设性质（新建、改扩建、技术改造等）、地点、规模、项目组成（包括主体工程、辅助工程、公用工程、环保工程等）、产品方案、建设投资、职工人数、工作制度、生产天数等。在案例考试时，工程概况一般在题干中均会有所交代，应按照题干交代的工程情况进行分析（除非问题中提出除题干给出的工程内容之外，还需要说明哪些工程组成或内容，否则不必考虑过多的相关工程。其他行业案例分析考试也是如此）。如考试中要求“工程分析还需要了解哪些工程建设内容”“除题干信息外，还需要调查哪些工程信息”“为评价……，还需进一步了解哪些工程信息”等，均是要求考生在做环评工作时，应对所评价的建设项目的工程情况有清晰的了解，这是确保工程分析正确或不发生遗漏的前提条件。

2.2 生产工艺分析

实际工作中往往要求根据具体行业特点，详细说明原料来源、生产工艺方法、操作控制条件，物料平衡、水平衡和重要的元素平衡。根据采取工艺的不同，用标注产污节点的生产工艺流程图及相对应的表来说明产污过程，排放点位置，污染物成分、数量、浓度、去向。对使用的辅料（如使用的化学品等）要说明物化性质和毒理性质，同时要考虑非主体工程的污染源和无组织排放，全方位分析工艺过程中的污染物产生、治理、排放情况。要考虑有组织排放、无组织排放及事故排放量。在案例考试中，一般会给出整个项目中的某一工段的工艺流程，根据该段工艺流程进行环境影响源的识别与分析。

清洁生产贯穿工程分析全过程。从生产工艺与装备要求、资源能源利用指标、产品指标、污染物产生指标（末端处理前）、废物回收利用指标和环境管理要求等方面进行清洁生产分析，并通过与清洁生产标准对照、与同类企业先进指标对比，说明拟建项目的清洁生产水平。建设项目污染物达标排放、低排放或低于特别排放限值、零排放是清洁生产的基本要求之一。

2.3　污染源及环保措施分析

主要污染源或产污环节（如废气产污环节）、污染物类型（如废水类型）或种类、排放形式、"三废"污染治理措施等，特别是废气无组织排放环节及治理技术措施等，均可从行业"排污许可证申请与核发技术规范"中获得。此类项目的"三废"（废气、废水、固体废物）及噪声与振动均很明显，特别是冶炼项目，重金属往往是其特征污染物，需要特别关注。生态环境部颁布的各行业"排污许可证申请与核发技术规范""污染防治可行技术指南"应予以关注，充分了解此类项目。

实际工作中要求依据工艺流程，结合行业特点，识别项目的主要污染源，核算其所排放污染物的源强，给出各类污染源不同污染物有针对性的、可行的污染防治措施、设施，应按工序、工艺流程、主要设备列出详细名录，表述其功能特性，包括措施名称、主要内容、治理效果及分项投资估算。在案例分析考试中，则往往根据题干给出的项目组成或工艺流程，识别污染环节或污染源及产生或排放的主要污染物（环评工作重点关注的是"排放"），并根据题干提供的信息核算排放的强度（浓度、速率），也会在考试问题中要求针对污染物提出相应的环保措施（如"3.2"中的主要措施）、完善题干给出的环保措施或分析题干给出的环保措施是否可行等情形。

2.4　给出污染物排放清单，包括常规污染物和特征污染物，冶金机电类项中某些工艺环节往往涉及重金属，废水、废气中的重金属是其特征污染物。考试中往往会要求考生给出主要污染物种类（也就是"3.1"所列出的主要污染因子），这是工程分析中常考的内容。对于废水中的污染物，尤其是重金属等一类污染物，考生应充分了解，并根据案例中提供的信息或某段工艺流程能够判断其产生的工艺环节及种类，并能够依据题干信息，计算某一污染物的排放浓度或一定时间段的排放量。同样，对废气污染因子，考生也需要充分了解，并能够根据题干信息和提供的某段工艺流程判断这些污染因子的产生环节和种类，计算出某种污染物的排放强度（速率、浓度）或一定时段的排放量。

2.5　总图布置合理性分析

绘制清晰的总平面布置图，图上应给出烟囱、排气筒、废水处理站、排水口、固废处置场（库）等位置，并以厂内各系统间影响、对外部环境的影响，以及外环境对厂区的影响等方面分析平面布置和厂址的合理性。

3 主要环境影响及防治措施

3.1 主要污染因子

3.1.1 废水污染因子：电子行业废水中可能含有铅、锡、砷、银、铬、铜、氟化物、磷酸盐等有毒有害物质；电镀车间、涂装车间、酸洗车间、铅蓄电池厂、电炭厂、电缆厂、电工仪器厂等废水可能含重金属离子（如铬、银、锌、镉、铁、铝、铜、镍）和CN^-、F^-、油等。

3.1.2 废气污染因子：一般包括SO_2、NO_x、烟尘、粉尘、有机物等。电镀车间、酸洗车间、涂装车间、铅蓄电池厂、绝缘材料厂、油料加工车间含酸雾（包括盐酸、硫酸、铬酸、氰化氢、氮氧化物等）、油雾、漆雾等；绝缘材料厂、电缆厂、电机厂、涂装车间含有机气体（如苯类、酚类、醇类等）；焊接车间含焊药烟尘、金属氧化物；电子行业有酸性气体、碱性气体、有机废气、焊锡烟气等。

3.1.3 固体废物：按一般工业固废、危险废物、生活垃圾分别考虑。重点关注危险废物。考生既要对一些行业的主要危险废物产生工艺或环节有所了解，也应对《国家危险废物名录》有充分的了解。

3.1.4 噪声及振动：除生产设备运行噪声以外，机械行业最突出的特点就是存在工艺噪声，如热加工中的锻造、轧制，冷加工中的铣、刨、磨、钻等；有振动产生是机械行业的又一特性，如锻锤、落锤、压力机、冲床、造型机、气体压缩机、各类风动工具以及机动车辆。考生应根据题干信息，能够识别出噪声源和振动源，并根据提供的源强数据，计算振动影响范围或厂界噪声是否达标；根据环境功能区划确定评价范围内的保护目标（对象）所执行的环境质量标准，评价是否造成保护目标超标。

3.2 主要污染防治措施

主要污染防治可行技术与措施，均可从各行业的“排污许可证申请与核发技术规范”“污染防治可行技术指南”中获得。从相关行业规范和指南中可以充分了解企业主要生产设施、生产工艺、污染源或产污环节，排放废气、废水主要污染物及治理措施，以及产生的噪声治理、固体废物等的处理处置措施，企业环境管理与监测要求等。生态环境部颁布的各行业“排污许可证申请与核发技术规范”“污染防治可行技术指南”应予以关注。

3.2.1 废气。首先从源头控制，选用无毒无害或低毒低害的原料，选用低硫燃料，污染物治理则根据排污特点采取除尘、集中湿式洗涤净化等措施。燃煤锅炉烟气一般要安装脱硫除尘设施或根据当地管理要求采取脱硝设施。喷涂废气要针对废气主要成分采取经济技术可行的防治措施。

3.2.2 废水。首先考虑除油、沉淀、冷却处理后的综合利用，再根据需要采取中和，二级、三级处理后达标排放。含有第一类污染物的废水（如含铬电镀废水）要在车间处理达标（安装监测设施或设备自动监测，监测是否达标，也可以采取手工采样监测）。

3.2.3　设备噪声要考虑设备选型、厂区平面布局、减振、隔声等措施；生产工艺噪声要考虑消声、隔声、吸声和平面布局。

3.2.4　工业废物分类处理，必须考虑综合利用。废有机溶剂、含铬污泥等危险废物必须送有资质安全处理危险废物的单位统一处理，厂内贮存方式要符合危险废物贮存标准的相关规定。

3.2.5　电子信息产品要注重清洁生产分析，在设计时，要采用无毒无害或低毒低害、易于降解、便于回收利用的方案；在生产或制造过程中，有毒有害物质或元素的控制应当符合国家标准或行业标准，采用资源利用率高、易回收处理、有利于环保的材料、技术和工艺。

3.2.6　明确提出建设项目在建设阶段、运行阶段拟采取的具体污染防治和环境风险防范措施；环境质量不达标的区域，应采取国内外先进可行的环境保护措施，结合区域限期达标规划及实施情况，分析建设项目实施对区域环境质量改善目标的贡献和影响。

3.2.7　给出各项污染防治、环境风险防范措施的具体内容、责任主体、实施时段、估算环保投入，明确资金来源。

3.2.8　明确环境保护投入。包括为预防和减缓不利影响而采取的各项环境保护措施和设施的建设费用、运行维护费用，直接为建设项目服务的环境管理与监测费用以及相关的科研费用。

4　环境管理与监测计划

环境管理与监测是法定要求。与前面的“化工、石化项目”一样，冶金机电类项目也需要加强环境管理与监测。根据 HJ 2.1—2016，环境影响评价需提出严格、具体的环境管理要求，并制订明确的监测计划。需要注意的是，冶金机电类项目产排的废水、废气往往涉及持久性有机物、重金属等难降解、难处理的特征污染物，加强管理与监测也是十分必要的。特别是废水中的重金属等第一类污染物需要在车间或车间污水处理设施排放口监测、达标。

5　应注意的问题

5.1　注意具体项目与产业政策的符合性及相关规划的兼容性，注意选址、布局与当地城市规划、环境功能区划的符合性，对于改扩建项目要进行原料结构调整与产品结构优化升级的可行性分析，计算污染物排放“三本账”，做到“增产不增污”

或“区域总量平衡”，必要时提出区域污染削减方案。考生要关注行业清洁生产分析。

5.2 废水中含有第一类污染物是机电行业污染的突出特点，因此要在车间排污口达标排放（意味着车间排放口应规范化，监测取样应在车间排放口，或在车间排放口安装在线自动监测设备等），考生对《污水综合排放标准》（GB 8978—1996）中表1所列的13种第一类污染物应牢记。排水系统要采取清污分流、雨污分流，分别治理。在制订环境和污染源监测方案时，要注意监测点位的位置和监测项目相对应。

5.3 噪声和振动是机械行业的重要污染因素，要结合声环境评价导则进行预测、分析和评价，并采取相应的防治措施。

5.4 在不同的项目和工艺中，废气中的特征污染物可能有酸雾、油雾、漆雾、苯系物、酚类、醇类、金属氧化物。应采用清洁原料和清洁生产工艺。对废气无组织排放，应给出大气环境防护距离。考生对特征污染物需特别注意，考试中应根据题干信息或所给出的生产工艺能够识别特征污染物的产生环节，指出特征污染物种类，或计算其排放强度（速率、浓度或排放量）。

5.5 此类项目应根据工程及其原辅助材料使用情况与工艺流程，特别关注重金属污染及其总量控制问题。

5.6 按照《建设项目环境风险评价技术导则》（HJ 169—2018）进行环境风险识别、风险潜势初判，考虑大气、地表水和地下水环境风险。分析要考虑运输过程的事故风险、生产工艺设备的事故风险、污染处理设施的事故风险等，并提出详细的应急措施及实施计划。注意原料运输、使用、贮存全过程的事故环境风险。危险废物的安全处置必须贯彻“全过程管理”的原则。

5.7 项目涉及“三致物”、持久性有机物、重金属（这三类污染因子，考生应牢记），应进行累积环境影响和人群健康风险评价。

5.8 根据现状调查与评价结果，明确项目所在区域环境特征，识别评价范围内的环境保护目标（根据HJ 2.1—2016的要求，附图列表说明评价范围内各环境要素涉及的环境敏感区、需要特殊保护对象的名称、功能、与建设项目的位置关系以及环境保护要求等），预测分析、评价对环境保护目标的影响性质与程度。

5.9 应关注环境保护措施可行性论证。根据 HJ 2.1—2016，应分析论证拟采取的具体的污染防治、环境风险防范等措施的技术可行性、经济合理性、长期稳定运行和达标排放的可靠性、满足环境质量改善和排污许可要求的可行性。各类措施的有效性判定应以同类或相同措施的实际运行效果为依据（如类比已运行的同类或相同措施），没有实际运行经验的，可提供工程化实验数据。

5.10 与其有关的规划（行业规划、产业规划、园区规划）环评结论及审查意见是此类建设项目进行环境影响评价的重要依据。

三、火电项目

1　主要相关产业政策、行业环评技术导则及常用标准

1.1《产业结构调整指导目录（2019 年本）》（发改委令　2019 年　第 29 号）

1.2《热电联产和煤矸石综合利用发电项目建设管理暂行规定》（发改能源〔2007〕141 号）

1.3《国务院关于加强环境保护重点工作的意见》（国发〔2011〕35 号）

1.4《火电厂氮氧化物防治技术政策》（环发〔2010〕10 号）

1.5《燃煤电厂污染防治最佳可行技术指南（试行）》（环发〔2010〕23 号）

1.6《粉煤灰综合利用管理办法》（发改委令　2013 年　第 19 号）

1.7《关于开展燃煤电厂综合升级改造工作的通知》（发改厅〔2012〕1662 号）

1.8《能源发展战略行动计划》（2014—2020 年）

1.9《关于印发《煤电节能减排升级与改造行动计划（2014—2020 年）》的通知》（发改能源〔2014〕2093 号）

1.10《关于印发〈燃煤发电机组环保电价及环保设施运行监管办法〉的通知》（国家发展改革委 环境保护部 2014 年 3 月 28 日）

1.11《国务院关于印发大气污染防治行动计划的通知》（国发〔2013〕37 号）

1.12《关于落实大气污染防治行动计划严格环境影响评价准入的通知》（2014 年）

1.13《国务院关于印发打赢蓝天保卫战三年行动计划的通知》（国发〔2018〕22 号）

1.14《关于规范火电等七个行业建设项目环境影响评价文件审批的通知》（环办〔2015〕112 号）—《火电建设项目环境影响评价文件审批原则（试行）》

1.15《关于印发〈全面实施燃煤电厂超低排放和节能改造工作方案〉的通知》（环发〔2015〕164 号）

1.16《环境保护综合名录（2015 年版）》（环境保护部发布）

1.17《一般工业固体废物贮存、处置场污染控制标准》（GB 18599—2001）及修改单

1.18《用于水泥和混凝土中的粉煤灰》（GB/T 1596—2005）

1.19《火电厂大气污染物排放标准》（GB 13223—2011）

1.20《火电厂污染防治技术政策》（环保部公告 2017 年　第 1 号）

1.21《污染源源强核算技术指南　火电》（HJ 888—2018）

1.22《环境影响评价技术导则　大气环境》（HJ 2.2—2018）

1.23《火电行业排污许可证申请与核发技术规范》

1.24《火电厂污染防治可行技术指南》（HJ 2301—2017）

2　工程概况与工程分析要点

2.1　工程概况

工程概况包括厂址选择的依据、现有电厂概况、本期工程基本情况［厂址所在行政区、厂址地理位置概要、灰场概况、占地概要、设备概况（锅炉容量及台数、汽轮机功率及台数、发电机功率及台数），明确主体工程、配套工程、公用与辅助工程、环保工程等］、燃料、供水水源（供水水源合理性及其保障性分析是工程分析的重要内容，这在发改能源〔2004〕864号文中对火电厂的供水水源就有明确要求）、灰渣特性、工程环保措施等。

2.1.1　对以城市中水为主要水源的电厂，需补充说明城市污水处理厂与拟建厂址的距离、方位，污水处理厂的设计规模、运行时间（或项目审批情况、建设进展情况）、实际处理水量、中水深度处理的投资单位、深度处理方案等及与中水输送有关的工程分析内容。

2.1.2　对以矿井疏干水为主要水源的电厂，需补充说明提供疏干水的矿井与拟建厂址的距离、方位，矿井的设计规模、运行时间、可提供的疏干水量、疏干水深度处理的投资单位、深度处理方案等及与疏干水输送有关的工程分析内容。

2.1.3　对热电联产项目，应将其纳入经批准的城市供热规划及热电联产规划。应有落实的热负荷，并按热电联产项目的热用户特性，分析工业热负荷和采暖热负荷（供热对象）的落实情况。分析与热电项目配套建设的管网布设、建设计划和环评情况，替代小锅炉的分布、吨位、污染防治措施和污染物排放情况等。

2.1.4　施工计划，包括建设期内容及进度、施工方法及规模等。

2.1.5　其他与电厂相关的开发计划，如集中供热计划、灰渣综合利用计划、地区其他相关计划等。

2.2　工程分析

2.2.1　火电建设项目是营运期以大气污染为主的典型项目。工程分析主要考虑燃煤产生的大气污染物（SO_2、NO_x、烟尘、汞及其化合物）及其强度（浓度），同时兼顾堆煤场、灰场的无组织排放。

2.2.2　废水应明确所产生的废水类型及其主要污染因子（如脱硫废水及其主要污染因子pH、SS、COD、重金属等，含煤废水及其主要污染因子SS，化学水和含油废水及主要污染因子pH、油类等，此外，还有生活污水和厂区雨水）。

2.2.3　固体废物主要有灰（粉煤灰）、渣、脱硫石膏。若灰渣未能综合利用，则灰渣场从选址、运输、堆存、闭场的全过程环境影响均需进行分析。

2.2.4　噪声源主要是电厂的设备运行噪声，主要有锅炉排汽、冷却塔、引风机、送风机、发电机、汽轮机、汽机房和泵房噪声。

2.2.5　清洁生产分析贯穿工程分析全过程，包括发电标煤耗[t/（kW·h）]、污染物排放指标[t/（kW·h）]、水耗指标[t/（GW·s）]、废水重复利用率、固体废物综合利用率、热电联产项目的热效率及热电比等。

2.2.6　可以参照《火电行业排污许可证申请与核发技术规范》来识别、判断污染源及主要污染物，并按《污染源源强核算指南　火电》（HJ 888—2018）核算火电项目污染源源强。

2.2.7　给出污染物排放清单。该清单将是核算火电厂污染物排放总量控制指标，也是申请和核发排污许可证的重要依据。

3　主要环境影响及防治措施

3.1　主要污染因子

燃煤烟气、煤场及灰场扬尘、废水［温排水，一般废水排放（包括酸碱废水、含油废水、输煤系统冲洗水、锅炉酸洗废水、冷却塔排污水）、生活污水、厂区雨水、灰水］、固体废物、噪声、灰场生态影响等。

3.2　防治措施

3.2.1　运行期污染防治对策

针对烟气污染、废污水污染、噪声污染、固体废物、贮煤场、灰渣场制定相应的防治对策，同时要考虑对陆生生物、水生生物、自然景观及其他需保护对象的保护对策。

通常采用燃用低硫煤、脱硫装置、高效除尘装置，采用低氮燃烧技术及烟气脱氮装置、高烟囱排放、防风抑尘网或封闭型煤场、烟气连续监测系统、烟气汞的协同控制等措施控制大气污染。《火电厂污染防治可行技术指南》（HJ 2301—2017）提出了具体的、有针对性的污染防治技术，可作为火电厂建设项目环境影响评价中可选择的可行的污染防治技术，也可作为火电厂案例分析考试中，针对某些污染物应采取措施相关问题的作答依据。

废水分类治理，一水多用，除直流冷却机组以外，二次循环冷却机组应力争正常运行条件下废污水不外排；若有煤码头，则输煤系统或煤码头冲洗废水需沉淀，配备煤泥处理设备处理。

灰场采取防渗、喷水抑尘、渣场底部设盲沟排雨水、经常洒水碾压、部分达到标高或封场后应覆土植草、植树。

粉煤灰和石膏综合利用，热电联产机组的粉煤灰和石膏综合利用率应达到

100%，仅设立储灰容量不大于半年的事故备用灰场。灰场需有运营期和封场后的防治措施。

3.2.2 建设期污染防治对策

根据建设期工程特点，分析生产线占地、灰场占地影响（农业生态、植被），施工扬尘、施工废水、施工噪声、工程弃土和生活垃圾等对环境的影响以及水土流失等，并制定相应的污染防治对策。

3.2.3 环境质量不达标的区域，应采取国内外先进可行的环境保护措施，结合区域限期达标规划及实施情况，分析建设项目实施对区域环境质量改善目标的贡献和影响。

3.2.4 给出各项污染防治、环境风险防范措施的具体内容、责任主体、实施时段、估算环保投入，明确资金来源。

3.2.5 明确环境保护投入。包括为预防和减缓不利影响而采取的各项环境保护措施和设施的建设费用、运行维护费用，直接为建设项目服务的环境管理与监测费用以及相关的科研费用。

4 应注意的问题

4.1 具体项目与相关法律法规、地区规划、产业政策的符合性。

4.2 对厂址、灰渣场、运输线路的环境保护对象的调查必须全面和翔实。

4.3 选址论证：厂址选择是否符合国家对于纯凝机组或热电联产机组选址的政策；厂址及灰场、管线选址、选线是否符合国家环境保护相关法规；选址是否符合城市总体规划、土地利用规划等相关规划；主要的环境保护目标（包括生态保护目标）对选址是否存在明显的制约因素；工程占地是否合理，占地是否取得了规划、国土等相关部门的文件。

4.4 工程分析须清楚。对照编制规范中规定的图表形式进行工程分析，说明生产装置的产污过程，排放点位置，污染物成分、数量、浓度和去向。同时对辅助工程中对环境有较大影响的工序进行说明。

4.5 燃料成分及燃烧工艺、设备。关注燃料的落实情况、燃料的含硫量、含灰量、挥发分、含汞量及燃烧工艺、设备特性以便分析烟气控制措施的达标性；关注灰成分分析中的比电阻以便进行电除尘适宜性的分析，关注三氧化硫含量以便分析灰渣的综合利用特性。关注水资源利用的合理性及工业节水问题；关注水源的落实情况。

4.6 电厂环境影响评价的重点通常是环境空气影响、水环境影响、声环境影响，尤其是对敏感点、敏感区域的影响；重点分析和评价如何满足环境功能要求；在沿海等水域附近建厂，应特别注意温排水对水生生态的影响。

4.7　电厂冷却塔或直接空冷风机的噪声污染控制及厂界达标排放是噪声评价的重点和难点，应针对不同声源特点，从总平面布置及声源控制方面，进行多方案的噪声预测及达标分析论证。

4.8　根据《国务院关于印发打赢蓝天保卫战三年行动计划的通知》，建设项目处于重点地区大气污染物应执行特别排放限值，这涉及执行标准是否正确的问题，需要特别注意；重点地区须充分论证火电实现“超净排放”或“超低排放”的可行性，还应加强对煤场和灰场的扬尘控制，防止造成大气污染。

4.9　对厂址及灰场均应进行地下水的污染分析和影响评价，制订地下水污染控制措施及监测计划。

4.10　关注环境风险，包括脱硝还原剂（液氨）事故泄漏、油罐区事故溢油的环境风险分析评价，制定环境风险防范措施及预案。

4.11　重视污染物排放总量控制排放分析，注意国家在该阶段规定的总量控制因子的变化及总量控制政策，落实总量指标来源；若是新扩改项目，应列专节对现有污染源进行评价，做好“以新带老”及“三本账”统计工作。

4.12　根据现状调查与评价结果，明确项目所在区域环境特征，识别评价范围内的环境保护目标（根据 HJ 2.1—2016 的要求，附图列表说明评价范围内各环境要素涉及的环境敏感区、需要特殊保护对象的名称、功能、与建设项目的位置关系以及环境保护要求等），预测分析、评价对环境保护目标的影响性质与程度。

4.13　应关注环境保护措施可行性论证。根据 HJ 2.1—2016，应分析论证拟采取的具体的污染防治、环境风险防范等措施的技术可行性、经济合理性、长期稳定运行和达标排放的可靠性、满足环境质量改善和排污许可要求的可行性。各类措施的有效性判定应以同类或相同措施的实际运行效果为依据（如类比已运行的同类或相同措施）。

4.14　加强项目建设阶段、生产运行阶段的环境管理与监测。根据 HJ 2.1—2016，环境影响评价需提出严格、具体的环境管理要求，并制订明确的监测计划。

4.15　与其有关的规划（能源规划、供热规划、行业规划、产业规划、区域污染减排规划）环评结论及审查意见是此类建设项目进行环境影响评价的重要依据。

四、危险废物处置项目

1　主要相关产业政策、行业环评技术导则及常用标准

1.1《国家危险废物名录（2021 年版）》（部令　第 15 号）

1.2《危险废物和医疗废物处置设施建设项目环境影响评价技术原则》（试行）

1.3《危险废物安全填埋处置工程建设技术要求》（环发〔2004〕75号）

1.4《医疗废物集中处置技术规范》（试行）

1.5《全国危险废物和医疗废物处置设施建设规划》

1.6《关于发布〈危险废物污染防治技术政策〉的通知》（环发〔2001〕199号）

1.7《危险废物填埋污染控制标准》（GB 18598—2019）

1.8《危险废物贮存污染控制标准》（GB 18597—2001）

1.9《危险废物焚烧污染控制标准》（GB 18484—2001）

1.10《危险废物集中焚烧处置工程建设技术规范》及修改方案（HJ/T 176—2005）

1.11《医疗废物集中焚烧处置工程建设技术规范》（HJ/T 177—2005）

1.12《固体废物鉴别导则》（试行）（国家环保总局公告 2006年 11号）

1.13《危险废物鉴别标准》（GB 5085.1～GB 5085.6—2007）

1.14《危险废物鉴别标准 通则》（GB 5085.7—2019）

1.15《危险废物鉴别技术规范》（HJ 298—2019）

1.16《危险废物（含医疗废物）焚烧处置设施二噁英排放监测技术规范》（HJ/T 365—2007）

1.17《危险废物集中焚烧处置设施运行监督管理技术规范（试行）》（HJ 515—2009）

1.18《医疗废物集中焚烧处置设施运行监督管理技术规范（试行）》（HJ 516—2009）

1.19《危险废物收集 贮存 运输技术规范》（HJ 2025—2012）

1.20《关于发布〈一般工业固体废物贮存、处置场污染控制标准〉（GB 18599—2001）等3项国家污染物控制标准修改单的公告》（环保部公告 2013年 第36号）

1.21《关于发布〈重点行业二噁英污染防治技术政策〉等5份指导性文件的公告》（公告2015年 第90号）

1.22《水泥窑协同处置固体废物污染控制标准》（GB 30485—2013）

1.23《水泥窑协同处置固体废物环境保护技术规范》（HJ 662—2013）

1.24《关于加强规划环境影响评价与建设项目环境影响评价联动工作的意见》（环发〔2015〕178号）

1.25《关于印发〈建设项目环境影响评价信息公开机制方案〉的通知》（环发〔2015〕162号）

1.26《关于进一步加强涉及自然保护区开发建设活动监督管理的通知》（环发〔2015〕57号）

1.27《国务院关于印发水污染防治行动计划的通知》（国发〔2015〕17号）

1.28《环境影响评价技术导则 地下水环境》（HJ 610—2016）

1.29《环境影响评价技术导则 大气环境》（HJ 2.2—2018）

1.30《环境影响评价技术导则 地表水环境》（HJ 2.3—2018）

1.31《建设项目环境风险评价技术导则》（HJ 169—2018）

1.32《建设项目危险废物环境影响评价指南》

1.33《排污许可证申请与核发技术规范 工业固体废物和危险废物治理》（HJ 1033—2019）

1.34《排污许可证申请与核发技术规范 危险废物焚烧》（HJ 1038—2019）

2 工程概况与工程分析要点

2.1 项目概况

项目名称、地点及建设性质、建设规模、占地面积、厂区平面布置（附图）、区域地理位置图；项目组成，包括主体工程、辅助工程、公用工程、配套项目和环保工程、主要工艺，原辅材料和能源消耗，职工人数，总投资；项目服务范围：危险废物的收集、中转、贮存以及运输方式与路线等。此类项目由于其处理对象为有污染危害的固体废物或危险废物，从选址、建设、运行、监测、后评价等全过程均有严格的标准要求。这在各类“废物”污染控制标准中均有规定。在案例分析考试中，一般题干给出工程总体建设内容与组成，据此提出需要考生解答的问题。危险废物识别、处理处置是案例分析科目考试的高频点，不仅可以单独出题作为一个案例来考试，而且在各类案例中均可以在设问的小题中要求解答。

2.2 工程分析

2.2.1 建设期

对建设期产生的噪声、扬尘、弃石、弃土、植被破坏等进行分析，并提出相应的环境保护和生态保护措施，其环境影响与环保措施多为一般建设项目共同具有的影响或普遍采取的环保措施。

2.2.2 营运期

营运期是工程分析的重点时期。根据建设内容及其运行方式，评价需识别“3.1”所给出的产生“源”，并核算其排放量，对主要污染物，特别是特征污染物需要充分、全面识别（考试中出现的频率很高）。应采用图表结合的方式给出污染流程，包括工艺流程、排污点分布、污染物浓度和排放速率。分析正常工况和非正常工况下污染物有组织和无组织排放的种类、数量、浓度，说明拟采取的回收、利用、治理措施及其效果。详细说明跟踪监测（生产过程与环境）、控制及风险应急系统的情况。

2.2.3 服务期满后

给出处置设施服务期满后防止污染和恢复生态的方案；长期监测与管理体系、制度。

2.3 清洁生产贯穿工程分析全过程。

2.4 明确污染物排放清单。

3 主要环境影响及防治措施

3.1 主要污染因子

由于危险废物处理处置涉及的污染因子多而复杂，一般根据所采用的处置工艺，选择以下全部或部分内容进行污染物统计。

3.1.1 焚烧烟气污染物包括：烟尘、SO_2、NO_x、CO、HCl、HF、汞、镉、砷、镍、铅、铬、锡、锑、铜、锰及其化合物，二噁英类及恶臭物质等。考生应能够根据题干信息，识别这些污染因子的产生环节、判定种类，计算排放强度（浓度、速率）或排放量。

3.1.2 废水污染源应按生产废水、生活污水、初期雨水、设备及地面冲洗水、临时贮存场所内渗滤液及排水、循环冷却排污水等分别统计，污染因子包括：pH、COD、BOD_5、NH_3-N、总余氯、总磷、氟化物、挥发酚、氰化物、石油类、重金属、苯系物、粪大肠菌群数等。

3.1.3 固体废物应包括焚烧残渣、飞灰、经尾气净化装置产生的固态物质和污水处理站污泥等，分析产生量和主要有害成分。

3.1.4 设备噪声

3.2 主要污染防治措施

应符合法律法规要求，全过程控制原则、清洁生产原则、总量控制原则，满足功能区和人群健康要求。

3.2.1 废气控制措施

首先在焚烧系统设计上对外排气体有毒有害组分、粉尘、恶臭等进行控制，如控制炉温、停留时间等，同时设烟气净化设施，对酸性气体、重金属、二噁英类等污染物进行净化。

3.2.2 废水污染控制措施

对排水系统提出清污分流、分质处理方案，明确分级控制水质指标，论证废水处理流程的科学性和运行达标的可靠性，同时考虑废水管道和废水贮存、处理设施防渗漏、废水排放口设置的合理性。

3.2.3 明确提出建设项目在建设阶段、运行阶段、服务期满拟采取的具体污染防治和环境风险防范措施。

3.2.4 给出各项污染防治、环境风险防范措施的具体内容、责任主体、实施时段、估算环保投入，明确资金来源。

3.2.5 明确环境保护投入。包括为预防和减缓不利影响而采取的各项环境保护措施和设施的建设费用、运行维护费用，直接为建设项目服务的环境管理与监测费用以及相关的科研费用。

3.2.3 固体废物控制措施

按危险废物和医疗废物焚烧处置产生的固体废物（残渣、飞灰、经尾气净化装置产生的固态物质和污水处理站污泥等）的类别，分别进行安全处置。

4 应注意的问题

4.1 危险废物是生态环境保护关注的重点，修订后的《中华人民共和国固体废物污染防治法》（中华人民共和国主席令第四十三号）和《国家危险废物名录（2021年版）》（部令 第15号）颁布实施后，有关危险废物的管理要求更为严格。关于固体废物（危险废物、生活垃圾等一般固体废物）的环境保护标准较多，特别是危险废物。在案例分析考试中，无论是单独以固废处理处置作为案例分析考题，还是在其他案例中以要求解答小问题的形式出的考题，固体废物（特别是危险废物）均是出题的主要内容，是高频考点。考试内容一般以考查考生对相关标准的了解情况为主，所以考生一定要对固体废物的有关标准充分了解，熟悉标准是答好此类考题的重要前提条件。

4.2 选址的环境合理性是此类项目环境影响评价的重要内容，也曾在案例分析考试中多次出现（多方案比选、论证选址是否符合“标准”要求等）。实际工作中一般应设专题对场址进行充分比选论证和环境合理性分析，除考虑环境的基本条件外，还需考虑公众的心理影响和社会的整体利益，配合业主切实做好公众参与的调查和分析工作。

4.3 危险废物安全处置设施的环境影响评价必须贯彻“全过程管理”的原则，包括收集、临时贮存、中转、运输、处置，以及工程建设期、营运期和服务期满后的环境问题。搞清进场废物来源、种类、特性，对于评价处置规模、选址和工艺的可行性至关重要；必须全过程监控，按相关规范提出切实可行的环境管理方案及监测计划。考生要认真学习《建设项目危险废物环境影响评价指南》。

4.4 关注焚烧废气对环境空气的污染预测评价，将烟气排放对大气环境的影响作为评价重点，对烟气净化系统的配置和净化效果进行论述；按正常和非正常排放情况计算有害气体排放对环境空气的影响，确定相应的大气环境防护距离，制定相关的事故防范措施。

4.5 注重环境保护措施分析的全面性，应考虑施工期、营运期和服务期满后对生态的恢复，大气污染防治措施，污水防治，噪声、固体废物的污染防治进行全面的论述。

4.6 必须设“环境风险评价”专题，包括运输过程中产生的事故风险、焚烧废气净化系统故障导致的事故风险等，提出详细的应急措施及实施计划。

4.7 鉴于该类建设项目存在具有“三致物”（致癌、致畸、致突变）、持久性有机物、重金属，应通过工程分析明确其来源（产生源）、转移途径和流向，应识别影响人群健康的潜在环境风险因素，研究人体健康风险评价。

4.8 根据现状调查与评价结果，明确项目所在区域环境特征，识别评价范围内的环境保护目标（根据 HJ 2.1—2016 的要求，附图列表说明评价范围内各环境要素涉及的环境敏感区、需要特殊保护对象的名称、功能、与建设项目的位置关系以及环境保护要求等），预测分析、评价对环境保护目标的影响性质与程度。

4.9 应关注环境保护措施可行性论证。根据 HJ 2.1—2016，应分析论证拟采取的具体的污染防治、环境风险防范等措施的技术可行性、经济合理性、长期稳定运行和达标排放的可靠性、满足环境质量改善和排污许可要求的可行性。各类措施的有效性判定应以同类或相同措施的实际运行效果为依据（如类比已运行的同类或相同措施）。

4.10 加强项目建设阶段、生产运行阶段、服务期满（如填埋场）的环境管理与监测。根据 HJ 2.1—2016，环境影响评价需提出严格、具体的环境管理要求，并制订明确的监测计划。另外，根据《国家危险废物名录》，对某些危险废物在管理中的豁免环节应有充分的了解。需要注意的是，豁免只是针对某个管理环节的豁免（如运输环节、综合利用环节、混入生活垃圾中的含油危险废物），而不是对该危险废物不予管理或将其排除在危险废物之外。

4.11 与其有关的规划（城镇总体规划、园区规划等）环评结论及审查意见是此类建设项目进行环境影响评价的重要依据。

4.12 此类项目环境影响评价类别划分将其归为“社会区域类”，既是治理污染的环保工程，同时也会产排污染物，如处理处置不当，也会产生环境污染和生态破坏。因此，是社会区域类项目中环境影响比较突出，社会关注度比较高的一类建设项目。此类项目环境影响综合性很强，废水（特别是渗滤液）、废气成分特殊，对地表水、地下水、环境空气、生态环境、声环境均有影响，而且也是有环境风险的。在案例分析考试中出现的频率也比较高，广大考生应特别关注。由于环境管理标准比较全面，管理严格，须严格按标准的要求进行评价。因此，考生须认真学习固体废物污染控制等有关“标准”、规范、指南等。

五、油气输送管道工程

1 主要相关法律法规、产业政策、行业环评技术导则及常用标准

1.1《中华人民共和国森林法》（1998 年 4 月 29 日）

1.2《中华人民共和国防沙治沙法》（2002 年 1 月 1 日）

1.3《中华人民共和国突发事件应对法》（2007 年 11 月 1 日）

1.4《中华人民共和国野生动物保护法》（2017 年 1 月 1 日实施）

1.5《中华人民共和国农业法》（2013 年 1 月 1 日）

1.6《中华人民共和国草原法》（2013 年 6 月 29 日）

1.7《中华人民共和国石油天然气管道保护法》（2010 年 10 月 1 日）

1.8《中华人民共和国水土保持法》（2011 年 3 月 1 日）

1.9《中华人民共和国文物保护法》（2013 年 6 月 29 日）

1.10《中华人民共和国渔业法》（2013 年 12 月 28 日）

1.11《中华人民共和国防洪法》（2015 年 4 月 24 日）

1.12《中华人民共和国陆生野生动物保护实施条例》（1992 年 3 月 1 日）

1.13《中华人民共和国自然保护区条例》（1994 年 10 月 9 日，2017 年修订）

1.14《中华人民共和国野生植物保护条例》（1997 年 1 月 1 日）

1.15《中华人民共和国基本农田保护条例》（1999 年 1 月 1 日）

1.16《中华人民共和国水土保持法实施条例》（2011 年 1 月 8 日）

1.17《中华人民共和国森林法实施条例》（2011 年 1 月 8 日）

1.18《土地复垦条例》（2011 年 2 月 22 日）

1.19《中华人民共和国文物保护法实施条例》（2013 年 12 月 7 日）

1.20《中华人民共和国水生动植物自然保护区管理办法》（2014 年 4 月 25 日）

1.21《国务院关于印发全国生态环境建设规划的通知》（国发〔1998〕36 号）

1.22《国务院关于印发全国生态环境保护纲要的通知》（国发〔2000〕38 号）

1.23《国务院办公厅关于进一步加强自然保护区管理工作的通知》（国办发〔1998〕111 号）

1.24《关于加强湿地保护管理的通知》（国办发〔2004〕50 号）

1.25《关于做好自然保护区管理有关工作的通知》（国办发〔2010〕63 号）

1.26《国家突发环境事件应急预案》（国办函〔2014〕119 号）

1.27《国家环境保护总局关于涉及自然保护区的开发建设项目环境管理工作有关问题的通知》（环发〔1999〕177 号）

1.28《关于加强自然保护区管理有关问题的通知》（环办〔2004〕101 号）

1.29《国家重点生态功能保护区规划纲要》（环发〔2007〕165 号）

1.30《全国生态功能区划》（环境保护部　中国科学院　公告 2008 年　第 35 号）

1.31《全国生态脆弱区保护规划纲要》（环发〔2008〕92 号）

1.32《饮用水水源保护区污染防治管理规定》（2010 年 12 月 22 日）

1.33《关于印发石油化工企业环境应急预案编制指南的通知》（环办〔2010〕10 号）

1.34《关于印发环境保护部突发环境事件信息报告情况通报办法（试行）的通

知》（环办〔2010〕141号）

1.35《关于进一步加强环境影响评价管理防范环境风险的通知》（环发〔2012〕77号）

1.36《关于切实加强风险防范严格环境影响评价管理的通知》（环发〔2012〕98号）

1.37《涉及国家级自然保护区建设项目生态影响专题报告编制指南（试行）》（环办函〔2014〕1419号）

1.38《关于印发企业事业单位突发环境事件应急预案备案管理办法（试行）的通知》（环发〔2015〕4号）

1.39《关于进一步加强涉及自然保护区开发建设活动监督管理的通知》（环发〔2015〕57号）

1.40《建设项目环境风险评价技术导则》（HJ 169—2018）

1.41《环境影响评价技术导则　生态影响》（HJ 19—2011）

1.42《环境影响评价技术导则　石油化工建设项目》（HJ/T 89—2003）

1.43《国家重点保护野生动物名录》

1.44《国家重点保护野生植物名录》

1.45《国家危险废物名录（2021年版）》（部令　第15号）

1.46《产业结构调整指导目录（2011年本）》（2013年修正版）（发改委〔2013〕第21号）

1.47《挥发性有机物（VOCs）污染防治技术政策》（2013年5月24日）

1.48《环境空气质量标准》（GB 3095—2012）

1.49《地表水环境质量标准》（GB 3838—2002）

1.50《地下水质量标准》（GB/T 14848—2017）

1.51《声环境质量标准》（GB 3096—2008）

1.52《大气污染物综合排放标准》（GB 16297—1996）

1.53《污水综合排放标准》（GB 8978—1996）

1.54《工业企业厂界环境噪声排放标准》（GB 12348—2008）

1.55《建筑施工场界环境噪声排放标准》（GB 12523—2011）

1.56《储油库大气污染物排放标准》（GB 20950—2007）

2　工程概况与工程分析要点

2.1　建设项目工程概况及重点工程

2.1.1　工程概况

工程概况包括建设工程项目名称、建设性质、地理位置（地点）、主要控制点、工程规模、管道路由、项目组成（包括主体工程、辅助工程、站场工程、环保工程等）、输送工艺、建设投资及环境保护投资等。

工程规模包括管道总长度（干线、支线）、管径、管道厚度、设计压力、设计输送量、设计年输送天数、管道类型、输送介质组成、供应方案和主要技术经济指标等。

主体工程包括线路工程及其附属工程；其中线路工程包括一般地段和穿跨越工程，附属工程包括管道防腐、阴极保护、管道标志桩、水工保护、水土保持、截断阀室、分输阀室、施工道路、伴行道路等。

站场工程包括土建、工艺安装、通信、自动化仪表、供电、给排水、供热与通风、消防等工程；环保工程包括生活污水排水系统和处理系统。

2.1.2　路由方案

宏观路由根据沿线的行政区划、水文、地形、地质、地震等自然条件和交通、电力、水利、工矿企业、城市建设等现状与发展规划，综合分析、合理选择管道的走向。

局部路由应重点关注自然保护区、风景名胜区、饮用水水源保护区、集中居民区等环境敏感区，如涉及上述环境敏感区，应做环境比选方案，尽量避开；确实无法避让的，应在相关法律法规允许的范围内，选择对环境敏感区影响最小、线路最短的路由通过。

2.1.3　站场工程

站场工程包括各站场名称、位置、占地情况及各站址间里程。输气管道工程主要包括首站、分输清管站、分输站和末站；输油管道工程主要包括首站、中间加热站、中间分输热泵站和末站。

工艺站场选址应满足线路路由的要求，不得设置在自然保护区、水源保护区、风景名胜区等敏感区域内。

2.1.4　管道施工方案

管道敷设有开挖埋地、穿越、跨越和地面敷设等方式，一般以开挖沟埋方式敷设为主。遇到深而窄的冲沟或河谷采取跨越方式敷设；遇到高陡坡或地形起伏大的山岭时采取隧道（钻爆或盾构）方式敷设；遇到河流采取开挖、定向钻、隧道（钻爆或盾构）等穿越方式敷设或采取跨越方式敷设；遇到高速公路、铁路采取顶管、箱涵或定向钻方式穿越。

2.1.5　工程占地

工程占地包括永久占地和临时占地类型及数量。重点关注临时占地情况，包括管道敷设占地、施工作业带、施工便道、综合施工场地（如定向钻施工场地）、弃渣场（主要是山区石方段、隧道弃渣）等。

2.2　环境敏感目标分布

确定工程与环境敏感目标（自然保护区、风景名胜区、饮用水源保护区、生态功能保护区、耕地（永久基本农田）、草原（基本草原）、集中居民区、学校、医院等）的位置关系。

2.3 工程环境影响源项分析

工程分析应包括勘察设计期、施工期和运营期。油气管道工程是以生态影响和环境风险为主的建设项目，管道工程生态影响主要发生在施工期，运营期是环境风险容易发生的时段。

勘察设计期工程分析的重点是管线路由和工艺、站场的选择。

2.3.1 施工期环境影响源

管道工程施工期主要是污染影响和生态影响。生态破坏是施工期的主要环境影响，包括施工作业带的清理、管沟开挖、运输道路修建、施工场地及施工营地等永久占地和临时占地。特别关注涉及敏感保护目标段的线路走向及施工方式。另外，还有施工产生扬尘、车辆尾气及施工废水、施工垃圾等产生的影响。

施工期工程分析对象应包括施工作业带清理（表土保存和回填）、施工便道、管沟开挖和回填、管道穿越（定向钻和隧道）工程、管道防腐和铺设工程、站场建设和监控工程。

重点明确管道防腐、管道铺设、穿越方式、站场建设工程的主要内容和影响源、影响方式，对于重大穿越工程（如穿越大型河流）和处于环境敏感区的工程（如自然保护区、水源地等），应重点分析其施工方案和相应的环保措施。

施工期工程分析时，应注意管道不同的穿越方式可造成不同影响：

（1）大开挖方式：管沟回填后多余的土方一般就地平整，一般不产生弃方问题。

（2）悬架穿越方式：不产生弃方和直接环境影响，但存在空间、视觉干扰问题。

（3）定向钻穿越方式：存在施工期泥浆处理处置问题。

（4）隧道穿越方式：除隧道工程弃渣外，还可能对隧道区域的地下水和坡面植被产生影响；若有施工爆破则产生噪声、振动影响，甚至造成局部地质灾害。

2.3.2 项目运行期污染源强

重点关注工程的环境风险问题，以及站场设备产生的废气和无组织排放的气体、废水、清管废渣等。工程分析应重点关注增压站的噪声源强、清管站的废水废渣源强、分输站超压放空的噪声源和排空废气源、站场的生活废水和生活垃圾以及相应环保措施。风险事故应根据输送物品的理化性质和危害性或毒性，依据HJ 169—2018估算事故源强。

3 主要环境影响及防治措施

3.1 生态影响

施工期：管道工程对生态的影响主要集中在施工期。包括施工作业带清理、管沟开挖对地表植被的破坏，地表结构破坏导致的水土流失增加，占地对生产和土壤肥力的影响；河流开挖对河流水体的影响，进而影响水生生物，如弃土不当还会堵塞河道；隧道施工对地下水及隧道上部植被的影响，弃土（渣）对环境的影响；尤其应关注对环境敏感区（自然保护区、风景名胜区、饮用水源保护区、生态功能保护区等）的影响及对项目沿线受保护动植物的影响。施工期的生态影响是此类项目环境影响的主要方面，也是环境影响评价工作的重点。应根据沿线环境特征，尤其是涉及生态红线时，应根据其施工方式，有针对性地分析其环境影响。施工期生态影响是此类项目在案例分析考试应关注的重点。

营运期：主要是各类临时占地的生态恢复与整治方案及保障措施，包括施工作业带、施工场地和施工营地，以及站场内外的绿化方案。

减缓措施：选择环境合理的路由方案，避让自然保护区等环境敏感区；优化施工方案，减缓环境影响，如穿越环境敏感水体，应采用不涉水的定向钻或隧道方式；开挖沟埋方式敷设应注意减小施工扰动面积，包括施工带宽度（控制施工作业带宽度是减缓此类项目生态影响的主要措施）、施工营地面积、施工道路长度和宽度，最大限度地减少对土壤和植被的扰动；开挖土应采取分层开挖、分层堆放、分层（反序）回填措施，有利于植被的恢复；大开挖穿越河流，应选择在枯水期，妥善清理弃渣，及时恢复河道原貌；对定向钻施工产生的废弃泥浆应设沉淀回收设施；对隧道产生的弃渣应设规范的弃渣场。将避让、减缓不利生态影响的措施具体说明，是此类项目在案例考试中“环保措施（生态保护）”出题频率较高的考点之一。

3.2　环境空气

施工期：管道开挖表土裸露，产生扬尘；施工机械作业和车辆运输等产生的粉尘的影响；管道焊接也会产生少量焊接烟尘。

营运期：站场生产生活用锅炉产生的废气；清管作业产生的废气；事故状态下的放空废气。

防治措施：站场生活用能采用清洁能源；清管作业尽量采用密闭工艺；事故放空采用火炬燃烧。

3.3　水环境

施工期：大开挖穿越河流会影响水质，应选择在枯水期，并做好导流明渠；施工人员生活污水和含油施工废水应达标处理后外排；如穿越环境敏感水体，应采用不涉水的定向钻或隧道方式。

营运期：主要为清管废水、站场冲洗污水和生活污水。应尽量接入城镇污水处理厂，如不具备条件应设置污水处理设施。

3.4　环境风险

油气管道输送的介质属易燃易爆物品，管道输送具有一定的压力，沿线还有不良地质地段，并且管道要穿越一些大、中型河流，易受到洪水、地震等自然因素的威胁，再加上人为破坏等因素的作用，工程存在一定的事故风险性。环境风险是该类项目环境影响评价的重点，也是考试的主要方面，实际工作中应根据 HJ 169—2018 设专题进行环境风险评价。营运期的环境风险识别、环境风险评价等级与范围、风险潜势判定，环境风险分析、预测与评价、应急措施及应急管理等，是此类项目案例考试的高频点，考生应特别关注，认真学习 HJ 169—2018。

3.5　给出各项污染防治、环境风险防范措施的具体内容、责任主体、实施时段、估算环保投入，明确资金来源。

3.6　明确环境保护投入。包括为预防和减缓不利影响而采取的各项环境保护措施和设施的建设费用、运行维护费用，直接为建设项目服务的环境管理与监测费用以及相关的科研费用。

4　应注意的问题

选址选线、施工期的生态影响和运行期的环境风险是此类项目环境影响评价关注的重点。选址选线关键是能否避让生态红线等环境敏感区域，施工期生态影响重点于在严格控制施工作业带的宽度，还有穿越河流、山体采取的措施或穿越无法避让的生态敏感区采取的“无害化”措施；环境风险评价则依据 HJ 169—2018 进行风险判断、等级与范围的确定、预测分析等。

4.1　项目选线选址和建设方案的环境合理性和可行性。如何绕避生态红线是此类项目环境影响评价的重要内容。需要考虑多方案比较，或采取特殊工艺、技术，避免或减缓对生态红线的影响。如局部选线涉及自然保护区［必要时应按《涉及国家级自然保护区建设项目生态影响专题报告编制指南（试行）》（环办函〔2014〕1419 号）要求编制专题报告］、风景名胜区、饮用水源保护区、集中居民区等环境敏感区，则应给出避绕方案，并进行环境比选，明确项目建设是否会对环境敏感区产生显著影响。

4.2　根据项目所经区域的环境特征合理选择环境影响小的施工方案，减缓环境影响，如穿越环境敏感水体，则应采用不涉水的定向钻或隧道方式。

4.3　根据工程实际影响范围和导则规定确定工作等级和评价范围，重点考虑生态、水环境和环境风险等要素。

4.4　选用的评价技术方法和预测模式要符合相应专题工作深度的要求，并能明确给出评价结果的表达内容（文字、图或表格）。

4.5　必须根据 HJ 169—2018 进行环境风险分析评价。分析产生环境风险的原因、风险概率及事故后果，有针对性地提出环境风险防范措施和事故应急计划。必须编制环境风险应急预案，并在当地相关部门备案。定期进行环境风险应急演练，不断完善预案。

4.6　注意预测对生态系统组成及服务功能变化趋势的影响。根据现状调查与评价结果，明确项目所在区域环境特征，识别评价范围内的环境保护目标（根据 HJ 2.1—2016 的要求，附图列表说明评价范围内各环境要素涉及的环境敏感区、需要特殊保护对象的名称、功能、与建设项目的位置关系以及环境保护要求等），重点预测分析、评价项目建设和运行对环境保护目标的影响性质与程度。

4.7　应关注环境保护措施可行性论证。根据 HJ 2.1—2016，应分析论证拟采取的具体的污染防治、环境风险防范等措施的技术可行性、经济合理性、长期稳定运行和达标排放的可靠性、满足环境质量改善和排污许可要求的可行性。各类措施的有效性判定应以同类或相同措施的实际运行效果为依据（如类比已运行的同类或相同措施）。

4.8　加强项目建设阶段、生产运行阶段的环境管理与监测。根据 HJ 2.1—2016，环境影响评价需提出严格、具体的环境管理要求，并制订明确的监测计划（生态监测、环境风险应急监测）。

六、公路、铁路（含轻轨）项目

1　主要相关产业政策、行业环评技术导则及常用标准

1.1《关于加强公路规划和建设环境影响评价工作的通知》（环发〔2007〕184 号）

1.2《关于涉及自然保护区的开发建设项目环境管理工作有关问题的通知》（环发〔1999〕177 号）

1.3《全国生态环境保护纲要》（国发〔2000〕38 号）

1.4《全国生态脆弱区保护规划纲要》（环发〔2008〕92 号）

1.5《关于印发〈全国生态功能区划（修编版）〉的公告》（公告 2015 年 第 61 号）

1.6《国家重点生态功能保护区规划纲要》（环发〔2007〕165 号）

1.7《关于进一步加强自然保护区建设和管理工作的通知》（环发〔2002〕163 号）

1.8《涉及国家级自然保护区建设项目生态影响专题报告编制指南（试行）》（环办函〔2014〕1419 号）

1.9《交通建设项目环境保护管理办法》（交通部令　2003 年　第 5 号）

1.10《关于公路、铁路（含轻轨）等建设项目环境影响评价中环境噪声有关问题的通知》（环发〔2003〕94 号）

1.11《关于加强城市快速轨道交通建设管理的通知》（国办发〔2003〕81号）

1.12《关于加强资源开发生态环境保护监管工作的意见》（环发〔2004〕24号）

1.13《关于规范公路建设项目环境影响评价技术导则发布形式的函》（环办函〔2006〕445号）

1.14《公路建设项目环境影响评价规范（试行）》（JTJ 005—96）

1.15《公路环境保护设计规范》（JTG B04—2010）

1.16《铁路工程环境保护设计规范》（TB 10501—98）

1.17《环境影响评价技术导则　城市轨道交通》（HJ 453—2018）

1.18《城市区域环境振动标准》（GB 10070—88）

1.19《声环境功能区划分技术规范》（GB/T 15190—2014）

1.20《环境影响评价技术导则　生态影响》（HJ 19—2011）

1.21《环境影响评价技术导则　声环境》（HJ 2.4—2009）

1.22《辐射环境保护管理导则　电磁辐射环境影响评价方法与标准》（HJ/T 10.3—1996）

1.23《地面交通噪声污染防治技术政策》（环发〔2010〕7号）

1.24《关于加强环境噪声污染防治工作改善城乡声环境质量的指导意见》（环发〔2010〕144号）

1.25《关于规范火电等七个行业建设项目环境影响评价文件审批的通知》（环办〔2015〕112号）—《高速公路建设项目环境影响评价文件审批原则（试行）》

1.26《关于印发水泥制造等七个行业建设项目环境影响评价文件审批原则的通知》（环办环评〔2016〕114号）—《铁路建设项目环境影响评价文件审批原则（试行）》

1.27《关于加强规划环境影响评价与建设项目环境影响评价联动工作的意见》（环发〔2015〕178号）

1.28《关于印发〈建设项目环境影响评价信息公开机制方案〉的通知》（环发〔2015〕162号）

1.29《关于进一步加强涉及自然保护区开发建设活动监督管理的通知》（环发〔2015〕57号）

1.30《国务院关于印发水污染防治行动计划的通知》（国发〔2015〕17号）

1.31《环境影响评价技术导则　地下水环境》（HJ 610—2016）

2　工程概况与工程分析要点

2.1　建设项目的基本情况的全面介绍：地理位置、路线方案起讫点名称及主要控制点、建设规模、技术标准、预测交通量、工程内容（技术指标与技术工程数量、筑路材料与消耗量、路基工程、路面工程、桥梁涵洞、交叉工程、沿线设施等，轨道交通项目要考虑区间断面形式、车速、车流量、列车编组情况、牵引供电方式等）、建设进度计划、占地面积、总投资额。

2.2　重点工程的详细描述：如重点工程（如桥梁、涵洞、隧道、高架线、过渡段、站场等）名称、规模、分布，永久占地和临时占地类型及数量，临时占地应包括取土场、弃土场、综合施工场地（可能包括拌和场和料场）、施工便道、占用基本农田的情况、工程涉及的拆迁情况等。

2.3　施工场地、料场占地和分布；取、弃土场设置，取、弃土量及平衡；施工方式。

2.4　服务区、车站设置情况（规模）。

2.5　拆迁安置及环境敏感点分布，包括砍伐树林种类与数量。

2.6　根据以上要求对路线比选方案进行描述，重点考虑工程路线是否涉及敏感区及少占用耕地的方案比选。

2.7　工程分析应包括全过程，涉及勘察设计期、施工期和运营期。以施工期和运营期为主，按环境生态、声环境、水环境、环境空气、固体废物等要素识别影响源和影响方式，并估算影响源强。此类项目工程分析的重点是生态影响和噪声影响，铁路项目还需要关注振动的影响。因此，从工程分析、现状调查与评价、影响预测与分析、环保措施等方面应充分考虑生态影响与噪声影响（铁路及轨道交通还需要考虑振动影响）。此类项目的案例考虑也往往是围绕生态和噪声提出问题要求解答。

（1）勘察设计期工程分析的重点是选址选线和移民安置，详细说明工程与各类保护区、区域路网规划、各类建设规划和环境敏感区的相对位置关系及可能存在的影响。

（2）施工期是公路、铁路工程产生生态破坏和水土流失的主要环节，应重点考虑工程用地、桥隧工程和辅助工程（施工期临时工程）所带来的环境影响和生态破坏。在工程用地分析中说明临时租地和永久征地的类型、数量，特别是占用基本农田的位置和数量；桥隧工程要说明位置、规模、施工方式和施工时间计划；辅助工程包括进场道路、施工便道、施工营地、作业场地、各类料场和废弃渣料场等，应说明其位置、临时用地类型和面积及恢复方案，不要忽略表土保存和利用问题。

施工期要注意主体工程行为带来的环境问题。如路基开挖工程涉及弃土或利用和运输问题、路基填筑需要借方和运输、隧道开挖涉及弃方和爆破、桥梁基础施工底泥清淤弃渣等。此类项目土石方工程是环境影响评价中需要关注的主要工程，包括高填路段需要的填方，深挖路段产生的弃方，应首先考虑“移挖作填”（将挖方路段挖出的土石方用于填方路段所需要填方），以及工程需要设置的取土场、弃土（渣）场的环境影响。

（3）运营期主要考虑交通噪声、管理服务区“三废”、线性工程阻隔和景观等方面的影响，同时根据沿线区域环境特点和可能运输货物的种类，识别运输过程中可能产生的环境污染和风险事故。

3 主要环境影响及防治措施

3.1 生态环境

公路、铁路项目与油气管线、输水管线等均属于线性工程，生态影响是此类项目的主要影响之一。应在做好生态环境现状调查与评价的基础上，明确工程沿线生态功能区划与规划，详细调查特殊生态敏感区和重要生态敏感区。应特别关注对项目建设沿线受保护野生动植物的影响，对地表植被的破坏和深挖高填所引起的水土流失；对营运期产生的线形廊道的阻隔影响、干扰影响；施工期和营运期污水排放对沿线水环境的影响。

施工期：生态影响问题，取土、弃渣问题，施工扬尘、施工人员生活污水、施工场地生产废水的影响分析及措施、隧道施工的影响（地下水及山顶生态）；

营运期：公路服务区生活污水的排放对敏感生态保护目标的影响，如占用基本农田、湿地、天然森林和自然保护区等，造成不可逆或不可恢复的损害。铁路车站建设是其重点工程，其环境影响除占地对土地利用和生态的影响外，废水、废气的集中排放，以及人员活动与车辆噪声影响也是需要考虑的。

对受保护两栖类、爬行类和哺乳动物迁徙的阻隔影响是公路、铁路项目生态影响评价的重点内容之一，也是此类项目在考试时的主要考点。针对不利生态影响应提出相关保护措施，涉及特殊生态敏感区时需首先考虑避让措施，进行多方案比选，提出改变选线、改进工程设计或施工计划。对两栖类、爬行类和哺乳类野生动物迁徙造成阻隔影响时，应合理设置野生动物通道，在环境影响评价实际工作中可设置专题进行分析评价和论证。考生应认真学习并充分了解野生动物通道设置的相关规定、不同类型野生动物通道设置技术要求等。

3.2 环境空气质量

施工期：主要分析物料贮存和运输道路、拌和场等产生的粉尘、沥青烟的影响，提出合理选址和管理方案。

营运期：针对敏感点的NO_x影响，提出影响减缓措施。

3.3 环境噪声与振动

施工期分析施工机械设备噪声和振动对环境敏感区域的影响，对沿线筛选的敏感点或敏感区域提出污染防治措施。营运期根据线路技术参数、噪声、振动源强类比条件和线路与环境敏感目标的关系确定影响预测模式，并根据轨道和建筑类型、隧道结构修正预测结果，针对环境敏感点，逐点评价噪声和振动影响并提出防治措施。

3.4　电磁影响

分析固定污染源（变电所）和流动污染源（列车运行时产生的电磁辐射）电场强度、磁场强度的达标情况和对广播、电视信号的干扰情况。

3.5　环境风险分析（包括污染风险和生态风险）

公路运输的环境风险，主要根据运输涉及的环境风险物质来考虑。按风险源分析、风险预测、风险后果和风险防范、应急措施进行风险分析。在报告中提出如何调整和完善建设项目设计和线位方案，必须把不利的环境影响降到最低程度，并应在实施计划和设计中提出消除、减缓或改善环境质量的要求。

3.2.4　明确提出建设项目在建设阶段、运行阶段拟采取的具体污染防治（噪声与振动为主）和环境风险防范措施。

3.2.5　给出各项污染防治、环境风险防范措施的具体内容、责任主体、实施时段、估算环保投入，明确资金来源。

3.2.6　明确环境保护投入。包括为预防和减缓不利影响而采取的各项环境保护措施和设施的建设费用、运行维护费用，直接为建设项目服务的环境管理与监测费用以及相关的科研费用。

4　应注意的问题

4.1　项目选址选线和建设方案的环境合理性和可行性。其中，避让环境敏感区或生态红线等是选址首先应考虑的环境问题。即涉及环境敏感区或生态红线的，应首先考虑避让措施，确实无法避让的，应充分论证（包括多方案比较论证）之后，提出严格的环境保护措施，将对敏感保护目标的不利影响降至最小或不造成影响。

4.2　此类项目根据工程实际影响范围和导则规定确定工作等级和评价范围，重点考虑生态、噪声、振动和水等要素。

4.3　选用的评价技术方法和预测模式要符合相应专题工作深度的要求，并能明确给出评价结果的表达内容（文字、图或表格）。

4.4　根据《环境影响评价技术导则　生态影响》（HJ 19—2011）和工程特点确定环境敏感目标，明确是否经过自然保护区和风景名胜区或对其产生影响、是否影响饮用水源保护区或取水口、是否会造成重大生态分割（如动物阻隔）或对重要生态功能区有严重影响、是否会使沿线区域环境问题加剧或恶化等。

4.5　环境监测方案的可行性要考虑施工期和营运期全过程，环境监测布点、频次及时间要符合规范要求。

4.6　必须进行环境风险分析评价（含生态风险、事故风险等），分析产生环境风险的原因及风险概率，针对环境敏感目标做环境风险评价，提出有针对性的环境风险防范措施和事故应急计划。

4.7 注意预测对生态系统组成和服务功能变化趋势的影响。根据现状调查与评价结果，明确项目所在区域环境特征，识别评价范围内的环境保护目标（根据 HJ 2.1—2016 的要求，附图列表说明评价范围内各环境要素涉及的环境敏感区、需要特殊保护对象的名称、功能、与建设项目的位置关系以及环境保护要求等），重点预测分析、评价项目建设和运行对环境保护目标的影响性质与程度。

4.8 应关注环境保护措施可行性论证。根据 HJ 2.1—2016，应分析论证拟采取的具体的污染防治、环境风险防范等措施的技术可行性、经济合理性、长期稳定运行和达标排放的可靠性、满足环境质量改善和排污许可要求的可行性。各类措施的有效性判定应以同类或相同措施的实际运行效果为依据（如类比已运行的同类或相同措施）。

4.8 加强项目建设阶段、生产运行阶段的环境管理与监测。根据 HJ 2.1—2016，环境影响评价需提出严格、具体的环境管理要求，并制订明确的监测计划（如噪声与振动监测、生态监测等）。

4.9 与其有关的规划（交通规划、路网规划、城镇规划）环评结论及审查意见是此类建设项目进行环境影响评价的重要依据。

七、石油天然气开采项目

1 主要相关产业政策、行业环评技术导则及常用标准及规范

1.1《产业结构调整指导目录（2019 年本）》（发改委令〔2019〕第 29 号）

1.2《环境影响评价技术导则 陆地石油天然气开发建设项目》（HJ/T 349—2007）

1.3《环境影响评价技术导则 地下水环境》（HJ 610—2016）

1.4《环境影响评价技术导则 土壤环境》（HJ 964—2018）

1.5《煤层气（煤矿瓦斯）排放标准（暂行）》（GB 21522—2008）

1.6《海洋石油勘探开发污染物排放浓度限值》（GB 4914—2008）

1.7《碎屑岩油藏注水水质推荐指标及分析方法》（SY/T 5329—2012）

1.8《天然气净化厂环境保护推荐作法》（SY/T 6672—2003）

1.9《海上油（气）田开发工程环境保护设计规范》（SY/T 10047—2003）

1.10《陆上石油天然气生产环境保护推荐作法》（SY/T 6628—2005）

1.11《陆上钻井作业环境保护推荐作法》（SY/T 6629—2006）

1.12《开发建设项目水土保持技术规范》（GB 50433—2008）

1.13《关于废弃钻井液管理有关问题的复函》（环办函〔2009〕1097 号）

1.14《废矿物油回收利用污染控制技术规范》（HJ 607—2011，2011 年 7 月 1 日实施）

1.15《石油和天然气开采行业清洁生产评价指标体系》（国家发改委公告　2009 年　第 3 号）

1.16《石油天然气开采业污染防治技术政策》（环境保护部公告　2012 年　第 18 号）

1.17《关于进一步加强石油天然气行业环境影响评价管理的通知》（环办环评函〔2019〕910 号）

1.18《危险废物收集　贮存　运输技术规范》（HJ 2025—2012）

1.19《采油废水治理工程技术规范》（HJ 2041—2014）

2　工程概况与工程分析

2.1　工程概况

应说明工程开发性质、开发形式、建设内容、产能规划等，项目组成应包括主体工程（井场工程、联合站—油气集中处理联合作业站）、配套工程（各类管线、井场道路、监控中心、办公和管理中心、储油（气）设施、注水站、集输站、转运站点、环保设施、供水、供电、通信等）和施工辅助工程，分别给出位置、占地规模、平面布局、污染设施（设备）和使用功能等相关数据和工程总体平面图、主体工程（井位）平面布置图、重要工程平面布置图和土石方、水平衡图等。关注油气开采方式、油气集输方式、油气处理工艺。水的回用（回注地层、作为热采锅炉原料水、作为生态或绿化用水等）状况。

联合站作为重点工程，其组成及布局应交代清楚。

区块项目建设内容包括区块内拟建的新井、加密井、调整井、站场、设备、管道和电缆及其更换工程、弃置工程、配套工程等。

2.2　工程分析

工程分析涉及勘察设计期、施工期（建设阶段）、运营期（生产运行阶段）和退役期（服务期满）四个时段，各时段影响源和主要影响对象存在一定差异。但是要注意，工程分析的核心或实质是识别环境影响源（污染源、生态影响源、环境风险源），核算污染物排放强度（即源强）。油气田开发建设项目，既有生态影响，也有污染影响，而且还存在环境风险。

（1）勘察设计时段工程分析以探井作业、选址选线、钻井工艺、井组布设等作为重点。井场、站场、管线和道路布设的选择要尽量避开环境敏感区域，应采用定向井或丛式井等先进钻井及布局，其目的均是从源头上避免或减少对环境敏感区域的影响；而探井作业是勘察设计期主要影响源，勘探期钻井防渗和探井科学封堵有利于防止地下水串层，保护地下水。

（2）施工期。土建工程的生态保护应重点关注水土保持、表层保存和回填利用、植被恢复等措施；对钻井工程更应注意钻井泥浆的处理处置、落地油处理处置、钻井套管防渗等措施的有效性，避免土壤、地表水和地下水受到污染。

（3）运营期。以污染影响和事故风险分析和识别为主。按环境要素进行分析，重点分析含油废水、废弃泥浆、落地油、油泥的产生点，说明其产生量、处理处置方式和排放量、排放去向。对滚动开发项目，应按“以新带老”要求，分析原有污染源并估算源强。风险事故应考虑到钻井套管破裂、井场和站场漏油（气）、油气罐破损和油气管线破损等而产生泄漏、爆炸和火灾情形。联合站是运营期污染及环境风险的重点工程，其污染源、环境风险源分析是工程分析的重点。

（4）退役期。主要考虑封井作业。

（5）清洁生产应贯穿工程分析的全过程。

（6）给出污染物排放清单。

3 主要环境影响及防治措施

3.1 主要环境影响

3.1.1 环境影响因素。主要包括生态影响、污染物排放对环境的影响，以及对资源的影响。

3.1.2 生态影响。主要体现在勘探、钻井作业和地面工程建设阶段，对土壤的扰动、对地表植被的破坏，以及对野生动植物生境的影响。

3.1.3 主要污染源（污染物）。一般包括废弃钻井泥浆、含油污泥、采油（气）废水、炉窑和锅炉燃料燃烧烟气及无组织逸散烃类废气。

3.1.4 可能受到影响的环境要素。包括地表水、地下水、声和生态（土壤和植被、动植物生境等）。

3.1.5 资源影响。一般主要表现为对水资源的耗用和对土地资源的占用。

3.1.6 环境风险因素：

（1）钻井及井下作业过程中发生井喷，可能出现油气（包括高含硫气田中的H_2S）泄漏、火灾爆炸，对环境空气、水环境及生态造成危害。

（2）油气管道因腐蚀穿孔、人为破坏、洪水冲蚀等可能出现破裂，发生油气泄漏并引发火灾爆炸，对环境空气、水环境及生态造成危害。

（3）工艺站场（油气处理设施和储罐等）有油气泄漏及火灾爆炸的可能性，造成环境污染。

（4）在有危害的地质构造（如断层、断裂、坍塌、地面沉陷等）区域，油气田工程设施（包括油气井、注水井、工艺站场和油气管道等）有可能出现油气泄漏、火灾爆炸，造成环境污染。

3.2 主要环保措施

3.2.1 环境保护措施包括油气田建设期、运行期和退役期的环境保护措施，应当遵循“污染防治与生态保护并重”原则，并推行清洁生产。对于现有油气田，应当分析现存环境问题，提出“以新带老”环境保护措施。

3.2.2 建设期环境保护措施。

（1）钻井作业与地面工程建设的生态保护措施。根据 HJ 19—2011，按照避让、减缓、补偿、重建的次序，针对不同情况采取相应的生态保护措施。首先井场选择及钻井作业应避让生态敏感区，从节约土地的要求，一般应尽可能减少占地面积，同时减少对植被的破坏。

（2）钻井废水、生活污水、废弃钻井泥浆、落地原油的污染防治措施。根据《关于进一步加强石油天然气行业环境影响评价管理的通知》（环办环评函〔2019〕910号），压裂返排液、油基泥浆的有效处理处置是油气田开发需考虑的主要环保措施。需要关注难以利用的油气开采废水的管理原则，以及回注的水质、目的层的相关规定，论证回注的环境可行性，并采取切实可行的地下水污染防治和监控措施。但不得回注与油气开采无关的废水，也不得造成地下水污染。油气开采会产生大量废弃油基泥浆、含油钻屑等危险废物，企业应自建含油污泥集中式处理和综合利用设施，提高废弃油基泥浆和含油钻屑及其处理产物的综合利用率。

（3）地下水污染防治措施。

（4）井喷泄漏油气等的环境风险防范措施，提出突发环境事件应急预案编制要求。

3.2.3 营运期环境保护措施。

（1）采油（气）废水、生活污水、含油污泥、锅炉和工业炉窑燃料燃烧烟气、无组织逸散烃类废气的污染防治措施。

（2）防止钻井、油气井油气泄漏、污水回注、落地油等污染地下水的措施。

（3）油气井和地面工程设施油气泄漏、火灾爆炸次生/伴生污染物（包括二氧化硫、一氧化碳、污染消防水等）等的环境风险防范措施，提出突发环境事件应急预案编制要求。

3.2.4 退役期环境保护措施。

（1）防止废弃油气井油气泄漏的措施。

（2）生态恢复与补偿措施。

3.2.5 清洁生产措施。

（1）使用环境友好的工艺、设备和材料。如使用先进的钻机，配套完善的固控设备，提高钻井液循环利用率和重复利用率，实现废弃钻井泥浆减量；使用可生物降解或毒性小的油田化学剂（钻井液材料等）。

（2）废物控制及资源化。如尽量使原油和作业废液不落地，对落地废物进行回收合理利用或无害化处置；根据采油工艺及地层条件，对采油废水进行充分回用（回注地层、作为热采锅炉原料水等），以节约水资源；采用先进的清罐技术和设备，实现清罐废水与废渣减量；开展二氧化碳地下埋存及为提高油气采收率进行资源化利用（如二氧化碳驱采）；实现整体开发，完善油气集输流程，减少伴生气放空；采取原油稳定与轻烃回收措施，充分回收伴生气，并加以合理利用。

（3）减少占地。通过合理规划与布局、开展绿色作业、先进的钻井（如水平井和丛式井）方式、严格限制施工作业范围，最大限度地减少地面工程永久占地和施工作业临时占地面积，以减轻对土壤和植被等生态环境要素的影响。

3.2.6 各阶段环保措施应具体。环境质量（如地表水、地下水、环境空气等）不达标的区域，应采取国内外先进可行的环境保护措施，结合区域限期达标规划及实施情况，分析建设项目实施对区域环境质量改善目标的贡献和影响。

3.2.7 给出各项污染防治、环境风险防范措施的具体内容、责任主体、实施时段、估算环保投入，明确资金来源。

3.2.8 明确环境保护投入。包括为预防和减缓不利影响而采取的各项环境保护措施和设施的建设费用、运行维护费用，直接为建设项目服务的环境管理与监测费用以及相关的科研费用。

4 应注意的问题

4.1 对于区块开发项目，应突出整体性评价。结合滚动性、区域性的资源开发特点，强化油气开采区块整体评价，并深化对区域生态环境影响分析和评价，提出更加切实可行的生态环境保护措施。强调全过程、全行业、全领域管理。覆盖规划—勘探—施工—运营—退役全过程，注意油气开采的环境影响特征，突出重点工艺过程和重点环境要素管控。

4.2 石油天然气开采涉及范围广，在考虑区域性的环境影响时，应当分析项目与相关城乡总体规划、土地利用规划、水资源利用规划、环境保护规划、环境功能区划、生态功能区划等的符合性。

4.3 石油天然气开采的环境影响因素，既包括污染物排放对环境的影响，又包括生态影响，在环境保护措施方面，应当遵循“污染防治和生态保护并重”原则。

4.4 油气田具有滚动开发、建设期与营运期相伴且历时较长的特点，应当注重生产发展与环境保护措施在规模和建设时序上的匹配和适应，合理规定环境保护措施，以发展、长效的眼光，滚动投入，对施工期、营运期和服务期满三个阶段进行全过程环境监控，实时达到保护环境的目标。

4.5　石油天然气开采既有地下活动（勘探、钻井、井下作业、采油气、废水回注等），也有地上活动（勘探、钻井、地面工程建设、采油气、油气集输、油气处理等），环境影响评价应当兼顾地上与地下活动的环境影响，加强生态环境影响评价和地下水环境影响评价。

4.6　按照有关法律法规要求，对涉及饮用水源保护区、自然保护区、风景名胜区、生态敏感与脆弱区等环境敏感区的建设项目，应当加强对保护目标的影响评价，提出项目选址可行性结论。

4.7　石油天然气开采具有一定的环境风险，包括油气泄漏（特别是高含硫气田开发）、火灾爆炸次生/伴生污染物等，应当注重环境风险评价。

4.8　对于现有油气田，应当分析现存环境问题，提出“以新带老”环境保护措施。

4.9　油（气）田开发涉及范围大，多为区块滚动式开发，应关注对区域生态系统组成和服务功能变化趋势的影响。根据现状调查与评价结果，明确项目所在区域环境特征，识别评价范围内的环境保护目标（根据 HJ 2.1—2016 的要求，附图列表说明评价范围内各环境要素涉及的环境敏感区、需要特殊保护对象的名称、功能、与建设项目的位置关系以及环境保护要求等），重点预测分析、评价对环境保护目标的影响性质与程度。

4.10　应关注环境保护措施可行性论证。根据 HJ 2.1—2016，应分析论证拟采取的具体的污染防治、环境风险防范等措施的技术可行性、经济合理性、长期稳定运行和达标排放的可靠性、满足环境质量改善和排污许可要求的可行性。各类措施的有效性判定应以同类或相同措施的实际运行效果为依据（如类比已运行的同类或相同措施）。

4.11　加强项目建设阶段、生产运行阶段的环境管理与监测。根据 HJ 2.1—2016，环境影响评价需提出严格、具体的环境管理要求，并制订明确的监测计划（污染源监测、环境质量监测、生态监测、跟踪监测）。

4.12　与其有关的规划（区域规划、油田开发总体规划）环评结论及审查意见是此类建设项目进行环境影响评价的重要依据。

八、煤炭开采项目

1　主要相关产业政策、行业环评技术导则及常用标准

1.1　法律法规

1.1.1《中华人民共和国环境保护法》（2014 年 4 月 24 日修订）

1.1.2《中华人民共和国环境影响评价法》（2016年7月修订）

1.1.3《中华人民共和国大气污染防治法》（2015年8月29日修订）

1.1.4《中华人民共和国水污染防治法》（2017年6月27日修订）

1.1.5《中华人民共和国固体废物污染环境防治法》（2015年4月24日修订）

1.1.6《中华人民共和国环境噪声污染防治法》（1996年10月29日颁布）

1.1.7《中华人民共和国清洁生产促进法》（2012年2月29日修订）

1.1.8《中华人民共和国土地管理法》（2004年8月28日修订）

1.1.9《中华人民共和国水土保持法》（2010年12月25日修订）

1.1.10《中华人民共和国矿产资源法》（2009年8月27日修订）

1.1.11《中华人民共和国煤炭法》（2013年6月29日修订）

1.1.12《中华人民共和国循环经济促进法》（2008年8月29日颁布）

1.2 行政法规与条例

1.2.1《基本农田保护条例》（国务院令〔2017〕588号）

1.2.2《中华人民共和国土地管理法实施条例》（2014年7月29日修订）

1.2.3《中华人民共和国水土保持法实施条例》（2011年1月8日修订）

1.2.4《土地复垦条例》（2011年2月22日颁布）

1.2.5《建设项目环境保护管理条例》（国务院令〔2017〕682号）

1.3 规范性文件与部门规章

1.3.1《国务院关于落实科学发展观加强环境保护的决定》（国发〔2005〕39号）

1.3.2《国务院关于印发全国主体功能区规划的通知》（国发〔2010〕46号）

1.3.3《国务院关于加强环境保护重点工作的意见》（国发〔2011〕35号）

1.3.4《全国生态环境保护纲要》（国发〔2000〕38号）

1.3.5《国务院关于促进煤炭工业健康发展的若干意见》（国发〔2005〕18号）

1.3.6《关于进一步加强生态保护工作的意见》（环发〔2007〕37号）

1.3.7《关于印发〈全国生态脆弱区保护规划纲要〉的通知》（环发〔2008〕92号）

1.3.8《产业结构调整指导目录（2011年本）》2013年修正版（发改委令〔2013〕第21号）

1.3.9《关于加强煤炭建设项目管理的通知》（发改能源〔2006〕1039号）

1.3.10《国务院关于全面整顿和规范矿产资源开发秩序的通知》（国发〔2005〕28号）

1.3.11《关于加强资源开发生态环境保护监管工作的意见》（环发〔2004〕24号）

1.3.12《关于加强环境影响评价管理防范环境风险的通知》（环发〔2005〕152号）

1.3.13《关于加强工业节水工作的意见》（国经贸资源〔2000〕1015号）

1.3.14《国家发展改革委关于印发〈煤矿瓦斯治理与利用总体方案〉的通知》（发

改能源〔2005〕1137 号）

1.3.15《关于印发〈煤矿瓦斯治理与利用实施意见〉的通知》（发改能源〔2005〕1119 号）

1.3.16《矿山生态环境保护与污染防治技术政策》（环发〔2005〕109 号）

1.3.17《国家鼓励发展的资源节约综合利用和环境保护技术》（发展改革委、科技部、环保总局公告 2005 年 第 65 号）

1.3.18《国家发展改革委关于加强煤炭基本建设项目管理有关问题的通知》（发改能源〔2005〕2605 号，2013 修改本）

1.3.19《国家发展改革委关于大型煤炭基地建设规划的批复》（发改能源〔2006〕352 号）

1.3.20《关于印发〈加快煤炭行业结构调整、应对产能过剩的指导意见〉的通知》（发改运行〔2006〕593 号）

1.3.21《国务院办公厅关于加快煤层气（煤矿瓦斯）抽采利用的若干意见》（国办发〔2006〕47 号）

1.3.22《国务院办公厅转发安全监管总局等部门关于进一步做好煤矿整顿关闭工作意见的通知》（国办发〔2006〕82 号）

1.3.23《国务院办公厅转发国土资源部等部门对矿产资源开发进行整合意见的通知》（国办发〔2006〕108 号）

1.3.24《关于加强煤炭矿区总体规划和煤矿建设项目环境影响评价工作的通知》（环办〔2006〕129 号）

1.3.25《关于印发煤炭工业节能减排工作意见的通知》（发改能源〔2007〕1456 号）

1.3.26《关于利用煤层气（煤矿瓦斯）发电工作实施意见的通知》（发改能源〔2007〕721 号）

1.3.27《煤炭产业政策》（国家发展和改革委员会，2007.11）

1.3.28《关于印发〈国家核准煤炭规划矿区目录（2007 年本）〉的通知》（发改能源〔2007〕3271 号）

1.3.29《生产煤矿回采率管理暂行规定》（发改委令 2012 年第 17 号）

1.3.30《矿井水利用发展规划》（发改环资〔2013〕118 号）

1.3.31《国务院办公厅关于进一步加快煤层气（煤矿瓦斯）抽采利用的意见》（国办发〔2013〕93 号）

1.3.32《国家能源局 环境保护部 工业和信息化部关于促进煤炭安全绿色开发和清洁高效利用的意见》（国能煤炭〔2014〕571 号）

1.3.33《国务院关于印发〈水污染防治行动计划〉的通知》（国发〔2015〕17 号）

1.3.34《关于进一步加强环境影响评价管理防范环境风险的通知》（环发〔2012〕

77号，2012年7月）

1.3.35《关于切实加强风险防范严格环境影响评价管理的通知》（环发〔2012〕98号，2012年8月）

1.3.36《关于印发〈建设项目环境影响评价政府信息公开指南（试行）〉的通知》（环办〔2013〕103号，2014年1月1日施行）

1.3.37《关于煤炭行业化解过剩产能实现脱困发展的意见》（国发〔2016〕7号）

1.3.38《关于印发水泥制造等七个行业建设项目环境影响评价文件审批原则的通知》（环办环评〔2016〕114号）—《煤炭采选建设项目环境影响评价文件审批原则（试行）》

1.39《防治尾矿污染环境管理规定》（国家环境保护局令　第11号）

1.40《关于加快推进露天矿山综合整治工作实施意见的函》（自然资源部办公厅 生态环境部办公厅，自然资办函〔2019〕819号）

1.50《关于进一步加强煤炭资源开发环境影响评价管理的通知》（环环评〔2020〕63号）

1.4　标准及技术规范

1.4.1《煤炭工业污染物排放标准》（GB 20426—2006）

1.4.2《煤层气（煤矿瓦斯）排放标准（暂行）》（GB 21522—2008）

1.4.3《清洁生产标准　煤炭采选业》（HJ 446—2008）

1.4.4《环境影响评价技术导则　生态影响》（HJ 19—2011）

1.4.5《环境影响评价技术导则　煤炭采选工程》（HJ 619—2011）

1.4.6《环境影响评价技术导则　地下水环境》（HJ 610—2016）

1.4.7《建筑物、水体、铁路及主要井巷煤柱留设与压煤开采规程》（2000年6月）

1.4.8《开发建设项目水土保持技术规范》（GB 50433—2008）

1.4.9《开发建设项目水土流失防治标准》（GB 50434—2008）

1.4.10《土壤环境质量　农用地土壤污染风险管控标准（试行）》（GB 15618—2018）

1.4.11《土壤环境质量　建设用地土壤污染风险管控标准（试行）》（GB 36600—2018）

1.4.12《煤炭工业环境保护设计规范》（GB 50821—2012）

1.4.13《土地复垦技术标准（试行）》（2009年8月）

1.4.14《煤矿防治水规定》（国家安全生产监督管理总局令第28号，2009年12月1日施行）

1.4.15《关于推进大气污染联防联控工作改善区域空气质量的指导意见》（国办发〔2010〕33号）

1.4.16《关于印发〈突发环境事件应急预案管理暂行办法〉的通知》（环发〔2010〕113 号，2010 年 9 月 28 日施行）

1.4.17《矿山生态环境保护与恢复治理技术规范（试行）》（HJ 651—2013）

1.4.18《矿山生态环境保护与恢复治理方案（规划）编制规范（试行）》（HJ 652—2013）

1.4.19《煤矸石综合利用管理办法》（国家发展和改革委员会、环境保护部等十部委局令 2014 年第 18 号，2015 年 3 月 1 日施行）

1.4.20《煤炭工业矿井设计规范》（GB 50215—2005）

1.4.21《煤矿井下消防、洒水设计规范》（GB 50383—2006）

2 工程概况与工程分析要点

2.1 项目基本情况

项目所在矿区规划及规划环评基本情况；项目及周围地区环境保护目标分布情况。

井田（矿田）资源情况：面积、储量、煤层、煤质（硫、重金属、砷磷等有害元素含量）、瓦斯。

工程概况：煤炭井工或露天开采的开拓方式、开采方法；煤炭地面加工工艺、运输及产品用户；工业场地、风井场地、排矸场、场外道路平面布置情况、占地面积及类型；水、电、热等公用工程情况；环境保护工程情况；工作制度、劳动定员、施工工艺及年限；项目总投资及环保投资。

2.2 工程分析

生态方面，施工期主要根据煤矿地面设施总平面布置、主要工程施工工艺、施工工序、公用工程建设情况进行识别和分析；营运期主要根据煤炭开拓方式、开采方法，以及项目和周边地区生态保护目标的分布情况分析生态影响。

废水方面，主要根据矿井水抽放及处理利用情况，生活污水、生产废水水量平衡、处理利用及排放情况来识别和分析废水排放，核算排放强度。施工期的废水则根据可行性研究报告或初步设计报告设计的施工方案、施工布局情况等核算施工废水和施工人员生活污水的排放量，并明确主要污染因子。

废气方面，根据锅炉（热风炉）燃煤煤质及烟气（污染物）产生、处理及排放情况，识别和分析废气排放，核算排放强度。施工期废气则根据所采用的施工设施或设备采用的燃料、产生或排放的废气种类等，核算其排放强度。

噪声方面，说明项目主要噪声源的数量、位置及源强。

固体废物，分施工期和营运期，全面识别固体废物的类型、产生环节，并核算不同类型固体废物的产生量。

清洁生产贯穿工程分析全过程。

给出污染物排放清单。

3 主要环境影响及防治措施

3.1 生态影响

3.1.1 影响分析

根据煤矿地面设施总平面布置、主要工程施工工艺、施工工序、公用工程建设情况，重点分析煤矿建设期对生态环境的影响。

由于煤炭资源赋存条件及开拓、开采方式的不同，采煤对生态影响的表现形式也有所不同。生态影响评价涉及的共性问题主要有：项目永久占地（含工业场地、排矸场、排土场等）、地表沉陷（露天矿挖损）对地形地貌、土地利用和农（林、草）生态系统的影响；地表沉陷变形（露天矿挖损）对地表水体（系）、水利设施的影响与破坏程度；地表沉陷变形（露天矿挖损）对村庄民宅、地面重要建（构）筑物、基础设施的影响与破坏程度；煤炭开采前后生态变化趋势分析。根据煤炭开拓方式、开采方法和采取的主要环境保护措施，以及项目和周边地区环境保护目标的分布情况，分析工程营运期的生态环境影响及主要生态恢复措施，并分析其有效性。

3.1.2 生态恢复与补偿措施

3.1.2.1 根据生态环境影响定量或定性分析结果，说明不同类型土地受地表沉陷影响的形式、面积，提出相应的生态影响预防、修复或补偿措施方案，制订矿区生态综合整治规划及生态环境管理监控计划。

3.1.2.2 根据采煤沉陷（露天矿挖损）对村庄建筑物的影响预测结果，提出建筑物的修复和村庄搬迁方案与费用安排，并对迁入地的环境承载力进行简要分析。

3.1.2.3 给出具体的生态恢复措施（包括工程措施和生物措施）的资金概算，明确生态补偿资金的来源和运作机制。

3.2 地下水环境影响

地下水的环境影响是煤炭开采项目中最重要的内容之一。从区域水文地质（岩性、地下水补、径、排）条件、地质构造、采煤导水裂缝带发育高度等角度，类比开采区已有煤矿采煤后对地下水的影响，结合评价项目的实际地质条件，评价地下水的环境影响。

对煤层含水层顶板或底板较为敏感的，可采取划定禁采区的办法减缓其影响，对井田（矿田）采区或开采巷道毗邻导水断层和河流的，要按设计规范留设足够宽度的防水煤岩柱，确保采煤不对这些敏感地段产生明显的影响。煤矿投产后，应加强煤矿周围地下水监测，发现影响居民生产和生活时，采取具体的补救措施，如打深井、由煤矿工业场地直接供水或利用周边没被利用的泉水、敷设引水管或修渠解决居民生活用水，将经费纳入运营期成本。

3.3 地表水环境影响

根据煤矿污废水产生、处理利用及排放情况，结合纳污河流的水环境功能，分析煤矿污废水排放对地表水的环境影响。煤矿生产过程中要抽排矿井水，根据国家有关环保政策要求，矿井水必须综合利用，并达到相应综合利用率的要求。矿井水的综合利用一般经处理后用于选煤厂补水、地面消防、绿化和井下消防用水、巷道洒水、井下黄泥灌浆用水等；矿区应建设矿井水处理站，矿井水的处理通常采用混凝沉淀等方法，遇铁、锰含量高的酸性矿井水，需增加除铁、锰设施；生产中污废水包括生活污水和选煤废水，生活污水应建设生活污水处理站，经处理后可用于地面绿化、补充选煤车间用水等，选煤水一般采用浓缩机处理，实现闭路循环，不外排。若污水向地表水体排放，选用合适的预测模式预测其排放的环境影响，据此调整环保措施。

3.4 固体废物环境影响

煤矸石是煤炭采选的主要固体废物，是煤炭采掘行业环境影响评价最受关注的内容之一。按照《煤矸厂综合利用管理办法（2014 年修订版）》，煤炭开发项目（包括选煤厂项目）的项目核准申请报告中资源开发及综合利用分析篇章中须包括煤矸石综合利用和治理方案，明确煤矸石综合利用途径和处置方式。对未提供煤矸石综合利用方案的煤炭开发项目，有关主管部门不得予以核准。煤矸石综合利用方案中涉及煤矸石产生单位自行建设的工程，要与煤矿（选煤厂）工程同时设计、同时施工、同时投产使用；涉及为其他单位提供煤矸石的工程，煤矸石利用单位应当具备符合国家产业政策和环境保护要求的生产与处置能力。

新建（改扩建）煤矿及选煤厂应节约土地、防止环境污染，禁止建设永久性煤矸石堆放场（库）。确需建设临时性堆放场（库）的，其占地规模应当与煤炭生产和洗选加工能力相匹配，原则上占地规模按不超过 3 年储矸量设计，且必须有后续综合利用方案。煤矸石临时性堆放场（库）选址、设计、建设及运行管理应当符合《一般工业固体废物贮存、处置场污染控制标准》《煤炭工程项目建设用地指标》等相关要求。

3.5 环境空气影响

根据工业场地锅炉（热风炉）的型号、数量及所采取的消烟除尘脱硫措施、排气筒的高度，分析烟尘、二氧化硫等污染物是否达标排放；针对煤炭在储存、装卸、运输等环节存在的扬尘污染，提出有针对性的防治措施。

3.6 声环境影响

结合项目区主要噪声敏感目标的分布情况，根据工程分析确定的噪声源及源强，按相应的预测评价方法进行厂界、铁路专用线、运输道路两侧噪声的环境影响预测评价；对厂界等噪声超标的区域应给出噪声防护距离要求。

3.7 明确提出建设项目在建设阶段、运行阶段、服务期满拟采取的具体污染防治和环境风险防范措施；环境质量（如地表水、地下水、环境空气）不达标的区域，应采取国内外先进可行的环境保护措施，结合区域限期达标规划及实施情况，分析建设项目实施对区域环境质量改善目标的贡献和影响。

3.8 给出各项污染防治、环境风险防范措施的具体内容、责任主体、实施时段、估算环保投入，明确资金来源。

3.9 明确环境保护投入。包括为预防和减缓不利影响而采取的各项环境保护措施和设施的建设费用、运行维护费用，直接为建设项目服务的环境管理与监测费用以及相关的科研费用。

4 应注意的问题

4.1 有关煤炭开采和利用的产业政策更新较快，环评时应注意依据的时效性问题。

4.2 根据《关于进一步加强煤炭资源开发环境影响评价管理的通知》（环环评〔2020〕63 号），经批准的煤炭矿区总体规划，是煤矿项目核准、建设、生产的基本依据。未依法进行环评的煤炭矿区总体规划，不得组织实施；对不符合煤炭矿区总体规划要求的项目，发展改革（能源主管）部门不予核准。生态环境主管部门应将与矿区总体规划及其环评的符合性作为规划所包含项目环评文件审批的重要依据，对不符合要求的，不予审批其项目环评文件。对符合规划环评结论和审查意见的建设项目，其建设项目环评文件可依据规划环评审查意见对区域环境质量现状、规划协调性分析等内容适当简化。

4.3 井工开采地表沉陷的生态环境影响预测，应充分考虑自然生态条件、沉陷影响形式和程度等制定生态重建与恢复方案，确保与周边生态环境相协调。露天开采时应优化采排计划，控制外排土场占地面积，在确保安全生产的前提下，尽快实现内排土。针对排土场平台、边坡和采掘场沿帮、最终采掘坑等制定生态重建与恢复方案。制定矸石周转场地、地面建（构）筑物搬迁迹地等的生态重建与恢复方案。建设单位应严格控制采煤活动扰动范围，按照“边开采、边恢复”原则，及时落实各项生态重建与恢复措施，并定期进行效果评估，存在问题的，建设单位应制定科学、可行的整改计划并严格实施。

4.4 井工开采不得破坏具有供水意义含水层结构、污染地下水水质，保护地下水的供水功能和生态功能，必要时应采取保护性开采技术或其他保护措施减缓对地下水环境的影响。露天开采项目应采取有效措施控制疏干水量、浅层地下水水位降深及对浅层地下水的疏干影响范围，减缓露天开采对浅层地下水环境的影响。污水处理设施等所在区域应采取防渗措施。

4.5　鼓励对煤矸石进行井下充填、发电、生产建筑材料、回收矿产品、制取化工产品、筑路、土地复垦等多途径综合利用，因地制宜选择合理的综合利用方式，提高煤矸石综合利用率。技术可行、经济合理的条件下优先采用井下充填技术处置煤矸石，有效控制地面沉陷、损毁耕地，减少煤矸石排放量。煤矸石的处置与综合利用应符合国家及行业相关标准规范要求。禁止建设永久性煤矸石堆放场（库），确需建设临时性堆放场（库）的，其占地规模应当与煤炭生产和洗选加工能力相匹配，原则上占地规模按不超过 3 年储矸量设计，且必须有后续综合利用方案。

4.6　提高煤矿瓦斯利用率，控制温室气体排放。高瓦斯、煤与瓦斯突出矿井应配套建设瓦斯抽采与综合利用设施，甲烷体积浓度大于等于 8%的抽采瓦斯，在确保安全的前提下，应进行综合利用。鼓励对甲烷体积浓度在 2%（含）至 8%的抽采瓦斯以及乏风瓦斯，探索开展综合利用。确需排放的，应满足《煤层气（煤矿瓦斯）排放标准（暂行）》要求。

4.7　针对矿井水应当考虑主要污染因子及污染影响特点等，通过优化开采范围和开采方式、采取针对性处理措施等，从源头减少和有效防治高盐、酸性、高氟化物、放射性等矿井水。矿井水应优先用于项目建设及生产，并鼓励多途径利用多余矿井水。可以利用的矿井水未得到合理、充分利用的，不得开采及使用其他地表水和地下水水源作为生产水源，并不得擅自外排。矿井水在充分利用后仍有剩余且确需外排的，经处理后拟外排的，除应符合相关法律法规政策外，其相关水质因子值还应满足或优于受纳水体环境功能区划规定的地表水环境质量对应值，含盐量不得超过 1 000 mg/L，且不得影响上下游相关河段水功能需求。安装在线自动监测系统，相关环境数据向社会公开，与相关部门联网，接受监督。依法依规做好关闭矿井封井处置，防治老空水等污染。

4.8　煤炭开采应符合大气污染防治政策。生态保护红线、自然保护地内原则上应依法禁止露天开采，其他生态功能极重要区、生态极敏感区以及国家规定的重要区域等应严格控制露天开采。加强煤炭开采的扬尘污染防治，对露天开采的采掘场、排土场已形成的台阶进行压覆及洒水降尘，对预爆区洒水预湿。煤炭、矸石的储存、装卸、输送以及破碎、筛选等产尘环节，应采取有效措施控制扬尘污染，优先采取封闭措施，厂界无组织排放应符合国家和地方相关标准要求；涉及环境敏感区或区域颗粒物超标的，依法采取封闭措施。煤炭企业应针对煤炭运输的扬尘污染提出封闭运输、车辆清洗等防治要求，减少对道路沿线的影响；相关企业应规划建设铁路专用线、码头等，优先采用铁路、水路等方式运输煤炭。

4.9　新建、改扩建煤矿应配套煤炭洗选设施，有效提高煤炭产品质量，强化洗选过程污染治理。煤炭开采使用的非道路移动机械排放废气应符合国家和地方污染物排放标准要求，鼓励使用新能源非道路移动机械。优先采用余热、依托热源、清洁能源等供热措施，减少大气污染物排放；确需建设燃煤锅炉的，应符合国家和地方大气污染防治要求。加强矸石山管理和综合治理，采取有效措施控制扬尘、自燃等。

4.10 煤炭采选企业应当依法申请取得排污许可证或进行排污登记。未取得排污许可证也未进行排污登记的，不得排放污染物。

4.11 改建、扩建和技术改造煤炭采选项目还必须采取措施，治理与该项目有关的原有环境污染和生态破坏。

4.12 鼓励相关部门和企业，开展沉陷区生态恢复技术、露天矿排土场和采掘场生态重建与恢复技术、保水采煤技术、高盐矿井水处理与利用技术、煤矸石综合利用技术、低浓度和乏风瓦斯综合利用技术、关闭煤矿瓦斯监测和综合利用技术等研究，促进煤炭采选行业绿色发展。持续创新行业环评管理思路，遵循煤炭资源开发与环境影响特点，探索和推进煤炭开采项目环评管理程序和方式改革。

4.13 煤炭开采项目关注的重点为生态（除了对植被的影响，还含沉陷、移民安置等内容）和地下水环境影响，矿井水、煤矸石和瓦斯的综合利用。

4.14 进行地表沉陷的预测，首先应选择合适的预测模式，确立模型参数，并做好模型修正，优先采用同地区已采矿井的岩移观测数据；地下水的环境影响分析要注意当地已采煤区类比资料的使用问题，结合采煤地区其他矿井开采后的影响进行合理分析评价，并提出可行的保护措施。

4.15 生态评价应关注生态补偿机制的建立及可行性问题。

4.16 煤炭开采以生态影响为主，应关注对区域生态系统组成及服务功能变化趋势的影响。根据现状调查与评价结果，明确项目所在区域环境特征，识别评价范围内的环境保护目标（根据 HJ 2.1—2016 的要求，附图列表说明评价范围内各环境要素涉及的环境敏感区、需要特殊保护对象的名称、功能、与建设项目的位置关系以及环境保护要求等），重点预测分析、评价建设阶段和生产运行对环境保护目标的影响性质与程度。

4.17 应关注环境保护措施可行性论证。根据 HJ 2.1—2016，应分析论证拟采取的具体的污染防治、环境风险防范等措施的技术可行性、经济合理性、长期稳定运行和达标排放的可靠性、满足环境质量改善和排污许可要求的可行性。各类措施的有效性判定应以同类或相同措施的实际运行效果为依据（如类比已运行的同类或相同措施）。

4.18 加强项目建设阶段、生产运行阶段的环境管理与监测。根据 HJ 2.1—2016，环境影响评价需提出严格、具体的环境管理要求，并制订明确的监测计划，包括污染源监测、环境质量监测（主要针对受项目影响的保护目标的环境质量监测）、生态调查或监测、地表移动或塌陷监测等。

九、水利水电项目

1　主要相关产业政策、行业环评技术导则及常用标准

1.1《水电水利建设项目河道生态用水、低温水和过鱼设施环境影响评价技术指南（试行）》（国家环保总局，2006 年）

1.2《关于有序开发小水电切实保护生态环境的通知》（环发〔2006〕93 号）

1.3《环境影响评价技术导则　水利水电工程》（HJ/T 88—2003）

1.4《水利水电工程环境影响—医学评价技术规范》（GB/T 16124—1995）

1.5《水电水利工程环境保护设计规程》（DL/T 5402—2007）

1.6《水利水电工程水文计算规范》（SL 278—2002）

1.7《水域纳污能力计算规程》（SL 348—2006）

1.8《水利水电工程环境保护概估算编制规程》（SL 359—2006）

1.9《地表水资源质量评价技术规程》（SL 395—2007）

1.10《关于加快水利改革发展的决定》（中发〔2011〕1 号）

1.11《关于进一步加强水电建设环境保护工作的通知》（环办〔2012〕4 号）

1.12《关于深化落实水电开发生态环境保护措施的通知》（环发〔2014〕65 号）

1.13《水污染防治行动计划》（国发〔2015〕17 号）

1.14《关于规范火电等七个行业建设项目环境影响评价文件审批的通知》（环办〔2015〕112 号）—《水电建设项目环境影响评价文件审批原则（试行）》

1.15《关于印发水泥制造等七个行业建设项目环境影响评价文件审批原则的通知》（环办环评〔2016〕114 号）—《水利建设项目（引调水工程）环境影响评价文件审批原则（试行）》

1.16《环境影响评价技术导则　地表水环境》（HJ 2.3—2018）

2　工程概况与工程分析要点

2.1　工程概况

说明流域（河段）规划概况、本工程地理位置、工程任务、规模与工程运行方式、工程总布置与主要建筑物（主体工程、施工辅助工程）、工程施工布置及进度、水库淹没及工程占地与移民安置规划概况（包括库区防护工程）、工程投资估算。涉及公路或铁路改建、通信设施或是输电线路设施等专业项目复建的，需说明与建设

项目的相关关系，受影响的专业项目的概况、服务对象及重要程度等。

由于水利水电工程分类不同（如引水式电站、河床式电站、航电枢纽工程、水利工程、跨流域调水工程等），其工程概况说明的侧重点也有所不同。

大型水电工程的组成比较复杂，而且工程建设期长、涉及面广泛，其中包含的一些专题属于“规划”性质，如移民安置、企业迁建等。因此，水电工程建设项目工程组成及其相关配套、辅助等内容必须明确。

列入分析的重点工程：大坝、施工作业场、各种料场、对外交通、施工道路、弃渣区、生活区、淹没区、库区清理、移民安置区、迁建工程等。

2.2 工程分析

一般应按施工期（大型工程还应考虑“三通一平”期）、蓄水期（分期蓄水应考虑不同蓄水期）、运行期分别进行识别和分析，并尽量给出定量化数据。

2.2.1 施工期

施工期工程分析，应在掌握施工内容、施工量、施工时序和施工方案的基础上，识别可能引发的环境问题。

水环境影响源：砂石骨料废水、混凝土拌和与养护废水、施工机械与车辆冲洗与维修保养废水、生活污水。

大气污染源：爆破、砂石骨料加工、运输、燃油机械。

声污染源：爆破、砂石骨料加工、运输、振动机械。

固体废物：工程弃土弃渣、生活垃圾。

生态影响源：施工占地和土石方开挖对农业生态、林业生态的影响；产生的弃渣可能造成水土流失。

2.2.2 蓄水期

主要是库区清理，不仅涉及破坏植被、农田、城镇、企业等淹没损失，还涉及固体废物的处理处置问题；更重要的是蓄水阶段还需要考虑生态流量下泄问题。这也是一些水电项目需单独进行蓄水阶段验收的原因之一。

2.2.3 运行期

运营期的影响源应包括水库淹没高程及范围、淹没区地表附属物名录和数量、耕地和植被类型与面积、机组发电用水及梯级开发联合调配方案、枢纽建筑布置等方面。

运营期生态影响识别时应注意，水库、电站运行方式不同，运营期生态影响也有差异。

对于引水式电站，厂址间段会出现不同程度的脱水河段，其水生生态、用水设施和景观影响较大。

对于日调节水电站，下泄流量、下游河段河水流速和水位在日内变化较大，对下游河道的航运和用水设施影响明显。

对于年调节电站，水库水温分层相对稳定，下泄河水温度相对较低，对下游水生生物和农灌作物影响较大。

对于抽水蓄能电站，上库区域易对区域景观、旅游资源等造成影响。

水利水电工程分析中，一般设专节分析工程的相关符合性或环境合理性。主要内容包括流域规划及规划环境影响评价结论及审查意见的符合性分析；工程与其他相关规划（水功能区划、防洪规划、水资源利用规划、环境保护规划、生态保护规划、水土保持规划及区域旅游规划等）的符合性分析；工程选址的环境合理性分析、工程总体布置的环境合理性分析、工程设计方案的环保合理性分析（主要包括施工组织及工区布置的合理性分析、工程移民安置及占地补偿方案的合理性分析、专业项目复建方案的合理性分析、工程渣场及料场的选址合理性分析等）。

3 主要环境影响及防治措施

工程主要的环境影响，按照环境要素分别为：水文情势与水环境的影响；生态环境影响，包括陆生生态影响、水生生态影响（重点是鱼类影响，特别是洄游性鱼类，以及鱼类“三场”）、农业生态影响等；大气环境影响；声环境影响等。其中水文情势、水环境的影响、生态影响主要是运行期的影响；大气和声环境影响主要是施工期的影响。大型水电站根据管理需要，可考虑“三通一平”的专项环境影响评价。

3.1 施工期

施工期主要环境影响包括永久占地和临时占地产生的生态影响，“三废”排放对水环境（施工期以水污染影响为主）、环境空气、生态影响，以及施工噪声的影响，移民安置、工程复建的环境影响。

一般按常规项目施工期采取相应措施，包括施工废水处理、施工人员生活污水的处理、施工扬尘等废气治理、噪声控制、水土保持及生态保护措施、固体废物处理处置、人群健康保护、景观与文物保护等方面的措施。

3.2 运行期

主要是大坝造成的阻隔影响、水库蓄水及淹没影响、不同运行调度对水文情势及水生生态的影响。

运行期间地表水环境水文要素影响预测：

① 河流、湖泊及水库的水文情势预测分析主要包括水域形态、径流条件、水力条件以及冲淤变化等内容，具体包括水面面积、水量、水温、径流过程、水位、水深、流速、水面宽、冲淤变化等，湖泊和水库需要重点关注湖库水域面积或蓄水量及水力停留时间等因子。

②工程涉及感潮河段、入海河口及近岸海域的，水动力条件预测分析主要包括流量、流向、潮区界、潮流界、纳潮量、水位、流速、水面宽、水深、冲淤变化等因子。

主要环境保护措施应关注水环境保护（水资源利用及合理开发）、水土保持（土壤环境保护主要采取浆砌片石、砌块石、设置临时拦挡及排水设施等工程措施以及复耕、覆土造地、绿化等生态措施）、施工迹地全面的植被恢复及河库中鱼类等水生生物的保护，重点是坝下河段下泄生态流量（保证减水河段水生生物的生存）措施的保障，或鱼类增殖放流站建设。

关于水电建设项目的生态环境保护措施，在《关于深化落实水电开发生态环境保护措施的通知》（环发〔2014〕65号）中均有明确的、具体的要求。

3.3　明确提出建设项目在建设阶段、运行阶段拟采取的具体环保措施；环境质量（如地表水环境，水污染与水体富营养化）不达标的区域，应采取国内外先进可行的环境保护措施，结合区域限期达标规划及实施情况，分析建设项目实施对区域环境质量改善目标的贡献和影响。

3.4　给出各项环保措施的具体内容、责任主体、实施时段、估算环保投入，明确资金来源。

3.5　明确环境保护投入。包括为预防和减缓不利影响而采取的各项环境保护措施和设施的建设费用、运行维护费用，直接为建设项目服务的环境管理与监测费用以及相关的科研费用。

4　应注意的问题

4.1　水利水电工程环境影响重点关注生态影响（含水土流失问题）和水环境影响评价，特别是水文情势的变化及由此导致的生态影响。尽管施工期存在一定的污染影响，但水利水电工程是典型的在施工期和营运期均以生态影响为主的建设项目，既有陆生生态影响，又有水生生态影响，是案例考试中出题频率最高的。

4.2　鉴于水利水电工程多数建于山区，陆生生态影响应关注森林植被影响及可能对重要物种的影响。包括运输道路及库区淹没对森林生态系统切割（森林生境切割）与阻隔导致的野生动物通行、物种交流影响。

4.3　对土地资源的影响，特别是农业占地和占用基本农田问题。

4.4　取土场、弃渣场等非永久占地的复垦与生态恢复（植被重建）。

4.5　河流水文情势变化及建筑物阻隔对水生生态的影响。主要是运行调度水文情势的变化产生的不利影响及大坝的阻隔对库区和下游河道水生生物，主要为浮游生物、底栖生物和鱼类、鱼类“三场”的影响，特别是大坝对洄游性鱼类造成的阻隔影响。环评关注的主要因素或指标有：水文情势，水温变化（特别是低温水及其产生的环境影响），鱼类产卵与卵孵化、洄游通道、越冬场及其他栖息地等。

4.6　噪声敏感点的监测、影响评价及保护措施。

4.7　水环境尤其是水源的保护问题。若项目涉及饮用水源地或建成后库区作为饮用水源地，则需要按照饮用水源地的保护要求，依法依规实施保护措施。

4.8　水资源配置及所产生的生态影响。

4.9　大坝建设对河流廊道的生态功能的影响。

4.10　文物古迹的保护措施。

4.11　大型水利水电项目，特别是梯级开发项目，应关注对区域生态系统组成和服务功能变化趋势的影响。根据现状调查与评价结果，明确项目所在区域环境特征，识别评价范围内的环境保护目标（根据 HJ 2.1—2016 的要求，附图列表说明评价范围内各环境要素涉及的环境敏感区、需要特殊保护对象的名称、功能、与建设项目的位置关系以及环境保护要求等），重点预测分析、评价建设阶段和运行对环境保护目标的影响性质与程度。

4.12　应关注环境保护措施可行性论证。根据 HJ 2.1—2016，应分析论证拟采取的具体的污染防治、环境风险防范等措施的技术可行性、经济合理性、长期稳定运行和达标排放的可靠性、满足环境质量改善和排污许可要求的可行性。各类措施的有效性判定应以同类或相同措施的实际运行效果为依据（如类比已运行的同类或相同措施），没有实际运行经验的，可提供工程化实验数据。

4.13　加强项目建设阶段、生产运行阶段的环境管理与监测。根据 HJ 2.1—2016，环境影响评价需提出严格、具体的环境管理要求，并制订明确的监测计划（如生态流量在线监测、陆生生态与水生生态监测）。

4.14　与其有关的规划（流域综合规划、流域梯级开发规划、能源规划、水利规划）环评结论及审查意见是此类建设项目进行环境影响评价的重要依据。

十、钢铁项目

1　主要相关产业政策、行业环评技术导则及常用标准

1.1《产业结构调整指导目录（2019 年本）》（发改委令〔2019〕第 29 号）

1.2《部分工业行业淘汰落后生产工艺装备和产品指导目录（2010 年本）》（工产业〔2010〕第 122 号）

1.3《外商投资产业指导目录（2011 年修订）》（国家发改委　商务部令　第 12 号）

1.4《国务院批转发展改革委等部门〈关于抑制部分行业产能过剩和重复建设引

导产业健康发展若干意见〉的通知》（国发〔2009〕38号）

1.5《铁合金行业准入条件（2008年修订）》（发改委公告 2008年 第13号）

1.6《电解金属锰行业准入条件（2008 年修订）》（发改委公告 2008 年 第13号）

1.7《关于钢铁工业控制总量淘汰落后加快结构调整的通知》（发改工业〔2006〕1084号）

1.8《关于推进铁合金行业加快结构调整的通知》（2006年）

1.9《关于加快推进产能过剩行业结构调整的通知》（国发〔2006〕11号）

1.10《国家发展改革委关于加强铁合金生产企业行业准入管理工作的通知》（发改产业〔2005〕1214号）

1.11《钢铁产业发展政策》（发改委令〔2005〕第35号）

1.12《钢铁行业"十三五"发展规划》（2015年）

1.13《国务院办公厅转发发展改革委等部门关于制止钢铁电解铝水泥行业盲目投资若干意见的通知》（国办发〔2003〕103号）

1.14《国家发展和改革委员会关于进一步巩固电石、铁合金、焦炭行业清理整顿成果规范其健康发展的有关意见的通知》（发改产业〔2004〕2930号）

1.15《国务院关于印发钢铁产业调整和振兴规划的通知》（国发〔2009〕6号）

1.16《国务院关于进一步加强淘汰落后产能工作的通知》（国发〔2010〕7号）

1.17《国务院办公厅关于进一步加大节能减排力度加快钢铁工业结构调整的若干意见》（国办发〔2010〕34号）

1.18《关于贯彻落实抑制部分行业产能过剩和重复建设引导产业健康发展的通知》（环发〔2009〕127号）

1.19《焦化行业准入条件（2008年修订）》（工信部公告产业〔2008〕第15号）

1.20《钢铁工业水污染物排放标准》（GB 13456—92）

1.21《工业炉窑大气污染物排放标准》（GB 9078—1996）

1.22《钒工业污染物排放标准》（GB 26452—2011）

1.23《炼铁厂卫生防护距离标准》（GB 11660—89）

1.24《焦化厂卫生防护距离标准》（GB 11661—89）

1.25《烧结厂卫生防护距离标准》（GB 11662—89）

1.26《石灰厂卫生防护距离标准》（GB 18076—2000）

1.27《清洁生产标准 钢铁行业（铁合金）》（HJ 470—2009）

1.28《清洁生产标准 钢铁行业（炼钢）》（HJ/T 428—2008）

1.29《清洁生产标准 钢铁行业（高炉炼铁）》（HJ/T 427—2008）

1.30《清洁生产标准 钢铁行业（烧结）》（HJ/T 426—2008）

1.31《清洁生产标准　钢铁行业》（HJ/T 189—2006）

1.32《清洁生产标准　钢铁行业（中厚板轧钢）》（HJ/T 318—2006）

1.33《清洁生产标准　炼焦行业》（HJ/T 126—2003）

1.34《电解锰行业污染防治技术政策》（2010 年）

1.35《钢铁工业除尘工程技术规范》（HJ 435—2008）

1.36《保护农作物的大气污染物最高允许浓度》（GB 9137—88）

1.37《钢铁工业环境保护设计规范》（GB 50406—2007）

1.38《钢铁工业资源综合利用设计规范》（GB 50405—2007）

1.39《钢铁工业发展循环经济环境保护导则》（HJ 465—2009）

1.40《焦化废水治理工程技术规范》（HJ 2022—2012）

1.41《钢铁工业废水治理及回用工程技术规范》（HJ 2019—2012）

1.42《关于发布〈铁矿采选工业污染物排放标准〉等 8 项国家污染物排放标准的公告》（环境保护部公告　2012 年　第 43 号）

1.43《钢铁行业规范条件（2012 年修订）》（中华人民共和国工业和信息化部公告　2012 年　第 35 号）

1.44《大气污染防治行动计划》（国发〔2013〕37 号）

1.45《环境影响评价技术导则　钢铁建设项目》（HJ 708—2014）

1.46《水污染防治行动计划》（国发〔2015〕17 号）

1.47《关于规范火电等七个行业建设项目环境影响评价文件审批的通知》（环办〔2015〕112 号）—《钢铁建设项目环境影响评价文件审批原则（试行）》

1.48《污染源源强核算指南　钢铁工业》（HJ 885—2018）

1.49《土壤环境质量　农用地土壤污染风险管控标准（试行）》（GB 15618—2018）

1.50《土壤环境质量　建设用地土壤污染风险管控标准（试行）》（GB 36600—2018）

1.51《排污许可证申请与核发技术规范 钢铁工业》（HJ 846—2017）

1.52 钢铁工业一系列生产工艺的污染防治可行技术指南

2　工程概况与工程分析要点

2.1　工程概述

说明工程项目名称、项目组成、建设规模、产品方案及建设地点等基本情况。项目组成应包括主体工程、辅助工程、储运工程、公用工程、环保工程等主要工程内容。改扩建项目还应给出现有工程项目组成，并说明与原有工程的依托关系。

2.2　工艺流程、排污节点和污染物

2.2.1　工艺流程要全面，对主体生产设施应按工艺流程作出完整、清晰、无遗漏的叙述，并附带有污染物排放节点的工艺流程图。考试中限于篇幅及时间等，案例一般只选取一个车间或一段工艺、一段流程。

2.2.2 污染物来源及流向要清晰，对使用的各类原料、主要辅助材料、燃料中所含的有毒有害物质的品种、数量予以核定，应对某些特定物质做物料平衡，如硫平衡、氟平衡、煤气平衡等。考试中往往是针对给出某一平衡，通过平衡计算，核算某一种或某几种污染物的排放量（如2.4和2.8所述）。

2.3 工程给水方案、排水方案及排水口设施等介绍齐全，给水排水平衡应绘制包括废水回用的分水质给排水平衡图和表。

2.4 根据工艺流程、排污节点详细列出各类污染物的名录，计算出其排放强度（浓度、速率、排放总量），表明污染物流向。同时明确无组织排放量。

2.5 工程设计拟采用的各类污染物的防治措施、设施，应按工艺流程、工序、主要设备开列详细名录，表述其功能特性，包括措施名称、主要内容、效果及分项投资估算。

2.6 改、扩建工程应增加“以新带老”相关内容。

2.7 清洁生产分析贯穿工程分析全过程，从生产工艺与装备要求、资源能源利用指标、产品指标、污染物产生指标（末端处理前）、废物回收利用指标和环境管理要求等方面进行清洁生产分析。并通过与清洁生产指标对照、与同类先进指标对比，明确给出拟建项目的清洁生产水平。

2.8 按《污染源源强核算指南　钢铁工业》（HJ 885—2018）核算钢铁项目染源源源强。

2.9 给出污染物排放清单。

3 主要环境影响及防治措施

3.1 主要污染因子

要全面考虑工艺过程（分总体工程工艺流程和主要工段工艺流程分别说明）中的污染源，如烧结、焦化、炼铁、炼钢、轧钢等，分类说明其污染因子。

3.1.1 废气及主要污染物：各类原料、辅助材料、固体燃料储运、加工（破碎、筛分）等过程逸散的工业粉尘；各类工业炉窑生产性粉尘和烟气所含烟尘、SO_2、NO_x、CO；炼焦工序产生的B*a*P、H_2S、NH_3、苯系物；炼钢工序产生的氟化物；轧钢工序产生的油雾，酸洗工艺产生的酸雾、碱雾等。在考试时，考生应根据题干信息或提供的工艺流程图，能够判定产污环节及主要污染物。

3.1.2 废水类型及主要污染物：直接冷却、除尘废水（含 SS）；焦炉煤气净化废水，即酚氰废水（含酚、CN^-、S^{2-}、COD、NH_3-N、B*a*P、油类）；冷轧废水（含酸、碱、油类和乳化液）以及含铬、镍等重金属的各类废水。同样，在考试时应能够根据题干信息或工艺流程，判定废水种类及主要污染物，特别是一类污染物或特征污染物。

3.1.3　固体废物：炼铁高炉渣、钢渣、焦炉煤气净化过程产生的焦油渣、沥青渣、洗油再生渣、脱硫废液、生化污泥；轧钢工序产生的氧化铁皮、废酸液、废乳化液、废铬酸液；废水处理产生的废油和污泥等。特别重要的是能够识别危险废物的产生环节，确定危险废物种类，提出处理处置措施。

3.1.4　各类生产设备的运行噪声。

3.2　主要污染防治措施

3.2.1　废气，首先控制物质和能源的消耗量，同时选用有毒有害物质（如硫、氟、砷）含量低的原料、辅料和燃料；采用有效的控制（治理）措施，首选高效、节能的干法除尘（电除尘、袋式除尘）和高效洗涤设施；采用可燃气体回收利用及尾气自动点燃设施；完善收尘系统，减少粉尘的二次污染；焦炉煤气中 H_2S 经脱硫后回用，烧结烟气中 SO_2 经脱硫后排放。

3.2.2　废水，首先要选用无水或少水、无污染或少污染的新工艺、新技术、新设备，尽可能减少或不排放废水，如干法除尘代替湿法除尘；通过除油、沉淀、过滤、冷却等水处理单元的各种组合式处理，实施水的循环利用，对循环水泵采取软化、稳定、杀（灭）菌等措施；同时严格供水管理，采取分级使用、串级使用、一水多用等措施，减少新水补充与废水量。对于焦化酚氰废水采取厌氧、好氧生化处理，混凝沉淀和过滤等措施，显著降低污染物含量。

3.2.3　固体废物，首先要严格区分危险废物、一般工业固废和其他废物，然后分别按相应“标准”要求处置。危险废物的堆存，必须采取严格的“三防”措施等，杜绝二次污染；若外运，必须要由有资质的单位接运和处置。其他各类固体废物，应根据其特性、成分尽量综合利用。对设备运行噪声要考虑采取设备选型、厂区平面布局、减振、隔声等措施。

3.2.4　噪声，要尽可能选用低噪声的设备，并采取减振、吸声、消声、隔声等措施，降低噪声对环境的影响。

3.2.5　明确提出建设项目在建设阶段、运行阶段拟采取的具体污染防治和环境风险防范措施；环境质量不达标的区域，应采取国内外先进可行的环境保护措施，结合区域限期达标规划及实施情况，分析建设项目实施对区域环境质量改善目标的贡献和影响。

3.2.6　给出各项污染防治、环境风险防范措施的具体内容、责任主体、实施时段、估算环保投入，明确资金来源。

3.2.7　明确环境保护投入。包括为预防和减缓不利影响而采取的各项环境保护措施和设施的建设费用、运行维护费用，直接为建设项目服务的环境管理与监测费用以及相关的科研费用。

4 应注意的问题

4.1 注意产业政策的符合性、规划选址的符合性和与城市规划的协调性。关注行业清洁生产及循环经济分析。

4.2 关注能源、资源消耗利用水平，特别关注水资源利用及节水问题，大型项目要考虑对地区生态的影响。

4.3 工程分析关注金属平衡、能源平衡、水平衡、蒸汽平衡、煤气平衡、硫平衡、原料中某些重金属的平衡等。

4.4 注意特征污染物对环境的影响，如氟、砷等有害物质对人群和农作物的影响，明确大气环境防护距离，必要时提出优化厂区平面布局的建议。

4.5 环保措施分析时，应做好先进性、可靠性、合理性分析，并用实际运行的例子加以分析说明，同时应给出清晰的包括全部污染防治措施、排放浓度和速率的一览表。考生应充分熟悉“3”中的废气、废水、固体废物等主要污染防治措施，并能够在考试中根据题干信息及要求解答的措施问题给出相应的答案。

4.6 应按环境风险评价导则 HJ 169—2018 的要求进行环境风险评价，弄清风险源、提出防范措施和应急预案。

4.7 根据现状调查与评价结果，明确项目所在区域环境特征，识别评价范围内的环境保护目标（根据 HJ 2.1—2016 的要求，附图列表说明评价范围内各环境要素涉及的环境敏感区、需要特殊保护对象的名称、功能、与建设项目的位置关系以及环境保护要求等），预测分析、评价对环境保护目标的影响性质与程度。

4.8 应关注环境保护措施可行性论证。根据 HJ 2.1—2016，应分析论证拟采取的具体的污染防治、环境风险防范等措施的技术可行性、经济合理性、长期稳定运行和达标排放的可靠性、满足环境质量改善和排污许可要求的可行性。各类措施的有效性判定应以同类或相同措施的实际运行效果为依据（如类比已运行的同类或相同措施）。

4.9 加强项目建设阶段、生产运行阶段的环境管理与监测。根据 HJ 2.1—2016，环境影响评价需提出严格、具体的环境管理要求，并制订明确的监测计划。

4.10 与其有关的规划（行业规划、产业规划、园区规划）环评结论及审查意见是此类建设项目进行环境影响评价的重要依据。

十一、水泥项目

1　主要相关产业政策、行业环评技术导则及常用标准

1.1《国务院批转发展改革委等部门〈关于抑制部分行业产能过剩和重复建设引导产业健康发展若干意见〉的通知》（国发〔2009〕38 号）

1.2《产业结构调整指导目录（2019 年本）》（发改委令〔2019〕第 29 号）

1.3《国家发展和改革委员会关于鼓励利用电石渣生产水泥有关问题的通知》（发改办环资〔2008〕981 号）

1.4《水泥行业准入条件（2014 年本）》

1.5《水泥工业大气污染物排放标准》（GB 4915—2013）

1.6《水泥工厂设计规范》（GB 50295—2008）

1.7《水泥生产防尘技术规程》（GB/T 16911—2008）

1.8《水泥工业环境保护设计规定》（JCJ 11—97）

1.9《水泥厂卫生防护距离标准》（GB 18068—2000）

1.10《清洁生产标准　水泥工业》（HJ 467—2009）

1.11《爆破安全规程》（GB 6722—2003）

1.12《大气污染防治行动计划》（国发〔2013〕37 号）

1.13《水污染防治行动计划》（国发〔2015〕17 号）

1.14《关于印发水泥制造等七个行业建设项目环境影响评价文件审批原则的通知》（环办环评〔2016〕114 号）—《水泥建设项目环境影响评价文件审批原则（试行）》

1.15《污染源源强核算技术指南　水泥工业》（HJ 886—2018）

1.16《排污许可证申请与核发技术规范 水泥工业》（HJ 847—2017）

1.17《水泥工业污染防治最佳可行技术指南》

2　工程概况与工程分析要点

2.1　工程概述

工程概述包括建设项目名称、建设地点、建设性质、建设规模、工程投资、项目组成（包括主体工程、辅助工程、公用工程、配套工程、环保工程）、产品方案、主要设备装置、经济技术指标及厂区平面布置等。改扩建及技改项目还应说明原有工程概况及新项目与之的依托关系。

2.2　工艺流程、排污节点和污染物

2.2.1　明确原料、燃料的种类、用量、来源、化学组成、储运方式、物料投入及产出情况等。

2.2.2　说明项目采用的生产工艺方法，给出带污染物排放节点的工艺流程图。考试时一般要求考生根据题干信息或给出的工艺流程图，识别产污环节，并能够判定主要污染物种类。

2.2.3　根据工艺流程、排污节点，详细列出污染源汇总表，包括污染源的名称、除尘设施类别、排气筒高度和内径、排气风量、排放浓度、排放方式、吨产品污染物排放量等。对于颗粒物应给出各排尘点颗粒物的密度及粒径；列出非正常工况下相应污染物的排放情况（如窑尾电除尘器特定工况下的非正常排放）。说明物料堆场、原料及产品输送过程中无组织排放情况（无组织排放点面积、源强、高度、防护措施等）。

2.2.4　按主要工艺流程、工序详细说明工程设计拟采用的各类污染物防治措施，包括措施名称、主要内容、预期效果及投资等。

2.2.5　清洁生产分析贯穿工程分析全过程，从生产工艺与装备要求、资源能源利用指标、产品指标、污染物产生指标（末端处理前）、废物回收利用指标和环境管理要求等方面论述项目清洁生产水平。

2.2.6　按《污染源源强核算指南　水泥工业》（HJ 886—2018）核算水泥项目污染源源强。这是工程分析的核心或实质性内容。

2.2.7　给出污染物排放清单。改扩建工程还需要核算现有工程污染物排放量，并结合拟建工程给出“三本账”。

2.2.8　总图布置分析，应着重考虑水泥窑废气排放和强噪声设备噪声对敏感目标的影响。

3　主要环境影响及防治措施

3.1　主要污染因子

熟料煅烧废气（SO_2、NO_x）、颗粒物、废水（冷却水、生活污水）、噪声（设备噪声和运输交通噪声）、固体废物（生活垃圾）。

配套建设或依托的石灰石矿山应根据矿山及所在地环境特征进行以生态和地下水为主的环境影响评价。属于矿山开采项目，一般单独评价。考试时既可以结合水泥案例，也可以单独出案例题。

3.2　主要污染防治措施

3.2.1　废气：颗粒物根据不同工序特点，一般选用布袋和静电除尘器。SO_2 防治首先应从原料上加以控制，选用含硫低的原、燃料；由于新型干法水泥生产工艺本身有较高的脱硫效率，一般不需要单独设置脱硫装置。NO_x 防治可从改进窑头主燃烧器和分解炉系统设备，优化熟料煅烧氛围，增设废气末端治理脱销装置等方面考虑。

3.2.2　废水：冷却水的回用及生活污水治理后达标排放。

3.2.3　噪声：主要考虑厂区合理布局，设备选型，设备隔声、消声、减震等。

3.2.4　固体废物：各除尘器收集后颗粒物应全部回用于生产，生活垃圾按相关规范分类收集后可由当地环卫部门及时清运。

3.2.5　对于环境质量不达标的区域，应采取国内外先进可行的环境保护措施，结合区域限期达标规划及实施情况，分析建设项目实施对区域环境质量改善目标的贡献和影响。

3.2.6　给出各项污染防治、环境风险防范措施的具体内容、责任主体、实施时段、估算环保投入，明确资金来源。

3.2.7　明确环境保护投入。包括为预防和减缓不利影响而采取的各项环境保护措施和设施的建设费用、运行维护费用，直接为建设项目服务的环境管理与监测费用以及相关的科研费用。

4　应注意的问题

4.1　注意产业政策的符合性、规划选址的符合性和与城市规划的协调性。关注行业清洁生产分析。

4.2　特别关注厂址的选择。从原料与资源（水、电）保障、交通运输便利性、大气环境防护距离和安全防护距离要求、周围敏感目标的分布、与当地的总体规划和土地利用规划的符合性、环境容量等方面论述选址可行性。

4.3　环境影响分析应包括大气污染物非正常排放出现的原因、频率，对环境的影响程度和持续时间及相应的解决方案。

4.4　考虑物料及产品运输路线的合理性，对沿线环境敏感点噪声和扬尘的影响及控制措施论述。

4.5　如果原料中含有氟（如萤石、泥岩黏土质等），应考虑氟化物对环境的影响及相应的防治措施。

4.6　对于配套有水泥矿山开采的项目，需重点关注矿山开采过程中的环境问题，如爆炸产生的废气，爆破震动、噪声，矿坑水的水质污染，废矿石的处置方式及处置场选址的合理性，以及开采过程中的生态影响（植被破坏、水土流失、景观影响等）和地下水影响。

4.7　对于改扩建或技术改造项目，应本着“多还旧账，不欠新账”的原则，明确拟建工程与现有工程的依托关系和现有工程存在的环境问题，提出“以新带老”

的环保措施，分析拟建工程实施后的环境效益。

4.8 根据现状调查与评价结果，明确项目所在区域环境特征，识别评价范围内的环境保护目标（根据 HJ 2.1—2016 的要求，附图列表说明评价范围内各环境要素涉及的环境敏感区、需要特殊保护对象的名称、功能、与建设项目的位置关系以及环境保护要求等），预测分析、评价对环境保护目标的影响性质与程度。

4.9 应关注环境保护措施可行性论证。根据 HJ 2.1—2016，应分析论证拟采取的具体的污染防治、环境风险防范等措施的技术可行性、经济合理性、长期稳定运行和达标排放的可靠性、满足环境质量改善和排污许可要求的可行性。各类措施的有效性判定应以同类或相同措施的实际运行效果为依据（如类比已运行的同类或相同措施）。

4.10 加强项目建设阶段、生产运行阶段、服务期满（如矿山部分）的环境管理与监测。根据 HJ 2.1—2016，环境影响评价需提出严格、具体的环境管理要求，并制订明确的监测计划。

4.11 与其有关的规划（行业规划、产业规划、园区规划）环评结论及审查意见是此类建设项目进行环境影响评价的重要依据。

十二、港口项目

1 主要相关产业政策、行业环评技术导则及常用标准

1.1《中华人民共和国港口法》（2004 年 1 月 1 日实施）

1.2《中华人民共和国海洋环境保护法》（1999 年 12 月 25 日修订颁布，2000 年 4 月 1 日实施）

1.3《中华人民共和国海域使用管理法》（2002 年 1 月 1 日实施）

1.4《中华人民共和国海洋倾废管理条例》（1985 年 4 月 1 日实施）

1.5《中华人民共和国海洋倾废管理条例实施办法》（1990 年）

1.6《中华人民共和国防治海岸工程建设项目污染损害海洋环境管理条例》（国务院令第 507 号，2008 年）

1.7《中华人民共和国河道管理条例》（1988 年）

1.8《交通建设项目环境保护管理办法》（交通部令 2003 年第 5 号）

1.9《全国内河航道与港口布局规划》（2007 年）

1.10《全国沿海港口布局规划》（2006 年）

1.11《港口建设项目环境影响评价规范》（JTS 105-1—2011）

1.12《海洋监测规范》（GB 17378.1～GB 17378.7—2007）

1.13《海洋调查规范》（GB 12763.1～GB 12763.11—2007）

1.14《船舶污染物排放标准》（GB 3552—83）

1.15《港口工程环境保护设计规范》（JTS 149-1—2007）

1.16《MARPOL73/78 公约》附则Ⅰ～Ⅵ

1.17《关于加强规划环境影响评价与建设项目环境影响评价联动工作的意见》（环发〔2015〕178 号）

1.18《关于印发〈建设项目环境影响评价信息公开机制方案〉的通知》（环发〔2015〕162 号）

1.19《关于进一步加强涉及自然保护区开发建设活动监督管理的通知》（环发〔2015〕57 号）

1.20《国务院关于印发〈水污染防治行动计划〉的通知》（国发〔2015〕17 号）

1.21《中华人民共和国防治船舶污染内河水域环境管理规定》（交通运输部令 2015 年　第 25 号）

1.22《关于修改〈中华人民共和国船舶污染海洋环境应急防备和应急处置管理规定〉的决定》（中华人民共和国交通运输部令　2015 年第 6 号）

1.23《关于印发水泥制造等七个行业建设项目环境影响评价文件审批原则的通知》（环办环评〔2016〕114 号）—《航道建设项目环境影响评价文件审批原则（试行）》

2　工程概况与工程分析要点

2.1　建设项目的基本情况的全面介绍：工程范围、建设规模及主要技术经济指标、总图布置、水工结构、配套工程、装卸工艺、主要施工方法、土石方平衡分析，如港区是分期建设还要增加港区开发建设回顾性分析。

2.2　全过程分析

工程分析应涉及勘察设计期、施工期和运营期，以施工期和运营期为主，按水环境（或海洋环境）、环境生态、环境空气、声环境和固体废弃物等环境要素识别影响源和影响方式，并估算影响源强。

可研和初步设计期工程分析的重点是码头选址和航路选线。

（1）施工期是航运码头工程产生生态破坏和环境污染的主要环节，重点考虑填充造陆工程、航道疏浚工程、护岸工程和码头施工对水域环境和生态系统的影响，说明施工工艺和施工布置方案的合理性，从施工全过程识别和估算影响源。

（2）运营期主要考虑陆域生活污水、运营过程中产生的含油污水、船舶污染物和码头、航道的风险事故。海运船舶污染物（船舶生活污水、含油污水、压载水、垃圾等）的处理处置有相应的法律规定。同时，应特别注意从装卸货物的理化性质及装卸工艺分析，识别可能产生的环境污染和风险事故。

2.3　污染源及环保措施分析

确定噪声（施工机械、车辆）、污水（港口、陆域）、粉尘、废气、固体废物（抛泥）等主要污染源、污染物源强及排放方式。

港口噪声源于施工期机械噪声（打桩机、挖掘机、搅拌机、船舶、自卸卡车等）；以及营运期装船机、堆料机、取料机、皮带机、翻车机和疏港车流量的交通噪声。宜采用类比实测资料确定。

污水一般包括生活污水（陆域生活污水量和船舶生活污水）、散装有毒液体卸船码头接收的船舶洗舱水和船舱残留物、煤炭和矿石码头冲洗水等。

环境空气影响源于施工期陆域回填、施工粉尘；运营期：① 尘污染（煤、矿石、杂货等）堆场表面的起尘，卸车、运送、装船等过程的起尘；② 锅炉大气污染物（北方取暖）锅炉烟气、SO_2、NO_2；③ 到港船舶废气（SO_2、NO_x）。

港口船舶固体废物和陆域固体废物发生量宜采用统计分析法确定。

港口建设生态影响涉及陆生生态和海洋（河流）生态两大类型。陆生影响与一般交通站场类似，对海洋、河流、湖泊的生态影响是重点。建设期生态影响包括因水下开挖（挖砂）、吹填造陆、填埋，对水生生态造成破坏、污染；产生悬浮物、油污和重金属，对生物造成毒害；直接破坏、掩埋底栖生物生境等。营运期航道维护中日常疏浚，破坏、污染水生生态。

2.4　总图布置合理性分析

2.5　根据环境特点对选址比选方案进行描述，重点考虑是否涉及敏感区及减缓环境影响的方案比选。

3　主要环境影响及防治措施

3.1　生态影响

根据环境现状评价结论、环境功能规划、岸线规划及水环境评价等，分析生态影响。水域生态评价分别对底栖生物、游泳生物、浮游生物进行，侧重珍稀动植物（保护生物）及水产养殖、渔业捕捞、产卵场调查，识别生长区、洄游路线，说明岸线侵蚀、水域冲刷与淤积情况；分析防波堤、引堤、护岸、码头等水工建筑物对水动力条件的改变，抛泥区生态影响问题。陆域生态评价阐述敏感目标的生态影响，如用地类型（基本农田、湿地、天然森林和自然保护区等）；（受保护的）动植物状况、对水土保持的影响适用于在近岸进行开山填海造陆的港口建设项目。应提出相关防治和保护措施，必要时改变选址、改进工程设计或施工计划，提出减缓影响生态敏感区域的措施（人工放流等）；水土保持防护工程的建议；场区环境绿化方案、备选植物的建议。

3.2　水环境影响

水环境影响包括水文情势影响和水质影响。水文情势影响应描述工程建设前后水文情势的变化情况。水质影响包括污染源评价、水质质量评价、底质评价。明确施工期和营运期污水达标排放情况（种类、数量、浓度、排放去向等），给出预测因子的空间浓度分布图，确定影响范围和程度；定量分析敏感目标和保护目标的影响程度。当运载疏浚物的船舶选择的航线两侧无环境保护目标，或疏浚物在划定的抛泥区内抛弃时，可简化水环境影响分析。根据影响结论，应提出现场施工人员生活污水的简易处理方案、施工船舶舱底油污水处理方案、疏浚和陆域形成产生的悬浮物对保护目标的影响防治方案等相关防治和保护措施及改进建议。

3.3　环境空气质量

港口工程的大气污染物包括气态和颗粒物两类，污染距离较近，范围较小，且多数港口周围地形平坦。按照《环境影响评价技术导则　大气环境》和评价等级进行大气环境影响预测。针对污染物排放对敏感点和敏感区域的影响，提出影响减缓措施。

3.4　环境噪声影响

应分析噪声源的特征和变化规律，包括：① 对港内声学环境的影响：码头独立单机和移动范围较小的装卸机械的噪声；码头固定式连续输送机械噪声。② 对港外声学环境的影响：疏港公路和铁路噪声。确定评价区内的敏感目标及港界处的声级、超标状况，提出相应的污染防治措施。

3.5　固体废物影响

考虑船舶垃圾污染、陆域固体废物污染，对固体废物根据分类处置，提出施工建筑垃圾处置建议；营运期船舶垃圾、陆域生产废物、生活垃圾处置建议，明确去向。

3.6　环境风险分析（包括污染风险和生态风险）

要考虑石油码头、液化气码头、散装有毒液体化学品码头、危险品集装箱码头及有毒固体化学品码头的事故风险，按风险源分析、风险预测、风险后果和风险防范应急措施进行风险分析。重点分析对饮用水源地和特殊、重要生态敏感区的影响。在报告中提出如何调整和完善建设项目设计和应急方案，必须把不利的环境影响降到最低程度，并应在实施计划和设计中提出消除、减缓或改善环境质量的要求。

3.7　明确提出建设项目在建设阶段、运行阶段拟采取的具体污染防治、生态保护和环境风险防范措施；环境质量（海洋环境）不达标的区域，应采取国内外先进可行的环境保护措施，结合区域限期达标规划及实施情况，分析建设项目实施对区域环境质量改善目标的贡献和影响。

3.8　给出各项污染防治、生态保护和环境风险防范措施的具体内容、责任主体、实施时段、估算环保投入，明确资金来源。

3.9　明确环境保护投入。包括为预防和减缓不利影响而采取的各项环境保护措施和设施的建设费用、运行维护费用，直接为建设项目服务的环境管理与监测费用以及相关的科研费用。

4 应注意的问题

4.1 项目选址和建设方案的环境合理性和可行性：要符合环境保护产业政策；要符合港区总体规划、岸线规划、城市规划，污染物的分析和治理要与港区规划统一考虑。

4.2 根据不同港口的工程性质和规模进行清晰的工程分析；正确制定评价类别和评价等级、范围，重点考虑生态、水和声专题。

4.3 根据相关技术导则和港口环境影响特征确定环境敏感目标，调查评价范围内的特殊生态敏感区和重要生态敏感区，明确选址区内的生态功能区划与规划。

4.4 工程对水生生物的调查和影响分析要规范，生物损失要考虑施工期和运营期，补偿措施要有针对性（当地适宜种类）。

4.5 环境监测方案的可行性要考虑施工期和运行期全过程，环境监测布点、频次及时间要符合规范要求。

4.6 必须进行环境风险分析评价（含生态风险、事故风险等），分析产生环境风险的原因及风险概率，针对环境敏感目标做环境风险评价，提出有针对性的环境风险防范措施和事故应急计划。

4.7 MARPOL73/78 公约附则Ⅰ～Ⅵ在中国均已生效，环评中注意 6 个附则的规定（包括附则Ⅰ：防止油污规则；附则Ⅱ：控制散装有毒液体物质污染规则；附则Ⅲ：防止海运包装或集装箱，可移动罐柜或公路铁路槽罐车装运有害物质污染规则；附则Ⅳ：防止船舶生活污水污染规则；附则Ⅴ：防止船舶垃圾污染规则；附则Ⅵ：防止船舶产生空气污染规则）。

4.8 此类项目往往既涉及陆生生态，又涉及海洋或海岸带生态，应关注对区域不同类型生态系统的组成和服务功能变化趋势的影响。根据现状调查与评价结果，明确项目所在区域环境特征，识别评价范围内的环境保护目标（根据 HJ 2.1—2016 的要求，附图列表说明评价范围内各环境要素涉及的环境敏感区、需要特殊保护对象的名称、功能、与建设项目的位置关系以及环境保护要求等），重点预测分析、评价对环境保护目标的影响性质与程度。

4.9 应关注环境保护措施可行性论证。根据 HJ 2.1—2016，应分析论证拟采取的具体的污染防治、环境风险防范等措施的技术可行性、经济合理性、长期稳定运行和达标排放的可靠性、满足环境质量改善和排污许可要求的可行性。各类措施的有效性判定应以同类或相同措施的实际运行效果为依据（如类比已运行的同类或相同措施）。

4.10　加强项目建设阶段、生产运行阶段的环境管理与监测。根据 HJ 2.1—2016，环境影响评价需提出严格、具体的环境管理要求，并制订明确的监测计划（如海洋或海岸环境与生态的监测）。

4.11　与其有关的规划（港口总体规划、岸线规划）环评结论及审查意见是此类建设项目进行环境影响评价的重要依据。

十三、制浆造纸项目

1　主要相关产业政策、行业环评技术导则及常用标准

1.1《造纸产业发展政策》（发改委公告 2007 第 71 号）

1.2《外商投资产业指导目录（2016 年修订）》

1.3《产业结构调整指导目录（2019 年本）》（发改委令〔2019〕第 29 号）

1.4《制浆造纸工业水污染物排放标准》（GB 3544—2008）

1.5《草浆造纸工业废水污染防治技术政策》（环发〔1999〕273 号）

1.6《清洁生产标准　造纸工业（漂白碱法蔗渣浆生产工艺）》（HJ/T 317—2006）

1.7《清洁生产标准　造纸工业（漂白化学烧碱法麦草浆生产工艺）》（HJ/T 339—2007）

1.8《清洁生产标准　造纸工业（硫酸盐化学木浆生产工艺）》（HJ/T 340—2007）

1.9《清洁生产标准　造纸工业（废纸制浆）》（HJ 468—2009）

1.10《建设项目竣工环境保护验收技术规范—造纸工业》（HJ/T 408—2007）

1.11《制浆造纸废水治理工程技术规范》（HJ 2011—2012）

1.12《关于规范火电等七个行业建设项目环境影响评价文件审批的通知》（环办〔2015〕112 号）—《制浆造纸建设项目环境影响评价文件审批原则（试行）》

1.13《环境保护综合名录（2017 年版）》（环境保护部发布）

1.14《污染源源强核算技术指南　制浆造纸》（HJ 887—2018）

1.15《排污许可证申请与核发技术规范水泥工业》（HJ 847—2017）

1.16《制浆造纸工业污染防治可行技术指南》（HJ 2302—2018）

2　工程概况与工程分析要点

2.1　工程简介

工程名称、建设性质（新建、改扩建、技术改造）、地点、规模、项目组成（包括主体工程、辅助工程、公用工程、环保工程等）、产品方案、建设投资及环境保护

投资（环境保护投资应给出投资明细）、职工人数、工作制度、生产天数等，如涉及原料林基地、固废填埋场建设等，应介绍相关情况。

2.2　生产装置、工艺路线

实际环评工作中需详细说明原料来源、生产工艺方法、操作控制条件，分析物料平衡、水平衡、汽电平衡。根据采取工艺的不同，应标注产污节点的污染源流程图及相对应的表来说明产污过程、排放点位置、污染物成分、排放强度（如废气排放速率、浓度）、去向。对使用的辅料（如使用的化学品等）进行说明，明确其物化性质、贮存、运输、使用情况，同时要考虑非主体工程的污染源。考试时一般会在题干中简要说明一个生产车间或其中一段工艺的流程图以介绍生产方式。

根据 HJ 2.1—2016，清洁生产贯穿工程分析全过程。有清洁生产报告的，可引用其结论；无清洁生产报告的，则从生产工艺与装备要求、资源能源利用指标、产品指标、污染物产生指标（末端处理前）、废物回收利用指标和环境管理要求等方面进行清洁生产分析，在工程分析中明确给出清洁生产结论。

2.3　污染源及环保措施分析

污染源源强，是指污染源排放的污染物的强度（如废气排放的浓度、速率；废水的排放浓度、噪声强度、单位时间固体废物的产生量等），源强核算可采用类比法、实测法、产污系数和台账法、物为衡算法等。具体按照《污染源源强核算指南　制浆造纸》（HJ 887—2018）核算。

采用类比调查（类比调查应以已投产的同类产品企业的实测数据为依据）与物料平衡分析相结合的方法，对生产各单元逐一核算污染源强（包括无组织排放及非正常工况排放），特别注意工艺过程与污水处理厂恶臭源强的估算，以及 AOX、二噁英产生量的核算。按污染物产生量、削减量、排放量给出项目污染源强汇总表。做好给排水平衡，计算水的重复利用率，提出降低新鲜水消耗的途径和措施。工程建设内容如包括自备热电厂，则须做好全厂热电平衡，给出自备热电站热电比、总热效率，按国家有关规定论证其建设的合理性。

工程分析应给出污染物排放清单。除常规污染物外，应特别关注特征污染物（如 TRS、恶臭、AOX、二噁英等）。

2.4　总图布置分析

分析总图布置的工艺与生产合理性外，还需分析其环境的合理性。

3　主要环境影响及防治措施

3.1　主要污染因子

3.1.1　施工期

其环境影响与一般建设项目施工期环境影响基本相似。但对于大型项目，特别是涉及原料林基地的项目，还需要考虑对区域生态的影响。一般情况下，原料林基地建设项目需单独编制以生态影响为主的专题报告。

3.1.2 运行期

3.1.2.1 废水污染因子：应包括装置生产废水（蒸煮黑液、筛选废水、漂白废水、纸机废水、锅炉排水、污冷凝水等）、事故排水量（非正常工况排水量）、前期雨水，一般污染因子包括 COD、BOD_5、SS、氨氮、总氮、总磷、pH、特征因子（如恶臭、AOX、二噁英等）。

3.1.2.2 废气污染因子：应包括配套电站锅炉废气、碱回收炉废气、石灰窑废气和漂白塔尾气等，考虑有组织排放、无组织排放及事故排放量。一般污染因子包括 SO_2、NO_x、烟尘、粉尘，特征污染物如 TRS、恶臭等。

3.1.2.3 固废污染因子：根据工程分析，按一般工业固废、危险固废、生活垃圾分别考虑。

3.1.2.4 生产设备运行噪声

3.2 主要污染防治措施

3.2.1 关于污染防治措施，一方面在工程分析中就需对项目可行性研究报告或设计报告提出的环保措施进行分析，之后随着环境影响评价的深入，应根据评价结果，提出更具体、更先进、更适用、更有效的环保措施，从而进一步减少污染物排放量，减轻不利环境影响。也就是说，项目可行性研究报告或设计提出的环保措施有些可能是适用、有效的，但也有些可能是不够先进、不适用或效果较差的，这就需要通过环境影响评价来进一步完善。

3.2.2 废气治理和控制的主要措施：一般锅炉烟气安装脱硫、脱硝、除尘设施；石灰窑废气、碱回收炉废气、漂白塔尾气根据不同情况进行相关治理；恶臭则采用控制原辅材料和工艺的方法进行防治。

3.2.3 造纸行业生产废水处理难度大（尤其是制浆废水），首先应采取清洁生产工艺，对废水进行分类、分段治理后，将可回收利用的进行综合利用。其中废水经预处理后可采用二级生化加深度处理，深度处理工艺根据具体情况而定。

3.2.4 造纸过程产生的废渣要分类贮存和处置，其中一般工业固废和危险固废应进行分类处理，同时必须建设符合环保要求的安全处置设施，或交有资质单位安全处置。

3.2.5 明确提出建设项目在建设阶段、运行阶段拟采取的具体污染防治、生态保护（如林基地）和环境风险防范措施；环境质量（如地表水）不达标的区域，应采取国内外先进可行的环境保护措施，结合区域限期达标规划及实施情况，分析建设项目实施对区域环境质量改善目标的贡献和影响。

3.2.6 给出各项污染防治、生态保护和环境风险防范措施的具体内容、责任主体、实施时段、估算环保投入，明确资金来源。

3.2.7 明确环境保护投入。包括为预防和减缓不利影响而采取的各项环境保护措施和设施的建设费用、运行维护费用，直接为建设项目服务的环境管理与监测费用以及相关的科研费用。

4 应注意的问题

4.1 注意具体项目与产业政策、行业技术规范的符合性，与造纸工业相关发展规划的符合性，特别关注环境制约因素，如项目原料林资源、水资源供给可靠性，同时要注意废水排放对地表水、地下水的影响。对于林纸一体化项目或规划，要从资源环境承载力出发论证产业发展规模、布局、选址的环境合理性，并根据当地土地、经济等资源所能承载的原料林基地规模来确定制浆能力，原料林基地主要是生态影响与生态风险，以及水环境影响问题。

4.2 造纸工业产生的主要污染物是废水，同时也会产生大量的废气和废渣。此类项目工程分析的重点是污染源分析、污染物排放强度分析（特别是水污染源和大气污染源，及其污染物产生与排放强度的分析是工程分析的重点）、清洁生产分析、环保措施分析（主要是针对建设项目可行性研究报告或设计报告提出的环保措施）。必要时应对厂址选择、总图布置提出意见或建议。

4.3 注意项目选址、布局与当地城市规划的符合性，对于改扩建项目要进行造纸行业原料结构调整与产品结构优化升级分析，做到“增产不增污”，努力实现“增产减污”，必要时提出区域污染削减方案。

4.4 对于不同制浆工艺产生的特征污染物（如 AOX、二噁英、恶臭）应采用清洁生产工艺从源头控制。废水和废气中的特征污染物要牢记。

4.4 污染治理措施需要多方案比选与技术经济论证，注重废水、废气治理措施达标排放与控制污染物排放许可证指标的可行性和经济的合理性，同时要进行排污口位置选址及排污方式论证。

4.5 对废水处理设施中产生的恶臭无组织排放的单元，应采取有效的减缓措施。并给出合理的大气环境防护距离。

4.6 环境风险评价重点对生产过程和危险化学品储运、使用、处置等过程中产生事故的环境风险进行分析，如对二氧化氯、液氯等危险化学品的储运、使用过程中的环境风险予以充分分析论证。

4.7 涉及造纸林基地建设的项目，其生态环境影响评价章节应有针对性地提出生态影响的具体防治对策与减缓、恢复及补偿措施。

4.8 根据现状调查与评价结果，明确项目所在区域环境特征，识别评价范围内的环境保护目标（根据 HJ 2.1—2016 的要求，附图列表说明评价范围内各环境要素涉及的环境敏感区、需要特殊保护对象的名称、功能、与建设项目的位置关系以及环境保护要求等），预测分析、评价对环境保护目标（如具有重要水环境功能的河流、湖库、饮用水源保护区等）的影响性质与程度。

4.9　应关注环境保护措施可行性论证。根据 HJ 2.1—2016，应分析论证拟采取的具体的污染防治、环境风险防范等措施的技术可行性、经济合理性、长期稳定运行和达标排放的可靠性、满足环境质量改善和排污许可要求的可行性。各类措施的有效性判定应以同类或相同措施的实际运行效果为依据（如类比已运行的同类或相同措施）。

4.10　加强项目建设阶段、生产运行阶段的环境管理与监测。根据 HJ 2.1—2016，环境影响评价需提出严格、具体的环境管理要求，并制订明确的监测计划。

4.11　与其有关的行业规划或产业规划、园区规划环评结论及审查意见，应作为项目环评的重要依据。

十四、规划环评

1　主要规章、产业政策及环评技术导则

1.1《中共中央 国务院关于建立国土空间规划体系并监督实施的若干意见》（中发〔2019〕18 号）

1.2《国务院关于实行最严格水资源管理制度的意见》（国发〔2012〕3 号）

1.3《国务院关于印发全国现代农业发展规划（2011—2015 年）的通知》（国发〔2012〕4 号）

1.4《国务院批转住房城乡建设部等部门关于进一步加强城市生活垃圾处理工作意见的通知》（国发〔2011〕9 号）

1.5《国务院关于加强环境保护重点工作的意见》（国发〔2011〕35 号）

1.6《国务院关于进一步加强淘汰落后产能工作的通知》（国发〔2010〕7 号）

1.7《国务院关于中西部地区承接产业转移的指导意见》（国发〔2010〕28 号）

1.8《国务院关于印发全国主体功能区规划的通知》（国发〔2010〕46 号）

1.9《国务院批转发展改革委等部门关于抑制部分行业产能过剩和重复建设引导产业健康发展若干意见的通知》（国发〔2009〕38 号）

1.10《国务院关于加快发展旅游业的意见》（国发〔2009〕41 号）

1.11《国务院办公厅转发环境保护部等部门关于推进大气污染联防联控工作改善区域空气质量指导意见的通知》（国办发〔2010〕33 号）

1.12《国务院办公厅关于进一步加大节能减排力度加快钢铁工业结构调整的若

干意见》（国办发〔2010〕34号）

1.13《关于进一步加强规划环境影响评价工作的通知》（环发〔2011〕99号）

1.14《关于学习贯彻〈规划环境影响评价条例〉加强规划环境影响评价工作的通知》（环发〔2009〕96号）

1.15《关于加强煤炭矿区总体规划和煤矿建设项目环境影响评价工作的通知》（环办〔2006〕129号）

1.16《关于修改〈产业结构调整指导目录（2011年本）〉有关条款的决定》（发改委令〔2013〕第21号）

1.17《中国开发区审核公告目录》（2006年版）

1.18《关于加强环境影响评价管理防范环境风险的通知》（环发〔2005〕152号）

1.19《饮用水源保护区污染防治管理规定》（〔89〕环管字第201号）

1.20《近岸海域环境功能区管理办法》（国家环境保护总局令　第8号）

1.21《规划环境影响评价技术导则　总纲》（HJ 130—2019）

1.22《开发区区域环境影响评价技术导则》（HJ/T 131—2003）

1.23《环境影响评价技术导则　地下水环境》（HJ 610—2016）

1.24《关于开展各类开发区清理整改前期工作的通知》（发改外资〔2012〕4035号）

1.25《国家发展改革委、财政部关于推进园区循环化改造的意见》（发改环资〔2012〕765号）

1.26《关于发布〈综合类生态工业园区标准〉（HJ 274—2009）修改方案的公告》

1.27《关于加强规划环境影响评价与建设项目环境影响评价联动工作的意见》（环发〔2015〕178号）

1.28《环境保护公众参与办法》（环境保护部令　第35号）

1.29《关于进一步加强涉及自然保护区开发建设活动监督管理的通知》（环发〔2015〕57号）

1.30《国务院关于印发水污染防治行动计划的通知》（国发〔2015〕17号）

1.31《关于开展规划环境影响评价会商的指导意见（试行）》（环发〔2015〕179号）

1.32《关于发布国家环保标准〈国家生态工业示范园区标准〉的公告》（公告2015年 第91号）

1.33《关于印发〈国家生态工业示范园区管理办法〉的通知》（环发〔2015〕167号）

1.34《关于做好矿产资源规划环境影响评价工作的通知》（环发〔2015〕158号）

1.35《关于印发〈全国生态功能区划（修编版）〉的公告》（公告2015年 第61号）

1.36《关于规划环境影响评价加强空间管制、总量管控和环境准入的指导意见

（试行）》（环办环评〔2016〕14 号）

1.37《关于以改善环境质量为核心加强环境影响评价管理的通知》（环环评〔2016〕150 号）

1.39《关于加强资源环境生态红线管控的指导意见》（发改环资〔2016〕1162 号）

1.40《中共中央 国务院关于加强全面加强生态环境保护 坚决打好污染防治攻坚战的意见》（2018 年 6 月 16 日）

1.41《关于规范区域建设用海规划环境影响评价工作的意见》（国海发〔2011〕45 号）

1.42《关于进一步加强公路水路交通运输规划环境影响评价工作的通知》（环发〔2012〕49 号）

1.43《关于进一步加强水利规划环境影响评价工作的通知》（环发〔2014〕43 号）

1.44《关于做好煤电基地规划环境影响评价工作的通知》（环办〔2014〕60 号）

1.45《关于贯彻实施国家主体功能区环境政策的若干意见》（环发〔2015〕92 号）

1.46《规划环境影响跟踪评价技术指南》（生态环境部，2019 年 3 月）

1.47《资源环境承载能力和国土空间开发适宜性评价技术指南（试行）》（自然资源部国土空间规划局，2019 年 6 月）

2 区域开发规划方案分析要点

2.1 区域开发规划概述和开发现状

2.1.1 概述区域开发规划编制的背景和定位，梳理并详细说明规划的区域空间范围和空间布局，规划定位、规划的目标、发展规模、规划分区与组成、结构（包括产业结构、能源结构、土地利用空间结构等）、规划实施时序，资源能源利用等可能对环境造成重大不良影响的主要规划内容。介绍规划实施的配套设施（包括主要环境保护措施）以及生态环境保护等内容。如规划包含重大建设项目的，应列出近期项目清单，明确其建设性质、内容、规模、地点等。其中，规划的范围、布局等应给出相应的图、表。

2.1.2 对于已有实质性开发建设活动的区域，应结合区域发展的历史或上一轮规划的实施情况，增加有关开发现状的回顾，包括：开发过程回顾，区内现有产业结构，重点项目布局、建设、运行状况，资源、能源利用状况等，主要污染物排放和总量控制状况，环境基础设施建设情况，区域生态系统的演变和环境质量的变化情况，明确区域存在的主要环境问题等。

2.2 规划方案分析

2.2.1 规划方案分析

2.2.1.1 分析区域开发规划与相关环境保护法律法规、环境经济与技术政策和产业政策的符合性。

2.2.1.2 相关规划之间的关系问题。主要分析与上层位规划的符合性，与同层位规划的协调性，对下层位规划的指导性。

2.2.1.3 分析区域开发规划目标、布局、规模等各规划要素与所在区域上层位规划（或要求）的符合性，主要包括分析规划要素与主体功能区要求的符合性，与所在区域土地利用规划、城乡规划、资源利用规划的符合性等。根据 HJ 130—2019，规划的协调性分析是规划分析的重要内容，如果本次环境影响评价的规划与相关法律法规及已批复的上层位法定规划不相符或与已批复的同层位法定规划不协调，则需要对规划方案进行优化调整。通过优化调整，充分发挥规划环评在优化产业结构、能源结构、运输机构和用地结构方面的作用。

2.2.1.4 分析区域开发规划的规模、布局、结构、规划实施时序等与所在区域同层位相关规划在环境目标、资源利用、环境容量与承载力等方面的一致性和协调性。叠图分析（给出相应图件）规划布局与区域生态功能区划、环境功能区划和环境敏感区之间的关系。

2.2.1.5 分析规划内部各功能区（产业链之间、绿地、配套环保设施等）的规模、布局、结构、建设时序等与规划发展目标、定位的协调性。

2.2.1.6 分析规划内部的协调性。包括总体布局、产业结构与产业布局。

2.2.1.7 综合环境协调性分析结果，提出与环保法规、要求相符合的规划调整方案作为备选方案。对规划进行环境影响评价，就是从决策源头重视环境保护，从更高的层次上、更大的尺度上、宏观整体上考虑其可能造成的不利环境影响，其中十分重要的作用就是从环境保护角度进一步优化规划、调整，以避免或减轻规划实施对环境造成的不利影响，实现节水节能节地、绿色生产、清洁生产、循环经济。当然这个优化、调整是要有充分的依据和科学的评价成果来支撑。

2.2.1.8 规划的不同情景方案分析。根据 HJ 130—2019，规划环评应提出不同的情景方案进行分析，这是修订后的 HJ 130—2019 的重要内容。目的是通过多种情景的比较分析、论证，从而选择区域、流域或海域整体环境影响小或可接受的、对人体健康无不利影响、社会经济环境协调发展的最优规划方案。

2.2.2 不同情景规划方案分析

2.2.2.1 分析区域开发规划的不同处自然、社会、经济等基础条件，特别是环境状况，结合规划区域社会经济发展拟达到的目标与前景，充分考虑改善环境质量和维护生态安全的重要性，设定不同的规划情景方案。

2.2.2.2 根据规划的发展目标、规模、产业结构、建设时序等，分析预测开发区域在不同发展情景下的开发强度，包括对关键性资源的需求量和污染物来源、种类和数量，对区域生态环境的影响方式和影响强度。

其中，分析的污染物应包含以下三类污染物（或污染因子）：

① 国家和地方政府规定的重点控制污染物；

② 开发区域规划中确定的主导产业或重点行业的特征污染物；

③ 开发区域环境介质中最为敏感的污染因子。

2.2.2.3　考虑到规划方案往往分不同的实施时段（近期、中期、远期），因此，规划环境影响预测评价一般以近期规划为主，可选择与规划方案性质、发展目标等相近的国内外同类型开发区类比给出。对于已形成主导产业和行业的开发区域，可采用开发区域现状回顾中的资料，按产业类别分别选择区域内典型项目的资源、能源消耗量和主要污染物排放量，同时考虑科技进步和能源替代等因素，给出规划的开发强度数据。

3　环境影响识别与评价指标体系构建

3.1　重点从区域开发规划的目标、结构、布局、规模、建设时序及重大规划项目的实施方案等方面，全面识别各规划要素造成的资源消耗（或占用）及环境影响的性质、范围和程度（实质上属于“规划分析”，类似于建设项目的工程分析的环境影响因素识别）。以图、表等形式，建立规划要素与资源、环境要素之间的动态响应关系。从中筛选出受规划影响大、范围广的资源、环境要素，作为分析、预测与评价的重点内容。

3.2　依据环境保护政策、法规和标准中规定的限值要求，对区域开发应实现的环境日标（包括环境质量，生态保护要求，资源可持续利用、环境经济等指标）进行量化，构建完整的评价指标体系。如国内政策、法规和标准中没有的指标值也可参考国际标准限值；对于不易量化的指标可给出半定量的指标值或定性说明。根据所构建的评价指标体系，尽可能定量评价使规划实施的环境影响或成为检验规划环境影响的全面性、针对性、实用性、针对性的指标，并且发挥规划环评对建设项目的指导和约束作用。因此，规划环评应对建立的评价指标体系中有关环境目标（重点是规划实施的环境保护工作要实现的目标指标）进行可达性分析。

4　环境影响预测与评价

4.1　预测不同规划情景下对水环境、大气环境、海洋环境、土壤环境、声环境的影响，明确影响的性质、程度与范围，评价规划实施后区域环境质量能否满足相应功能区的要求。

4.2　预测不同规划情景下对区域生物多样性、生态环境功能和景观生态的影响，明确规划实施对生态系统结构、功能及景观格局等所造成的影响性质与程度，评价规划的生态适宜性。

4.3 预测不同规划情景下对自然保护区、饮用水源保护区、风景名胜区、基本农田保护区、学校、医院等环境敏感区和重点环境保护目标的影响，评价其是否符合相应的保护要求。

4.4 对可能产生重大环境风险源的规划，应开展事故性环境风险分析；对于某些有可能产生难降解、易生物蓄积、长期接触对人体和生物产生危害作用的化学物质、重金属污染物、持久性有机污染物、致病菌和病毒的规划，应开展人群健康风险分析；对于生态较为脆弱或具有重要生态功能价值的区域，应分析规划实施的生态风险。

4.5 评估资源环境承载能力的现状利用水平，在充分考虑累积环境影响的情况下，动态分析不同规划时段可供规划实施利用的资源承载能力、环境容量以及总量控制指标，重点判定区域资源环境对规划实施的支撑能力。

5 规划方案综合论证

5.1 重点从区域资源环境对规划实施的支撑能力、清洁生产与循环经济水平、人群健康与环境风险等方面，综合论述规划选址及各规划要素的环境合理性。

5.2 综合性论证的主要内容和方法如下：

（1）基于区域发展与环境保护的综合要求，结合规划协调性分析结论，论证规划目标与发展定位的合理性。

（2）基于资源、环境承载力评价的结论，主要结合区域节能减排和总量控制要求，论证规划规模的环境合理性。

（3）基于规划与生态、环境功能区划以及环境敏感目标的空间分布，结合环境风险评价的结论，论证规划布局的环境合理性。

（4）基于区域环境管理和循环经济发展要求，以及清洁生产水平的评价结果，主要结合规划重点产业的环境准入条件，论证规划产业结构的环境合理性。

（5）基于规划实施环境影响评价结果，主要结合环境保护措施的经济技术可行性，论证环境保护目标与评价指标的可达性。

5.3 根据区域功能区划、环境区划、生态红线或已有相关上层位规划，分析、论证与“两管一准”（即空间管制、总量管控、环境准入）、“三线一单”（即生态保护红线、环境质量底线、资源利用上线和环境准入负面清单）的符合性。

5.4 根据规划方案的环境合理性综合论证结果，对规划要素提出全面、具体、可操作的，资源、环境承载力可以支撑的优化调整建议，并将调整后的规划方案作为评价推荐的规划方案。

6 环境影响减缓措施

6.1 落实“三线一单”和“两管一准”（即空间管制、总量管控、环境准入）

的要求，提出具体的控制指标与落实方案。根据 HJ 130—2019，“三线一单”是规划环评的核心内容，规划实施必须符合“三线”要求，并给出环境准入负面清单。

6.2　对区域开发规划方案中配套建设的环境污染防治和生态保护措施进行评估后，针对环境影响评价推荐的规划方案实施后所产生的不良环境影响，提出政策、管理或者技术等方面的减缓对策和措施。

6.3　依据规划环评的主要评价结论，对区域开发规划的主导产业和行业提出相应的环境准入（包括选址或选线要求、清洁生产水平、节能减排和总量控制要求等）、污染防治措施建设和环境管理等要求。

6.4　规划环境影响评价的重要作用就是对具体建设项目的指导和约束作用，即指导性是规划环境影响评价的根本属性，通过规划环评以约束建设项目在符合国家和地方环境保护要求下建设和运行，以实现改善区域环境质量为核心，维护生态安全的目的，如规划方案中包含重大建设项目，还应针对建设项目所属行业特点及其环境影响特征，提出重大建设项目环评的重点内容和基本要求。同时，在充分考虑规划编制时设定的某些资源环境基础条件随区域发展发生变化的基础上，提出建设项目环境影响评价的具体简化建议。实现规划及规划环境影响评价与建设项目环境影响评价的联动，规划环境影响评价及审查意见要求，特别是专门针对该行业或该建设项目的要求，则该行业或该建设项目应遵照执行。

7　评价中应注意的问题

7.1　注意环境影响评价内容的全面性和整体性，不但要评价规划实施对自然环境的影响，而且要评价对区域社会经济、人体健康的影响。注重从较高的层次上分析和解决开发区域的宏观问题。

7.2　注意区域开发规划和进区项目定位与产业政策、清洁生产要求等的符合性，特别应注意分析与所在区域节能减排各项要求的一致性和协调性。

7.3　注意构建的评价指标体系不但要与区域开发规划应实现的环境目标相统一，而且各项指标应尽可能量化，能够用来评价规划的环境可行性。

7.4　注意分析、预测与评估不同的规划情景对规划区域生态系统、环境质量的影响，特别是对环境敏感区和重点环境保护目标的影响；区域开发规划中包含特殊行业的，还应特别注意可能存在的环境风险、人群健康风险、生态风险。为决策提供可选择的规划方案。

7.5　注意公众参与方案应符合有关要求，对于已采纳的，应在环评文件中明确说明规划方案修改（或调整）的具体内容；对于不采纳的，应说明理由。注重规划环评的会商要求。

7.6　注意综合各种资源与环境要素的影响预测和分析、评价的结果，对区域开发规划的环境合理性以及环境目标的可达性进行论证，进而提出规划方案的优化调整建议和评价推荐的规划方案。

7.7 规划环评应从宏观上、整体上有针对性地提出避免或能够有效减缓规划方案实施所产生的不良环境影响的政策、管理或者技术等方面的对策和措施，并对规划的主导产业和行业提出环境准入要求。

十五、竣工环境保护验收

1 主要法律依据及常用标准

1.1《建设项目环境保护管理条例》（国令　第682号）

1.2《关于印发环评管理中部分行业建设项目重大变动清单的通知》（环办〔2015〕52号）

1.3《关于印发建设项目竣工环境保护验收现场检查及审查要点的通知》（环办〔2015〕113号）

1.4《关于做好燃煤发电机组脱硫、脱硝、除尘设施先期验收有关工作的通知》（环办〔2014〕50号）

1.5《关于印发〈环境保护部建设项目“三同时”监督检查和竣工环保验收管理规程（试行）〉的通知》（环发〔2009〕150号）

1.6《关于建设项目环境保护设施竣工验收监测管理的有关问题的通知》（环发〔2000〕38号）

1.7《建设项目竣工环境保护验收管理办法》（国家环保总局令〔2001〕第13号）

1.8《建设项目竣工环境保护验收暂行办法》（环境保护部，2017年）

1.9《建设项目竣工环境保护验收技术指南　污染影响类》（生态环境部公告2018　第9号）

1.10《建设项目环境保护设施竣工验收监测技术要求（试行）》（环发〔2000〕38号）

1.11《污染源监测管理办法》（环发〔1999〕246号）

1.12《建设项目竣工环境保护验收技术规范　电解铝》（HJ/T 254—2006）

1.13《建设项目竣工环境保护验收技术规范　火力发电厂》（HJ/T 255—2006）

1.14《建设项目竣工环境保护验收技术规范　水泥制造》（HJ/T 256—2006）

1.15《建设项目竣工环境保护验收技术规范　生态影响类》（HJ/T 394—2007）

1.16《建设项目竣工环境保护验收技术规范　城市轨道交通》（HJ/T 403—2007）

1.17《建设项目竣工环境保护验收技术规范　黑色金属冶炼及压延加工》（HJ/T 404—2007）

1.18《建设项目竣工环境保护验收技术规范　石油炼制》（HJ/T 405—2007）

1.19《建设项目竣工环境保护验收技术规范　乙烯工程》（HJ/T 406—2007）

1.20《建设项目竣工环境保护验收技术规范　汽车制造》（HJ/T 407—2007）

1.21《建设项目竣工环境保护验收技术规范　造纸工业》（HJ/T 408—2007）

1.22《建设项目竣工环境保护验收技术规范　港口》（HJ 436—2008）

1.23《建设项目竣工环境保护验收技术规范　水利水电》（HJ 464—2009）

1.24《建设项目竣工环境保护验收技术规范　公路》（HJ 552—2010）

1.25《建设项目竣工环境保护验收技术规范　石油天然气开采》（HJ 612—2010）

1.26《储油库、加油站大气污染治理项目验收检测技术规范》（HJ/T 431—2008）

1.27《关于加强〈全国危险废物和医疗废物处置设施建设规划〉项目竣工验收工作的通知》（环发〔2009〕22 号）

1.28《建设项目竣工环境保护验收技术规范　煤炭采选》（HJ 672—2013）

1.29《建设项目竣工环境保护验收技术规范　输变电工程》（HJ 705—2014）

1.30《建设项目竣工环境保护验收技术规范　纺织染整》（HJ 709—2014）

1.31《水电等 9 个行业建设项目竣工环境保护验收现场检查与审查要点》见《关于印发建设项目竣工环境保护验收现场检查及审查要点的通知》（环办〔2015〕113 号）

2　确定竣工环境保护验收范围

根据国务院第 682 号令，取消环境保护部门对竣工验收的行政许可，建设单位是竣工环境保护验收的责任主体。该条例突出强调了对建设项目“环境保护设施”的验收。建设项目需要向生态环境主管部门报备验收报告（包括验收调查（监测）报告、验收意见、其他需要说明的事项三个部分），验收调查（监测）报告是“验收报告”的一部分。

对于以污染影响为主的建设项目，竣工环境保护验收以监测为主，编制的是竣工环境保护验收监测报告；对于以生态影响为主的建设项目，编制的是竣工环境保护验收调查报告。但是，验收调查也有需要监测的内容，如废水、废气、噪声、土壤、振动、放射性等；验收监测也常常需要调查，如工程调查、环境保护目标的调查、生态影响的调查等。因此，这个“调查”与“监测”之间的关系是十分密切的，不能割裂开。

验收监测（调查）范围包括地理范围和监测（调查）内容的工作范围。

地理范围为依据环境影响评价文件所确定的评价范围和工程对环境的实际影响范围；监测（调查）内容的工作范围为《建设项目竣工环境保护验收管理办法》第

四条规定的范围和按照环境影响评价文件、批复文件的有关要求确定的验收内容。

根据《建设项目竣工环境保护验收管理办法》第四条规定，建设项目竣工环境保护验收范围包括：

（1）与建设项目有关的各项环境保护设施，包括为防治污染和保护环境所建成或配备的工程、设备、装置和监测手段，各项生态保护设施。

（2）环境影响报告书（表）或者环境影响登记表和有关项目设计文件规定应采取的其他各项环境保护措施。

验收监测（调查）的范围除包含上述内容外，应能涵盖拟验收项目的所有工程区域、污染源及其影响区域。如附近有需要保护的特殊敏感区域，则调查范围应适当扩大。如项目建设过程中线路摆动、设计变更、建设内容发生变化或环境影响评价未能反映实际环境影响，还应根据实际情况重新确定调查的范围。

3 竣工环境保护验收标准确定的基本原则

竣工环境保护验收监测标准的选择和确定应符合《建设项目环境保护设施竣工验收监测技术要求（试行）》中的相关规定，采用标准包括评价标准和测试方法标准两个部分，评价标准又分为验收监测执行标准和验收监测参照标准。竣工环境保护验收调查标准的选择和确定应符合《建设项目竣工环境保护验收技术规范 生态影响类》（HJ/T 394—2007）中的相关规定。

由于建设项目污染防治设施与生态保护措施的设计指标是按照评价阶段生态环境主管部门确认的环境标准设计的，因此验收阶段应当按照评价阶段的环境标准进行验收，并应注意以下情况：

（1）环评阶段的标准已修订或废止，现行标准为新的或修订后的标准。验收阶段仍应按原标准验收，同时应采用新标准对其进行校核。对符合原标准要求，但不能满足新标准要求的，可视为符合验收条件，但应提出进一步的改进要求，作为工程环境保护验收后需继续完成的工作。

（2）评价阶段未确定评价标准。验收阶段应根据环境的实际功能要求或污染物的排放去向，用现行的环境标准进行验收。对污染物排放标准中未列入的项目，可以采用设计指标或设施的设计参数作为验收依据。

4 竣工环境保护验收监测布点原则及点位布设

验收监测取样或布点应重点关注能够判断建设项目排放的污染物是否达标，即侧重点应该放在排污口（废气、废水）。安装有环境保护设施或设备，而且环境管理对环保设施的污染物去除率有要求的，应该在污染物进出环保设施的出入口取样或布设监测点位，以测试环保设施或设备的效率。

验收监测原则上应符合《建设项目竣工环境保护验收技术指南 污染影响类》（生态环境部公告 2018 第9号）、《建设项目环境保护设施竣工验收监测技术要求（试行）》及相关验收技术规范中的相关规定，主要应遵循以下原则：监测点位首先应考虑重要的环境敏感目标及已采取的污染防治设施与措施，以及实际采样时的可行性和方便性；在总体和宏观上须能反映工程所在区域的环境质量状况；具体位置须能反映所在区域环境和具体工程项目的污染特征；尽可能以最少的断面获取足够的、有代表性的环境信息等。环境质量监测应突出对受影响对象的监测，验收监测点位原则上尽可能应与环境影响评价阶段的监测点位相同，但如果环境影响评价阶段未进行监测或工程变动导致环境影响发生变化，可根据验收工程的实际实际情况，适当增减或调整监测点位。

监测布点、取样是验收的重要技术要求，在近几年的考试中，均以不同的形式来考查，既有针对地表水、环境空气、声环境等的受影响区域或环境保护目标所在区域环境质量监测，也有针对建设项目排放废水、废气中污染物的监测、厂（场）界噪声监测，或针对固体废物，或危险废物鉴别，或其危险性的取样技术等监测。当然，也有较多的验收调查（尤其是生态影响）方面的内容在案例分析中以不同的形式对考生进行考查。

5 竣工环境保护验收工作重点及内容

建设项目竣工环境保护验收，重点是在环境影响报告书或报告表中提出的，特别是生态环境主管部门在环评批复文件中要求的环境保护措施或要求安装的环保设施或设备落实情况与效果的验收。这是竣工环保验收的实质性工作。应根据建设项目本身的污染特征、环境影响、项目所在区域的环境特征，结合项目环境影响评价的结论、批复及当地生态环境行政主管部门对其污染物排放、敏感区域保护、总量控制、清洁生产等要求来确定。不同行业、不同类型建设项目的竣工环境保护验收监测与调查的重点有较大差异。竣工环境保护验收具体工作内容要符合《建设项目环境保护设施竣工验收监测技术要求（试行）》、竣工环境保护验收相关技术规范、环保相关规章制度的规定。

6 竣工环境保护验收结论及补救措施建议分析

竣工环境保护验收监测（调查）结论应根据环境保护设施与措施的落实情况及实际环境影响的分析结果，给出各环境要素的综合调查结果及建设项目竣工环保验收意见；对于目前遗留的主要问题，提出明确的补救措施。

竣工环境保护验收意见应综合考虑环境影响评价文件和审批文件的有关要求及环境保护措施的实际落实情况提出。可分为以下两类：

（1）建议通过竣工环保验收。工程基本落实了设计、环境影响评价及其审批文件和其他一些环境保护要求，在工程建设期间和试运行期间未造成重大环境影响，建议通过竣工环保验收。

（2）工程存在环境影响问题，需采取补救措施后通过竣工环境保护验收。工程在建设期间和试运行期间未能落实工程设计、环境影响评价及其审批文件和其他一些环境保护要求，或虽基本落实了环境保护要求，但在建设期间和试运行期间造成较大或重大的环境影响尚未得到妥善解决，需完善相应环保措施、进行必要的核查、并在满足相关环保要求后，再进行竣工环保验收。

补救措施主要针对建设项目在落实环境影响评价文件及审批文件有关要求方面以及防治污染和生态破坏方面的不足之处，有针对性地提出具体的建议与意见。补救措施应具体、可操作，并需对所提出的补救措施进行归纳总结，列表逐项给出所需要的投资估算。较大或重大的环境影响尚未得到妥善解决，需完善相应环保措施、进行必要的核查、并在满足相关环保要求后，再进行竣工环保验收。

7 需要特别注意的问题

根据《建设项目竣工环境保护验收暂行办法》，建设项目如果存在下列情形之一，建设单位不得提出验收合格意见：

（1）未按环境影响报告书（表）及其审批部门审批决定要求建成环境保护设施，或者环境保护设施不能与主体工程同时投产或者使用的；

（2）污染物排放不符合国家和地方相关标准、环境影响报告书（表）及其审批部门审批决定或者重点污染物排矿 总量控制指标要求的；

（3）环境影响报告书（表）经批注后，该建设项目的性质、规模、地点、采用的生产工艺或者防治污染、防止生态破坏的措施发生重大变动，建设单位未重要报批环境影响报告书（表）或者环境影响报告书（表）未经批准的；

（4）建设过程中造成重大环境污染未治理完成，或者造成重大生态破坏未恢复的；

（5）纳入排污许可管理的建设项目，无证排污或者不按证排污的；

（6）分期建设、分期投入生产或者使用依法应当分期验收的建设项目，其分期建设、分期投入生产或者使用的环境保护设施防治污染和生态破坏的能力不能满足其相应的主体工程需要的；

（7）建设单位因建设项目违反国家和地方环境保护法律法规受到处罚，被责令改正，尚未改正完成的；

（8）验收报告的基础资料数据明显不实，内容存在重大缺项、遗漏，或者验收结论不明确、不合理的；

（9）其他环境保护法律法规规章等规定不得通过环境保护验收的。

考生在考试中需根据题干信息判断建设项目是否存在这些问题，有则提出整改意见或要求，也可以据此判断竣工环保验收的主要内容或重点。此外，建设单位竣工环保验收需要公开的信息与时限，有关环境要素的验收期限等，均应按照《建设项目竣工环境保护验收暂行办法》执行。

参考文献

[1] 生态环境部．全国环境影响评价工程师职业资格考试大纲（2021 年版）[M]．北京：中国环境出版集团，2021．

[2] 生态环境部环境工程评估中心．环境影响评价相关法律法规（2021 年版）[M]．北京：中国环境出版集团，2021．

[3] 生态环境部环境工程评估中心．环境影响评价技术导则与标准（2021 年版）[M]．北京：中国环境出版集团，2021．

[4] 生态环境部环境工程评估中心．环境影响评价技术方法（2021 年版）[M]．北京：中国环境出版集团，2021．

[5] 生态环境部环境工程评估中心．环境影响评价案例分析（2021 年版）[M]．北京：中国环境出版集团，2021．

[6] 环境保护部．建设项目环境影响评价技术导则　总纲（HJ 2.1—2016）．北京：中国环境出版社，2016．

[7] 生态环境部．环境影响评价技术导则　大气环境（HJ 2.2—2018）．北京：中国环境出版集团，2018．

[8] 生态环境部．环境影响评价技术导则　地表水环境（HJ 2.3—2018）．北京：中国环境出版集团，2019．

[9] 生态环境部．环境影响评价技术导则　土壤环境（HJ 964—2018）．北京：中国环境出版集团，2019．

[10] 生态环境部．建设项目环境风险评价技术导则（HJ 169—2018）．北京：中国环境出版集团，2019．

[11] 环境保护部．环境影响评价技术导则　地下水环境（HJ 610—2016）．北京：中国环境出版社，2016．

[12] 环境保护部．环境影响评价技术导则　声环境（HJ 2.4—2009）．北京：中国环境科学出版社，2010．

[13] 环境保护部．环境影响评价技术导则　生态影响（HJ 19—2011）．北京：中国环境科学出版社，2011．